"모아교육그룹이 함께 만들어갑니다!"

소방기술사/소방시설관리사/소방설비기사/소방설비산업기사/소방실무/소방안전관리자/화재감식평가(산업)기사

전기안전기술사/건축전기설비기술사/발송배전기술사/전기응용기술사/정보통신기술사/전기기능장/전기기사/전기산업기사/전기기능사

화공안전기술사/산업안전기사/에너지관리기사/에너지관리산업기사/에너지관리기능사/공조냉동기계기사/공조냉동기계산업기사/공조냉동기계기능사

건축기계설비기술사/건축설비기사/건축설비산업기사/가스기사/가스산업기사/가스기능사/위험물기능장/위험물산업기사/위험물기능사

건설안전기사/대기환경기사/식품안전기사/산업위생관리기사/승강기기능사/설비보전기사/설비보전기능사

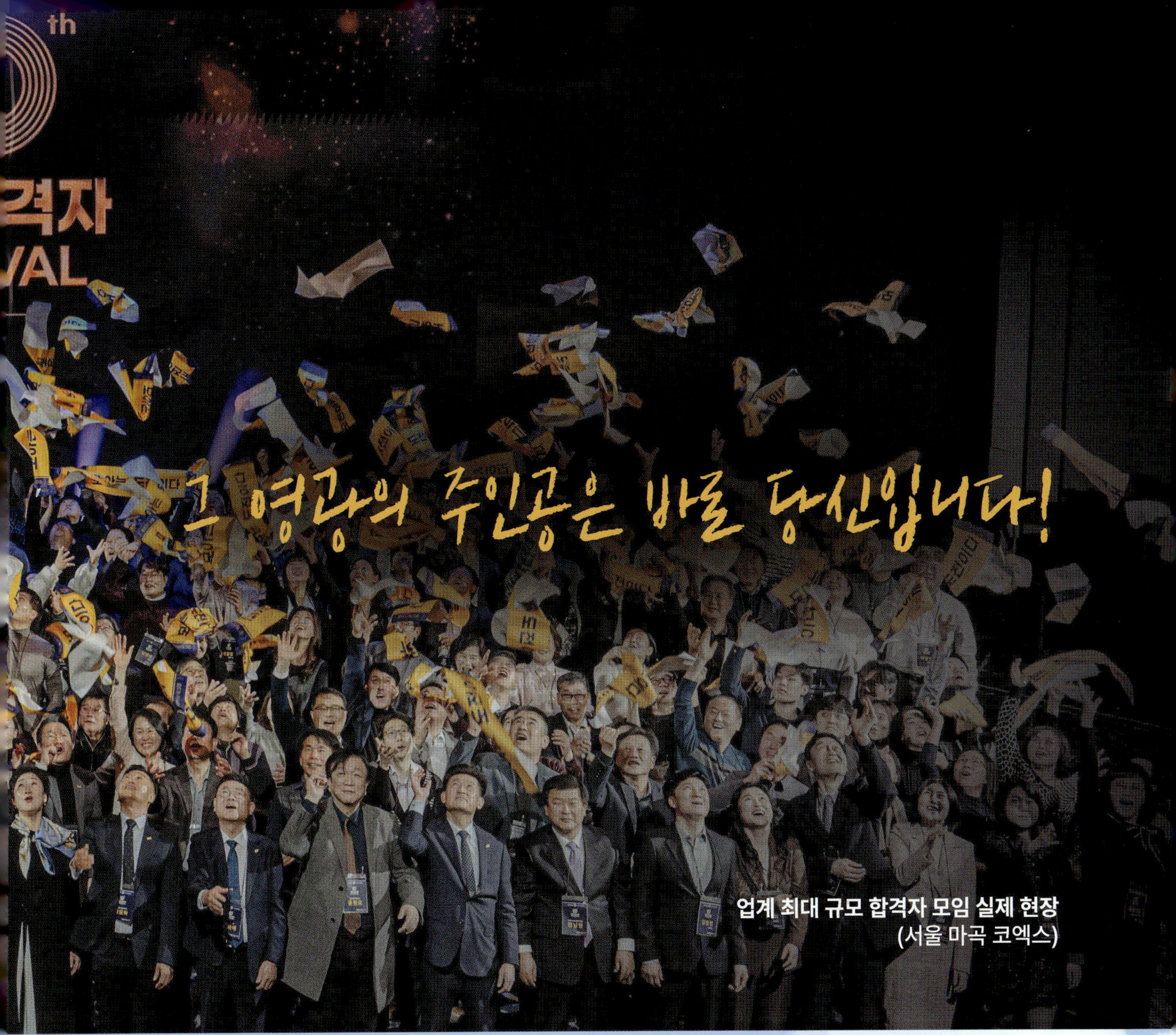

그 영광의 주인공은 바로 당신입니다!

업계 최대 규모 합격자 모임 실제 현장
(서울 마곡 코엑스)

 **기록적인 성장 1648%**
*2017년 vs 2024년 매출 기준

 **경이로운 수강생 증가 760%**
*2018년 vs 2025년 1, 2월 수강인원 기준

 **강의 만족도 99%**
*2024년, 2025년 모아바 합격수기 평가 점수 변환 기준

 **압도적인 합격률 79%**
*2024년 소방시설관리사 2차 합격률

"합격을 넘어 실무까지, 모아가 만듭니다!"

모아소방전기학원
모아직업기술교육원

소방기술사 강의

과정평가형

국가기간전략산업직종훈련

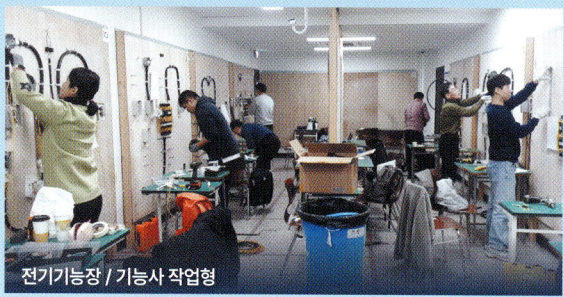
전기기능장 / 기능사 작업형

소방분야 소방기술사 / 소방시설관리사 / 소방설비기사(전기 / 기계) / 소방설비산업기사(전기 / 기계)

전기분야 전기안전기술사 / 전기응용기술사 / 발송배전기술사 / 건축전기설비기술사 / 전기기능장 / 전기기능사 / 전기기사·산업기사

안전분야 화공안전기술사 / 건축기사·산업기사 / 건축설비기사·산업기사 / 건설안전기술사 / 건설안전기사·산업기사
산업안전기사·산업기사 / 산업안전지도사 / 승강기기능사 / 공조냉동기계기사

통신분야 정보통신기술사

실무분야 소방감리실무 / 현장에서 통하는 소방설비 찐 실무

과정평가형 소방설비산업기사(전기 / 기계) / 산업안전산업기사 / 산업안전기사 / 건설안전기사 / 전기공사산업기사

국가기간전략훈련 [국기] 전기기능사 취득과정

위탁기관 위탁교육 서울시노동자복지관 / 제대군인지원센터 / 기아 AutoLand 조합원 단체 교육

모아소방전기학원

자격증 취득 & 과정 상담

모아소방전기학원
02.2068.2851

모아직업기술교육원
02.2068.2854

평일 09:00~19:00 / 토·일 08:00~17:00 (공휴일 휴무)

모아소방전기학원 × **모아직업기술교육원**

모아
가스기사
실기

+ 산업기사
최신 3개년

핵심이론 + 과년도 7개년

모아합격전략연구소

2026년 가스기사시험 한눈에 보기

[왜 가스기사인가?]

가스기사는 고압가스 및 연료가스의 생산·저장·공급·사용과정에서 설비의 안전성을 확보하고, 사고를 예방하는 업무를 수행합니다. 가스설비의 설계 및 시공, 점검·정비, 누출검사와 같은 기술 업무 전반을 담당하며 도시가스 회사, 석유화학 공장, 발전소, 건설사, 한국가스안전공사 등 다양한 분야에서 활동할 수 있습니다. 특히 수소·LNG 등 청정에너지 수요 증가와 함께 가스기술 인력에 대한 수요도 꾸준히 늘고 있어 유망한 기술직으로 평가받습니다. 관련 분야 자격증과 병행 취득하면 진로의 폭도 넓어집니다.

[시험과목 및 검정방법]

가스기사

구분	필기	실기
시험과목	• 가스유체역학 • 가스설비 • 가스계측 • 연소공학 • 가스안전관리	가스 실무
검정방법	객관식 4지 택일형, 과목당 20문항 총 100문항(과목당 30분)	복합형 • 필답형 1시간 30분(60점) • 작업형 1시간 30분(40점)
합격 기준	100점을 만점으로 하여 과목당 40점 이상, 전과목 평균 60점 이상	100점을 만점으로 하여 60점 이상

[2026년 시험일정]

필기시험

회별	원서접수 (휴일 제외)	시험시행
제1회	1.12(월) ~ 1.15(목)	1.30(금) ~ 3.3(화)
제2회	4.20(월) ~ 4.23(목)	5.9(토) ~ 5.29(금)
제3회	7.20(월) ~ 7.23(목)	8.7(금) ~ 9.1(화)

실기시험

회별	원서접수 (휴일 제외)	시험시행
제1회	3.23(월) ~ 3.26(목)	4.18(토) ~ 5.6(수)
제2회	6.22(월) ~ 6.25(목)	7.18(토) ~ 8.5(수)
제3회	9.21(월) ~ 9.23(수)	10.24(토) ~ 11.13(금)

※ 정확한 시험일정과 관련된 정보는 한국산업인력공단(Q-Net)에서 확인하시길 바랍니다.

유형별 학습전략

필답형

- 필답형 시험은 크게 계산문제, 가스4법(고압가스법, 도시가스법, 액화석유가스법, 수소법), KGS CODE, 설치 기준, 가스일반 내용이 출제됩니다.
- 최근에는 KGS CODE 관련 신출문제가 많이 출제되고 있으며, 지엽적인 내용 또한 출제되고 있습니다. KGS CODE 신출문제와 지엽적인 문제는 완벽하게 CODE의 모든 내용을 암기하고 있지 않은 이상 맞출 수 없는 문제이기 때문에, 신출문제와 지엽적인 문제를 맞히겠다는 목표로 학습하기보다는 기존에 출제된 문제를 기반으로 관련된 내용을 넓혀 가면서 학습해주시기 바랍니다.
- 가스기사 실기 필답형 시험은 계산문제는 반드시 다 맞히겠다는 목표로 학습해주시기 바랍니다. 따라서 교재 맨 앞부분의 소책자를 적극 활용하여 필수 계산공식 N선을 전부 이해하고 암기해주세요!
- 필답형 문제 정답 밑에 추가로 관련 KGS CODE 내용을 수록하였습니다. 보충에 추가 제공하는 KGS CODE 내용도 그냥 넘기지 마시고 반드시 눈에 익혀가며 학습해주시기 바랍니다.
- 가스기사 실기시험은 가스산업기사 실기시험의 문제와 유형이 비슷하며, 가스산업기사 실기시험에 출제된 문제들도 종종 출제되고 있습니다. 따라서 맨 뒤에 추가 제공하는 가스산업기사 최신 3개년 기출문제를 반드시 한 번씩은 풀어보면서 시험을 대비해주세요.

동영상

- 최근 동영상시험이 '필답형화'되고 있는 추세입니다. 따라서 동영상시험을 단순히 과거의 동영상 공부처럼 준비하기보다는 이제는 필답형 시험과 구분하지 않고 '동영상이 없으면 어떻게 출제되었을까?' '이 문제가 필답형 시험으로 출제되면 어떻게 출제될까?'와 같이 필답형처럼 학습해주시기 바랍니다.
- 동영상시험의 난이도 또한 높아지는 경향을 보이고 있기 때문에 동영상시험도 대비를 완벽하게 하여 단순 문답뿐만이 아닌 관련 내용과 보충 내용을 추가로 학습해주시기 바랍니다.

이 책의 활용방법

Step 01. 학습준비

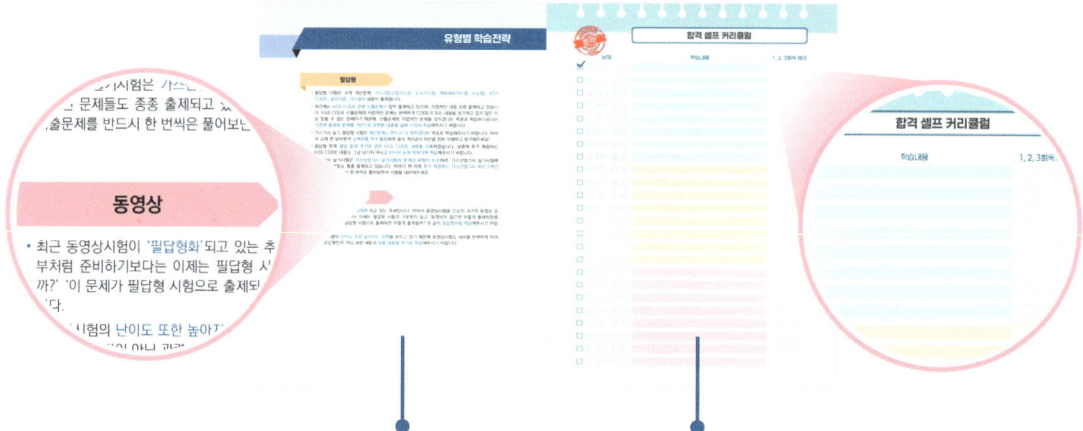

2026년 개편 출제 기준을 완벽히 반영한 구성으로 효율적인 학습전략을 안내하여 단기간에 핵심을 파악할 수 있습니다.

학습계획을 스스로 설정하고, 정해진 분량을 체크하며 학습루틴을 형성할 수 있도록 도와주는 맞춤형 진도표입니다.

Step 02. 효율적인 이론 학습

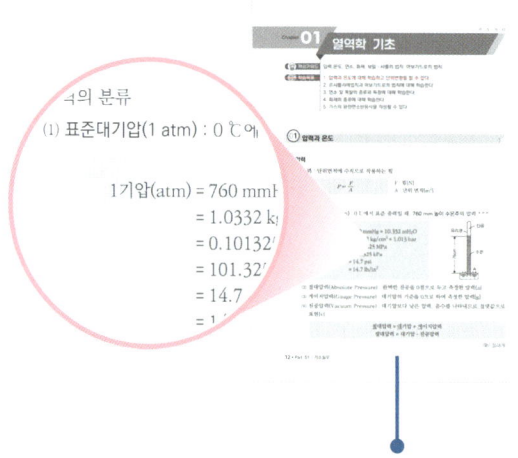 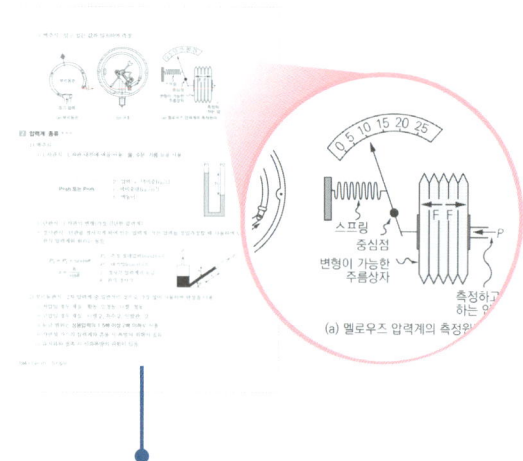

중요한 개념과 포인트를 볼드로 표시해 흐름을 빠르게 파악할 수 있으며, 꼭 필요한 내용을 한눈에 구분할 수 있도록 구성했습니다.

다양한 암기법과 풍부한 시각자료를 함께 제공하여 복잡한 개념도 쉽게 이해하고 오래 기억할 수 있도록 하였습니다.

Step 03. 과년도 기출문제 풀이

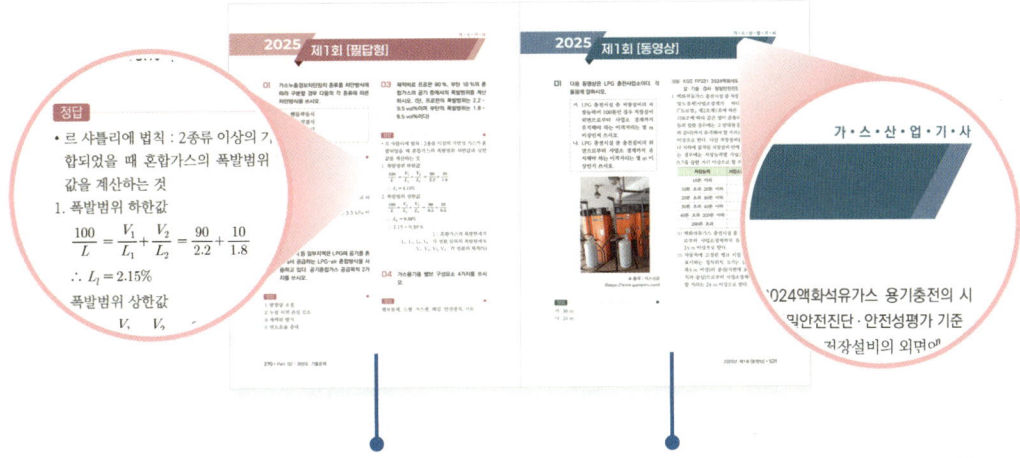

7개년 기출문제를 수록하고, 해설을 상세하게 설명하여 정답만 보는 학습이 아니라 개념을 다시 정리할 수 있도록 구성했습니다.

가스산업기사 실기 최신 3개년을 수록하여 빈틈없는 시험 대비가 가능합니다.

[추천! 3개월 초단기 로드맵 - 하루 3시간 기준]

가스기사

주차	학습목표	주요 내용
1~3주차	이론 학습	• 가스설비별 특징 학습 • 가스 관련 규정사항 및 KGS CODE 학습 • 계산공식은 반드시 다 가져갈 것
4~6주차	최신 3개년 완벽정복	• 최근 동영상시험이 필답형화되어가고 있으므로 필답형시험과 동영상시험을 구분지어 학습하기보다는 함께 학습 • 최소 3회독 학습
7~8주차	과거 4개년 완벽정복	
9~11주차	가스산업기사 실기 최신 3개년 완벽정복	• 가스산업기사 문제가 가스기사에도 출제되므로 최근 3개년 기출문제를 통해 가스산업기사 문제또한 대비할 것
12주차	취약한 부분 보충	• 남은 한 주는 본인이 취약한 부분(계산문제, 법령암기, 가스일반 등)을 집중 학습할 것

합격 셀프 커리큘럼

	날짜	학습내용	1, 2, 3회독 체크
☑	~		
☐	~		
☐	~		
☐	~		
☐	~		
☐	~		
☐	~		
☐	~		
☐	~		☐ ☐ ☐
☐	~		☐ ☐ ☐
☐	~		☐ ☐ ☐
☐	~		☐ ☐ ☐
☐	~		☐ ☐ ☐
☐	~		☐ ☐ ☐
☐	~		☐ ☐ ☐
☐	~		☐ ☐ ☐
☐	~		☐ ☐ ☐
☐	~		☐ ☐ ☐
☐	~		☐ ☐ ☐
☐	~		☐ ☐ ☐
☐	~		☐ ☐ ☐
☐	~		☐ ☐ ☐
☐	~		☐ ☐ ☐

합격자가 인정한 이 책의 가치

처음의 두려움도 과정의 막막함도 결국 합격을 위한 디딤돌이 됩니다.
꾸준히 준비한 노력은 반드시 합격이라는 결실로 이어집니다.
이 책이 여러분의 도전을 시작에서 합격까지 함께하겠습니다.

기초가 부족해도 따라갈 수 있었던 교재

"비전공자인데도 핵심이론이 잘 정리돼 있어 따라가기 쉬웠습니다. 중요 포인트가 볼드 처리돼 있어 흐름을 놓치지 않았고, 암기법과 학습팁이 큰 도움이 됐습니다. 시각자료도 많아 이해가 빨랐고, 산업기사 최신 3개년까지 있어 유형 비교도 수월했습니다."

이○○ (비전공자)

짧은 시간에도 효율적으로 공부할 수 있었어요

"퇴근 후 1~2시간만 투자해도 공부할 수 있을 만큼 핵심이론이 깔끔하게 정리돼 있어요. 중요한 내용은 볼드 처리와 암기법 덕분에 빠르게 확인하고 오래 기억할 수 있었고, 과년도 7개년과 산업기사 3개년 문제를 함께 보며 출제 흐름도 빠르게 익힐 수 있었습니다. 시각자료 덕분에 이해도 금방 되었습니다."

노○○ (직장인)

처음 준비해도 길을 잃지 않고 따라갈 수 있었어요

"처음 준비하면서 어디서부터 시작해야 할지 막막했는데, 교재가 제시한 로드맵 덕분에 학습 순서를 잡기 수월했습니다. 특히 상세히 적힌 보충 해설 덕분에 필요한 내용을 찾아보지 않아도 혼자 정리할 수 있었습니다. 과년도 7개년과 산업기사 최신 3개년 문제를 통해 반복 학습과 실전 감각을 동시에 쌓을 수 있어 시험 준비가 훨씬 안정적이었습니다."

서○○ (초시생)

자세한 해설과 학습설계까지 가능한 교재

"독학이라 걱정이 많았는데 해설이 꼼꼼하게 정리돼 있어 혼자서도 학습 흐름을 설계할 수 있었습니다. 핵심 포인트가 명확하고, 시각자료 덕분에 이해가 쉬웠습니다. 7개년 과년도 문제와 산업기사 최신 3개년 문제를 충분히 풀면서 실전 감각과 자신감을 쌓을 수 있었고, 소책자도 복습에 큰 도움이 됐습니다."

권○○ (독학수험생)

목차

PART 01 가스실무 • 11

Chapter 01 열역학 기초 ·· 12
Chapter 02 가스의 특성 ·· 25
Chapter 03 가스설비 01 ·· 37
Chapter 04 가스설비 02 ·· 46
Chapter 05 가스설비 03 ·· 57
Chapter 06 고압가스안전관리법 ······································ 79
Chapter 07 액화석유가스법 ·· 100
Chapter 08 도시가스법 ··· 111
Chapter 09 가스통합 ·· 121
Chapter 10 수소법 ··· 161
Chapter 11 가스사고 ·· 177
Chapter 12 계측기기 ·· 188
Chapter 13 가스미터 ·· 204
Chapter 14 제어 ··· 209
Chapter 15 연소와 연료 ·· 213
Chapter 16 연소계산 ·· 221
Chapter 17 폭발과 폭굉 ·· 226
Chapter 18 기타 ··· 232
Chapter 19 유체의 기초 ·· 243
Chapter 20 정수역학 ·· 251
Chapter 21 동수역학 ·· 257

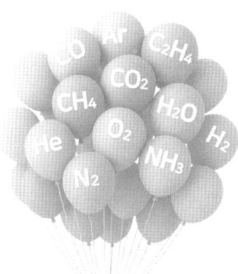

PART 02　과년도 기출문제 • 269

2025년 제1회[필답형] ············ 270
2025년 제1회[동영상] ············ 278
2025년 제2회[필답형] ············ 286
2025년 제2회[동영상] ············ 295
2025년 제3회[필답형] ············ 301
2025년 제3회[동영상] ············ 310
2024년 제1회[필답형] ············ 317
2024년 제1회[동영상] ············ 324
2024년 제2회[필답형] ············ 331
2024년 제2회[동영상] ············ 337
2024년 제3회[필답형] ············ 344
2024년 제3회[동영상] ············ 348
2023년 제1회[필답형] ············ 354
2023년 제1회[동영상] ············ 361
2023년 제2회[필답형] ············ 366
2023년 제2회[동영상] ············ 371
2023년 제3회[필답형] ············ 377
2023년 제3회[동영상] ············ 383
2022년 제1회[필답형] ············ 387
2022년 제1회[동영상] ············ 393
2022년 제2회[필답형] ············ 398
2022년 제2회[동영상] ············ 403
2022년 제3회[필답형] ············ 408
2022년 제3회[동영상] ············ 416
2021년 제1회[필답형] ············ 422
2021년 제1회[동영상] ············ 429
2021년 제2회[필답형] ············ 434
2021년 제2회[동영상] ············ 439
2021년 제3회[필답형] ············ 444
2021년 제3회[동영상] ············ 449
2020년 제1, 2회[필답형] ········ 455
2020년 제1, 2회[동영상] ········ 459
2020년 제3회[필답형] ············ 465
2020년 제3회[동영상] ············ 472
2020년 제4회[필답형] ············ 477
2020년 제4회[동영상] ············ 482
2019년 제1회[필답형] ············ 487
2019년 제1회[동영상] ············ 494
2019년 제2회[필답형] ············ 502
2019년 제2회[동영상] ············ 508
2019년 제3회[필답형] ············ 512
2019년 제3회[동영상] ············ 518

PART 03　산업기사 기출문제 • 525

2025년　제1회[필답형] …………… 526
2025년　제1회[동영상] …………… 531
2025년　제2회[필답형] …………… 537
2025년　제2회[동영상] …………… 543
2025년　제3회[필답형] …………… 549
2025년　제3회[동영상] …………… 555

2024년　제1회[필답형] …………… 560
2024년　제1회[동영상] …………… 564
2024년　제2회[필답형] …………… 568
2024년　제2회[동영상] …………… 575
2024년　제3회[필답형] …………… 579
2024년　제3회[동영상] …………… 585

2023년　제1회[필답형] …………… 591
2023년　제1회[동영상] …………… 595
2023년　제2회[필답형] …………… 599
2023년　제2회[동영상] …………… 602
2023년　제4회[필답형] …………… 606
2023년　제4회[동영상] …………… 611

PART 01
가스실무

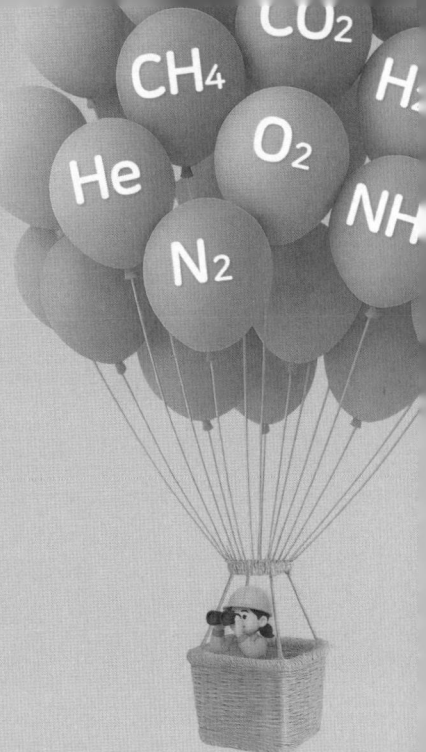

Chapter 01	열역학 기초	Chapter 12	계측기기
Chapter 02	가스의 특성	Chapter 13	가스미터
Chapter 03	가스설비 01	Chapter 14	제어
Chapter 04	가스설비 02	Chapter 15	연소와 연료
Chapter 05	가스설비 03	Chapter 16	연소계산
Chapter 06	고압가스안전관리법	Chapter 17	폭발과 폭굉
Chapter 07	액화석유가스법	Chapter 18	기타
Chapter 08	도시가스법	Chapter 19	유체의 기초
Chapter 09	가스통합	Chapter 20	정수역학
Chapter 10	수소법	Chapter 21	동수역학
Chapter 11	가스사고		

Chapter 01 열역학 기초

핵심키워드 압력, 온도, 연소, 화재, 보일 - 샤를의 법칙, 아보가드로의 법칙

학습목표
1. 압력과 온도에 대해 학습하고 단위변환을 할 수 있다.
2. 르샤틀리에법칙과 아보가드로의 법칙에 대해 학습한다.
3. 연소 및 폭발의 종류와 특징에 대해 학습한다.
4. 화재의 종류에 대해 학습한다.
5. 가스의 완전연소반응식을 작성할 수 있다.

01 압력과 온도

1 압력

1) 압력 : 단위면적에 수직으로 작용하는 힘

$$P = \frac{F}{A}$$

F : 힘[N]
A : 단위 면적[m²]

2) 압력의 분류

(1) **표준대기압(1 atm)** : 0 ℃에서 표준 중력일 때, 760 mm 높이 수은주의 압력 ★★★

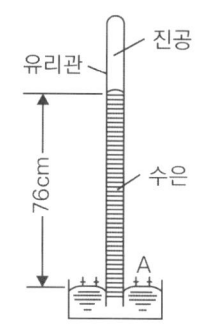

1기압(atm) = 760 mmHg = 10.332 mH₂O
= 1.0332 kg/cm² = 1.013 bar
= 0.101325 MPa
= 101.325 kPa
= 14.7 psi
= 14.7 lb/in²

(2) **절대압력(Absolute Pressure)** : 완벽한 진공을 0점으로 두고 측정한 압력[a]

(3) **게이지압력(Gauge Pressure)** : 대기압의 기준을 0으로 하여 측정한 압력[g]

(4) **진공압력(Vacuum Pressure)** : 대기압보다 낮은 압력, 음수를 나타내므로 절댓값으로 표현[v]

절대압력 = 대기압 + 게이지압력
절대압력 = 대기압 - 진공압력

암 절대게

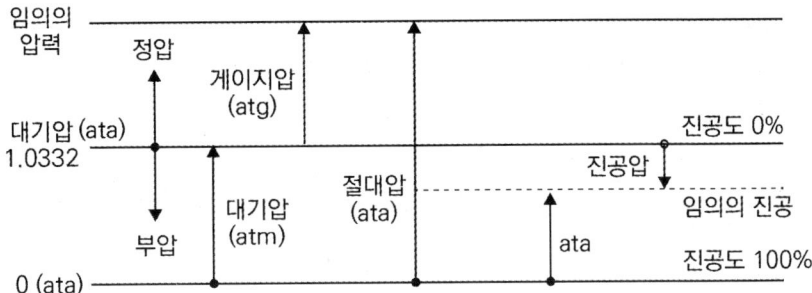

2 온도 ★★★

1) 섭씨온도(℃) : 1기압에서 물의 어는점을 0 ℃, 끓는점을 100 ℃로 100 등분한 것

2) 화씨온도(℉) : 1기압에서 물의 어는점을 32 ℉, 끓는점을 212 ℉로 180 등분한 것

$$화씨온도(℉) : \frac{9}{5} \times ℃ + 32$$

3) 절대온도
   (1) 캘빈온도 : K = t [℃] + 273
   (2) 랭킨온도 : °R = t [℉] + 460 = K × 1.8

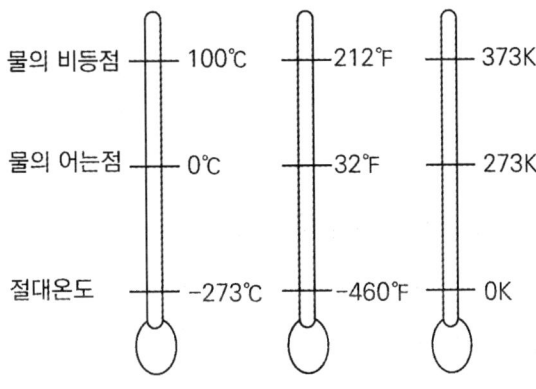

3 열량

1) 1 kcal : 대기압에서 물 1 kg의 온도를 1 ℃ 올리는 데 필요한 열량
   1 BTU : 물 1 lb의 온도를 1 ℉ 올리는 데 필요한 열량
   ※ BTU : 영국의 열량 단위 (British thermal unit)

2) 열용량 : 어떤 물질의 온도를 1 ℃ 올리는 데 필요한 열량

3) 비열(kcal/kg · ℃) : 어떤 물질 1 kg의 온도를 1 ℃ 올리는 데 필요한 열량

> **+ Level up**
>
> 물은 우리가 알고 있는 물질 중 비열이 가장 큼
> 물의 비열은 1 kcal/kg·℃(= 4.18 kJ/kg·K)임
> 그 이유는 물 분자의 수소는 전기적으로 양성을, 산소는 전기적으로 음성을 띠고 있기 때문에 물 분자가 서로 끌어당기는 힘이 강해 온도를 높이기 위해 많은 열이 필요

(1) 정압비열(C_P) : 일정한 압력의 기체를 측정한 비열

(2) 정적비열(C_V) : 일정한 체적의 기체를 측정한 비열

(3) 비열비(K) : 기체에 적용되며 정적비열에 대한 정압비열의 비로 1보다 큼

$$\text{비열비 } K = \frac{C_P}{C_V} > 1$$

1원자 분자(1.67), 2원자 분자(1.4), 3원자 분자(1.33)

(4) 정적비열과 정압비열의 관계

① 공학단위

$$C_P - C_V = AR \qquad C_P = \frac{k}{k-1}AR \qquad C_V = \frac{1}{k-1}AR$$

② SI단위

$$C_P - C_V = R \qquad C_P = \frac{k}{k-1}R \qquad C_V = \frac{1}{k-1}R$$

$$R : \text{기체상수} \left(\frac{8.314}{M} [kJ/kg \cdot K]\right)$$

4) 현열 : 온도변화만 일으키는 열(상태변화 없음)

$$Q = GC\Delta T$$

Q : 열량[kcal]
C : 비열[kcal/kg·℃]
G : 중량[kg]
△T : 온도차[℃]

5) 잠열 : 상태변화만 일으키는 열(온도변화 없음)

$$Q = G\gamma$$

Q : 열량[kcal]
G : 중량[kg]

(1) 얼음의 융해잠열 : 79.68 kcal/kg
(2) 물의 증발잠열 : 539 kcal/kg

암 현온잠상

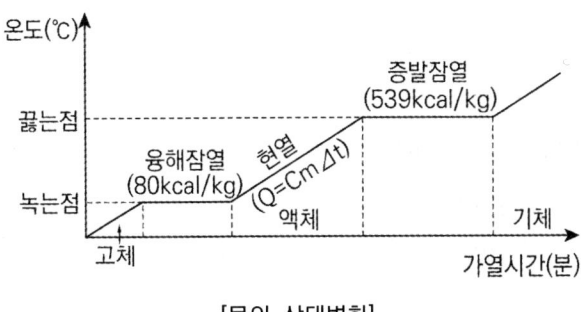

[물의 상태변화]

4 일

1) 일(Work) : 어떤 물체에 힘을 가했을 때 힘의 방향으로 이동한 거리

1 Joule : 1 N(뉴턴)의 힘이 작용하여 1 m의 변위에 해당한 일

> 1 Joule = 1 N × 1 m
> 1 kg$_f$ · m = 1 kg$_m$ × 9.807 m/sec^2 × 1 m = 9.807 N · m
> = 9.807 Joule

5 열역학법칙 ★★★

1) 제0법칙(열평형의 법칙) : 물체의 고온과 저온에서 마침내 열평형을 이룬다.

2) 제1법칙(에너지보존의 법칙) : 일은 열로, 열은 일로 교환할 수 있다.

3) 제2법칙(엔트로피법칙) : 자연계는 비가역적인 변화가 일어난다. 열은 고온에서 저온으로 흐르기 때문에 효율 100 %인 열기관은 존재하지 않는다.

4) 제3법칙 : 절대온도 0도에 이르게 할 수 없다.

6 밀도, 비중

1) 밀도(ρ) : 단위 체적당 차지하는 질량

> $$\rho = \frac{m}{V}$$
> m : 질량[kg, g]
> V : 체적[m^3, L]

⇒ 기체의 밀도(d) = 기체분자량 / 22.4 L

2) 비중 ★

(1) 액비중[kg/L] : 4 ℃ 물의 무게와 같은 체적을 갖는 물질의 무게의 비

(2) 기체의 비중[무차원(단위 없음)] : 기체를 공기와 비교한 값 = 기체분자량/29(공기분자량)

> **Level up**
>
> **증기비중**
>
> (1) 공기에 대한 가스의 무게비(가스무게/공기무게)
>
> | 증기비중 | 공기에 대한 무게 |
> | --- | --- |
> | 증기비중 > 1 | 공기보다 무겁다. |
> | 증기비중 < 1 | 공기보다 가볍다. |
>
> (2) 계산식
>
> $$증기비중 = \frac{분자량}{29} \quad (29 : 공기의 평균 분자량)$$

7 엔탈피

1) 열량을 공급받는 동작유체에서 내부에너지와 유동에너지의 합

2)
$$H = U + pV$$

H : 엔탈피[kcal][kJ] U : 내부에너지[kcal][kJ]
p : 압력[kN/m²] V : 체적[m³]

8 중량G : 중량[kg]

1) $1\ kg_f(중) = 1\ kg \times 9.8\ m/s^2 = 1\ kg \times 9.8\ m/s^2 = 10^3\ g \times 9.8 \times 10^2\ cm/s^2$
$= 9.8 \times 10^5\ g \cdot cm/s^2 (dyne = g \cdot cm/s^2) = 9.8 \times 10^5\ dyne$

보충 $9.8\ kg \cdot m/s^2 = 9.8\ N$

02 가스 기본법칙

1 분자 ★★

1) 분자량 : 분자를 구성하는 원자량의 합

2) 분자 구분

 (1) **단원자분자** : 헬륨(He), 네온(Ne), 아르곤(Ar)

 (2) **이원자분자** : 산소(O_2), 수소(H_2), 질소(N_2)

 (3) **삼원자분자** : 물(H_2O), 이산화탄소(CO_2), 오존(O_3)

2 몰(mol)

1) 물질의 양을 나타내는 단위

2) 아보가드로법칙 : 일정온도와 압력에서 모든 기체분자는 같은 수의 분자가 존재한다.
   ⇒ 0 ℃, 1 atm 모든 기체 1 mol의 부피는 22.4 L이고, 분자 수는 6.02×10^{23}개이다.

3 이상기체법칙 ★★★

※ 이상기체 : 이상기체법칙을 따르는 가상의 기체이며 실제로 존재할 수 없는 기체로 완전기체라고도 함

1) 보일의 법칙 : 일정온도에서 **압력과 부피는 서로 반비례**한다.

$$P_1 V_1 = P_2 V_2$$

P_1 : 변하기 전 압력, P_2 : 변한 후의 압력
V_1 : 변하기 전 부피, V_2 : 변한 후의 부피

2) 샤를의 법칙 : 일정압력에서 **부피는 절대온도에 서로 비례**한다.

$$\frac{V_1}{T_1} = \frac{V_2}{T_2}$$

T_1 : 변하기 전 온도, T_2 : 변한 후의 온도
V_1 : 변하기 전 부피, V_2 : 변한 후의 부피

_암 보온샤압

3) 보일 - 샤를의 법칙 : 기체의 부피는 압력과 서로 반비례하고 절대온도와 정비례한다.

$$\frac{P_1 V_1}{T_1} = \frac{P_2 V_2}{T_2}$$

4) 실제기체 중 온도가 높고 낮은 압력에서 이상기체에 가까운 행동을 한다.

4 돌턴법칙

전체의 압력은 각 성분 분압의 합과 같다.

$$분압(P_a) = 전압 \times \frac{성분기체몰수}{전몰수} = 전압 \times \frac{성분기체부피}{전부피}$$

$$P = \frac{P_1 V_1 + P_2 V_2}{V}$$

5 아마갓법칙(Amagat)

전체 부피는 각 성분 부피의 합과 같다.

6 기체확산속도법칙

$$\frac{U_b}{U_a} = \sqrt{\frac{M_a}{M_b}} = \frac{T_a}{T_b}$$

U_a, U_b : 각 성분기체의 확산속도
M_a, M_b : 각 성분기체의 분자량
T_a, T_b : 각 성분기체의 확산시간

7 헨리의 법칙

1) 용해도가 작은 기체는 일정온도에서 일정 용매에 용해되는 기체 질량이 압력에 비례한다.

2) 기체 용해도 : 온도가 낮고 압력이 높을수록 빠르다.

3) 물에 잘 녹지 않는 기체만 적용된다.

4) 헨리법칙 적용 기체 : 질소(N_2), 수소(H_2), 산소(O_2), 이산화탄소(CO_2) 등

5) 헨리법칙 제외 기체 : 암모니아(NH_3), 황화수소(H_2S), 염화수소(HCl) 등

8 르샤틀리에법칙

어떤 반응에서 평형 상태의 조건(농도, 온도, 압력 등)을 변동시키면 그 변화를 없애는 방향으로 새로운 평형에 도달한다.

9 이상기체 상태방정식 ★★★

STP하에서 모든 기체 1 몰(mol)의 부피는 22.4 L이다.

(1) $PV = nRT$ (이상기체 상태방정식)

(2) 기체상수 $R = \dfrac{PV}{nT} = \dfrac{1atm \times 22.4L}{1mol \times 273K} = 0.0821\ L \cdot atm/mol \cdot K$

(3) 여기서 n은 몰 수이므로 $n = \dfrac{W}{M}$ (W : 질량, M : 분자량)

(4) $PV = \dfrac{W}{M}RT \quad \therefore M = \dfrac{WRT}{PV} = \dfrac{dRT}{P}$

(5) 밀도 $d = MP/RT$

(6) $PV = GRT$

P : 압력[$kg_f/m^2 \cdot a$], V : 체적[m^3], G : 중량[kg_f], T : 절대온도[K]

R : 기체상수 [$\dfrac{848}{M}$ $kg_f \cdot m/kg \cdot K$]

(7) SI단위 : $PV = GRT$

P : 압력[$kPa \cdot a$], V : 체적[m^3], G : 질량[kg], T : 절대온도[K]

R : 기체상수 [$\dfrac{8.314}{M}$ $kJ/kg \cdot K$]

03 연소 및 폭발

1 연소 ★★★

1) 연소 : 가연성 물질이 산소와 결합하여 빛이나 열 또는 불꽃을 내는 현상

2) 연소의 3요소 : 가연성 물질, 산소공급원, 점화원   암 가산점

> **Level up**
>
> (1) 연소의 4요소(불꽃연소)
>   ① 연소가 지속될 수 있는 필수요소
>   ② 연소의 3요소(가연물, 산소공급원, 점화원) + 연쇄반응
>
>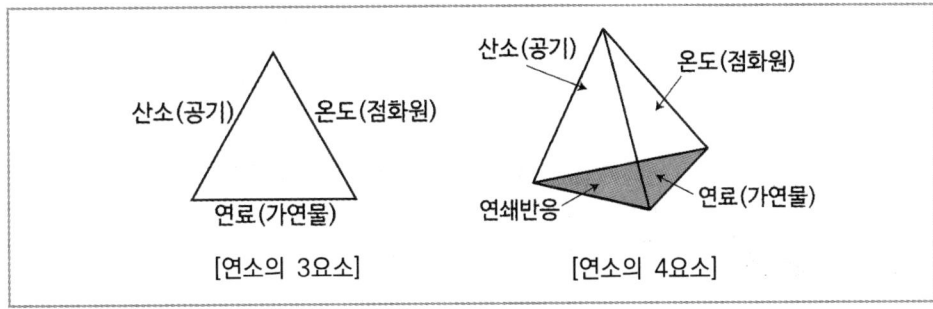
>
> [연소의 3요소]   [연소의 4요소]
>
> (2) 공기성분
>   ① 산소 : 21 %   ② 질소 : 78 %
>   ③ 아르곤 : 0.93 %   ④ 이산화탄소 : 0.04 %
>   ⑤ 기타 : 0.03 %
>
>   TIP 우주 전체에서 가장 풍부한 원소 : 수소(75 %)
>   두 번째로 풍부한 원소 : 헬륨(25 %)

3) 연소의 종류

   (1) 기체의 연소 ★★★

구분	내용	종류
확산연소	가연성 기체가 공기 중으로 확산되며, 공기와 혼합기체를 형성하여 연소	메탄(메테인) 에탄(에테인), 수소
예혼합연소	가연물과 공기가 미리 혼합된 상태로 점화원에 의해 연소되거나 스스로 연소하는 것	가솔린 엔진, 버너

(2) 액체의 연소

구분	내용	종류
액적연소 (분무연소)	액체연료를 분사하면 안개상으로 분무화 되어 공기 접촉 면적을 넓게 하여 연소	벙커C유
증발연소	액체를 가열 시 열에 의해 액체가 증기가 되어 증기가 연소	가솔린, 등유, 경유, 알코올
분해연소	휘발성이 작고, 점성이 큰 액체 가연물이 열분해하여 가스로 분해되어 연소	중유, 아스팔트, 글리세린

(3) 고체의 연소

구분	내용	종류
표면연소 (작열연소)	고체의 표면에서 불꽃을 내지 않고 연소	숯, 코크스, 목탄, 금속분
분해연소	고체 가연물이 온도 상승 시 열분해를 통해 발생하는 가연성 가스가 연소	종이, 목재, 플라스틱, 섬유
증발연소	열분해를 일으키지 않고 그대로 증발하여 연소	황, 나프탈렌, 파라핀
자기연소	물질 내부에 산소를 함유하고 있어 외부의 산소 공급 없이 연소	나이트로셀룰로스, 나이트로글리세린, 질산에스테르류

2 폭발 ★★

1) 폭발 : 급격한 화학 변화 또는 물리 변화를 일으켜 열팽창과 큰 파괴력을 생성하는 현상

2) 폭발의 종류

화학적 폭발	폭발성 혼합가스에 화학적 반응에 의한 폭발
압력의 폭발	압력용기 또는 보일러 팽창탱크폭발
분해폭발	가압에 의해 단일가스로 분리되어 폭발(산화에틸렌, 아세틸렌)
중합폭발	중합반응에 의한 중합열에 의해 폭발(시안화수소)
촉매폭발	촉매의 영향으로 폭발(수소, 염소)

암 분산아줌씨

3 가스폭발

1) 원인 : 온도, 압력, 용기 크기, 가스의 조성 등

2) 인화점과 발화점
   (1) 인화점 : 점화원이 있을 때 연소가 일어나는 최저온도
   (2) 발화점 : 점화원 없이 스스로 연소가 일어나는 최저온도   　　암 발전없다

> **Level up**
>
> (1) 점화원의 정의
>   가연물이 연소를 시작할 때 필요한 에너지를 활성화에너지라 하고, 그 활성화에너지의 공급원을 점화원이라고 한다.
>
> (2) 점화원 형태에 의한 분류
>
> | 구분 | 종류 |
> |---|---|
> | 전기적 점화원 | 유도열, 유전열, 저항열, 아크열, 정전기열, 낙뢰에 의한 열 |
> | 기계적 점화원 | 단열 압축열, 충격, 마찰 스파크 |
> | 화학적 점화원 | 용해열, 분해열, 연소열, 자연 발화열 |
> | 열적 점화원 | 고온 표면, 적외선, 복사열 등 |
>
> (3) 연소점(Fire Point)
>   ① 외부 점화원에 의해 발화 후 연소를 지속시킬 수 있는 최저온도
>   ② 인화점보다 5 ~ 10 ℃ 높고, 불꽃이 최소 5초 이상 지속되는 온도

3) 발화
   (1) 탄화수소 : 탄소수가 많은 분자일수록 발화온도가 낮음
   (2) 최소점화에너지 : 가스가 발화하는 데 필요한 최소의 에너지로 **낮을수록 위험**

4 폭굉 ★★

1) 정의 : 가스 중 음속보다 화염전파속도(폭발속도)가 큰 경우 파면선단에 충격파라는 솟구치는 압력으로 격렬한 파괴작용을 하는 현상

2) 속도 : 1000 ~ 3500 m/sec(수소 : 1400 ~ 3500 m/sec)

3) 폭굉유도거리(DID : Detonation Induction Distance)를 짧게 하는 요인
   (1) 높은 압력
   (2) 큰 연소열량
   (3) 빠른 연소속도
   (4) 작은 관 지름
   (5) 관 속에 장애물이 있을 때

+ Level up

블리브(Boiling Liquid Expanding Vapour Explosion)

액화가스의 급격한 상변화에 따른 폭발현상

(1) 배관 또는 가스설비에서 가연성 가스의 누출에 따라 액화석유가스 저장탱크 주위에 화재 발생
(2) 화재에 의해 저장탱크 내의 액화석유가스가 비등하여 탱크 내 압력 상승
(3) 저장탱크 기상부분이 과열되어 국부적으로 강도 하강
(4) 안전밸브 방출용량을 초과하여 탱크가 파열할 때까지 팽창이 계속 진행
(5) 탱크가 파열되어 탱크 내의 액화석유가스가 돌비현상을 일으키며 블리브 발생

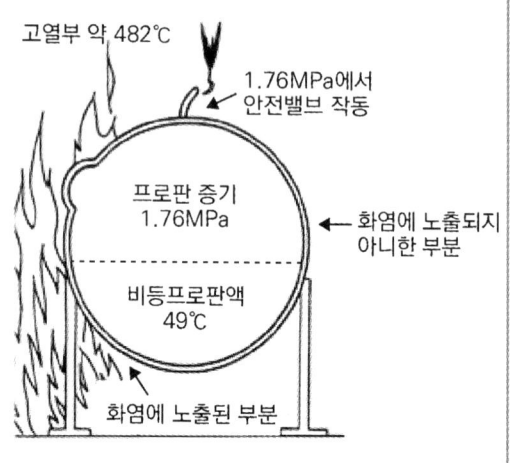

5 가스폭발 범위 ★★★

1) 폭발 범위 : 가연성 가스와 산소 또는 공기 혼합으로 연소, 폭발 일어날 수 있는 범위(%)를 말하며, 낮은 쪽 농도를 연소 하한계, 높은 쪽을 연소 상한계라 한다.

가스명	하한	상한	가스명	하한	상한
부탄(C_4H_{10})	1.8	8.4	산화에틸렌(C_2H_4O)	3	80
프로판(C_3H_8)	2.1	9.5	수소(H_2)	4	75
아세틸렌(C_2H_2)	2.5	81	황화수소(H_2S)	4.3	45
에틸렌(C_2H_4)	2.7	36	시안화수소(HCN)	6	41
에탄(C_2H_6)	3	12.5	일산화탄소(CO)	12.5	74
메탄(CH_4)	5	15	암모니아(NH_3)	15	28

암 십팔팔사[부], [프]트리구오, [아]이고팔자야, [에]이칠쓰루, 삼일이오[에탄], [메]오시오, [싸이렌]삼팔광, [수]사치료, 사삼사오[황], 육사일[시], 씹이나칠세[일산], 일러어이십팔[니아]

+ Level up

원자량

(1) 수소(H) : 1
(2) 탄소(C) : 12
(3) 질소(N) : 14
(4) 산소(O) : 16

각 가스의 분자량은 위의 원자 4가지만 암기하면 계산으로 수월하게 구할 수 있다.

(1) **가스압력이 높을수록** 발화온도는 낮아지고 폭발 범위가 넓어진다.
(2) **일산화탄소는** 압력이 높을수록 폭발 범위가 **좁아진다.**
(3) 가스 압력이 대기압보다 낮아지면 폭발 범위가 좁아진다.

2) 위험도 : 가스의 위험정도를 판단하기 위한 것으로 폭발 범위를 하한계로 나눈 값이다.

$$위험도\ H = \frac{U-L}{L}$$

H : 위험도
U : 폭발상한값[%]
L : 폭발하한값[%]

3) 르샤틀리에법칙 : 혼합가스폭발 한계치를 구하는 식이다.

$$L = \frac{100}{\frac{V_1}{L_1} + \frac{V_2}{L_2}}$$

L : 혼합가스의 폭발한계치
L_1, L_2 : 각 성분 가스의 단독 폭발 한계치
V_1, V_2 : 각 성분 가스의 비율(부피 [%])

4) 안전간격 ★
8 L의 구형 용기 내의 폭발성 혼합가스의 화염전달 여부를 측정하여 화염이 전파되지 않는 간격
(1) 1등급 : 안전간격 0.6 mm 초과(메탄, 에탄, 프로판)
(2) 2등급 : 안전간격 0.4 mm 초과 0.6 mm 이하(에틸렌, 석탄가스)
(3) 3등급 : 안전간격 0.4 mm 이하(수소, 아세틸렌)

04 화재의 종류 ★

1) A급 화재 : 목재, 종이와 같은 일반 가연물의 화재 - 백색
2) B급 화재 : 유류, 가스 화재 - 황색
3) C급 화재 : 전기화재 - 청색
4) D급 화재 : 금속화재 - 색 규정 없음

암 (1) 에일, (2) 비유가, (3) 씨전, (4) 지금

05 가스연소식 ★★★

기체	연소식
메탄(CH_4)	$CH_4 + 2O_2 \rightarrow CO_2 + 2H_2O$
아세틸렌(C_2H_2)	$2C_2H_2 + 5O_2 \rightarrow 4CO_2 + 2H_2O$
에틸렌(C_2H_4)	$C_2H_4 + 3O_2 \rightarrow 2CO_2 + 2H_2O$
프로판(C_3H_8)	$C_3H_8 + 5O_2 \rightarrow 3CO_2 + 4H_2O$
부탄(C_4H_{10})	$2C_4H_{10} + 13O_2 \rightarrow 8CO_2 + 10H_2O$

Chapter 02 가스의 특성

핵심키워드: 아세틸렌, LPG, LNG, 분자량, 비점, 허용농도

학습목표:
1. 각 가스들의 성질과 제법, 용도, 위험성 등에 대해 학습한다.
2. 가스의 분자량과 비점을 암기한다.
3. LC50과 TLV – TWA 기준 독성 가스 허용농도에 대해 학습한다.

01 수소(H_2)

1 수소의 성질 ★★★

1) 상온에서 무색, 무취, 무미인 **가연성 압축가스**
2) **밀도가 작고 가장 가벼운 기체**
3) 액체수소는 극저온으로 연성의 금속 재료를 취화시킴
4) **산소와 수소의 혼합가스를 연소시키면 고온을 얻을 수 있음**

$$2H_2 + O_2 \rightarrow 2H_2O + 135.6 \text{ kcal} : 수소폭명기$$

 ⑴ 수소와 염소 : 염소폭명기
 ⑵ 수소와 불소 : 불소폭명기

5) 고온·고압에서 강재의 탄소와 반응하여 메탄을 생성하는 수소취화현상이 있음

$$Fe_3C + 2H_2 \rightarrow CH_4 + 3Fe : 탈탄작용$$

6) 탈탄작용 방지금속 : <u>Ti, Mo, V, Cr, W</u>

　　　　　　　　　　　　　　　　　　　암 탈탄작용 방지금속 : 티모부끄러워

7) 탈탄작용 방지재료 : <u>5 ~ 6 % 크롬강</u>, <u>18 - 8 스테인리스강</u>

　　　　　　　　　　　　　　　　　　　암 탈탄작용 방지재료 : 오류동끄, 십팔스텡

2 수소의 공업적 제법

1) 수전해법 : 물 전기분해법

2) 수성 가스법 : 석탄, 코크스의 가스화법

3) 석유분해법

4) 천연가스분해법

5) 일산화탄소전화법

3 수소의 용도

1) 공업용으로 사용되는 압축가스

2) 금속 용접 또는 절단에 사용

3) 액체수소일 경우 고온으로 로켓이나 미사일의 추진 연료

4) 수소자동차 등 수소연료전지로 사용

4 수소의 폭발성 및 위험성

1) 염소와 반응하면 폭발(염소폭명기)의 위험

2) 최소발화에너지가 매우 작기 때문에 미세한 영향으로도 폭발할 위험

3) 비독성으로 질식제로 작용

02 산소(O_2)

1 산소의 성질 ★★★

1) 무색, 무취, 무미의 기체

2) 수소와 격렬하게 반응하여 폭발하고 물을 생성

3) 탄소와 화합하면 이산화탄소와 일산화탄소를 생성

4) 자신이 폭발하진 않지만 강한 조연성 가스

2 산소의 제법 ★

1) 물전기 분해   2) 공기 액화 분리 : 비등점 차에 의한 분리
(액화산소 : -183 ℃, 액화아르곤 : -186 ℃, 액화질소 : -196 ℃)

3 산소의 용도

1) 의료계(타 가스에 의한 마취로부터의 소생 등)

2) 잠수 또는 우주탐사 시 호흡용과 연료원

3) 용접, 절단용

4) 로켓 추진의 산화제 또는 액체산소 폭약

4 산소의 폭발성 및 위험성

1) 물질의 연소성은 산소 농도나 분압이 높아질수록 증대하고, 연소속도 증가, 발화온도 저하, 화염온도 상승의 결과를 가져옴

2) 산소과잉이거나 순산소인 경우 인체에 유해

5 산소의 장치 안전

1) 산소압축기의 윤활유 : 물, 10 % 이하의 글리세린수

2) 산소용기재질 : Mn강, Cr강, 18 - 8 스테인리스강

03 질소(N_2)

1 질소의 성질 ★

1) 상온에서 무색, 무취인 기체로 공기 중 약 78.1 % 함유

    공기 중 질소 78 %, 산소 21 %, 아르곤 0.9 %, 이산화탄소 0.03 %, 수소 0.01 % 존재

2) 불연성 기체로 분자 상태에서는 안정적이나 원자 상태는 화학적으로 활발

2 질소의 용도

1) 냉매로 사용

2) 산화방지용 보호제로 사용

3) 기기 기밀시험, 퍼지용으로 사용

04 염소(Cl_2)

1 염소의 성질 ★

1) 상온에서 자극적인 냄새가 있는 황록색의 독성 기체
2) -34 ℃ 이하로 냉각시키거나 6 ~ 8 기압으로 액화하여 액체 상태로 저장
3) 조연성 가스로 취급
4) 수소와 염소가 혼합하면 폭발성을 가짐(염소폭명기)

2 염소의 제조 : 소금전기분해

1) 수은법
2) 격막법

3 염소의 용도

1) 수돗물을 살균
2) 펄프·종이·섬유 표백
3) 공업수나 하수의 정화제

4 염소의 폭발성 및 위험성

1) 염소와 아세틸렌의 접촉 시 자연발화
2) 독성 가스로서 호흡기에 유해
3) 제해제(除害劑) : 소석회, 가성소다수용액, 탄산소다수용액

05 암모니아(NH_3)

1 암모니아의 성질

1) 상온에서 자극이 강한 냄새를 가진 무색의 기체
2) 물에 잘 용해됨
3) 독성이면서 가연성인 가스

2 암모니아의 제법 ★

1) 하버보시법

$$N_2 + 3H_2 \rightarrow 2NH_3 + 23 \text{ kcal}$$

(1) 고압법(60 ~ 100 MPa) : 클로드법, 카자레법
(2) 중압법(30 MPa) : IG법, JCI법, 동고시법, 뉴파우더법
(3) 저압법(15 MPa) : 구우데법, 케로그법

암 ① 고급카레, ② 중아재동고료, ③ 저구케로그

3 암모니아의 용도

1) 질소비료, 황산암모늄 제조
2) 나일론의 원료
3) 흡수식이나 압축식 냉동기의 냉매

4 암모니아 위험성

1) 염산수용액과 반응하면 흰 연기 발생
2) 독성 가스로 최대허용치는 25 ppm
3) 고온·고압에서 질화작용으로 18 - 8 스테인리스강 사용

06 일산화탄소(CO)

1 일산화탄소의 성질 ★

1) 무미, 무취, 무색의 기체
2) 독성이 강하며 **환원성**의 가연성 기체
3) 물에는 잘 녹지 않으며 알코올에 녹음
4) 금속(Fe, Ni)과 반응하면 **금속 카르보닐**을 생성
5) 카르보닐 방지금속 : Cu, Ag, Al

암 일산페닉

2 일산화탄소의 용도

1) 메탄올 합성

2) 포스겐($COCl_2$) 제조

07 이산화탄소(CO_2)

1 이산화탄소의 성질

1) 무미, 무취, 무색의 기체

2) 무독성의 불연성 기체

3) 물에는 녹기 어려움

2 이산화탄소의 제조

1) 일산화탄소 전화반응

2) 석회석 가열

3 이산화탄소의 용도

1) 드라이아이스 제조

2) 요소 원료

3) 탄산수

08 액화석유가스(LPG : Liquefied Petroleum Gas)

1 액화석유가스의 성질 ★★★

1) 프로판, 부탄, 프로필렌, 부틸렌 등을 주성분으로 한 탄화수소

2) 기화 및 액화가 쉬움

3) 공기보다 무겁고 물보다 가벼움(누설 시 낮은 곳으로 모여 인화할 가능성이 있음)

4) 폭발성이 있음

5) 연소 시 다량의 공기 필요

6) 무색, 무취인 가스(부취제 메르캅탄 첨가)

7) 기화하면 체적이 커짐(프로판은 약 250 배, 부탄은 약 230 배)

8) 증발잠열(기화열)이 큼

9) 온도 상승에 따라 액체 체적이 커지므로 용기는 40 ℃를 넘지 않을 것

10) 발화점이 다른 연료보다 높으므로 안전성이 있음

11) 발열량이 큼(12000 kcal/kg)

12) 연소 시 많은 공기가 필요

프로판(C_3H_8)	$C_3H_8 + 5O_2 \rightarrow 3CO_2 + 4H_2O$
부탄(C_4H_{10})	$2C_4H_{10} + 13O_2 \rightarrow 8CO_2 + 10H_2O$

13) 폭발 범위가 좁음

2 액화석유가스의 용도

프로판 : 가정용·공업용 연료, 내연기관 연료

3 액화석유가스의 위험성

1) LPG는 공기보다 무겁기 때문에 누출 시 바닥에 고이게 되므로 특히 주의

2) 가스 누출 시 착화원을 신속히 치우고 밸브를 잠근 후 신속히 환기시킬 것

09 액화천연가스(LNG : Liquefied Natural Gas)

1 액화천연가스의 조성 ★★★

메탄(CH_4)가스가 주성분이며 약간의 에탄과 황화수소, 이산화탄소, 부탄, 펜탄이 있음

2 액화천연가스의 용도

1) 도시가스, 발전용, 공업용 연료로 사용

2) 액화산소, 액화질소 제조

3) 냉동창고, 냉동식품 등 한랭 이용

4) 메탄올, 암모니아 냉각 등 화학 공업 원료

⑩ 아세틸렌(C_2H_2)

1 아세틸렌의 성질 ★★★

1) 3중 결합을 가진 무색의 탄화수소

2) 자기분해를 일으켜 수소와 탄소로 분해

3) 구리(Cu), 수은(Hg), 은(Ag) 등의 금속과 결합하여 금속 아세틸라이드 생성

　　🗂 아구 수은아

4) 습식 아세틸렌 발생기 표면온도는 70 ℃ 이하로 유지

5) 아세틸렌을 2.5 MPa 압력으로 압축 시 메탄, 일산화탄소, 에틸렌, 질소 등의 희석제 첨가

　　🗂 메일 애들이 지랄한다.

6) 아세틸렌의 용제는 아세톤 25배, 알코올 6배, 벤젠 4배, 석유에 2배가 용해

7) 아세틸렌 자연발화온도 : 406 ~ 408 ℃

2 아세틸렌의 제법 ★

1) 주수식 : 카바이드(탄화칼슘)에 물을 첨가하여 제조

2) 투입식 : 물에 카바이드를 첨가하여 제조

3) 침지식 : 카바이드와 물을 소량씩 접촉하여 제조

　　TIP 아세틸렌의 제법 중 연소식은 없음(과년도 오답 선지로 종종 출제됨)

3 아세틸렌의 용도

산소, 아세틸렌염을 이용하여 금속 용접 및 절단에 사용

4 아세틸렌의 발생기 ★

1) 역화방지기 : 역화방지기 내부에 페로실리콘이나 물, 모래, 자갈 사용

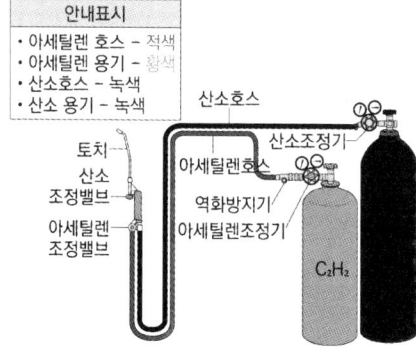

※ 출처 : 안전보건공단

2) 아세틸렌가스 용제 : 아세톤, 디메틸포름아미드(DMF)

3) 아세틸렌가스를 용제에 침윤시킨 다공도 : 75 ~ 92 % 이하   암 아 실어구미호

4) 다공도(%) = [(V − E)/V] × 100(V : 다공 물질 용적, E : 아세톤 침윤시킨 전용적)

5 보충내용

1) 충전 중의 압력은 25 kg/cm² 이하로 할 것(2.5 MPa)

2) 충전 후의 압력은 15 ℃에서 15.5 kg/cm² 이하로 할 것(1.5 MPa)

3) 충전 후 24시간 정치할 것

4) 분해폭발을 방지하기 위해 메탄, 일산화탄소, 질소, 수소 등의 안정제를 첨가할 것

⑪ 프레온(CH_2FCl)

1 프레온의 성질 ★

1) 무색, 무미, 무취의 기체

2) 무독성, 불연성 기체

2 프레온의 용도

냉동기 냉매로 이용

3 헬라이트 토치 램프 색상을 이용한 프레온 누설검사

1) 누설이 없을 때 : 청색

2) 소량누설 : 녹색

3) 다량누설 : 자색

4) 극심할 때 : 불꺼짐

암 청옥자꺼

⑫ 기타가스

1 메탄(CH_4)

1) 공기 중에서 잘 연소함

2) 담청색의 화염을 냄

3) 염소와 반응하여 염소화합물 생성

2 에틸렌(C_2H_4)

1) 물에 녹지 않으며 무색의 **달콤한 냄새**를 가진 가스

2) 중합반응을 일으킴

3 포스겐($COCl_2$) ★★

1) 무색이며 자극적인 냄새를 가진 유독가스

TIP 순수한 포스겐은 무색이며 시판되고 있는 포스겐은 황록색

2) 유독하고 부식성이 있는 가스 생성

4 산화에틸렌(C_2H_4O) ★

1) 상온에서 무색가스이며 고농도에서 자극적인 냄새

2) 액체는 안정하나 기체는 **중합 및 분해폭발**

3) **가연성이며 독성인 가스**(허용 농도 50 ppm)

5 시안화수소(HCN) ★★★

1) 무색의 독성이 강하며 **복숭아 냄새**가 나는 휘발하기 쉬운 가스

2) 장기간 저장 시 중합하여 암갈색의 폭발성 고체가 됨(60일 이내 저장)

3) 폭발 범위는 6 ~ 41 %, 순도 98 % 이상, 즉 수분이 2 % 이상 있어서는 안 됨

4) 중합을 방지하는 안정제로 황산, 염화칼슘, 인산, 오산화인, 동망 등이 있음

6 황화수소(H_2S)

달걀 썩는 냄새가 나는 유독성의 가연성 가스

7 이황화탄소(CS_2)

1) 달걀 썩는 냄새가 나는 폭발성, 연소성 가스

2) 저온에도 강한 인화성이 있음

8 아황산가스(SO_2)

1) 물과 알코올, 에테르에 녹으며 환원성이 있음

2) 표백제, 무기, 유기화합물의 용제로 사용

⑬ 가스의 물성 ★★★

가스이름	분자량	비점	허용농도(ppm)
수소(H_2)	2	-252.8℃	-
헬륨(He)	4	-272℃	-
산소(O_2)	32	-182.97℃	-
질소(N_2)	28	-195.8℃	-
염소(Cl_2)	71	-34℃	1
암모니아(NH_3)	17	-33.4℃	25
일산화탄소(CO)	28	-192.2℃	50
이산화탄소(CO_2)	44	-78.5℃	-
프로판(C_3H_8)	44	-42.1℃	-
부탄(C_4H_{10})	58	-0.5℃	-
메탄(CH_4)	16	-162℃	-
에틸렌(C_2H_4)	28	-103.71℃	-
아세틸렌(C_2H_2)	26	-83.8℃	-
포스겐($COCl_2$)	98.92	8.2℃	0.1
아황산가스(SO_2)	64	-10℃	5
시안화수소(HCN)	27	-25.6℃	10
아황화탄소(CS_2)	76.14	46.25℃	20

Level up

(1) LC 50 : 성숙한 흰쥐 집단에게 대기 중 1시간 동안 노출시킨 경우 14일 이내에 그 쥐의 2분의 1 이상이 죽게 되는 가스 농도

(2) TLV - TWA : 하루 8시간, 주 40시간 노출되어도 건강장해를 일으키지 않는 지표 기준

⑭ 독성 가스 허용농도 ★★★

가스이름	허용농도(ppm) TLV – TWA	허용농도(ppm) LC 50
이산화황	10	2520
요오드화수소	0.1	2860
모노메틸아민	10	7000
디에틸아민	5	11100
염소	1	293
염화수소	5	3120
불화수소	3	966
황화수소	10	712
브롬화메탄	20	850
암모니아	25	7338
일산화탄소	50	3760
산화에틸렌	50	2900
디보레인	0.1	80
세렌화수소	0.05	2
불소	0.1	185
시안화수소	10	140
알진	0.05	20
포스겐	0.1	5
니켈카르보닐	-	35
포스핀	0.3	20
오존	0.1	9

※ 독성 가스 : LC 50 허용농도 5000 ppm 이하

※ 맹독성 가스 : LC 50 허용농도 200 ppm 이하

Chapter 03 가스설비 01

 압축기, 윤활유, 펌프 상사법칙, 강제기화장치, 가스홀더, 부취제

1. 압축기 종류와 특징에 대해 학습한다.
2. 왕복동압축기피스톤 압출량을 계산할 수 있다.
3. LP가스 이송 3가지방법에 대해 학습한다.
4. 펌프 상사법칙을 이해하고 계산할 수 있다.
5. 자연기화방식과 강제기화방식의 차이에 대해 설명할 수 있다.
6. 가스홀더와 부취제에 대해 학습한다.

01 압축기

1 압축기 분류

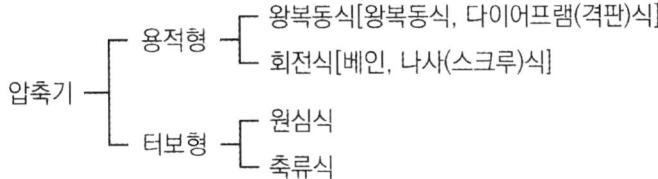

Level up

압축기

토출압력 0.1 MPa 이상으로 기계적인 에너지를 기체에 전달하여 압력과 속도를 높이는 기계이며 고압가스의 제조와 충전시설 등에 사용됨

(1) 왕복동식 압축기 : 실린더 내의 피스톤의 왕복운동에 따라 개폐하는 흡입밸브와 토출밸브에 의해 기체를 압축

(2) 원심식 압축기 : 임펠러의 회전에 의한 원심력에 의해 기체를 압송하며 고속회전으로 운전되기 때문에 강도와 정밀도가 요구됨

(3) 회전식 압축기 : 회전자의 회전에 의해 가스가 압축

1) 용적형 압축기 : 일정용적 실내에 기체를 흡입한 후 흡입구를 닫아 기체를 압축하면서 다른 토출구에서는 압출을 반복하는 형식

※ 스카치요크형 : 실린더 내 피스톤의 왕복운동에 의해 기체를 흡입·압축·토출하는 방식

(1) 왕복압축기 특징 ★★★

① 고압을 얻을 수 있음

② 압축기 **효율**이 높음

③ 용량조절이 용이하고 범위가 넓음

④ 기체의 송출에 맥동이 있으므로 방진장치가 필요

⑤ 저속회전이며, 형태가 크고 중량이 무겁고, 고가이며 설치 면적이 큼

⑥ 용적형

⑦ 윤활유식 또는 무급유식

2) 터보형 압축기 : 기계에너지를 회전에 의해 기체의 압력과 속도에너지로 전하고 압력을 높이는 형식이며 원심식과 축류식이 있음

(1) 터보형 원심식 압축기 : 임펠러의 출구각이 90°보다 적을 때

(2) 터보형 축류식 압축기 : 임펠러 회전 시 기체가 한 방향으로 압출되어 흐르는 형식

① 무급유식이며 원심형

② 기체의 맥동이 없고 연속적임

③ 용량조절이 가능하나 비교적 어렵고 범위도 좁음

④ 대용량에 적당하고 설치면적이 적음

⑤ 서징현상이 있으므로 운전 중 주의할 것

⑥ 고속회전이므로 형태가 적고 경량

2 왕복동압축기피스톤 압출량 ★★

이론적 피스톤 압출량	실제적 피스톤 압출량	기호
$V = \frac{\pi}{4} D^2 \times L \times N \times n \times 60$	$V = \frac{\pi}{4} D^2 \times L \times N \times n \times 60 \times \eta$	D : 피스톤 지름[m] L : 행정 거리[m] N : 분당 회전수[rpm] n : 기통수 η : 체적효율(항상 < 1) V : 피스톤 압출량[m^3/hr]

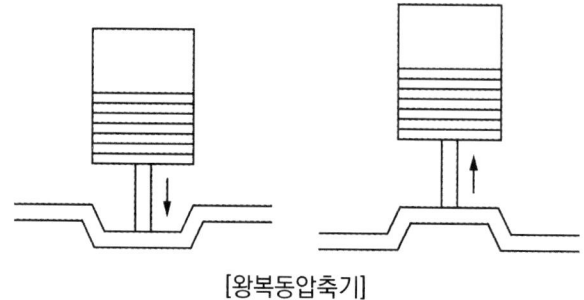

[왕복동압축기]

1) 왕복동압축기의 소요동력과 효율

　(1) 압축효율(η_C) = $\dfrac{\text{이론동력(이론상 가스압축에 필요로 하는 동력)}(N)}{\text{지시동력(실제로 가스압축 시 필요로 하는 동력)}(N')}$

　(2) 기계효율(η_m) = $\dfrac{\text{지시동력}(N')}{\text{축동력(압축기의 운전에 필요로 하는 동력)}(N_S)}$

　(3) 체적효율(n_v) = $\dfrac{\text{실제가스 흡입량}}{\text{이론 가스 흡입량}}$

　※ $N' = \dfrac{N}{\eta_C}$, $N_s = \dfrac{N'}{\eta_m} = \dfrac{N}{\eta_C \times \eta_m}$

2) 가스의 압축방식

　(1) 등온압축 : PV^n = 일정
　　압축하는 동안 가해지는 열량을 방출하는 상태에서 압축 전후의 온도 차가 없도록 하는 압축방식이나 실제로는 불가능한 압축이며, 일량, 온도 상승이 최소가 됨

　(2) 단열압축
　　가스 압축 중 열이 외부로 방출되지 않게 하여 압축하는 방법이며, 소요일량, 온도의 상승, 압력의 상승 비율이 가장 크나 실제적으로는 불가능한 압축

　(3) 폴리트로프압축
　　실제적인 압축방식이며, 등온압축과 단열압축의 중간형태의 압축방식으로 압축 중에 가해지는 열량, 온도의 상승, 압력의 상승은 중간이나 단열압축으로 취급

3 중요가스 윤활유 ★★★

> **Level up**
>
> **윤활유 목적**
> (1) 과열압축 방지　　　　　(2) 마찰저항 감소
>
> **윤활유 구비조건**
> (1) 화학적으로 안정적일 것　(2) 인화점이 높을 것
> (3) 응고점이 낮을 것　　　　(4) 점도가 적당할 것　　　(5) 경제적일 것

1) 공기 : 양질의 광유

2) 아세틸렌 : 양질의 광유

3) 수소 : 양질의 광유

4) 산소 : 10 % 이하의 묽은 글리세린수 또는 물

5) 염소 : 진한 황산
　　　　　　　　　　　　　　　　　　　　　　　암 공유, 아유, 수유, 산물, 염황

4 압축비와 다단압축

1) 압축비가 클 때 미치는 영향
   (1) 토출가스의 온도가 상승
   (2) 압축기의 과열로 체적효율 감소
   (3) 체적효율의 감소로 압축기 능력 저하

   $$\text{압축비 } a = \sqrt[n]{\frac{P_2}{P_1}}$$

   n : 단수
   P_1 : 흡입압력
   P_2 : 토출압력

2) 다단압축 장점
   (1) 소요일량 절감
   (2) 힘의 평형 양호
   (3) 압축비 감소로 인한 효율 증가
   (4) 토출가스온도상승 방지

   > **Level up**
   >
   > 압축비 증대 시
   > (1) 체적효율 저하
   > (2) 소요동력 증대
   > (3) 토출량 감소

02 LP가스 이송장치

1 차압에 의한 방법

펌프 등을 사용하지 않고 탱크 자체 압력을 이용하는 방법

2 액펌프에 의한 방법 ★★★

1) 펌프의 종류
   (1) 기어펌프, 벤펌프(베인펌프)
   (2) 원심펌프 : 임펠러의 회전에 의함
       ① 직렬 연결 : 양정 증가, 유량 일정
       ② 병렬 연결 : 양정 일정, 유량 증가

   암기 직양증, 병양일

유량	양정	동력
유량= $Q_1(\frac{N_2}{N_1})(\frac{D_2}{D_1})^3$	양정= $H_1(\frac{N_2}{N_1})^2(\frac{D_2}{D_1})^2$	동력= $L_1(\frac{N_2}{N_1})^3(\frac{D_2}{D_1})^5$

암 유양동 123

 (3) 압력조정기 : 기화부에서 나온 가스를 소비 목적에 따라 일정 압력으로 조정함

 (4) 안전밸브 : 기화장치 내압이 이상 상승했을 때 장치 내 가스를 외부로 방출

2) 펌프 사용의 장점

 (1) 재액화현상이 일어나지 않음

 (2) 드레인현상이 없음

3) 펌프 사용의 단점

 (1) 충전시간이 길음

 (2) 잔가스 회수 불가

 (3) 베이퍼록현상이 일어나 누설의 원인

3 압축기에 의한 방법

1) 압축기 사용의 장점

 (1) 펌프에 비해 충전시간이 짧음

 (2) 잔가스 회수 가능

 (3) 베이퍼록현상이 생기지 않음

2) 압축기 사용의 단점

 (1) 부탄의 경우 저온에서 재액화현상

 (2) 드레인현상이 생김

4 LP압축기 부속장치 ★

1) 액트랩 : 가스 흡입 측에 설치하며 실린더의 앞에서 액과 드레인을 가스와 분리

2) 사방밸브 : 압축기의 토출 측과 흡입 측을 전환시키는 밸브로서 액송과 가스회수를 한 동작으로 가능

03 LP가스 공급방식

> **Level up**
> (1) 프로판의 비등점 : -42 ℃
> (2) 부탄의 비등점 : -0.5 ℃

1 자연기화방식

1) 용기 내 LP가스가 대기 중의 열을 흡수하여 기화하는 간단한 방식

2) LP가스 : 비등점이 낮기 때문에 대기에서도 쉽게 기화

3) 특징
   (1) **소량 소비 시에 적당**
   (2) 가스의 조성 변화량이 큼
   (3) 발열량의 변화가 큼
   (4) 용기 수가 많이 필요

2 강제기화방식 ★★★

> **Level up**
> (1) 생가스 공급방식
> (2) 공기혼합가스 공급방식
> (3) 변성 가스 공급방식

1) 용기 또는 탱크에서 액체의 LP가스가 도관을 통하여 기화기에 의해 기화하는 방식

2) 공기혼합가스 공급방식 : 공기혼합가스는 기화기, 혼합기에 의해 기화한 부탄에 공기를 혼합하여 만들며 다량 소비에 유효

3) 공기혼합가스 공급 목적
   (1) **발열량 조절**
   (2) **누설 시의 손실 감소**
   (3) **재액화 방지**
   (4) **연소효율 증대**

3 LP가스 공기혼합설비

※ 혼합기 : 기화시킨 부탄을 공기와 혼합. 기화기와 하나의 장치로 사용하는 경우가 많음

1) 벤투리믹서 : 기화한 LP가스는 일정압력으로 노즐에서 분출시켜 노즐 내를 감압함으로써 공기를 흡입하여 혼합하는 형식

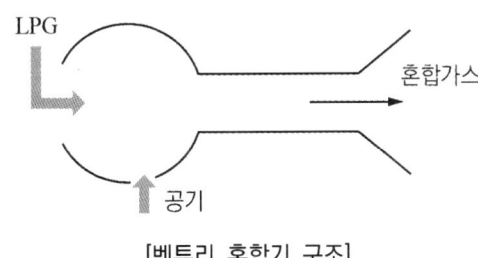

[벤투리 혼합기 구조]

2) 플로믹서 : LP가스 압력을 대기압으로 플로함으로써 공기와 함께 흡입하는 방식

04 가스홀더

1 가스홀더의 종류 ★★

제조 공장에서 제정된 가스를 저장하여 균일하게 질을 유지하며 **제조량과 수요량을 조절하는 저장탱크**

1) 유수식 가스홀더
   (1) 저압 제조설비에 많이 사용
   (2) 구형에 비해 유효가동량이 많음
   (3) 물이 많이 필요하기 때문에 비용이 많이 들음
   (4) 가스가 건조해지면 수조의 수분을 흡수

2) 무수식 가스홀더
   탱크 내부 가스는 피스톤이나 다이어프램 밑에 저장되고 가스량의 증감에 따라 피스톤이 상하 왕복운동하며 가스압력을 유지
   (1) **수조가 없으므로** 기초가 간단하며 설비 절감
   (2) **건조한** 상태에서 가스 저장 가능
   (3) **대용량에 적합**
   (4) 유수식에 비해 작동 중 가스압 일정

3) 고압식 홀더(서지탱크)

가스를 압축하여 저장하는 탱크이며 고압홀더로부터 가스 압송을 할 때는 고압 정압기를 사용하여 압력을 낮추어 공급

2 가스홀더의 기능

일정한 제조 가스량을 안정하게 공급하고 남은 가스를 저장

3 압송기

가스탱크에서 도관으로 도시가스가 공급될 때 압력이 가스홀더의 압력보다 낮기 때문에 가스 공급지역이 넓은 경우 가스 압력이 부족하여서 압송기를 사용해 공급

1) 종류
 (1) 터보 압송기 : 임펠러의 회전에 의해 가스압을 높이는 방식
 (2) 가동날개형 회전 압송기

2) 용도
 (1) 원거리 수송
 (2) 재승압
 (3) 도시가스 홀더 압력으로 피크시 가스 홀더 압력만으로 전 필요량을 보낼 수 없을 때

05 도시가스 부취제 ★★★

1 부취제의 정의

일종의 방향 화합물로 가스에 첨가하여 냄새로 확인 가능하도록 하는 물질

2 부취제의 종류

1) TBM(Teritary Butyl Mercaptan) : 양파 썩는 냄새

2) THT(Tetra Hydro Thiophene) : 석탄가스냄새

3) DMS(Dimethyl Sulfide) : 마늘냄새

> 암 1) TBM : B 안에 양파 두 개
> 2) THT : 석탄 T
> 3) DMS : 마늘 M

3 부취제의 구비조건

1) 독성이 없을 것

2) 극히 낮은 농도에서도 냄새가 확인될 수 있을 것

3) 가스미터나 가스관에 흡착되지 않을 것

4) 물에 잘 녹지 않을 것

5) 화학적으로 안정될 것

6) 토양에 대해 투과성이 클 것

7) 연료가스연소 시 완전연소될 것

4 부취제의 농도

액화석유가스 누설 시 용량의 1/1000 상태에서 감지하도록 냄새 나는 물질을 섞어 충전

5 부취제의 취기 강도

1) TBM : 취기 강도가 가장 강함

2) THT : 취기 강도 보통

3) DMS : 취기 강도 약함

6 부취제의 주입방법

1) 액체주입식 부취설비
   (1) 펌프주입방식
   (2) 적하(중력)주입방식
   (3) 미터연결 바이패스방식

2) 증발식 부취설비
   (1) 바이패스 증발식
   (2) 위크 증발식(심지 증발식)

7 부취설비의 관리(부취제를 엎질렀을 때)

1) 활성탄에 의한 흡착

2) 화학적 산화처리

3) 연소법

Chapter 04 가스설비 02

핵심키워드 조정기, 유량계산, 스케줄번호, 기화장치, 정압기

학습목표
1. 조정기의 기능과 목적, 종류별 특징과 조정압력에 대해 학습한다.
2. 저압배관의 유량계산식을 이해하고 직접 계산할 수 있다.
3. 연소기구의 이상현상과 특징, 원인에 대해 학습한다.
4. 도시가스 제조방식에 대해 학습한다.
5. 도시가스 공급방식의 분류와 가스홀더에 대해 학습한다.
6. 정압기의 기능, 종류별 특징, 특성 3가지에 대해 학습한다.

01 조정기

1 조정기 기능

1) 용기로부터 연소기구에 공급되는 가스 압력을 적당한 압력까지 **감압**
2) 공급압력을 유지하고 소비가 중단되었을 때 가스 **차단**

2 조정기 목적

가스 유출압력을 조정하여 안정된 연소를 도모하기 위해 사용

3 조정기 종류 ★★★

1) 1단 감압식 조정기 : 용기 내 가스압력을 한 번에 소요압력으로 감압하는 방식
   (1) 1단 감압식 저압 조정기 : 단단 감압에 의해 일반소비자에게 LP가스 공급 시 사용
   (2) 1단 감압식 준저압 조정기 : 액화석유가스를 일반 소비자 등에게 생활용 이외의 것으로 사용하는 데 쓰이는 조정기

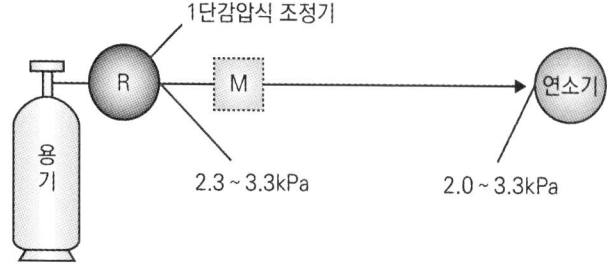

※ 출처 : 한국가스안전공사

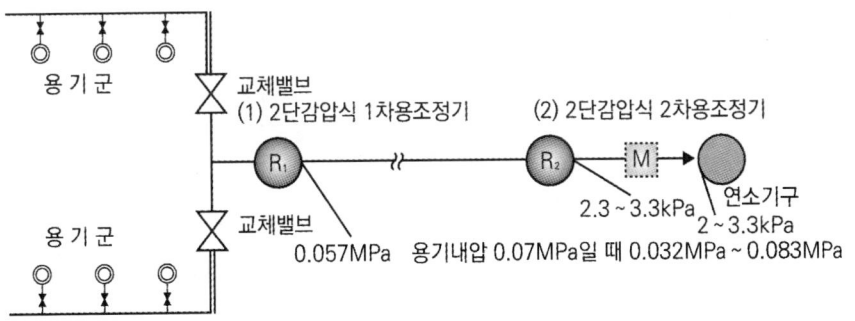

※ 출처 : 한국가스안전공사

(3) 1단 감압방법

장점	단점
• 장치가 간단 • 조작이 간단	• 배관이 비교적 굵음 • 최종 압력에 정확을 가하기 힘듦

암기 조가 장가간다

2) 2단 감압식 조정기 : 용기 내 가스압력을 소요압력보다 높은 압력으로 감압한 후 다음 단계에서 소요압력까지 감압하는 방식

　(1) 2단 감압용 1차 조정기 : 2단 감압식의 1차용으로 사용됨

　(2) 2단 감압용 2차 조정기 : 2단 감압식의 2차 측으로 사용됨

　(3) 2단 감압방법

장점	단점
• 공급 압력이 안정 • 중간 배관이 가늘어도 됨 • 각 기구에 알맞게 압력 강하 보정 가능	• 설비가 복잡 • 재액화의 문제 • 검사방법 복잡

3) 자동절환식 조정기 : 사용 측에서 소요가스 소비량을 충분히 댈 수 없을 때 자동적으로 예비 측 용기로부터 보충하기 위한 방법

4) 자동절환식 조정기 장점

　(1) 용기 교환주기 폭을 넓힐 수 있음

　(2) 전체 용기 수량이 수동교체식보다 적음

　(3) 잔액이 거의 없어질 때까지 소비

　(4) 단단 감압식보다 압력손실을 크게 할 수 있음

4 조정기 조정압력 ★★★

구분	종류	1단 감압식	
		저압조정기	준저압조정기
입구압력	하한	0.07 MPa	0.1 MPa
	상한	1.56 MPa	1.56 MPa
출구압력	하한	2.3 kPa	5 kPa
	상한	3.3 kPa	30 kPa
내압시험	입구 측	3 MPa 이상	3 MPa 이상
	출구 측	0.3 MPa 이상	0.3 MPa 이상
기밀시험 압력	입구 측	1.56 MPa 이상	1.56 MPa 이상
	출구 측	5.5 kPa	조정압력 2배 이상
최대폐쇄압력		3.5 kPa	조정압력 1.25배 이하

구분	종류	자동절체식		
		분리형 조정기	일체형 저압 조정기	일체형 준저압 조정기
입구압력	하한	0.1 MPa	0.1 MPa	0.1 MPa
	상한	1.56 MPa	1.56 MPa	1.56 MPa
출구압력	하한	0.032 MPa	2.55 kPa	5 kPa
	상한	0.083 MPa	3.3 kPa	30 kPa
내압시험	입구 측	3 MPa 이상	3 MPa 이상	3 MPa 이상
	출구 측	0.8 MPa 이상	0.3 MPa 이상	0.3 MPa 이상
기밀시험 압력	입구 측	1.8 MPa 이상	1.8 MPa 이상	1.8 MPa 이상
	출구 측	0.15 MPa 이상	5.5 kPa 이상	조정압력의 2배 이상
최대폐쇄압력		0.095 MPa 이하	3.5 kPa	조정압력의 1.25배 이하

TIP 조정기 입구압력과 출구압력을 종류에 따라 구분하여 전부 암기할 것

02 기화장치

1 개요

1) 기화기 또는 증발기 등으로 불림

2) 용기 내 액체가스를 전열, 온수 또는 증기 등으로 가열하여 증발시켜 가스화시키는 것

3) 자연기화방식보다 설치공간이 작아짐

2 기화장치의 장점 ★★

1) 한랭 시 충분히 기화 가능

2) 기화량 가감 가능

3) 가스 조성이 일정

4) 자연기화보다 적은 용기 수, 설치면적이 작아도 됨

> **Level up**
>
> **자연기화방식**
> (1) 용기 내 LP가스가 대기 중의 열을 흡수하여 기화하는 간단한 방식
> (2) LP가스 : 비등점이 낮기 때문에 대기에서도 쉽게 기화
> (3) 특징
>   ① 소량 소비 시에 적당　　② 가스의 조성 변화량이 큼
>   ③ 발열량의 변화가 큼　　④ 용기 수가 많이 필요

3 기화장치의 구조

1) 기화부 : 액체 상태의 LP가스를 열교환기에 의해 가스화시키는 부분

2) 열매온도제어장치

3) 열매과열 방지장치

4) 액유출 방지장치

5) 안전변 : 기화장치 내압이 이상 상승했을 때 장치 내 가스를 외부로 방출하는 장치

6) 압력조정기 : 기화부에서 나온 가스를 일정 압력으로 조정하는 장치

4 기화장치의 분류

1) 가온 감압방식 : 열교환기에 액체 상태의 LP가스를 들여보낸 후 기화된 가스를 가스용 조절기에 의해 감압 공급하는 방식

2) 감압 가열방식 : 액체 상태의 LP가스를 조정기 또는 팽창변동을 통해 감압하여 온도를 내려 열교환기에 도입시켜 온수 등으로 가온하여 기화하는 방식

03 배관설비

1 배관 내의 압력손실

1) 마찰저항에 의한 압력손실 ★★

$$H = \frac{Q^2 S L}{K^2 D^5}$$

Q : 가스의 유량[m³/hr], D : 관안지름[cm]
H : 압력손실[mmH₂O], S : 가스의 비중
L : 관의 길이[m], K : 폴의 정수(0.707)

(1) 유량의 2승에 비례
(2) 관의 길이에 비례
(3) 관 안지름의 5승에 반비례
(4) 관 내벽의 상태과 관계 있음
(5) 유체의 점도와 관계 있음
(6) 압력과는 관계가 없음

2) 입상배관에 의한 압력손실 ★★

$$H = 1.293(S - 1)h$$

H : 가스의 압력손실[mmH₂O]
S : 가스의 비중
h : 입상높이[m]

2 유량계산

1) 저압배관 ★★★

$$Q = K \sqrt{\frac{D^5 H}{SL}}$$

Q : 가스의 유량[m³/hr], D : 관안지름[cm]
H : 압력손실[mmH₂O], S : 가스의 비중
L : 관의 길이[m], K : 폴의 정수(0.707)

2) 중·고압배관

$$Q = K\sqrt{\frac{D^5(P_1^2 - P_2^2)}{SL}}$$

Q : 가스의 유량[m³/hr]　　D : 관안지름[cm]
P_1 : 초압[kg/cm²a]　　P_2 : 종압[kg/cm²a]
S : 가스의 비중　　L : 관의 길이[m]
K : 콕의 정수(52.31)

3 배관의 스케줄번호 SCH ★★★

$SCH = 10\dfrac{P}{S}$ 이때 S : 허용응력[kg/mm²], P : 사용압력[kg/cm²]

$SCH = 100\dfrac{P}{S}$ 이때 S : 허용응력[kg/mm²], P : 사용압력[MPa]

$SCH = 1000\dfrac{P}{S}$ 이때 S : 허용응력[kg/mm²], P : 사용압력[kg/mm²]

※ S = 인장강도/4

04 연소기구의 이상현상

1 역화

염이 염공을 통해 버너의 혼합관 내에 불타며 들어오는 현상

2 역화의 원인

1) 염공이 크게 된 경우

2) 가스 공급압력이 저하되었을 때

3) 버너가 과열되어 혼합기온도가 상승한 경우

4) 구경이 작게 된 경우

5) 댐퍼가 과다하게 열려 연소속도가 빨라진 경우

TIP 구경과 염공을 잘 구분할 것

3 선화(Lifting)

가스가 염공을 떠나서 연소하는 현상

4 선화의 원인

1) 버너의 압력이 높은 경우

2) 가스 공급압력이 높은 경우

3) 구경이 크게 된 경우

4) 연소가스 배출 불안전한 경우 또는 2차 공기 공급이 불충분한 경우

5) 공기조절장치를 많이 열었을 경우

5 LP가스 불완전연소 원인

1) 공기 공급량 부족

2) 배기 불충분

3) 가스 조성이 맞지 않을 때

4) 가스기구와 연소기구가 맞지 않을 때

6 블로오프

불꽃 주변 기류에 의해 염공에서 떨어져 연소하는 현상

7 옐로팁

불완전연소 시에 적황색 불꽃으로 되는 현상

05 도시가스 제조

1 가스화방식에 의한 분류

1) **열분해 공정** : 나프타, 원유, 중유 등의 분자량이 큰 탄화수소 원료를 고온으로 분해하여 고열량의 가스를 제조하는 공정

2) **접촉분해 공정** : 촉매를 사용하여 사용온도 400 ~ 800 ℃에서 탄화수소와 수증기와 반응하여 수소, 메탄, 일산화탄소, 에틸렌, 탄산가스, 에탄, 프로필렌 등의 저급 탄화수소로 변환시키는 방법

3) **부분연소 공정** : 메탄에서 원유까지는 원료를 가스화하는 것으로 산소 또는 공기 및 수증기를 이용하여 메탄, 수소, 일산화탄소, 이산화탄소로 변환하는 방법

4) 수소화분해 공정 : 수소기류 중 탄화수소 원료를 열분해 또는 접촉분해하여 메탄을 주성분으로 하는 고열량의 가스를 제조하는 방법

5) 대체천연가스 공정 : 천연가스 이외의 석탄, 원유, 나프샤, LPG 등의 각종 탄화수소 원료에서 천연가스와 물리적, 화학적 성질이 거의 비슷한 가스를 제조하는 것

2 원료의 송입법에 의한 분류

1) 연속식 : 원료가 연속적으로 송입되고 가스도 연속으로 발생

2) 배치식 : 일정량의 원료를 가스화하는 방법

3) 사이클릭식 : 연속식과 배치식의 중간적인 방법

3 가열방식에 의한 분류

1) 외열식 : 원료가 들어 있는 용기를 외부에서 가열하는 방법

2) 축열식 : 반응기를 충분히 가열한 후 원료를 송입하여 가스화하는 방법

3) 부분연소식 : 원료의 일부를 연소시켜 그 열을 가스화 열원하는 방법

4) 자열식 : 발열반응에 의해 가스를 발생시키는 방식

06 도시가스 공급설비

1 공급방식의 분류

1) 저압 공급방식 : 0.1 MPa 미만

2) 중압 공급방식 : 0.1 ~ 1 MPa 미만

3) 고압 공급방식 : 1 MPa 이상

2 LNG 기화장치

1) 오픈랙 기화법 : 베이스로드용으로 바닷물을 열원으로 사용

2) 중간매체법 : 베이스로드용으로 프로판, 펜탄 등을 사용

3) 서브머지드법 : 피크로드용으로 액중 버너 사용

3 가스홀더의 기능 ★

1) 공급설비의 일시적 중단에 대하여 어느 정도 **공급량 확보**
2) 공급가스의 성분, 열량, 연소성 등의 **성질을 균일화함**
3) 소비지역 근처에 설치하여 **피크 시 공급, 수송효과를 얻음**
4) 가스수요의 시간적 변동에 대하여 공급가스량 확보

4 정압기의 기능 ★

1차 압력 및 부하유량 변동에 관계없이 2차 압력을 일정하게 유지시키는 기능

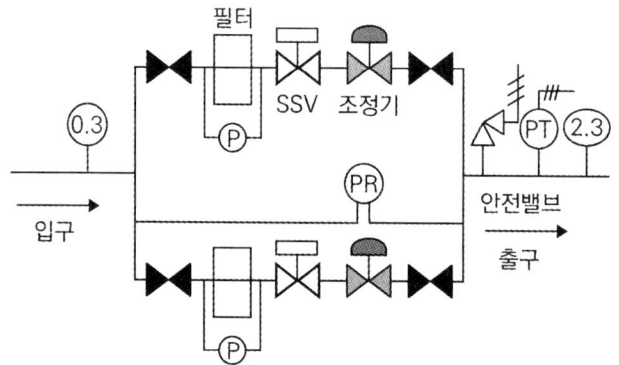

5 정압기의 종류 및 특징 ★★★

1) 직동식 정압기
   (1) 구조가 간단하며 경제적
   (2) 유지관리가 용이하여 널리 쓰임
   (3) 출구압을 일정하게 유지하기가 어려운 것이 단점
   (4) 기본 구성요소 : 메인밸브, 스프링, 다이어프램

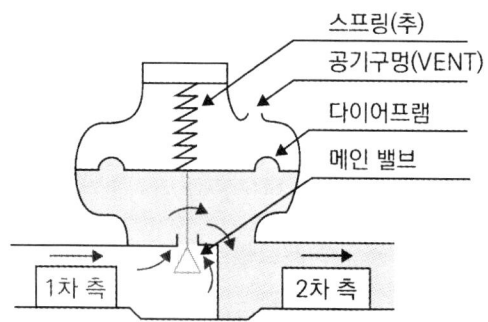

2) 피셔식(Fisher) 정압기
   (1) 언로딩(Unloading)형과 로딩(Loading)형이 있음
   (2) 구동압력이 증가하면 개도도 증가
   (3) 로딩형 정압기 : 정특성, 동특성이 양호하며 비교적 **콤팩트한 구조**

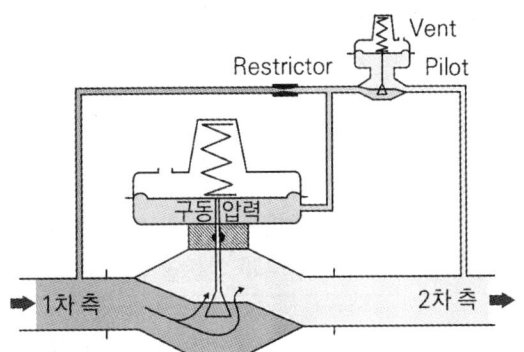

3) 액시얼 - 플로우 정압기(AFW : Axial Flow Valve)
   (1) 정특성, 동특성이 양호
   (2) 고차압이 될수록 특성이 양호
   (3) **소형이며 극히 콤팩트**

4) 레이놀즈식(Reynolds) 정압기
   (1) **언로딩(Unloading)형**
   (2) **정특성은 좋으나 안정성이 떨어짐**
   (3) 다른 형식에 비하여 크기가 큼

5) 파일럿식 기본 구성요소 : 파일럿, 스프링, 다이어프램

> **Level up**
> (1) 정압기 사용최대차압 : 메인밸브에 1차 압력과 2차 압력의 최대차압
> (2) 정압기 작동최소차압 : 정압기가 작동 가능한 최소차압

6 정압기의 특성 ★★★

1) 정특성 : 정상 상태에서 유량과 2차 압력과의 관계

2) 동특성 : 부하변동에 대한 응답의 신속성과 안정성 요구

3) 유량특성 : 메인밸브의 열림과 유량과의 관계

> **Level up**
>
> **정특성의 종류**
> (1) 시프트 : 1차 압력의 변화에 의하여 정압곡선이 전체적으로 어긋나는 것
> (2) 로크업 : 유량이 0으로 되었을 때 끝맺음 압력과 기준압력과의 차
> (3) 오프셋 : 유량이 변화했을 때 2차 압력과 기준압력과의 차

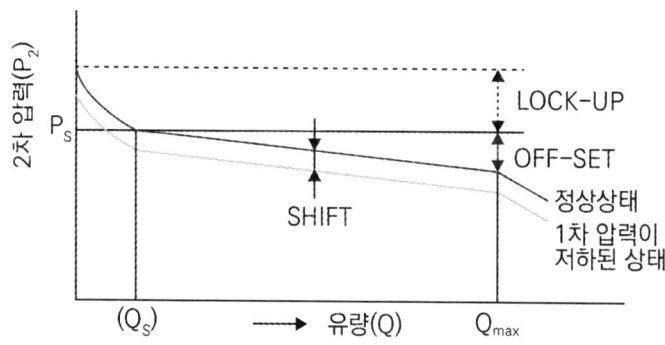

Chapter 05 가스설비 03

핵심키워드 왕복펌프, 공동현상, 수격작용, 축동력, 마찰손실수두, 비파괴검사, 분젠식 연소, 신축이음

학습목표
1. 펌프의 종류별 특징에 대해 학습한다.
2. 펌프에서 발생하는 현상과 발생조건, 방지방법에 대해 학습한다.
3. 펌프의 축동력과 회전수를 계산할 수 있다.
4. 공기액화분리장치의 폭발 원인을 암기한다.
5. 고압가스장치 재료와 비파괴검사 종류에 대해 학습한다.
6. 이음매 없는 용기와 용접용기의 특징에 대해 학습하고 가스 종류별 용기 재질, 충전용기 안전장치를 암기한다.
7. 배관의 부식과 방지에 대해 학습한다.
8. 연소방식 4가지와 특징에 대해 학습한다.
9 가스배관, 밸브에 대해 학습한다.

01 펌프

1 펌프의 분류

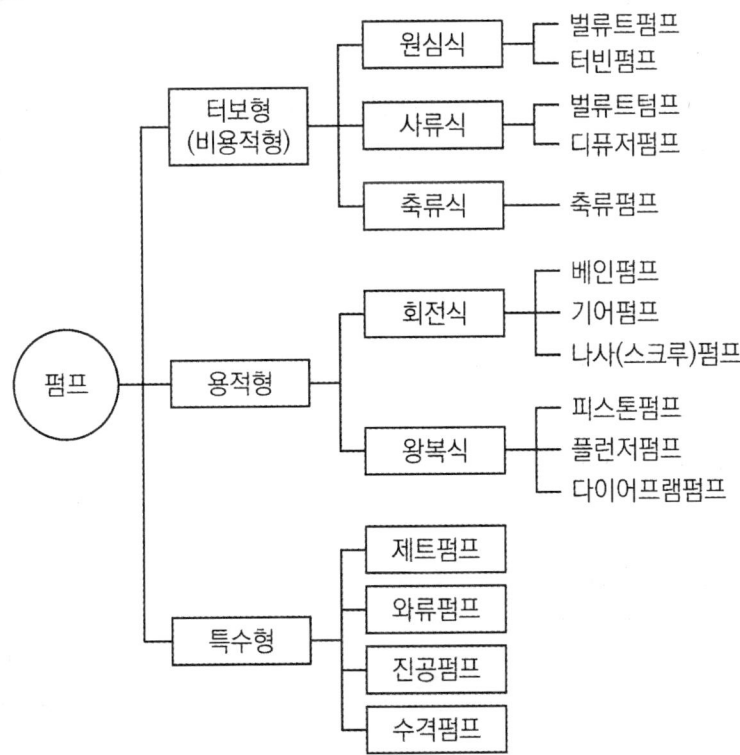

+ Level up

펌프

액체에 에너지를 주어 저압부에서 고압부로 송출하는 기계

(1) 원심펌프 : 액체로 충만된 공간을 임펠러가 회전하면서 원심작용이 증가되어 기계적 에너지를 부여하여 수송하는 펌프
(2) **왕복펌프** : 피스톤의 왕복운동에 의해 액체를 흡입하여 필요한 압력으로 송출하는 펌프(고압에 사용)
(3) 기어펌프 : 두 개의 톱니바퀴를 맞물려 한쪽을 구동하고 다른 쪽은 반대방향으로 회전하는 간단한 펌프
(4) 베인펌프 : 회전자가 회전할 때 원심력에 의해 압착되면서 회전하는 펌프
(5) 나사펌프 : 나사를 맞물려 사용하는 펌프

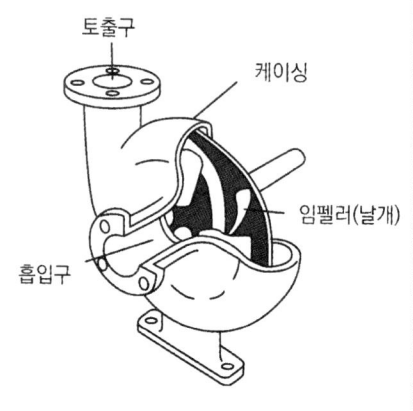

1) 축류식 펌프 : 회전차 날개를 회전시킴으로써 발생한 힘에 의해 유체를 수송하는 펌프

2) 축류펌프의 장점
   (1) 형태가 작기 때문에 가격이 저렴
   (2) 설치면적이 작고 기초공사가 용이
   (3) 구조 간단
   (4) 효율 변화가 급함
   (5) 비교적 저양정에 적합

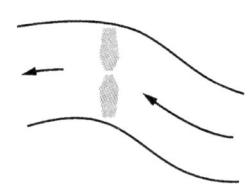
[축류펌프]

3) 회전펌프 : 회전자를 이용하여 흡입송출밸브 없이 유체를 수송하는 펌프

4) **기어펌프**의 장점
   (1) 구조가 간단하고 가격이 저렴
   (2) 왕복펌프에 비해 고속운전 가능
   (3) 입·출구밸브 설치가 필요 없음

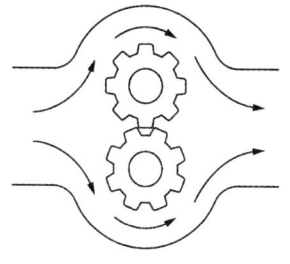
[기어펌프]

5) 기어펌프의 단점
   베이퍼록현상이 일어나기 쉬움

6) 베인펌프의 장점
   (1) 회전속도 범위가 넓음
   (2) 효율이 가장 높은 펌프

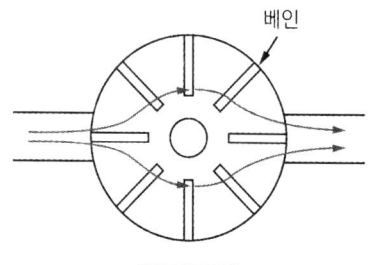
[베인펌프]

7) 원심펌프의 특징
   (1) **용량에 비해 소형이고 설치면적이 작음**
   (2) 원심력에 의해 유체를 압송
   (3) 흡입, 토출밸브가 없고 액의 맥동이 없음
   (4) **고양정에 적합**
   (5) 서징현상, 캐비테이션현상이 발생하기 쉬움
   (6) 기동 시 펌프 내부에 유체를 충분히 채울 것

2 메커니컬실

고속으로 회전하는 축에서 고정 고리와 회전 고리를 접촉시켜 유체가 새는 것을 막는 장치

1) 세트형식
   (1) 인사이드형 : 일반적으로 사용
   (2) 아웃사이드형
      ① 구조재, 스프링재가 액의 내식성에 문제가 있을 때 사용
      ② 고점도액일 때 사용

2) 실형식
   (1) 싱글실형 : 일반적으로 사용
   (2) 더블실형
      ① 보냉, 보온이 필요할 때
      ② 내부가 고진공일 때

3) 면압밸런스형식
   (1) 언밸런스실 : 일반적으로 사용
   (2) 밸런스실 : LPG 액화가스와 같이 저비점 액체일 때

3 펌프에서 발생하는 현상 ★★★

1) **공동현상** : 수중에 융해하고 있는 공기가 석출하여 적은 **기포를 발생시키는 현상**

   > 보충 공동현상으로 인해 발생된 기포가 압력이 높은 쪽으로 들어가면 소음과 진동이 생기고 토출량, 양정, 효율이 급격히 떨어진다.

   (1) 캐비테이션 발생조건
      ① 관속을 유동하는 유체 중 어느 부분이 **고온일 때**
      ② 유체가 과속으로 유량이 증가할 때 **펌프 입구에서 발생**

(2) 캐비테이션 발생으로 일어나는 현상
  ① 소음과 진동
  ② 토출량, 양정, 효율이 점차 감소
(3) 캐비테이션 발생 방지방법
  ① 펌프 설치 위치를 낮추고 흡입양정을 짧게 함
  ② 펌프의 회전수를 낮추고 흡입 회전도를 적게 함
  ③ 펌프를 두 대 이상 설치

2) **수격작용(Water Hammering)** : 관속의 액체속도를 급격히 변화시키면 액체에 압력 변화가 생겨 물이 관 벽을 치는 현상
  (1) 수격작용 방지방법
    ① 관 내의 유속을 낮게 함
    ② 관의 직경은 크게 함

> **➕ Level up**
>
> **서지탱크**
> 수격작용을 흡수, 완화시키기 위해 설치하는 수조이며 압력 상승일 때는 수면의 상승으로 압력이 흡수되고, 압력 강하일 때는 관로에 물이 보급되어 부압(대기압보다 작은 압력)의 발생이 방지

3) **서징현상** : 펌프 운전 시 주기적으로 운동, 양정, 토출량이 변동하는 현상으로 토출구와 흡입구에서 압력계의 바늘이 흔들리며 동시에 유량이 변함

4) **베이퍼록현상** : 저비등점 액체를 이송할 때 펌프의 입구 쪽에서 발생하는 현상으로 액상이 기체로 흘러가는 것을 막는 현상

4 펌프의 축동력 ★

1)
$$L_{PS} = \frac{\gamma QH}{75 \times \eta}$$

γ : 액체의 비중량[kg_f/m^3]
Q : 유량[m^3/s]
H : 전양정[m]
η : 효율

2)
$$L_{kW} = \frac{\gamma QH}{102 \times \eta}$$

γ : 액체의 비중량[kg_f/m^3]
Q : 유량[m^3/s]
H : 전양정[m]
η : 효율

5 펌프의 회전수

1) 전동기의 동기속도 $N = \dfrac{120}{P}$ f : 주파수   P : 극수

2) 펌프의 회전수 $R = N\left(1 - \dfrac{S}{100}\right) = \dfrac{120}{P}f\left(1 - \dfrac{S}{100}\right)$

※ 회전수는 슬립(Slip)을 고려한 속도이다.

6 마찰손실수두 ★★

$$h_f = f\dfrac{l}{d} \times \dfrac{v^2}{2g}$$

h_f : 마찰손실수두[m]
v : 유속[m/s]
f : 관마찰계수
g : 중력가속도[9.8 m/s²]
d : 관경[m]
l : 관길이[m]

7 비교회전도

$$N_s = \dfrac{N\sqrt{Q}}{\left(\dfrac{H}{n}\right)^{\frac{3}{4}}}$$

N_s : 비교회전도
H : 양정[m]
N : 회전수[rpm]
n : 단수
Q : 유량[m³/min]

02 가스액화분리장치

1 가스액화사이클

1) 가스액화사이클 종류

린데식 공기액화사이클	단열팽창(줄 - 톰슨효과)을 따르는 방식
클로우드식 공기액화사이클	팽창기에 의한 단열교축 팽창 이용
캐피자식 공기액화사이클	축냉기를 사용하여 원료공기를 냉각시킴과 동시에 원료공기 중의 수분과 탄산가스를 제거하는 방식

필립스식 공기액화사이클	줄-톰슨효과를 따르며 실린더 중 피스톤과 보조피스톤이 있으며 양 피스톤작용으로 상부에 팽창기, 하부압축기로 구성, 수소와 헬륨을 냉매로 이용
캐스케이드식 액화사이클	다원냉동사이클과 같이 비점이 점차 낮은 냉매(암모니아, 에틸렌, 메탄)를 사용하여 액화하는 방식
린데식 액화장치	압축기에서 압축된 공기를 통해 열교환기에 들어가 액화기에서 액화하지 않고 나오는 저온공기와 열교환 함으로써 순환과정을 되풀이하는 액화장치
클로우드식 액화장치	일부는 액화되고 일부는 액화되지 않은 포화증기로 되는 방식

⊕ Level up

줄 - 톰슨효과
압축한 기체를 단열된 좁은 구멍으로 분출시키면(단열팽창) 온도가 변하는 현상

단열팽창
외부와 열교환 없이 물체의 부피가 늘어나는 현상

2) 공기액화분리장치
  (1) 고압식 액화산소분리장치
  (2) 저압식 공기액화분리장치

3) 공기액화분리장치폭발원인
  (1) 공기 취입구에서 아세틸렌의 혼입
  (2) 공기 중에서 산화질소, 이산화질소 등의 질소산화물이 혼입되었을 때
  (3) 액체공기 중 오존이 혼입되었을 때
  (4) 압축기용 윤활유의 분해에 따른 탄화수소가 생성되었을 때

2 저온 단열법

1) 상압 단열법 : 단열공간에 분말, 섬유 등의 단열재 충전
2) 진공 단열법 : 고진공 단열법, 분말진공 단열법, 다층 진공 단열법

03 고압가스장치 재료

> **Level up**
>
> 고온, 고압용 종류
> (1) 5 % 크롬(Cr)강
> (2) 9 % 크롬(Cr)강
> (3) 18 - 8 스테인리스강(오스테나이트계 스테인리스강)
> (4) 니켈, 크롬, 몰리브덴강

1 금속 재료 원소의 영향

1) 탄소(C) : 인장강도 항복점 증가, 연신율 충격치 감소

2) 망간(Mn) : 강의 경도, 강도, 점성강도 증대

3) 인(P) : 상온취성 원인

4) 황(S) : 적열취성 원인

5) 규소(Si) : 단접성, 냉간 가공성 저하

2 열처리의 종류

1) 담금질 : 강도, 경도 증가

2) 불림(노멀라이징) : 결정조직의 미세화

3) 풀림(어닐링) : 내부응력 제거, 조직의 연화

4) 뜨임(템퍼링) : 연성, 인장강도 부여, 내부응력 제거

3 비파괴검사 ★★★

1) 육안검사(VT : Visual Test)

2) 침투탐상시험(PT : Penetrant Test) : 표면의 미세한 균열, 작은 구멍, 슬러그 등을 검출

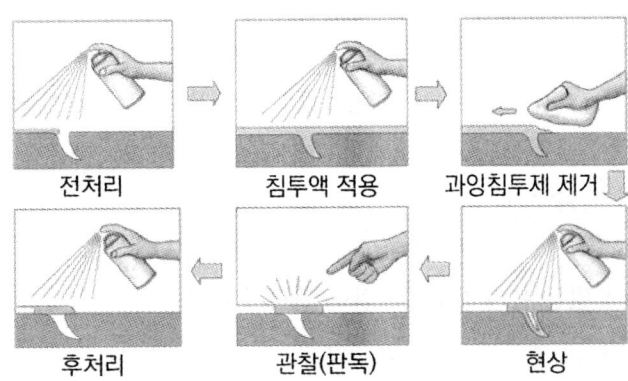

3) 자분탐상시험(MT : Magnetic Test) : 피검사물이 자화한 상태에서 표면 또는 표면에 가까운 손상에 의해 생기는 누설 자속을 사용하여 검출

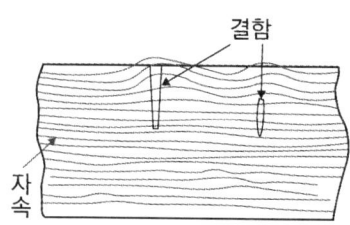

4) 초음파탐상시험(UT : Ultrasonic Test) : 초음파를 피검사물의 내부에 침입시켜 반사파를 이용하여 내부의 결함과 불균일층의 존재 여부를 검사하는 방법

5) 와류검사 : 동 합금, 18 - 8 STS의 부식검사에 사용

6) 음향검사 : 간단한 공구를 이용하여 음향에 의해 결함 유무를 판단

7) 전위차법 : 결함이 있는 부분에 전위차를 측정하여 균열의 깊이를 조사

8) 방사선투과시험(RT : Rediographic Test) : X선이나 γ선으로 투과한 후 필름에 의해 내부 결함의 모양, 크기 등을 관찰할 수 있으며 검사 결과의 기록이 가능

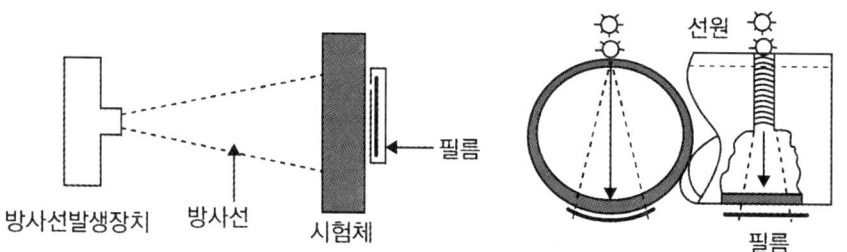

4 저장장치

1) 용기 종류

　(1) **이음새 없는 용기**

　　① 산소, 질소, 수소, 아르곤 등의 **고압 액화가스 충전용**으로 사용

　　② 상용온도에서 압력 1 MPa 이상의 압축가스

　　③ 상용온도에서 압력이 0.2 MPa 이상의 액화가스

　　④ 용해 아세틸렌 충전하는 내용적 0.1 L 이상, 500 L 이하 이음새 없는 강철제용기

　　　㉠ 용기 재료 : 염소, 암모니아 등 저압용기, 탄소강 사용

　　　㉡ 산소, 수소 등 고압용기 : 망간강 사용

　　⑤ 초저온용기 : 오스테나이트계 스테인리스강, 알루미늄 합금

　　⑥ 이음새 없는 용기 장점 : 고압에 견디기 쉬움

(2) 용접용기
　① 강판을 사용하여 용접에 의해 제작
　② 프로판용기 및 아세틸렌용기 등 비교적 저압용 용기로 많이 사용
　③ 용접용기 장점 : 비교적 저렴한 강판 사용하므로 경제적

(3) 용기 재질
　① LPG : 탄소강
　② 염소(Cl_2) : 탄소강
　③ 아세틸렌(C_2H_2) : 탄소강
　④ 암모니아(NH_3) : 탄소강
　⑤ 산소(O_2) : 크롬강
　⑥ 수소(H_2) : 크롬강(5 ~ 6 %)
　　⇒ 내수소성 증가 : 바나듐(V), 텅스텐(W), 몰리브덴(Mo), 타탄(Ti)

　　　　　　　　　　　　　　　　　　　　　암 엘염아암탄, 수산크

2) 용기시험
　(1) 내압시험 : 수압으로 행하며 수조식과 비수조식이 있음
　　㉠ 수조식 : 용기를 수조에 넣어 수압을 가하는 방식
　　㉡ 비수조식 : 용기를 수조에 넣지 않고 수압에 의해 가압하여 시험하는 방식
　(2) 내압시험 기준
　　㉠ 압축가스 및 액화가스 = 최고충전압력(FP) × 5/3 배
　　㉡ 아세틸렌용기 내압시험 = 최고충전압력(FP) × 3 배
　　㉢ 고압가스설비 내압시험 = 상용압력 × 1.5 배
　(3) 기밀시험 : 내압이 확인된 용기에 공기 또는 불활성 가스를 가압하여 측정
　　㉠ 사용되는 가스 : 질소(N_2), 이산화탄소(CO_2) 등 불활성 가스
　　㉡ 시험압력 이상의 기체를 압입하여 1분 이상 유지하고 비눗물 사용
　(4) 기밀시험 기준
　　㉠ 초저온 및 저온용기 기밀시험 = 최고충전압력(FP) × 1.1배
　　㉡ 아세틸렌용기 기밀시험 = 최고충전압력(FP) × 1.8배
　　㉢ 기타 용기 기밀시험 = 최고충전압력 이상

　　　　　　　　　　　　　　　　　　　　　암 초최일일, 아최일팔

5 초저온 액화가스 저장탱크

산소, 질소, 아르곤, 수소, 액화 천연가스, 헬륨 등 공업용 액화가스 저장에 사용되는 용기이며 18-8 스테인리스강, Al 합금 사용

> **Level up**
>
> **용기밸브**
> (1) 충전구 형식에 의한 분류
>   ① A형 : 충전구가 숫나사
>   ② B형 : 충전구가 암나사
>   ③ C형 : 충전구에 나사가 없는 것
> (2) 충전구 나사형식에 의한 분류
>   ① 왼나사 : 가연성 가스용기(단, 액화암모니아, 액화브롬화메탄은 오른나사)
>   ② 오른나사 : 가연성 가스 외의 용기
>
>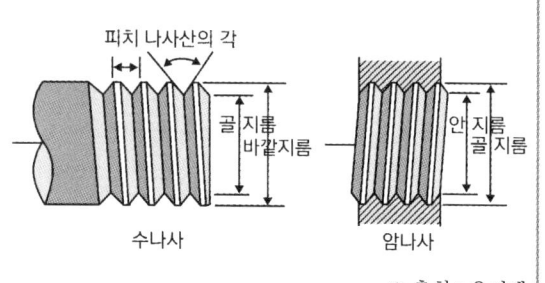
>
> ※ 출처 : 우리텍

6 용기밸브 ★

1) 충전구 형식에 의한 분류
   (1) A형 : 충전구가 숫나사
   (2) B형 : 충전구가 암나사
   (3) C형 : 충전구에 나사가 없는 것

2) 충전구 나사형식에 의한 분류
   (1) 왼나사 : 가연성 가스용기(단, 액화암모니아, 액화브롬화메탄은 오른나사)
   (2) 오른나사 : 가연성 가스 외의 용기

7 충전용기 안전장치 ★★★

1) **스프링식 안전밸브** : 일반적으로 가장 널리 사용 ⇒ LPG용기

2) **가용전식 안전밸브** : 용기 내 온도가 규정온도 이상이면 녹아 용기 내 전체 가스 배출
   ⇒ 염소, 아세틸렌, 산화에틸렌용기

3) **파열판식 안전밸브** : 얇은 박판 주위를 홀더로 공정하여 보호하는 장치에 설치
   ⇒ 산소, 수소, 질소, 액화이산화탄소용기

4) **초저온용기** : 스프링 식과 파열판 식의 2중 안전밸브

04 배관의 부식과 방지

1 금속 재료의 부식

1) 부식 : 금속이 전해질과 접할 때 금속표면에서 전류가 유출하는 양극반응

2) 부식의 형태

   (1) **전면부식** : 전면이 부식되므로 발견이 쉬워 대처가 빠르기 때문에 피해가 적음

   (2) **국부부식** : 특정부분에 부식이 집중되는 현상으로 위험성이 높음

   (3) **선택부식** : 합금의 특정부분만 선택적으로 부식되는 현상

   (4) **입계부식** : 결정입자가 선택적으로 부식되는 현상

3) 가스에 의한 고온부식의 종류

   (1) 산화 : 산소 및 탄산가스

   (2) 질화 : 암모니아

   (3) 황화 : 황화수소

   (4) 탈탄작용 : 수소

   (5) 침탄 및 카르보닐화 : 일산화탄소

   (6) 바나듐 어택 : 오산화바나듐

2 방식방법

1) 부식을 억제하는 방법

   (1) 부식환경의 처리에 의한 방식법

   (2) 피복에 의한 방식법

   (3) 부식억제제에 의한 방식법

   (4) 전기방식법

2) **전기방식법** : 매설배관에 직류전기를 공급해주거나 배관보다 저전위 금속을 배관에 연결하여 양극반응을 억제시켜주는 방법

   (1) 종류

     ① **유전 양극법(희생 양극법)** : 마그네슘 이용, 지중·수중 설치된 **양극금속과 매설배관을 전선 연결**하여 양극금속과 매설배관 등 사이의 전지작용에 의해 전기적 부식 방지

     ② **외부 전원법** : 한전 전원을 직류로 전환하여 가스관에 전기를 공급, 외부직류전원장치 양극(+)은 토양이나 수중 설치한 외부전원용 전극에 접속, 음극(-)은 매설배관에 접속시켜 전기적 부식 방지

③ **배류법** : 직류전기철도 이용, 매설배관 전위가 주위 다른 금속구조물보다 높은 장소에서 전기적 접속시켜 유입된 누출전류를 복귀시키며 전기적 부식 방지

④ **강제 배류법** : 외부전원법과 배류법의 병용

(2) 유지관리 기준

① 전기방식 전류가 흐르는 상태에서 토양 중에 있는 배관 등의 방식전위는 포화황산동 기준전극으로 −0.85 V 이하(황산염환원 박테리아가 번식하는 토양에서는 −0.95 V 이하)이어야 하며, 방식전위 하한값을 전기철도 등의 간섭영향을 받는 곳을 제외하고는 포화황산동 기준전극으로 −2.5 V 이상이 되도록 노력할 것

② 전기방식 전류가 흐르는 상태에서 자연전위와의 전위변화가 최소한 −300 mV 이하일 것

③ 배관에 대한 전위측정은 가능한 가까운 위치에서 기준전극으로 실시할 것

④ 전위 측정용 터미널(TB) 설치 기준
   ㉠ 희생양극법, 배류법 : 300 m
   ㉡ 외부전원법 : 500 m

⑤ 전기방식 시설의 유지관리
   ㉠ 관대지전위점검 : 1년에 1회 이상
   ㉡ 외부 전원법 전기방식시설점검 : 3개월에 1회 이상
   ㉢ 배류법 전기방식시설점검 : 3개월에 1회 이상
   ㉣ 절연부속품, 역 전류방지장치, 결선, 보호절연체점검 : 6개월에 1회 이상

 연소

1 연소기구 구분

가스와 공기에 혼합되는 부분, 또는 1차 공기 및 2차 공기의 비율에 따라 구별

1) 분젠식 연소
2) 적화식 연소
3) 세미·분젠식 연소
4) 전일차 공기식 연소

2 분젠식 연소 ★★

1차 공기는 40 ~ 70 %, 2차는 60 ~ 30 % 필요로 하며, 불꽃 표준온도가 가장 높은 연소

1) 장점 : 급속한 연소가 되며, 염의 온도가 높음

2) 단점 : 역화, 선화의 현상이 나타남

3 적화식 연소

가스를 그대로 대기 중으로 분출하여 연소시키는 방법. 연소에 필요한 공기 전부를 2차 공기로 취하며 1차 공기는 취하지 않는 연소

1) 장점
  (1) 역화하지 않음
  (2) 염의 온도가 비교적 낮음

2) 단점
  (1) 연소실이 넓어야 함(2차 공기만으로 취하기 때문에 많은 공기량)
  (2) 선화현상이 일어날 가능성이 있음
  (3) 고온을 얻기 힘듦

4 세미·분젠식 연소

1차 공기를 40 % 이하로 제한하여 연소시키는 방법

5 전일차 공기식 연소

연소에 필요한 공기를 전부 1차 공기로 혼합시켜 연소하는 방법

Level up

필수 계산식

(1) 가스 분출량 계산식

$$Q = 0.011 KD^2 \sqrt{\frac{P}{d}} = 0.009 D^2 \sqrt{\frac{P}{d}}$$

K : 계수(0.8)
D : 노즐지름[mm]
P : 노즐 전 가스압력[mmH$_2$O]
d : 비중

(2) 노즐 지름 변경률 계산식

$$\frac{D_2}{D_1} = \frac{\sqrt{WI_1 \sqrt{P_1}}}{\sqrt{WI_2 \sqrt{P_2}}}$$

D$_1$: 노즐 변경 전 지름[mm]
D$_2$: 노즐 변경 후 지름[mm]

(3) 웨버지수

$$WI = \frac{H_g}{\sqrt{d}}$$

H$_g$: 도시가스 총발열량[kcal/m^3]

06 고압밸브 ★★

1 스톱밸브
유체의 흐름을 개폐하는 밸브

2 감압밸브
유체의 높은 압력을 낮은 압력으로 감압하기 위해 사용

3 조절밸브
온도, 압력, 액면 등의 제어에 사용

4 안전밸브
압력이 일정 값 이상으로 상승하며 위험하기 때문에 압력 이상 상승 경우 압력밸브를 작동시켜 소정의 값까지 내리기 위해 사용

5 체크밸브
1) 유체 역류를 막기 위해 설치

2) 고압배관 중 사용

3) 체크밸브 작동은 신속하고 확실하게

07 가스배관

1 가스배관 경로 선정 요소
1) 최단 거리로 할 것

2) 구부러지거나 오르내림을 적게 할 것

3) 은폐나 매설은 피할 것

4) 가능한 한 옥외에 할 것

2 LP가스 공급, 소비설비 압력손실 요인

1) 배관 직관부에서 일어나는 압력손실

2) 관의 입상(입하는 압력상승)에 의한 압력손실

3) 엘보, 티, 밸브 등에 의한 압력손실

4) 가스미터, 콕 등에 의한 압력손실

3 배관계에서의 응력 원인

1) 열팽창에 의한 응력

2) 내압에 의한 응력

3) 냉간 가공에 의한 응력

4) 용접에 의한 응력

5) 배관 재료 또는 파이프 속을 흐르는 유체의 무게에 의한 응력

※ 응력 : 외력을 가할 때 변형된 물체 내부에서 원형을 지키려는 힘

$$\sigma \, 응력 = \frac{W}{A}$$

W : 하중[kg]
A : 단면적[cm^2]

Level up

용기에서의 원주방향 응력	용기에서의 축방향 응력
$\sigma_t = \dfrac{Pd}{2t} = \dfrac{P(D-2t)}{2t}$	$\sigma_z = \dfrac{Pd}{4t} = \dfrac{P(D-2t)}{4t}$

P : 내압
D : 외경
d : 내경
t : 용기두께

6) 배관의 종류 및 기호

   (1) 배관용 탄소강관 : SPP
   (2) 압력배관용 탄소강관 : SPPS
   (3) 고압배관용 탄소강관 : SPPH
   (4) 고온배관용 탄소강관 : SPHT
   (5) 저온배관용 강관 : SPLT
   (6) 배관용 합금강관 : SPA

08 배관이음

1 강관이음 ★★

1) 나사이음
   (1) 강관에 나사를 내어 나사부분에 패킹제를 감고 파이프렌치를 이용해 체결하는 방식
   (2) 나사이음 사용목적에 따른 분류
   ① 관의 방향을 바꿀 때 : 엘보
   ② 관을 도중에서 분기할 때 : 티, 와이, 크로스
   ③ 같은 지름의 관을 직선연결할 때 : 소켓, 유니온
   ④ 서로 다른 지름의 관을 연결할 때 : 이경 소켓(레듀샤), 이경 엘보, 이경 티
   ⑤ 관 끝을 막을 때 : 플러그, 캡
   ⑥ 관의 분해, 수리, 교체를 하고자 할 때 : 유니온

크로스티	소켓	유니온	레듀샤
캡	엘보	용접티	

   (3) 이음쇠 크기 표시법
   ① 지름이 같은 경우 : 호칭지름으로 표시   예 25 [A] 엘보
   ② 지름이 2개인 경우 : 큰 치수 먼저 표시한 후 작은 치수 표시   예 25 × 15 [A] 엘보

2) 용접이음
   (1) 두 개의 배관이나 부속의 접합 부분을 열 또는 압력을 이용해 **금속을 녹여** 하나로 **접합하는 방식**
   (2) 용접이음 특징
   ① 열에 의한 잔류응력이 발생한다.   ② 접합부 누수의 염려가 없다.
   ③ 접합부 강도가 강하다.   ④ 유체 압력손실이 적다.

3) 플랜지이음
　(1) 배관 또는 배관과 기기를 원형의 플랜지를 사용해 볼트와 너트로 체결하여 연결하는 방식
　(2) 고압 파이프라인 또는 밸브, 펌프, 열교환기 및 각종 기기를 접속시킬 때, 관을 자주 해체하거나 교환할 필요가 있을 때 사용
　(3) 플랜지 재질 : 강판, 주철, 주강, 청동, 황동
　(4) 플랜지와 배관이음법
　　① 맞대기용접　　② 나사이음
　　③ 슬리브용접　　④ 블라인드
　　⑤ 랩조인트　　　⑥ 소켓용접

2 신축이음(Expansion Joint) ★★

1) 온도차에 의한 신축에 의해 관 접합부나 기기의 접속부가 파손될 우려가 있어 이를 미연에 방지하기 위하여 배관의 도중에 설치하는 것이다.

2) 강관은 직선길이 30 m 당, 동관은 20 m마다 1개 정도 설치한다.

3) 선팽창 길이

$$\Delta l = l \alpha \Delta t$$

λ : 팽창한 배관 길이[mm]
ℓ : 배관 길이[mm]
α : 선팽창계수[mm/mm·℃]
Δt : 온도 차[℃]

4) 종류
　(1) 슬리브(Sleeve) 신축이음(미끄럼형) : 본체와 슬리브 파이프로 되어 있으며 관의 신축은 본체 속의 미끄럼하는 슬리브관에 의해 흡수되며 슬리브와 본체 사이에 패킹을 넣어 누설을 방지하고 단식과 복식 두 가지 형태가 있다. 온수 또는 저압증기의 배관에 주로 사용된다.

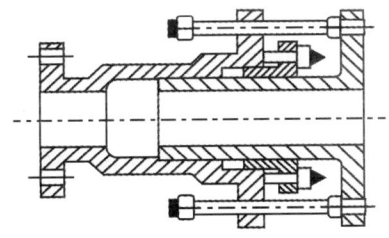

　(2) 벨로즈(Bellows)형 이음(주름통식) : 온도에 따라 일어나는 관의 신축이음쇠를 벨로즈의 변형에 의해 흡수시키는 형식으로 증기관에 널리 사용되며 응력흡수가 용이한 이음방식이다. 설치공간을 많이 차지하지 않고 신축에 의한 자체 응력 및 누설이 없지만 고압배관에는 부적합하다. 주름의 하부에 이물질이 쌓이면 부식의 우려가 있기 때문에 주의하여야 한다.

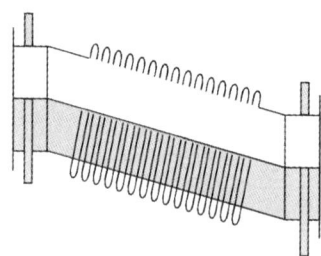

(3) 스위블(Swivel)형 이음 : 2개 이상의 엘보를 사용하여 나사의 회전에 의해 신축이 흡수되며 저압의 증기 및 온수난방에 사용된다.

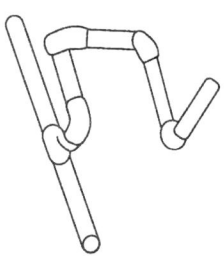

(4) 루프(Loop)형 신축이음 : 신축곡관이라고도 하며 강관 또는 동관 등을 루프(Loop) 모양으로 구부려서 그 휨에 의해 배관의 신축을 흡수하는 형식으로 주로 고압증기 옥외배관에 많이 사용된다. 설치장소를 많이 차지한다는 단점이 있다. 또한 신축에 따른 자체 응력이 발생하고, 곡률 반경은 관지름의 6배 이상으로 한다.

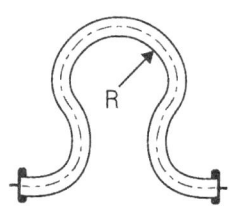

(5) 볼조인트(Ball Joint)형 이음 : 관 끝의 볼 부분을 케이싱으로 감싸는 구조로 평면상의 변위뿐 아니라 입체적인 변위까지 흡수하므로 어떠한 신축에도 배관이 안전하고 설치공간이 적다.

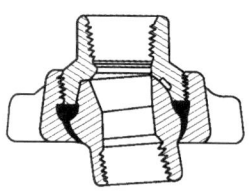

5) 신축 흡수량이 큰 순서 : 루프형 > 슬리브형 > 벨로우즈형 > 스위블형 > 볼조인트형

09 밸브 ★★

1 밸브의 정의
유체의 유량조절, 흐름의 단속, 방향전환, 압력 등을 조절하는 데 사용한다.

2 밸브의 종류
1) **슬루스밸브(게이트밸브)** : 일반적으로 가장 많이 사용하는 밸브로서 디스크가 관을 수직으로 막아서 개폐하고 마찰손실이 적다.

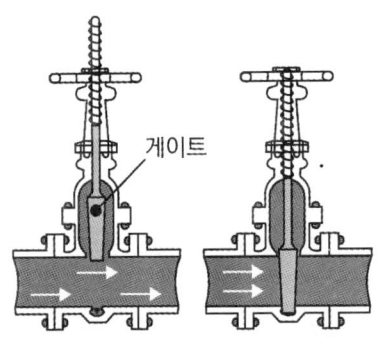

2) **글로브밸브(스톱밸브)** : 디스크 모양이 구형이며 유체가 밸브시트 아래에서 위로 평행하게 흐르므로 유체의 흐름방향이 바뀌게 되어 유체의 마찰저항이 커진다. **유량조절이 용이하고 마찰저항은 크다.**
   (1) 둥근 달걀형 밸브로서 유체의 압력 감소가 크므로 압력이 필요로 하지 않을 경우나 유량조절용이나 차단용으로 적합하다.
   (2) 디스크의 형상에 따라 앵글밸브, Y형 밸브, 니들밸브 등으로 분류된다.
   (3) 유체의 흐름 방향이 밸브 몸통 내부에서 변한다.
   (4) 밸브의 개폐 조작력이 상대적으로 크다.

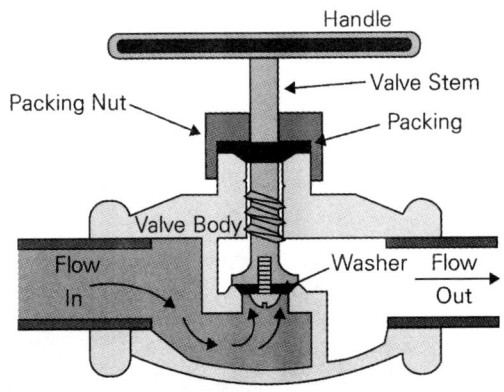

3) 니들밸브(Needle Valve) : 디스크의 형상이 원뿔모양으로 유체가 통과하는 단면적이 극히 작아 고압 소유량의 조절에 적합하다.

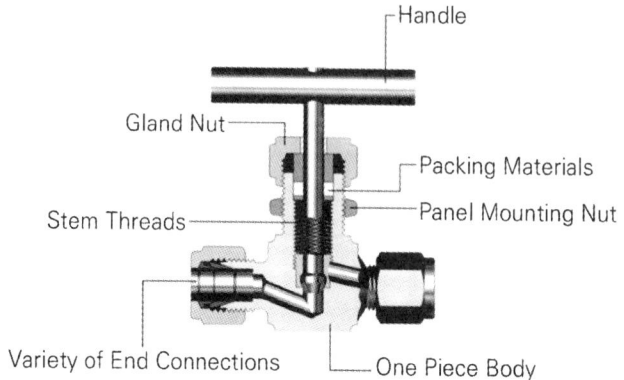

4) 체크밸브(Check Valve) : 유체를 흐름 방향 한 쪽으로만 흐르게 하여 역류를 방지하는 역류방지밸브이다.

   (1) 구조에 따른 구분

   ① 스윙형(Swing Type) : 수직, 수평배관에 사용

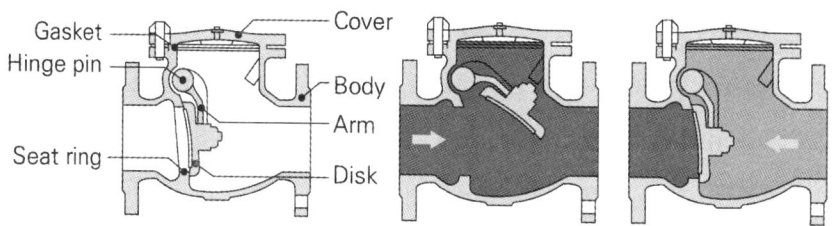

   ② 리프트형(Lift Type) : 수평배관에만 사용

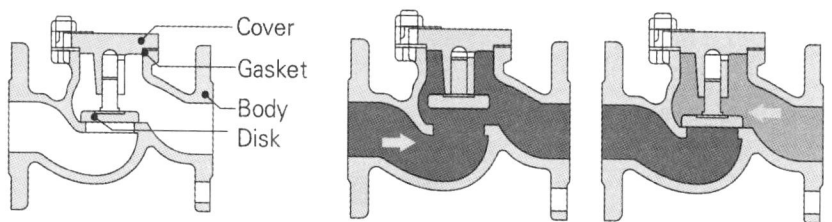

5) 볼밸브(Ball Valve) : 구의 형상을 가진 볼에 구멍이 뚫려 있어 구멍의 방향에 따라 개폐 조작이 되는 밸브, 90° 회전으로 개폐 및 조작도 용이하여 게이트밸브 대신 많이 사용

6) **버터플라이밸브(Butterfly Valve)** : 나비밸브, 원통형의 몸체 속에 밸브봉을 축으로 하여 **원형 평판이 회전함으로써 밸브가 개폐된다.** 밸브의 개도를 알 수 있고 조작이 간편하며, 가볍고 설치공간을 작게 차지하여 설치가 용이하다. 작동방식에 따라 레버식, 기어식 등이 있다.

※ 급수밸브 및 체크밸브의 크기는 전열면적 $10\ m^2$ 이하의 보일러에는 호칭 15 A 이상, 전열면적 $10\ m^2$ 초과의 보일러에는 호칭 20 A 이상이어야 한다.

7) **다이어프램밸브(Diaphragm Valve)** : 유체의 흐름이 주는 영향이 비교적 작고, 패킹이 불필요하다. 산 등의 화학 약품을 차단하는 데 사용하는 밸브이다.

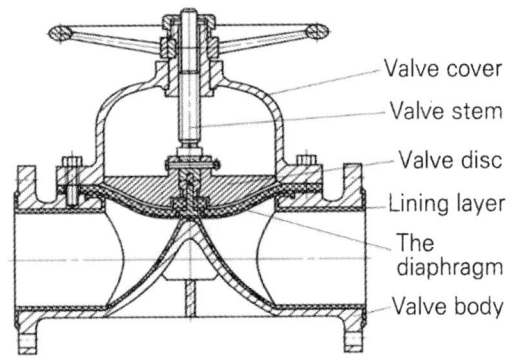

⑩ 화학 반응기 ★

※ 오토 클레이브 : 액체를 가열하면 온도의 상승과 더불어 증기압이 상승하므로 액상을 유지하면서 반응시킬 경우에 사용되는 밀폐 반응용기

1 진탕형

횡형 오토클레이브 전체가 수평, 전후운동 함으로써 내용물 교반 형식

1) 가스누설의 가능성이 없음
2) 뚜껑판에 뚫어진 구멍에 촉매가 끼어 들어갈 염려가 있음

2 교반형

교반기에 의해 내용물의 혼합을 균일하게 하는 형식
교반효과가 뛰어나며 진탕식에 비해 **효과가 큼**

3 회전형

오토 클레이브 자체를 회전시키는 형식

1) 고체를 액체나 기체로 처리할 경우에 적합
2) 교반효과가 타 형식에 비해 좋지 않음

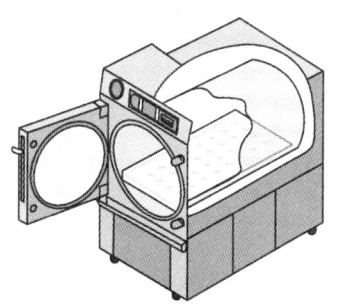

※ 출처 : 위키피디아

Chapter 06 고압가스안전관리법

핵심키워드 가연성 가스, 특수고압가스, 제독제, 보호시설, 방호벽, 안전거리, 용기, 특정설비, 용기 도색

학습목표
1. 고압가스의 종류와 용어정의에 대해 학습한다.
2. 고압가스의 저장능력을 산정할 수 있다.
3. 고압가스 제조시설과 기준에 대해 학습한다.
4. 방호벽과 역류방지밸브, 역화방지장치 설치장소에 대해 학습한다.
5. 고압가스 자동차 충전시설과 고압가스 저장 및 사용시설 기준에 대해 학습한다.
6. 고압가스 운반 기준에 대해 학습한다.
7. 가스용기와 용기 제조에 대해 학습한다.

01 고압가스법

1 종류 및 범위

1) 상용(常用)의 온도에서 압력(게이지압력을 말한다. 이하 같다)이 1메가파스칼 이상이 되는 압축가스로서 실제로 그 압력이 1메가파스칼 이상이 되는 것 또는 섭씨 35도의 온도에서 압력이 1메가파스칼 이상이 되는 압축가스(아세틸렌가스는 제외한다)

2) 섭씨 15도의 온도에서 압력이 0파스칼을 초과하는 아세틸렌가스

3) 상용의 온도에서 압력이 0.2메가파스칼 이상이 되는 액화가스로서 실제로 그 압력이 0.2메가파스칼 이상이 되는 것 또는 압력이 0.2메가파스칼이 되는 경우의 온도가 섭씨 35도 이하인 액화가스

4) 섭씨 35도의 온도에서 압력이 0파스칼을 초과하는 액화가스 중 액화시안화수소·액화브롬화메탄 및 액화산화에틸렌가스

2 안전관리자

1) 안전관리 총괄자
2) 안전관리 부총괄자
3) 안전관리 책임자
4) 안전관리원

3 가스 종류 ★★★

1) **가연성 가스** : 공기 중에서 연소하는 가스로서 폭발한계의 하한이 10 % 이하인 것과 폭발한계의 상한과 하한의 차가 20 % 이상인 연소하는 가스

2) **독성 가스** : 독성을 가진 가스로, LC50 기준 허용농도가 100만분의 5000(5000 ppm) 이하인 것
   ⇒ 성숙한 흰쥐 집단에게 대기 중 1시간 동안 노출시킨 경우 14일 이내에 그 쥐의 2분의 1 이상이 죽게 되는 가스 농도
   ⇒ 200 ppm 이하를 맹독성 가스라고 함

   > 보충 TLV-TWA : 성인 1일 8시간 혹은 주 40시간 노출되어도 인체에 악 영향을 받지 않는 농도이며, 100만분의 200(200 ppm) 이하인 것

3) **액화가스** : 대기압에서 비점이 40 ℃ 이하 또는 상용온도 이하인 액체 상태의 가스

4) **특수고압가스** : 특수한 용도에 사용되는 고압가스
   ⇒ 압축모노실란, 액화알진, 포스핀, 세렌화수소, 게르만, 반도체 세정

4 독성 가스 제독제 ★★★

가스	제독제
염소	• 가성소다수용액 • 탄산소다수용액 • 소석회
포스겐	• 가성소다수용액 • 소석회
황화수소	• 가성소다수용액 • 탄산소다수용액
시안화수소	• 가성소다수용액
아황산가스	• 가성소다수용액 • 탄산소다수용액 • 물
암모니아, 산화에틸렌, 염화메탄	• 다량의 물

> 암 염가탄소, 포가소, 황가탄, 시가, 아가탄물, 암산염물

5 탱크 및 용기

1) 초저온저장탱크 : 영하 50 ℃ 이하의 액화가스를 저장하기 위한 탱크로서 단열재를 씌우거나 냉동설비로 냉각시키는 등의 방법으로 저장탱크 내의 가스온도가 상용의 온도를 초과하지 아니하도록 한 것

2) 초저온용기 : 영하 50 ℃ 이하의 액화가스를 충전하기 위한 용기로서 단열재를 씌우거나 냉동설비로 냉각시키는 등의 방법으로 용기 내의 가스온도가 상용온도를 초과하지 아니하도록 한 것

3) 가연성 가스 저온저장탱크 : 대기압에서의 끓는 점이 섭씨 0도 이하인 가연성 가스를 섭씨 0도 이하인 액체 또는 해당 가스의 기상부의 상용압력이 0.1메가파스칼 이하인 액체 상태로 저장하기 위한 저장탱크로서 단열재를 씌우거나 냉동설비로 냉각하는 등의 방법으로 저장탱크 내의 가스온도가 상용온도를 초과하지 아니하도록 한 것

6 용어 정리 ★★

1) 처리 능력 : 처리설비 또는 감압설비에 의하여 압축·액화나 그 밖의 방법으로 1일에 처리할 수 있는 가스의 양이 0 ℃, 게이지압력 0 MPa 상태 기준

2) 방호벽 : 높이 2 m 이상, 두께 12 cm 이상의 철근콘크리트 또는 이와 같은 수준 이상의 강도를 가지는 구조의 벽

3) 특정설비
   (1) 안전밸브·긴급차단장치·역화방지장치
   (2) 독성 가스배관용 밸브
   (3) 특정고압가스용 실린더캐비닛
   (4) 기화장치
   (5) 압력용기
   (6) 자동차용 가스 자동주입기
   (7) 액화석유가스용 용기 잔류가스회수장치

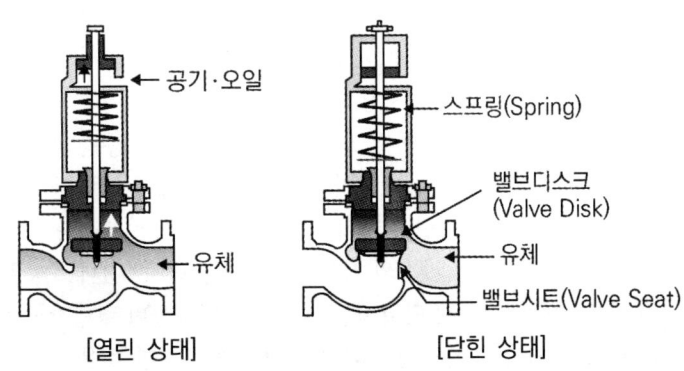

4) 시공기록 작성·보존 : **5년간 보존**해야 하며, 완공된 도면은 영구히 보존

+ Level up

※ 고압가스 안전관리법 시행규칙의 용어정의는 매우 중요하므로 아래의 용어정의들을 꼼꼼하게 읽어볼 것

(1) "가연성 가스"란 아크릴로니트릴·아크릴알데히드·아세트알데히드·아세틸렌·암모니아·수소·황화수소·시안화수소·일산화탄소·이황화탄소·메탄·염화메탄·브롬화메탄·에탄·염화에탄·염화비닐·에틸렌·산화에틸렌·프로판·시클로프로판·프로필렌·산화프로필렌·부탄·부타디엔·부틸렌·메틸에테르·모노메틸아민·디메틸아민·트리메틸아민·에틸아민·벤젠·에틸벤젠 및 그 밖에 공기 중에서 연소하는 가스로서 폭발한계(공기와 혼합된 경우 연소를 일으킬 수 있는 공기 중의 가스 농도의 한계를 말한다. 이하 같다)의 하한이 10퍼센트 이하인 것과 폭발한계의 상한과 하한의 차가 20퍼센트 이상인 것을 말한다.

(2) "독성 가스"란 아크릴로니트릴·아크릴알데히드·아황산가스·암모니아·일산화탄소·이황화탄소·불소·염소·브롬화메탄·염화메탄·염화프렌·산화에틸렌·시안화수소·황화수소·모노메틸아민·디메틸아민·트리메틸아민·벤젠·포스겐·요오드화수소·브롬화수소·염화수소·불화수소·겨자가스·알진·모노실란·디실란·디보레인·세렌화수소·포스핀·모노게르만 및 그 밖에 공기 중에 일정량 이상 존재하는 경우 인체에 유해한 독성을 가진 가스로서 허용농도(해당 가스를 성숙한 흰쥐 집단에게 대기 중에서 1시간 동안 계속하여 노출시킨 경우 14일 이내에 그 흰쥐의 2분의 1 이상이 죽게 되는 가스의 농도를 말한다. 이하 같다)가 100만분의 5000 이하인 것을 말한다.

(3) "액화가스"란 가압(加壓)·냉각 등의 방법에 의하여 액체 상태로 되어 있는 것으로서 대기압에서의 끓는 점이 섭씨 40도 이하 또는 상용온도 이하인 것을 말한다.

(4) "압축가스"란 일정한 압력에 의하여 압축되어 있는 가스를 말한다.

(5) "저장설비"란 고압가스를 충전·저장하기 위한 설비로서 저장탱크 및 충전용기보관설비를 말한다.

(6) "저장능력"이란 저장설비에 저장할 수 있는 고압가스의 양으로서 별표 1에 따라 산정된 것을 말한다.

(7) "저장탱크"란 고압가스를 충전·저장하기 위하여 지상 또는 지하에 고정 설치된 탱크를 말한다.

(8) "초저온저장탱크"란 섭씨 영하 50도 이하의 액화가스를 저장하기 위한 저장탱크로서 단열재를 씌우거나 냉동설비로 냉각시키는 등의 방법으로 저장탱크 내의 가스온도가 상용의 온도를 초과하지 아니하도록 한 것을 말한다.

(9) "저온저장탱크"란 액화가스를 저장하기 위한 저장탱크로서 단열재를 씌우거나 냉동설비로 냉각시키는 등의 방법으로 저장탱크 내의 가스온도가 상용의 온도를 초과하지 아니하도록 한 것 중 초저온저장탱크와 가연성 가스 저온저장탱크를 제외한 것을 말한다.

(10) "가연성 가스 저온저장탱크"란 대기압에서의 끓는 점이 섭씨 0도 이하인 가연성 가스를 섭씨 0도 이하인 액체 또는 해당 가스의 기상부의 상용압력이 0.1메가파스칼 이하인 액체 상태로 저장하기 위한 저장탱크로서 단열재를 씌우거나 냉동설비로 냉각하는 등의 방법으로 저장탱크 내의 가스온도가 상용온도를 초과하지 아니하도록 한 것을 말한다.

(11) "차량에 고정된 탱크"란 고압가스의 수송·운반을 위하여 차량에 고정 설치된 탱크를 말한다.

⑫ "초저온용기"란 섭씨 영하 50도 이하의 액화가스를 충전하기 위한 용기로서 단열재를 씌우거나 냉동설비로 냉각시키는 등의 방법으로 용기 내의 가스온도가 상용온도를 초과하지 아니하도록 한 것을 말한다.
⑬ "저온용기"란 액화가스를 충전하기 위한 용기로서 단열재를 씌우거나 냉동설비로 냉각시키는 등의 방법으로 용기 내의 가스온도가 상용의 온도를 초과하지 아니하도록 한 것 중 초저온용기 외의 것을 말한다.
⑭ "충전용기"란 고압가스의 충전질량 또는 충전압력의 2분의 1 이상이 충전되어 있는 상태의 용기를 말한다.
⑮ "잔가스용기"란 고압가스의 충전질량 또는 충전압력의 2분의 1 미만이 충전되어 있는 상태의 용기를 말한다.
⑯ "가스설비"란 고압가스의 제조·저장·사용설비(제조·저장·사용설비에 부착된 배관을 포함하며, 사업소 밖에 있는 배관은 제외한다) 중 가스(제조·저장되거나 사용 중인 고압가스, 제조공정 중에 있는 고압가스가 아닌 상태의 가스, 해당 고압가스제조의 원료가 되는 가스 및 고압가스가 아닌 상태의 수소를 말한다)가 통하는 설비를 말한다.
⑰ "고압가스설비"란 가스설비 중 다음 각 목의 설비를 말한다.
　① 고압가스가 통하는 설비
　② 가목에 따른 설비와 연결된 것으로서 고압가스가 아닌 상태의 수소가 통하는 설비. 다만 「수소경제 육성 및 수소 안전관리에 관한 법률」 제2조 제9호에 따른 수소연료사용시설에 설치된 설비는 제외한다.
⑱ "처리설비"란 압축·액화나 그 밖의 방법으로 가스를 처리할 수 있는 설비 중 고압가스의 제조(충전을 포함한다)에 필요한 설비와 저장탱크에 딸린 펌프·압축기 및 기화장치를 말한다.
⑲ "감압설비"란 고압가스의 압력을 낮추는 설비를 말한다.
⑳ "처리능력"이란 처리설비 또는 감압설비에 의하여 압축·액화나 그 밖의 방법으로 1일에 처리할 수 있는 가스의 양(온도 섭씨 0도, 게이지압력 0파스칼의 상태를 기준으로 한다. 이하 같다)을 말한다.
㉑ "불연재료(不燃材料)"란 「건축법 시행령」 제2조 제10호에 따른 불연재료를 말한다.
㉒ "방호벽(防護壁)"이란 높이 2미터 이상, 두께 12센티미터 이상의 철근콘크리트 또는 이와 같은 수준 이상의 강도를 가지는 구조의 벽을 말한다.
㉓ "보호시설"이란 제1종보호시설 및 제2종보호시설로서 별표 2에서 정한 것을 말한다.
㉔ "용접용기"란 동판 및 경판(동체의 양 끝부분에 부착하는 판을 말한다. 이하 같다)을 각각 성형하고 용접하여 제조한 용기를 말한다.
㉕ "이음매 없는 용기"란 동판 및 경판을 일체(一體)로 성형하여 이음매가 없이 제조한 용기를 말한다.
㉖ "접합 또는 납붙임용기"란 동판 및 경판을 각각 성형하여 심(Seam)용접이나 그 밖의 방법으로 접합하거나 납붙임하여 만든 내용적(內容積) 1리터 이하인 일회용 용기를 말한다.
㉗ "충전설비"란 용기 또는 차량에 고정된 탱크에 고압가스를 충전하기 위한 설비로서 충전기와 저장탱크에 딸린 펌프·압축기를 말한다.

⑱ "특수고압가스"란 압축모노실란·압축디보레인·액화알진·포스핀·세렌화수소·게르만·디실란 및 그 밖에 반도체의 세정 등 산업통상자원부장관이 인정하는 특수한 용도에 사용되는 고압가스를 말한다.
⑲ "수소연료 충전시설"이란 수소를 연료로 사용하는 차량·선박 등 이동수단(이하 "이동수단"이라 한다)에 수소를 충전하기 위한 시설을 말한다.
⑳ "압축가스설비"란 수소연료 충전시설에 사용되는 설비로서 처리설비로부터 압축된 가스를 저장하기 위한 압력용기를 말한다.
  ① 「고압가스 안전관리법」(이하 "법"이라 한다) 제3조 제1호에서 "산업통상자원부령으로 정하는 일정량"이란 다음 각 호에 따른 저장능력을 말한다.
    ㉠ 액화가스 : 5톤. 다만 독성 가스인 액화가스의 경우에는 1톤(허용농도가 100만분의 200 이하인 독성 가스인 경우에는 100킬로그램)을 말한다.
    ㉡ 압축가스 : 500세제곱미터. 다만 독성 가스인 압축가스의 경우에는 100세제곱미터(허용농도가 100만분의 200 이하인 독성 가스인 경우에는 10세제곱미터)를 말한다.
  ② 법 제3조 제4호에서 "산업통상자원부령으로 정하는 냉동능력"이란 별표 3에 따른 냉동능력 산정 기준에 따라 계산된 냉동능력 3톤을 말한다.
  ③ 법 제3조 제4호의2에서 "산업통상자원부령으로 정하는 것"이란 다음 각 호의 어느 하나에 해당하는 안전설비를 말하며, 그 안전설비의 구체적인 범위는 산업통상자원부장관이 정하여 고시한다.
    ㉠ 독성 가스 검지기
    ㉡ 독성 가스 스크러버
    ㉢ 밸브
  ④ 법 제3조 제5호에서 "산업통상자원부령으로 정하는 고압가스 관련설비"란 다음 각 호의 설비를 말한다.
    ㉠ 안전밸브·긴급차단장치·역화방지장치
    ㉡ 기화장치
    ㉢ 압력용기
    ㉣ 자동차용 가스 자동주입기
    ㉤ 독성 가스배관용 밸브
    ㉥ 냉동설비(별표 11 제4호 나목에서 정하는 일체형 냉동기는 제외한다)를 구성하는 압축기·응축기·증발기 또는 압력용기(이하 "냉동용 특정설비"라 한다)
    ㉦ 고압가스용 실린더캐비닛
    ㉧ 자동차용 압축천연가스 완속충전설비(처리능력이 시간당 18.5세제곱미터 미만인 충전설비를 말한다)
    ㉨ 액화석유가스용 용기 잔류가스회수장치
    ㉩ 차량에 고정된 탱크

7 고압가스 저장능력 산정 기준 ★★★

1) 고압가스 저장탱크

저장탱크 $W = 0.9dV$

W : 저장능력[kg]
V : 내용적[L]
d : 상용온도에서의 액화가스 비중[kg/L]

* 소형저장탱크는 0.85를 곱한다.

2) 고압가스의 용기 및 차량에 고정된 탱크

탱크 $W = V/C$

C : 액화가스 정수

프로판 : 2.35
부탄 : 2.05
암모니아 : 1.86
이산화탄소 : 1.34
질소 : 1.47

TIP 프로판과 부탄은 반드시 암기할 것!

8 냉동능력 1톤

1) 원심식 압축기를 사용하는 냉동설비 : 압축기 원동기의 정격출력 1.2 kW/일

2) 흡수식 냉동설비 : 발생기를 가열하는 1시간의 입열량 6640 kcal/일

9 보호시설

1) 제1종 보호시설

(1) 학교·유치원·어린이집·놀이방·어린이놀이터·학원·병원·도서관·청소년수련시설·경로당·시장·공중목욕탕·호텔·여관·극장·교회 및 공회당

(2) 사람을 수용하는 건축물로 독립된 부분의 연면적이 1000 m^2 이상인 것

(3) 예식장·장례식장 및 전시장, 유사한 시설로서 300명 이상 수용할 수 있는 건축물

(4) 아동복지시설 또는 장애인복지시설로서 20명 이상 수용할 수 있는 건축물

(5) 문화재보호법에 따라 지정문화재로 지정된 건축물

2) 제2종 보호시설

(1) 주택

(2) 사람을 수용하는 건축물로 독립된 연면적 100 m^2 이상 1000 m^2 미만

10 고압가스 제조시설 및 기준 ★★

1) 이격거리 m 이상

처리능력 및 저장능력	산소 처리·저장설비		독성, 가연성 가스 처리·저장설비		그 밖의 가스 처리·저장설비	
	제1종 보호시설	제2종 보호시설	제1종 보호시설	제2종 보호시설	제1종 보호시설	제2종 보호시설
1만 이하	12	8	17	12	8	5
1만 ~ 2만	14	9	21	14	9	7
2만 ~ 3만	16	11	24	16	11	8
3만 ~ 4만	18	13	27	18	13	9
4만 ~ 5만	20	14	30	20	14	10
5만 ~ 99만	-	-	30	20		

※ 처리능력 및 저장능력 범위는 ~초과 ~이하이며 압축가스의 경우 세제곱미터(m^3), 액화가스인 경우 킬로그램(kg)으로 한다.

(1) 단위 : 압축가스는 m^3, 액화가스는 kg
(2) 동일사업소 안에 2개 이상의 처리설비 또는 저장설비가 있는 경우 그 처리능력, 저장능력별로 각각 안전거리를 유지할 것
(3) 가연성 가스 저온저장탱크의 경우
   ① 5만 초과 99만 이하의 경우 제1종은 $\frac{3}{25}\sqrt{X+10000}\, m$, 제2종은 $\frac{2}{25}\sqrt{X+10000}\, m$
   ② 99만 초과의 경우 제1종 120 m, 제2종 80 m
(4) 산소 및 그 밖의 가스는 4만 초과까지

2) 우회거리
   (1) 가스설비 또는 저장설비와 화기를 취급하는 장소 : 2 m
   (2) 가연성 가스 또는 산소의 가스설비 또는 저장설비 : 8 m

3) 용기보관장소 주위 2 m 이내 화기 또는 인화성 물질이나 발화성 물질을 두지 않을 것

4) 충전용기와 잔가스용기는 각각 구분하여 용기보관장소에 놓을 것

5) 용기보관장소에는 계량기 등 작업에 필요한 물건 외에는 두지 않을 것

6) 충전용기는 항상 40 ℃ 이하의 온도를 유지하고, 직사광선을 받지 않도록 할 것

7) 가연성 가스 저장탱크와 다른 가연성 가스 저장탱크 또는 산소저장탱크 사이에는 두 저장탱크 최대지름을 더한 길이의 4분의 1 이상의 거리를 유지할 것

8) 가연성 가스 보관장소에 **방폭형 휴대용 손전등** 외의 등화를 지니고 들어가지 않을 것

9) 충전용기(내용적 5 L 이하인 것은 제외)에는 넘어짐 등에 의한 충격 및 밸브의 손상을 방지하는 등의 조치를 하고 난폭한 취급을 하지 않을 것

10) 가연성 가스 제조시설의 고압가스설비는 그 외면으로부터 다른 가연성 가스 제조시설의 고압가스설비와 5 m, 산소 제조시설의 고압가스설비와 10 m 이상의 거리 유지

11) 가연성 가스(암모니아, 브롬화 메탄 및 공기 중에서 자기 발화하는 가스는 제외한다)의 가스설비 중 전기설비는 그 설치장소 및 그 가스의 종류에 따라 적절한 **방폭 성능**을 가지는 것일 것

11 고압가스 압축 금지사항

1) 가연성 가스(아세틸렌, 에틸렌 및 수소는 제외) 중 산소용량이 전체 용량의 4 % 이상인 것

2) 산소 중 가연성 가스(아세틸렌, 에틸렌 및 수소는 제외)의 용량이 전체 용량의 4 % 이상인 것

3) 아세틸렌, 에틸렌 또는 수소 중의 산소용량이 전체 용량의 2 % 이상인 것

4) 산소 중 아세틸렌, 에틸렌 및 수소의 용량 합계가 전체 용량의 2 % 이상인 것

12 순도 유지 기준 ★

1) 산소 : <u>99.5</u> % : 동, 암모니아 시약(오르자트법)

2) 아세틸렌 : <u>98</u> % : 발연황산(오르자트법), 브롬 시약(뷰렛법), 질산은 시약(정성법)

3) 수소 : <u>98.5</u> % : 피로카롤 하이드로설파이드 시약

암 (1) 산구구오 (2) 아구팔 (3) 쓰구팔어

13 고압가스점검 기준

1) 고압가스 제조설비 사용개시 전, 후 1일 1회 이상 점검

2) 충전용 주관 압력계는 매월 1회 이상, 그 밖은 3개월에 1회 이상

3) 안전밸브 중 압축기의 최종단에 설치한 것은 1년에 1회 이상, 그 외는 2년에 1회 이상

14 저장설비 기준

1) 저장량 5 m^3 이상 가스 저장 : 가스방출장치 설치

2) 저장능력 300 m^3 또는 3톤 이상인 가연성 가스 또는 산소 저장탱크 사이 두 저장탱크 최대지름의 1/4 이상의 거리 유지

15 기타 기준

1) 안전밸브 또는 방출밸브에 설치된 스톱밸브는 그 밸브의 수리 등을 위하여 특별히 필요한 때를 제외하고는 항상 완전히 열어 놓을 것

2) 화기를 취급하는 곳이나 인화성 물질 또는 발화성 물질이 있는 곳 및 그 부근에서는 가연성 가스를 용기에 충전하지 않을 것

3) 차량에 고정된 탱크 내용적 2000 L 이상인 것에는 고압가스를 충전하거나 그로부터 가스를 이입 받을 때는 **차량정지목**을 설치하는 등 차량이 고정되도록 할 것

4) 지상에 설치된 저장탱크와 가스충전장소 사이에는 **방호벽**을 설치할 것

16 방호벽 기준 ★★

종류	두께	높이
철근콘크리트	12 cm 이상	2 m 이상
콘크리트 블록	15 cm 이상	
박강판	3.2 mm 이상	
후강판	6 mm 이상	

17 방호벽 설치장소

1) 아세틸렌압축기와 충전용기 보관장소 사이

2) 아세틸렌압축기와 충전용 주관밸브 조작장소 사이

3) 압축가스압축기와 충전장소 사이

4) 압축가스압축기와 충전용기 보관장소 사이

5) 판매시설의 용기 보관실벽

18 역류방지밸브 설치장소

1) 가연성 가스압축기와 충전용 주관 사이

2) 아세틸렌압축기의 유분리기와 고압건조기 사이

3) 감압설비와 당해가스의 반응설비 간의 배관 사이

19 역화방지장치 설치장소

1) 가연성 가스를 압축하는 압축기와 오토클레이브 사이

2) 아세틸렌의 고압 건조기와 충전 교체밸브 사이 배관

3) 아세틸렌 충전용 지관

4) 수소화염 또는 산소, 아세틸렌화염 사용시설

20 2중 배관 사용 독성 가스

포스겐, 황화수소, 시안화수소, 염소, 아황산가스, 산화에틸렌, 암모니아, 염화메탄

02 고압가스 자동차 충전시설 기술 기준

1 안전거리

저장설비·처리설비· 압축가스설비 및 충전설비	↔	사업소 경계	10 m 이상
	↔	철도	30 m 이상
충전설비	↔	도로 경계	5 m 이상
충전시설의 고압가스설비	↔	다른 가연성 가스 제조시설 고압가스설비	5 m 이상
	↔	산소 제조시설 고압가스설비	10 m 이상

2 액화천연가스 자동차 충전

1) 안전거리

저장설비 저장능력	사업소 경계와의 안전거리
25톤 이하	10 m
25톤 초과 50톤 이하	15 m
50톤 초과 100톤 이하	25 m
100톤 초과	40 m

2) 차량에 고정된 탱크 내용적이 5000 L 이상인 액화천연가스 이입 : 차량 정지목 사용

3) 배관온도는 항상 40 ℃ 이하 유지

4) 저장탱크 내용적 90 % 넘지 않을 것

5) 충전용 지관 가열 시 열습포 또는 40 ℃ 이하의 물 사용

6) 충전설비는 1일 1회 이상 점검할 것

7) 충전용 주관 압력계는 매월 1회 이상 검사할 것(그 밖의 압력계는 3개월에 1회 이상)

8) 안전밸브는 1년에 1회 이상 적절한 조건의 압력에서 작동하도록 조정할 것

9) 처리설비·압축가스설비 및 충전설비는 지상에 설치할 것

03 고압가스 저장·사용시설

1 고압가스 저장 기준

1) 저장탱크 내진성능 확보 대상 : 저장능력 5 톤 또는 500 m³ 이상
   ⇒ 가연성 또는 독성 가스가 아닌 경우 : 10 톤 또는 1000 m³ 이상

2) 가스설비 또는 저장설비는 그 외면으로부터 화기 취급 장소까지 2 m 이상 우회거리
   ⇒ 가연성 가스 또는 산소의 가스설비 또는 저장설비 : 8 m 이상 우회거리

3) 용기보관장소 주위 2 m 이내에 화기 또는 인화성 물질이나 발화성 물질을 두지 않을 것

4) 압력계는 3개월에 1회 이상 표준이 되는 압력계로 기능을 검사할 것

5) 안전밸브 중 압축기 최종단에 설치한 것은 1년에 1회 이상, 그 밖의 안전밸브는 2년에 1회 이상 조정하여 적절한 압력 이하에서 작동되도록 점검할 것

2 특정고압가스 ★

> **Level up**
>
> **특정고압가스**
> 수소, 산소, 액화암모니아, 아세틸렌, 액화염소, 천연가스, 압축모노실란, 압축디보레인, 액화알진, 포스핀, 셀렌화수소, 게르만, 디실란, 오불화비소, 오불화인, 삼불화인, 삼불화질소, 삼불화붕소, 사불화유황, 사불화규소
>
> **특수고압가스**
> 포스핀, 압축모노실란, 디실란, 압축디보레인, 액화알진, 세렌화수소, 게르만

1) 가스설비 또는 저장설비는 그 외면으로부터 화기 취급 장소까지 8 m 이상 우회거리

2) 산소 저장설비 주위 5 m 이내에는 화기 취급 금지

3) 액화염소사용시설 저장설비

액화염소사용시설 저장설비	↔	제1종 보호시설	17 m
		제2종 보호시설	12 m

04 고압가스 충전시설

1 시안화수소(HCN)

1) 순도 : 98 % 이상

2) 안정제 : 황산, 동망, 오산화인, 염화칼슘, 인산, 아황산가스

3) 용기충전 후 24시간 정치 후 1일 1회 이상 초산구리벤젠지 등으로 가스 누출검사

4) 충전 후 60일 초과 전 다른 용기에 옮겨 충전

2 산화에틸렌

1) 저장탱크 : 내부에 질소가스, 탄산가스 등으로 치환하고 5 ℃ 이하로 유지

2) 저장탱크 및 충전용기에는 45 ℃, 0.4 MPa 이상이 되도록 질소 또는 탄산가스를 충전

3 아세틸렌

1) 2.5 MPa 압력으로 압축 시 첨가하는 희석제 : 프로판, 메탄, 에틸렌, 질소, 수소, 일산화탄소, 이산화탄소

2) 습식 아세틸렌 발생기 표면온도 : 70 ℃ 이하

3) 아세틸렌용기 다공도 : 75 % 이상 92 % 미만

4) 아세틸렌 용제 : 아세톤, 다이메틸폼아마이드

> **Level up**
>
> (1) 안전밸브 작동압력 : TP × $\frac{8}{10}$ 이하
>
> (2) 액화산소저장탱크 안전밸브 작동압력 : 상용압력 × 1.5배 이하

05 고압가스 판매

1 기준
1) 누출된 고압가스가 체류하지 않도록 환기구를 갖출 것
2) 용기보관실 벽은 방호벽으로 할 것
3) 용기보관실에는 독성 가스를 흡수·중화하는 설비와 연동되도록 경보장치 설치할 것
4) 독성 가스가 누출되었을 경우 흡수·중화설비 갖출 것

2 용기보관 장소 ★★★
1) 충전용기와 잔가스용기는 각각 구분하여 용기보관 장소에 놓을 것
2) 용기보관장소 주위 2 m 이내에 화기 또는 인화성 물질이나 발화성 물질을 두지 않을 것
3) 충전용기는 항상 40 ℃ 이하의 온도를 유지하고, 직사광선을 받지 않도록 조치할 것
4) 충전용기밸브 또는 배관을 가열할 때는 열습포나 40 ℃ 이하의 더운물을 사용
5) 충전용기는 서서히 개폐할 것
6) 넘어짐 등으로 인한 충격 방지 조치를 하며 사용 후 밸브를 잠가둘 것

06 고압가스용기

1 재충전 금지용기
1) 용기와 용기부속품을 분리할 수 없는 구조
2) 최고충전압력(MPa)의 수치와 내용적(L)의 수치를 곱한 값이 100 이하일 것
3) 최고충전압력 22.5 MPa 이하이며 내용적 25 L 이하일 것
4) 최고충전압력 3.5 MPa 이상인 경우 내용적 5 L 이하일 것
5) 가연성 가스 및 독성 가스 충전용이 아닐 것

2 용기 재검사기간

용기 종류		신규검사 후 경과 연수에 따른 재검사 주기		
		15년 미만	15년 이상 20년 미만	20년 이상
용접용기	500 L 이상	5년마다	2년마다	1년마다
	500 L 미만	3년마다	2년마다	1년마다
LPG용 용접용기	500 L 이상	5년마다	2년마다	1년마다
	500 L 미만	5년마다		2년마다
이음매 없는 용기	500 L 이상	5년마다		
	500 L 미만	신규검사 후 10년 이하 : 5년마다 신규검사 후 10년 초과 : 3년마다		
LPG 복합재료용기		5년마다		

3 용기 안전점검 및 유지·관리

1) 용기의 내·외면을 점검하여 사용할 때에 위험한 부식·금·주름 등이 있는 것인지의 여부를 확인할 것

2) 용기는 도색 및 표시가 되어 있는지의 여부를 확인할 것

3) 용기의 스커트에 찌그러짐이 있는지, 사용할 때에 위험하지 않도록 적정 간격을 유지하고 있는지의 여부를 확인할 것

4) 유통 중 열영향을 받았는지의 여부를 점검할 것. 이 경우 열영향을 받은 용기는 재검사를 받아야 한다.

5) 용기 **캡**이 씌워져 있거나 **프로텍터**가 부착되어 있는지의 여부를 확인할 것

6) 재검사기간의 도래 여부를 확인할 것

7) 용기 아랫부분의 부식 상태를 확인할 것

8) 밸브의 몸통·충전구나사·안전밸브에 사용에 지장을 주는 흠, 주름, 스프링의 부식 등이 있는지의 여부를 확인할 것

9) 밸브의 그랜드너트가 고정핀 등에 의하여 이탈 방지를 위한 조치가 있는지 여부를 확인할 것

10) 밸브의 개폐조작이 쉬운 핸들이 부착되어 있는지 여부를 확인할 것

11) 용기에는 충전가스의 종류에 맞는 용기부속품이 부착되어 있는지 여부를 확인할 것

12) 용기에 충전된 고압가스(가연성 가스 및 독성 가스만 해당한다)를 판매한 자는 판매에서 회수까지 그 이력을 추적 관리하여 용기방치 등으로 인한 안전관리에 저해되지 않도록 할 것

07 가스 공급자

1 안전점검방법
1) 가스 공급 시마다 점검
2) 2년에 1회 이상 정기점검

2 점검기록
작성·보존 : 정기점검 실시기록을 작성하여 2년간 보존

08 고압가스 운반 기준 ★★

1) 충전용기는 차량에 세워서 적재하여 운반할 것
2) 독성 가스를 운반하는 차량에는 일반인이 쉽게 알아볼 수 있도록 붉은 글씨로 "위험 고압가스" 및 "독성 가스"라는 경계표시와 전화번호를 표시할 것
3) 차량에 고정된 탱크 내용적 제한

차량에 고정된 탱크 운반차량	가연성 가스 및 산소 (LPG 제외)	1만 8천 L
	독성 가스 (암모니아 제외)	1만 2천 L

4) 고압가스를 200 km 이상의 거리를 운반할 때는 운반책임자를 동승시킴

(1) 운반책임자 동승 기준

액화가스	독성 가스	1000 kg 이상
	가연성 가스	3000 kg 이상
	조연성 가스	6000 kg 이상
압축가스	독성 가스	100 m³ 이상
	가연성 가스	300 m³ 이상
	조연성 가스	600 m³ 이상

5) 주밸브 설치

   (1) 후부 취출식 : 후범퍼와 수평 거리 40 cm 이상

   (2) 후부 취출식 이외 : 후범퍼와 수평 거리 30 cm 이상

   (3) 조작상자 설치 시 : 후범퍼와 수평 거리 20 cm 이상

6) 혼합 적재 금지

   (1) 염소와 아세틸렌

   (2) 염소와 암모니아

   (3) 염소와 수소

09 특정설비

1 차량에 고정된 탱크 재검사 주기

15년 미만	15년 이상 20년 미만	20년 이상
5년마다	2년마다	1년마다

2 기타설비 재검사 주기

	저장탱크	5년마다(재검사 불합격 : 3년)
기화장치	저장탱크와 함께 설치한 것	검사 후 2년 경과하여 해당 탱크 재검사 시
	저장탱크 설치하지 않은 것	3년마다
안전밸브 및 긴급차단장치		검사 후 2년 경과하여 해당 안전밸브 또는 긴급차단장치가 설치된 저장탱크 또는 차량에 고정된 탱크 재검사 시
압력용기		4년마다

3 불합격용기 및 특정설비 파기

1) 절단 등의 방법으로 파기하여 원형으로 가공할 수 없도록 할 것

2) 잔가스는 전부 제거한 후 절단할 것

3) 검사신청인에게 통지하고 파기할 것

4) 파기할 때는 검사장소에서 검사원이 직접 실시하게 하거나 검사원 입회하에 용기 및 특정설비 사용자로 하여금 실시하게 할 것

⑩ 가스용기 ★★★

1 용기 각인 표시

내압시험압력	TP
최고충전압력	FP
내용적	V
용기 질량	W

2 일반가스용기 도색

가스종류	도색	가스종류	도색
액화염소	갈색	암모니아	백색
액화탄산가스	청색	아세틸렌	황색
산소	녹색	질소	회색
액화석유가스	밝은 회색	수소	주황색

> 암 일반가스 : 염갈, 암백, 탄청, 아황, 산녹, 질회, 석회, 수주

3 의료용 가스용기 도색

가스종류	도색	가스종류	도색
사이클로프로판	주황색	헬륨	갈색
에틸렌	자색	산소	백색
질소	흑색	액화탄산가스	회색
아산화질소	청색	그 밖의 가스	회색

> 암 의료용 가스 : 사주, 헬갈, 에자, 산백, 질흑, 탄회, 아청

4 용기종류별 부속품

설비	기호
아세틸렌 가스를 충전하는 용기 부속품	AG
압축가스를 충전하는 용기 부속품	PG
액화석유가스를 충전하는 용기 부속품	LPG
초저온·저온용기 부속품	LT
액화석유가스	LG

5 용기시험 기준

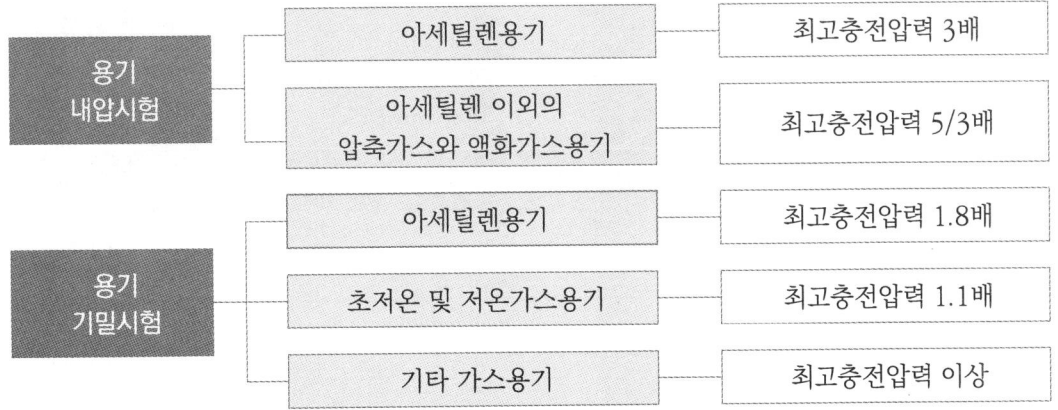

6 에어졸용기

1) 온수시험탱크는 46 ℃ 이상 50 ℃ 미만에서 에어졸의 누설이 없을 것
2) 35 ℃에서 내압이 0.8 MPa 이하 및 내용적의 90 % 이하로 충전할 것
3) 50 ℃에서 용기 내의 가스 압력의 1.5배로 가압 시 변형이 없고 50 ℃에서 용기 내 가스 압력의 1.8배로 가압 시엔 파열되지 않을 것
4) 인체에서 거리 20 cm 이상 유지하여 사용할 것

⑪ 용기 제조

1) 노 내 용기 가열 시 각부 온도차가 25 ℃ 이하가 되도록 유지
2) 부피가 250 L 미만인 경우 자동 용접설비
3) 부피가 125 L인 LPG용기는 자동 부식 방지 도장설비

구분	C	P	S
계목	0.33 %	0.04 %	0.05 %
무계목	0.55 %	0.04 %	0.05 %

4) 탄소, 인, 황 : 취성의 원인
5) 용기 동판의 두께 차는 평균 두께의 20 % 이하로 할 것
6) 초저온용기는 오스테나이트계 STS강(스테인리스강)이나 Al 합금으로 할 것
7) 용접용기 동판 두께는 3.2 ~ 3.6 mm 철판 사용(20 L 이상 ~ 125 L 미만)

8) 용접용기 동판 두께 계산식

$$t = \frac{PD}{2S\eta - 1.2P} + C$$

t : 두께[mm]
P : 최고충전압력[MPa]
D : 내경[mm]
S : 재료의 허용응력(N/mm² = 인장강도 × $\frac{1}{4}$)
η : 용접효율, C : 부식 여유수치[mm]

> **Level up**
>
> **산소용기 두께**
> $t = \dfrac{PD}{2SE}$ (이때, E는 안전율)
>
> **구형 가스홀더 두께**
> $t = \dfrac{PD}{4f\eta - 0.4P} + C$ (이때, f는 허용응력)

⑫ 냉동기 제조

※ 초음파 탐상시험을 실시하여 적합한 것으로 하여야 하는 재료의 종류

1) 두께가 50 mm 이상인 탄소강
2) 두께가 38 mm 이상인 저합금강
3) 두께가 19 mm 이상이고 최소인장강도가 568.4 N/mm² 이상인 강
4) 두께가 19 mm 이상으로서 저온(0 ℃ 미만)에서 사용하는 강(알루미늄으로서 탈산처리를 한 것을 제외한다)
5) 두께가 13 mm 이상인 2.5 % 니켈강 또는 3.5 % 니켈강
6) 두께가 6 mm 이상인 9 % 니켈강

⑬ 초저온용기 단열성능시험 시 침입열량 ★

$$Q = \frac{W \times q}{H \times \triangle t \times V}$$

Q : 침입열량[J/h·℃·L]
W : 기화된 가스량[kg]
q : 시험용 가스의 기화잠열[J/kg]
H : 측정 기간[h]
△t : 시험용 가스의 비점과 대기 온도와의 온도차[℃]
V : 초저온용기의 내용적[L]

※ 침입열량이 2.09 J/h·℃·L(내용적이 1000 L 이상인 초저온용기는 8.37 J/h·℃·L) 이하의 경우를 적합한 것으로 한다.

Chapter 07 액화석유가스법

핵심키워드 충전시설, 폭발방지장치, 피해저감설비, 배관 고정, 압력조정기, 방류둑, SDR

학습목표
1. 용어의 정의와 저장능력 기준, 충전시설 기준, 충전용기 보관 기준에 대해 학습한다.
2. 피해저감설비 기준과 액화석유가스 판매, 충전 영업소 기준에 대해 학습한다.
3. 액화석유가스 사용시설과 검사 기준에 대해 학습한다.
4. 조정기 종류 별 입구압력과 조정압력을 암기한다.
5. 방류둑 설치 기준에 대해 학습한다.

01 액화석유가스

1 용어

1) 액화석유가스 : 프로판이나 부탄을 주성분으로 한 가스를 액화한 것
2) 저장설비 : 액화석유가스를 저장하기 위해 지상 또는 지하에 고정 설치된 탱크
   ⇒ 저장능력이 3톤 이상인 탱크
3) 소형저장탱크 : 저장능력이 3톤 미만인 탱크
4) 충전용기 : 가스 충전 질량의 2분의 1 이상이 충전되어 있는 상태의 용기
5) 잔가스용기 : 가스 충전 질량의 2분의 1 미만이 충전되어 있는 상태의 용기

2 저장능력 기준

액화석유가스 판매업자	저장능력 10톤 이하
액화석유가스 저장소	내용적 1 L 미만 : 500 kg
	저장설비 : 5톤 이상

3 충전시설 기준 ★★

1) 저장설비 및 가스설비는 화기를 취급하는 장소까지 : 8 m 이상 우회거리 유지
2) 충전시설 중 저장설비는 그 외면으로부터 사업소경계까지 다음 표에 따른 거리 이상을 유지할 것

저장능력	사업소경계와 거리
10톤 이하	24 m
10톤 초과 20톤 이하	27 m
20톤 초과 30톤 이하	30 m
30톤 초과 40톤 이하	33 m
40톤 초과 200톤 이하	36 m
200톤 초과	39 m

※ 액화석유가스 충전시설 중 충전설비는 그 외면으로부터 사업소경계까지 24 m 이상을 유지할 것

3) 저장능력

$$W = 0.9\, dV$$

W : 저장탱크의 저장능력[kg]
d : 액화석유가스 비중[kg/L]
V : 저장탱크 내용적[L]

4) 충전량

$$G = \frac{V}{C}$$

G : 액화석유가스 질량[kg]
C : 프로판(2.35), 부탄(2.05)
V : 저장용기 내용적[L]

5) 사업소 부지는 한 면이 폭 8 m 이상의 도로에 접할 것

6) 자동차에 고정된 탱크 이·충전장소에는 정차위치를 지면에 표시하며 그 중심으로부터 사업소경계까지 24 m 이상 유지할 것

7) 가스 충전 시 가스 용량이 저장탱크 내용적 90 %를 넘지 않을 것

8) 자동차에 고정된 탱크는 저장탱크 외면으로부터 3 m 이상 떨어져 정지할 것

9) 액화석유가스는 공기 중 혼합비율 용량이 1/1000의 상태에서 냄새로 감지할 것

10) 자동차에 고정된 탱크(내용적이 5000 L 이상인 것에 한한다. 고압가스안전관리법은 정지목 2000 L)로부터 가스를 이입 받을 때에는 자동차가 고정되도록 자동차 정지목 등을 설치한다.

> **Level up**
>
> **구형 저장탱크에 의한 저장**
>
> $$V = \frac{\pi}{6} \times D^3$$
>
> (1) 표면적이 작고, 강도가 높음 (2) 외관 모양이 안정적임
> (3) 기초가 간단하여 건설비가 적게 소요됨

4 충전용기 보관 기준 ★★

1) 작업에 필요한 물건 외에는 비치하지 않을 것

2) 용기보관장소 주위 2 m 이내에는 화기 또는 인화성·발화성 물질을 두지 않을 것

3) 충전용기는 항상 40 ℃ 이하를 유지하며, 직사광선을 받지 않을 것

4) 용기보관장소에 충전용기와 잔가스용기를 각각 구분하여 둘 것

5 저장설비와 충전설비 외면으로부터 보호시설까지의 안전거리 ★★★

저장능력	제1종 보호시설	제2종 보호시설
10톤 이하	17 m	12 m
10톤 초과 20톤 이하	21 m	14 m
20톤 초과 30톤 이하	24 m	16 m
30톤 초과 40톤 이하	27 m	18 m
40톤 초과	30 m	20 m

➕ Level up

충전시설에는 그 충전시설의 안전과 원활한 충전작업을 위하여 다음의 조치를 할 것

가) 저장설비 저장능력의 총합이 15톤 이상일 것. 이 경우 제1호 가목 3)마)·바) 및 제3호 가목 1)에 따른 저장능력 산정 시 산입된 저장능력은 합산하지 아니한다.

나) 로딩암, 충전기, 충전호스, 차양 등 필요한 설비 등을 설치하고 적절한 조치를 할 것

※ 충전 시 자동차의 오발진을 방지하기 위하여 오발진 방지장치를 설치하거나 적절한 조치를 할 것

※ 충전시설에는 충전시설의 안전을 위하여 가스설비 설치실을 설치하는 경우에는 불연재료 (지붕은 가벼운 불연재료)를 사용하고 가스설비 설치실과 사무실 등 건축물의 창의 유리는 망입유리 또는 안전유리로 하며, 사무실 등의 건축물의 벽, 기둥 등은 내화구조 또는 불연재 료로 하는 등 안전한 구조로 할 것

자동차에 고정된 용기 충전소에는 충전 또는 그 충전소의 안전에 지장이 없는 범위에서 그에 부대하는 업무를 위하여 사용되는 다음 건축물 또는 시설 외에 다른 건축물 또는 시설을 설치하지 않을 것

가) 충전을 하기 위한 작업장

나) 충전소의 업무를 하기 위한 사무실과 회의실

다) 충전소 관계자가 근무하는 대기실

라) 액화석유가스 충전사업자가 운영하고 있는 용기를 재검사하기 위한 시설

마) 충전소 종사자의 숙소

바) 충전소의 종사자가 이용하기 위한 연면적 100 m^2 이하의 식당

사) 비상발전기실 또는 공구 등을 보관하기 위한 연면적 100 m^2 이하의 창고

아) 자동차 세차를 위한 시설
자) 충전소에 출입하는 사람을 대상으로 한 자동판매기와 현금자동지급기
차) 자동차 등의 점검 및 간이정비(용접, 판금 등 화기를 사용하는 작업 및 도장작업을 제외한다)를 위한 작업장
카) 충전소에 출입하는 사람을 대상으로 한 소매점(「건축법 시행령」 별표 1 제3호 가목에 따른 소매점을 말한다), 자동차 전시장, 고객휴게실, 휴게음식점, 자동차 영업소 및 일반사무실로서 법 제45조의 상세 기준에 따른 적절한 위치, 구조 등을 갖춘 것
타) 자동차용 배터리 충전을 위한 작업장
파) 「계량에 관한 법률」 제7조 제1항 제3호에 따른 계량증명업을 위한 작업장
하) 제1호 가목 10) 바)에 따른 태양광 발전설비

6 소형저장탱크 사이 거리 ★

소형저장탱크 충전질량	탱크 간 거리
1000 미만	0.3 m 이상
1000 이상 2000 미만	0.5 m 이상

7 폭발방지장치를 설치한 것으로 보는 경우

1) 물분무장치나 소화전을 설치한 저장탱크

2) 저온저장탱크로서 단열재의 두께가 해당 탱크 주변 화재를 고려하여 설계된 저장탱크

3) 지하에 매몰하여 설치하는 저장탱크

8 피해저감설비 기준 ★

1) 가스용 폴리에틸렌관은 노출배관으로 사용 금지

2) 1년에 1회 이상 정기적으로 침하 상태를 측정할 것

3) 배관온도는 항상 40 ℃ 이하로 유지할 것

4) 소형저장탱크 주위밸브 조작은 **수동** 조작할 것

5) 가스 충전 시 탱크 내용적의 90 %를 넘지 않을 것

6) 설비에 대한 작동상황은 1일 1회 이상 점검할 것

7) 안전밸브는 1년에 1회 이상 설정 압력 이하의 압력에서 작동하도록 조정할 것

9 액화석유가스 판매, 충전 영업소

1) 사업소 부지는 한 면이 폭 4 m 이상 도로에 접할 것
2) 판매업소 용기보관실 벽은 **방호벽**으로 할 것
3) 용기보관실과 사무실은 동일 부지에 **구분**하여 설치할 것
4) 용기보관실은 누출된 가스가 사무실로 유입되지 않는 구조로 할 것
5) 용기보관실은 불연성 재료로 사용할 것
6) 용기보관실 벽은 **방호벽**으로 할 것

10 액화석유가스 사용시설

1) 저장능력과 화기와의 우회거리

저장능력	화기와 우회거리
1톤 미만	2 m 이상
1톤 이상 3톤 미만	5 m 이상
3톤 이상	8 m 이상

2) 사용시설 저장설비용기는 저장능력이 500 kg 이하일 것
3) 소형저장탱크와 기화장치 주위 5 m 이내에서 화기 사용 금지할 것
4) 가스계량기 설치 높이는 바닥으로부터 1.6 m 이상, 2 m 이하에 고정할 것
5) 입상관에 부착된 밸브는 바닥으로부터 1.6 m 이상, 2 m 이내에 설치할 것
6) 가스용 폴리에틸렌관은 노출배관으로 사용하지 않을 것

　⇒ 지상배관과 연결하기 위해서는 **지면 30 cm 이하 사용 가능**

7) 가스보일러 설치시공확인서는 5년간 보존할 것
8) 배관의 고정 부착 ★★★

관지름 13 mm 미만	1 m마다
관지름 13 mm 이상 33 mm 미만	2 m마다
관지름 33 mm 이상	3 m마다

9) 가스계량기와의 거리 ★★★

전기계량기 및 전기개폐기	60 cm 이상
굴뚝·전기점멸기 및 전기 접속기	30 cm 이상
절연조치를 하지 않은 전선	15 cm 이상

11 액화석유가스검사

1) 품질검사

생산공장 또는 수입기지의 액화석유가스	월 1회 이상
그 밖의 저장시설에 보관 중인 액화석유가스	분기 1회 이상

2) 자체검사 : 주 1회 이상 실시(다만 공장 밖 저장시설의 액화석유가스는 월 1회 이상)

12 압력조정기

1) 입구압력과 조정압력 ★★★

조정기 종류	입구압력(MPa)	조정압력(kPa)
1단감압식 저압조정기	0.07 ~ 1.56	2.3 ~ 3.3
1단감압식 준저압조정기	0.1 ~ 1.56	5.0 ~ 30.0
2단감압식 1차용 조정기 (용량 100 kg/h 이하)	0.1 ~ 1.56	57 ~ 83
2단감압식 1차용 조정기 (용량 100 kg/h 초과)	0.3 ~ 1.56	57 ~ 83
2단감압식 2차용 저압조정기	0.01 ~ 0.1 0.025 ~ 0.1	2.3 ~ 3.3
2단감압식 2차용 준저압조정기	조정압력 이상 ~ 0.1	5.0 ~ 30.0
자동절체식 일체형 저압조정기	0.1 ~ 1.56	2.55 ~ 3.30
자동절체식 일체형 준저압조정기	0.1 ~ 1.56	5.0 ~ 30.0

2) 조정압력 3.3 kPa 이하인 압력조정기의 안전장치 작동압력

작동개시압력	작동정지압력
5.6 ~ 8.4 kPa	5.04 ~ 8.4 kPa

보충 작동표준압력 : <u>7.0 kPa</u>

3) 내압시험

입구 쪽	3 MPa 이상으로 1분간 실시
	2단감압식 2차용 조정기 → 0.8 MPa 이상
출구 쪽	0.3 MPa 이상
	2단감압식 1차용 조정기 및 자동절체식 분리형 조정기 → 0.87 MPa 이상
	그 밖의 압력조정기 → 0.8 MPa 또는 조정압력 1.5 배 이상 중 높은 압력

4) 기밀시험 : 종류별 압력에서 1분간 실시

조정기 종류	입구압력(MPa)	조정압력(kPa)
1단감압식 저압조정기	1.56 MPa 이상	5.5 kPa
1단감압식 준저압조정기	1.56 MPa 이상	조정압력의 2배 이상
2단감압식 1차용 조정기	1.8 MPa 이상	0.15 MPa 이상
2단감압식 2차용 저압조정기	0.5 MPa 이상	5.5 kPa
2단감압식 2차용 준저압조정기	0.5 MPa 이상	조정압력의 2배 이상
자동절체식 일체형 저압조정기	1.8 MPa 이상	5.5 kPa
자동절체식 일체형 준저압조정기	1.8 MPa 이상	조정압력의 2배 이상
그 밖의 압력조정기	최대입구압력의 1.1배 이상	조정압력의 1.5배 이상

5) 조정기 최대 폐쇄압력

1단감압식 저압조정기 2단감압식 2차용 저압조정기 자동절체식 일체형 저압조정기	3.5 kPa 이하
2단감압식 1차용 조정기 자동절체식 분리형 조정기	95 kPa 이하

13 방류둑 설치 기준 ★★

1) 고압가스 특정제조
   (1) 독성 가스 : 5톤 이상
   (2) 가연성 가스 : 500톤 이상
   (3) 액화산소 : 1000톤 이상

2) 고압가스 일반제조
   (1) 독성 가스 : 5톤 이상
   (2) 가연성 가스, 액화산소 : 1000톤 이상

3) 냉동제조시설(독성 가스 냉매 사용) : 수액기 내용적 1만 L 이상

4) 액화석유가스 : 1000톤 이상

5) 도시가스
   (1) 가스도매사업 : 500톤 이상
   (2) 일반도시가스사업 : 1000톤 이상
   ※ LNG 저장탱크는 가스도매사업에 해당

14 염화비닐호스 규격 및 검사방법

1) 호스의 안지름은 6.3 mm(1종), 9.5 mm(2종), 12.7 mm(3종)로 하고 그 허용차는 ±0.7 mm로 할 것
2) -20 ℃ 이하에서 24시간 이상 방치한 후 지체 없이 5회 이상 굽힘시험을 한 후에 기밀시험에 누출이 없을 것
3) 안층의 인장강도는 73.6 N/5 mm 폭 이상으로 할 것

15 액화 가능한 가스의 임계온도와 임계압력 ★

가스이름	임계온도(℃)	임계압력(kg/cm^2)
탄산가스	31	72.9
암모니아	132.3	111.3
에탄	32.2	48.2
에틸렌	9.2	50
프로판	96.8	42
부탄	152	37.5
염소	144	76.1
시안화수소	183.5	53
프레온 12	111.7	39.6
포스겐	183	56

> 보충 임계온도가 높은 가스가 액화 범위가 넓은 것이기 때문에 임계온도가 높은 가스가 액화가 용이하며 반대로 임계압력이 낮은 가스는 적은 동력으로 액화시킬 수 있는 것이므로 임계압력이 낮은 가스가 액화하기 쉬움
> 보충 산소의 임계온도 : -118.4 ℃

16 허가대상 가스용품의 범위

1) 압력조정기(용접 절단기용 액화석유가스 압력조정기를 포함한다)
2) 가스누출자동차단장치
3) 정압기용 필터(정압기에 내장된 것은 제외한다)
4) 매몰형 정압기
5) 호스
6) 배관용 밸브(볼밸브와 글로브밸브만을 말한다)
7) 콕(퓨즈콕, 상자콕, 주물연소기용 노즐콕 및 업무용 대형연소기용 노즐콕만을 말한다)

8) 배관이음관

9) 강제혼합식 가스버너(제10호에 따른 연소기와 별표 7 제5호 나목에서 정한 연소기에 부착하는 것은 제외한다)

10) 연소기[가스버너를 사용할 수 있는 구조로 된 연소장치로서 가스소비량이 232.6 kW(20만 kcal/h) 이하인 것을 말하되, 별표 7 제5호 나목에서 정하는 것은 제외한다]

11) 다기능가스안전계량기(가스계량기에 가스누출 차단장치 등 가스안전기능을 수행하는 가스안전장치가 부착된 가스용품을 말한다. 이하 같다)

12) 로딩암

13) 다기능보일러[온수보일러에 전기를 생산하는 기능 등 여러 가지 복합기능을 수행하는 장치가 부착된 가스용품으로서 가스소비량이 232.6 kW(20만 kcal/h)이하인 것을 말한다]

17 PE배관 접합

1) PE배관의 접합은 관의 재질, 설치조건 및 주위 여건 등을 고려하여 실시하고, 눈·우천 시에는 천막 등으로 **보호조치**를 한 후 융착한다.

2) PE배관은 수분, 먼지 등의 **이물질을 제거**한 후 접합한다.

3) PE배관의 접합 전에는 접합부를 접합 전용 스크레이프 등을 사용하여 다듬질한다.

4) 금속관과의 접합은 T/F(Transition Fitting)를 사용한다.

5) 공칭 외경이 상이할 경우의 접합은 **관이음매**(Fitting)를 사용하여 접합한다.

6) 그 밖의 사항은 PE배관의 제작사가 제공하는 시공 지침에 따른다.

7) PE배관의 접합은 열융착 또는 전기융착의 방법으로 하고, 모든 융착은 융착기(Fusion Machine)를 사용하도록 한다. 이 경우 맞대기융착과 전기융착에 사용하는 융착기(이하 "융착기"라 한다)는 융착조건 및 결과가 표시되는 것으로서, 제조일(2002년 8월 31일 이전에 제조된 융착기의 경우에는 성능 확인을 받은 날)을 기준으로 매 1년(고정부 이동거리의 측정이 가능한 구조의 융착기는 매 2년, 단 성능 확인 결과 부적합 융착기는 매 1년)이 되는 날의 전후 30일 이내에 한국가스안전공사로부터 성능 확인을 받은 제품으로 하며, 성능 확인시험 기준 및 시험방법은 KGS FS334(액화석유가스 배관망공급 제조소 밖의 배관의 시설·기술·검사·정밀안전진단 기준)의 부록 D 및 부록 E를 따른다.

  (1) 열융착이음은 맞대기융착, 소켓융착 또는 새들융착으로 구분하여 다음 기준에 적합하게 실시한다.

  (1-1) 맞대기융착(Butt Fusion)은 공칭 외경 **90 mm 이상**의 직관과 이음관 연결에 적용하되, 다음 기준에 적합하게 한다.

  (1-1-1) 비드(bead)는 좌·우 대칭형으로 **둥글고 균일**하게 형성되도록 한다.

  (1-1-2) 비드의 표면은 **매끄럽고 청결**하도록 한다.

(1-1-3) 접합면의 비드와 비드 사이의 경계 부위는 배관의 외면보다 높게 형성되도록 한다.
(1-1-4) 이음부의 연결오차(v)는 배관 두께의 10 % 이하로 한다.

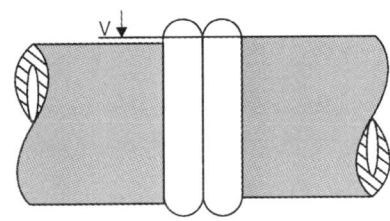

(1-1-5) 공칭 외경별 비드 폭은 원칙적으로 다음 식에 따라 산출한 최소치 이상 최대치 이하이다.
　　최소 = 3 + 0.5 t　　최대 = 5 + 0.75 t
　　여기에서 t = 배관 두께

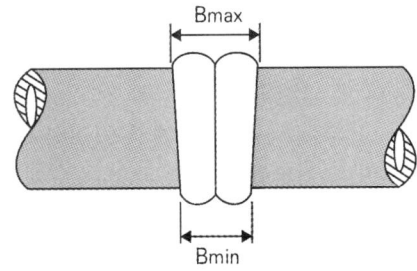

(1-1-6) 시공이 불량한 융착이음부는 절단해서 제거하고 재시공한다.
(1-2) 소켓융착(Socket Fusion)은 다음 기준에 적합하게 한다.
(1-2-1) 용융된 비드는 접합부 전면에 고르게 형성되고 관 내부로 밀려나오지 않도록 한다.
(1-2-2) 배관 및 이음관의 접합은 일직선을 유지한다.
(1-2-3) **비드 높이(h)는 이음관의 높이(H) 이하로 한다.**

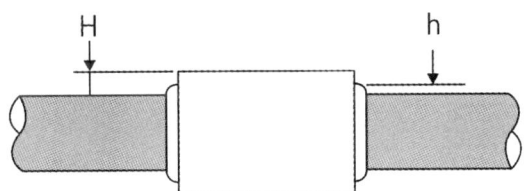

(1-2-4) 융착작업은 홀더(Holder) 등을 사용하고 관의 용융 부위는 소켓 내부 경계턱까지 완전히 삽입되도록 한다.
(1-2-5) 시공이 불량한 융착이음부는 **절단해서 제거하고 재시공**한다.
(1-3) 새들융착(Saddle Fusion)은 다음 기준에 적합하게 한다.
(1-3-1) 접합부 전면에는 대칭형의 둥근 형상 이중 비드가 고르게 형성되도록 한다.
(1-3-2) 비드의 표면은 **매끄럽고 청결**하도록 한다.
(1-3-3) 접합된 새들의 중심선과 배관의 중심선이 직각을 유지한다.
(1-3-4) **비드의 높이(h)는 이음관 높이(H) 이하로 한다.**

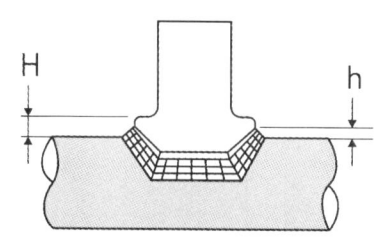 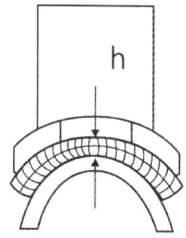

(1-3-5) 시공이 불량한 융착이음부는 절단해서 제거하고 재시공한다.

(2) 전기융착이음은 소켓융착 또는 새들융착으로 구분하여 다음 기준에 적합하게 한다.

(2-1) 전기융착에 사용되는 이음관은 KGS AA232(가스용 전기융착식 폴리에틸렌이음관 제조 및 검사 기술 기준)에 따른 검사품 또는 KS M 3515(가스용 폴리에틸렌관의 이음관) 제품을 사용한다.

(2-2) 소켓융착의 이음부는 배관과 일직선을 유지하고, 새들융착이음매 중심선과 배관 중심선은 직각을 유지한다.

(2-3) 소켓융착 작업의 이음부에는 배관 두께가 일정하게 표면 **산화층을 제거할 수 있도록 기계식 면취기(스크래퍼)를 사용**하여 배관 표면층을 제거해야 하며, 관의 용융 부위는 소켓 내부 경계턱까지 완전히 삽입되도록 한다. 다만 기계식 면취기(스크래퍼)로 면취가 불가능한 경우 면취용 날 등을 사용하여 배관의 표면 산화층을 일정하게 제거할 수 있다.

(2-4) 전기융착에 사용되는 이음관과 배관의 접합면 외부로는 용융물 또는 열선이 돌출되지 않도록 한다.

(2-5) 융착기는 융착과정의 전류 변화가 표시되어야 하고, 급격한 전류 변화 및 이음관 열선의 단선·단락 시에는 융착을 즉시 중단한다.

(2-6) 융착기는 전기융착에 사용되는 이음관의 사양에 적합한 것으로 한다.

(2-7) 시공이 불량한 융착이음부는 **절단 후 재시공**한다.

(2-8) 소켓융착 작업은 클램프 등 홀더를 사용하여 고정 후 융착작업을 실시하고 융착작업 종료 시까지 융착공정에 적합한 **전류가 공급**되어야 한다.

(3) 그 밖에 제작자가 제시하는 융착 기준(가열온도, 가열유지시간, 냉각시간 등)을 준수한다.

18 압력 범위에 따른 관의 두께 ★★★

SDR	압력
11 이하	0.4 MPa 이하
17 이하	0.25 MPa 이하
21 이하	0.2 MPa 이하

여기서 SDR(Standard Dimension Ratio) = D(외경)/t(최소두께)

Chapter 08 도시가스법

 본관, 이격거리, 분해점검, 월사용 예정량, 부식

1. 도시가스 용어에 대해 학습한다.
2. 특정가스 사용시설과 도시가스 도매사업의 가스공급시설 기준, 공급배관 기준, 가스사용시설 기준에 대해 학습한다.
3. 웨버지수를 계산할 수 있다.
4. 도시가스 충전시설 기준과 충전용기 부식여유 두께 수치에 대해 학습한다.
5. 허용응력과 스케줄번호를 계산할 수 있다.

01 도시가스

(1) "도시가스"란 천연가스(액화한 것을 포함한다. 이하 같다), 배관(配管)을 통하여 공급되는 석유가스, 나프타부생(副生)가스, 바이오가스 또는 합성천연가스로서 대통령령으로 정하는 것을 말한다.

(2) "도시가스사업자"란 도시가스사업의 허가를 받은 가스도매사업자, 일반도시가스사업자, 도시가스충전사업자, 나프타부생가스·바이오가스제조사업자 및 합성천연가스제조사업자를 말한다.

(3) "가스도매사업"이란 일반도시가스사업자 및 나프타부생가스·바이오가스제조사업자 외의 자가 일반도시가스사업자, 도시가스충전사업자, 선박용 천연가스사업자 또는 산업통상자원부령으로 정하는 대량수요자에게 도시가스를 공급하는 사업을 말한다.

(4) "일반도시가스사업"이란 가스도매사업자 등으로부터 공급받은 도시가스 또는 스스로 제조한 석유가스, 나프타부생가스, 바이오가스를 일반의 수요에 따라 배관을 통하여 수요자에게 공급하는 사업을 말한다.

(5) "가스공급시설"이란 도시가스를 제조하거나 공급하기 위한 시설로서 산업통상자원부령으로 정하는 가스제조시설, 가스배관시설, 가스충전시설, 나프타부생가스·바이오가스제조시설 및 합성천연가스제조시설을 말한다.

(6) "가스사용시설"이란 가스공급시설 외의 가스사용자의 시설로서 산업통상자원부령으로 정하는 것을 말한다.

> **+ Level up**
>
> **도시가스의 종류**
> (1) 천연가스(액화한 것을 포함한다. 이하 같다) : 지하에서 자연적으로 생성되는 가연성 가스로서 메탄을 주성분으로 하는 가스
> (2) 천연가스와 일정량을 혼합하거나 이를 대체하여도 가스공급시설 및 가스사용시설의 성능과 안전에 영향을 미치지 않는 것으로서 산업통상자원부장관이 정하여 고시하는 품질 기준에 적합한 다음 각 목의 가스 중 배관(配管)을 통하여 공급되는 가스
> ① 석유가스 : 석유가스를 공기와 혼합하여 제조한 가스
> ② 나프타부생(副生)가스 : 나프타 분해공정을 통해 에틸렌, 프로필렌 등을 제조하는 과정에서 부산물로 생성되는 가스로서 메탄이 주성분인 가스 및 이를 다른 도시가스와 혼합하여 제조한 가스
> ③ 바이오가스 : 유기성(有機性) 폐기물 등 바이오매스로부터 생성된 기체를 정제한 가스로서 메탄이 주성분인 가스 및 이를 다른 도시가스와 혼합하여 제조한 가스
> ④ 합성천연가스 : 석탄을 주원료로 하여 고온·고압의 가스화 공정을 거쳐 생산한 가스로서 메탄이 주성분인 가스 및 이를 다른 도시가스와 혼합하여 제조한 가스
> ⑤ 그 밖에 메탄이 주성분인 가스로서 도시가스 수급 안정과 에너지 이용 효율 향상을 위해 보급할 필요가 있다고 인정하여 산업통상자원부령으로 정하는 가스

1 용어 ★

1. "배관"이란 도시가스를 공급하기 위하여 배치된 관(管)으로써 본관, 공급관, 내관 또는 그 밖의 관을 말한다.

2. "본관"이란 다음 각 목의 것을 말한다.

    가. 가스도매사업의 경우에는 도시가스제조사업소(액화천연가스의 인수기지를 포함한다. 이하 같다)의 부지 경계에서 정압기지(整壓基地)의 경계까지 이르는 배관. 다만 밸브기지 안의 배관은 제외한다.

    나. 일반도시가스사업의 경우에는 도시가스제조사업소의 부지 경계 또는 가스도매사업자의 가스시설 경계에서 정압기(整壓器)까지 이르는 배관

    다. 나프타부생가스·바이오가스제조사업의 경우에는 해당 제조사업소의 부지 경계에서 가스도매사업자 또는 일반도시가스사업자의 가스시설 경계 또는 사업소 경계까지 이르는 배관

    라. 합성천연가스제조사업의 경우에는 해당 제조사업소의 부지 경계에서 가스도매사업자의 가스시설 경계 또는 사업소 경계까지 이르는 배관

3. "공급관"이란 다음 각 목의 것을 말한다.
   가. 공동주택, 오피스텔, 콘도미니엄, 그 밖에 안전관리를 위하여 산업통상자원부장관이 필요하다고 인정하여 정하는 건축물(이하 "공동주택등"이라 한다)에 도시가스를 공급하는 경우에는 정압기에서 가스사용자가 구분하여 소유하거나 점유하는 건축물의 외벽에 설치하는 계량기의 전단밸브(계량기가 건축물의 내부에 설치된 경우에는 건축물의 외벽)까지 이르는 배관
   나. 공동주택등 외의 건축물 등에 도시가스를 공급하는 경우에는 정압기에서 가스사용자가 소유하거나 점유하고 있는 토지의 경계까지 이르는 배관
   다. 가스도매사업의 경우에는 정압기지에서 일반도시가스사업자의 가스공급시설이나 대량수요자의 가스사용시설까지 이르는 배관
   라. 나프타부생가스·바이오가스제조사업 및 합성천연가스제조사업의 경우에는 해당 사업소의 본관 또는 부지 경계에서 가스사용자가 소유하거나 점유하고 있는 토지의 경계까지 이르는 배관

4. "사용자공급관"이란 공급관 중 가스사용자가 소유하거나 점유하고 있는 토지의 경계에서 가스사용자가 구분하여 소유하거나 점유하는 건축물의 외벽에 설치된 계량기의 전단밸브(계량기가 건축물의 내부에 설치된 경우에는 그 건축물의 외벽)까지 이르는 배관을 말한다.

5. "내관"이란 가스사용자가 소유하거나 점유하고 있는 토지의 경계(공동주택등으로서 가스사용자가 구분하여 소유하거나 점유하는 건축물의 외벽에 계량기가 설치된 경우에는 그 계량기의 전단밸브, 계량기가 건축물의 내부에 설치된 경우에는 건축물의 외벽)에서 연소기까지 이르는 배관을 말한다.

6. "고압"이란 1메가파스칼 이상의 압력(게이지압력을 말한다. 이하 같다)을 말한다. 다만 액체상태의 액화가스는 고압으로 본다.

7. "중압"이란 0.1메가파스칼 이상 1메가파스칼 미만의 압력을 말한다. 다만 액화가스가 기화되고 다른 물질과 혼합되지 아니한 경우에는 0.01메가파스칼 이상 0.2메가파스칼 미만의 압력을 말한다.

8. "저압"이란 0.1메가파스칼 미만의 압력을 말한다. 다만 액화가스가 기화(氣化)되고 다른 물질과 혼합되지 아니한 경우에는 0.01메가파스칼 미만의 압력을 말한다.

9. "액화가스"란 상용의 온도 또는 섭씨 35도의 온도에서 압력이 0.2메가파스칼 이상이 되는 것을 말한다.

10. "보호시설"이란 제1종보호시설 및 제2종보호시설을 말한다.

11. "저장설비"란 도시가스를 저장하기 위한 설비로서 **저장탱크 및 충전용기 보관실**을 말한다.

12. "처리설비"란 **압축·액화나 그 밖의 방법으로** 도시가스를 처리할 수 있는 설비로서 도시가스의 충전에 필요한 **압축기, 기화기 및 펌프**를 말한다.

13. "압축가스설비"란 압축기를 통해 압축된 가스를 저장하기 위한 설비로서 압력용기를 말한다.

14. "충전설비"란 용기, 고압가스용기가 적재된 바퀴가 달린 자동차(이하 "이동충전차량"이라 한다) 또는 차량에 고정된 탱크에 도시가스를 충전하기 위한 설비로서 충전기 및 그 부속설비를 말한다.

15. "처리능력"이란 처리설비 또는 감압설비에 따라 압축·액화나 그 밖의 방법으로 1일 처리할 수 있는 도시가스의 양(온도 섭씨 0도, 게이지압력 0파스칼의 상태를 기준으로 한다)을 말한다.

16. "정압기지"란 도시가스의 압력을 조정하기 위한 시설로서 정압설비, 계량설비, 가열설비, 불순물제거장치, 방산탑(放散塔), 배관 또는 그 부대설비가 설치된 기지를 말한다.

17. "밸브기지"란 도시가스의 흐름을 차단하기 위한 시설로서 가스차단장치, 방산탑, 배관 또는 그 부대설비가 설치된 기지를 말한다.

18. "전처리설비"란 바이오가스제조설비 중 가스품질향상설비 전단(前段)의 설비로서 포집(捕執)된 가스의 1차적인 탈황(脫黃)·탈수 등을 위한 처리설비(포집설비는 제외한다)를 말한다.

19. "가스품질향상설비"란 나프타부생가스·바이오가스제조설비 및 합성천연가스제조설비 중 도시가스로의 품질 향상을 위한 설비로서 정제설비, 압력조정설비, 열량조정설비, 품질모니터링설비, 압축설비, 계량설비 및 부취제(腐臭劑) 주입설비를 말한다.

20. 도시가스 종류

천연가스	지하에서 생성되는 가연성 가스로서 메탄을 주성분으로 하는 가스
석유가스	석유가스를 공기와 혼합하여 제조한 가스
나프타부생가스	나프타 분해공정과정에서 부산물로 생성되는 가스
바이오가스	바이오매스로부터 생성된 기체를 정제한 가스

2 특정가스 사용시설 ★

1) 월 사용예정량 2000 m³ 이상인 가스사용시설

2) 월 사용예정량 2000 m³ 미만인 가스사용시설 중 많이 이용하는 시설로서 안전관리를 위하여 필요하다고 인정하여 지정하는 가스사용시설

3 도시가스 도매사업의 가스공급시설 기준 ★★

1) 액화천연가스 저장설비와 처리설비는 그 외면으로부터 사업소경계까지 다음 식에 따라 얻은 거리 이상을 유지할 것

$$L = C \times \sqrt[3]{143,000\,W}$$

L : 유지하여야 하는 거리[m]
C : **저압지하식 저장탱크는 0.24, 그 밖의 가스저장설비와 처리설비는 0.576**
W : 저장탱크는 저장능력의 제곱근, 그 밖의 것은 그 시설 안의 액화천연가스의 질량(단위 : 톤)

2) 액화석유가스 저장설비와 처리설비는 외면으로부터 보호시설까지 30 m 이상 유지

3) 가스공급시설은 외면으로부터 화기 취급 장소까지 8 m 이상 우회거리 유지

4) 고압 가스공급시설은 안전구획 안에 설치하고 그 안전구역 면적은 20000 m² 미만

5) 안전구역 안의 고압인 가스공급시설은 그 외면으로부터 다른 안전구역 안에 있는 시설까지 30 m 이상 유지

6) 액화천연가스의 저장탱크는 그 외면으로부터 처리능력이 200000 m³ 이상인 압축기까지 30 m 이상의 거리 유지

7) 저장탱크와 다른 저장탱크 또는 가스홀더와의 사이에는 두 저장탱크 최대 지름을 더한 길이의 4분의 1 이상에 해당하는 거리 유지

8) 액화가스 저장탱크의 저장능력이 500톤 이상인 것의 주위에는 액상의 가스가 누출된 경우 그 유출 방지 위한 조치를 마련할 것

9) 물분무장치는 **매월 1회 이상** 작동 확인

10) 긴급차단장치는 1년에 1회 이상 검사 실시

11) 제조소 및 공급소에 설치된 가스누출경보기는 1주일에 1회 이상 점검

12) 정압기는 설치 후 2년에 1회 이상 분해점검

4 가스도매사업 도시가스 공급배관 기준 ★★★

1) 배관 매설 기준

배관 매설 위치	이격거리	이격위치
지하 매설배관	1 m	산이나 들
	1.2 m	그 밖의 지역
배관의 외면	1 m	도로 경계 수평
	0.3 m	다른 시설물

배관 매설 위치	이격거리	이격위치
시가지 도로 노면 밑 배관	1.5 m	노면
방호구조물 내 배관	1.2 m	
시가지 외 도로 노면 밑 매설배관	1.2 m	
포장되어 있는 차도 매설배관	0.5 m	노반의 최하부
노면 외의 도로 밑 매설배관	1.2 m	지표면
방호구조물 내 배관	0.6 m	
철도부지 매설배관	4 m	궤도 중심
	1 m	철도부지 경계
	1.2 m	지표면
하천 밑 횡단 매설배관	4 m	계획하상높이
중압 이하 배관	2 m	고압배관

2) 배관 외부에 사용 가스명, 최고사용압력 및 가스의 흐름방향 표시

5 일반도시가스사업 도시가스 공급배관 기준

1) 점검 기준(공급시설)

정압기 설치 후	2년에 1회 이상 분해점검
	1주일에 1회 이상 작동상황점검
필터 가스공급개시 후	1개월 이내 및 매년 1회 이상 분해점검

보충 사용시설의 정압기 필터는 도시가스 사용시설의 정압기필터는 설치 후 3년까지는 1회 이상, 그 이후에는 4년에 1회 이상 분해점검을 실시할 것

2) 입상관밸브는 분리가 가능한 것으로 바닥으로부터 1.6 m 이상 2 m 이내 설치

3) 배관 고정장치

관지름 13 mm 미만	1 m마다
관지름 13 mm 이상 ~ 33 mm 미만	2 m마다
관지름 33 mm 이상	3 m마다

4) 배관이음매(용접이음매 제외)와의 이격거리(공급시설) ★★★

배관의 이음매	60 cm	전기계량기 및 전기개폐기
	30 cm	전기점멸기 및 전기접속기(사용시설은 15 cm 이상)
	10 cm	절연전선
	15 cm	절연조치를 하지 않은 전선 및 단열조치를 하지 않은 굴뚝

5) 배관 매설 기준

공동주택 등의 부지 안	0.6 m 이상
폭 8 m 이상의 도로	1.2 m 이상
폭 4 m 이상 8 m 미만인 도로	1 m 이상

6) 제조시설 및 공급소 시설 배치 기준

가스혼합기·가스정제설비·배송기· 압송기 그 밖에 가스공급시설 부대설비		3 m 이상	사업장 경계
최고사용압력이 고압인 것		20 m 이상	사업장 경계
		30 m 이상	제1종 보호시설
가스발생기와 가스홀더	최고사용압력 고압	20 m 이상	사업장 경계
	최고사용압력 중압	10 m 이상	
	최고사용압력 저압	5 m 이상	

6 가스사용시설 기준

1) 압력조정기는 1년에 1회 이상 안전점검 실시
2) 정압기에는 안전밸브와 가스방출관 설치

> **Level up**
>
> 정압기 안전밸브 방출관 크기
> (1) 정압기 입구 측 압력 0.5 MPa 이상 : 50 A 이상
> (2) 정압기 입구 측 압력 0.5 MPa 미만
>   ① 정압기 설계유량 1000 Nm^3/h 이상 : 50 A 이상
>   ② 정압기 설계유량 1000 Nm^3/h 미만 : 25 A 이상

3) 가스방출관 방출구는 주위 불 등이 없는 안전한 위치로 지면부터 5 m 이상 높이 설치
   ⇒ 전기시설물과 접촉으로 사고의 우려가 있는 장소는 3 m 이상 설치 가능
4) 가스보일러 온수기 설치 기준
   (1) **전용보일러실에 설치할 것**
   (2) 배기통 재료는 스테인리스 강판이나 배기가스 및 응축수에 내열·내식성이 있을 것
   (3) 환기가 잘되는 곳에 설치할 것
   (4) 시공자는 시공 시설에 대해 관련 정보를 기록한 시공 표지판을 부착할 것
   (5) 시공자는 시공확인서를 작성하여 5년간 보존할 것

5) 도시가스사용시설 월사용 예정량 산출식 ★★★

$$Q = \frac{(A \times 240) + (B \times 90)}{11000}$$

Q : 월 사용예정량[m³]
A : 산업용으로 사용하는 연소기의 명판에 적힌 가스소비량 합계[kcal/h]
B : 산업용이 아닌 연소기의 명판에 적힌 가스소비량 합계[kcal/h]

7 도시가스 유해성분 압력 측정

1) 가스홀더의 출구·정압기 출구 및 가스공급시설 끝부분 배관에서 자기압력계를 사용

2) 정압기 출구 및 가스공급시설 끝부분의 배관에서 측정한 가스압력 : 1 kPa 이상 2.5 kPa 이내 유지

8 웨버지수 ★★★

도시가스 열량과 비중 계산식

$$WI = \frac{Hg}{\sqrt{d}}$$

WI : 웨버지수
Hg : 도시가스 총발열량[kcal/m³]
d : 도시가스 공기에 대한 비중

9 유해성분 측정

1) 도시가스 황전량, 황화수소 및 암모니아는 매주 1회씩 가스홀더 출구에서 연소가스 특수성분 분석방법에 따른 분석방법에 따라 검사할 것

2) 도시가스 유해성분 양(0 ℃, 101325 Pa 압력에서 건조한 도시가스 1 m³당)

황전량	0.5 g
황화수소	0.02 g
암모니아	0.2 g

10 도시가스 충전시설 기준

1) 고정식 압축도시가스 자동차 충전시설
   (1) 처리설비 및 압축가스설비로부터 30 m 이내 보호시설 : 주위에 도시가스폭발에 따른 충격을 견딜 수 있는 철근콘크리트제 방호벽 설치
   (2) 충전설비 : 도로경계까지 5 m 이상 거리 유지
   (3) 저장설비·처리설비·압축가스설비·충전설비 : 철도까지 30 m 이상 유지
   (4) 저장설비·처리설비·압축가스설비·충전설비 : 사업소경계까지 10 m 이상 유지
   (5) 처리설비 및 압축가스설비 주위 철근콘크리트제 방호벽 설치 : 5 m 이상 유지

⑹ 저장능력 5톤 또는 500 m³ 이상인 저장탱크 및 압력용기 : 지진발생 시 저장탱크 보호를 위해 내진성능 확보를 위한 조치
⑺ 5 m³ 이상의 도시가스를 저장하는 것에는 가스방출장치 설치
⑻ 배관은 안전율이 4 이상이 되도록 설계
⑼ 가스충전시설 : 충전설비 근처 및 충전설비로부터 5 m 이상 떨어진 장소에서 긴급 시 도시가스 누출을 차단할 수 있는 조치를 할 것

2) 이동식 압축도시가스 자동차 충전 기준

가스배관구		가스배관구	3 m 이상 유지
이동충전차량	↔	충전설비	8 m 이상 유지
이동충전차량 및 충전설비		철도	15 m 이상 유지
사업소에서 주정차 또는 충전작업을 하는 이동충전차량 설치 : 3대 이하			

3) 고정식 압축도시가스 이동충전차량 충전 기준
   ⑴ 압축장치와 이동충전차량 충전설비 사이 : 방호벽 설치
   ⑵ 압축가스설비와 이동충전차량 충전설비 사이 : 방호벽 설치
   ⑶ 이동충전차량 충전설비 : 이동충전차량 진입구 및 진출구까지 12 m 이상 유지
   ⑷ 이동충전차량의 사업소 외에서 이동충전차량에 충전 금지

4) 액화도시가스 자동차 충전
   ⑴ 저장능력과 사업소 경계까지의 안전거리

저장탱크 저장능력(W) [W = 0.9 V]	사업소 경계와 안전거리
25톤 이하	10 m
25톤 초과 50톤 이하	15 m
50톤 초과 100톤 이하	25 m
100톤 초과	40 m

   ⑵ 처리설비 및 충전설비와 사업소 경계까지의 안전거리 : 10 m
   ⑶ 처리설비 및 충전설비 주위 방호벽 설치 시 사업소 경계까지의 안전거리 : 5 m 이상

11 충전용기 부식여유 두께 수치

	1000 L 이하	1 mm 이상
암모니아	1000 L 초과	2 mm 이상
염소	1000 L 이하	3 mm 이상
	1000 L 초과	5 mm 이상

12 허용응력 및 스케줄번호(배관 두께) ★★★

1) 허용응력 S kg/mm² = 인장강도 kg/mm²/안전율

2) 스케줄번호 Sch No = 10 × (P/S)

13 기타 사항

1) 도시가스 사용시설의 정압기필터는 설치 후 3년까지는 1회 이상, 그 이후에는 4년에 1회 이상 분해점검을 실시할 것

2) 일반도시가스사업의 가스공급시설 중 정압기 분해점검은 2년에 1회 이상 실시할 것

3) 압력조정기 설치 기준
    (1) 도시가스 공급압력이 중압 이상인 경우 : 150세대 미만
    (2) 도시가스 공급압력이 저압인 경우 : 250세대 미만

Chapter 09 가스통합

핵심키워드: 경계표지, 위험표지, 경보기, 방폭전기기기, 전기방식, CNG, 위험성평가, 잔가스, 보일러

학습목표:
1. 경계표지와 위험표지 기준, 내진설계 기준과 안전설비에 대해 학습한다.
2. 방폭전기기기의 종류와 특징, 표시방법에 대해 학습한다.
3. 독성 가스 종류별 제독제와 독성 가스 보호구 종류에 대해 학습한다.
4. 전기방식 조치 기준과 위험성평가기법의 종류, 영문약자, 특징에 대해 학습한다.
5. 시험방법과 고압가스 종류별 문자 색상을 암기한다.
6. 물분무장치와 냉각살수장치를 비교한다.
7. 가스보일러에 대해 학습한다.
8. 용기와 용기 부속품, 냉동기, 특정설비의 기준에 대해 학습한다.
9. 품질유지 대상인 고압가스 종류를 암기하고 사고발생 시 통보방법 등에 대해 학습한다.

01 경계표지

1 고압가스 운반 차량 경계표지 ★★★

1) 위험고압가스 표시 필수

2) 경계표지 크기(직사각형)

가로	세로	면적
차체 폭의 30 % 이상	가로치수의 20 % 이상	면적 600 cm^2 이상

2 용기에 가스를 충전하거나 저장탱크 또는 용기 상호 간 경계표지

가스 이·충전 작업 시 고압가스설비 주변에 경계표지

3 배관의 표지판 ★★

1) 지하에 설치된 배관 : 500 m 이하
   지상에 설치된 배관 : 1000 m 이하

2) 표지판에 고압가스 종류, 설치 구역명, 배관 설치 위치, 회사명 및 연락처, 신고처 기재

02 위험표지

1 독성 가스 식별조치 및 위험표시 ★★

1) 독성 가스 표시 기준

가스명칭 색	식별표지	문자의 크기
적색	• 바탕색 : 백색 • 글씨 : 흑색	• 가로·세로 : 10 cm 이상 • 30 m 이상 떨어진 곳에서 알아볼 수 있어야 함

암 독 명적 식바백글흑

2) 독성 가스 위험표지

다른 법령에 의한 지시사항 병기 가능	위험표지	문자의 크기
	• 바탕색 : 백색 • 글씨 : 흑색 • 주의 : 적색	• 가로·세로 : 5 cm 이상 • 10 m 이상 떨어진 곳에서 알아볼 수 있어야 함

3) 경계책

   (1) 경계책 안에는 화기, 발화 물질을 휴대하고 들어가면 안 됨
   (2) 저장설비·처리설비 및 감압설비 설치장소주위에는 높이 1.5 m 이상의 철책 또는 철망 등의 경계책 설치

4) 누출 가연성 가스 유동방지시설 기준

   (1) 유동방지시설 : 높이 2 m 이상의 내화벽
   (2) 가스설비와 화기를 취급하는 장소 : 8 m 이상 우회거리 유지
   (3) 건축물 개구부 : 방화문 또는 망입유리 사용
   (4) 사람이 출입하는 출입문 : 2중문

5) 자동차용기 충전시설 "화기엄금" 표지 : 백색 바탕, 적색 문자

암 화 백바, 적문

2 가스설비 내진 설계 기준

1) 적용 기준

   (1) 고압가스안전관리법에 적용되는 5톤 또는 500 m³ 이상의 저장탱크 및 압력용기, 지지구조물 및 기초와 이것들의 연결부
   (2) 세로방향으로 설치한 동체 길이가 5 m 이상인 원통형 응축기 및 내용적 5000 L 이상인 수액기, 지지구조물 및 기초와 이것들의 연결부

2) 용어

내진 특등급	사회의 정상적인 기능 유지에 심각한 지장을 초래할 수 있는 것
내진 1등급	공공의 생명과 재산에 막대한 피해를 초래할 수 있는 것
내진 2등급	공공의 생명과 재산에 경미한 피해를 초래할 수 있는 것
제1종 독성 가스	염소, 시안화수소, 이산화질소, 불소, 포스겐과 허용 농도 1 ppm 이하
제2종 독성 가스	염화수소, 삼불화붕소, 이산화유황, 불화수소, 브롬화메틸, 황화수소와 허용농도 1 ppm 초과 10 ppm 이하
제3종 독성 가스	제1종 및 제2종 독성 가스 이외의 것

03 안전설비

1 고압가스 안전설비

1) 긴급이송설비에 부속된 처리설비 처리방법

   (1) **벤트스택**에서 안전하게 **방출**시킬 수 있어야 함

   (2) **플레어스택**에서 안전하게 **연소**시킬 수 있어야 함

   (3) 독성 가스는 제독조치 후 안전하게 폐기

   (4) 안전한 장소에 설치되어 저장탱크 등에 임시 이송할 수 있어야 함

2) 벤트스택 ★★★

   (1) 독성 가스는 제독조치 후 방출

   (2) 방출구 위치(작업원이 통행하는 장소로부터 기준)

긴급벤트스택	일반
10 m 이상	5 m 이상

3) 플레어스택 ★★

   (1) 설치 위치 : 플레어스택 바로 밑 지표면에 미치는 복사열이 $4000 \text{ kcal/m}^2 \cdot \text{hr}$ 이하

   (2) 구조 : 이송된 가스를 연소시켜 대기로 안정하게 방출시키도록 조치

   (3) 파일럿버너 또는 항상 작동할 수 있는 자동점화장치 설치

   (4) 역화 및 공기 등과의 혼합폭발 방지조치

2 가스누출 검지경보장치 설치 기준

1) 성능

   (1) 설치장소, 주위 분위기 온도에 따라 가연성 가스는 폭발한계의 1/4 이하, 독성 가스는 허용농도 이하로 할 것 ⇒ 암모니아는 50 ppm 이하

   (2) 경보기 정밀도 경보농도 설정치

가연성 가스	독성 가스
± 25 % 이하	± 30 % 이하

   (3) 검지경보장치 검지에서 발신까지 걸리는 시간

경보농도의 1.6배 농도	암모니아, 일산화탄소
30초 이내	60초 이내

2) 구조

   (1) 충분한 강도를 가지며 취급 및 정비가 쉬울 것

   (2) 가스 접촉부는 내식성 또는 충분한 부식방지 처리 재료 사용

   (3) 가연성 가스 검지경보장치는 방폭성능을 가질 것

3) 검지경보장치 검출부 설치장소 및 개수

건축물 내에 설치된 압축기, 펌프, 저장탱크, 감압설비, 판매시설	가스가 누출하여 체류하기 쉬운 곳에 바닥면 둘레 10 m당 1개 이상
건축물 밖에 설치된 고압가스설비	가스가 누출하여 체류하기 쉬운 곳에 바닥면 둘레 20 m당 1개 이상
특수 반응설비	가스가 누출하여 체류하기 쉬운 곳에 바닥면 둘레 10 m당 1개 이상
방류둑 내에 설치된 저장탱크	저장탱크마다 1개 이상

04 전기설비 방폭성능

1 방폭전기기기 분류 ★★★

방폭전기기기 분류	특징	표시방법
내압방폭구조	방폭전기기기의 용기 내부에서 가연성 가스폭발이 발생할 경우 인화되지 않도록 한 구조(1종 장소)	d
유입방폭구조	절연유를 주입하여 인화되지 않도록 한 구조	o
압력방폭구조	보호가스(불활성 가스)를 압입하여 내부압력을 유지 하며 가연성 가스가 용기 내부로 유입되지 않도록 한 구조	p
안전증방폭구조	정상운전 중 가연성 가스 점화원 발생 방지 위해 기계적·전기적 구조·온도상승 안전도를 증가시킨 구조	e
본질안전방폭구조	정상 시 및 사고 시에 발생하는 전기불꽃에 의해 가연성 가스가 점화되지 않도록 한 구조(0종 장소)	ia, ib
특수방폭구조	방폭구조로서 가연성 가스에 점화를 방지할 수 있는 것이 확인된 구조(2종 장소)	s

보충 비점화방폭구조 : 정상동작 상태에서 주변의 폭발성 가스 또는 증기에 점화시키지 않고 점화시킬 수 있는 고장이 유발되지 않도록 한 방폭구조

2 위험장소 분류

0종 장소	상용 상태에서 가연성 가스 농도가 연속해서 폭발하한계 이상으로 되는 장소 * 원칙적으로 본질안전방폭구조 사용
1종 장소	상용 상태에서 가연성 가스가 체류하여 위험하게 될 우려가 있는 장소
2종 장소	밀폐된 용기 또는 설비 내에 가연성 가스가 그 용기 또는 설비사고로 인해 파손되거나 오조작의 경우에만 누출할 위험이 있는 장소

3 정전기 제거 기준

1) 탑류, 저장탱크, 열교환기, 벤트스택 등은 단독으로 정전기 제거조치

2) 벤딩용 접속선 및 접지접속선 : 단면적 5.5 mm² 이상 사용

3) 접지저항치 : 총합 100 Ω 이하 ⇒ 피뢰설비를 설치한 것은 총합 10 Ω 이하

4 통신시설 ★

사업소 내 긴급사태 발생 시 신속한 연락을 위한 통신시설 구비

통신 범위	구비 통신설비	
사업소 내 전체	1. 구내방송설비 3. 휴대용 확성기 5. 메가폰	2. 사이렌 4. 페이징설비
안전관리자 상주 사업소와 현장사업소 사이 또는 현장사무소 상호 간	1. 구내전화 3. 인터폰	2. 구내방송설비 4. 페이징설비
종업원 상호 간	1. 페이징설비 3. 트랜시버	2. 휴대용 확성기 4. 메가폰

05 제독설비

1 제독제 ★★★

가스	제독제		
염소	• 가성소다수용액	• 탄산소다수용액	• 소석회
포스겐	• 가성소다수용액	• 소석회	
황화수소	• 가성소다수용액	• 탄산소다수용액	
시안화수소	• 가성소다수용액		
아황산가스	• 가성소다수용액	• 탄산소다수용액	• 물

가스	제독제
암모니아, 산화에틸렌, 염화메탄	• 다량의 물

> 암 염가탄소, 포가소, 황가탄, 시가, 아가탄물, 암산염물

2 보호구 종류

1) 공기호흡기 또는 송기식 마스크

2) 방독마스크

3) 보호장갑 및 보호장화

06 고압가스설비 및 배관 두께 산정 기준

상용압력의 2배 이상 압력에서 항복을 일으키지 않는 고압가스설비 및 두께로 산정

07 전기방식 조치 기준

1 용어

전기방식	배관 외면에 전류 유입시켜 양극반응 저지함으로써 부식 방지
희생양극법	지중·수중 설치된 양극금속과 매설배관을 전선 연결하여 **양극금속과 매설배관** 등 사이의 전지작용에 의해 전기적 부식 방지
외부전원법	외부직류전원장치 양극(+)은 토양이나 수중 설치한 외부전원용 전극에 접속, 음극(-)은 매설배관에 접속시켜 전기적 부식 방지
배류법	매설배관 전위가 주위 다른 금속구조물보다 높은 장소에서 전기적 접속시켜 유입된 누출전류를 복귀시키며 전기적 부식 방지

2 전기방식시설 시공

1) 전기방식 대상

(1) 고압가스시설

고압가스 특정(일반) 제조 사업자·충전 사업자·저장소 설치자 및 특정 고압가스 사용자의 시설 중 지중 및 수중에 설치하는 강재배관 및 저장탱크(이하 "고압가스시설"이라 한다). 다만 다음 시설은 제외할 수 있음

① 가정용 가스시설

② 기간을 정해 임시로 사용하기 위한 고압가스시설

⑵ 액화석유가스시설

지중 및 수중에 설치하는 강재배관 및 강재 저장탱크(이하 "액화석유가스시설"이라 한다). 다만 기간을 정해 임시로 사용하기 위한 액화석유가스시설인 경우에는 제외할 수 있음

⑶ 도시가스시설

지중 및 수중에 설치하는 강재배관(이하 "도시가스시설"이라 한다). 다만 기간을 정해 임시로 사용하기 위한 도시가스시설인 경우에는 제외할 수 있음

⑷ 수소시설

지중 및 수중에 설치하는 강재배관(이하 "수소시설"이라 한다). 다만 기간을 정해 임시로 사용하기 위한 수소시설인 경우에는 제외할 수 있음

⑸ 전기방식방법

① 직류전철 등에 따른 누출전류의 영향이 없는 경우에는 외부 전원법 또는 희생양극법으로 함

② 직류전철 등에 따른 누출전류의 영향을 받는 배관에는 배류법으로 하되, 방식효과가 충분하지 않을 경우에는 외부 전원법 또는 희생양극법을 병용함

2) 전기방식시설 시공〈전위측정용 터미널(T/B)의 설치〉

⑴ 고압가스시설의 전위측정용 터미널(T/B) 설치

고압가스시설의 전위측정용 터미널(T/B) 설치는 희생양극법·배류법의 경우에는 배관 길이 300 m 이내의 간격으로, 외부 전원법의 경우에는 배관 길이 500 m 이내의 간격으로 설치하며, 다음에 따른 장소에는 반드시 설치한다. 다만 폭 8 m 이하의 도로에 설치된 배관과 사업소 내 배관으로서 밸브 또는 입상관 절연부 등의 시설물이 있어 전위측정이 가능할 경우에는 해당 시설로 대체할 수 있다.

① 직류전철 횡단부 주위

② 지중에 매설되어 있는 배관 절연부의 양측

③ 강재 보호관 부분의 배관과 강재 보호관. 다만 가스배관과 보호관 사이에 절연 및 유동방지조치가 된 보호관은 제외한다.

④ 다른 금속 구조물과 근접 교차 부분

⑤ 교량 및 횡단배관의 양단부. 다만 외부 전원법 및 배류법으로 설치된 것으로 횡단 길이가 500 m 이하인 배관과 희생양극법으로 설치된 것으로 횡단 길이가 50 m 이하인 배관은 제외한다.

⑵ 액화석유가스시설의 전위측정용 터미널(T/B) 설치

① 희생양극법 또는 배류법에 따른 배관에는 300 m 이내의 간격으로 설치한다.

② 외부 전원법에 따른 배관에는 500 m 이내의 간격으로 설치한다.

③ 저장탱크가 설치된 경우에는 해당 저장탱크마다 설치한다.

④ 도로 폭이 8 m 이하인 도로에 설치된 배관으로서 밸브 또는 입상관 절연부 등에 전위를 측정할 수 있는 인출선 등이 있는 경우에는 해당 시설을 ⑴ 및 ⑵에 따른 전위측정용 터미널로 대체할 수 있다.

⑤ 직류전철 횡단부 주위에 설치한다.

⑥ 지중에 매설되어 있는 배관 등 절연부의 양측에 설치한다.

⑦ 강재 보호관 부분의 배관과 강재 보호관. 다만 가스배관 등과 보호관 사이에 절연 및 유동방지조치가 된 보호관은 제외한다.

⑧ 다른 금속 구조물과 근접 교차 부분에 설치한다.

⑶ 도시가스시설의 전위측정용 터미널(T/B) 설치

① 희생양극법 또는 배류법에 따른 배관에는 300 m 이내의 간격으로 설치한다.

② 외부 전원법에 따른 배관에는 500 m 이내의 간격으로 설치하며, 이미 설치된 전위측정용 터미널(T/B) 또는 배관을 이설하는 경우에는 이웃한 전위측정용 터미널(T/B)과의 설치 간격을 10 % 안에서 가감해 설치할 수 있다. 다만 다음 조건을 모두 만족한 경우에는 1000 m 이내의 간격으로 설치할 수 있다.

② - 1 방식전위를 원격으로 감시·기록하는 장치 등을 설치한 경우

② - 2 안전관리자가 ② - 1에 따른 기록값을 상시 모니터링이 가능한 경우

③ 본관·공급관에 부속된 밸브박스와 사용자 공급관 및 내관에 부속된 밸브박스 또는 입상관 절연부 등에 전위를 측정할 수 있는 인출선 등이 있는 경우에는 해당 시설을 ① 및 ②에 따른 전위측정용 터미널로 대체할 수 있다.

④ 직류전철 횡단부 주위에 설치한다.

⑤ 지중에 매설되어 있는 배관 절연부의 양측에 설치한다.

⑥ 강재 보호관 부분의 배관과 강재 보호관에 설치한다. 다만 가스배관과 보호관 사이에 절연 및 유동방지조치가 된 보호관은 제외한다.

⑦ 다른 금속 구조물과 근접 교차 부분에 설치한다.

⑧ 밸브스테이션에 설치한다.

⑨ 교량 및 하천 횡단배관의 양단부에 설치한다. 다만 외부 전원법 및 배류법에 따라 설치된 것으로 횡단 길이가 500 m 이하인 배관과 희생양극법에 따라 설치된 것으로 횡단 길이가 50 m 이하인 배관은 제외한다.

⑷ 수소시설의 전위측정용 터미널(T/B) 설치

희생양극법·배류법의 경우에는 배관 길이 300 m 이내의 간격으로, 외부 전원법의 경우에는 배관 길이 500 m 이내의 간격으로 설치하며, 다음에 따른 장소에는 반드시 설치한다. 다만 폭 8 m 이하의 도로에 설치된 배관과 사업소 내 배관으로서 밸브 또는 입상관 절연부 등의 시설물이 있어 전위측정이 가능할 경우에는 해당 시설로 대체할 수 있다.

① 직류전철 횡단부 주위

② 지중에 매설되어 있는 배관 절연부의 양측

③ 강재 보호관 부분의 배관과 강재 보호관. 다만 가스배관과 보호관 사이에 절연 및 유동방지조치가 된 보호관은 제외한다.

④ 다른 금속 구조물과 근접 교차 부분

⑤ 교량 및 횡단배관의 양단부. 다만 외부 전원법 및 배류법으로 설치된 것으로 횡단 길이가 500 m 이하인 배관과 희생양극법으로 설치된 것으로 횡단 길이가 50 m 이하인 배관은 제외한다.

3) 절연조치

전기방식효과를 유지하기 위하여 빗물이나 그 밖에 이물질의 접촉으로 인해 절연의 효과가 상쇄되지 않도록 절연이음매 등을 사용해 절연조치를 하는 장소는 다음과 같다.

(1) 고압가스시설

① 교량 횡단배관의 양단. 다만 외부 전원법으로 전기방식을 한 경우에는 제외할 수 있다.

② 고압가스시설과 철근콘크리트 구조물 사이

③ 배관과 강재 보호관 사이

④ 지하에 매설된 배관의 부분과 지상에 설치된 부분과의 경계. 이 경우 가스 사용자에게 공급하기 위해 지중에서 지상으로 연결되는 배관에만 한다.

⑤ 다른 시설물과 접근 교차 지점. 다만 다른 시설물과 30 cm 이상 이격 설치된 경우에는 제외할 수 있다

⑥ 배관과 배관 지지물 사이

⑦ 저장탱크와 배관 사이

⑧ 그 밖에 절연이 필요한 장소

(2) 액화석유가스시설

① 액화석유가스시설과 철근콘크리트 구조물 사이

② 배관과 강재 보호관 사이

③ 지하에 매설된 배관의 부분과 지상에 설치된 부분과의 경계. 이 경우 가스 사용자에게 공급하기 위해 지중에서 지상으로 연결되는 배관에만 한다.

④ 다른 시설물과 접근 교차지점. 다만 다른 시설물과 30 cm 이상 이격하여 설치된 경우에는 제외할 수 있다.

⑤ 배관과 배관 지지물 사이

⑥ 저장탱크와 배관 사이

⑦ 그 밖에 절연이 필요한 장소

(3) 도시가스시설

① 교량 횡단배관의 양단(다만 외부 전원법에 따른 전기방식을 한 경우에는 제외할 수 있다)

② 배관과 철근콘크리트 구조물 사이

③ 배관과 강재 보호관 사이

④ 지하에 매설된 배관의 부분과 지상에 설치된 부분과의 경계. 이 경우 가스 사용자에게 공급하기 위해 지중에서 지상으로 연결되는 배관에만 한다.

⑤ 다른 시설물과 접근 교차지점. 다만 다른 시설물과 30 cm 이상 이격하여 설치된 경우에는 제외할 수 있다.

⑥ 배관과 배관 지지물 사이

⑦ 그 밖에 절연이 필요한 장소

(4) 수소시설

① 교량 횡단배관의 양단. 다만 외부 전원법으로 전기방식을 한 경우에는 제외할 수 있다.

② 수소시설과 철근콘크리트 구조물 사이

③ 배관과 강재 보호관 사이

④ 지하에 매설된 배관의 부분과 지상에 설치된 부분과의 경계. 이 경우 가스 사용자에게 공급하기 위해 지중에서 지상으로 연결되는 배관에만 한다.

⑤ 다른 시설물과 접근 교차 지점. 다만 다른 시설물과 30 cm 이상 이격 설치된 경우에는 제외할 수 있다

⑥ 배관과 배관 지지물 사이

⑦ 그 밖에 절연이 필요한 장소

(5) 기준전극 설치

매설배관 주위에 기준전극을 매설하는 경우 기준전극은 배관으로부터 50 cm 이내에 설치한다. 다만 데이터로거 등을 이용하여 방식전위를 원격으로 측정하는 경우 기준전극은 기존에 설치된 전위측정용 터미널(T/B) 하부에 설치할 수 있다.

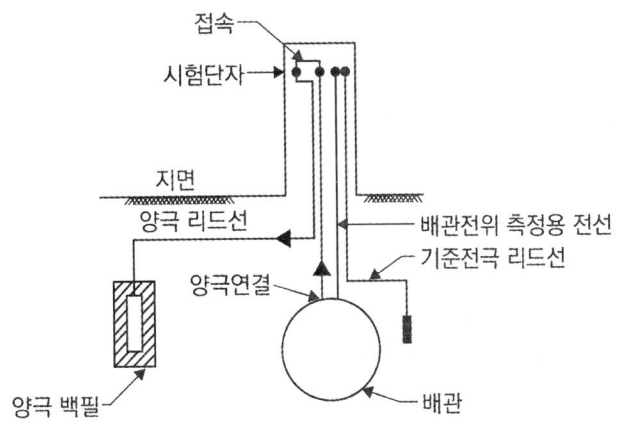

4) 전기방식 기준

가스시설로부터 가능한 한 가까운 위치에서 기준전극으로 측정한 전위가 다음 기준에 적합하도록 한다.

(1) 고압가스시설

고압가스시설의 부식 방지를 위한 전위 상태는 다음 중 어느 하나에 따라 설치한다.

① 방식전류가 흐르는 상태에서 토양 중에 있는 고압가스시설의 방식전위는 포화황산동 기준전극으로 -5 V 이상, -0.85 V 이하(황산염환원 박테리아가 번식하는 토양에서는 -0.95 V 이하)로 한다.

② 방식전류가 흐르는 상태에서 자연전위와의 전위 변화가 최소한 -300 mV 이하로 한다. 다만 다른 금속과 접촉하는 고압가스시설은 제외한다.

⑵ 액화석유가스시설

액화석유가스시설의 부식 방지를 위한 전위 상태는 다음 중 어느 하나에 따라 설치한다.

① 방식전류가 흐르는 상태에서 토양 중에 있는 액화석유가스시설의 방식전위는 포화황산동 기준전극으로 -0.85 V 이하로 하고 황산염환원 박테리아가 번식하는 토양에서는 -0.95 V 이하로 한다.

② 방식전류가 흐르는 상태에서 자연전위와의 전위 변화가 최소한 -300 mV 이하로 한다. 다만 다른 금속과 접촉하는 액화석유가스시설은 제외한다.

⑶ 도시가스시설

배관의 부식 방지를 위한 전위 상태는 다음 중 어느 하나에 적합하도록 하고, 방식전위 하한값은 전기철도 등의 간섭 영향을 받는 곳을 제외하고는 포화황산동 기준전극으로 -2.5 V 이상이 되도록 한다.

① 방식전류가 흐르는 상태에서 토양 중에 있는 배관의 방식전위 상한 값은 포화황산동 기준전극으로 -0.85 V 이하(황산염환원 박테리아가 번식하는 토양에서는 -0.95 V 이하)로 한다.

② 방식전류가 흐르는 상태에서 자연전위와의 전위 변화가 최소한 -300 mV 이하로 한다. 다만 다른 금속과 접촉하는 배관은 제외한다.

③ 토양 중에 있는 배관의 방식전위 상한값은 방식전류가 일순간 동안 흐르지 않는 상태(Instant-off)에서 포화황산동 기준전극으로 -0.85 V(황산염환원 박테리아가 번식하는 토양에서는 -0.95 V) 이하로 한다.

⑷ 수소시설

수소시설의 부식 방지를 위한 전위 상태는 다음 중 어느 하나에 적합하도록 한다.

① 방식전류가 흐르는 상태에서 토양 중에 있는 수소시설의 방식전위가 포화황산동 기준전극으로 -5 V 이상, -0.85 V 이하(황산염환원 박테리아가 번식하는 토양에서는 -0.95 V 이하)가 되도록 한다.

② 방식전류가 흐르는 상태에서 자연전위와의 전위변화가 최소한 -300 mV 이하가 되도록 한다. 다만 다른 금속과 접촉하는 수소시설은 제외한다.

5) 측정 및 점검

⑴ 고압가스시설

① 전기방식시설의 관대지전위(管對地電位) 등을 1년에 1회 이상 점검한다.

② 외부 전원법에 따른 전기방식시설은 외부 전원점 관대지전위, 정류기의 출력, 전압, 전류, 배선의 접속 상태 및 계기류 확인 등을 3개월에 1회 이상 점검한다.

③ 배류법에 따른 전기방식시설은 배류점 관대지전위, 배류기의 출력, 전압, 전류, 배선의 접속 상태 및 계기류 확인 등을 3개월에 1회 이상 점검한다.

④ 절연 부속품, 역전류방지장치, 결선(Bond) 및 보호절연체의 성능은 6개월에 1회 이상 점검한다.

(2) 액화석유가스시설

① 전기방식시설의 관대지전위(管對地電位) 등은 1년에 1회 이상 점검한다.

② 외부 전원법에 따른 전기방식시설은 외부 전원점 관대지전위(管對地電位), 정류기의 출력, 전압, 전류, 배선의 접속 상태 및 계기류 확인 등을 3개월에 1회 이상 점검한다.

③ 배류법에 따른 전기방식시설은 배류점 관대지전위(管對地電位), 배류기의 출력, 전압, 전류, 배선의 접속 상태 및 계기류 확인 등을 3개월에 1회 이상 점검한다.

④ 절연 부속품, 역전류방지장치, 결선(Bond) 및 보호절연체의 성능은 6개월에 1회 이상 점검한다.

(3) 도시가스시설

① 전기방식시설의 관대지전위(管對地電位, Pipe-to-soil Potential) 등을 1년에 1회 이상 점검한다. 다만 전위측정용 터미널(T/B)에 원격으로 감시·기록하는 장치 등을 설치하고 모니터링이 가능한 경우에는 관대지전위 등의 점검을 한 것으로 볼 수 있다.

② 외부 전원법에 따른 전기방식시설은 외부전원점 관대지전위, 정류기의 출력, 전압, 전류, 배선의 접속 상태 및 계기류 확인 등을 3개월에 1회 이상 점검한다. 다만 다음의 경우에는 각 호의 구분에 따라 점검할 수 있다.

㉠ 기준전극을 매설하고 데이터로거 등을 이용하여 전위를 측정하고 이상이 없는 경우 : 6개월에 1회 이상

㉡ 원격으로 감시·기록하는 장치 등을 설치하여 외부전원점 관대지전위, 정류기의 출력, 전압, 전류, 배선의 접속 상태 및 계기류 확인 등의 상시 모니터링이 가능한 경우 : 1년에 1회 이상

③ 배류법에 따른 전기방식시설은 배류점 관대지전위(管對地電位), 배류기의 출력, 전압, 전류, 배선의 접속 상태 및 계기류 확인 등을 3개월에 1회 이상 점검한다. 다만 기준전극을 매설하고 데이터로거 등을 이용하여 전위를 측정하고 이상이 없는 경우에는 6개월에 1회 이상 점검할 수 있다.

④ 절연 부속품, 역전류방지장치, 결선(Bond) 및 보호절연체의 성능은 6개월에 1회 이상 점검한다.

⑤ 고체 기준전극을 이용한 원격전위 측정 또는 모니터링시스템은 전위측정용 터미널(T/B)의 데이터로거 등으로부터 수신된 전위값이 방식전위 기준에 적합하지 않은 경우에는 3에 따라 가능한 가스시설 가까운 위치에서 기준전극으로 관대지전위를 측정하여 적합 여부를 판단한다.

⑥ 가스가 누출되어 체류할 우려가 있는 밸브박스 등의 장소에서는 가스 누출 여부를 확인한 후 전위측정을 한다.

⑦ 사용시설의 경우에는 1부터 4까지를 제외할 수 있다.

(4) 수소시설

① 전기방식시설의 관대지전위(管對地電位) 등을 1년에 1회 이상 점검한다.

② 외부 전원법에 따른 전기방식시설은 외부 전원점 관대지전위, 정류기의 출력, 전압, 전류, 배선의 접속 상태 및 계기류 확인 등을 3개월에 1회 이상 점검한다.

③ 배류법에 따른 전기방식시설은 배류점 관대지전위, 배류기의 출력, 전압, 전류, 배선의 접속 상태 및 계기류 확인 등을 3개월에 1회 이상 점검한다.

④ 절연 부속품, 역전류방지장치, 결선(Bond) 및 보호절연체의 성능은 6개월에 1회 이상 점검한다.

08 압축천연가스(CNG)

1 자동차연료장치 구조 기준

1) 용기 : 보기 쉬운 위치에 "자동차용" 표시

2) 용기밸브 및 안전밸브 : 용기 최고충전압력에 대해 내압성능 가질 것

3) 안전밸브로부터 방출된 가스 : 외부 안전한 장소로 방출될 수 있을 것

4) 밀폐된 곳에 용기를 격납하는 경우 : 안전밸브에서 분출되는 가스를 차 밖으로 방출 가능할 것

5) **상용압력의 1.5배 이상 내압성능을 가질 것**

6) **사용압력 이상에서 기밀성능을 가질 것**

7) 감압밸브

 (1) **상용압력의 1.5배 이상 내압성능 가질 것**

 (2) **상용압력 이상에서 기밀성능 가질 것**

8) 배관 및 접합부 : 최소 60 cm마다 차체에 고정하여 충격 및 진동으로부터 보호할 것

9) 배관 및 접합부

 (1) **상용압력 1.5배 이상의 내압성능을 가질 것**

 (2) **상용압력 이상에서 기밀성능을 가질 것**

10) 용기 : 배기판 및 소음기로부터 10 cm 이상 떨어진 곳에 부착할 것

11) 적당한 방열조치가 설치된 당해 용기 및 용기부속품 : 4 cm 이상 떨어진 곳에 부착

12) 용기
   (1) 불꽃 발생 가능성이 있는 노출된 전기단자 및 전기개폐기로부터 20 cm 이상
   (2) 배기판 출구로부터 30 cm 이상

13) 주밸브
   (1) 자동차 후단부로부터 30 cm 이상
   (2) 자동차 외측으로부터 20 cm 이상

2 자동차 충전소 고정식 자동차 충전소(배관, 탱크로 공급) ★★

1) 설비 외면은 사업소 경계까지 10 m 이상 안전거리 유지, 방호벽 설치 시 5 m

2) 설비 30 m 이내에 보호 시설이 있을 시는 방호벽 설치할 것

3) 충전설비는 도로 경계로부터 5 m 유지할 것

4) 모든 설비는 철도로부터 30 m 유지할 것

5) 설비는 고압 전선(직류 750 V, 교류 600 V 초과)과 5 m 유지, 저압 전선과는 1 m 이상 유지

6) 모든 설비는 화기 취급 장소와 8 m 우회거리 유지

7) 모든 설비는 가연성, 인화성 물질과 8 m 유지

8) 설비 및 부속품 주위 1 m 안전 공간 확보할 것

9) 설비의 환기구 면적은 바닥 1 m^2당 300 cm^2, 환기 능력은 0.5 m^3/분 이상일 것 ★★★

09 안전성평가 및 안전성향상계획서

1 용어 ★★

위험성평가기법 : 사업장 내에 존재하는 위험에 대해 위험성을 평가하는 방법

종류	영문약자	특징
체크리스트	-	공정 및 설비 오류, 결함 상태, 위험상황을 목록화한 형태로 작성하여 경험적 비교로 위험성을 **정성적**으로 파악하는 기법
결함수분석	FTA	사고를 일으키는 장치 이상이나 운전사 실수 조합을 연역적으로 분석하는 기법
이상위험도분석	FMECA	공정 및 설비 고장 형태 및 영향, 고장형태별 위험도 순위를 결정하는 기법

종류	영문약자	특징
위험과 운전분석	HAZOP	공정에 존재하는 위험 요소와 공정 효율을 떨어뜨릴 수 있는 운전상의 문제점을 찾아 원인 제거기법
사건수분석	ETA	초기사건으로 알려진 특정장치 이상이나 운전자 실수로부터 발생하는 잠재적 사고결과 평가기법
원인결과분석	CCA	잠재된 사고 결과와 근본적 원인을 찾아내고 결과와 원인의 상호관계를 예측·평가하는 기법
작업자 실수분석	HEA	설비 운전원, 정비보수원, 기술자 등의 작업에 영향을 미칠 요소를 평가하여 실수 원인을 파악 및 추적으로 상대적 순위를 결정하는 기법
사고예상질문분석	WHAT-IF	공정에 잠재하며 원하지 않는 나쁜 결과를 초래할 수 있는 사고에 대해 예상질문을 통해 사전 확인함으로써 위험을 줄이는 방법을 제시하는 기법
예비위험분석	PHA	공정 또는 설비에 관한 상세 정보를 얻을 수 없는 상황에서 위험물질과 공정 요소에 초점을 두어 초기위험을 확인하는 기법
공정위험분석	PHR	기존설비 또는 안전성향상계획서를 제출·심사 받은 설비에 대하여 설비 설계·건설·운전 및 정비 경험을 바탕으로 위험성 분석하는 방법
상대위험순위결정	-	설비 존재 위험에 대해 수치적으로 상대위험순위를 지표화하여 피해 정도를 나타내는 상대적 위험 순위를 정하는 안전성평가기법

⑩ 시험방법

1 내압시험

1) 공기 등의 기체 압력에 의해 하는 경우 : **상용압력의 50 %까지 승압 후 상용압력의 10 %씩 단계적으로 승압**하여 내압시험압력에 달하였을 때 누설 등의 이상이 없으며, 압력을 내려 상용압력으로 사였을 때 팽창, 누설 등의 이상이 없을 시 합격

2) 내압시험 종사 인원수 : 작업에 필요한 최소인원으로 함

3) 밸브몸통 : 2.6 MPa 이상 압력으로 2분간 유지하며 누출 또는 변형이 없을 것

2 기밀시험

1) 원칙적으로 공기 또는 위험성 없는 기체 압력에 의해 실시할 것

2) 설비가 취성 파괴를 일으킬 우려가 없는 온도에서 할 것

3) 상용압력 이상으로 하나, 0.7 MPa를 초과할 시 0.7 MPa 이상으로 실시

4) 밸브시트 기밀시험 : 2.7 MPa 압력으로 1분간 유지하며 누출이 없을 것

3 안전밸브 작동시험

2.0 MPa 이상 2.2 MPa 이하에서 작동하여 분출되며, 1.7 MPa 이하는 분출이 정지될 것

4 아세틸렌 충전용기

1) 다공질물의 다공도 : 75 % 이상 92 % 미만

2) 다공질물의 다공도 : 다공질물용기 충전 상태로 온도 20 ℃에서 측정

5 단열성능시험 및 기밀시험

1) 시험용 가스 : 액화질소, 액화산소, 액화아르곤을 사용하여 실시

2) 시험 시 충전량 : 충전 후 기화가스량이 거의 일정하게 되었을 때, 시험용 가스용적이 초저온용기 내용적의 1/3 이상 1/2 이하가 되도록 충전할 것

6 재시험

단열성능시험에 합격하지 않은 초저온용기 : 단열재 교체 후 재시험 실시

7 초저온용기 기밀시험

1) 외동, 단열재, 밸브를 부착한 상태로 실시

2) 최고 충전압력의 1.1배 압력으로 실시

3) 초저온용기를 상온까지 가열 후 공기 또는 가스로 기밀시험압력 이상이 되도록 하여 30분 이상 방치 후 압력계 지침 변화에 의해 "누출유무" 확인 후 이상이 없으면 합격

⑪ 고압가스용기

1 표시방법 기준 ★★★

1) 문자 색상

가스 종류	문자 색상	
	공업용	의료용
액화석유가스	적색	-
아세틸렌	흑색	-
액화암모니아		-
액화염소	백색	-
수소		-
산소		녹색
액화탄산가스		백색
질소		
아산화질소		
헬륨		
에틸렌		
사이클로프로판		

🔑 공 석적 아암흑, 의 산녹

2) 가연성 및 독성 가스에 표시하는 "연", "독" 자는 적색, 수소는 백색으로 할 것

⑫ 물분무장치

1) 가연성 가스저장탱크가 상호 인접한 경우 또는 산소저장탱크와 인접된 경우로서 인접한 저장탱크 간의 거리가 1 m 또는 인접한 저장탱크의 최대 지름의 4분의 1을 미터단위로 표시한 거리 중 큰 쪽 거리를 유지하지 못한 경우

저장탱크 전표면	준내화구조	내화구조
8 L/min	6.5 L/min	4 L/min

2) 가연성 가스저장탱크가 상호 인접된 경우 또는 산소 저장탱크와 인접한 경우로서 인접한 저장탱크간의 거리가 두 저장탱크의 최대 직경을 합산한 길이의 4분의 1을 유지하지 못한 경우

저장탱크 전표면	준내화구조	내화구조
7 L/min	4.5 L/min	2 L/min

> **Level up**
> (1) 조작위치 : 15 m 이상 떨어진 위치
> (2) 연속분무 가능시간 : 30분 이상
> (3) 호스 끝 수압 : 0.35 MPa 이상
> (4) 방수 능력 : 400 L/min

13 저장탱크 내열구조 및 냉각살수장치

1 적용 범위

1) 살수장치 구분

구분	저장탱크	준내화구조 저장탱크
살수장치 탱크 표면적 1 m² 당 분사량	5 L/min	2.5 L/min
소화전 1개당 설치할 저장탱크 표면적	40 m²	85 m²

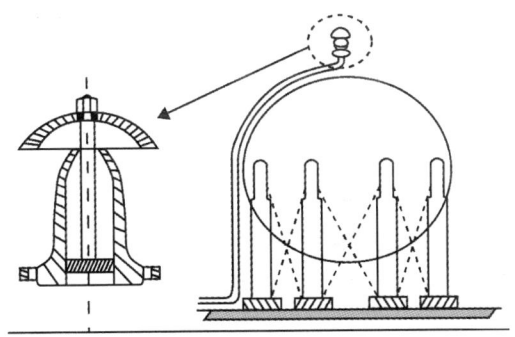

2) 소화전
   (1) 위치 : 40 m 이내
   (2) 호스 끝 수압 : 0.25 MPa 이상
   (3) 방수 능력 : 350 L/min
   (4) 수원 : 최대수량 30분 이상 연속 방사 수원

3) 높이 1 m 이상 지주 : 50 mm 이상 내화 콘크리트 피복 또는 분무장치 또는 소화전을 지주에 대해 살수할 것

4) 매월 1회 이상 작동상황점검 후 기록할 것

⑭ 방류둑

1 기준
1) 저장탱크 내 액화가스가 액체 상태로 유출되는 것을 방지하기 위해 설치
2) 저장탱크 저부가 지하에 있으며 주위피트상 구조로인 것으로 그 용량 이상일 것

2 설치 적용 범위 ★★
1) 고압가스 특정제조
   (1) 독성 가스 : 5톤 이상
   (2) 가연성 가스 : 500톤 이상
   (3) 액화산소 : 1000톤 이상
2) 고압가스 일반제조
   (1) 독성 가스 : 5톤 이상
   (2) 가연성 가스, 액화산소 : 1000톤 이상
3) 냉동제조시설(독성 가스 냉매 사용) : 수액기 내용적 1만 L 이상
4) 액화석유가스 : 1000톤 이상
5) 도시가스
   (1) 가스도매사업 : 500톤 이상
   (2) 일반도시가스사업 : 1000톤 이상
   ※ LNG 저장탱크는 가스도매사업에 해당

3 방류둑 용량
1) 저장탱크 저장능력에 상당하는 용적 이상으로 할 것
2) 액화산소는 저장능력의 상당 용량의 60 % 이상으로 할 것

4 방류둑 구조 및 기준 ★★★

1) 재료 : 철근콘크리트, 금속, 흙 또는 이를 혼합한 액밀한 구조

2) 액 체류 표면적 : 가능한 한 적게

3) 배관 관통부 틈새로부터 누설방지 및 방식조치

4) 금속 재료 : 부식되지 않게 방식 및 방청조치

5) 방류둑 내 고인 물을 배출하기 위한 **배수조치**

6) 가연성과 독성, 가연성과 조연성 액화가스 방류둑은 혼합배치하지 말 것

7) 방류둑 내면과 외면으로부터 10 m 이내 : 저장탱크 부속설비 이외의 것은 설치 금지

8) 성토 : 수평에 대해 45° 이하 구배를 가지고 성토 정상부 폭은 30 cm 이상

9) 방류둑 계단 및 사다리 : 출입구 둘레 50 m마다 1개 이상 설치
   ⇒ 둘레 50 m 미만 : 2개소 이상 분산 설치

⑮ LPG배관

1 지상 노출배관

1) 방호철판에 의한 방호구조물

크기	두께
0.8 m 이상	4 mm 이상

2) 철근콘크리트재 방호구조물

크기	두께
1 m 이상	10 cm 이상

2 배관 지하 매설

1) 지면으로부터 최소 1 m 이상 깊이에 매설

2) 차량 교통량이 많은 횡단부 지하 : 지면으로부터 1.2 m 이상의 깊이에 매설

3) 철도 횡단부 지하 : 지면으로부터 1.2 m 이상 깊이에 매설

⑯ 잔가스제거장치

1) 압축기 : 유분리기 및 응축기가 부착되어 있으며 0 MPa 이상 0.05 MPa 이하에서 작동

2) 액송용 펌프 : 잔류가스에 포함된 이물질을 제거할 수 있는 스트레이너 부착

3) 회수한 잔가스 저장을 위한 전용 저장탱크 기준

저장탱크 내용적	1000 L 이상
압축기 사용	가목에서 규정하는 저장탱크 2기 이상 설치
열교환기 사용	당해 열교환기가 분리탱크 기능 만족시킬 경우 ⇒ 1기 가능

⑰ 가스용 폴리에틸렌관 설치 기준 ★★

1) 관 : 매몰하여 시공

2) 지상배관 연결 위해 금속관 사용 : 보호조치 후 지면에서 30 cm 이하 노출 시공 가능

3) 관의 굴곡허용반경 : 외경의 20배 이상

4) 굴곡반경이 외경의 20배 미만일 경우 : 엘보 사용

⑱ 가스보일러

1 설치 기준

1) 바닥설치형 가스보일러 : 하중에 견디는 구조의 바닥면 위에 설치

2) 벽걸이형 가스보일러 : 하중에 견디는 구조의 벽면에 견고하게 설치

3) 기준

가스보일러	• 가연성 물질, 인화성 물질 취급 장소 아닐 것 • 전용보일러실에 설치 • 지하실 또는 반지하실에 설치 금지 • 내열실리콘 등으로 마감조치하여 기밀 유지

밀폐식 보일러	• 환기가 잘 안될 것 • 배기가스 누출 시 질식 우려 있는 곳 설치금지 • 반지하실 설치 가능
가스보일러의 가스접속배관	• 금속배관 호스 사용 • 가스용 금속플렉시블 호스 사용
가스보일러 설치·시공자	• 설치시공확인서를 작성하여 5년간 보존

배기통	• 재료
	  ① 스테인리스강관
	  ② 배기가스 및 응축수 내열·내식성 있는 것
	• 가연성 벽 통과 부분 : 방화조치
	• 호칭지름 : 보일러 배기통 접속부 지름과 동일

2 반밀폐식 보일러 급배기설비 설치 기준 ★★

1) 자연배기식[단독배기통방식, 복합배기통방식, 공동배기방식]

단독배기통방식	복합배기통방식
• 배기통 굴곡수는 4개 이하일 것 • 배기통 입상높이는 10 m 이하일 것 • 10 m 초과 시에는 보온조치할 것 • 배기통 끝은 옥외로 뽑아낼 것 • 배기통 가로 길이는 5 m 이하일 것 • 배기통 앞끝의 기울기가 없도록 할 것 • 배기통 위치는 풍압대를 피해 바람이 잘 통하는 곳일 것 • 급기구 및 상부환기구 유효단면적은 배기통 단면적 이상일 것	• 동일 실내에서 벽면 상태 등에 의해 각각의 배기통을 설치할 수 없는 경우에 한하여 사용할 것 • 자연배기식 경우에만 사용할 것 • 연결하는 보일러 수는 2대에 한할 것 • 배기통 단면적은 보일러 접속부 단면적 이상일 것 • 보일러 단독배기통은 보일러 접속부로부터 300 mm 이상일 것 • 공용부 접속부는 250 mm 이상일 것

공동배기방식
• 굴곡 없이 수직으로 설치할 것 • 동일층에서 공동배기구로 연결되는 보일러 수는 2대 이하일 것 • 재료는 내열·내식성이 좋을 것 • 최하부에 청소구와 수취기 설치할 것 • 공동배기구 및 배기통에는 방화댐퍼를 설치하지 않을 것 • 배기통 접속부 ~ 배기통 하단부까지 높이 30 cm 이상 60 cm 미만 : 배기통 수평길이를 1 m 이하로 할 것 • 배기통 접속부 ~ 배기통 하단부까지 높이 60 cm 이상 : 배기통 수평길이를 5 m 이하로 할 것 • 공동배기구와 배기통의 접속부는 기밀을 유지할 것 • 공동배기구톱은 풍압대 밖에 있을 것 • 배기통 유효단면적은 보일러 배기통 접속부 유효단면적 이상일 것 • 옥상·지붕면에서 공동배기구톱 개구부하단의 수직높이 : 1.5 m 이상일 것 • 급기 또는 배기형식이 다른 보일러는 함께 접속하지 않을 것

2) 강제배기식[단독배기방식]
   (1) 배기통 유효단면적은 보일러 또는 배기팬의 배기통 접속부 유효단면적 이상일 것
   (2) 배기통톱 전방·측변·상하주위 60 cm 이내에 가연물이 없을 것
   (3) 배기통톱 개기구로부터 60 cm 이내 배기가스가 실내로 유입할 우려가 없을 것

3) 밀폐식 보일러 급·배기설비 설치 일반사항
   (1) 옥외에 물고임 등이 없을 정도의 기울기일 것
   (2) 주위에 장애물이 없을 것
   (3) 최대연장길이는 바깥벽에 설치할 것
   (4) 눈내림 구역에 설치할 경우 주위에 적설 처리 가능한 구조일 것

4) 자연 급·배기 외벽식
   충분히 개방된 옥외 공간에 벽외부로 나오도록 설치하되 수평으로 할 것

자연배기식	강제배기식	강제급배기식

19 가스누출경보차단장치

1 분류

핸들작동식	밸브핸들을 움직여 차단
밸브직결식	차단부와 밸브스템이 직접 연결
전자밸브식	차단부를 솔레노이드밸브로 사용
플런저작동식	차단부가 유압액추에이터로 구동

2 가스누설 경보차단장치 구분

종류	사용압력
저압용	0.01 MPa 미만
준저압용	0.01 ~ 0.1 MPa 미만
중압용	0.1 MPa 이상

3 경보차단장치 기밀시험

구분		시험압력
저압용	내부누출	8.4 MPa 이상
	외부누출	0.035 MPa 이상
준저압용		0.15 MPa 이상
중압용		1.8 MPa 이상

⑳ 용기 제조의 시설·기술·검사 기준과 용기의 재검사 기준

1 시설 기준

1) 용기를 제조하려는 자는 용기를 제조하기 위하여 필요한 제조설비를 갖출 것. 다만 기술검토 결과 부품생산 전문업체의 설비를 이용하거나 그로부터 부품을 공급받더라도 품질관리에 지장이 없다고 인정된 경우에는 그 부품생산에 필요한 설비를 갖추지 않을 수 있다.

2) 용기를 제조하려는 자는 검사 기준에 따라 용기를 검사하기 위하여 필요한 검사설비를 갖출 것

2 기술 기준

1) 용기의 재료는 그 용기의 안전성을 확보하기 위하여 충전하는 고압가스의 종류·압력·온도 및 사용환경에 적절한 것일 것

2) 용기의 두께는 그 용기의 안전성을 확보하기 위하여 그 용기에 사용한 재료, 충전하는 고압가스의 종류·압력·온도 및 사용환경에 적합한 것일 것

3) 용기의 구조는 그 용기의 안전성 및 편리성을 확보하기 위하여 충전하는 고압가스의 종류·압력·온도 및 사용환경에 적절한 것일 것

4) 용기의 치수는 그 용기의 안전성 및 호환성을 확보하기 위하여 필요한 경우 그 용기의 재료, 충전하는 고압가스의 종류·충전압력·온도 및 사용환경에 적절한 것일 것

5) 용기의 용접은 그 용기이음매의 기계적 강도를 확보하기 위하여 필요한 경우 그 용기의 재료 및 구조에 따라 적절한 방법으로 할 것

6) 용기의 열처리는 그 용기의 안전성을 확보하기 위하여 필요한 경우 그 용기의 재료 및 두께에 따라 적절한 방법으로 할 것

7) 용기에는 그 용기의 부식을 방지하기 위하여 필요한 경우 적절한 **부식방지 조치**를 할 것

8) 용기에는 그 용기의 부속품을 보호하기 위하여 적절한 부속장치를 부착할 것

9) 복합재료용기는 그 용기의 안전을 확보하기 위하여 그 용기에 충전하는 고압가스의 종류 및 압력을 다음과 같이 할 것
   (1) 충전하는 고압가스는 가연성인 액화가스가 아닐 것
   (2) **최고충전압력은 35 MPa(산소용은 20 MPa) 이하일 것**

10) 아세틸렌충전용 용기는 그 용기의 안전을 확보하기 위하여 그 용기에 충전하는 다공질물 및 용해제는 아세틸렌의 분해폭발을 방지할 수 있도록 적절한 품질·충전량 및 다공도를 갖는 것일 것

11) 재충전 금지용기는 그 용기의 안전을 확보하기 위하여 다음 기준에 적합하게 할 것
    (1) 용기와 용기부속품을 분리할 수 없는 구조일 것
    (2) 최고충전압력(MPa)의 수치와 내용적(L)의 수치를 곱한 값이 100 이하일 것
    (3) 최고충전압력이 22.5 MPa 이하이고 내용적이 25 L 이하일 것
    (4) 최고충전압력이 3.5 MPa 이상인 경우에는 내용적이 5 L 이하일 것
    (5) 가연성 가스 및 독성 가스를 충전하는 것이 아닐 것

12) 이동식 부탄연소기용 접합용기는 그 용기의 안전을 확보하기 위하여 압력방출기능을 갖는 구조일 것

3 검사 기준

1) 제조시설검사 기준
   제조시설검사는 시설 기준에 따라 제조설비 및 검사설비를 갖추었는지 확인하기 위하여 필요한 항목에 대하여 적절한 방법으로 할 것

2) 용기 신규검사 기준

용기의 신규검사는 이 표에 따른 기술 기준과 검사 기준에의 적합 여부에 대하여 설계단계검사를 하고 그 설계단계검사에 합격한 용기에 대하여 생산단계검사를 할 것

(1) 설계단계검사

① 다음 중 어느 하나에 해당하는 경우 설계단계검사를 실시할 것
  ㉠ 용기 제조자가 그 제조소에서 일정 형식의 용기를 처음 제조하는 경우
  ㉡ 수입업자가 일정형식의 용기를 처음 수입하는 경우
  ㉢ 설계단계검사를 받은 형식의 용기의 구조, 모양 또는 주요 부분의 재료를 변경하는 경우
  ㉣ 용기 제조소의 위치를 변경하는 경우
  ㉤ 액화석유가스용 용기(내용적 30 L 이상 125 L 미만의 용기로 한정한다)로서 설계단계검사를 받은 날부터 매 3년이 지난 경우

② 설계단계검사는 용기가 안전하게 설계되었는지를 명확하게 판정할 수 있도록 이 표에 따른 기술 기준과 다음의 성능 중 필요한 항목에 대하여 적절한 방법으로 실시할 것
  ㉠ 재료의 기계적·화학적 성능
  ㉡ 용접부의 기계적 성능
  ㉢ 단열성능
  ㉣ 내압성능
  ㉤ 기밀성능
  ㉥ 그 밖에 용기의 안전 확보에 필요한 성능

(2) 생산단계검사

① 생산단계검사는 자체검사능력 및 품질관리능력에 따라 구분된 다음 표의 검사의 종류 중 용기의 제조자 또는 수입자가 선택한 어느 하나의 검사를 실시할 것

검사의 종류	대상	구성항목	주기
제품확인검사	생산공정검사 또는 종합공정검사 대상 외의 품목	상시품질검사	신청 시마다
생산공정검사	제조공정·자체검사공정에 대한 품질시스템의 적합성을 충족할 수 있는 품목	정기품질검사	3개월에 1회
		공정확인심사	3개월에 1회
		수시품질검사	1년에 2회 이상
종합공정검사	공정 전체(설계·제조·자체검사)에 대한 품질시스템의 적합성을 충족할 수 있는 품목	종합품질관리체계심사	6개월에 1회
		수시품질검사	1년에 1회 이상

② 생산단계검사는 용기가 안전하게 제조되었는지를 명확하게 판정할 수 있도록 기술기준과 다음의 성능 중 필요한 항목에 대하여 적절한 방법으로 실시할 것
  ㉠ 재료의 기계적·화학적 성능
  ㉡ 용접부의 기계적 성능
  ㉢ 단열성능
  ㉣ 내압성능
  ㉤ 기밀성능
  ㉥ 그 밖에 용기의 안전 확보에 필요한 성능
③ 생산공정검사 및 종합공정검사 대상 여부를 판정하기 위한 심사는 전문성·객관성 및 투명성이 확보될 수 있는 방법으로 할 것
④ 생산공정검사 또는 종합공정검사를 받고 있는 자가검사 대상 품목의 생산을 6개월 이상 휴지하거나 검사의 종류를 변경하려는 경우에는 한국가스안전공사에 신고하고 합격통지서를 반납할 것
⑤ 생산공정검사 또는 종합공정검사를 받고 있는 자가 다음 중 어느 하나에 해당하는 경우에는 생산공정검사 또는 종합공정검사 대상 여부를 판정하기 위한 심사를 다시 받을 것
  ㉠ 사업소의 위치를 변경하는 경우
  ㉡ 용기의 종류를 추가하는 경우(추가하는 용기로 한정한다)
  ㉢ 생산공정검사 또는 종합공정검사 대상 여부를 판정하기 위한 심사에 합격한 날부터 3년이 지난 경우. 다만 추가한 용기는 기존 용기의 기간을 따름

3) 용기 재검사 기준

용기의 재검사는 그 용기를 계속 사용할 수 있는지를 명확하게 판정할 수 있도록 용기의 부식 여부, 내압성능, 기밀성능, 단열성능 및 그 밖에 용기의 안전 확보에 필요한 성능 중 필요한 항목에 대하여 적절한 방법으로 실시할 것

21 용기부속품 제조의 시설·기술·검사 기준과 용기부속품의 재검사 기준

1 시설 기준

1) 용기부속품을 제조하려는 자는 용기부속품을 제조하기 위하여 필요한 제조설비를 갖출 것. 다만 기술검토 결과 부품생산 전문업체의 설비를 이용하거나 그로부터 부품을 공급받더라도 품질관리에 지장이 없다고 인정된 경우에는 그 부품생산에 필요한 설비를 갖추지 않을 수 있다.

2) 용기부속품을 제조하려는 자는 검사 기준에 따라 용기부속품을 검사하기 위하여 필요한 검사설비를 갖출 것

2 기술 기준

1) 용기부속품의 재료는 그 용기부속품의 안전성을 확보하기 위하여 사용하는 고압가스의 종류·압력·온도 및 사용환경에 적절한 것일 것

2) 용기부속품의 구조 및 치수는 그 용기부속품의 안전성·편리성 및 작동성을 확보하기 위하여 그 용기부속품의 재료, 사용하는 가스의 종류, 사용하는 온도 및 환경에 적절한 것일 것

3) 내용적 30 L 이상 50 L 이하의 액화석유가스용 용기에 부착하는 밸브는 과류차단형 또는 차단기능형으로 할 것

4) 용기부속품은 그 용기부속품의 재료, 사용하는 가스의 종류 및 사용하는 환경에 따라 그 용기부속품의 안전성을 확보하기 위하여 필요한 적절한 성능을 가지는 것일 것

5) 용기밸브에는 밸브의 개폐를 표시하는 문자와 개폐방향을 표시(핸들로 개폐하는 액화석유가스용 용기밸브의 경우에는 "열림 ↔ 닫힘"으로 표시)할 것

3 검사 기준

1) 제조시설 완성검사 기준
   제조시설 완성검사는 시설 기준에 따라 제조설비 및 검사설비를 갖추었는지 확인하기 위하여 필요한 항목에 대하여 적절한 방법으로 실시할 것

2) 용기부속품 신규검사 기준
   용기부속품의 신규검사는 기술 기준에의 적합 여부에 대하여 설계단계검사와 생산단계검사로 구분하여 실시할 것

   (1) 설계단계검사
   ① 설계단계검사는 용기부속품이 다음의 어느 하나 이상에 해당하는 경우에 실시할 것
      ㉠ 용기부속품 제조사업자가 그 제조소에서 일정형식의 용기부속품을 처음 제조하는 경우
      ㉡ 수입업자가 일정형식의 용기부속품을 처음 수입하는 경우
      ㉢ 설계단계검사를 받은 형식의 용기부속품의 구조, 모양 또는 주요 부분의 재료 등을 변경하는 경우
      ㉣ 용기부속품 제조사업소의 위치를 변경하는 경우

② 설계단계검사는 용기부속품이 안전하게 설계되었는지를 명확하게 판정할 수 있도록 기술 기준과 다음의 성능 중 필요한 항목에 대하여 적절한 방법으로 실시할 것
  ㉠ 재료의 기계적·화학적 성능
  ㉡ 내압성능
  ㉢ 기밀성능
  ㉣ 작동성능
  ㉤ 그 밖에 용기부속품의 안전 확보에 필요한 성능

(2) 생산단계검사
  ① 생산단계검사는 설계단계검사에 합격한 용기부속품에 대하여 실시할 것
  ② 생산단계검사는 자체검사능력 및 품질관리능력에 따라 구분된 다음 표의 검사의 종류 중 용기부속품의 제조자 또는 수입자가 선택한 어느 하나의 검사를 실시할 것

검사의 종류	대상	구성항목	주기
제품확인검사	생산공정검사 또는 종합공정검사 대상 외의 품목	상시품질검사	신청 시마다
생산공정검사	제조공정·자체검사공정에 대한 품질시스템의 적합성을 충족할 수 있는 품목	정기품질검사	3개월에 1회
		공정확인심사	3개월에 1회
		수시품질검사	1년에 2회 이상
종합공정검사	공정 전체(설계·제조·자체검사)에 대한 품질시스템의 적합성을 충족할 수 있는 품목	종합품질관리체계심사	6개월에 1회
		수시품질검사	1년에 1회 이상

③ 생산단계검사는 용기부속품이 안전하게 제조되었는지를 명확하게 판정할 수 있도록 기술 기준과 다음의 성능 중 필요한 항목에 대하여 적절한 방법으로 실시할 것
  ㉠ 내압성능
  ㉡ 기밀성능
  ㉢ 작동성능
  ㉣ 그 밖에 용기부속품의 안전 확보에 필요한 성능
④ 생산공정검사 및 종합공정검사 대상 여부를 판정하기 위한 심사는 전문성·객관성 및 투명성이 확보될 수 있는 방법으로 할 것
⑤ 생산공정검사 또는 종합공정검사를 받고 있는 자가검사 대상 품목의 생산을 6개월 이상 휴지하거나 검사의 종류를 변경하려는 경우에는 한국가스안전공사에 신고하고 합격통지서를 반납할 것

⑥ 생산공정검사 또는 종합공정검사를 받고 있는 자가 다음 중 어느 하나에 해당하는 경우에는 생산공정검사 또는 종합공정검사 대상 여부를 판정하기 위한 심사를 다시 받을 것
　　　㉠ 사업소의 위치를 변경하는 경우
　　　㉡ 용기부속품의 종류를 추가하는 경우(추가하는 용기부속품으로 한정한다)
　　　㉢ 생산공정검사 또는 종합공정검사 대상 여부를 판정하기 위한 심사에 합격한 날부터 3년이 지난 경우. 다만 추가한 용기부속품은 기존 용기부속품의 기간에 따른다.

3) 용기부속품 재검사 기준
　용기부속품의 재검사는 그 용기부속품을 계속 사용할 수 있는지 여부를 명확하게 판정할 수 있도록 용기부속품의 기밀성능, 작동성능 및 그 밖에 용기부속품의 안전 확보에 필요한 성능 중 필요한 항목에 대하여 적절한 방법으로 실시할 것

22 냉동기 제조의 시설·기술·검사 기준

1 시설 기준

1) 냉동기를 제조하려는 자는 기술 기준에 따라 냉동기를 제조하기 위하여 필요한 제조설비를 갖출 것. 다만 기술검토 결과 부품생산 전문업체의 설비를 이용하거나 그로부터 부품을 공급받더라도 품질관리에 지장이 없다고 인정된 경우에는 그 부품생산에 필요한 설비를 갖추지 않을 수 있다.

2) 냉동기를 제조하려는 자는 검사 기준에 따라 냉동기를 검사하기 위하여 필요한 검사설비를 갖출 것

2 기술 기준

1) 냉동기의 설계는 그 냉동기의 안전성을 확보하기 위하여 사용하는 고압가스의 종류·압력·온도 및 사용환경에 따라 적합하도록 할 것

2) 냉동기의 재료는 그 냉동기의 안전성을 확보하기 위하여 사용하는 고압가스의 종류·압력·온도 및 사용환경에 적절한 것일 것

3) 냉동기의 두께는 그 냉동기의 안전성을 확보하기 위하여 그 냉동기에 사용한 재료, 그 냉동기 내의 고압가스의 종류·압력·온도 및 사용환경에 적합한 것일 것

4) 냉동기의 구조는 그 냉동기의 안전성 및 편리성을 확보하기 위하여 그 냉동기 내의 고압가스의 종류·압력·온도 및 사용환경에 적합한 것일 것

5) 냉동기의 가공은 그 냉동기의 기계적 강도 및 안전성을 확보하기 위하여 그 냉동기의 재료·두께 및 구조에 따라 적절한 방법으로 할 것

6) 냉동기의 용접은 그 냉동기이음매의 기계적 강도를 확보하기 위하여 그 냉동기의 재료·구조 및 냉동기 내의 가스의 종류에 따라 적절한 방법으로 할 것

7) 냉동기의 열처리는 그 냉동기의 안전성을 확보하기 위하여 필요한 경우 그 냉동기의 재료·두께 및 가공방법에 따라 적절한 방법으로 할 것

8) 냉동기는 그 냉동기의 재료, 사용하는 가스의 종류 및 사용하는 환경에 따라 그 냉동기의 안전성을 확보하기 위하여 필요한 적절한 성능을 가지는 것일 것

3 검사 기준

1) 제조시설 완성검사 기준
제조시설 완성검사는 시설 기준에 따라 제조설비 및 검사설비를 갖추었는지 확인하기 위하여 필요한 항목에 대하여 적절한 방법으로 할 것

2) 냉동기검사 기준

(1) 가스히트펌프 냉·난방기
냉동기 중 액화석유가스 또는 도시가스를 연료로 하는 엔진으로 증기압축식 냉동사이클의 압축기를 구동하는 히트펌프식 냉·난방기(이하 "가스히트펌프 냉·난방기"라 한다)의 신규검사는 설계단계검사와 생산단계검사로 구분하여 할 것

① 설계단계검사
㉠ 설계단계검사는 가스히트펌프 냉·난방기의 엔진 및 엔진 관련 부분(이하 "엔진등"이라 한다)이 다음의 어느 하나에 해당하는 경우에 할 것
㉮ 제조사업자가 그 제조소에서 일정형식의 엔진등을 처음 제조하는 경우
㉯ 수입업자가 일정형식의 엔진등을 처음 수입하는 경우
㉰ 설계단계검사를 받은 형식의 엔진등 중 성능의 변경을 수반하는 재료 및 구조 등이 변경된 경우

㉡ 설계단계검사는 가스히트펌프 냉·난방기의 엔진등이 안전하게 설계되었는지를 명확하게 판정할 수 있도록 기술 기준과 다음의 성능 중 필요한 항목에 대하여 적절한 방법으로 할 것
㉮ 구조성능
㉯ 재료성능
㉰ 안전장치 작동성능
㉱ 절연저항성능
㉲ 그 밖에 엔진등의 안전 확보에 필요한 성능

② 생산단계검사
  ㉠ 생산단계검사는 설계단계검사에 합격한 가스히트펌프 냉·난방기에 대하여 실시할 것
  ㉡ 생산단계검사는 가스히트펌프 냉·난방기가 안전하게 제조되었는지를 명확하게 판정할 수 있도록 기술 기준과 다음의 성능 중 필요한 항목에 대하여 적절한 방법으로 할 것
    ㉮ 재료의 기계적·화학적 성능
    ㉯ 용접부의 기계적 성능
    ㉰ 내압성능
    ㉱ 기밀성능
    ㉲ 구조성능
    ㉳ 안전장치 작동성능
    ㉴ 절연저항성능
    ㉵ 그 밖에 가스히트펌프 냉·난방기의 안전 확보에 필요한 성능

(2) 냉동기(가스히트펌프 냉·난방기는 제외한다)
  냉동기의 검사는 그 냉동기가 안전하게 제조되었는지를 명확하게 판정할 수 있도록 기술 기준과 다음의 성능 중 필요한 항목에 대하여 적절한 방법으로 실시할 것
  ① 재료의 기계적·화학적 성능
  ② 용접부의 기계적 성능
  ③ 내압성능
  ④ 기밀성능
  ⑤ 그 밖에 냉동기의 안전 확보에 필요한 성능

3) 일체형 냉동기
아래의 (1)부터 (4)까지의 모든 조건 또는 (5)의 조건에 적합한 것과 응축기 유닛 및 증발 유닛이 냉매배관으로 연결된 것으로 하루 냉동능력이 20톤 미만인 공조용 패키지에어콘 등을 말한다.
(1) 냉매설비 및 압축기용 원동기가 하나의 프레임위에 일체로 조립된 것
(2) 냉동설비를 사용할 때 스톱밸브 조작이 필요 없는 것
(3) 사용장소에 분할·반입하는 경우에는 냉매설비에 용접 또는 절단을 수반하는 공사를 하지 않고 재조립하여 냉동제조용으로 사용할 수 있는 것
(4) 냉동설비의 수리 등을 하는 경우에 냉매설비 부품의 종류, 설치개수, 부착위치 및 외형치수와 압축기용 원동기의 정격 출력 등이 제조 시 상태와 같도록 설계·수리될 수 있는 것
(5) (1)부터 (4)까지 외에 산업통상자원부장관이 일체형 냉동기로 인정하는 것

23 특정설비 제조의 시설·기술·검사 기준과 특정설비의 재검사 기준

1 시설 기준

1) 특정설비를 제조하려는 자는 기술 기준에 따라 특정설비를 제조하기 위하여 필요한 제조설비를 갖출 것. 다만 기술검토 결과 해당 특정설비의 안전관리에 지장을 줄 우려가 없다고 인정하는 범위에서 해당 특정설비와 관련한 열처리 또는 도장을 전문으로 하는 전문업체의 설비를 이용하거나, 부품의 전문생산업체로부터 해당 특정설비의 부품 등을 공급받아 사용하는 경우에는 그 설비를 갖추지 않을 수 있다.

2) 특정설비를 제조하려는 자는 검사 기준에 따라 특정설비를 검사하기 위하여 기본적으로 필요한 검사설비를 갖출 것

2 기술 기준

1) 특정설비의 설계는 그 특정설비의 안전성을 확보하기 위하여 사용하는 고압가스의 종류·압력·온도 및 사용환경에 적합하게 할 것

2) 특정설비의 재료는 그 특정설비의 안전성을 확보하기 위하여 사용하는 가스의 종류 및 압력, 사용하는 온도 및 사용환경에 적절한 것일 것

3) 특정설비의 두께는 그 특정설비의 안전성을 확보하기 위하여 필요한 경우 그 특정설비에 사용한 재료, 그 특정설비 내의 고압가스의 종류·압력·온도 및 사용환경에 적합한 것일 것

4) 특정설비의 구조 및 치수는 그 특정설비의 안전성·편리성 및 작동성을 확보하기 위하여 사용하는 고압가스의 종류·압력·온도 및 사용환경에 적절한 것일 것

5) 특정설비의 가공은 그 특정설비의 기계적 강도 및 안전성을 확보하기 위하여 필요한 경우 그 특정설비의 재료·두께 및 구조에 따라 적절한 방법으로 할 것

6) 특정설비의 용접은 그 특정설비이음매의 기계적 강도를 확보하기 위하여 필요한 경우 특정설비의 재료·구조 및 그 특정설비 내의 가스의 종류에 따라 적절한 방법으로 할 것

7) 특정설비의 열처리는 그 특정설비의 안전성을 확보하기 위하여 필요한 경우 그 특정설비의 재료·두께 및 가공방법에 따라 적절한 방법으로 할 것

8) 특정설비는 그 특정설비의 재료, 사용하는 가스의 종류 및 사용하는 환경에 따라 그 특정설비의 안전성을 확보하기 위하여 필요한 적절한 성능을 가지는 것일 것

9) 특정설비에는 그 특정설비를 안전하게 사용할 수 있도록 하기 위하여 필요한 경우 그 특정설비 내의 가스의 종류 및 사용하는 환경에 따라 안전밸브, 과충전방지장치 등 필요한 안전장치를 부착할 것

10) 특정설비에는 그 특정설비를 안전하게 사용할 수 있도록 하기 위하여 필요한 경우 그 특정설비 내의 가스의 종류 및 사용하는 환경에 따라 수커플링, 프로텍터, 액면계 등 필요한 부속장치를 부착할 것

11) 특정설비의 제작·시공은 그 특정설비의 안전성 확보와 그 특정설비가 설치된 시설의 안정성 확보를 위하여 필요한 경우 그 특정설비 내의 고압가스 종류와 그 특정설비의 재료·구조 및 사용환경에 따라 적절한 방법으로 할 것

3 검사 기준

1) 제조시설 완성검사 기준
   제조시설 완성검사는 시설 기준에 따라 제조설비 및 검사설비를 갖추었는지 확인하기 위하여 필요한 항목에 대하여 적절한 방법으로 할 것

2) 특정설비 신규검사 기준
   (1) 저장탱크(액화천연가스저장탱크는 제외한다) 및 차량에 고정된 탱크·압력용기(복합재료 압력용기는 제외한다)
      ① 특정설비의 신규검사는 기술 기준에의 적합 여부에 대하여 생산단계검사를 할 것
      ② 특정설비의 생산단계검사는 그 특정설비가 안전하게 제조되었는지를 명확하게 판정할 수 있도록 기술 기준과 다음의 성능 중 필요한 항목에 대하여 적절한 방법으로 할 것
         ㉠ 재료의 기계적·화학적 성능
         ㉡ 용접부의 기계적 성능
         ㉢ 내압성능
         ㉣ 기밀성능
         ㉤ 그 밖에 특정설비의 안전 확보에 필요한 성능
      ③ 자체검사능력 및 품질관리능력에 따라 구분된 다음의 검사 중 특정설비의 제조 또는 수입자가 선택한 하나의 검사를 실시할 것

종류	대상	구성항목	주기
제품확인검사	생산공정검사 또는 종합공정검사대상 외의 품목	전항목검사	신청 시마다
생산공정검사	제조공정·자체검사공정에 대한 품질시스템의 적합성을 충족할 수 있는 품목	공정확인심사	6개월에 1회
		부분항목검사	신청 시마다
종합공정검사	공정 전체(설계·제조·자체검사)에 대한 품질시스템의 적합성을 충족할 수 있는 품목	종합품질관리체계심사	1년에 1회
		중요항목검사	신청 시마다

      ④ 생산공정검사 및 종합공정검사 대상 여부를 판정하기 위한 심사는 전문성·객관성 및 투명성이 확보될 수 있는 방법으로 할 것

⑤ 생산공정검사 또는 종합공정검사를 받고 있는 자가검사대상 품목의 생산을 6개월 이상 휴지하거나 검사의 종류를 변경하려는 경우에는 한국가스안전공사에 신고하고 합격통지서를 반납할 것

⑥ 생산공정검사 또는 종합공정검사를 받고 있는 자가 다음 중 어느 하나에 해당하는 경우에는 생산공정검사 또는 종합공정검사 대상 여부를 판정하기 위한 심사를 다시 받을 것

㉠ 사업소의 위치를 변경하는 경우

㉡ 특정설비의 종류를 추가하는 경우(추가한 특정설비로 한정한다)

㉢ 생산공정검사 또는 종합공정검사 대상 여부를 판정하기 위한 심사에 합격한 날부터 3년이 지난 경우. 다만 추가한 특정설비는 기존 특정설비의 기간에 따른다.

(2) 긴급차단장치, 역화방지장치, 기화장치, 고압가스용 실린더캐비닛, 액화석유가스용 용기 잔류가스회수장치, 액화천연가스저장탱크, 냉동용 특정설비

① 특정설비의 신규검사는 기술 기준과 검사 기준에의 적합 여부에 대하여 생산단계검사를 할 것

② 특정설비의 생산단계검사는 그 특정설비가 안전하게 제조되었는지를 명확하게 판정할 수 있도록 기술 기준과 다음의 성능 중 필요한 항목에 대하여 적절한 방법으로 할 것

㉠ 재료의 기계적·화학적 성능

㉡ 용접부의 기계적 성능

㉢ 내압성능

㉣ 기밀성능

㉤ 그 밖에 특정설비의 안전 확보에 필요한 성능

(3) 독성 가스배관용 밸브·자동차용 압축천연가스 완속충전설비·자동차용 가스자동주입기(압축천연가스 자동차용에 한정한다) 및 복합재료 압력용기

특정설비의 신규검사는 기술 기준 및 검사 기준에의 적합 여부에 대하여 설계단계검사와 생산단계검사로 구분하여 할 것

① 설계단계검사

㉠ 설계단계검사는 특정설비가 다음 중 어느 하나 이상에 해당하는 경우에 할 것

㉮ 해당 제조소가 처음으로 특정설비를 제조하거나 수입하는 경우

㉯ 설계단계검사를 받은 특정설비의 구조·모양·주요 부분의 재료 등을 변경하는 경우

㉡ 특정설비의 설계단계검사는 그 특정설비가 안전하게 제조되었는지를 명확하게 판정할 수 있도록 기술 기준과 다음의 성능 중 필요한 항목에 대하여 적절한 방법으로 할 것

㉮ 재료의 기계적·화학적 성능

㉯ 내압성능

㉰ 기밀성능
　　　㉱ 작동성능
　　　㉲ 그 밖에 특정설비의 안전 확보에 필요한 성능
　② 생산단계검사
　　㉠ 생산단계검사는 설계단계검사에 합격한 특정설비에 대하여 실시할 것
　　㉡ 특정설비의 생산단계검사는 그 특정설비가 안전하게 제조되었는지를 명확하게 판정할 수 있도록 기술 기준과 다음의 성능 중 필요한 항목에 대하여 적절한 방법으로 할 것
　　　㉮ 내압성능
　　　㉯ 기밀성능
　　　㉰ 작동성능
　　　㉱ 그 밖에 특정설비의 안전 확보에 필요한 성능
(4) 안전밸브, 자동차용 가스자동주입기(액화석유가스 자동차용에 한정한다)
　특정설비의 신규검사는 기술 기준 및 검사 기준에의 적합 여부에 대하여 생산단계검사를 실시할 것
　① 생산단계검사는 자체검사능력 및 품질관리능력에 따라 구분된 다음 표의 검사 종류 중 특정설비의 제조자 또는 수입자가 선택한 어느 하나의 검사를 실시할 것

검사의 종류	대상	구성항목	주기
제품확인 검사	생산공정검사 또는 종합공정검사 대상 외의 품목	상시품질검사	신청 시마다
생산공정 검사	제조공정·자체검사공정에 대한 품질시스템의 적합성을 충족할 수 있는 품목	정기품질검사	3개월에 1회
		공정확인심사	3개월에 1회
		수시품질검사	1년에 2회 이상
종합공정 검사	공정 전체(설계·제조·자체검사)에 대한 품질시스템의 적합성을 충족할 수 있는 품목	종합품질관리 체계심사	6개월에 1회
		수시품질검사	1년에 1회 이상

　② 특정설비의 생산단계검사는 그 특정설비가 안전하게 제조되었는지를 명확하게 판정할 수 있도록 기술 기준과 다음의 성능 중 필요한 항목에 대하여 적절한 방법으로 할 것
　　㉠ 재료의 기계적·화학적 성능
　　㉡ 내압성능
　　㉢ 기밀성능
　　㉣ 작동성능
　　㉤ 그 밖에 특정설비의 안전 확보에 필요한 성능
　③ 생산공정검사 및 종합공정검사 대상 여부를 판정하기 위한 심사는 전문성·객관성 및 투명성이 확보될 수 있는 방법으로 할 것

④ 생산공정검사 또는 종합공정검사를 받고 있는 자가검사 대상 품목의 생산을 6개월 이상 휴지하거나 검사의 종류를 변경하려는 경우에는 한국가스안전공사에 신고하고 합격통지서를 반납할 것

⑤ 생산공정검사 또는 종합공정검사를 받고 있는 자가 다음 중 어느 하나에 해당하는 경우에는 생산공정검사 또는 종합공정검사 대상 여부를 판정하기 위한 심사를 다시 받을 것
  ㉠ 사업소의 위치를 변경하는 경우
  ㉡ 특정설비의 종류를 추가한 경우(추가한 특정설비만을 말한다)
  ㉢ 생산공정검사 또는 종합공정검사 대상 여부를 판정하기 위한 심사에 합격한 날부터 3년이 지난 경우. 다만 추가한 특정설비는 기존 특정설비의 기간에 따른다.

3) 특정설비 재검사 기준

특정설비의 재검사는 그 특정설비를 계속 사용할 수 있는지를 명확하게 판정할 수 있도록 특정설비의 내압성능, 기밀성능 및 그 밖에 특정설비의 안전 확보에 필요한 성능 중 필요한 항목에 대하여 적절한 방법으로 실시할 것

4 그 밖의 사항

1) "제조 시설 기준과 기술 기준"이란 시설·기술·검사 기준을 충족하는 것으로서 산업통상자원부장관의 승인을 받은 기준을 말한다.

2) 기술개발에 따른 새로운 특정설비의 제조 및 검사방법이 시설·기술·검사 기준에는 적합하지 않으나 안전관리를 해치지 않는다고 산업통상자원부장관의 인정을 받은 경우에는 그 특정설비의 제조 및 검사방법을 그 특정설비로 한정하여 적용할 수 있다.

3) 검사 대상에 해당하는 "압력용기"란 35℃에서의 압력 또는 설계압력이, 그 내용물이 액화가스인 경우는 0.2 MPa 이상, 압축가스인 경우는 1 MPa 이상인 용기를 말한다. 다만 다음 중 어느 하나에 해당하는 용기는 압력용기로 보지 않는다.
  (1) 용기 제조의 기술·검사 기준 적용받는 용기
  (2) 설계압력 MPa과 내용적 m^3을 곱한 수치가 0.004 이하인 용기
  (3) 펌프, 압축장치(냉동용 압축기는 제외한다) 및 축압기(Accumulator, 축압용기 내에 액화가스 또는 압축가스와 유체가 격리될 수 있도록 고무격막 또는 피스톤 등이 설치된 구조로서 상시 가스가 공급되지 않는 구조의 것을 말한다)의 본체와 그 본체와 분리되지 않는 일체형 용기
  (4) 완충기 및 완충장치에 속하는 용기와 자동차에어백용 가스충전용기
  (5) 유량계, 액면계, 그 밖의 계측기기

(6) 소음기 및 스트레이너(필터를 포함한다)로서 다음의 기준에 해당되는 것
  ① 플랜지 부착을 위한 용접부 외에는 용접이음매가 없는 것
  ② 용접구조이나 동체의 바깥지름(D)이 320 mm(호칭지름 12 B 상당) 이하이고, 배관 접속부 호칭지름(d)과의 비율(D/d)이 2.0 이하인 것
(7) 압력에 관계없이 안지름, 폭, 길이 또는 단면의 지름이 150 mm 이하인 용기

4) "산업통상자원부장관이 인정하는 외국의 검사기관"이란 산업통상자원부장관이 승인한 기준에서 정한 국가별 인정 기준과 그에 따른 공인검사기관을 말한다.

24 품질유지 대상인 고압가스의 종류

1 냉매로 사용되는 가스 ★★★

1) 프레온 22
2) 프레온 134a
3) 프레온 404a
4) 프레온 407c
5) 프레온 410a
6) 프레온 507a
7) 프레온 1234yf
8) 프로판
9) 이소부탄

2 연료전지용으로 사용되는 수소가스

> **＋ Level up**
>
> **이소부탄**
> 부탄의 이성질체이며 인화성이 강하고 쉽게 액화 $(CH_3)_3CH$

25 사고의 통보방법 등

1 사고의 종류별 통보방법 및 기한 ★

사고의 종류	통보방법	통보기한	
		속보	상보
가. 사람이 사망한 사고	전화 또는 팩스를 이용한 통보(이하 "속보"라 한다) 및 서면으로 제출하는 상세한 통보(이하 "상보"라 한다)	즉시	사고발생 후 20일 이내
나. 사람이 부상당하거나 중독된 사고	속보 및 상보	즉시	사고발생 후 10일 이내
다. 가스누출에 의한 폭발 또는 화재사고(가목 및 나목의 경우는 제외한다)	속보	즉시	
라. 가스시설이 파손되거나 가스누출로 인하여 인명대피나 공급중단이 발생한 사고(가목 및 나목의 경우는 제외한다)	속보	즉시	
마. 사업자등의 저장탱크에서 가스가 누출된 사고(가목부터 라목까지의 경우는 제외한다)	속보	즉시	

[비고]
한국가스안전공사가 법 제26조 제2항에 따라 사고조사를 한 경우에는 자세하게 보고하지 않을 수 있다.

2 사고의 통보 내용에 포함되어야 하는 사항 ★

1) 통보자의 소속, 지위, 성명 및 연락처

2) 사고발생 일시

3) 사고발생 장소

4) 사고내용(가스 종류, 양 및 확산거리 등을 포함한다)

5) 시설현황(시설의 종류, 위치 등을 포함한다)

6) 인명 및 재산의 피해현황

Chapter 10 수소법

핵심키워드 수소, 안전관리자, 수소연료, 합격표시

학습목표
1. 용어의 정의를 암기한다.
2. 수소 사용처를 암기하고 수소자동차 저장용기와 수소충전소 안전장치에 대해 학습한다.
3. 수소연료 사용시설의 시설·기술·검사 기준에 대해 학습한다.
4. 수소용품을 암기한다.

01 수소경제 육성 및 수소 안전관리에 관한 법률

1 목적

수소경제 이행 촉진을 위한 기반 조성 및 수소산업의 체계적 육성을 도모하고 수소의 안전관리에 관한 사항을 정함으로써 국민경제의 발전과 공공의 안전확보에 이바지함을 목적

2 정의

1) "수소경제"란 수소의 생산 및 활용이 국가, 사회 및 국민생활 전반에 근본적 변화를 선도하여 새로운 경제성장을 견인하고 수소를 주요한 에너지원으로 사용하는 경제산업구조를 말한다.

2) "수소산업"이란 수소의 생산·저장·운송·충전·판매 및 연료전지, 수소가스터빈 등 수소를 활용하는 장비와 이에 사용되는 제품·부품·소재 및 장비의 제조 등 수소와 관련한 산업을 말한다.

3) "수소전문기업"이란 수소산업과 관련된 사업(이하 "수소사업"이라 한다)을 영위하는 기업으로서 다음 각 목의 어느 하나에 해당하는 기업을 말한다.
   (1) 총매출액 중 수소사업과 관련된 매출액이 차지하는 비중이 대통령령으로 정하는 기준에 해당하는 기업
   (2) 총매출액 대비 수소사업 관련 연구개발 등에 대한 투자금액이 차지하는 비중이 대통령령으로 정하는 기준에 해당하는 기업

4) "수소전문투자회사"란 자산을 운용하여 그 수익을 주주에게 배분하는 것을 목적으로 설립된 회사를 말한다.

5) "수소특화단지"란 수소경제 이행을 촉진하기 위하여 지정된 지역을 말한다.

6) "연료전지"란 「신에너지 및 재생에너지 개발·이용·보급 촉진법」 제2조 제1호에 따른 신에너지의 하나로서 수소와 산소의 전기화학적 반응을 통하여 전기와 열을 생산하는 설비와 그 부대설비를 말한다.

7) "수소연료공급시설"이란 수송·건물·발전 등의 용도로 사용되는 연료전지, 수소가스터빈 등 수소를 활용하는 장비에 수소를 공급하는 시설로서 산업통상자원부령으로 정하는 시설을 말한다.

7의2) "청정수소"란 인증받은 수소 또는 수소화합물로서 다음 각 목의 어느 하나에 해당하는 것을 말한다.

　(1) 무탄소수소 : 수소의 생산·수입 등의 과정에서 「기후위기 대응을 위한 탄소중립·녹색성장 기본법」 제2조 제5호에 따른 온실가스(이하 "온실가스"라 한다)를 배출하지 아니하는 수소

　(2) 저탄소수소 : 수소의 생산·수입 등의 과정에서 온실가스를 대통령령으로 정하는 기준 이하로 배출하는 수소

　(3) 저탄소수소화합물 : 수소의 운송 등을 위하여 생산된 수소화합물로서 생산·수입 등의 과정에서 온실가스를 대통령령으로 정하는 기준 이하로 배출하는 수소화합물

7의3) "수소발전"이란 수소 또는 수소화합물을 연료로 전기 또는 전기와 열을 생산하는 것을 말한다.

7의4) "수소발전사업자"란 「전기사업법」 제2조 제4호에 따른 발전사업자 또는 같은 조 제19호에 따른 자가용전기설비를 설치한 자로서 수소발전을 하는 사업자를 말한다.

8) "**수소용품**"이란 **연료전지와 수소관련 용품**으로서 산업통상자원부령으로 정하는 용품을 말한다.

9) "수소연료사용시설"이란 연료전지, 수소가스터빈 등을 설치하여 전기 또는 열을 사용하기 위한 시설로서 산업통상자원부령으로 정하는 시설을 말한다.

10) "수소가스터빈"이란 수소 또는 수소를 포함하는 연료를 연소하여 발생하는 열에너지를 운동에너지로 전환하는 원동기를 말한다.

3 안전관리자

1) 수소용품 제조사업자는 수소용품 등의 안전 확보와 위해 방지에 관한 직무를 수행하기 위하여 산업통상자원부령으로 정하는 바에 따라 사업을 시작하기 전에 안전관리자를 선임하고, 그 사실을 시장·군수·구청장에게 신고하여야 한다.

2) 제1항에 따라 선임된 안전관리자를 해임하거나 안전관리자가 퇴직한 경우에는 지체 없이 그 사실을 시장·군수·구청장에게 신고하고, 해임하거나 퇴직한 날부터 30일 이내에 다른 안전관리자를 선임하여야 한다. 다만 30일 이내에 선임할 수 없을 경우에는 시장·군수·구청장의 승인을 받아 그 기간을 연장할 수 있다.

3) 제1항에 따라 안전관리자를 선임한 자는 다음 각 호의 어느 하나에 해당하는 경우에는 대통령령으로 정하는 바에 따라 대리자를 지정하여 일시적으로 안전관리자의 직무를 대행하게 하여야 한다.

   (1) 안전관리자가 여행·질병이나 그 밖의 사유로 일시적으로 그 직무를 수행할 수 없는 경우
   (2) 안전관리자의 해임 또는 퇴직과 동시에 다른 안전관리자가 선임되지 아니한 경우

4) 안전관리자는 그 직무를 성실히 수행하여야 하며, 그 수소용품 제조사업자와 종사자는 안전관리자의 안전에 관한 의견을 존중하고 권고에 따라야 한다.

5) 시장·군수·구청장은 대통령령으로 정하는 안전관리자가 그 직무를 성실히 수행하지 아니하면 그 안전관리자를 선임한 수소용품 제조사업자에게 그 안전관리자의 해임을 요구할 수 있다.

6) 안전관리자의 종류·자격·인원·직무 범위 및 안전관리자의 대리자의 대행 기간과 그 밖에 필요한 사항은 대통령령으로 정한다.

4 안전교육

1) 수소용품 제조사업의 안전관리에 관계되는 업무를 하는 자는 시장·군수·구청장이 실시하는 교육을 받아야 한다.

2) 수소용품 제조사업자는 그가 고용하고 있는 자 중에서 제1항에 따라 교육을 받아야 하는 자에게 안전교육을 받게 하여야 한다.

3) 제1항 및 제2항에 따른 안전교육대상자의 범위, 교육기간, 교육과정, 그 밖에 교육에 필요한 사항은 산업통상자원부령으로 정한다.

5 수소연료사용시설의 검사

1) 수소연료사용시설을 설치하여 사용하려는 자(이하 "시설사용자"라 한다)는 산업통상자원부령으로 정하는 시설 기준과 기술 기준에 맞도록 수소연료사용시설을 갖추어야 한다.

2) 시설사용자는 수소연료사용시설의 설치공사나 산업통상자원부령으로 정하는 변경공사를 완공하면 그 시설의 사용 전에 시장·군수·구청장의 완성검사를 받아야 하며, 완성검사에 합격한 후에만 그 시설을 사용할 수 있다.

3) 시설사용자는 수소연료사용시설에 대하여 대통령령으로 정하는 일정 기간마다 정기검사를 받아야 한다.

4) 제2항 및 제3항에 따른 완성검사 및 정기검사의 기준, 대상, 절차 및 방법에 관하여 필요한 사항은 산업통상자원부령으로 정한다.

6 수소 사용 ★

1) 수소충전소

2) 수소자동차

3) 연료전지

7 수소자동차 저장용기 안전장치

1) 수소탱크 솔레노이드밸브 : 평상시 수소를 공급하고 긴급 시 수소 차단

2) 압력해제장치 : 수소탱크의 온도를 감지하여 화재 시에 수소를 주변 대기로 방출

3) 과류방지밸브 : 튜브가 고압으로 인해 손상될 경우 과도한 수소흐름을 감지하고 공급 차단

4) 압력완화밸브 : 압력 조절기에 설치되며 압력조절기의 이상 시 수소를 주변 대기로 방출하여 압력을 완화

8 수소충전소 안전장치

1) 긴급차단장치(가스방출관) : 충전 중 긴급한 상황이 발생했을 때 차단장치를 작동하여 시스템을 중단하고 방출관 통해 안전한 장소로 **가스 방출**

2) 가스누출 및 화재감지 경보장치 : 충전시설에 가스가 누출되거나 화재가 발생했을 때 신속하게 검지하여 대응할 수 있도록 하기 위해 가스누출 및 화재감지장치를 설치하며 검지 시 경보를 울리면서 자동으로 가스 차단

3) 수소충전노즐 : 오장착 방지구조로 설계

02 수소경제 육성 및 수소 안전관리에 관한 법률 시행령

1 안전관리자의 종류

1) 안전관리총괄자

2) 안전관리부총괄자

3) 안전관리책임자

4) 안전관리원

(1) 안전관리총괄자는 해당 수소용품 제조사업자(법인인 경우에는 그 대표자를 말한다)로 한다.

⑵ 안전관리부총괄자는 해당 사업자의 수소용품 제조시설을 직접 관리하는 최고 책임자로 한다.

⑶ 안전관리자의 자격과 선임 인원은 다음과 같다.

안전관리자의 구분	자격	선임 인원
안전관리총괄자	해당 사업자(법인인 경우에는 그 대표자를 말한다)	1명
안전관리부총괄자	해당 사업자의 수소용품 제조시설을 직접 관리하는 최고 책임자	1명
안전관리책임자	일반기계기사·화공기사·금속기사·가스산업기사 이상의 자격을 가진 사람 또는 일반시설 안전관리자 양성교육 이수자(「근로기준법」에 따른 상시 사용하는 근로자 수가 10명 미만인 시설로 한정한다)	1명 이상
안전관리원	가스기능사 이상의 자격을 가진 사람 또는 일반시설 안전관리자 양성교육 이수자	1명 이상

[비고]
1. 안전관리자를 해당 분야의 상위 자격자로 선임하는 경우 가스기술사·가스기능장·가스기사·가스산업기사·가스기능사의 순으로 먼저 규정한 자격을 상위 자격으로 본다.
2. 안전관리책임자 자격을 가진 사람은 안전관리원 자격을 가진다.
3. 고압가스기계기능사보·고압가스취급기능사보 및 고압가스화학기능사보의 자격소지자는 일반시설 안전관리자 양성교육 이수자로 본다.
4. 안전관리총괄자 또는 안전관리부총괄자가 해당 기술자격을 가지고 있으면 안전관리책임자를 겸할 수 있다.
5. 안전관리자는 제48조 제2항에도 불구하고 「산업안전보건법」 제17조에 따른 안전관리자의 직무를 겸할 수 있다.
6. 허가관청이 안전관리에 지장이 없다고 인정하면 수소용품 제조시설의 안전관리책임자를 가스기능사 이상의 자격을 가진 사람 또는 일반시설 안전관리자 양성교육 이수자로 선임할 수 있으며, 안전관리원을 선임하지 않을 수 있다.

2 안전관리자의 직무 범위

1) 안전관리자는 다음 각 호의 안전관리업무를 수행한다.
   ⑴ 수소용품 제조시설의 안전유지 및 검사기록의 작성·보존
   ⑵ 수소용품의 제조공정 관리
   ⑶ 안전관리규정 이행 기록의 작성·보존
   ⑷ 사업소의 종업원에 대한 안전관리를 위하여 필요한 사항의 지휘·감독
   ⑸ 사업소를 개수(改修) 또는 보수하는 사람에 대한 안전관리를 위하여 필요한 사항의 지휘·감독
   ⑹ 그 밖의 수소용품 등의 위해(危害) 방지 조치

2) 안전관리책임자 및 안전관리원은 이 영에 특별한 규정이 있는 경우 외에는 제1항 각 호의 직무가 아닌 일을 맡아서는 안 된다.

3) 안전관리자는 다음 각 호의 구분에 따른 직무를 수행한다.

　(1) 안전관리총괄자 : 사업소의 안전에 관한 업무의 총괄관리
　(2) 안전관리부총괄자 : 안전관리총괄자를 보좌하여 그 수소용품 제조시설 안전의 직접 관리
　(3) 안전관리책임자 : 다음 각 목의 직무
　　가. 안전관리부총괄자를 보좌하여 사업장의 안전에 관한 기술적인 사항의 관리
　　나. 안전관리원에 대한 지휘·감독
　(4) 안전관리원 : 안전관리책임자의 지시에 따른 안전관리자의 직무

3 정기검사

수소연료 사용시설을 설치하여 사용하려는 자(이하 "시설사용자"라 한다)는 완성검사 증명서를 발급받은 날을 기준으로 다음 각 호의 구분에 따른 시기에 정기검사를 받아야 한다. 다만 한국가스안전공사가 필요하다고 인정하는 경우에는 읍·면·동별로 같은 시기에 정기검사를 받게 할 수 있으며, 시설사용자가 요청하는 경우에는 한국가스안전공사와 시설사용자가 서로 협의하여 정한 시기에 정기검사를 받게 할 수 있다.

1) 다중이용시설의 시설사용자 : 매 6개월이 되는 날의 전후 30일 이내

2) 제1호 외의 시설사용자 : 매 1년이 되는 날의 전후 30일 이내

03 수소경제 육성 및 수소 안전관리에 관한 법률 시행규칙

1 정의 ★★

1) "수소제조설비"란 수소를 제조하기 위한 것으로서 다음 각 목의 설비를 말한다.
　가. **수전해설비** : 물을 전기분해하여 수소를 제조하는 설비
　나. **수소추출설비** : 도시가스 또는 액화석유가스 등으로부터 수소를 추출하여 제조하는 설비

2) "**수소저장설비**"란 수소를 충전·저장하기 위하여 지상 또는 지하에 고정 설치하는 저장탱크(수소의 품질을 균질화하기 위한 설비를 포함한다)를 말한다.

3) "**수소가스설비**"란 수소제조설비, 수소저장설비 및 연료전지와 이들 설비를 연결하는 배관 및 그 부속설비 중 수소가 통하는 설비를 말한다.

2 수소용품의 회수·교환·환불 및 공표 명령

1) 회수·교환 및 환불(이하 "회수등"이라 한다) 명령에는 다음 각 호의 사항이 포함되어야 한다.
   ⑴ 제품명과 제조번호
   ⑵ 제조일 또는 수입일
   ⑶ 제조자 또는 수입자 명칭
   ⑷ 회수등의 사유
   ⑸ 회수등의 시기·장소 및 방법

2) 제1항에 따른 명령을 받은 자는 지체 없이 회수등의 대상이 되는 수소용품의 유통·판매를 중지시키거나 중지하고, 회수등에 관한 계획을 수립하여 산업통상자원부장관 또는 시장·군수·구청장에게 제출해야 한다.

3) 제1항에 따른 명령을 받은 자는 회수등의 결과를 산업통상자원부장관 또는 시장·군수·구청장에게 보고해야 한다.

4) 공표명령을 받은 자는 지체 없이 다음 각 호의 사항이 포함된 회수등에 관한 광고를 인터넷 홈페이지에 게시하고, 전국적으로 배포되는 둘 이상의 일간신문에 실어야 한다.
   ⑴ 수소용품의 회수등을 한다는 내용의 표제
   ⑵ 제품명과 제조번호
   ⑶ 회수등의 대상이 되는 수소용품의 제조 연월 또는 수입 연월
   ⑷ 회수등의 사유
   ⑸ 회수등의 방법
   ⑹ 회수등을 하는 제조자 또는 수입자의 명칭
   ⑺ 그 밖에 회수등에 필요한 사항

5) 산업통상자원부장관 또는 시장·군수·구청장은 공표를 명하기 전에 공표명령 대상자에게 소명자료를 제출하거나 의견을 진술할 수 있는 기회를 주어야 한다.

3 수소용품 및 외국수소용품 제조의 시설·기술·검사 기준

1) 시설 기준
   ⑴ 수소용품을 제조하려는 자는 제2호의 기술 기준에 따라 수소용품을 제조하는 데 기본적으로 필요한 제조설비를 갖출 것. 다만 허가관청이 부품의 품질향상을 위하여 필요하다고 인정하는 경우에는 그 부품을 제조하는 전문생산업체의 설비를 이용하거나 전문생산업체가 제조한 부품을 사용할 수 있고, 이 경우 허가관청은 그 필요성을 인정하기 전에 한국가스안전공사에 검토를 요청해야 한다.

⑵ 수소용품을 제조하려는 자는 제품의 성능을 확인·유지할 수 있도록 다음 기준에 맞는 검사설비를 갖출 것. 다만 설계단계검사항목의 검사설비에 대해 한국가스안전공사 또는 「국가표준기본법」에 따른 해당 공인시험·검사기관에 의뢰하여 시험·검사를 하는 경우 또는 검사설비의 임대차계약을 체결한 경우에는 검사설비를 갖춘 것으로 본다.
  ① 안전관리규정에 따른 자체검사를 수행할 수 있을 것
  ② 해당 사업소의 제품생산능력에 맞는 처리능력을 가질 것

2) 기술 기준

⑴ 수소용품의 재료는 그 수소용품의 안전을 위하여 사용하는 온도 및 환경에 적절한 것일 것

⑵ 수소용품의 구조 및 치수는 그 수소용품의 안전성·편리성 및 호환성을 확보하기 위하여 그 수소용품의 재료 및 사용하는 환경에 적절한 것일 것

⑶ 수소용품의 성능은 그 수소용품의 안전성과 편리성을 확보하기 위하여 그 수소용품의 재료 및 사용하는 환경에 적절한 성능을 갖춘 것일 것

⑷ 수소용품에는 그 수소용품을 안전하게 사용할 수 있도록 하기 위하여 사용하는 환경에 따라 수소용품의 제조자, 수소용품 및 그 수소용품의 사용에 관한 정보 등에 대하여 적절한 표시를 할 것

⑸ 수소용품을 안전하게 사용할 수 있도록 하기 위하여 필요한 경우 사용하는 환경에 적절한 취급설명서를 첨부할 것

⑹ 수소용품에는 그 용품의 안전한 사용을 위하여 필요한 경우 사용하는 환경에 적절한 안전수칙을 표시할 것

⑺ 수소용품에는 그 용품의 안전한 사용을 위하여 필요한 경우 배관표시와 시공표지판을 부착할 것

⑻ 열처리가 필요한 재료로 제조한 수소용품의 경우 그 열처리는 안전을 위하여 그 수소용품의 재료와 두께에 따라 적절한 방법으로 할 것

⑼ 수소용품에는 그 수소용품의 안전성과 편리성을 확보하기 위하여 그 수소용품의 종류와 사용하는 환경에 적절한 장치를 갖출 것

3) 검사 기준

⑴ 제조시설검사 기준

수소용품 제조시설에 대한 검사는 제1호의 시설 기준에 따라 제조설비 및 검사설비를 갖추었는지를 확인하기 위하여 필요한 항목에 대하여 적절한 방법으로 실시할 것

⑵ 제품검사 기준

수소용품에 대한 검사는 제2호의 기술 기준에 적합한지를 확인하기 위하여 설계단계검사와 생산단계검사로 구분하여 실시할 것

① 설계단계검사

다음 중 어느 하나에 해당하는 경우 설계단계검사를 받을 것. 다만 한국가스안전공사나 공인시험·검사기관이 부품의 성능을 인증한 시험성적서를 제출한 경우에는 그 부품에 대한 설계단계검사를 면제할 수 있다.

㉠ 수소용품 제조자가 그 사업소에서 일정 형식의 제품을 처음 제조할 경우
㉡ 수소용품 수입자가 일정형식의 제품을 처음 수입하는 경우
㉢ 설계단계검사를 받은 형식의 제품의 재료나 구조가 변경되어 성능이 변경된 경우
㉣ 설계단계검사를 받은 형식의 제품으로서 설계단계검사를 받은 날부터 매 5년이 지난 경우

② 생산단계검사

㉠ 설계단계검사에 합격한 수소용품에 대하여 그 수소용품을 생산하는 경우에 실시할 것
㉡ 자체검사능력과 품질관리능력에 따라 구분된 다음 표의 검사 종류 중 어느 하나에 해당하는 검사를 실시할 것

검사 종류	대상	구성 항목	주기
제품확인검사	생산공정검사 또는 종합공정검사 대상 외의 품목	정기품질검사	2개월에 1회
		상시샘플검사	신청 시마다
생산공정검사	제조공정·자체검사 공정에 대한 품질 시스템의 적합성을 충족할 수 있는 품목	정기품질검사	3개월에 1회
		공정확인심사	3개월에 1회
		시품질검사	1년에 2회 이상
종합공정검사	공정 전체(설계·제조·자체검사)에 대한 품질시스템의 적합성을 충족할 수 있는 품목	종합품질관리체계심사	6개월에 1회
		수시품질검사	1년에 1회 이상

㉢ 수소용품이 안전하게 제조되었는지를 명확하게 판정할 수 있도록 제2호의 기술기준에 대하여 적절한 방법으로 할 것
㉣ 생산공정검사와 종합공정검사의 대상 여부를 판정하기 위한 심사 기준은 전문성·객관성 및 투명성이 확보될 수 있도록 정할 것
㉤ 생산공정검사나 종합공정검사를 받고 있는 자가검사대상 품목의 생산을 6개월 이상 중단하거나 검사의 종류를 변경하려는 경우에는 한국가스안전공사에 신고하고 합격통지서를 반납할 것
㉥ 생산공정검사나 종합공정검사를 받고 있는 자가 다음의 어느 하나에 해당하는 경우에는 생산공정검사나 종합공정검사를 다시 받을 것

㉮ 사업소의 위치를 변경하는 경우
㉯ 품목을 추가한 경우

㉰ 생산공정검사나 종합공정검사 대상 심사에 합격한 날부터 3년이 지난 경우. 다만 수소용품의 품목을 추가하는 경우에는 기존 품목의 나머지 기간으로 한다.

4) 그 밖의 사항

기술개발에 따른 새로운 수소용품의 제조 및 검사방법이 시설·기술 및 검사 기준에는 적합하지 않으나 안전관리를 저해하지 않는다고 산업통상자원부장관의 인정을 받은 경우에는 그 수소용품의 제조 및 검사방법을 그 수소용품에 한정하여 적용할 수 있다.

4 안전관리규정의 작성요령

1) 안전관리규정에는 다음의 사항이 포함되어야 한다.
   (1) 목적
   (2) 안전관리자의 직무·조직 및 책임에 관한 사항
   (3) 종업원의 교육과 훈련에 관한 사항
   (4) 위해 발생 시의 소집방법·조치·훈련에 관한 사항
   (5) 검사장비에 관한 사항
   (6) 수소용품의 공정검사·검사표 등에 관한 사항
   (7) 하청업자 등 외부인의 안전관리규정 적용에 관한 사항
   (8) 안전관리규정 위반행위자에 대한 조치에 관한 사항
   (9) 그 밖에 안전관리의 유지에 관한 사항

2) 제1호에 따른 안전관리규정의 항목별 세부 작성 기준은 산업통상자원부장관이 정하여 고시한다.

5 안전교육 실시방법

1) 교육계획의 수립

한국가스안전공사는 다음 연도의 전문교육과 양성교육 실시계획을 세워 매년 11월 30일까지 관할 시장·군수·구청장에게 보고해야 한다.

2) 교육 신청
   (1) 전문교육의 대상자가 된 사람은 그날부터 1개월 이내에 교육 수강 신청을 해야 한다. 다만 부득이한 사유로 교육 수강 신청을 하지 못한 사람은 그 사유가 없어진 날부터 1개월 이내에 교육 수강 신청을 해야 한다.
   (2) 양성교육을 이수하려는 사람은 한국가스안전공사가 매년 초에 지정하는 기간에 교육 수강 신청을 해야 한다.

3) 교육일시의 통보

한국가스안전공사는 제2호에 따른 교육 신청이 있으면 교육 시작일 10일 전까지 교육대상자에게 교육장소와 교육일시를 알려야 한다.

4) 교육의 과정, 대상자 및 시기

교육과정	교육대상자	교육내용	교육시기
가. 전문교육	안전관리책임자와 안전관리원	수소용품검사실무, 검사장비 및 안전관리규정 운용 등	신규 종사 후 6개월 이내 및 그 후에는 3년이 되는 해마다 1회
나. 양성교육	일반시설 안전관리자가 되려는 사람	수소안전관리 관련 법규, 가스개론 등	

6 수소연료사용시설의 시설·기술·검사 기준

1) 시설 기준

 ⑴ 배치 기준

  ① 수소저장설비[방호벽(「고압가스 안전관리법 시행규칙」 제2조 제1항 제22호에 따른 방호벽을 말한다. 이하 같다)을 설치한 수소저장설비는 제외한다]는 그 겉면으로부터 「도시가스사업법 시행규칙」 보호시설까지 다음 표에 따른 거리 이상으로 유지할 것. 다만 시장·군수·구청장이 공공의 안전을 위하여 필요하다고 인정하는 지역에 대해서는 다음 표에서 정한 거리에 일정거리를 더하여 정할 수 있다.

저장능력(단위 : m³)	제1종 보호시설	제2종 보호시설
1만 이하	17 m	12 m
1만 초과 2만 이하	21 m	14 m
2만 초과 3만 이하	24 m	16 m
3만 초과 4만 이하	27 m	18 m
4만 초과	30 m	20 m

  [비고]
  1. 저장능력은 「고압가스 안전관리법 시행규칙」 별표 1 제1호 가목의 계산식에 따라 산정한 저장능력을 말한다.
  2. 한 사업소 안에 2개 이상의 수소저장설비가 있는 경우에는 그 저장능력별로 각각 안전거리를 유지해야 한다.

  ② 수소가스설비는 그 겉면으로부터 화기(그 설비 안의 것은 제외한다)를 취급하는 장소까지 8 m(연료전지가 설치된 건축물 내에 있는 연료전지와 배관 및 그 부속설비의 경우에는 2 m를 말한다)의 우회거리를 두거나, 그 설비에서 누출된 수소가 화기로 유동(流動)하는 것을 방지하기 위한 적절한 조치를 마련할 것

  ③ 산소의 저장설비 주위 5 m 이내에서는 화기를 취급해서는 안 되며, 작업에 필요한 양 이상의 연소하기 쉬운 물질을 두지 않을 것

④ 가스계량기는 다음 기준에 적합하게 설치할 것
  ㉠ 가스계량기는 교체 및 유지관리가 쉽고, 환기가 양호한 장소에 설치할 것
  ㉡ 가스계량기는「건축법 시행령」제46조 제4항에 따른 공동주택의 대피공간, 방·거실 및 주방 등으로서 사람이 거처하는 장소, 그 밖에 열이나 진동의 영향을 크게 받는 등 가스계량기에 나쁜 영향을 미칠 우려가 있는 장소에는 설치하지 않을 것
  ㉢ 가스계량기와 다음에 해당하는 설비는 해당 구분에 따른 거리를 유지할 것
    ㉮ 전기계량기 및 전기개폐기 : 60 cm 이상
    ㉯ 굴뚝(단열조치를 하지 않은 경우만을 말한다)·전기점멸기 및 전기접속기 : 30 cm 이상
    ㉰ 절연조치를 하지 않은 전선 : 15 cm 이상
⑤ 입상관(立上管)은 환기가 양호한 장소에 설치하고, 입상관의 밸브는 바닥으로부터 1.6 m 이상 2 m 이내(보호 상자 안에 설치하는 경우는 제외한다)에 설치할 것

(2) 기초 기준

수소제조설비(압축기는 제외한다) 및 수소저장설비의 기초는 부등침하(不等沈下) 등에 의하여 그 설비에 유해한 영향을 끼칠 우려가 없도록 안전확보를 위하여 필요한 적절한 조치를 할 것

(3) 수소제조설비 및 수소저장설비 설치실 기준

수소제조설비 및 수소저장설비를 실내에 설치하는 경우 해당 공간의 벽은 그 설비의 보호와 그 설비를 사용하는 시설의 안전 확보를 위하여 불연재료(「건축법 시행령」제2조 제10호에 따른 것을 말한다)를 사용하고, 그 설치실의 지붕은 가벼운 불연재료 또는 난연재료(「건축법 시행령」제2조 제9호에 따른 것을 말한다)를 사용할 것

(4) 수소가스설비 기준
  ① 수소가스설비(배관은 제외한다. 이하 라목에서 같다)의 재료는 그 수소를 취급하기에 적합한 기계적 성질 및 화학적 성분을 가지는 것일 것
  ② 수소가스설비의 구조는 그 수소를 안전하게 취급할 수 있는 적절한 것일 것
  ③ 수소가스설비의 강도 및 두께는 그 수소를 안전하게 취급할 수 있는 적절한 것일 것
  ④ 수소가스설비는 그 수소를 안전하게 취급할 수 있는 적절한 성능을 가지는 것일 것
  ⑤ 수소연료사용시설에는 압력조정기·가스계량기·중간밸브 등 필요한 설비 및 장치를 설치하고, 그 시설의 안전 확보 및 정상작동을 위하여 필요한 적절한 조치를 할 것

(5) 배관설비 기준
  ① 배관의 재료는 수소의 수송에 적합한 기계적 성질 및 화학적 성분을 가지는 것일 것
  ② 배관의 구조는 수소를 안전하게 수송하는 데 적절한 것일 것
  ③ 배관의 강도 및 두께는 그 수소를 안전하게 수송할 수 있는 적절한 것일 것
  ④ 배관의 접합은 수소의 누출을 방지할 수 있도록 확실한 방법으로 하고, 이를 확인하기 위하여 필요한 경우에는 비파괴시험을 할 것

⑤ 배관은 신축 등으로 수소가 누출되는 것을 방지하기 위하여 필요한 조치를 할 것

⑥ 배관은 수송하는 수소의 특성 및 설치 환경조건을 고려하여 위해의 우려가 없도록 설치하고, 배관의 안전한 유지·관리를 위하여 필요한 설비를 설치하거나 필요한 조치를 할 것

⑦ 배관은 수소를 안전하게 사용할 수 있도록 하기 위하여 내압성능(압력에 견디는 성능을 말한다)과 기밀성능(기체가 통하지 않게 밀봉하는 성능을 말한다)을 가지도록 할 것

⑧ 배관의 안전을 위하여 배관의 외부에는 수소를 사용하는 배관임을 명확하게 알아볼 수 있도록 칠하고 표시할 것

(6) 연료전지 설치 기준

연료전지는 화재 및 폭발사고를 방지하기 위하여 수소연료 사용시설의 안전 확보와 정상작동이 가능하도록 설치할 것

(7) 사고예방설비 기준

① 수소가스설비에는 그 설비 안의 압력이 최고허용 사용압력을 초과하는 경우 즉시 그 압력을 최고허용 사용압력 이하로 되돌릴 수 있는 안전장치를 설치하는 등 필요한 조치를 할 것

② 수소저장설비에는 필요에 따라 수소가 누출될 경우 이를 신속히 검지하여 효과적으로 대응할 수 있도록 하기 위하여 필요한 조치를 할 것

③ 배관에는 긴급 시 수소의 누출을 효과적으로 차단할 수 있는 조치를 할 것

④ 수소연료 사용시설에 설치하는 전기설비는 그 설치장소에 따라 적절한 방폭성능(폭발을 방지하는 성능을 말한다)을 가진 것일 것

⑤ 수소가스설비를 실내에 설치하는 경우에는 누출된 수소가 체류하지 않도록 환기구를 갖추는 등 필요한 조치를 할 것

⑥ 수소저장설비 또는 배관에는 그 저장설비 또는 배관이 부식되는 것을 방지하기 위하여 필요한 조치를 할 것

⑦ 수소연료 사용시설에는 그 설비에서 발생한 정전기가 점화원(點火源)이 되는 것을 방지하기 위하여 필요한 조치를 할 것

⑧ 연료전지, 수전해설비 및 수소추출설비에는 손상, 누출, 폭발 등을 방지하기 위하여 필요한 조치를 할 것

(8) 피해저감설비 기준

① 수소의 저장능력(「고압가스 안전관리법 시행규칙」 별표 1에 따라 산정한 저장능력을 말한다)이 60 m^3 이상인 수소저장설비를 실내에 설치하는 경우 해당 공간의 벽은 방호벽으로 할 것

② 수소저장설비 또는 배관에는 그 저장설비 또는 배관을 보호하기 위하여 온도상승방지조치 등 필요한 조치를 할 것

⑨ 표시 기준

수소연료사용시설의 안전을 확보하기 위하여 필요한 곳에는 수소를 취급하는 시설 또는 일반인의 출입을 제한하는 시설이라는 것을 명확하게 알아볼 수 있도록 경계표지, 식별표지 및 위험표지 등 적절한 표지를 하고, 외부인의 출입을 통제할 수 있도록 적절한 경계울타리를 설치할 것

⑩ 그 밖의 기준

① 수소연료사용시설에 설치 또는 사용하는 설비가 다른 법령에 따른 검사대상인 경우에는 그 검사에 합격한 것일 것

② 수소연료사용시설에 설치 또는 사용하는 수소용품이 법 제44조에 따라 검사를 받아야 하는 것인 경우에는 그 검사에 합격한 것일 것

2) 기술 기준

⑴ 안전유지 기준

수소연료사용시설은 가스의 누출, 화재 및 폭발이 예방될 수 있도록 안전하게 유지·관리할 것

⑵ 점검 기준

① 수소연료사용시설은 사용 시작 및 종료 시에 이상 유무를 점검하는 것 외에 **1일 1회 이상** 수소연료사용시설의 구조에 따라 수시로 소비설비의 작동 상황을 점검해야 하며 이상이 있을 때에는 이를 보수한 후 사용할 것

② 수소가 통하는 설비를 수리·청소 및 철거할 때에는 그 작업의 안전 확보를 위하여 필요한 안전수칙을 준수하고, 작업 후에는 그 설비의 성능유지와 작동성 확인 등 안전 확보를 위하여 필요한 조치를 마련할 것

3) 검사 기준

⑴ 완성검사 및 정기검사의 검사항목은 시설이 적합하게 설치 또는 유지·관리되고 있는지를 확인하기 위하여 다음의 구분에 따를 것

검사종류	검사항목
완성검사	제1호의 시설 기준에 규정된 항목
정기검사	시설 기준에 규정된 항목 중 해당사항 기술 기준에 규정된 항목(나목은 제외한다) 중 해당사항

⑵ 완성검사 및 정기검사는 시설이 검사항목에 적합한지를 명확하게 판정할 수 있는 방법으로 실시할 것

7 수소용품 ★★★

1) 연료전지(「자동차관리법」 제2조 제1호에 따른 자동차에 장착되는 것은 제외한다)로서 다음 각 목의 어느 하나에 해당하는 것
   (1) 연료소비량이 232.6킬로와트 이하인 고정형 설비와 그 부대설비
   (2) 이동형 설비와 그 부대설비
2) 수전해설비
3) 수소추출설비

8 다중이용시설

1) 「유통산업발전법」에 따른 대형마트·전문점·백화점·쇼핑센터·복합쇼핑몰 및 그 밖의 대규모점포
2) 「공항시설법」에 따른 공항의 여객청사
3) 「여객자동차 운수사업법」에 따른 여객자동차터미널
4) 「철도의 건설 및 철도시설 유지관리에 관한 법률」에 따른 철도 역사(驛舍)
5) 「도로교통법」에 따른 고속도로의 휴게소
6) 「관광진흥법 시행령」에 따른 관광호텔업, 관광객 이용시설업 중 전문휴양업·종합휴양업으로 등록한 시설 및 유원시설업 중 종합유원시설업으로 허가받은 시설
7) 「한국마사회법」에 따른 경마장
8) 「청소년활동 진흥법」에 따른 청소년수련시설
9) 「의료법」에 따른 종합병원
10) 「항만법」에 따른 항만시설 중 종합여객시설

9 판매가격 보고 대상 수소의 보고내용

보고대상자	보고내용	보고방법	보고기한
수소판매사업자	수소의 종류별 중량단위(kg) 정상 판매가격	전자보고 또는 그 밖에 적절한 방법을 이용한 보고	판매가격 결정 또는 변경 후 24시간 이내

[비고]
1. 위 표에서 "전자보고"란 인터넷, 부가가치통신망(VAN)을 이용한 보고를 말하고, "그 밖에 적절한 방법을 이용한 보고"란 전자보고를 제외한 전화, 팩스, 그 밖에 산업통상자원부장관이 정하는 방법을 이용한 보고를 말한다.
2. 하나의 사업자가 둘 이상의 사업소를 운영하는 경우에는 사업소별로 보고한다.

10 수소용품의 합격표시

검사에 합격한 수소용품에 대하여는 다음의 구분에 따라 「국가표준기본법」에 따른 국가통합 인증마크(이하 "KC마크"라 한다)를 부착하거나 각인(刻印)하는 방법으로 표시해야 한다.

1) 연료전지

연료전지에는 쉽게 식별할 수 있는 곳에 다음과 같이 KC마크를 부착한다.

 크기는 30 mm × 30 mm로 하고 바탕색은 은백색, 문자색은 검은색으로 한다. 다만 복수 인증제품으로 「국가표준기본법」 제22조의4에 따라 별도로 고시하는 경우에는 KC마크의 높이와 색상을 변경할 수 있다.

2) 수전해설비 및 수소추출설비

수전해설비 및 수소추출설비에는 KC마크를 쉽게 식별할 수 있는 곳에 다음과 같이 "K"자의 각인을 한다.

K 크기 : 6 mm × 10 mm

Chapter 11 가스사고

핵심키워드: 고압가스, 통풍시설, 정전기, 사고, 탱크로리

학습목표:
1. 고압가스의 사고와 안전관리에 대해 학습한다.
2. 일산화탄소, 이산화탄소, 산소 농도에 따른 증상에 대해 학습한다.
3. 정전기 발생과 완화에 대해 학습한다.
4. 사고 조사에 관한 사항을 이해한다.

01 고압가스의 사고 분류

1) 고압용기가 파열, 분출, 분진
2) 독성, 질식성 가스가 누설하면 중독, 질식
3) 지연성, 가연성 가스가 공기 또는 다른 가스와 혼합되어 폭발할 때 고장 난 용기의 밸브에서 분출하는 가스에 인화
4) 저온가스에 의해 동상을 고온가스에 의해 화상을 입음
5) 용기 내 가스의 물리적, 화학적인 변화에 의해 폭발사고를 일으킴
6) 용기의 무게에 의해 취급부주의로 부상을 입음

> **보충** 고압가스설비는 항상 40 ℃ 이하로 유지하며 직사광선, 빗물을 피할 것

02 고압가스용기의 파열사고

사용도수가 많은 용기, 노후화된 용기, 부식된 용기, 관리 부주의 등으로 파열하여 폭발, 화염과 파편에 의한 재해를 일으킴

1) 용기의 **내압 부족**
2) 용기의 **압력 상승**
3) 용기검사의 태만, 부실, 기피
4) 용기 재질의 불량
5) 용기밸브의 불법 혼용

6) 용접용기의 용접상의 결함, 이면용접의 불이행

7) 충격, 낙하, 타격, 전도, 전락

8) 가스의 과충전

9) 사제용기의 불법 사용

10) 균열, 내부에 이물질이나 오일 오염 등

11) 가열, 일광, 주위의 화재에 의한 **온도 상승**

03 가스 분출과 분진사고

1) 밸브, 안전밸브, 충전구 등에 타격을 줄 때 분출하여 분출할 때의 압력, 인화된 화염 등으로 중화상을 입음

2) 용기의 전도, 전락 시 밸브의 절손 등을 방지하기 위해서는 캡을 씌우고 용기를 수송 중에는 로프로 결속할 것

> 보충 5 L 이상의 용기는 전도, 전락에 의한 밸브의 손상을 방지하기 위한 조치(캡, 프로텍터)를 강구할 것
> 보충 용기에 가스를 충전할 때
>   ① 압축가스 : 최고충전압력 이하
>   ② 액화가스 : 최대충전량 이하로 충전

04 가스 중량에 대한 주의사항

1 공기보다 가벼운 가스

수소, 아세틸렌 등은 통풍이 잘 되면 실외로 날아감

2 강제 통풍시설이 필요

1) 가연성 가스 : **지면에 체류**하므로 화기가 있으면 폭발

2) 독성 가스 : 염소, 포스겐 등 인체, 동·식물의 **중독사**를 유발

3 가스누설경보기의 설치 ★★★

1) 작동 : 가연성 가스는 폭발하한의 1/4 이하, 독성 가스는 허용농도 이하에서 작동

2) 설치위치 : 공기보다 가벼운 가스실은 천장 쪽 30 cm 부근, 공기보다 무거운 가스실은 바닥 쪽 30 cm 부근에 설치

4 통풍시설 ★★★

1) 통풍구의 크기 : 바닥면적 1 m^2에 대하여 300 cm^2 이상(즉, 바닥면적의 3 %), 2개 이상 설치

2) 강제통풍 능력 : 바닥면적 1 m^2당 0.5 m^3/min 이상

3) 배기가스 중의 가스농도가 0.5 % 이상일 때 가스누설 장소를 정밀조사, 보수할 것

05 고압가스용기와 밸브의 안전관리

1 용기의 구분 ★★★

1) 용접용기(계목용기) : 주로 압력이 낮은 가스, 액화가스 충전

   (1) LPG, NH_3, C_2H_2, C_2H_4 등

   (2) 용접용기의 두께공차 : 평균값의 10 % 이하일 것

2) 이음매 없는 용기(무계목용기) : 주로 압력이 높은 가스, 압축가스, 초저온 액화가스 등을 충전

2 밸브의 안전사항 ★★

1) 충전구나사 : 오른나사로 하는 것이 원칙

   (1) 가연성 가스는 왼나사로 하며, 왼나사임을 표시하기 위해 그랜드 너트에 V자 홈을 팔 것

   (2) 가연성 가스 중 NH_3(암모니아)와 CH_3Br(브롬화메탄)은 오른나사로 할 것

2) 밸브누설의 종류

   (1) 본체누설 : 밸브 본체의 결함(균열, 부착불량 등)에 의함

   (2) 시트누설(충전구누설) : 밸브를 닫았을 때 시트 패킹을 통하여 충전구 쪽으로 누설되는 형태

   (3) 패킹누설(스핀들누설) : 충전구를 차단하고 밸브를 열면 스핀들과 그랜드 너트 사이로 누설되는 형태

3 용기보관상 주의사항

1) 도장 : 방청도장(하도) → 건조 → 색도장 (상도) → 건조

2) 가스누설 : 정기적으로 검사(비눗물 등 발포액 사용)할 것

3) 공병은 항상 닫아서 수분의 침입을 방지할 것

4) 혼합저장 금지 : 가연성, 산소, 독성 가스는 각각 구분하여 설치할 것

5) 습기와 수분, 직사광선 등을 피할 것

6) 충전용기와 잔 가스용기는 **구분하여** 보관할 것

7) 충격, 화재, 온도의 상승 등에 주의할 것

4 충전용기와 잔가스용기 ★

1) 충전용기 : 충전압력, 충전량이 전체질량의 1/2 이상 충전된 용기

2) 잔가스용기 : 충전량이 전체량의 1/2 미만 들어 있는 용기

5 가스사고 방지상 주의사항

1) 산소밸브, 조정기에 유지류가 묻어 있을 때 : 사염화탄소(CCl_4)로 세척

2) 밸브에 얼음이 붙어 있을 때 : 40 ℃ 이하의 온수나 열습포로 녹일 것

3) 밸브의 개폐 조작 : 서서히 하며, 핸들이 없는 것은 10인치 이하의 몽키스패너를 사용하여 조작

4) 가스를 사용한 후 1/3 기압(게이지) 정도 남기고 밸브를 닫을 것

5) 산소의 불법사용을 금지할 것

6 가스설비의 사고원인

1) 용기의 결함

2) 가스누설

3) 밸브의 불량

4) 기구의 연결 불량

5) 저장법의 불량

6) 밸브수리 부주의로 분출

7) 밸브개폐의 조작 미숙

8) 조정기의 접속 착오

9) 재검사의 태만

06 일산화탄소

1 일산화탄소 중독

가연성 물질이 불완전연소 시 CO가 발생하며 CO는 인체의 혈액 중에 있는 헤모글로빈과 급격히 반응하여 산소의 순환을 방해

CO농도(%)	호흡시간 및 증상
0.02	2 ~ 3시간 내 가벼운 두통
0.04	1 ~ 2시간 앞두통, 2.5 ~ 3.5시간 후두통
0.08	45분 두통, 메스꺼움, 구토, 2시간 내 실신
0.16	20분에 두통, 메스꺼움, 구토, 2시간 사망
0.32	5 ~ 10분 두통, 메스꺼움, 30분 사망
0.64	1 ~ 2분 두통, 메스꺼움, 10 ~ 15분 사망
1.28	1 ~ 3분 사망

1) 일산화탄소 중독

 (1) 초기 : 두통, 현기증, 메스꺼움, 구토

 (2) 중기 : 머리가 몽롱하고 판단이 둔해지며 손발의 근육이 둔해짐

 (3) 후기 : 맥박이 빠르고 호흡이 곤란해지며 얼굴색이 붉어짐

2) 일산화탄소 중독 시 조치

 (1) **창문을 개방**하고 신선한 장소로 환자를 옮김

 (2) 머리를 뒤로 젖히고 턱을 들어 올려 **기도 유지**

 (3) 입안의 **이물질 제거**

 (4) 호흡이 멈춘 경우엔 인공호흡 실시

 (5) 고압산소 치료가 가능한 병원으로 이송

07 이산화탄소

CO_2농도(%)	증상
2.5	몇 시간 흡입해도 장애는 없음
3.0	무의식중에 호흡수가 빨라짐
4.0	국부적인 자각증상
6.0	호흡량 증가
8.0	호흡 곤란
10.0	의식불명이 되며 사망
20.0	수초 내에 심장마비

08 산소

산소 농도(%)	증상
21	정상
18 미만	산소결핍
16~12	맥박과 호흡수 증가, 정신집중 장애, 섬세한 근육작업이 되지 않으며 두통
14~9	판단력이 둔해지며, 흥분 상태, 불안정한 정신 상태, 취한 상태, 체온상승, 기억 희미
10~6	의식불명, 중추신경 장애, 찌아노제(혈액 중 산소가 부족하여 피부가 검푸르게 보이는 현상)
그 이하	6~8분 후 심장정지

09 정전기

LPG 또는 LNG 수입기지 및 가스충전시설 등과 가스공급 시설, 사용시설에서 일어나는 가스폭발 사고의 상당수는 정전기가 점화원이다. 특히 가스를 이·충전작업 중에 발생하는 폭발사고 대부분은 정전기에 의한 것이다.

1 정전기 발생현상

1) 마찰대전 : 마찰에 의해 전하분리가 일어나 정전기 발생

2) 박리대전 : 서로 밀착된 물체가 박리될 때 전하분리가 일어나 정전기 발생

3) 유동대전 : 액화가스가 배관을 흐를 때 액체와 배관 계면에 전기이중층이 형성되고 전하 일부가 액체와 함께 이동하여 정전기가 발생

4) 분출대전 : 가스가 작은 구멍으로 분출될 때 마찰과 액체 충돌 등에 의해 정전기 발생

5) 비말대전 : 공간에 분출된 액체의 미세한 입자가 비산하여 작은 입자가 될 때 정전기 발생

2 정전기 발생억제

1) 유속 제한

2) 협착물 제거

3) 유체 분출방지

3 정전기 완화촉진 ★

1) 본딩, 접지

2) 정치시간 설정

3) 공기를 이온화

4) 적절한 습도 유지

5) 절연체에 도전성 부여

6) 정전화, 제전봉 등 작업자 대전방지

⑩ 가스사고조사

1 고압가스사고의 통보

1) 사업자등과 특정고압가스 사용신고자는 그의 시설이나 제품과 관련하여 다음의 어느 하나에 해당하는 사고가 발생하면 산업통상자원부령으로 정하는 바에 따라 즉시 한국가스안전공사에 통보하여야 하며, 통보를 받은 한국가스안전공사는 이를 시장·군수 또는 구청장에게 보고하여야 한다.
   (1) 사람이 사망한 사고
   (2) 사람이 부상당하거나 중독된 사고
   (3) 가스누출에 의한 폭발 또는 화재사고
   (4) 가스시설이 손괴되거나 가스누출로 인하여 인명대피나 공급중단이 발생한 사고
   (5) 그 밖에 가스시설이 손괴(損壞)되거나 가스가 누출된 사고로서 산업통상자원부령으로 정하는 사고

2) 제1항에 따라 통보를 받은 한국가스안전공사는 사고재발 방지와 그 밖의 가스사고 예방을 위하여 필요하다고 인정하면 그 원인과 경위 등 사고에 관한 조사를 할 수 있다.

2 고압가스사고조사위원회의 구성·운영

1) 가스사고조사위원회는 위원장 1명을 포함한 12명 이내의 위원으로 구성한다.

2) 위원회의 위원은 다음의 어느 하나에 해당하는 사람 중에서 산업통상자원부장관이 임명 또는 위촉하고, 위원장은 위원 중에서 산업통상자원부장관이 임명 또는 위촉한다.
   (1) 가스안전 업무를 수행하는 공무원
   (2) 가스안전 업무와 관련된 단체 및 연구기관 등의 임직원
   (3) 가스안전 업무에 관한 학식과 경험이 풍부한 사람

3 액화석유가스사고의 통보

1) 한국가스안전공사에 사고를 알려야 하는 자
   (1) 액화석유가스 충전사업자(그 영업소를 포함한다), 액화석유가스집단공급사업자, 가스용품 제조사업자, 액화석유가스 판매사업자와 법 제9조에 따른 등록을 한 액화석유가스 위탁운송사업자
   (2) 액화석유가스 저장소설치자
   (3) 액화석유가스 특정사용자(액화석유가스의 저장능력이 250킬로그램을 초과하는 경우만 해당한다)

2) 사고 종류별 통보의 방법 및 기한은 다음 표와 같다.

사고 종류	통보방법	통보기한 속보	통보기한 상보
가. 사람이 사망한 사고	전화나 팩스를 이용한 통보(이하 "속보"라 한다) 및 서면으로 제출하는 상세한 통보(이하 "상보"라 한다)	즉시	사고 발생 후 20일 이내
나. 사람이 부상하거나 중독된 사고	속보와 상보	즉시	사고 발생 후 10일 이내
다. 가스누출로 인한 폭발이나 화재사고 (가목 및 나목의 경우는 제외한다)	속보	즉시	
라. 가스시설이 손괴되거나 가스누출로 인하여 인명대피나 가스의 공급중단이 발생한 사고(가목부터 다목까지의 경우는 제외한다)	속보	즉시	
마. 액화석유가스 사업자등의 저장탱크 또는 소형저장탱크에서 가스가 누출된 사고(가목부터 라목까지의 경우는 제외한다)	속보	즉시	

Level up

사고 통보내용에 포함되어야 하는 사항

가. 통보자의 소속, 직위, 성명 및 연락처
나. 사고 발생 일시
다. 사고 발생 장소
라. 사고내용
마. 시설현황
바. 피해현황(인명과 재산)
※ 다만 속보인 경우에는 마목과 바목의 내용을 생략할 수 있다.

⑪ 기타

1 탱크로리 이충전

1) 안전관리자가 직접 이송작업 수행

2) 차량 정비작업 금지

3) 이송설비의 가동 상태, 가스 누출유무, 저장탱크 액면 등 감시

4) 가스압축기는 가동 전 액트랩을 열어 잔류가스 제거

2 용기 충전

1) 과충전 금지

2) 용기를 굴리거나 충격은 주지 않아야 하며 안전하고 조심스럽게 취급

3) 작업원에 의해 수행

4) 작업에 적절한 복장을 착용

5) 충전이 끝난 후 정량 충전 여부 및 가스누출 여부 확인

6) 충전장 주위에서 **화기사용 금지**

7) 충전작업 도중 용기를 물린 채로 자리이탈 금지

3 자동차 충전 ★

1) 과충전 금지(85 % 초과 금지)

2) 반드시 충전 중 엔진정지

3) 충전작업 중이나 충전장 가까이에서 차량정비 금지

4) 충전장 주위 화기사용 금지

4 배관교체 작업

1) 배관의 상류 측과 하류 측 밸브 등을 확실하게 잠금 조치

2) 잠금조치 후 밸브 또는 플랜지에 맹판 삽입

3) 다른 설비나 장치로부터 가스 침입 차단

4) 부근 인화성가연물 제거 및 화기사용 금지

5) 화기사용 시 소화기, 소화용수 비치

6) 배관교체 후 가스누출 여부 확인

5 독성 가스 제독조치

1) 물 또는 흡수제나 중화제에 의해 흡수 또는 중화

2) 흡착제에 의해 **흡착**

3) 플레어스택 및 보일러 등의 **연소설비에서 조치**

4) 제독제 살포장치 또는 물로 제독이 가능한 경우 살수장치를 이용

6 가스사고 방지를 위한 급기 및 환기(환기 3대조건)

1) 공기 유입구(급기구)가 있을 것

2) 공기 배출구(배기구)가 있을 것

3) 공기의 흐름을 일으키는 힘이 있을 것(온도차에 의한 자연환기, 풍력, 기계환기)

Chapter 12 계측기기

핵심키워드: 측정, 기차, 물리량, 시험지법, 흡수분석법, 가스크로마토그래피, 계측기기

학습목표:
1. 측정방법의 종류를 이해하고 오차와 기차를 계산할 수 있다.
2. 가스종류별 검지 시 사용되는 시험지와 색변화에 대해 암기한다.
3. 흡수분석법, 연소분석법, 기기분석법에 대해 학습한다.
4. 압력계, 유량계, 온도계, 액면계의 종류별 특징에 대해 학습한다.
5. 가연성 가스와 독성 가스 경보농도와 경보기 정밀도, 검지에서 발신까지 걸리는 시간에 대해 학습한다.

01 제어 및 계측기기

1 단위 및 측정

1) 기본단위 : 길이(m), 무게(kg), 시간(s), 온도(K), 전류(A), 몰질량(mol), 광도(cd)

2) 계측기 구비조건
   (1) 견고하고 **신뢰성**이 있을 것
   (2) 정도가 높고 경제적일 것
   (3) 원격 지시 및 기록이 가능할 것
   (4) 경년변화가 적고 내구성이 있을 것
   (5) 연속측정이 가능할 것
   (6) 구조가 간단하고 취급, 보수가 쉬울 것

3) 측정방법의 구분
   (1) 직접 측정 : 길이, 시간, 무게
   (2) 간접 측정 : 길이와 시간을 측정하여 속도 **계산**, 구의 지름을 측정하여 부피 **계산**

4) 측정방법의 종류
   (1) 편위법 : 측정량과 관계있는 다른 양으로 **변환시켜** 측정하는 방법으로 정도는 낮지만 측정이 간단하며 부르동관 압력계, 스프링식 저울이 해당됨
   (2) 영위법 : **미리 알고 있는** 측정량과 측정치를 평형시켜 알고 있는 양의 크기로부터 측정량을 알아내는 방법으로 대표적인 예로서 천칭을 이용하여 질량을 측정하는 방식
   (3) 치환법 : 지시량과 미리 알고 있는 다른 양으로부터 측정량을 나타내는 방법
   (4) 보상법 : 측정량과 거의 같은 미리 알고 있는 양을 준비하여 측정량과 미리 알고 있는 양의 차이로서 측정량을 알아내는 방법

5) 오차 및 기차, 공차
   (1) 오차 : 측정값과 참값의 차이

   $$오차율(\%) = \frac{측정값 - 참값}{측정값(또는 참값)} \times 100$$

   ① **과오에 의한 오차** : 측정자의 부주의, 과실에 의한 오차
   ② **우연오차** : 오차의 원인을 모르므로 **보정이 불가능**(여러 번 측정하여 통계적으로 처리)
   ③ **계통적 오차** : 원인을 알 수 있어 **제거가 가능**하며, 계기오차, 환경오차, 개인오차, 이론오차 등이 있음

   (2) 기차 : 계측기가 제작 당시부터 가지고 있는 **고유의 오차** ★★

   $$E = \frac{I-Q}{I} \times 100$$

   E : 기차[%]
   I : 시험용 미터의 지시량
   Q : 기준미터의 지시량

   (3) 공차 : 계측기 고유오차의 최대 허용한도를 사회규범, 규정에 정한 것
   ① 검정공차 : 검정을 받을 때의 허용기차
   ② 사용공차 : 계량이 사용 시 계량법에서 허용하는 오차의 최대한도(검정공차의 1.5 ~ 2배)

6) 정도 : 측정결과에 대한 신뢰도
   (1) 정확도 : 측정값은 평균수치와 참값의 차로 차가 **적을수록 정확도가 좋음**(수 개념)
   (2) 정밀도 : 동일 계기로 여러번 측정시 일치하는 수에 가까울수록 정밀도가 좋음(계기 눈금에 대한 개념)

7) 감도 : 계측기가 **측정량의 변화**에 대한 **지시량의 변화**를 나타내는 척도

   $$\frac{지시량의 \ 변화}{측정량의 \ 변화}$$

   감도가 좋을수록 측정시간이 길어지며 측정 범위가 좁아진다.

8) 대표적인 물리량의 단위와 차원 ★★

물리량 \ 차원	FLT계	MLT계	물리량 \ 차원	FLT계	MLT계
힘	F	MLT^{-2}	밀도	$FL^{-4}T^2$	ML^{-3}
길이	L	L	운동량	FT	MLT^{-1}
질량	$FL^{-1}T^2$	M	토크	FL	ML^2T^{-2}
시간	T	T	압력	FL^{-2}	$ML^{-1}T^{-2}$
면적	L^2	L^2	동력	FLT^{-2}	ML^2T^{-3}
속도	LT^{-1}	LT^{-1}	점성계수	$FL^{-2}T$	$ML^{-1}T^{-1}$
각속도	T^{-1}	T^{-1}	동점성계수	L^2T^{-1}	L^2T^{-1}
비중량	FL^{-3}	$ML^{-2}T^{-2}$	에너지, 열	FL	ML^2T^{-2}

02 가스검지법

1 시험지법 ★★★

검지가스	시험지	반응
암모니아(NH$_3$)	리트머스지	청변
일산화탄소(CO)	염화팔라듐지	흑변
시안화수소(HCN)	초산벤진지	청변
황화수소(H$_2$S)	연당지	흑변
아세틸렌(C$_2$H$_2$)	염화제일동(초산납시험지)	적갈색
염소(Cl$_2$)	요오드화칼륨(KI - 전분지)	청변
포스겐(COCl$_2$)	하리슨 시약지	유자색

암리청, 일염흑, 시초청, 황연흑, 아염적, 염요청, 포하유

2 검지관법

가스 검지관을 사용하여 행하는 미량 가스의 정성·정량분석방법이다.

가스 검지관(Gas Detecting Tube)은 특정한 가스의 분석에 사용되는 시약이 들어 있는 세관(細管)으로 다시 말해 황화수소용 검지관은 40 ~ 60 메시(Mesh)의 실리카겔에 초산연 수용액(酢酸鉛水-)을 흡착시킨 후 건조시킨 것을 내경이 2 ~ 4 mm 정도의 유리관 속에 묻어놓은 것이다.

3 가연성 가스 검출기

1) 안전등형 : 메탄가스 검출

2) 간섭계형 : 가스 **굴절률차**를 이용한 가스분석

3) 열선형 : 열전도식, 연소식

4) 반도체식 : **반도체 소자**에 가스를 접촉시키면 전압의 변화를 이용한 것으로 반도체 소자로 산화주석(SnO$_2$) 사용

03 가스분석법

1 흡수분석법 ★★★

혼합가스를 특정 흡수액에 흡수시켜 전후 가스용적 차에서 흡수된 가스량을 구하여 분석

1) 헴펠법 분석순서
   (1) CO_2(이산화탄소) : 수산화칼륨(KOH) 33 g / H_2O 100 ml
   (2) C_mH_n(중탄화수소) : 무수황산 25 %를 포함한 발연황산
   (3) O_2(산소) : 수산화칼륨(KOH) 60 g / H_2O 100 ml + 피로카롤 12 g / H_2O 100 ml
   (4) CO(일산화탄소) : 암모니아성 염화제1동 용액   암 이중산일 헴

2) 오르자트법 분석순서
   (1) CO_2(이산화탄소) : 수산화칼륨(KOH) 33 % 수용액
   (2) O_2(산소) : 알칼리성 피로카롤 용액
   (3) CO(일산화탄소) : 암모니아성 염화제1동 용액   암 오 이산일

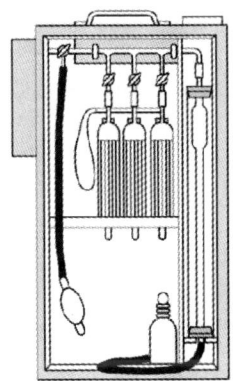

3) 게겔법 : 저급 탄화수소의 분석용으로 사용

> **Level up**
>
> **게겔법 흡수용액**
> (1) 33 % KOH 용액 → CO_2 흡수
> (2) 요오드수은칼륨 용액 → 아세틸렌 흡수
> (3) 87 % H_2SO_4 → C_3H_6, n - C_4H_{10} 흡수
> (4) 취수소 → 에틸렌 흡수
> (5) 알칼리성 피로갈롤 → O_2 흡수
> (6) 암모니아성 염화제1구리 용액 → CO 흡수

2 연소분석법

공기 또는 산소에 의해 연소되고 그 결과로 생긴 용적 감소, 이산화탄소 생성, 산소 소비량 등을 측정하여 분석

1) 폭발법 : 가연성 가스 시료를 넣고 산소 또는 공기를 혼합하여 **폭발**시켜 분석

2) 완만연소법 : 완만연소 피펫으로 시료 가스의 **연소**를 행하는 방법(우인클레법, 적열백금법이라고도 한다)

3) 분별연소법 : 2종 이상의 동족 탄화수소와 H_2가 혼재하고 있는 시료에서 H_2 및 CO를 분별적으로 완전 산화시키는 방법

3 기기분석법 ★★★

1) 가스크로마토그래피 : 캐리어가스 유량을 조절하면서 흘려 넣고 측정가스는 시료 도입부를 통하여 공급하면, 측정가스와 캐리어가스가 분리관에서 분리되어 시료 성분을 검출기에서 측정

> **⊕ Level up**
>
> **가스크로마토그래피**
> 이동상에 분석할 혼합물을 태워 움직여서 정지상을 지날 때 정지상과 혼합물 성분들의 분자 간의 인력으로 가스를 분석하는 기기분석법
> (1) 이동상 : 캐리어가스
> (2) 분리하는 부분 : 컬럼

2) 캐리어 가스조건 : 시료와 반응하지 않는 **불활성 기체**(수소, 헬륨, 질소, 아르곤)

3) 가스크로마토그래피 검출기 종류

   (1) **열전도형** 검출기(TCD : Thermal Conductivity Detector) : 캐리어 가스와 시료성분 가스의 **열전도도차**로 검출하며 일반적으로 가장 널리 사용

   (2) 불꽃이온화 검출기(FID : Flame Ionization Detector) : 염으로 시료성분이 이온화됨으로써 염증에 놓여진 전극 간의 전기전도도가 증대하는 것을 이용
   ⇒ 탄화수소에서의 감도가 최고

   (3) 전자포획이온화 검출기(ECD : Electron Capture Detector) : 유기 할로겐 화합물, 니트로 화합물 및 유기금속 화합물을 검출

   (4) 불꽃광도 검출기(FPD : Flame Photometric Detector) : 기체 상태의 시료를 흡/탈착하여 컬럼으로 분리하고, 분리된 화합물을 FPD를 통해 정성, 정량 분석

4) 가스크로마토그래피 구성 요소 : 검출기, 컬럼(분리관), 기록계

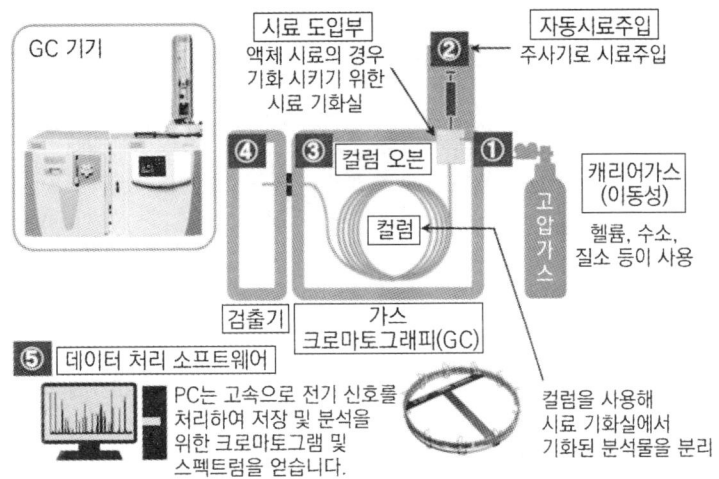

5) 질량 분석법 : 전자빔 등을 이용하여 해당 부분의 **질량을 분석하는 방법**

6) 적외선 분광 분석법 : 분자 진동 중 쌍극자 모멘트의 변화를 일으키는 진동에 의해 적외선 흡수가 일어나는 것을 이용하며 단원자 분자(He, Ne, Ar 등) 및 2원자 분자(H_2, O_2, N_2, Cl_2 등)는 적외선을 흡수하지 않아서 분석할 수 없음

04 압력계

1 압력계 구분

1) 1차 압력계 : 압력 직접 측정
   (1) 액주계(마노미터)
   (2) 자유피스톤식

2) 2차 압력계 : 압력 간접 측정
   (1) 부르동관식
   (2) 다이어프램식
   (3) 벨로스식
   (4) 전기식
   (5) 피에조 전기압력계식

3) 측정방법
   (1) 탄성식 : 압력변화에 대한 탄성을 이용
   (2) 전기식 : 물리적 변화를 이용

(3) 액주식 : 알고 있는 값과 일치하여 측정

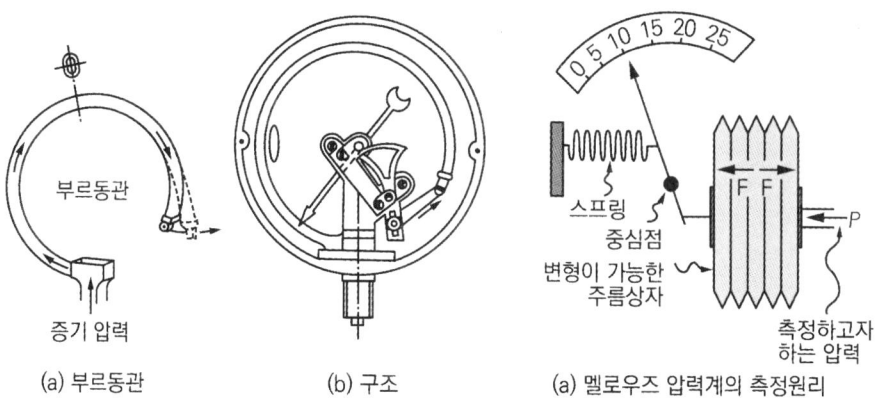

(a) 부르동관   (b) 구조   (a) 멜로우즈 압력계의 측정원리

2 압력계 종류 ★★★

1) 액주식

(1) U자관식 : U자관 내부에 액을 이용 : 물, 수은, 기름 등을 사용

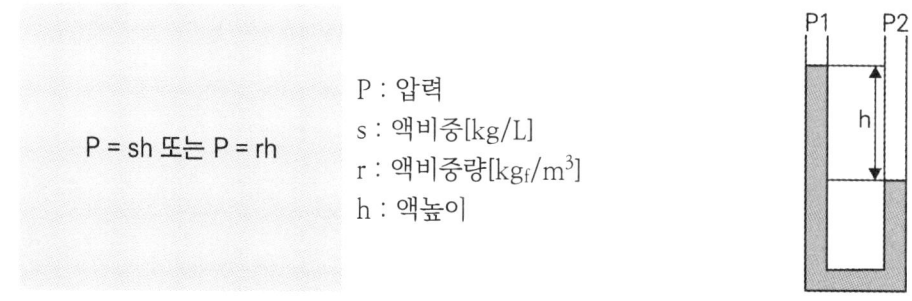

$P = sh$ 또는 $P = rh$

P : 압력
s : 액비중[kg/L]
r : 액비중량[kg_f/m³]
h : 액높이

(2) 단관식 : U자관의 변형(가장 간단한 압력계)

(3) 경사관식 : 단관을 경사지게 하여 만든 압력계, 작은 압력을 정밀측정할 때 사용하며 단관식 압력계와 원리는 동일

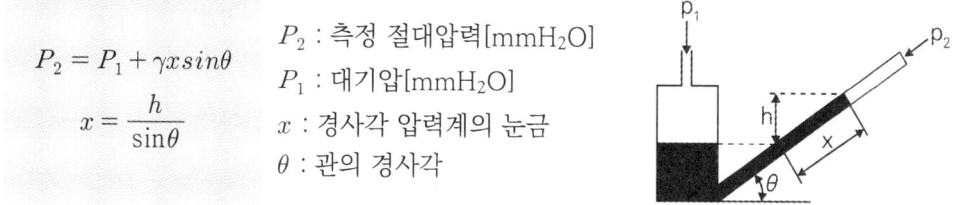

$P_2 = P_1 + \gamma x \sin\theta$
$x = \dfrac{h}{\sin\theta}$

P_2 : 측정 절대압력[mmH₂O]
P_1 : 대기압[mmH₂O]
x : 경사각 압력계의 눈금
θ : 관의 경사각

2) 부르동관식 : 2차 압력계 중 일반적인 것으로 가장 많이 사용하며 탄성을 이용

(1) 저압일 경우 재질 : 황동, 인청동, 니켈, 청동
(2) 고압일 경우 재질 : 니켈강, 특수강, 인발관, 강
(3) 눈금 범위는 **상용압력의 1.5배 이상 2배 이하로 사용**
(4) 가연성 가스의 압력계와 혼용 시 폭발의 위험이 있음
(5) 유지류와 접촉 시 산화폭발의 위험이 있음

3) 부르동관 압력계 주의사항
   (1) 안전장치를 한 것을 사용
   (2) 압력계에 가스를 유입하거나 빼낼 때 서서히 조작
   (3) 온도변화나 진동, 충격이 적은 장소에 설치

4) 다이어프램식 : 얇은 막 형태로 미소 압력 변화에서 대응된 수직방향 팽창 수축 압력계
   (1) 재질 : 천연고무, 합성고무, 테프론, 가죽 등 비금속 재료
   (2) 극히 미소한 압력 측정 가능
   (3) 차압 측정 가능
   (4) 응답이 빠르나 온도 영향을 받기 쉬움

5) 벨로스식 : 얇은 금속판으로 만들어진 원통에 주름이 있으며 탄성을 이용한 압력계
   (1) 유체 내 먼지 영향이 적음
   (2) 압력 변동에 적응하기 어려움
   (3) 진공압 및 차압 측정용
   (4) 측정압력 범위 : $0.01 \sim 10 \, kg/cm^2$

6) 전기저항 압력계 : 금속 전기저항이 압력에 의해 변화하는 것을 이용한 압력계

7) 피에조 전기 압력계 : 특정방향에 압력을 가해서 일어난 전기량이 압력계에 비례, 가스폭발 등 급속한 압력변화 측정

05 유량계

1 유량계 구분 ★

직접법	• 중량이나 용적 유량을 직접 측정 ※ 오벌 기어식, **루트식**, 로터리피스톤식, 로터리 베인식, 습식 가스미터, 왕복피스톤식
간접법	• 유속을 측정하여 유량을 구하는 방법 • 베르누이 정리 이용 ※ **차압식** 유량계, 면적식 유량계(부자식, 로터미터), 유속식 유량계(임펠러식, 피토관, 열선식)
고압용 유량계	• 압력 천평, 전기 저항식 유량계, 부자식(플로식) 유량계
용적식 유량계	• 오벌유량계, 가스미터, 로터리 팬, 루트유량계, 로터리피스톤
면적식 유량계	• 플로트형, 피스톤형, 게이트형, **로터미터**

> **+ Level up**
>
> 습식 가스미터
> (1) 계량이 정확
> (2) 사용 중 기차의 변동이 크지 않음
> (3) 사용 중 수위조정 등의 관리가 필요
> (4) 설치면적이 큼
> (5) 실험실용으로 사용

1) 로터미터(면적 가변식 유량계) 장점
   (1) 소용량 측정 가능
   (2) 압력손실이 적으며 거의 일정
   (3) 유효 측정 범위가 넓음
   (4) 장치 간단

> **+ Level up**
>
> 원관유량 계산식
>
> $$Q = AV$$
>
> Q : 유량[m³/s, m³/h]
> A : 단면적[m²]
> V : 유속[m/s]

2 차압식 유량계 ★★★

1) 벤투리미터 : 입구 바로 앞 및 목부분의 압력차를 측정하여 유량을 구하는 계측장치

2) 오리피스유량계 : 관 도중 조리개를 넣어 조리개 차압을 이용해 유량 측정하는 계측기

3) 플로노즐 : 유체관 내에 노즐 등과 같은 차압기구를 설치하여 기구 전후 압력차가 유속에 비례하여 변하는 것을 이용

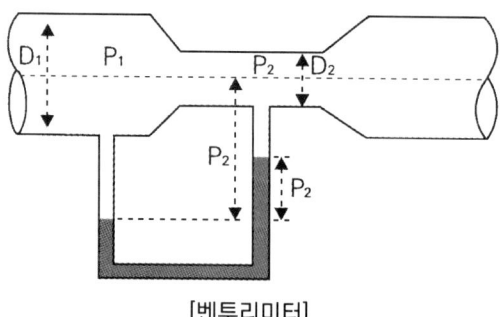

[벤투리미터]

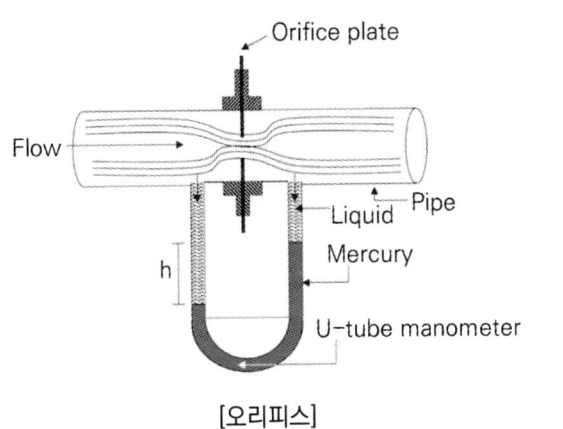
[오리피스]

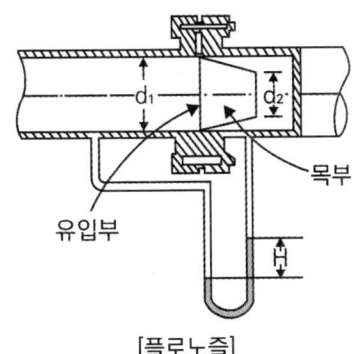
[플로노즐]

Level up

피토관(유속식 유량계)

관로에 흐르는 유속을 측정하여 계산, 항공기의 속도계로도 사용되고 있음

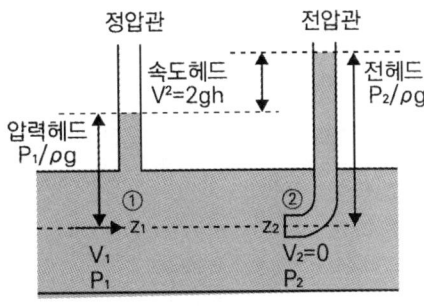

$$H(동압) = \frac{P_t}{\gamma}(전압) - \frac{P_s}{\gamma}(정압)$$

피토관의 동압을 측정하여 유속 계산

$$V = C\sqrt{2gH} = C\sqrt{2g\frac{P_t - P_s}{\gamma}}$$

V : 유속[m/s]

$\dfrac{P_t}{\gamma}$: 전압

$\dfrac{P_s}{\gamma}$: 정압[kg/m²]

C : 유속계수

06 온도계

1 구분 ★★

접촉식 온도계	열팽창을 이용한 팽창식 온도계	유리제 온도계	알코올 온도계	* 베크만 온도계는 수은 온도계의 일종으로서 미소 범위 온도측정 가능 (정밀측정용)
			수은 온도계	
			베크만 온도계	
		압력식 온도계	액체 팽창식	
			기체 팽창식	
			증기 팽창식	
		고체 팽창식 온도계	바이메탈 온도계	
접촉식 온도계	전기저항을 이용한 저항 온도계	저항치 증가	백금 저항체	측정 범위가 넓고 안정 (-200 ~ 500℃)
			니켈 저항체	가격이 저렴 (-50 ~ 150℃)
			동 저항체	고온에서 산화 (0 ~ 120℃)
		저항치 감소	서미스터	온도상승에 따라 저항률 감소 응답이 빠름 (-50 ~ 300℃)
	열기전력을 이용한 열전대 온도계	열전대 온도계 (제백효과)	백금 – 백금로듐	0 ~ 1800℃의 고온측정용
			크로멜 – 알루멜	-20 ~ 1200℃ 비금속 열전대
			철 – 콘스탄탄	-20 ~ 800℃ 기전력이 크고 값이 쌈
			동 – 콘스탄탄	-200 ~ 350℃의 저온용

비접촉식 온도계	방사 온도계	열전대를 직렬로 접촉시켜 물체에서 나오는 복사열 측정
	색 온도계	물체에서 발생하는 빛의 밝고 어두움을 이용
	광고 온도계	고온의 물체에서 방사되는 에너지를 통과시켜 표준온도 전구의 필라멘트에 휘도 비교 ※ 고온 측정에 사용되며 정확도가 높음
	광전관식 온도계	광전지 또는 광전관을 사용하여 자동으로 측정 ※ 이동물체의 측정이 가능

⊕ Level up

가스는 온도에 따른 압력과 체적의 변화가 크기 때문에 저장탱크에는 반드시 온도계를 설치

(1) **서모커플** : 두 종류의 금속을 이용하여 온도가 다를 때 전류가 흐르는데 이를 이용하여 온도차를 계측

(2) **바이메탈** : 열팽창 정도가 다른 두 금속을 붙여 온도가 올라가면 열팽창 정도가 작은 쪽으로 휘는 것을 이용

(3) **파이로미터** : 수은 온도계나 알코올 온도계로는 계측 불가능한 높은 온도를 재는 온도계

2 열전대 구비조건 ★

1) 열기전력이 크고 특성이 안정될 것

2) 전기저항 및 열전도율이 작을 것

3) 내열성이 크고 고온 가스에 대한 내식성이 없을 것

4) 재료 공급이 쉬우며 가격은 저렴할 것

3 저항 온도계 저항선 구비조건

1) 저항계수가 클 것

2) 온도변화에 따른 저항값이 규칙적일 것

3) 동일 특성을 얻기 쉬울 것

4) 화학적, 물리적으로 안정할 것

4 온도계 특징

1) 서미스터 온도계

　(1) **온도계수가 큼**

　(2) **흡습에 의해 열화되기 쉬움**

　(3) **응답이 빠르며 미소온도차 측정 가능**

2) 접촉식 온도계
   (1) 측정온도의 오차가 적음
   (2) 측정시간이 많이 소요
3) 비접촉식 온도계
   (1) 이동 물체의 온도 측정 가능
   (2) 고온(1000 ℃) 이상 측정 유리

07 액면계

1 액면계 ★★

용기나 탱크 속에 들어 있는 액의 위치를 파악하기 위한 계기

2 액면계 구분

+ Level up

(1) 직접식 : 측정하고자 하는 액면의 높이를 직접 측정
(2) 간접식 : 측정하고자 하는 액면의 높이를 간접적으로 측정

구분	종류	원리	특징
직접식	편위식 액면계	부력으로 액면 측정	-
	플로트식 액면계(부자식)	액면에 띄운 부자의 위치를 이용하여 액면 측정	
	유리관식 액면계	탱크의 액면과 같은 높이의 액체가 유리관에 나타나는 것을 이용하여 액면 측정	
	검척식 액면계	측정하고자 하는 액면을 자로 직접 자의 눈금을 읽어서 측정	
	클린카식 액면계	지상의 LPG 탱크에 주로 사용	

구분	종류		원리	특징
간접식	차압식 액면계	압력식 액면계	액면 높이에 따른 압력을 측정하여 액의 높이를 측정	고압 밀폐탱크 측정
		햄프슨식 액면계		극저온 저장조 액면 측정
	퍼지식 액면계		탱크 속 파이프 끝 부분의 공기압을 압력계로 측정하여 액면 측정	압력식 액면계
	방사선식 액면계		코발트나 세슘 등 방사선 세기 변화 측정(방사성 물질이므로 방사선원을 액면에 띄우면 안 됨)	고온, 고압용
	초음파식 액면계		초음파를 발사하여 되돌아오는 시간을 측정하여 액면 측정	액면제어용
	정전용량식 액면계		2개의 금속도체 사이 존재하는 정전용량을 이용하여, 액위변화에 의한 전극과 탱크 사이 정전용량 변화를 측정	-
	기포식 액면계		탱크 속에 관을 삽입하여 공기를 보내 액중 발생하는 기포로 액면을 측정	공기를 넣기 위한 공기압축기 필요

+ Level up

액면계 구비조건
(1) 고온, 고압에 잘 견딜 것   (2) 연속 측정이 가능할 것
(3) 원격 측정이 가능할 것   (4) 내구성, 내식성이 있을 것
(5) 구조가 간단할 것

08 가스누설검지 경보장치

1 종류

1) 접촉연소방식

2) 격막갈바니 전지방식

3) 반도체방식

2 경보농도

1) 가연성 가스 : 폭발하한계의 1/4 이하

2) 독성 가스 : 허용농도 이하(NH_3를 실내에서 사용하는 경우 : 50 ppm)

3 경보기 정밀도 ★★★

1) 가연성 가스 : ±25 % 이하

2) 독성 가스 : ±30 % 이하

4 검지에서 발신까지 걸리는 시간 ★★★

1) 경보농도의 1.6배 농도 : 30초 이내

2) 암모니아(NH_3), 일산화탄소(CO) : 60초 이내

5 지시계 눈금 범위

1) 가연성 가스 : 0 ~ 폭발하한계

2) 독성 가스 : 0 ~ 허용농도 3배 이하(NH_3를 실내에서 사용하는 경우 : 150 ppm)

09 기타 계측기기

1 열량계

융커스식 : 가스 발열량 측정에 사용

2 습도계

> **Level up**
>
> (1) 절대습도 : 건조공기 1 kg에 포함된 수증기량
>
> $$\frac{G_W}{G_d}$$
>
> G_W : 습공기 1 kg 중 수증기량[kg]
> G_d : 습공기 1 kg 중 건조공기량[kg]
>
> (2) 상대습도 : 대기 중 존재할 수 있는 최대 수분과 현재 수분의 비
>
> $$\varnothing = \frac{\gamma_W}{\gamma_S} \times 100 = \frac{P_W}{P_S} \times 100$$
>
> γ_S : 포화 습공기 1 m^3당 수분의 중량[kg]
> γ_W : 수증기 중량[kg]
> P_S : 포화 습공기 중 수증기 분압
> P_W : 수증기 분압

1) 모발 습도계 : 연속되는 상대습도 관측값이 기록, 임의 시각의 측정값과 상대 습도의 시각적 변화를 조사하는 데 편리하며, 실내 습도 조절용으로 사용
2) 노점 습도계 : 저습도 측정
3) 저항식 습도계 : 전기저항의 변화에 의한 측정

Chapter 13 가스미터

핵심키워드 측정, 기차, 물리량, 시험지법, 흡수분석법, 가스크로마토그래피, 계측기기

학습목표
1. 측정방법의 종류를 이해하고 오차와 기차를 계산할 수 있다.
2. 가스종류별 검지 시 사용되는 시험지와 색변화에 대해 암기한다.
3. 흡수분석법, 연소분석법, 기기분석법에 대해 학습한다.
4. 압력계, 유량계, 온도계, 액면계의 종류별 특징에 대해 학습한다.
5. 가연성 가스와 독성 가스 경보농도와 경보기 정밀도, 검지에서 발신까지 걸리는 시간에 대해 학습한다.

01 가스미터

1 가스미터의 종류

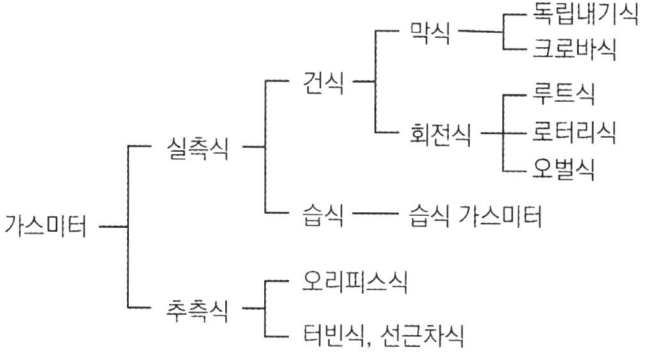

2 가스미터의 특징 ★★★

1) 막식 가스미터
  (1) 값이 쌈
  (2) 설치 후 유지관리에 시간이 많이 필요하지 않음
  (3) 대용량은 설치면적이 큼

> **Level up**
>
> **다기능 가스안전계량기**
> LPG 또는 도시가스 사용시설에 사용되는 가스계량기는 가스사용량만을 측정하는데, 다기능 가스안전계량기는 이상유량 차단, 가스 누출차단, 외부통신 등의 기능을 모두 가지고 있는 가스안전계량기이며 마이콤미터라고 한다.

2) 습식 가스미터

   (1) 계량이 정확

   (2) 사용 중 기차의 변동이 크지 않음

   (3) 사용 중 수위조정 등의 관리가 필요

   (4) 설치면적이 큼

   (5) 실험실용으로 사용

3) 루츠식 가스미터

   (1) 대용량 가스 측정에 적합

   (2) 설치면적이 작음

   (3) 중압가스의 계량 가능

   (4) 소유량은 부동의 우려가 있음

   (5) 여과기 설치 및 설치 후 관리 필요

> **Level up**
>
> **가스미터**
>
> (1) 막식 가스미터 : 일반 수용가에 사용(1.5 ~ 200 m^3/h)
>
> (2) 습식 가스미터 : 실험실용(0.2 ~ 3000 m^3/h)
>
> (3) 루츠식 가스미터 : 대수용가(100 ~ 5000 m^3/h)

3 가스미터의 검정

1) 유효기간을 넘긴 것은 분해수리를 행하여 재검정을 받아야함

2) 유효기간 중 사용공차(±4 %) 이상의 기차가 있거나 파손 고장을 일으킨 것은 재검정을 받아야 함

3) 가스미터 유효기간 : 5년

4 가스미터의 고장

1) 부동 : 가스가 미터를 통과하나 미터지침이 작동하지 않음

2) 불통 : 가스가 미터를 통과하지 않음

3) 기차불량 : 사용공차(±4 %)를 넘어서는 경우

4) 감도불량

5) 이물질로 인한 불량

5 가스미터의 감도 유량 ★

가스미터가 작동하기 시작하는 최소유량

1) 막식 가스미터 : 3 L/h

2) LPG용 가스미터 : 15 L/h

6 가스미터의 구비조건

1) 내구성이 클 것

2) 감도가 좋고 압력손실이 적을 것

3) 구조가 간단하고 수리가 용이할 것

4) 소형경량이며 용량이 클 것

5) 수리가 쉬울 것

6) 정확히 계량할 것

7) 오차조정이 용이할 것

7 가스미터의 최대 유량의 공칭값 및 최소량 ★

Q_{max} [m³/h]	Q_{min}의 상한 [m³/h]
1	0.016
1.6	0.016
2.5	0.016
4	0.025
6	0.04
10	0.06
16	0.1
25	0.16
40	0.25
65	0.4
100	0.65
160	1
250	1.6
400	2.5
650	4
1000	6.5

8 가스미터선정 시 고려사항

1) 사용 시 기차가 작아서 정확하게 계량할 수 있는 것을 선택

2) 사용 시 기차가 작아야 하며 사용 기차는 ±4 % 이하로 적을 것

9 가스미터의 설치 기준

1) 수직, 수평으로 부착할 것

2) 입구와 출구의 구별이 명확할 것

3) 가스미터 또는 배관에 상호 과잉의 힘이 작용되지 않도록 할 것

10 가스미터의 성능

1) 기밀시험 : 10 kPa

2) 가스미터 및 배관에서의 압력손실 : 0.3 kPa

3) 검정공차 : ±1.5 %

4) 사용공차 : 검정 기준에서 정하는 최대 허용 오차의 2배 값

5) 검정 유효기간 : 5년 (단, LPG 가스미터 : 3년, 기준 가스미터 : 2년)

6) 계량기 호칭 : "호"로 표시 (1호의 의미 : 1 m^3/hr)

7) 계량실의 체적
   (1) 0.5 L/rev : 계량실의 1주기 체적이 0.5 L
   (2) MAX 1.5 m^3/hr : 사용 최대유량은 시간당 1.5 m^3

11 가스미터의 설치 기준 ★★

1) 환기가 양호한 장소일 것

2) 설치 높이 : 바닥으로부터 1.6 ~ 2 m 이내

3) 화기와의 우회거리 : 2 m 이상

4) 전기계량기 및 전기개폐기 : 60 cm 이상

5) 단열조치를 하지 않은 굴뚝, 점멸기, 전기접속기 : 30 cm 이상

6) 절연조치를 하지 않은 전선 : 15 cm 이상

02 도시가스연소성 시험 ★★

1) 매일 6시 30분 ~ 9시 사이와 17시 ~ 20시 30분 사이에 각각 1회씩 실시
2) 측정된 웨베지수는 표준웨베지수의 ±4.5 % 이내 유지
3) 가스홀더 또는 압송기 출구에서 웨베지수 측정

Chapter 14 제어

핵심키워드: 측정, 기차, 물리량, 시험지법, 흡수분석법, 가스크로마토그래피, 계측기기

학습목표:
1. 측정방법의 종류를 이해하고 오차와 기차를 계산할 수 있다.
2. 가스종류별 검지 시 사용되는 시험지와 색변화에 대해 암기한다.
3. 흡수분석법, 연소분석법, 기기분석법에 대해 학습한다.
4. 압력계, 유량계, 온도계, 액면계의 종류별 특징에 대해 학습한다.
5. 가연성 가스와 독성 가스 경보농도와 경보기 정밀도, 검지에서 발신까지 걸리는 시간에 대해 학습한다.

01 자동제어계의 요소 및 구성

1 제어계의 개념

1) 제어 : 주어진 동작을 원하는 대로 처리하도록 만들어진 물리계에 조작을 가하는 것

2) 수동제어 : 사람이 자신의 손에 의해 조작하는 제어

3) 자동제어 : 제어 대상에 미리 설정한 목푯값과 검출된 되먹임신호를 비교하여 그 오차를 자동적으로 조정하는 제어

2 개회로제어계

궤환요소를 가지지 않는 제어계

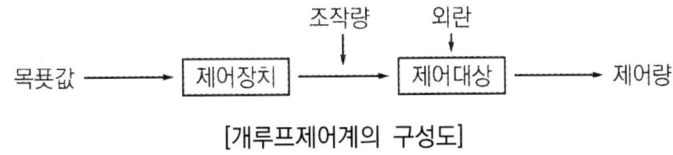

[개루프제어계의 구성도]

1) 특징
   (1) 제어시스템의 간단하면 설치비가 저렴함
   (2) 제어오차가 크며 오차교정이 어려움

3 폐회로제어계

출력 일부를 입력 방향으로 **피드백**시켜 목푯값과 비교되도록 **폐루프**를 형성하는 제어계

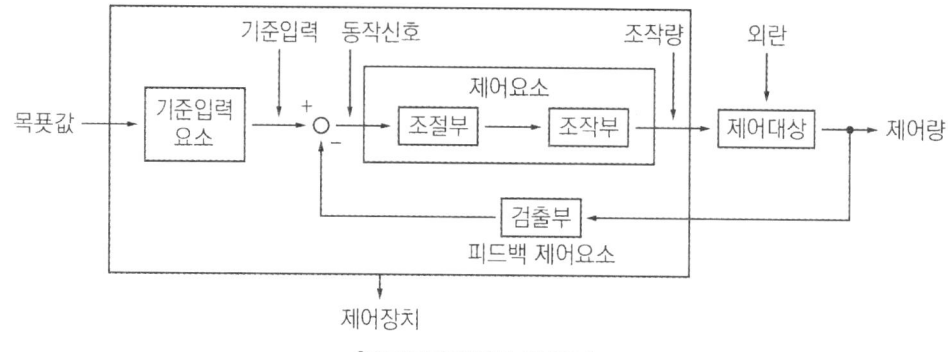

[폐루프제어계의 구성도]

1) 특징

   (1) 장점

   ① **정확성** 증가, 생산품질 향상

   ② 원료, 연료, 동력을 절약하며 인건비가 감소

   ③ 생산량 증대 및 생산수명 연장

   (2) 단점

   ① 설치비가 비싸며 고도화된 기술이 필요

   ② 제어장치의 고도의 지식과 능숙한 기술이 필요

   ③ 설비의 일부가 고장나더라도 전 생산라인에 파급효과가 발생

2) 폐회로제어계 구성요소 정의

   (1) 목푯값 : 제어계에 설정되는 값으로서 제어계에 가해지는 입력을 의미

   (2) 기준입력요소 : 목푯값에 비례하는 신호인 기준입력 신호를 발생시키는 장치로서 제어계의 설정부를 의미

   (3) 동작신호 : 목푯값과 제어량 사이에서 나타나는 편찻값으로 제어요소의 입력 신호

   (4) **제어요소** : **조절부**와 **조작부**로 구성되어 있으며, 동작신호를 조작량으로 변환하는 장치

   (5) 조작량 : 제어장치 또는 제어요소의 출력이면서 제어 대상의 입력인 신호

   (6) 제어 대상 : 제어기구로서 제어장치를 제외한 나머지 부분을 의미

   (7) 제어량 : 제어계의 출력으로서 제어대상에서 만들어지는 값

   (8) 검출부 : 제어량을 검출하는 부분으로 입력과 출력을 비교할 수 있는 비교부에 출력신호를 공급하는 장치

   (9) 외란 : 제어 대상에 가해지는 정상적인 입력 이외의 좋지 않은 외부입력으로서 편차를 유도하여 제어량의 값을 목푯값에서부터 멀어지게 하는 입력

   (10) 제어장치 : 기준입력요소, 제어요소, 검출부, 비교부 등과 같은 제어동작이 이루어지는 제어계 구성 부분을 의미하며 제어 대상은 제외됨

02 자동제어계의 분류

1 목푯값에 의한 분류(입력 기준) ★★

1) 정치제어 : 목푯값이 시간에 관계없이 항상 일정한 제어(프로세스제어, 자동조정제어)

2) 추치제어 : 목푯값의 크기나 위치가 시간에 따라 변하는 것을 제어함(추종제어, 프로그램제어, 비율제어)

   (1) 추종제어 : 제어량에 의한 분류 중 서보 기구에 해당하는 값을 제어함

                                          예 비행기 추적레이더, 유도미사일

   (2) 프로그램제어 : 미리 정해진 시간적 변화에 따라 정해진 순서대로 제어한다.

                                          예 무인 엘리베이터, 무인 자판기, 무인 열차

   (3) 비율제어 : 목푯값이 다른 것과 일정비율 관계를 가지고 변화하는 경우의 추종제어법

2 제어량에 의한 분류

1) 서보기구제어 : 제어량의 기계적인 추치제어(위치, 방향, 자세, 각도, 거리)

2) 프로세스제어 : 공정제어라고도 하며 제어량이 피드백제어계로서 주로 정치제어
   (온도, 압력, 유량, 액면, 밀도, 농도)

3) 자동조정제어 : 제어량이 정치제어(전압, 주파수, 장력, 속도)

3 조절부 동작에 의한 분류

1) 연속동작에 의한 분류

   (1) 비례동작(P제어) : Off-Set 잔류편차, 정상편차, 정상오차가 발생 속응성(응답속도)이 나쁨

   (2) 미분제어(D제어) : 진동을 억제하여 속응성(응답속도)을 개선 → 진상보상

   (3) 적분제어(I제어) : 응답특성을 개선하여 Off-Set 잔류편차, 정상편차, 정상오차를 제어
             → 지상보상

   (4) 비례미분적분제어(PID제어)

      ① 최상의 최적제어로서 Off-Set을 제거하며 속응성 또한 개선하여 안정한 제어

      ② 응답의 오버슈트를 감소시키고, 정정시간을 적게 하는 효과가 있음

2) 불연속 동작에 의한 분류(사이클링 발생)

   (1) On-off제어 : 2위치제어   예 가정용 냉장고의 온도조절

   (2) 샘플링제어 : 간헐제어(다위치제어)

4 PID제어 정리 ★★★

종류		특징
P	비례동작	• 정상오차 수반 • 잔류편차 발생
I	적분동작	• **잔류편차 제거**
D	미분동작	• 오차가 커지는 것을 미리 방지
PI	비례적분동작	• 잔류편차 제거 • 제어결과가 진동적으로 될 수 있음 • 속응성이 김
PD	비례미분동작	• 응답 속응성의 개선
PID	비례적분미분동작	• 잔류편차 제거 • 응답의 오버슈트 감소 • 응답 속응성 향상 • 가장 안정적인 제어계

03 신호 전송 ★★

구분	장점	단점
공기압	1. 수리 용이 2. 작업 용이 3. 위험성이 낮음	1. 전송거리가 100 m로 짧음 2. 신호전달 시간이 길음
유압	1. 신호전달 지연이 적음 2. **응답속도가 빠름**	1. 위험성이 높음 2. 오일로 인한 유동저항과 환경문제 3. 신호전송거리가 300 m로 공기압보다 길음
전기압	1. 신호전달이 빠름	1. 조작 시 숙련이 필요 2. 신호전송거리가 300 m ~ 10 km로 가장 길음

Chapter 15 연소와 연료

핵심키워드: 연소, 발화점, 연료

학습목표:
1. 연소의 정의와 연소의 3요소에 대해 학습한다.
2. 인화점과 발화점을 구분할 수 있다.
3. 연료의 구비조건과 종류, 조건별 발생현상에 대해 학습한다.
4. 연료비를 계산할 수 있다.

01 연소

1 연소 ★★★

1) 정의 : 가연성 물질이 산소와 반응하여 빛과 열을 얻는 화학적인 반응
   (1) 가연성 물질 + 산소공급원 + 점화원 = 연소(빛과 열을 수반)
   (2) 가연성 물질 + 산소공급원 = 연소화합물(발열반응)

2) 연소에 의한 빛
   (1) 500 ℃ 부근, 적열 상태
   (2) 1000 ℃ 이상, 백열 상태

색깔	온도	색깔	온도
암적색	700 ℃	황적색	1100 ℃
적색	850 ℃	백적색	1300 ℃
휘적색	950 ℃	휘백색	1500 ℃

2 연소의 3요소 ★★★

1) 가연성 물질 : 고체, 액체, 기체로 구분되며 기체인 경우 가연성 가스라고 함

2) 산소 공급원 : 공기 중의 산소, 순산소 등 자신은 연소하지 않고 가연성 물질의 연소를 돕는 **조연성**

3) 점화원 : **활성화에너지를 주는 것**(착화원)으로, 화기, 전기불꽃, 마찰열, 충격, 고열물, 단열압축, 산화열 등이 있음

> 보충 가연성 물질이 되기 쉬운 것
> (1) 연소열이 많은 것
> (2) 활성화에너지가 작은 것
> (3) 열전도율이 작은 것
> (4) 산소와의 결합이 쉬운 것

3 연소반응속도가 빨라지는 요인

1) 분자의 충돌횟수가 많을수록

2) 활성화에너지가 작을수록

3) 반응온도가 높을수록

➕ Level up

완전연소 구비조건

(1) 충분한 공기를 공급하고 연료와의 혼합을 잘 시킨다.
(2) 연소실 내의 온도를 되도록 **높게** 유지한다.
(3) 연소실의 용적을 충분한 용적 이상으로 한다.
(4) 공기를 예열하여 공급한다.
(5) 연료는 인화점 가까이 예열하여 공급한다.
(6) 충분한 시간을 주어야 한다.

4 인화점과 발화점 ★★

1) 인화점 : 공기 중 가연성 물질에 **점화원**을 접촉시켰을 때 연소하는 최저온도

2) 발화점(= 착화점) : 불씨가 **없이** 연소가 일어나는 최저온도로 발열량이 크고 반응활성속도가 클수록 저하됨

　(1) 인화점과 발화점은 **낮을수록** 위험

　(2) 탄화수소에서 착화점은 **탄소수가 많은 분자일수록** 낮아짐

　(3) 최소점화에너지 : 가스가 발화하는 데 필요한 최소에너지로서 가스의 압력과 온도, 조성에 따라 다름

3) 발화점에 영향을 주는 인자

　(1) 가연성 가스와 공기의 혼합비
　(2) 기벽의 재질과 촉매효과
　(3) 점화원의 종류와 에너지 투여법
　(4) 가열속도와 지속시간
　(5) 발화가 생기는 공간의 형태와 크기

4) 주요가스의 착화점

　(1) **프로판** : 460 ~ 520 ℃
　(2) **부탄** : 430 ~ 510 ℃
　(3) **일산화탄소** : 637 ~ 658 ℃
　(4) **가솔린** : 210 ~ 300 ℃
　(5) **메탄** : 615 ~ 682 ℃

(6) 에틸렌 : 500 ~ 519 ℃

(7) 수소 : 580 ~ 590 ℃

(8) 아세틸렌 : 400 ~ 440 ℃

5) 가연성 물질의 연소형태

(1) 기체연소 : 확산연소, 발염연소

(2) 액체연소 : 증발연소

(3) 고체연소

① 표면연소 : 목탄, 코크스, 금속분 등
② 증발연소 : 황, 나프탈렌, 휘발유, 등유, 경유 등
③ 분해연소 : 목재(가연성 가스가 발생한 후에 연소), 석탄, 종이, 플라스틱
④ 자기연소 : 내부연소(산소화합물질의 경우), TNT, 피크린산, 니트로글리세린

02 연료

1 연료 구비조건 ★★

1) 연소 시 회분(Ash) 등이 적을 것
2) 양이 풍부하고, 저렴할 것
3) 운반 및 저장, 취급이 용이할 것
4) 발열량이 클 것
5) 공기 중에서 쉽게 연소될 수 있는 것
6) 사용하기에 위험성이 적을 것
7) 인체에 유해하지 않을 것
8) 공해 요인이 적을 것

> **Level up**
> (1) 휘발분 : 긴 화염, 검은 연기, 그을음
> (2) 고정탄소 : 휘발분이 적음(짧은 화염)
> (3) 수분 : 기화열에 의한 열손실, 착화성이 나빠짐, 발열량 감소
> (4) 회분 : 연소효과와 발열량을 낮춤
> ※ 휘발분(%) + 고정탄소(%) + 수분(%) + 회분(%) = 100 %
> ※ 공업분석에서 계산만으로 산출 가능한 성분 : 고정탄소

2 연료의 종류 ★★

1) 주성분 : C(탄소), H(수소), S(황)
   불순물 : S(황), W(수분), A(회분), N(질소), O(산소) 등

2) 고체연료 1차 : 석탄, 목재
       2차 : 목탄, 코크스, 조개탄, 숯, 갈탄 등

Level up

(1) 석탄 : 탄화도의 진행에 따라 수분과 휘발분 감소
(2) 목재 : 일반적인 나무연료(발열량 5000 kcal/kg)
(3) 코크스 : 석탄을 건류해서 얻은 연료

장점	단점
① 간단한 연소장치	① 연료 품질이 균일하지 못해 연소효율이 낮다.
② 저렴한 가격	② 연소 시 과잉공기 많이 필요하다.
③ 노천야적이 가능하다.	③ 착화, 소화, 연소조절이 어렵다.
④ 인화폭발의 위험성이 적다.	④ 완전연소가 어렵다.
⑤ 고체 연료비가 클수록 발열량이 크다.	⑤ 매연과 회분이 많다.
⑥ 취급 및 저장이 쉽다.	⑥ 재처리가 어렵다.

3) 액체원료 1차 : 원유
         2차 : 휘발유, 등유, 경유, 중유 등

Level up

액체연료의 비중계산
API(American Petroleum Institute) : 미국석유협회(미국표시)

$$API도 = \frac{141.5}{비중(60°F/60°F)} - 131.5$$

TIP 탄화수소의 탄소수가 많을수록 발화점이 낮아진다.

중유
점도에 따라 A,B,C급으로 분류된다.
(1) A급 : 점도가 낮아 예열이 필요 없고, 소형 보일러 등의 연료로 사용되며 비중이 적다.
(2) B급 및 C급 : 점도가 높아 사용 시 반드시 예열이 필요하다.
(3) 보일러유로 많이 사용되는 것은 C급 중유이다.
   ① 중유의 비중은 0.85 ~ 0.99이다.
   ② C급 중유가 갖추어야 할 성질
      ㉠ 발열량이 클 것
      ㉡ 점도가 낮을 것
      ㉢ 유동성이 클 것
      ㉣ 황성분이 적을 것
      ㉤ 저장이 간편하고, 연소 후 재처리가 좋을 것

중유의 첨가제(조연제) : 중유의 질 개선
(1) 유동점강하제 : 저온에서 연료의 유동성을 좋게 한다.
(2) 연소촉진제 : 연료의 분무를 순조롭게 한다.
(3) 슬러지 분산제(안정제) : 슬러지의 생성을 방지한다.
(4) 회분개질제 : 회분의 융점을 높여 고온 부식을 방지한다.
(5) 탈수제 : 수분을 분리시킨다.
(6) 부식방지제 : 부식을 방지한다.

장점	단점
① 완전연소가 잘 되어 그을음이 적다. ② 재의 처리가 필요 없다. ③ 연소조작에 필요한 인력을 줄일 수 있다. ④ 일정한 품질 ⑤ 단위중량당 발열량이 높다. ⑥ 점화, 소화, 연소조절이 용이하다. ⑦ 적은 공기로 완전연소가 용이하다. ⑧ 계량이나 기록이 용이하다. ⑨ 수송과 저장 및 취급이 용이하다. ⑩ 변질이 적다.	① 인화 및 역화의 위험성이 크다. ② 가격이 비싸다. ③ 고온연소(연소온도가 높기)때문에 국부가열을 일으키기 쉽다.

4) 기체연료 1차 : 유전가스, 탄전가스
           2차 : 석유 열분해가스, 석탄가스, 수성 가스

장점	단점
① 자동제어에 적합하다. ② 연소실 용적이 작아도 된다. ③ 매연발생과 대기오염이 적다. (회분 생성 없음) ④ 저부하, 고부하연소 가능하다. ⑤ 가장 적은 과잉공기(10 ~ 30 %)로 완전연소 가능, 즉 가장 이론공기에 가깝게 연소 가능하다. ⑥ 점화, 소화, 연소조절이 용이하다. ⑦ 연소효율(연소열 ÷ 발열량)이 높다. ⑧ 연료의 예열이 쉽고 전열효율이 좋다. ⑨ 확산연소가 되므로 연소용 공기가 적게 소요된다.	① 수송이나 저장이 불편하다(큰 시설 필요). ② 설비비 및 가격이 비싸다. ③ 누설에 의한 역화, 폭발 등 위험이 크다. ④ 단위용적당 발열량이 적다.

3 연료 ★

1) 고체연료 : 주성분인 탄소 외에 회분과 수분을 함유(약 5000 kcal/kg)

$$연료비 = \frac{고정탄소(\%)}{휘발유(\%)} (탄화도가 커짐에 따라 증가)$$

$$가공률 = (1 - \frac{겉보기비중}{참비중}) \times 100 (코크스가 크다)$$

(1) 수분이 존재할 때
① 점화가 어렵고 흰 연기가 발생
② 수분의 기화로 **연소를 나쁘게 함**
③ 통기 및 통풍불량의 원인이 됨
④ 불완전연소로 열효율이 저하됨

(2) 휘발분이 존재할 때
① 연소할 때 **그을음**이 발생
② 점화는 쉬우나 발열량이 저하

(3) 회분이 존재할 때
① **발열량이 저하되어 연료가치가 떨어짐**
② 클링커 발생으로 통풍이 저하
③ 연소를 나쁘게 하며 열효율이 저하

(4) 공업원소를 분석할 때
① C, H, O, N, S의 중량비로 표시

(5) 착화온도가 낮아지는 조건
① 발열량이 클수록
② 분자구조가 복잡할수록
③ 산소량이 증가할수록

2) 액체연료 : C, H가 주성분이며 비중은 0.78 ~ 0.97 정도
(1) 비중이 크면 발열량이 감소
(2) 액체연료에서는 탄소 수가 많으면 **발열량이 감소**
(3) **점도**에 따라 중유는 A, B, C로 구분
(4) 인화점 : 연소될 수 있는 최저온도(중유가 높음)
(가솔린 : -20 ~ -40 ℃, 경유 : 50 ~ 70 ℃)
(5) 유동점은 응고점보다 2.5 ℃ 정도 높음

+ Level up

액체연료연소방식

(1) 기화연소방식 : 액체를 기체의 가연성 증기로 바꾸어 연소시키는 방식
　① 종류 : **심지식, 증발식, 포트식** 등
　② 가열물체의 온도, 유속과 연료의 기화속도는 관계가 있다.

　　　　　　　　　　　　　　　　　　　　　　　　　　예 가솔린, 등유, 경유

(2) 무화(분무)연소방식 : 안개와 같이 분사하여 연소시키는 방식
　① 무화방식
　　㉠ 진동무화방식 : 초음파로 연료를 진동분열시켜 무화
　　㉡ 정전기무화방식 : 고압 정전기를 통과시켜 무화
　　㉢ 유압무화방식 : 압력을 주어 노즐에서 고속 분출시켜 무화
　　㉣ 이류체무화방식 : 증기 혹은 공기를 무화매체로 하여 무화
　　㉤ 회전이류체무화방식 : 고속 회전하는 분무컵의 원심력을 이용하여 공기와의 마찰을 일으켜 무화
　　㉥ 충돌무화방식 : 연료끼리 또는 금속판에 연료를 고속으로 충돌시켜 무화

　　　　　　　　　　　　　　　　　　　　　　　　　　　　　　예 중유

　② 목적
　　㉠ 연료의 단위중량당 표면적을 크게 하여 연료와 공기의 접촉면적을 크게 한다.
　　㉡ 공기와의 혼합을 좋게 하여 완전연소가 가능하게 한다.
　　㉢ 연소효율 및 연소실 열부하를 높게 한다.
　③ 무화(미립화) 시 직접적인 영향을 미치는 요소
　　㉠ 액체 연료의 표면장력
　　㉡ 액체 연료의 점성계수
　　㉢ 연료의 밀도(비질량)
　　㉣ 미립자의 크기

3) 기체연료 : 연소효율이 높고 점화소화가 용이(주성분 C, H)

석유계 기체 연료	석탄계 기체 연료
• 천연가스(유전) • 액화석유가스(LPG) • 오일가스	• 천연가스(탄전) • 석탄가스 • 수성 가스 • 발생로가스

(1) 천연가스 : 유전가스, 탄전, 수용성으로 **천연적으로 발생하는 가스로서 가연성인 것**

(2) LNG : 액화천연가스, **메탄이 주성분**

(3) LPG : 석유정제의 부산물로서 **프로판, 부탄이 주성분**

> **Level up**
>
> (1) 기화잠열이 커서(90 ~ 100 kcal/kg) 냉각제로도 이용 가능하다.
> (2) 가스의 비중은 공기보다 무겁기 때문에 누설 시 바닥에 체류하여 폭발의 위험이 크다(비중 : 1.5 ~ 2.0).
> (3) 연소속도가 완만하여 완전연소 시 많은 과잉공기가 필요하다(도시가스의 5 ~ 6배).
> (4) 인화폭발의 위험성이 크다.
> (5) 상온, 대기압에서는 기체 상태이다.

(4) 오일가스 : 나프타를 주원료로 열분해, 접촉분해, 부분연소 등으로 만들어짐
(5) 석탄계 가스 : **석탄을 건류할 때 발생되는 가스**(CH_4, H_2, CO 등)
(6) 수성 가스 : 무연탄이나 코크스를 수증기와 작용시켜 생성(H_2, CO)
(7) 고로가스 : 제철의 용광로에서 부산물로 발생되는 가스(CO_2, CO, N_2 등)
(8) 오프가스 : **석유정제 폐가스**(접촉분해, 개질, 상압정류 때 발생)와 석유화학 폐가스(C_2H_4, C_3H_6를 제조할 때)를 말함
(9) 도시가스 : CH_4이 주성분이며, H_2 탄화수소물 등을 혼합시킴

> **Level up**
>
> **탄화수소비(C/H)가 큰 순서**
> (1) 고체 연료 > 액체 연료 > 기체 연료
> (2) 중유 > 경유 > 등유 > 가솔린
> (3) 질이 나쁜 연료일수록 크다.
> (4) 낮을수록(탄소가 적을수록) 연소가 잘된다.
>
> **유동점**
> 액체가 흐를 수 있는 최저온도(= 응고점 + 2.5 ℃)

Chapter 16 연소계산

핵심키워드: 발열량, 공기량, 연소가스량, 이론 연소온도

학습목표:
1. 고위발열량과 저위발열량 차이를 이해하고 각각 계산할 수 있다.
2. 기체연료의 이론공기량을 계산할 수 있다.
3. 기체연료의 실제공기량을 계산할 수 있다.
4. 탄화수소연소식을 작성할 수 있다.
5. 연소가스량 및 연소온도를 계산할 수 있다.

01 연소계산

1 발열량 ★★

완전연소할 때 발생하는 열량(액체, 고체 : kcal/kg, 기체 : kcal/m³)

1) 고위발열량 : 수증기의 증발잠열을 포함한 열량(총발열량)

$$H_h(고) = H_\ell(저) + 600(9H + W)$$
$$※ \text{SI단위} : H_h = H_\ell + 2.5(9H + W)$$

2) 저위발열량 : 수증기의 증발잠열을 뺀 열량(진발열량)

$$H_\ell(저) = H_h(고) - 600(9H + W)$$
$$※ \text{SI단위} : H_\ell = H_h - 2.5(9H + W)$$

2 발열량 계산 ★★

1) $C \quad + \quad O_2 \quad \rightarrow \quad CO_2 \quad + \quad 97200\,kcal/kmol$ (완전연소일 때)

　　$1\,kmol \quad\quad 1\,kmol \quad\quad 1\,kmol$

　　$12\,kg \quad\quad\, 32\,kg \quad\quad\, 44\,kg$

　　$1\,kg \quad\quad\, \dfrac{32}{12}kg \quad\quad \dfrac{44}{12}kg \quad\quad \dfrac{97200}{12}kg$

2) $C \quad + \quad \dfrac{1}{2}O_2 \quad \rightarrow \quad CO \quad + \quad 29400\,kcal$ (불완전연소일 때)

　　$CO \quad + \quad \dfrac{1}{2}O_2 \quad \rightarrow \quad CO_2 \quad + \quad 67800\,kcal/kmol$

3) $H_2 \quad + \quad \frac{1}{2}O_2 \quad \rightarrow \quad H_2O \quad + \quad 68000\,kcal/kmol$

$2kg \qquad 16kg \qquad 18kg$

$22.4\,m^2 \qquad 11.2\,m^2 \qquad 22.4m^2$

$H_2 \quad + \quad \frac{1}{2}O_2 \quad \rightarrow \quad H_2O \quad + \quad 3050\,kcal/Nm^3$

$3050 - 480 = 2570kcal/Nm^3$

4) $S \quad + \quad O_2 \quad \rightarrow \quad SO_2 \quad + \quad 80000\,kcal/kmol$

$32kg \qquad 32kg \qquad 64kg$

(1) $C \ + \ O_2 \ \rightarrow \ CO_2 \ + \ 97200\,kcal/kmol\left(\frac{97200}{12} = 8100\,kcal/kg\right)$

(2) $H_2 \ + \ \frac{1}{2}O_2 \ \rightarrow \ H_2O(\text{액}) \ + \ 68000\,kcal/kmol\left(\frac{68000}{2} = 3400\,kcal/kg\right)$

$H_2 \ + \ \frac{1}{2}O_2 \ \rightarrow \ H_2O(\text{기}) \ + \ 57200kcal/kmol\left(\frac{57200}{2} = 28600\,kcal/kg\right)$

(3) $S \quad + \quad O_2 \quad \rightarrow \quad 80000\,kcal/kmol\left(\frac{80000}{32} = 2500\,kcal/kg\right)$

(4) $C_3H_8 \ + \ 5O_2 \ \rightarrow \ 3CO_2 \ + \ 4H_2O \ + \ 530\,kcal/mol$

① $C_3H_8 \ \ 1\,Nm^3$의 발열량

$\left(\frac{530}{22.4}\right) \times 1000 = 23660 = 24000\,kcal/Nm^3$

② $C_3H_8 \ \ 1\,kg$의 발열량

$\left(\frac{530}{44}\right) \times 1000 = 12045 = 12000\,kcal/kg$

(5) 탄화수소연소식

$$C_mH_n + \left(m + \frac{n}{4}\right)O_2 \ \rightarrow mCO_2 \ + \ \frac{n}{2}H_2O$$

3 공기량 ★★★

Level up

공기의 조성

(1) 체적비(1 Nm^3) : 산소 0.21 Nm^3, 질소 0.79 Nm^3

(2) 질량비(1 kg) : 산소 0.232 kg, 질소 0.768 kg

1) 산소량

$$W : \frac{32}{12} + \frac{16}{2}\left(H - \frac{O}{8}\right) + \frac{32}{32}S = 2.67C + 8\left(H - \frac{O}{8}\right) + S \, kg/kg$$

$$V : \frac{22.4}{12} + \frac{11.2}{2}\left(H - \frac{O}{8}\right) + \frac{22.4}{32}S = 1.87C + 5.6\left(H - \frac{O}{8}\right) + 0.7S \, m^3/kg$$

$$V : \frac{\text{산소몰수}}{\text{가연성 몰수}} = Nm^3/Nm^3$$

2) 공기량

　(1) 체적으로 구할 때 : $8.89C + 26.67H + 3.33S \, Nm^3/kg$
　(2) 중량으로 구할 때 : $11.49C + 34.5H + 4.35S \, kg/kg$

3) 기체연료의 완전연소 시 이론공기량

$$O_2 = \frac{1}{2}H_2 + \frac{1}{2}CO + 2CH_4 + 3C_2H_4 + 5C_3H_8 + 12/2\,C_4H_{10} - O_2$$

이론공기량 $A_0 = \dfrac{O_0}{0.21} \, Nm^3/Nm^3$

※ $A_0 = \dfrac{O_0}{0.232} \, kg/kg$

4) 실제공기량

$$A_a = A_o + A_s (\text{과잉공기량}) = m \cdot A_o \; [m(\text{공기비}) > 1.0]$$

$$\therefore m = \frac{A_a}{A_o} = 1 + \frac{A_s}{A_o} = 1 + \frac{A_a - A_o}{A_o}$$

$$A_s = (m-1)A_o$$

• 과잉공기율 = (m - 1) × 100 %

＋ Level up

불완전연소 과잉공기비(m)

$$m = \frac{A_a}{A_o} = \frac{A_a}{A_a - A_s} = \frac{N_2}{N_2 - \dfrac{\text{질소 부피비}}{\text{산소 부피비}}(O_2 - 0.5CO)}$$

(공기비를 배기가스의 질소의 비로 구할 수 있다)
연료가스 조성에서

산소량 $= 0.21 \times \dfrac{A_s}{G(\text{실제습연소가스량})} \times 100 \, [\%] = 0.21 \times \dfrac{(m-1)A_o}{G} \times 100 \, [\%]$

※ 공기비(m) : 이론공기량에 대한 실제공기량의 비
※ 당량비 : 공기비(공기과잉률)의 역수

5) 배기가스와 공기비

　(1) 완전연소 시

$$m = \frac{21}{21 - O_2(\%)} = \frac{\frac{N_2}{0.79}}{\left(\frac{N_2}{0.79}\right) - \left(\frac{3.76 O_2}{0.79}\right)} = \frac{N_2}{N_2 - 3.76 O_2}$$

　(2) 불완전연소 시

$$m = \frac{N_2}{N_2 - 3.76(O_2 - 0.5 CO)}$$

　(3) 탄산가스 최대치에 의한 공기비 계산

$$m = \frac{CO_{2\max}}{CO_2} = \frac{21}{21 - O_2(\%)}$$

※ $\dfrac{N_2}{O_2} = \dfrac{0.79}{0.21} = 3.76$

4 연소가스량 ★

1) 이론 습연소가스량(G_{ow}) = 이론 건연소가스량(G_{od}) + 연소생성 수증기량

　G_{ow}[kg/kg] = G_{od} + (9H + W))
　　　　　　　= (1 - 0.232)A_o + 3.67C + 2S + N + (9H + W)
　G_{ow}[Nm³/kg] = G_{od} + 1.244(9H + W))
　　　　　　　　= (1 - 0.21)A_o + 1.867C + 0.7S + 0.8N + 1.244(9H + W)

2) 이론 건연소가스량(G_{od}) = 이론 습연소가스량(G_{ow}) - 연소생성 수증기량

　G_{od}[kg/kg] = (1 - 0.232)A_o + 3.67C + 2S + N
　G_{od}[Nm³/kg] = (1 - 0.21)A_o + 1.867C + 0.7S + 0.8N

3) 실제 습연소가스량(G_w) = 이론 습연소가스량(G_{ow}) + 과잉공기량($(m-1)A_o$)

　G_w[kg/kg] = (m - 0.232)A_o + 3.67C + 2S + N + (9H + W)
　G_w[Nm³/kg] = (m - 0.21)A_o + 1.867C + 0.7S + 0.8N + 1.244(9H + W)

4) 실제 건연소가스량(G_d) = 이론 건연소가스량(G_{od}) + 과잉공기량($(m-1)A_o$)

　G_d[kg/kg] = (m - 0.232)A_o + 3.67C + 2S + N
　G_d[Nm³/kg] = (m - 0.21)A_o + 1.867C + 0.7S + 0.8N

> **보충** 이론산소량만으로 완전연소시키는 경우 이론 건연소가스량은 생성된 이산화탄소의 양만을 고려한다.

5 연소온도 ★

1) 이론 연소온도 : 연소실 벽면이나 방사에 의한 손실이 전혀 없다고 가정할 때의 연소실 내의 가스온도

$$t_o = \frac{H_L}{G_v C} + t[℃]$$

2) 실제 연소온도 : 공기 및 연료의 현열 등을 고려한 경우

$$t_a = \frac{H_L + Q_a + Q_f}{G_v C} + t[℃]$$

G_v : 연소가스량[Nm³/kg]
C : 연소가스 정압비열[kcal/Nm³ ℃)]
Q_a : 공기의 현열[kcal/kg]
Q_f : 연료의 현열[kcal/kg]
t : 기준온도[℃]
H_L : 저위발열량[kcal/kg]

보충 가역단열 변화량(온도와 압력의 관계)

$$\frac{T_2}{T_1} = \left(\frac{P_2}{P_1}\right)^{\frac{k-1}{k}} \quad [k = 비열비]$$

> **Level up**
>
> **연소온도에 영향을 미치는 것**
> (1) 연료의 단위질량당 발열량
> (2) 공급 공기의 온도
> (3) 연소 시 반응물질 주위의 온도
> (4) 연소용 공기 중 산소 농도
> (5) 연소의 저위발열량
> (6) 공기비가 클수록 과잉 질소(흡열반응)에 의한 연소가스량이 많아지므로 연소온도는 낮아짐
>
> **연소온도를 높이는 방법**
> (1) 발열량이 높은 연료를 사용
> (2) 연료와 공기를 예열하여 공급
> (3) 이론공기량과 가깝게 공급
> (4) 방사 열손실을 줄임
> (5) 완전연소 진행
>
> **가스연소 시 열손실**
> (1) 불완전연소에 의한 손실
> (2) 배기가스에 의한 손실

Chapter 17 폭발과 폭굉

핵심키워드 폭굉, 폭발등급, 안전간격, 고압가스, 밸브, 퍼지

학습목표
1. 폭발과 폭굉현상에 대해 학습한다.
2. 폭굉유도거리가 짧아지는 요인을 암기한다.
3. 폭발등급을 학습하고, 폭발 범위에 따른 위험도를 계산할 수 있다.
4. 가스 종류별 폭발 범위를 암기한다.
5. 고압가스용기와 밸브의 안전관리에 대해 학습한다.
6. 이너팅에 대해 학습한다.

01 폭발과 폭굉

1 폭발

격렬한 연소의 한 형태로서 급격한 압력의 발생, 해방의 결과로서 격렬한 음향과 폭풍을 수반하는 팽창현상

2 폭발 종류

1) 화학적 폭발 : 폭발성 혼합가스에 점화할 때, 화약이 폭발할 때

2) 압력폭발 : 고압가스용기, 보일러의 폭발

3) 분해폭발 : 가압하에서 아세틸렌, 산화에틸렌, 히드라진 등
   (1) 아세틸렌의 희석제 : 분해폭발 방지 목적
      아세틸렌 희석제 종류 : C_2H_4, CO, CH_4, H_2, C_3H_8, N_2
   (2) 산화에틸렌의 분해폭발 : 액상에서는 안전하나 기상(3 ~ 80 %)에서 분해폭발이 일어나므로 액상으로 유지하기 위해 용기 상부에 45 ℃ 이상, 4 kg/cm^2 이상으로 가압하며 이때 가압매체는 N_2, CO_2

4) 중합폭발 : HCN, C_2H_4O 등(중합열은 발열반응)

5) 촉매폭발 : 수소, 염소 등에 직사일광을 쬘 때 염소폭명기

3 폭굉 ★★★

데토네이션이라고 하며, 가스 중의 음속보다는 **화염 전파속도가 큰 경우**

1) 마하 수(음속 대비 속도의 빠르기) : 3 ~ 5배

2) 파면압력 : 초압의 10 ~ 50배

3) 폭파속도 : 폭굉이 전하는 속도로 1000 ~ 3500 m/s(정상 연소속도는 0.03 ~ 10 m/s)

4) DID(폭굉유도거리 Detonation Induction Distance) : 완만한 연소가 폭굉으로 발전하는 거리로서 짧을수록 위험

> **보충** DID가 짧아지는 요인
> - 고압일수록
> - 점화원의 에너지가 강할수록
> - 관 속에 장애물이 있거나 관지름이 작을수록
> - 정상 연소속도가 큰 혼합가스일수록

4 폭풍

큰 파이어볼, 폭발 및 폭굉으로부터 공기 중에 발사되는 압력파이며 발생된 충격파와 감쇠된 음파를 포함

> **Level up**
>
> **가스폭발의 조건**
> (1) 가연성 혼합가스의 형성, 착화원의 존재, 밀폐성의 공간
> (2) 폭발의 파괴력은 밀폐의 정도에 따라 달라지며 밀폐성이 양호할수록 파괴력이 강하다. 따라서 가스사용자는 밀폐된 장소에서 더욱 가스사용 전 누출확인, 시설물 관리 등 세심한 안전 관리를 해야 한다.
>
> **보충** 파이어 볼 : 액화석유가스와 같은 가연성 액화가스가 대량 유출하여 불이 붙었을 경우 혹은 액화석유가스 탱크가 외부화염으로 가열되어 내압이 상승하고 탱크벽의 일부에 구멍이 생겨 액화석유가스가 증기폭발을 일으킬 경우 공중에 커다란 볼 형태의 화염을 발생시키는 현상
>
> **보충** 제트화염 : 분류화염이라 부르며 배관의 일부에서 생긴 구멍으로부터 가스가 분출한 경우 생기는 화염으로써 난류확산 화염

02 폭발등급과 안전간격

1 폭발에 영향을 주는 인자 ★
온도, 압력, 용기의 모양과 크기, 조성(폭발 범위 %)

2 폭발등급과 안전간격 ★

1) 소염 : 온도, 압력, 조성의 세 가지 조건이 갖추어져도 용기가 작으면 발화하지 않고, 부분적으로 발화하여도 화염이 전파되지 않고 도중에 꺼져 버리는 현상

2) 안전간격 : 화염이 틈새를 통하여 바깥쪽의 폭발성 혼합가스까지 전달되는가를 측정할 때 화염이 전달되지 않는 한계의 틈새

3) 폭발등급 : 안전간격에 따라서 구분
   (1) 1급 : 안전간격이 0.6 mm 이상인 가스(CO, CH_4, C_3H_8, NH_3, n - 부탄, 벤젠, 가솔린)
   (2) 2급 : 안전간격이 0.6 mm 미만, 0.4 mm 이상인 가스(에틸렌, 석탄가스)
   (3) 3급 : 안전간격이 0.4 mm 미만인 가스(수소, 수성 가스, 아세틸렌, 이황화탄소)

   보충 급수가 클수록(3급 > 2급 > 1급) 위험

3 폭발 범위와 위험도 ★★★

1) 폭발 범위 : 가연성 가스와 공기의 혼합가스에 대한 연소가 가능한 가연성 가스의 용량 백분율(Vol %)
   (1) 폭발 범위 = 연소 범위 = 가연 범위 = 폭발한계 = 연소한계 = 가연한계
   (2) 가연성 가스의 폭발 범위 : 압력이 높을수록 넓어짐(단, CO + 공기는 좁아짐)

2) 폭발 범위의 측정 : 전기불꽃을 사용하며 $\phi 50$ mm, 길이 1.5 m의 수평유리관에 가연성 가스와 공기의 혼합가스를 1 atm으로 넣고 전기불꽃으로 실험

3) 위험도 : 클수록 위험하며, 하한계가 낮고 상한과 하한의 차이가 클수록 커짐

$$위험도\ H = \frac{U-L}{L}$$

H : 위험도
U : 폭발상한값[%]
L : 폭발하한값[%]

03 연소성에 따른 가스의 분류

1 가연성 가스 ★★★

공기 중에서 연소할 수 있는 가스로서 고압가스 법규상 폭발한계치로 규정

1) 폭발한계의 하한이 10 % 이하
2) 폭발한계의 상한과 하한의 차이가 20 % 이상인 가스

가스명	하한	상한	가스명	하한	상한
부탄(C_4H_{10})	1.8	8.4	산화에틸렌(C_2H_4O)	3	80
프로판(C_3H_8)	2.1	9.5	수소(H_2)	4	75
아세틸렌(C_2H_2)	2.5	81	황화수소(H_2S)	4.3	45
에틸렌(C_2H_4)	2.7	36	시안화수소(HCN)	6	41
에탄(C_2H_6)	3	12.5	일산화탄소(CO)	12.5	74
메탄(CH_4)	5	15	암모니아(NH_3)	15	28

> 암 십팔팔사[부], [프]트리구오, [아]이고팔자야, [에]이칠쓰루, 삼일이오[에탄], [메]오시오, [싸이렌]삼팔광, [수]사치료, 사삼사오[황], 육사일[시], 씹이냐칠세[일산], 일러어이십팔[니아]

> 보충 암모니아(15 ~ 28 %)와 브롬화메탄(13.5 ~ 14.5 %) 두 가지는 '하한이 10 % 이하, 상한과 하한의 차이가 20 % 이상'의 규정에는 해당되지 않지만 가연성 가스로 취급

> 보충 수소는 공기 중에서는 4 ~ 75 %이나 염소 중의 폭발한계는 5.5 ~ 89 %로서 직사 일광에 의해 다음과 같은 염소 폭명기를 만든다.

2 지연성 가스(= 조연성 가스)

가연성 가스의 연소를 도와주는 가스로서 산소, 염소, 공기, 이산화질소, 초산가스 등이 있음

3 불연성 가스

불이 타지 않는 가스로서 질소, **이산화탄소**와 **불활성 가스**(He, Ar, Ne, Xe, Kr, Rn 등)

04 이너팅(불활성화) ★

1 사이폰퍼지

용기에 액체를 채운 후 용기로부터 액체를 배출하여 불활성 가스를 주입

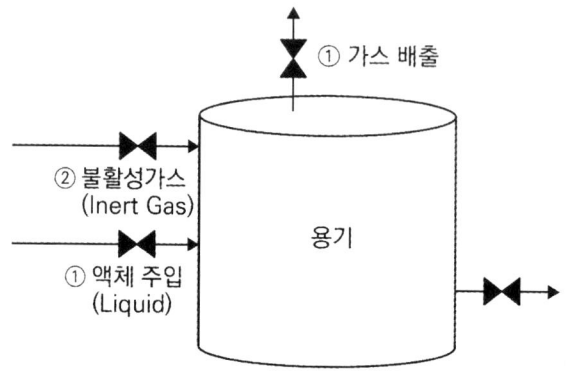

2 스위프퍼지

진공과 압력을 가할 수 없는 용기에 사용, 용기 개구부로 불활성 가스 주입 후 다른 개구부로 불활성 가스를 대기로 방출, 원하는 산소 농도를 구함

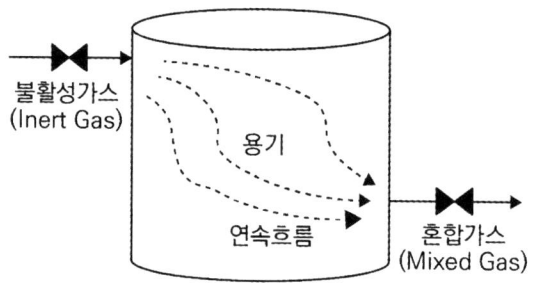

3 압력퍼지

용기를 가압한 후 불활성 가스를 주입하고 불활성 가스가 용기 내에 확산되면 대기로 방출하여 원하는 산소 농도를 구함

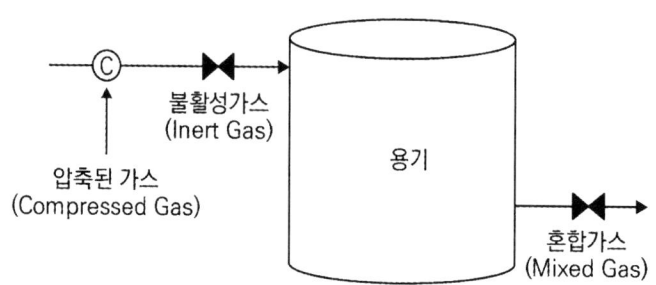

4 진공퍼지

용기를 진공압에 가깝도록 만들고 불활성 가스를 주입하여 대기압과 같아지게 하는 방법이며 저압 퍼지라고 함

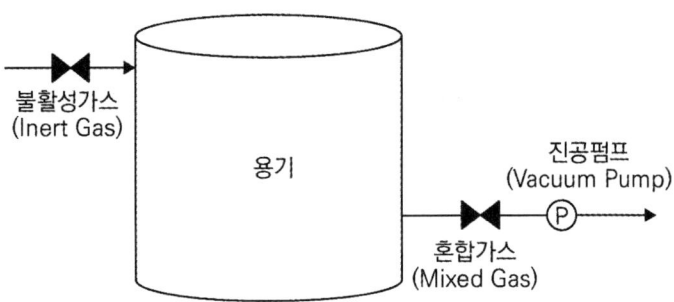

Chapter 18 기타

핵심키워드 연료 특성, 공기비, 발화점, 보일러 효율, 오토사이클, 고압설비

학습목표
1. 착화온도 감소조건을 학습하고 연소 반응속도에 대해 이해한다.
2. 고체연료와 기체연료의 장점과 단점을 학습한다.
3. 공기비에 따른 연소에 미치는 영향에 대해 학습한다.
4. 발화점과 연소온도에 영향을 미치는 인자를 암기한다.
5. 보일러 효율을 계산할 수 있다.
6. 각 사이클에 대해 학습한다.
7. 열의 이동 종류에 대해 학습하고 열전도량과 열전달량을 계산할 수 있다.
8. 긴급차단장치와 고압설비 안전장치, 방류둑 구비조건에 대해 학습한다.

01 착화온도

1 감소조건

1) 발열량이 클수록

2) 분자구조가 복잡할수록

3) 산소량이 많을수록

4) 압력이 높을수록

2 탄소량 증가 시

1) 액체, 기체 연료의 발열량 감소, 매연 증가

2) 고체연료는 발열량 증가, 매연 감소

3 발화점에 영향을 미치는 인자 ★

온도, 압력, 조성, 용기의 크기 및 형태(탄화수소에서 탄소수 증가 시 감소)

4 연소 반응속도

1) 활성화에너지가 **작을수록** 빨라짐

2) 분자의 충돌횟수가 많을수록, 반응온도가 높을수록(10℃ 상승에 따라서 2배씩 증가) 빨라짐

02 연료의 시험방법

1 고체

1) 시료 채취 : 계통 시료 채취, 층별 시료 채취, 이단 시료 채취

2) 수분 측정 : (석탄 107 ± 2 ℃, 코크스 150 ± 5 ℃) 감량된 무게로 측정

3) 석탄 : 고정탄소 % = 100 - (수분 % + 회분 % + 휘발유 %) → 항습베이스

4) 코크스 : 고정탄소 %

5) 원소 분석 : 탄소, 황, 질소, 인, 수소, 산소

2 액체

1) 황분 측정법 : 램프식(용량법, 중량법), 봄브식, 연소관식(공기법, 산소법)

2) 인화점 : 팬스키미아텐스식, 아밸펜스키식, 클리브랜식, 타크식
   산화에 의한 온도 상승을 측정

3) 착화점 : 산화에 의한 탄산가스 생성을 측정
   산화에 의한 중량 변화를 측정

3 기체

1) 비중 측정 : 유출법, **분젠시링법**, 라이트법

> 보충 그레이엄의 법칙 : 유출속도는 밀도의 제곱근에 반비례한다.
> 즉, 유출시간은 가스밀도의 제곱근에 비례한다.

Level up

분젠시링법
(1) 비중 = 어떤 액체의 밀도 / 표준액체(보통 물)의 밀도
(2) 비중병 대신 분젠 피펫(시링, sealing pipette)을 사용하여 측정
(3) 일정량의 액체를 밀폐된 유리관(분젠시링관)에 흡입·밀봉한 후, 무게를 달아 비중을 계산하는 방식
(4) 비교적 소량의 시료만 있어도 측정이 가능하며 정밀도가 높음

2) 시료채취
   (1) 1차 여과기 : 내열성이 좋고 제진효과가 좋은 아람단이나 카보런덤
   (2) 2차 여과기 : 계기직전에 석면, 면, 유리솜

03 연료의 특성

- 수분이 많은 연료 : 점화가 어렵고 열의 효율이 떨어짐
- 회분이 많은 연료 : 발열량이 낮고 클링커 발생으로 통풍력 저하
- 휘발분이 많은 연료 : 점화는 쉬우나 발열량 저하
- 고정탄소가 많은 연료 : 발열량이 높고 매연 감소, 연소속도가 늦어짐

1 공기비가 클 때 연소에 미치는 영향 ★★

1) 연소실 내의 연소온도가 저하

2) 통풍력이 강하여 배기가스에 의한 열손실이 많아짐

3) 연소가스 중에 SO_3(삼산화황)의 함유량이 많아져서 저온부식이 촉진

4) 연소가스 중에 NO_2(이산화질소)의 발생량이 심하여 대기오염이 유발

2 공기비가 작을 때 연소에 미치는 영향 ★★

1) 불완전연소가 되어 매연 발생이 심해짐

2) 미연소에 의한 열손실이 증가

3) 미연소 가스로 인한 폭발사고가 일어나기 쉬움

3 발화점에 영향을 미치는 인자

온도, 압력, 조성, 용기의 크기 및 형태

4 연소온도에 영향을 미치는 인자

연료의 저위발열량, 공기비, 산소 농도, 열전달계수

5 예혼합연소(혼합기연소)

가연성 기체를 미리 공기와 혼합시켜 연소하는 방식

6 내부연소(자기연소)

외부로부터 산소 공급이 없더라도 자체 산소를 이용하여 연소

7 폭발

격렬한 연소의 한 형태로서 급격한 압력의 발생, 해방의 결과로서 격렬한 음향과 폭풍을 수반하는 팽창현상

8 폭연

충격파가 음속보다 느린 경우, 가솔린과 공기혼합물이 1/300초 내에 완전연소하는 경우 압력은 수 기압 정도이며 폭굉으로 발전할 수 있음

9 폭굉

데토네이션이라고 하며, 가스 중의 음속보다도 화염전파속도가 큰 경우(마하수 : 3 ~ 5배, 압력 : 15 ~ 40 atm, 폭파속도 : 1000 ~ 3500 m/s)

10 폭굉유도거리(DID)

완만한 연소가 폭굉으로 발전하는 거리이며 짧을수록 위험(정상속도가 클수록, 관 속에 장애물이 있거나 지름이 작을수록, 고압일수록, 점화원의 에너지가 강할수록 짧아짐)

04 보일러

1 보일러 용량(kg/g)

단위시간당 발생시킬 수 있는 최대 증발량

2 보일러 효율 ★

보일러의 효율은 보일러에 공급되는 열량과 실제 사용할 수 있는 유효열과의 비율로서 일반적으로 공급열은 연료의 저위발열량 Hl을 취한다.

1) 온수보일러 효율 = $\dfrac{\text{온수발생량} \times \text{온수의 비열}(t_2 - t_1)}{\text{연료소비량} \times Hl} \times 100(\%)$

2) 증기보일러 효율 = $\dfrac{\text{실제증발량} \times (h'' - h')}{\text{연료소비량} \times Hl} \times 100(\%)$

$= \dfrac{\text{상당증발량} \times 539}{\text{연료소비량} \times \text{연료의 저위발열량}} \times 100(\%)$

상당증발량 : 환산증발량(kg_f/h), 연료의 저위발열량 : kcal/kg, kcal/Nm³
온수의 비열 : kcal/kg·℃, 온수의 출구온도 t_2 : ℃, 보일러수의 입구온도 t_1 : ℃
발생증기엔탈피(h″) : kcal/kg, 급수엔탈피(h′) : kcal/kg

05 냉동사이클

1 카르노사이클

※ 사이클 : 열기관이나 냉동기 등에서 어느 물질이 한 일점에서 시작하여 몇 개의 변화를 연속적으로 이루면서 원점으로 다시 오는데 이와 같이 동작이 같은 변화를 반복하는 것

※ 카르노사이클 : 2개의 등온저장조 사이에 작동하는 사이클 중에서 **모든 과정이 가역**이라고 가정한 사이클로, 카르노사이클을 능가하는 효율을 가진 열기관은 존재할 수 없음

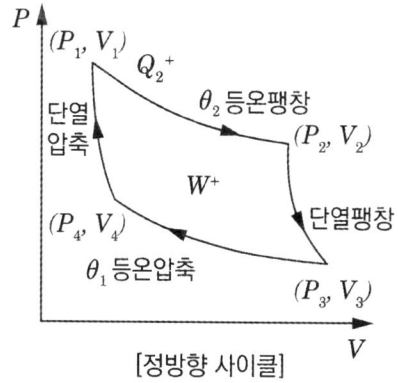
[정방향 사이클]
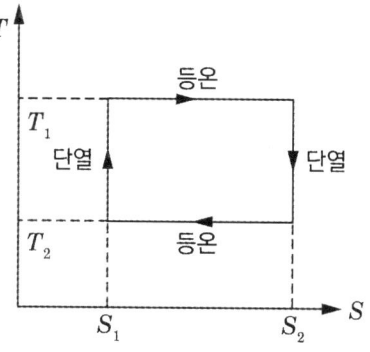

- 기체를 등온팽창 (1 → 2) → 단열팽창 (2 → 3) → 등온압축 (3 → 4) → 단열압축 (4 → 1) 순서로 변화시켜 처음의 상태로 복귀시키는 열역학적 사이클

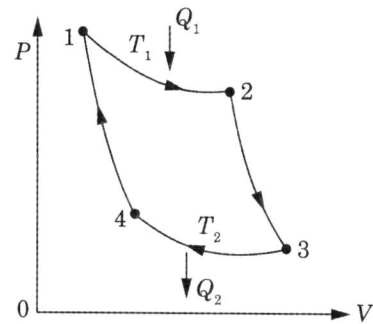

※ 열기관의 이상사이클이며 현실적으로 실현 불가능하며 완전가스를 작업물질로 하는 두 개의 가역 등온과정과 두 개의 가역 단열과정으로 구성

1) 카르노사이클 원리
　(1) 동작물질의 온도를 열원의 온도와 같게 함
　(2) 같은 두 열원에 작동하는 모든 가역사이클은 효율이 같음
　(3) **열기관의 이상사이클로서 최대의 효율**을 가짐

2) 카르노사이클의 P - v, T - s선도
   (1) 1 → 2 : 등온팽창(열량 Q_1을 받아 등온 T_1을 유지하면서 팽창하는 과정)
   (2) 2 → 3 : 단열팽창과정(외부에 일을 하는 과정)
   (3) 3 → 4 : 등온압축과정(열량 Q_2를 방출하고 등온 T_2를 유지하면서 압축하는 과정)
   (4) 4 → 1 : 단열압축과정

※ 유효일 W = Q_1 - Q_2

$$열효율 \eta_c = \frac{유효일(W)}{공급열량(Q_1)} = \frac{Q_1 - Q_2}{Q_1} = 1 - \frac{Q_2}{Q_1}$$

Level up

클라우지우스(Clausius)의 폐적분(순환적분) 값

$$\oint \frac{\delta Q}{T} \leq 0$$

※ 가역사이클이면 등호(=), 비가역사이클이면 부등호(<)이다.

2 역카르노사이클(냉동사이클) ★

카르노사이클이 역으로 순환하는 사이클을 **역카르노사이클**이라고 하며, 냉동기 또는 열펌프의 이상적인 사이클로 단열과정 2개와 등온과정 2개로 구성되어 있음

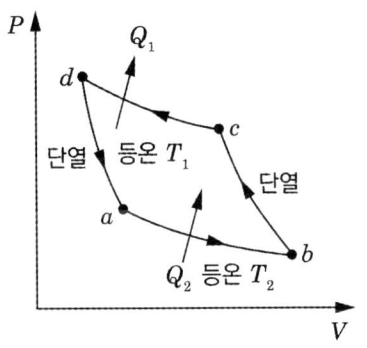 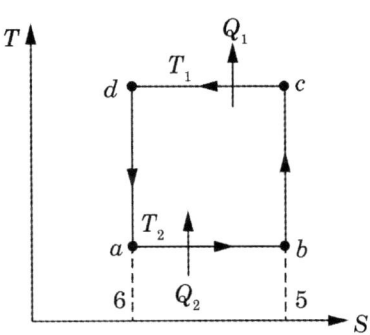

1) a → b : 등온팽창(열량 Q_2를 받아 등온 T_2를 유지하면서 팽창하는 증발과정)
2) b → c : 단열압축(외부에서 일을 받아 저온저압의 기체를 고온고압으로 압축하는 압축과정)
3) c → d : 등온압축(열량 Q_1을 방출하고 등온 T_1을 유지하면서 압축하는 응축과정)
4) d → a : 고온고압의 기체를 터빈에서 저온저압으로 팽창하는 팽창밸브의 과정으로 실제 냉동장치에서는 고온고압의 액냉매를 교축과정으로 저온저압의 냉매로 만드는 과정

※ 냉동작용을 위해 냉매의 상태변화를 유발하는 사이클

3 성적계수(COP : Coefficient of Performance)

냉동기의 효율을 표시하는 척도로 냉동능력 Q2와 소요일량 Aw와의 비가 사용되는데 이 비를 냉동기의 성적계수라고 한다.

4 역카르노사이클 이론 성적계수

$$COP = \frac{Q_2}{A_w} = \frac{증발열량}{압축일의 열량} = \frac{Q_2}{Q_1 - Q_2} = \frac{T_2}{T_1 - T_2}$$

T_1 : 응축 절대온도
T_2 : 증발 절대온도
Q_1 : 응축부하
Q_2 : 증발부하

5 실제적 성적계수

$$\epsilon_0 = \frac{냉동능력(kcal/h)}{압축소요마력 \times 632(kcal/h)} = \epsilon \times \eta_c \times \eta_m$$

1) 압축효율$(\eta_c) = \dfrac{기본적 마력}{실제적 마력}$

2) 기계효율$(\eta_m) = \dfrac{실제적 마력}{운전소요 마력}$

6 열펌프의 성적계수 ★

$$\epsilon = \frac{q_1}{A_w} = \frac{고온체에 공급한 열량}{공급일} = \frac{T_1}{T_1 - T_2}$$

1) 열펌프 : 열이 자연적으로 흘러가는 방향의 반대 방향으로 열을 흐르게 하는 장치나 기계로, 냉장고, 에어컨, 난방기, 냉동기 등이 해당됨

2) 열기관의 열효율(η) : $\eta < 1$

3) 냉동기, 열펌프의 성적계수는 항상 1보다 크며, 성적계수는 큰 것이 좋음

7 카르노사이클의 열효율 ★

$$\frac{T_1 - T_2}{T_1} = \frac{Q_1 - Q_2}{Q_1} = \frac{A_w}{Q_1}$$

8 오토사이클

$$열효율 = 1 - \left(\frac{1}{\varepsilon}\right)^{k-1}$$

ε : 압축비
k : 비열비

9 P-i선도

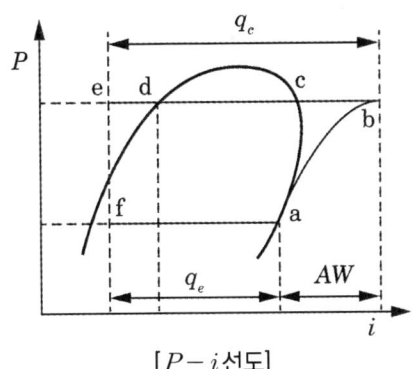

[$P-i$선도]

- a → b : 압축기
- b → e : 응축기(b ~ c : 과열 제거과정, c ~ d : 응축과정, d ~ e : 과냉각과정)
- e → f : 팽창밸브
- f → a : 증발기
- g → f : 팽창 직후 플래시 가스 발생량

1) 냉동효과(냉동력) : 냉매 1 kg이 증발기에서 흡수하는 열량

$$q_e = i_a - i_f \ kJ/kg$$

2) 압축일의 열당량

$$AW = i_b - i_a \ kJ/kg$$

3) 응축기 방출열량

$$q_c = q_e + AW = i_b - i_e \ kJ/kg$$

4) 증발잠열

$$q = i_a - i_g \ kJ/kg$$

5) 팽창밸브 통과 직후(증발기 입구) 플래시 가스 발생량

$$q_f = i_f - i_g \ kJ/kg$$

6) 팽창밸브 통과 직후 건조도 x는 선도에서 f점의 건조도를 찾음

$$x = 1 - y = \frac{q_f}{q} = \frac{i_f - i_g}{i_a - i_g}$$

7) 팽창밸브 통과 직후의 습도

$$y = 1 - x = \frac{q_e}{q} = \frac{i_a - i_f}{i_a - i_g}$$

8) 성적계수

  (1) 이론적 성적계수

$$COP = \frac{q_e}{AW}$$

  (2) 이상적 성적계수

$$COP = \frac{T_2}{T_1 - T_2}$$

  (3) 실제적 성적계수

$$COP = \frac{q_e}{AW}\eta_c \eta_m = \frac{Q_e}{N}$$

T_1 : 고압(응축) 절대온도[K]
T_2 : 저압(증발) 절대온도[K]
η_c : 압축효율
η_m : 기계효율
Q_e : 냉동능력[kJ/h]
N : 축동력[kJ/h]

9) 냉동능력 : 증발기에서 시간당 흡수하는 열량

$$Q_e = Gq_e = G(i_a - i_e) = \frac{V}{v_a}\eta_v(i_a - i_e) \; kJ/h$$

10) 냉동톤

$$RT = \frac{Q_e}{13900.8} = \frac{Gq_e}{13900.8} = \frac{V(i_a - i_e)}{13900.8 v_a}\eta_v \; RT$$

11) 냉매순환량 : 시간당 냉동장치를 순환하는 냉매의 질량

$$G = \frac{Q_e}{q_e} = \frac{V}{v_a}\eta_v = \frac{Q_c}{q_c} = \frac{N}{AW} \; kg/h$$

V : 피스톤 압출량[m³/h]
v_a : 흡입가스 비체적[m³/kg]
η_v : 체적효율

12) 압축비

$$a = \frac{P_2}{P_1}$$

06 기타

1 긴급차단장치 ★★★

1) 저장탱크에 접속된 배관에서 유체의 온도, 주위온도의 상승 등으로 사고발생의 위험 또는 오조작 등으로 액상의 가스가 유출될 위험이 있을 때 신속하게 차단

2) 설치위치 : 가연성, 독성 저장탱크로 액상의 가스를 송출 또는 이입하거나 이들을 겸용으로 하는 배관 중에 설치

3) 조작위치 : 5 m 이상(고압가스 특정제조는 10 m 이상) 이격

4) 작동 : 가용합금을 부착하여 유체 도는 주위온도가 110 ℃ 이상이 되면 자동으로 작동

5) 종류
   (1) 외장형 : 액배관으로 저장탱크에 가까운 곳으로서 주밸브 외측에 설치하는 배관접속형
   (2) 내장형 : 탱크의 내면에 내장되는 저조내장형

6) 작동원의 종류 : 공기압, 유압, 수동식(스프링식), 전기의 네 가지가 있으며, 공기압식과 유압식이 주로 쓰임

7) 작동레버 : 3곳 이상 설치

8) 설치대상 용량 : 저장탱크 내용적 5,000 L 이상일 때

9) 긴급차단장치의 기밀성능
   (1) 부착 상태 : ϕ 1.4 mm의 구경에서 누출되는 가스량 이상의 누설이 없을 것
   (2) 분리 상태 : N_2, 공기 등으로 차압 5 kg/cm^{2}에서 3분간 누설량이 1 L 미만일 것

10) 긴급차단장치는 저장탱크의 주밸브와 겸용으로 사용하지 않을 것

2 고압설비 안전장치

1) 안전밸브 : 내압시험압력의 80 % 이하에서 작동할 것

2) 바이패스밸브
   (1) 고압측의 고압가스를 저압측으로 바이패스시키는 구조
   (2) 작동압력 : 규정압력을 넘을 때 작동
   (3) 바이패스량 : 펌프배관 내의 1시간의 유량으로 결정

3) 파열판
    (1) 반응설비로서 이상 반응이 예상되는 설비에 설치
    (2) 파열압력 : 내압시험압력 이하
    (3) 안전밸브와 병행으로 설치할 때에는 안전밸브 작동압력 이상에서 작동

4) 자동제어장치
    (1) 압축기, 펌프의 토출 측 압력을 검출하여 흡입량을 자동적으로 제한하거나 차단하는 구조
    (2) 규정압력이 넘을 때 자동으로 제어

3 방류둑 구비조건

1) 액밀한 구조일 것

2) 액이 체류한 표면적이 작을 것(대기접촉량이 적어야 기화량이 적음)

3) 높이에 상당하는 액두압에 견딜 것

4) 배관이 관통할 때는 누설방지, 부식방지 조치

5) 금속 재료는 방식, 방청 조치

6) 가연성, 독성 또는 가연성 산소는 혼합배치 금지

Chapter 19 유체의 기초

핵심키워드: 전단응력, 음속, 표면장력, 점성법칙

학습목표:
1. 유체의 정의와 분류에 대해 학습한다.
2. 유체의 물리적 성질에 대해 학습한다.
3. 액체에서의 음속과 기체에서의 음속을 비교할 수 있다.
4. 표면장력과 모세관현상에 대해 학습한다.
5. 뉴턴의 점성법칙을 이해한다.

01 유체

1 유체의 정의

1) 전단응력이 작용하면 연속적으로 변형하는 물질

2) 유체는 기체와 액체로 구분된다.
   (1) 기체 : 압축성 유체
   (2) 액체 : 비압축성 유체

2 유체의 분류

1) 압축성 유무(밀도 변화)
   (1) 압축성 유체 : 압력에 의해 밀도가 변하는 유체(기체)
   (2) 비압축성 유체 : 압력에 의해 밀도가 변하지 않는 유체(물)

2) 점성 유무
   (1) 이상(완전) 유체 : 유체의 점성과 압축성을 모두 가지지 않는 유체(비점성 유체)
   (2) 실제(점성) 유체 : 유체의 점성과 압축성을 모두 가지는 유체(점성 유체)

3) 전단변형률
   (1) 뉴턴 유체 : 뉴턴의 점성법칙을 만족하는 유체(물, 공기 등)
   (2) 비뉴턴 유체 : 뉴턴의 점성법칙을 만족하지 않는 유체(플라스틱 등)

> **Level up**
> (1) 빙햄가소성 유체 : 비뉴턴 유체의 한 종류, 임계전단응력 이상이 되어야만 흐르는 유체
>   혈액, 케찹, 진흙, 페인트, 치약 등
> (2) 의가소성 유체 : 전단속도가 증가함에 따라 유체의 속도가 변하는 유체

02 단위와 차원

1 단위 분류

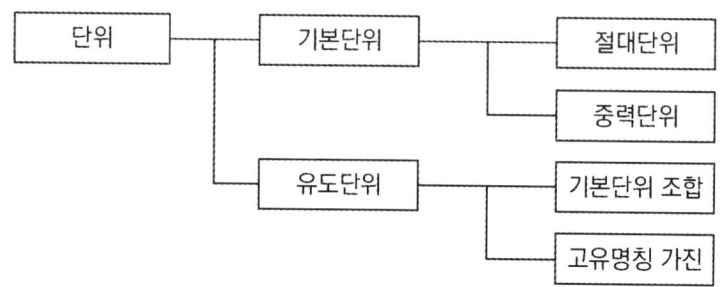

1) 기본단위(국제 표준단위, SI단위)

　(1) 절대단위

　　① 일정불변하게 유지되는 단위

　　② 길이, 질량, 시간을 기본단위로 한 단위계

　(2) 중력단위

　　① 중력을 표준으로 한 힘의 단위

　　② 길이, 중량, 시간을 기본단위로 한 단위계

구분	길이	질량	시간	중량(힘)
MKS	m	kg	s	kg_f(N, kg중)
CGS	cm	g	s	dyne

2) 유도단위

　(1) 기본단위를 조합한 유도단위(밀도, 전류밀도, 농도 등)

　(2) 고유명칭을 가진 유도단위(전력, 전압, 전하 등)

3) 질량과 중량

　(1) 질량

　　절대단위로 물질이 가지는 고유의 양, 무게(단위 : kg)

(2) 중량

질량 $1\ kg$인 물체에 **중력가속도** $9.8\ m/s^2$이 **작용할 때의 무게**(단위 : $kg_f (N$ 또는 kg중$))$

중량 $W = m \times g$ W : 중량$[N]$ m : 질량$[kg]$ g : 중력가속도$[m/s^2]$

> **Level up**
> (1) $1\ kg_f = 1\ kg_m \times 9.8\ m/s^2 = 9.8\ kg_m \cdot m/s^2 = 9.8\ N$
> (2) $1\ N = \dfrac{1}{9.8}\ kg_f = 10^5\ dyne\ (1\ dyne = g \cdot cm/s^2)$

2 차원 ★★

1) 차원의 정의
   (1) 기본 물리량과의 관계를 영어의 대문자로 표시한 것
   (2) 절대단위계(MLT계)와 중력단위계(FLT계)로 분류

2) 차원의 분류
   (1) 절대단위계의 차원(MLT계 차원)
       질량(M), 길이(L), 시간(T)을 기본차원으로 함
   (2) 중력단위계의 차원(FLT계)
       힘(F), 길이(L), 시간(T)을 기본차원으로 함

구분	질량	길이	시간	중량(힘)
단위	kg	m	s	N
차원	M	L	T	F

   (3) 물리량에 따른 차원

물리량	FLT계	MLT계	물리량	FLT계	MLT계
힘	F	MLT^{-2}	밀도	$FL^{-4}T^2$	ML^{-3}
길이	L	L	운동량	FT	MLT^{-1}
질량	$FL^{-1}T^2$	M	토오크	FL	ML^2T^{-2}
시간	T	T	압력	FL^{-2}	$ML^{-1}T^{-2}$
면적	L^2	L^2	동력	FLT^{-1}	ML^2T^{-3}
속도	LT^{-1}	LT^{-1}	점성계수	$FL^{-2}T$	$ML^{-1}T^{-1}$
각속도	T^{-1}	T^{-1}	동점성계수	L^2T^{-1}	L^2T^{-1}
비중량	FL^{-3}	$ML^{-2}T^{-2}$	에너지, 열	FL	ML^2T^{-2}

> **+ Level up**
>
> **무차원수**
> (1) 무차원은 단위가 같아 단위가 없는 수를 의미
> (2) 어떠한 2가지 특성을 비교하여 그 정도를 숫자로 표시
>
> | 구분 | 레이놀즈수 | 웨버수 | 오일러수 | 마하수 |
> |------|------------|--------|----------|--------|
> | 무차원수 | $\dfrac{관성력}{점성력}$ | $\dfrac{관성력}{표면장력}$ | $\dfrac{압축력}{관성력}$ | $\dfrac{관성력}{탄성력}$ |

3 유체의 물리적 성질 및 단위 접두어

1) 유체의 물리적 성질 ★★★

　(1) 밀도 : 물질의 단위 체적당 질량

　　* 물의 밀도 : $1000\ [kg/m^3] = 1000\ [N \cdot s^2/m^4]$

$$\rho\,[kg/m^3] = \frac{m}{V} = \frac{PM}{RT}$$

　　ρ : 밀도$[kg/m^3]$　　m : 질량$[kg]$　　V : 부피$[m^3]$

　(2) 비체적 : 밀도의 역수로 단위 질량당 체적

$$Vs\,[m^3/kg] = \frac{V}{m} = \frac{1}{\rho}$$

　　V_s : 비체적$[m^3/kg]$　　V : 부피$[m^3]$
　　m : 질량$[kg]$　　ρ : 밀도$[kg/m^3]$

　(3) 비중량 : 물체의 단위 체적당 중량

　　* 물의 비중량 : $1000\ [kg_f/m^3] = 9800\ [N/m^3]$

$$\gamma\,[kg_f/m^3] = \frac{W}{V} = \frac{mg}{V} = \frac{m}{V} \times g = \rho \cdot g$$

　　γ : 비중량$[N/m^3]$
　　W : 중량$[N]$
　　m : 질량$[kg]$
　　ρ : 밀도$[kg/m^3]$

　(4) 비중 : 어떤 물질 1 cc 무게와 4 ℃ 물 1 cc 무게와의 비

$$S = \frac{\rho}{\rho_w} = \frac{\gamma}{\gamma_w}$$

　　S : 비중　　　　　　ρ : 밀도
　　ρ_w : 물의 밀도　　γ : 비중량
　　γ_w : 물의 비중량

2) 단위 접두어

배수	10^9	10^6	10^3	10^2	10	10^{-2}	10^{-3}	10^{-6}	10^{-9}
접두어	giga	mega	kilo	hecto	deca	centi	milli	micro	nano
기호	G	M	k	h	d	c	m	μ	n

03 유체의 분류에 따른 특성

1 체적탄성계수

(1) 체적탄성계수 : 체적 변화율에 대한 압력변화

비압축성의 척도로 체적탄성계수가 클수록 압축이 어려움

$$K = -\frac{\Delta P}{\Delta V/V} = -\frac{(P_2 - P_1)}{(V_2 - V_1)/V_1} \ [N/m^2]$$

K : 체적탄성계수$[Pa]$
P : 압력$[Pa]$
V : 체적$[m^3]$

TIP 부호는 압력이 증가함에 따라 체적은 감소함을 표기

Level up

체적탄성계수 특징
(1) 압력의 차원을 가짐
(2) 압력 또는 응력의 단위와 동일
(3) 체적탄성계수와 압축률은 반비례 관계
(4) 이상기체를 등온압축 시 체적탄성계수는 절대압력과 같은 값

(2) 압축률 : 압력변화에 대한 체적 변화율

압축성의 척도로 클수록 압축이 용이

$$압축률 \ \beta = \frac{1}{K} = -\frac{(\Delta V/V)}{\Delta P} \ [m^2/N]$$

2 음속 : 유체 내 교란으로 생기는 압력파의 전파속도

액체에서의 음속	기체에서의 음속
$c[m/s] = \sqrt{\dfrac{K}{\rho}}$ c : 음속$[m/s]$, ρ : 밀도$[N \cdot s^2/m^4]$ K : 체적탄성계수$[N/m^2]$	$c[m/s] = \sqrt{RTk}$ R : 기체상수$[J/kg \cdot K]$, k : 비열비 T : 절대온도$[K]$

3 표면장력

1) 액 표면적을 최소화하기 위해 끌어당기는 힘(장력)
2) 같은 분자의 응집력과 다른 분자의 부착력 차로 발생

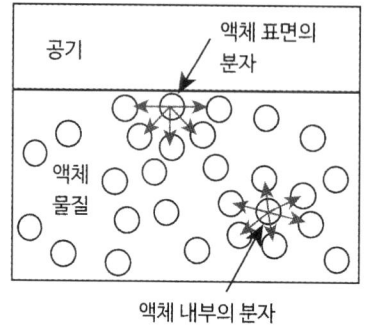
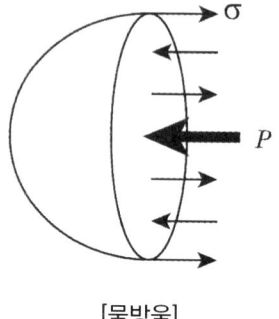

[물방울]

$$\sigma = \frac{1}{4}\Delta PD \; [N/m]$$

σ : 표면장력$[N/m]$
ΔP : 물방울 내부와 외부의 압력차$[N/m^2]\,[Pa]$
D : 지름$[m]$

TIP 온도가 상승하면 응집력 감소에 의해 표면장력이 감소

4 모세관현상

물 위에 가는 관을 세우면 모세관 내 유체의 응집력보다 부착력이 크게 되어 모세관 내 수위가 상승하는 현상

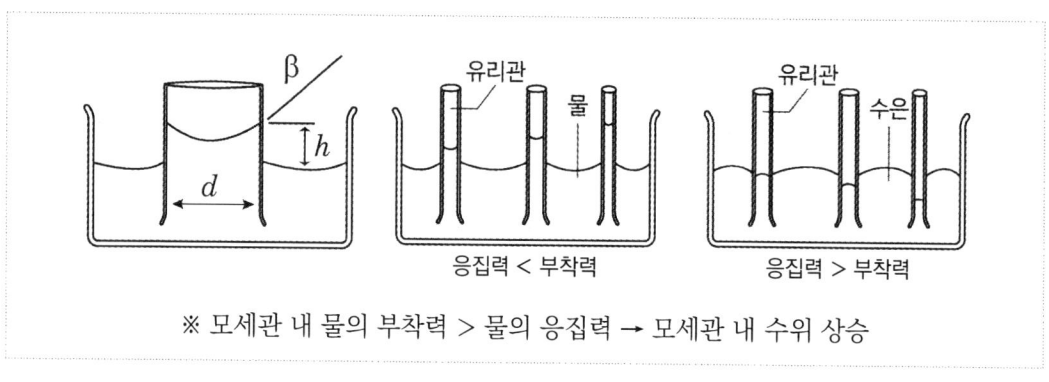

※ 모세관 내 물의 부착력 > 물의 응집력 → 모세관 내 수위 상승

$$h = \frac{4\sigma \cdot \cos\beta}{\gamma \cdot d} \; [m]$$

h : 상승높이$[m]$ σ : 표면장력$[N/m]$ β : 접촉각도
γ : 비중량$[N/m^3]$ d : 관의 내경$[m]$

> **Level up**
>
> **연직평판 모세관현상**
>
> $h_c = \dfrac{2\sigma\cos\beta}{\gamma d}$
>
> **부착력과 응집력 크기**
> (1) 부착력 > 응집력 : 유면 상승
> (2) 부착력 < 응집력 : 유면 하강

5 점성 ★★★

1) 유체 유동 시 생기는 마찰력으로 액체의 끈끈한 성질

2) 유체의 운동에너지를 열에너지로 바꾸는 유체의 고유특성

> **Level up**
>
> **뉴턴의 점성법칙**
> ① 유체의 점성과 변형과의 관계를 규명한 법칙
> ② 유체가 층상 유동 시 서로 접하는 두 개의 층 사이 상대운동이 존재하게 되어 두 개의 층 사이 전단력이 생기고, 이 전단력은 속도구배에 비례한다는 법칙
>
>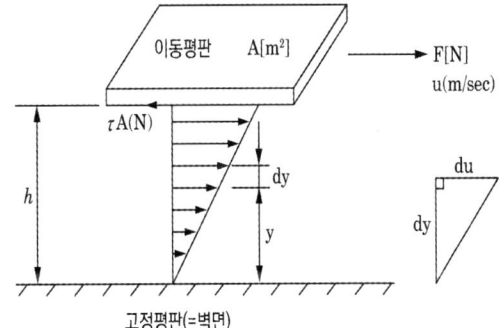
>
> • 전단응력 계산
>
> $\tau = \mu \dfrac{dv}{dy}\ [N/m^2]$
>
> μ : 점성계수 $[N\cdot s/m^2]$
> $dv\,[du]$: 속도 $[m/s]$
> dy : 거리 $[m]$
> $\dfrac{dv}{dy}$: 속도구배

점성계수(μ)	동점성계수(ν)
유체의 끈끈한 정도를 나타내는 계수	점성계수와 밀도와의 비
$\mu = \tau \cdot \dfrac{dy}{du}\ [N\cdot s/m^2]$ $\mu = \rho \times \nu\ [kg/m\cdot s]$ τ : 전단응력 $[N/m^2]$, $\dfrac{du}{dy}$: 속도구배	$\nu = \dfrac{\mu}{\rho}\ [m^2/s]$ ν : 동점성계수 $[m^2/s]$ μ : 점성계수 $[kg/m\cdot s]$ ρ : 밀도 $[kg/m^3]$
g/cm·s[= poise]	cm²/s[= stokes]

6 전단응력 ★

1) 층류의 전단응력 : 점성계수와 속도계수에 비례

2) 층류의 전단응력의 크기 : 벽면 > 중앙

3) 벽면의 속도기울기 : 난류 > 층류

7 점도의 측정

구분	측정원리	점도계 종류
뉴턴의 점성법칙	회전원통법	① 맥미첼(MacMichael)점도계 ② 스토머(Stomer)점도계
스토크스법칙	낙구법	낙구식 점도계
하겐포아젤의 법칙	세관법	① 오스트왈드(Ostwald)점도계 ② 세이볼트(Saybolt)점도계 ③ 앵글러(Engler)점도계 ④ 바베이(Barbey)점도계 ⑤ 레드우드(Redwood)점도계

Chapter 20 정수역학

핵심키워드 파스칼의 원리, 압력, 액주계, 경사 액주계, 벤츄리미터, 마노미터

학습목표
1. 파스칼의 원리에 대해 학습한다.
2. 유체 압력을 이해한다.
3. 액주계별 압력을 구하는 공식을 학습한다.

01 정수역학의 기초

1 정수역학의 개념

1) $P = \gamma h = \rho g h$

   개방된 용기 내 유체의 압력은 유체의 깊이와 비중량, 밀도에 비례한다.

2) $P = F/A$

   유체의 압력은 유체와 접하는 면에 수직으로 작용한다.

3) 파스칼의 원리

   밀폐된 용기 내 유체에 압력을 가하면 이 압력은 유체 내 모든 부분에 그대로 전달된다.

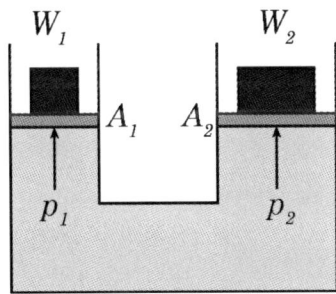

➕ Level up

직경(면적)비 차를 주어 작은 힘을 큰 힘으로 바꾸는 원리

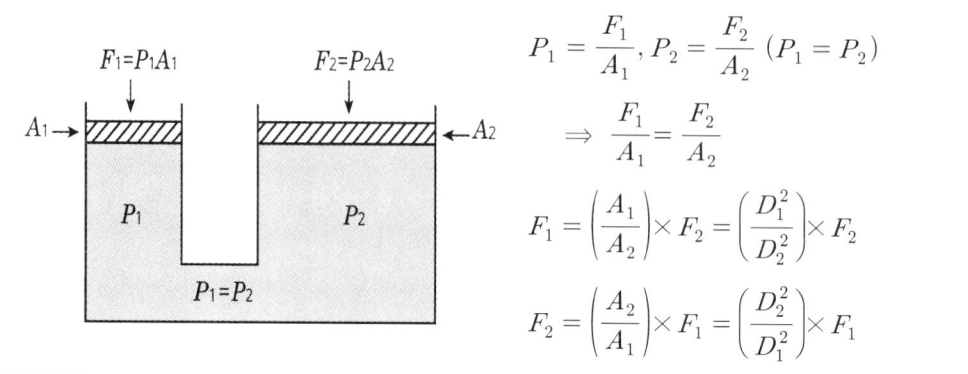

$$P_1 = \frac{F_1}{A_1},\ P_2 = \frac{F_2}{A_2}\ (P_1 = P_2)$$

$$\Rightarrow \frac{F_1}{A_1} = \frac{F_2}{A_2}$$

$$F_1 = \left(\frac{A_1}{A_2}\right) \times F_2 = \left(\frac{D_1^2}{D_2^2}\right) \times F_2$$

$$F_2 = \left(\frac{A_2}{A_1}\right) \times F_1 = \left(\frac{D_2^2}{D_1^2}\right) \times F_1$$

4) 정지된 유체 속 한 점에 작용하는 압력은 모든 방향에서 동일하다.

5) 액주계의 원리

정지된 유체의 동일 수평면상의 압력은 동일하다.

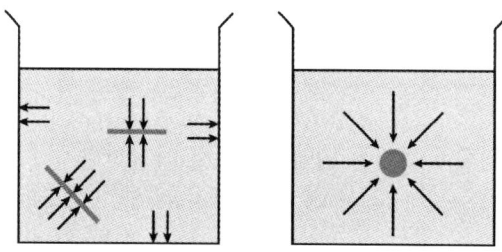

2 압력 ★★★

유체의 단위 면적당 작용하는 힘($P = \dfrac{F}{A}\ [N/m^2]$)

$$P = \gamma H = \rho g H = S \cdot \gamma_w \cdot H\ [Pa]$$

P : 압력$[Pa]$
H : 높이$[m]$
g : 중력가속도$[9.8\,m/s^2]$
γ_w : 물의 비중량$[9800\,N/m^3]$

γ : 유체의 비중량$[N/m^3]$
ρ : 밀도$[kg/m^3]$
S : 비중

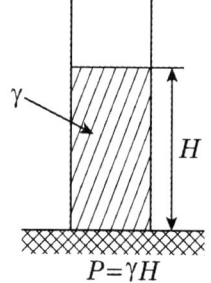

3 유체의 전압력 ★★

수평면의 한쪽 면에 작용하는 압력

$$F = P \cdot A = \gamma \cdot h \cdot A = \rho \cdot g \cdot h \cdot A = S \cdot \gamma_w \cdot h \cdot A$$

F : 힘 $[N]$
P : 압력 $[N/m^2]$
A : 면적 $[m^2]$
γ : 비중량 $[N/m^3]$

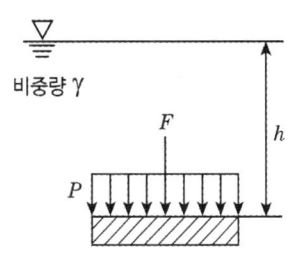

[수평면에 작용하는 전압력]

보충 전압력 : 물체가 액체 속에 잠겨 있는 경우 면 전체에 작용하는 힘

4 곡면에 작용하는 유체의 전압력

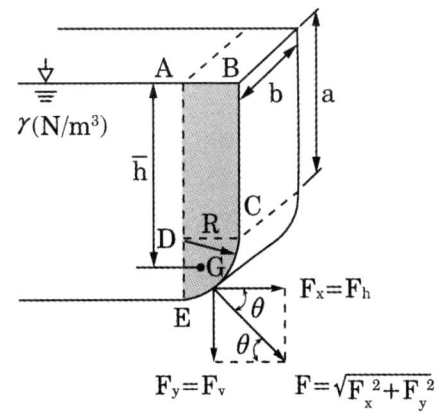

수평분력(F_h)	수직분력(F_v)
$F_h[N] = \gamma \bar{h} A = \gamma \times (a + \dfrac{R}{2}) \times A$	$F_v[N] = \gamma V = \gamma \times \left(abR + \dfrac{\pi R^2}{4}b\right)$

γ : 비중량$[N/m^3]$, $\bar{h}$: 투영면의 도심점까지 높이$[m]$, A : 투영면적$[m^2]$
R : 곡면의 반지름$[m]$, V : 곡면 연직상방향의 체적$[m^3]$
b : 곡면의 폭$[m]$, a : 곡면상부의 높이$[m]$

5 부력 ★

정지된 유체 속에 잠겨 있거나 떠 있는 물체에 작용하는 표면적의 합

$$F_B = \gamma \times V \ [N]$$

F_B : 부력$[N]$
γ : 액체 비중량$[N/m^3]$
V : 물체의 잠긴 부피$[m^3]$

⊕ Level up

부력의 구분(아르키메데스 부력의 원리)

유체 속에 잠겨 있는 경우	유체 위에 떠 있는 경우
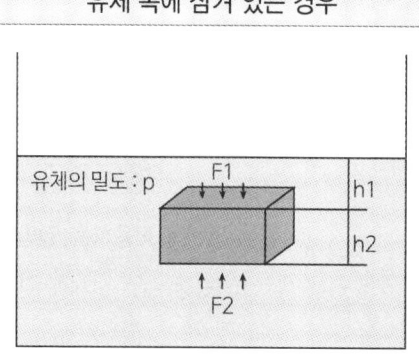	
F_B = 공기 중 물체의 무게 - 유체 속 물체의 무게 $F_B[N] = \gamma \times V$	$F(물체의 무게) = F_B(부력)$ $\gamma_{물체} \times V_{전체체적} = \gamma_{유체} \times V_{잠긴체적}$ $S_{물체} \times \gamma_w \times V_{전체체적} = S_{유체} \times \gamma_w \times V_{잠긴체적}$

F_B : 부력 [N], γ : 비중량 [N/m³], V : 물체의 부피 [m³]

02 액주계

1 액주계 ★★★

1) 피에조미터

① 압력은 위에서 아래로 작용
② 동일수평면상의 압력은 동일
③ 대기압을 고려하면 절대압력, 무시하면 계기압력

$$\therefore P_A = \gamma \cdot h = \rho g h = S\gamma_w h$$

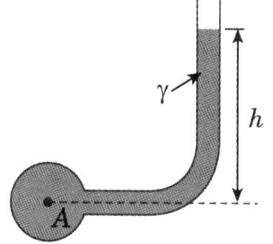

2) 경사 액주계

$$\therefore P_A = \gamma \cdot h = \gamma \cdot (\ell \cdot \sin\theta)$$

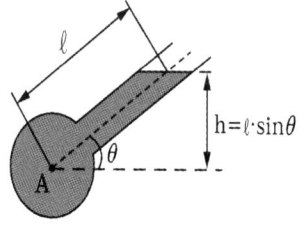

3) U자 액주계

$P_B = P_C$
$P_B = P_A + \gamma_1 h_1, \ P_C = \gamma_2 h_2$
$P_A + \gamma_1 h_1 = \gamma_2 \cdot h_2$
$\therefore P_A = \gamma_2 h_2 - \gamma_1 h_1 = \rho_2 g h_2 - \rho_1 g h_1$
$\quad = S_2 \gamma_w h_2 - S_1 \gamma_w h_1$

γ_1, γ_2 : 유체의 비중량[N/m³]
h_1, h_2 : 유체의 높이[m]

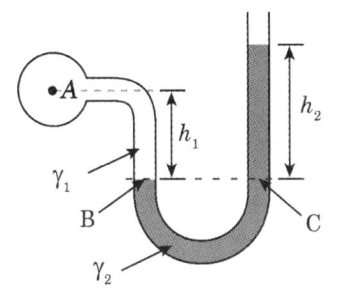

4) U자형 시차액주계

$P_C = P_D$
$P_C = P_A + \gamma_1 h_1, \ P_D = P_B + \gamma_3 h_3 + \gamma_2 h_2$
$P_A + \gamma_1 h_1 = P_B + \gamma_3 h_3 + \gamma_2 h_2$
$\therefore P_A - P_B = \gamma_3 h_3 + \gamma_2 h_2 - \gamma_1 h_1$

$\gamma_1, \gamma_2, \gamma_3$: 유체의 비중량[N/m³]
h_1, h_2, h_3 : 유체의 높이[m]

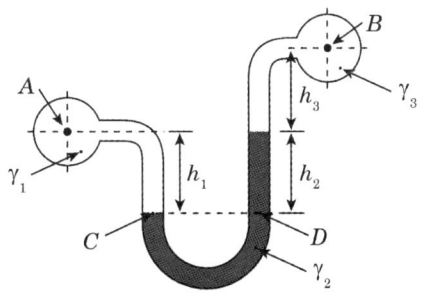

5) 역U자형 시차액주계

$P_C = P_D$
$P_C = P_A - \gamma_1 h_1 - \gamma_2 h_2, \ P_D = P_B - \gamma_3 h_3$
$P_A - \gamma_1 h_1 - \gamma_2 h_2 = P_B - \gamma_3 h_3$
$\therefore P_A - P_B = \gamma_1 h_1 + \gamma_2 h_2 - \gamma_3 h_3$

$\gamma_1, \gamma_2, \gamma_3$: 유체의 비중량[N/m³]
h_1, h_2, h_3 : 유체의 높이[m]

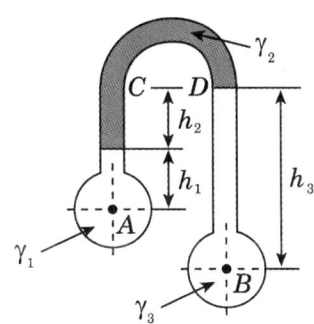

6) 벤츄리미터

$P_C = P_D$
$P_A + \gamma_1 k + \gamma_1 h = P_B + \gamma_1 k + \gamma_2 h$
$P_A - P_B = \gamma_2 h - \gamma_1 h$
$\therefore \triangle P = (\gamma_2 - \gamma_1) h$

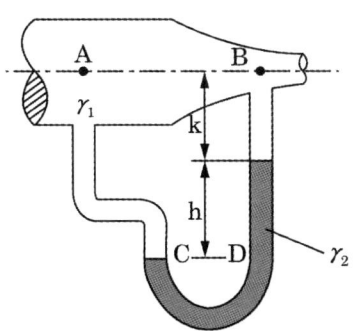

7) 마노미터

$P_A = P_B$
$P_A = P_1 + \gamma_1 h_2 + \gamma_1 R,$
$P_B = P_2 + \gamma_1 h_2 + \gamma_2 R$
$P_1 + \gamma_1 h_2 + \gamma_1 R = P_2 + \gamma_1 h_2 + \gamma_2 R$
$P_1 - P_2 = \gamma_2 R - \gamma_1 R$
$\therefore \triangle P = (\gamma_2 - \gamma_1) R$

$\triangle P$: 압력차[Pa]
R : 마노미터 높이[m]
γ_1 : 배관 내 유체 비중량[N/m^3]
γ_2 : 마노미터 유체 비중량[N/m^3]

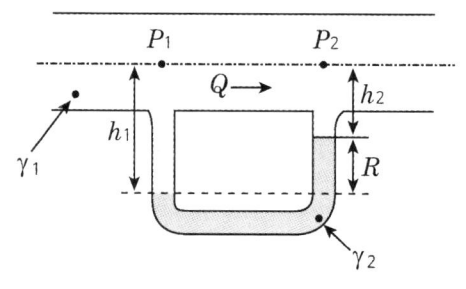

Chapter 21 동수역학

핵심키워드 레이놀즈수, 연속방정식, 질량유량, 중량유량, 베르누이방정식, 토리첼리의 정리, 피토관, 달시바이스바하의 식, NPSH, 비속도

학습목표
1. 레이놀즈수에 대해 이해한다.
2. 연속방정식에 대해 학습한다.
3. 베르누이방정식에 대해 학습한다.
4. 토리첼리의 정리, 이론유속과 실제유속을 비교할 수 있다.
5. 피토관의 유속을 구할 수 있다.
6. 달시바이스바하의 식에 대해 학습한다.
7. NPSH와 비속도에 대해 학습한다.

01 유체 유동 특성과 레이놀즈수

1 유체의 유동 특성

1) 용어
   (1) 유선 : 유동장 내의 모든 점에서 속도벡터에 접하는 가상적인 선
   (2) 유적선 : 한 유체입자가 일정한 기간 내에 움직여간 경로(궤적, 흔적)
   (3) 유맥선 : 모든 유체입자의 순간적인 부피를 말하며, 연속하는 물질의 체적 등을 말함
   (4) 유관 : 유선으로 이루어진 군(Group)
   (5) **정상유동에서는 유선, 유적선, 유맥선이 일치함**

2) 유체 흐름

구분	유체 흐름의 분류	
시간적 변화	정류(정상류)	부정류(비정상류)
공간적 변화	등류(등속류)	부등류(부등속류)
점성의 영향	층류	난류

(1) 정류(정상류) : 유체특성이 한 점에서 시간의 변화에 따라 변화하지 않는 흐름
$\frac{\partial F}{\partial t} = 0$ 인 흐름

$$\frac{\partial \rho}{\partial t} = 0, \quad \frac{\partial v}{\partial t} = 0, \quad \frac{\partial T}{\partial t} = 0, \quad \frac{\partial P}{\partial t} = 0$$

ρ : 밀도 v : 속도 T : 온도
P : 압력 t : 시간

(2) 부정류(비정상류) : 유체특성이 한 점에서 시간의 변화에 따라 변화하는 흐름

$\frac{\partial F}{\partial t} \neq 0$인 흐름

$$\frac{\partial \rho}{\partial t} \neq 0, \quad \frac{\partial v}{\partial t} \neq 0, \quad \frac{\partial T}{\partial t} \neq 0, \quad \frac{\partial P}{\partial t} \neq 0$$

ρ : 밀도 v : 속도 T : 온도
P : 압력 t : 시간

(3) 등류(등속류) : 가속도가 0인 흐름으로 단면이 균일한 직선관로

$\frac{dv}{ds} = 0$인 흐름

(4) 부등류(부등속류) : 가속도가 0이 아닌 흐름으로 단면이 확대 또는 축소된 관로 $\frac{dv}{ds} \neq 0$인 흐름

2 레이놀즈수(Reynold's Number) ★★★

레이놀즈수란 유체의 흐름(층류/난류)을 구분하는 무차원수

$$Re = \frac{관성력}{점성력} = \frac{\rho VD}{\mu} = \frac{VD}{\nu}$$

ρ : 밀도 $[kg/m^3]$ V : 속도 $[m/s]$ D : 직경 $[m]$
μ : 점성계수 $[kg/m \cdot s = N \cdot s/m^2]$
ν : 동점도 $[m^2/s]$

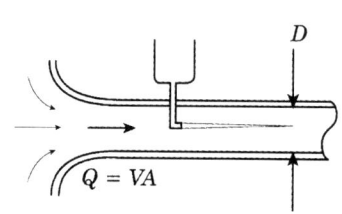
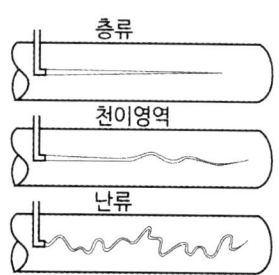

➕ Level up

레이놀즈수에 의한 유체의 분류

층류	① 유체가 규칙적으로 층상을 이루며 흐르는 유동(Re < 2,100) ② 관 마찰계수 : 레이놀즈수만의 함수 $\left(f = \dfrac{64}{Re}\right)$ ③ 평균유속$(V_{av}) = \dfrac{\text{최대유속}(V_{\max})}{2}$
천이류	① 층류와 난류가 상호 전환되는 유동(2,100 < Re < 4,000) ② 관 마찰계수 : Re수와 상대조도와의 함수
난류	① 유체가 불규칙적으로 난동을 이루며 흐르는 유동(Re > 4,000) ② 관 마찰계수 　• 거친 관 : 상대조도만의 함수 　• 매끈한 관 : 레이놀즈수만의 함수

• 하임계레이놀즈수 : 난류에서 층류로 바뀌는 임계값(Re = 2,100)
• 상임계레이놀즈수 : 층류에서 난류로 바뀌는 임계값(Re = 4,000)

02 유체역학의 3원칙

1 연속방정식

1) 질량보존의 법칙으로 배관 내 흐르는 유체의 유량은 단면적의 변화와 관계없이 일정

2) 전제조건

　(1) 정상 유동

　(2) 마찰이 없는 유동

　(3) 비압축성 유체

3) 계산식 ★★★

$$Q = A \times V$$

　　Q : 유량[m³/s], A : 단면적[m²], V : 속도[m/s]

Level up

연속방정식 ★★★

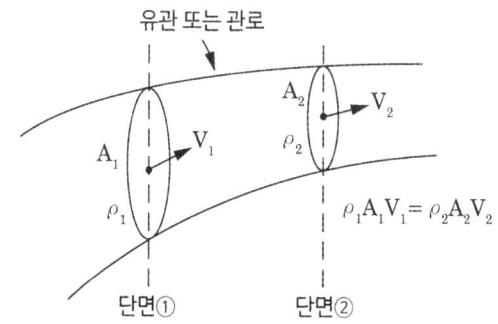

구분	계산식
질량유량	$M = \rho_1 A_1 V_1 = \rho_2 A_2 V_2$ $M = \rho_1 \times \frac{\pi}{4} d_1^2 \times V_1 = \rho_2 \times \frac{\pi}{4} d_2^2 \times V_2$
중량유량 ($\gamma = \rho g$)	$G = \gamma_1 A_1 V_1 = \gamma_2 A_2 V_2$ $G = \gamma_1 \times \frac{\pi}{4} d_1^2 \times V_1 = \gamma_2 \times \frac{\pi}{4} d_2^2 \times V_2$
체적유량	$Q = A_1 \times V_1 = A_2 \times V_2$ $Q = \frac{\pi}{4} d_1^2 \times V_1 = \frac{\pi}{4} d_2^2 \times V_2$

M : 질량유량[kg/s], $\rho_1 \cdot \rho_2$: 밀도[m³/s]
$A_1 \cdot A_2$: 단면적[m²], $V_1 \cdot V_2$: 속도[m/s]
G : 중량유량[kg_f/s = N/s], $\gamma_1 \cdot \gamma_2$: 비중량[kg_f/m³ = N/m³]
Q : 체적유량[m³/s]

2 이론유량과 실제유량 ★★★

이론유량	실제유량
$Q = A \times V$	$Q = C \times A \times V \, (C = C_V \times C_C)$
A : 단면적[m^2], V : 속도[m/s]	C : 유량계수, C_V : 속도계수, C_C : 축소계수

1) 속도계수

   (1) 유속은 유로 통과 시 압력손실로 베르누이방정식에서 구해지는 이론유속보다 작음

   (2) 속도계수는 이러한 실제유속과 이론유속의 비율

   (3) 계산식 $C_V = \dfrac{V_{th}}{V}$ (V_{th} : 실제유속, V : 이론유속)

2) 축소계수

(1) 배관의 목단면적과 유체의 축소단면적의 크기 비

(2) 실제 유동에서 단면적이 최소인 부분

3 베르누이방정식 ★★★

오일러방정식을 적분하면 베르누이방정식이 되며 유체역학에서의 에너지보존의 법칙으로 "배관 내 모든 위치에서 일정한 에너지를 갖는다"라는 법칙

> **Level up**
> (1) 유체동역학에서 오일러방정식은 유체의 비점성 흐름을 다루는 미분방정식
> (2) $\dfrac{dp}{\rho g} + \dfrac{vdv}{g} + dz = 0$

1) 전제조건

(1) 유선을 따르는 유동

(2) 정상유동

(3) 마찰손실이 없는 유동

(4) 비압축성 유체

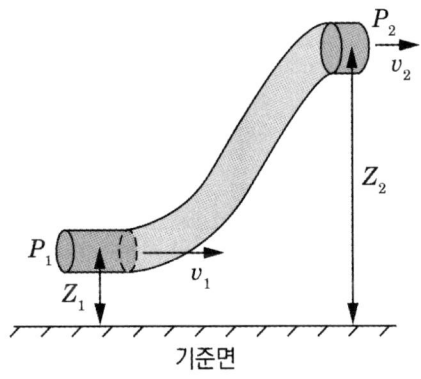

$$\frac{P_1}{\gamma} + \frac{V_1^2}{2g} + Z_1 = \frac{P_2}{\gamma} + \frac{V_2^2}{2g} + Z_2$$

즉, $H = \dfrac{P}{\gamma} + \dfrac{V^2}{2g} + Z = const$

- 이때 각항의 단위는 $[m]$ 로서 수두, 즉 에너지를 의미

P_1, P_2 : 압력$[N/m^2]$
γ : 비중량$[N/m^3]$
V_1, V_2 : 유속$[m/s]$
g : 중력가속도$[m/s^2]$
Z_1, Z_2 : 위치수두$[m]$
H : 전수두$[m]$

2) 수정베르누이방정식

(1) 배관에서의 수정베르누이방정식

$$\frac{P_1}{\gamma}+\frac{V_1^2}{2g}+Z_1 = \frac{P_2}{\gamma}+\frac{V_2^2}{2g}+Z_2+Hl, \quad Hl : 배관의 마찰손실수두[m]$$

(2) 펌프에서의 수정베르누이방정식

$$\frac{P_1}{\gamma}+\frac{V_1^2}{2g}+Z_1+H = \frac{P_2}{\gamma}+\frac{V_2^2}{2g}+Z_2+Hl, \quad H : 펌프의 전양정[m]$$

3 운동량방정식

유체역학에서의 운동량보존의 법칙으로 "외력이 없는 물체에서 모든 운동량의 합은 보존"된다는 법칙

$$F_x[N] = \rho Q(V_2 - V_1)$$
$$= \rho Q \Delta V = \rho Q V = \rho A V^2$$

F_x : 힘[N]
ρ : 물의 밀도[kg/m³ = N·S²/m⁴]
Q : 유량[m³/s], ΔV : 속도차[m/s]
A : 단면적[m²], V : 유속[m/s]

4 베르누이방정식 응용

1) 토리첼리의 정리 ★★

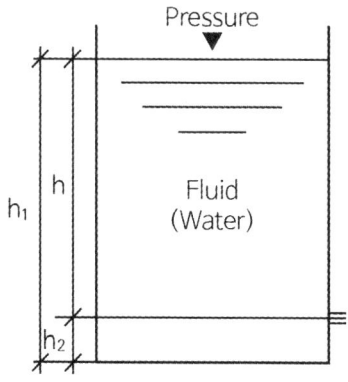

이론유속	실제유속
$V = \sqrt{2g \cdot h} = \sqrt{2g \cdot \left(\frac{P}{\gamma}\right)}$	$V = C_v\sqrt{2g \cdot h} = C_v\sqrt{2g \cdot \left(\frac{P}{\gamma}\right)}$

V : 유속$[m/s]$, g : 중력가속도$[m/s^2]$, h : 높이$[m]$
P : 압력$[N/m^2]$, γ : 비중량$[N/m^3]$, C_v : 속도계수

2) 사이펀의 원리(사이펀관)

$$V = \sqrt{2g \cdot (h_1 - h_2)} = \sqrt{2g \cdot h}$$

V : 유속[m/s]
g : 중력가속도[m/s²]
h_1 : 수면에서 사이펀 상부의 높이[m]
h_2 : 사이펀 상부에서 바닥의 높이[m]
h : 수면에서 바닥까지의 높이[m]

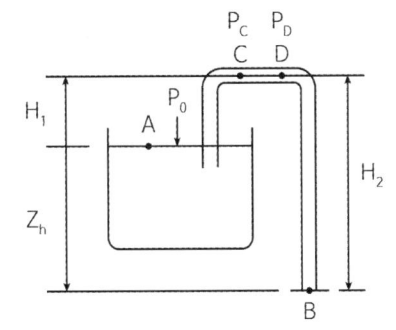

3) 피토관 ★★★

(1) 피토관의 유속

$$V_1 = \sqrt{2gh}$$

V_1 : 유속[m/s]
g : 중력가속도[m/s²]
h : 높이[m]

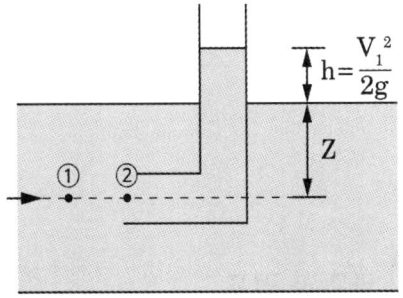

(2) 피토정압관의 유속

$$V_1 = \sqrt{2gh\left(\frac{\gamma_2}{\gamma_1} - 1\right)}$$

V_1 : 유속[m/s]
g : 중력가속도[m/s²]
γ_1 : 배관 액체의 비중량[N/m³]
γ_2 : U자관 액체 비중량[N/m³]
h : 높이[m]

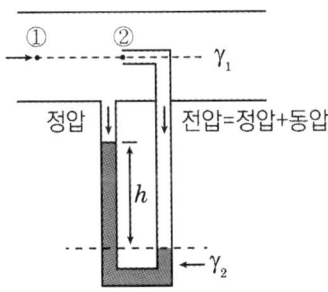

4) 벤츄리미터의 유량

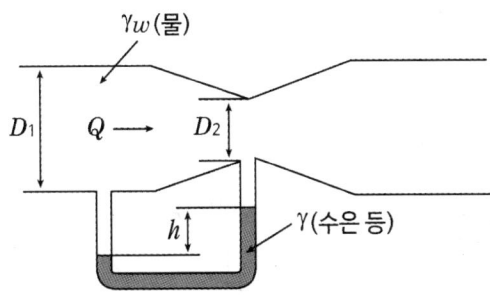

이론 유량	실제 유량
$Q = \dfrac{A_2}{\sqrt{1-\left(\dfrac{A_2}{A_1}\right)^2}} \sqrt{2g\left(\dfrac{P_1-P_2}{\gamma}\right)}$	$Q = \dfrac{C \cdot A_2}{\sqrt{1-\left(\dfrac{A_2}{A_1}\right)^2}} \sqrt{2g\left(\dfrac{P_1-P_2}{\gamma}\right)}$
$= \dfrac{A_2}{\sqrt{1-\left(\dfrac{D_2}{D_1}\right)^4}} \sqrt{2g\left(\dfrac{\gamma-\gamma_w}{\gamma_w}\right)h}$	$= \dfrac{C \cdot A_2}{\sqrt{1-\left(\dfrac{D_2}{D_1}\right)^4}} \sqrt{2g\left(\dfrac{\gamma-\gamma_w}{\gamma_w}\right)h}$
$= \dfrac{A_2}{\sqrt{1-\left(\dfrac{D_2}{D_1}\right)^4}} \sqrt{2gh\left(\dfrac{\gamma}{\gamma_w}-1\right)}$	$= \dfrac{C \cdot A_2}{\sqrt{1-\left(\dfrac{D_2}{D_1}\right)^4}} \sqrt{2gh\left(\dfrac{\gamma}{\gamma_w}-1\right)}$

Q : 유량[m³/s], C : 유량계수, A_1 : 배관의 단면적[m²]
A_2 : 오리피스의 단면적[m²]
D_1 : 배관의 직경[m], D_2 : 오리피스의 직경[m], γ : 수은의 비중량[N/m³]
γ_w : 물의 비중량[N/m³], h : 높이[m]

03 배관과 펌프

1 배관의 마찰손실

1) 주 손실
   (1) 배관 길이에 의한 손실
   (2) 낙차에 의한 손실
2) 부차적 손실
   (1) 배관경의 변경
   (2) 배관의 방향 전환
   (3) 입구와 출구 부분의 통과
   (4) 각종 Fitting류 및 Valve류 등

2 배관의 주 손실

1) 관의 상당길이(등가길이)

$$L_e = \dfrac{KD}{f}$$

L_e : 등가길이[m] K : 부차적 손실계수
D : 지름[m] f : 마찰손실계수

2) 달시 바이스바하의 식(층류와 난류 모두 적용 가능) ★★★

$$H_L = f \times \frac{l}{D} \times \frac{V^2}{2g}$$

H_L : 손실수두[m] f : 마찰손실계수[층류 $f = 64/Re$]
l : 길이[m] D : 직경[m]
V : 속도[m/s] g : 중력가속도[m/s²]

3) 하겐 윌리암스식(난류에 적용)

SI단위 [MPa]	절대단위 [kg/cm²]
$\triangle P = 6.053 \times 10^4 \times \dfrac{Q^{1.85}}{C^{1.85} \times D^{4.87}} \times l$	$\triangle P = 6.174 \times 10^5 \times \dfrac{Q^{1.85}}{C^{1.85} \times D^{4.87}} \times l$

Q : 유량[LPM], C : 조도계수, D : 배관내경[mm], l : 배관길이[m]

4) 하겐 포아젤방정식(층류에 적용)

압력손실 [Pa]	마찰손실수두 [m]
$\triangle P = \dfrac{128\mu l Q}{\pi D^4} [Pa]$	$H_L = \dfrac{128\mu l Q}{\gamma \pi D^4} [m]$

$\varDelta P$: 압력손실[Pa], μ : 점성계수[N·s/m²], ℓ : 길이[m], Q : 유량[m³/s]
D : 직경[m], H_L : 마찰손실수두[m], γ : 비중량[N/m³]

3 배관의 부차적 손실

1) 부차적 손실

$$H = K\frac{V^2}{2g}$$

H : 부차적 손실[m] K : 손실계수
V : 속도[m/s] g : 중력가속도[m/s²]

+ Level up

손실계수 계산식 : $K = K_1 + K_2 + K_3$
K_1 : 관 손실계수, K_2 : 밸브의 부차적 손실계수, K_3 : 관의 부차적 손실계수

2) 관의 상당길이(등가길이)

(1) 부차적 손실수두와 관마찰에 의한 손실수두를 같게 했을 때의 관의 길이

$$[K\frac{V^2}{2g} = f \cdot \frac{L}{D} \cdot \frac{V^2}{2g} \rightarrow K = f \cdot \frac{L}{D}]$$

$$L_e = \frac{KD}{f}$$

L_e : 등가길이[m] K : 부차적 손실계수
D : 지름[m] f : 관마찰계수(층류일 때 : $\dfrac{64}{Re}$)

3) 돌연 확대관 손실

$$H = \frac{(V_1 - V_2)^2}{2g} = K\frac{V_1^2}{2g}$$

$$\left[K = \left(1 - \frac{V_2}{V_1}\right)^2 = \left(1 - \frac{A_1}{A_2}\right)^2 \right]$$

H : 부차적 손실수두[m]
K : 손실계수
V : 속도[m/s]
A : 단면적[m²]

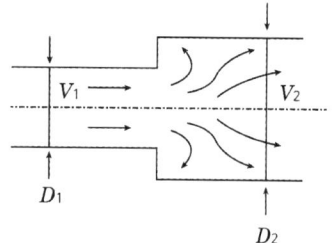

4) 돌연 축소관 손실

$$H = \frac{(V_0 - V_2)^2}{2g} = K\frac{V_2^2}{2g}$$

$$\left[K = \left(\frac{A_2}{A_0} - 1\right)^2 = \left(\frac{1}{C_c} - 1\right)^2 \right]$$

V_0, V_2 : 속도[m/s]
C_c : 베나축소계수

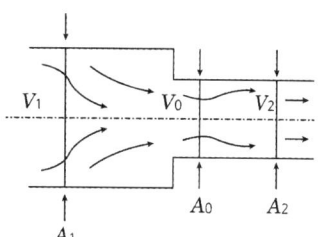

04 NPSH와 비속도

1 NPSH(수두 = 양정 = 높이) ★

1) 개념

(1) NPSH란 펌프 흡입 측 배관에서 Cavitation을 일으키지 않고 흡입 가능한 압력을 수두로 표시한 값으로, $NPSHav$와 $NPSHre$로 구분

(2) Cavitation은 임펠러깃의 물의 압력이 포화증기압 이하로 내려가면 증발하여 기포가 발생하는 현상으로, $NPSHav < NPSHre$일 때 발생

2) $NPSHav$(유효흡입수두)

(1) 개념

① 유효흡입양정으로 흡입조건에 의해 결정
② 펌프가 설치된 환경조건에 의해 정해지는 값
③ 흡입배관의 설치위치와 환경조건에 의해 결정

(2) 계산식

$$NPSH_{av} = H_a \pm H_h - H_f - H_v$$
$$= \frac{P_a}{\gamma} \pm H_h - H_f - \frac{P_v}{\gamma}$$

H_a : 대기압 H_h : 양정
H_f : 마찰손실 H_v : 포화증기압

(3) 압입양정과 흡입양정

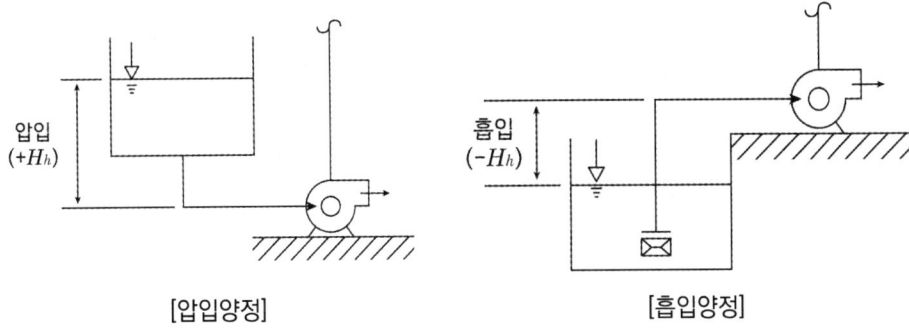

[압입양정]　　　　　　　　[흡입양정]

3) $NPSHre$ (필요흡입수두)

　(1) 개념

　　① **필요흡입양정**으로 흡입능력에 의해 결정

　　② 펌프 자체 내부조건에 의해 정해지는 값

　　③ 펌프의 고유특성으로 사전에 결정

　(2) 계산식

$$Ns = \frac{N\sqrt{Q}}{H^{\frac{3}{4}}} \Rightarrow NPSHre = \left(\frac{N\sqrt{Q}}{Ns}\right)^{\frac{4}{3}}$$

　　N : 회전수[rpm]
　　Q : 유량[m³/min]
　　Ns : 비속도

4) $NPSH$ 와 $Cavitation$ 과의 관계

상관관계	$Cavitation$ 발생 여부
$NPSH_{av} > NPSH_{re}$	$Cavitation$ 발생 안 함
$NPSH_{av} = NPSH_{re}$	$Cavitation$ 발생한계
$NPSH_{av} < NPSH_{re}$	$Cavitation$ 발생

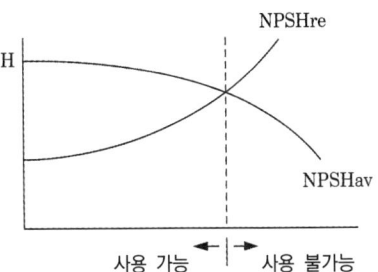

2 비속도

1) 개념

　(1) 여러 가지 펌프 및 팬의 특성을 비교하기 위하여 수치로 정량화한 것으로 그 특성은 회전수, 토출량, 전양정 등에 의해 영향을 받음

　(2) 1 m³/min의 유량을 1 m 송수하는 데 필요한 펌프의 회전수

2) 계산식

$$Ns = \frac{N\sqrt{Q}}{H^{\frac{3}{4}}} [rpm \cdot m^3/min \cdot m]$$

N : 회전수[rpm]
Q : 유량[m³/min]
H : 양정[m]

(1) 수치 적용 시 유의사항
   ① 최고 효율점의 수치적용
   ② 양흡입펌프의 토출량은 1/2로 계산
   ③ 다단펌프의 양정은 임펠러 1단의 양정 적용

3) 비속도의 특징
   (1) 축류펌프는 원심펌프보다 비속도가 큼
   (2) 저유량 고양정펌프는 비속도가 작음
   (3) 비속도는 무차원수가 아님

+ Level up

비속도에 따른 특성

구분	비속도가 작은 경우	비속도가 큰 경우
H-Q 성능곡선	완만 저유량 고양정	가파름 고유량 저양정
축동력 곡선	토출량 증가 시 축동력 증가	토출량 증가 시 축동력 감소
효율 곡선	어느 정도 평탄함	효율 저하가 큼
적용	볼류트, 터빈	사류, 축류

4) 비속도에 따른 펌프의 종류

Ns	100~300	400	800~1000	1200
펌프의 종류	편흡입 볼류트	양흡입 볼류트	사류	축류

PART 02
과년도 기출문제

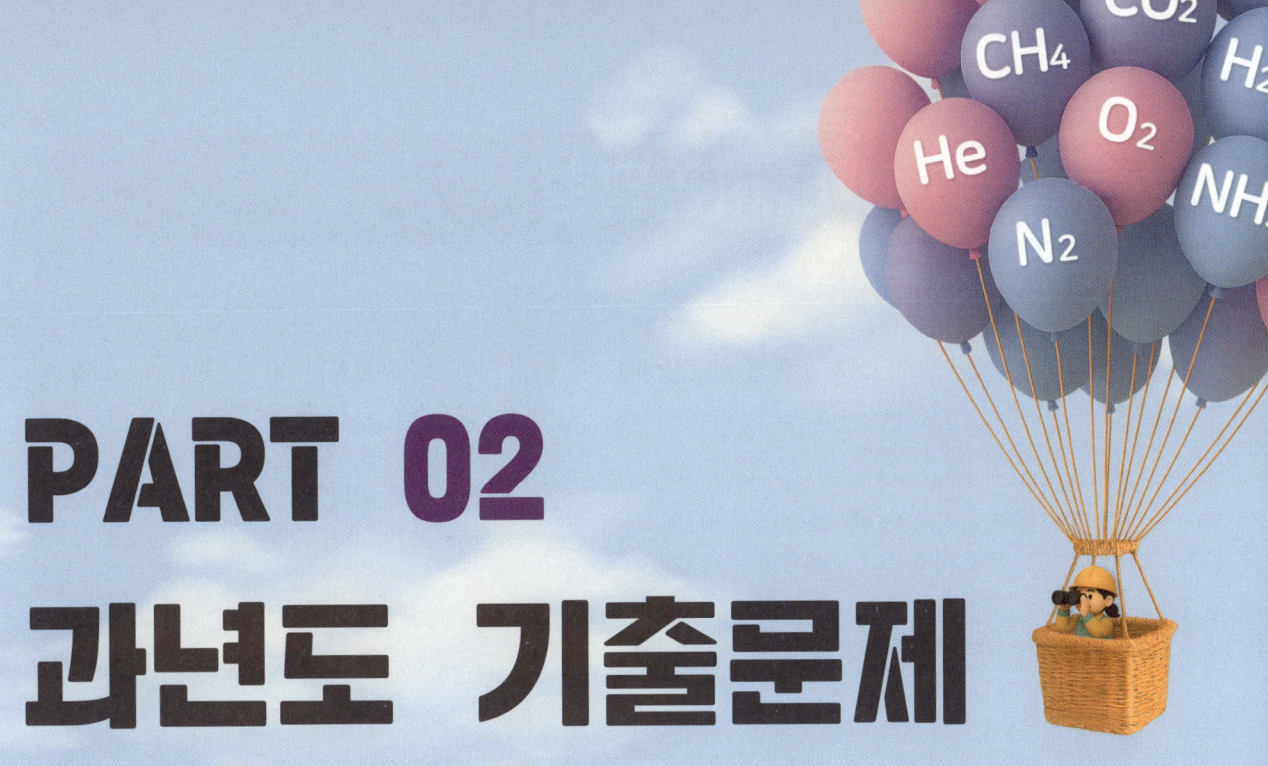

2025	제1회(필답형, 동영상) / 제2회(필답형, 동영상) / 제3회(필답형, 동영상)
2024	제1회(필답형, 동영상) / 제2회(필답형, 동영상) / 제3회(필답형, 동영상)
2023	제1회(필답형, 동영상) / 제2회(필답형, 동영상) / 제3회(필답형, 동영상)
2022	제1회(필답형, 동영상) / 제2회(필답형, 동영상) / 제3회(필답형, 동영상)
2021	제1회(필답형, 동영상) / 제2회(필답형, 동영상) / 제3회(필답형, 동영상)
2020	제1, 2회(필답형, 동영상) / 제3회(필답형, 동영상) / 제4회(필답형, 동영상)
2019	제1회(필답형, 동영상) / 제2회(필답형, 동영상) / 제3회(필답형, 동영상)

2025 제1회 [필답형]

01 가스누출경보차단장치 종류를 차단방식에 따라 구분할 경우 다음의 각 종류에 따른 차단방식을 쓰시오.

> 1. 핸들작동식
> 2. 밸브직결식
> 3. 전자밸브식
> 4. 플런저작동식

정답
1. 배관용 밸브 핸들을 움직여 차단하는 방식
2. 차단부와 배관용 밸브 스템이 직접 연결되는 방식
3. 차단부를 솔레노이드밸브로 사용한 방식
4. 차단부가 유압액추에이터로 구동되는 방식

보충 KGS AA632 가스누출경보차단장치 제조의 시설·기술·검사 기준
1.7.2 전자밸브식 차단부의 사용압력은 3.3 kPa 이하인 것으로 한다.

02 중소도시 등 일부지역은 LPG에 공기를 혼합해서 공급하는 LPG – air 혼합방식을 사용하고 있다. 공기혼합가스 공급목적 2가지를 쓰시오.

정답
① 발열량 조절
② 누설 시의 손실 감소
③ 재액화 방지
④ 연소효율 증대

03 체적비로 프로판 90 %, 부탄 10 %의 혼합가스의 공기 중에서의 폭발 범위를 계산하시오. (단, 프로판의 폭발 범위는 2.2 ~ 9.5 vol%이며 부탄의 폭발 범위는 1.8 ~ 8.5 vol%이다)

정답
• 르샤틀리에법칙 : 2종류 이상의 가연성 가스가 혼합되었을 때 혼합가스의 폭발 범위 하한값과 상한값을 계산하는 것

1. 폭발 범위 하한값
$$\frac{100}{L} = \frac{V_1}{L_1} + \frac{V_2}{L_2} = \frac{90}{2.2} + \frac{10}{1.8}$$
$$\therefore L_l = 2.15\%$$

2. 폭발 범위 상한값
$$\frac{100}{L} = \frac{V_1}{L_1} + \frac{V_2}{L_2} = \frac{90}{9.5} + \frac{10}{8.5}$$
$$\therefore L_h = 9.39\%$$
$$\therefore 2.15 \sim 9.39\ \%$$

L : 혼합가스의 폭발한계치
L_1, L_2, L_3, L_4 : 각 성분 단독의 폭발한계치
V_1, V_2, V_3, V_4 : 각 성분의 체적[%]

04 가스용기용 밸브 구성요소 4가지를 쓰시오.

정답
밸브몸체, 스템, 가스켓, 패킹, 안전장치, 시트

05

배관 접합은 원칙적으로 용접으로 한다. 다만 용접하는 것이 부적당할 때에는 안전상 필요한 강도를 가지는 플렌지 접합으로 갈음할 수 있다. 다만 호칭 지름 25 mm 초과인 것 중 반드시 용접으로 하는 부분을 쓰시오.

정답

압력계, 액면계, 온도계, 그 밖의 계기류를 배관에 부착하는 부분

보충 KGS FS112 배관에 의한 고압가스 판매의 시설·기술·검사 기준

2.5.5 배관설비 접합

배관은 고압가스의 누출을 방지할 수 있도록 다음 기준에 따라 접합하고, 이를 확인하기 위하여 필요한 경우에는 비파괴시험을 한다.

2.5.5.1 배관등의 접합 부분은 용접을 한다. 다만 용접이 적당하지 않은 경우에는 안전 확보에 필요한 강도를 갖는 플랜지접합으로 할 수 있으며, 이 경우에는 점검을 할 수 있는 조치를 한다.

2.5.5.2 배관등의 용접은 아크용접 또는 그 밖에 이와 동등 이상의 효과를 갖는 용접방법으로 하고, 사업소 밖에 설치한 배관등의 용접부에 대해서는 KGS GC205(가스시설 용접 및 비파괴시험 기준)에 따라 비파괴검사를 실시한다.

2.5.5.3 독성 가스의 판매설비 중 배관·관 이음매 및 밸브의 접합은 수송하는 독성 가스의 누출을 방지하기 위하여 다음 기준에 따라 실시한다.

2.5.5.3.1 배관 접합은 원칙적으로 용접으로 한다. 다만 용접하는 것이 부적당할 때에는 안전상 필요한 강도를 가지는 플렌지 접합으로 갈음할 수 있다.

2.5.5.3.2 압력계, 액면계, 온도계, 그밖의 계기류를 배관에 부착하는 부분은 반드시 용접으로 한다. 다만 호칭 지름 25 mm 이하인 것은 제외한다.

2.5.5.3.3 다음의 경우 또는 장소에는 2.5.5.3.1의 전단 규정에 불구하고 플랜지접합으로 할 수 있다.

(1) 수시로 분해하여 청소·점검을 해야 하는 부분을 접합할 경우나 특히 부식되기 쉬운 곳으로서, 수시점검 또는 교환할 필요가 있는 곳

(2) 정기적으로 분해하여 청소·점검·수리를 해야 되는 반응기·탑·저장탱크·열교환기 또는 회전기계와 접합하는 곳(그 설비 전·후의 첫 번째 이음매에 한정한다)

(3) 수리·청소·철거 시 맹판 설치를 필요로 하는 부분을 접합하는 경우 및 신축이음매의 접합 부분을 접합하는 경우

06

다음 각 물음에 답하시오.

1. 1 atm인 상태에 질소가 28 g, 수소가 6 g 존재한다. 이때 두 물질을 온도 90 ℃에서 70 L용기에 넣을 때 용기의 압력(atm)을 구하시오.
2. 질소 80 %와 수소 반응 시 생성되는 암모니아의 질량(g)을 구하시오.

정답

1. 질소 N_2의 분자량 : 28이므로 질소는

   $\frac{28}{28} = 1 mol$ 존재

   수소 H_2의 분자량 : 2이므로 수소는

   $\frac{6}{2} = 3 mol$ 존재

   따라서 총 몰수는 1 + 3 = 4 mol이다.
   이상기체 상태방정식 PV = nRT에서

   $P = \frac{nRT}{V}$

   $= \frac{4 \times 0.0821 \times (273+90)}{70}$

   = 1.7 atm · a

   ∴ 1.7 atm · a

2. $N_2 + 3H_2 \rightarrow 2NH_3$
   질소 1몰이 수소 3몰과 반응하면 2몰의 암모니아가 생성되므로
   28 g의 질소 중 80 %가 반응하면

   $\frac{28}{28} \times 0.8 \times 2 \times 17$(암모니아의 분자량)

   = 27.2 g 생성

   ∴ 27.2 g 생성

07 배관의 주위를 굴착하는 경우에는 그 배관이 굴착으로 인하여 손상되지 않도록 기준에 따라 조치해야 한다. 굴착공사자가 도면에 따라 조사된 자료로 시험굴착 위치 및 굴착 개소 등을 정하여 가스배관 매설 위치를 확인하는 방법 2가지를 쓰시오.

정답
1. 지하매설배관탐지장치(Pipe Locator) 등으로 확인된 지점 중 확인이 곤란한 분기점, 곡선부, 장애물 우회 지점은 시험굴착을 한다.
2. 가스배관 주위 1 m 이내에는 인력으로 굴착한다.

보충 KGS GC253 도시가스배관보호 기준
3.1 굴착공사 준비
배관의 주위를 굴착하는 경우에는 그 배관이 굴착으로 인하여 손상되지 않도록 다음 기준에 따라 조치한다.
3.1.1 매설배관 위치 확인
굴착공사자는 다음 기준에 따라 가스배관 매설 위치를 확인한다.
3.1.1.1 도면에 표시된 가스배관과 기타 지장물 매설 유무를 조사한다.
3.1.1.2 3.1.1.1에 따라 조사된 자료로 시험굴착 위치 및 굴착 개소 등을 정하여 가스배관 매설 위치를 다음 기준에 따라 확인한다.
3.1.1.2.1 지하매설배관탐지장치(Pipe Locator) 등으로 확인된 지점 중 확인이 곤란한 분기점, 곡선부, 장애물 우회 지점은 시험굴착을 한다.
3.1.1.2.2 가스배관 주위 1 m 이내에는 인력으로 굴착한다.
3.1.1.3 위치 표시용 페인트와 표지판 및 황색 깃발 등을 준비한다.
3.1.1.4 도시가스사업자와 입회 일정을 협의하여 시험굴착 계획을 수립한다

08 다음 괄호 안에 들어갈 알맞은 말을 쓰시오.

1. "역화방지장치"란 아세틸렌, 수소, 그 밖에 가연성 가스의 제조 및 사용설비에 부착하는 건식 또는 (   )(아세틸렌에만 적용한다)의 역화방지장치로서, 상용압력이 (   ) MPa 이하인 것을 말한다.
2. 역화방지장치의 구조는 (   )·역류방지장치 및 방출장치 등을 구비한 것으로 한다. 다만 액화석유가스용 및 도시가스용은 방출장치를 생략할 수 있다.
3. (   )는 금망, 소결금속, 스틸울, 발포금속, 물 또는 이와 동등 이상의 소염 성능을 가진 것으로 한다. 다만 (   )은 아세틸렌용에만 적용한다.

정답
1. 수봉식, 0.1
2. 소염소자
3. 소염소자, 물

보충 KGS AA211 가스용 역화방지장치 제조의 시설·기술·검사 기준
3.8.1 제품 성능
3.8.1.1 소염소자는 금망, 소결금속, 스틸울, 발포금속, 물 또는 이와 동등 이상의 소염 성능을 가진 것으로 한다. 다만 물은 아세틸렌용에만 적용한다.
3.8.1.2 가스가 역화방지장치 안의 소염소자를 통과할 때의 가스압력 손실은 유량 1 m^3/h에서 8.8 kPa 이하이고, 유량이 3 m^3/h에서는 19.6 kPa 이하가 되도록 한다.
3.8.1.3 내압시험은 4.9 MPa 이상의 압력으로 실시하고, 그 결과 이상변형 및 누출이 없도록 한다.
3.8.1.4 기밀시험은 최고사용압력의 1.1배 이상의 압력으로 실시하여 누출이 없도록 한다.

- 저장탱크 부압파괴 방지조치

가연성 가스저온저장탱크에는 그 저장탱크의 내부압력이 외부압력보다 낮아짐에 따라 그 저장탱크가 파괴되는 것을 방지하기 위하여 다음의 부압파괴방지설비를 설치한다.

(1) 압력계
(2) 압력경보설비
(3) 그 밖의 다음 중 어느 하나 이상의 설비
(3-1) 진공안전밸브
(3-2) 다른 저장탱크나 시설로부터의 가스도입배관 (균압관)
(3-3) 압력과 연동하는 긴급차단장치를 설치한 냉동제어설비
(3-4) 압력과 연동하는 긴급차단장치를 설치한 송액설비

- 저장탱크 과충전 방지 조치

아황산가스·암모니아·염소·염화메탄·산화에틸렌·시안화수소·포스겐 또는 황화수소의 저장탱크에는 그 가스의 용량이 그 저장탱크 내용적의 90 %를 초과하는 것을 방지하기 위하여 다음 기준에 따라 과충전 방지조치를 강구한다.

1. 저장탱크에 충전된 독성 가스의 용량이 90 %에 이르렀을 때 이를 검지하는 방법은 그 액면 또는 액두압을 검지하는 것이거나 이에 갈음할 수 있는 유효한 방법으로 한다.
2. 1.의 방법으로 그 용량이 검지되었을 때는 지체없이 경보(부자 등 음향으로 하는 것)를 울리는 것으로 한다.
3. 2.의 경보는 해당 충전작업관계자가 상주하는 장소 및 작업장소에서 명확하게 들을 수 있는 것으로 한다.

09 액화가스 주위 가스가 누출된 경우 유출을 방지할 수 있도록 하기 위한 방류둑의 재료 3가지를 쓰시오.

정답

철근콘크리트, 철골·철근콘크리트, 금속, 흙 또는 이들을 혼합한 것

보충 KGS FP112 고압가스 일반제조의 시설·기술·검사·감리·안전성평가 기준

2.7.1.3 방류둑 재료 및 구조
방류둑의 재료 및 구조는 다음 기준에 적합한 것으로 한다.

2.7.1.3.1 방류둑 재료는 철근콘크리트, 철골·철근콘크리트, 금속, 흙 또는 이들을 혼합한 것으로 한다.

2.7.1.3.2 철근콘크리트, 철골·철근콘크리트는 수밀성 콘크리트를 사용하고 균열발생을 방지하도록 배근, 리벳팅이음, 신축이음 및 신축이음의 간격, 배치 등을 한다.

2.7.1.3.3 금속은 해당 가스에 침식되지 아니하는 것 또는 부식방지·녹방지 조치를 강구한 것으로 하고 대기압 하에서 액화가스의 기화온도에 충분히 견디는 것으로 한다.

2.7.1.3.4 성토는 수평에 대하여 45° 이하의 기울기로 하여 쉽게 허물어지지 않도록 충분히 다져 쌓고, 강우 등으로 인하여 유실되지 않도록 그 표면에 콘크리트 등으로 보호하고, 성토 윗부분의 폭은 0.3 m 이상으로 한다.

2.7.1.3.5 방류둑은 액밀한 것으로 한다.

2.7.1.3.6 독성 가스 저장탱크 등에 대한 방류둑의 높이는 방류둑 안의 저장탱크 등의 안전관리 및 방재 활동에 지장이 없는 범위에서 방류둑 안에 체류한 액의 표면적이 될 수 있는 한 적게 되도록 한다.

2.7.1.3.7 방류둑은 그 높이에 상당하는 해당 액화가스의 액두압에 견딜 수 있는 것으로 한다.

2.7.1.3.8 방류둑에는 계단, 사다리 또는 토사를 높이 쌓아 올린 형태 등으로 된 출입구를 둘레 50 m마다 1개 이상씩 설치하되, 그 둘레가 50 m 미만일 경우에는 2개 이상을 분산하여 설치한다.

2.7.1.3.9 배관관통부는 내진성을 고려하여 틈새를 통한 누출방지 및 부식방지를 위한 조치를 한다.

2.7.1.3.10 방류둑 안에는 고인 물을 외부로 배출할 수 있는 조치를 한다. 이 경우 배수조치는 방류둑 밖에서 배수 및 차단조작을 할 수 있도록 하고, 배수할 때 이외에는 반드시 닫아 둔다.

2.7.1.3.11 집합 방류둑 안에는 가연성 가스와 조연성 가스 또는 가연성 가스와 독성 가스의 저장탱크를 혼합하여 배치하지 아니한다. 다만 가스가 가연성 가스이고 또한 독성 가스인 것으로서 집합방류둑 안에 같은 가스의 저장탱크가 있는 경우에는 같이 배치할 수 있다.

2.7.1.3.12 저장탱크를 건축물 안에 설치한 경우는 그 건축물이 방류둑의 기능 및 구조를 갖도록 하여 유출된 가스가 건축물 외부로 흘러 나가지 아니한 구조로 한다.

10 고압가스 안전관리법에 따른 정의에 대한 다음 각 괄호 안에 들어갈 알맞은 말을 쓰시오.

"독성 가스"란 아크릴로니트릴·아크릴알데히드·아황산가스·암모니아·일산화탄소·이황화탄소·불소·염소·브롬화메탄·염화메탄·염화프렌·산화에틸렌·시안화수소·황화수소·모노메틸아민·디메틸아민·트리메틸아민·벤젠·포스겐·요오드화수소·브롬화수소·염화수소·불화수소·겨자가스·알진·모노실란·디실란·디보레인·세렌화수소·포스핀·모노게르만 및 그 밖에 공기 중에 일정량 이상 존재하는 경우 인체에 유해한 독성을 가진 가스로서 허용농도(해당 가스를 성숙한 흰쥐 집단에게 대기 중에서 (①) 동안 계속하여 노출시킨 경우 (②) 이내에 그 흰쥐의 (③) 이상이 죽게 되는 가스의 농도를 말한다. 이하 같다)가 (④) 이하인 것을 말한다.

정답

① 1시간 ② 14일
③ 2분의 1 ④ 100만분의 5000

보충 고압가스 안전관리법 시행규칙

제2조(정의) ① 이 규칙에서 사용하는 용어의 뜻은 다음과 같다.

1. "가연성 가스"란 아크릴로니트릴·아크릴알데히드·아세트알데히드·아세틸렌·암모니아·수소·황화수소·시안화수소·일산화탄소·이황화탄소·메탄·염화메탄·브롬화메탄·에탄·염화에탄·염화비닐·에틸렌·산화에틸렌·프로판·시클로프로판·프로필렌·산화프로필렌·부탄·부타디엔·부틸렌·메틸에테르·모노메틸아민·디메틸아민·트리메틸아민·에틸아민·벤젠·에틸벤젠 및 그 밖에 공기 중에서 연소하는 가스로서 폭발한계(공기와 혼합된 경우 연소를 일으킬 수 있는 공기 중의 가스 농도의 한계를 말한다. 이하 같다)의 하한이 10퍼센트 이하인 것과 폭발한계의 상한과 하한의 차가 20퍼센트 이상인 것을 말한다.

2. "독성 가스"란 아크릴로니트릴·아크릴알데히드·아황산가스·암모니아·일산화탄소·이황화탄소·불소·염소·브롬화메탄·염화메탄·염화프렌·산화에틸렌·시안화수소·황화수소·모노메틸아민·디메틸아민·트리메틸아민·벤젠·포스겐·요오드화수소·브롬화수소·염화수소·불화수소·겨자가스·알진·모노실란·디실란·디보레인·세렌화수소·포스핀·모노게르만 및 그 밖에 공기 중에 일정량 이상 존재하는 경우 인체에 유해한 독성을 가진 가스로서 허용농도(해당 가스를 성숙한 흰쥐 집단에게 대기 중에서 1시간 동안 계속하여 노출시킨 경우 14일 이내에 그 흰쥐의 2분의 1 이상이 죽게 되는 가스의 농도를 말한다. 이하 같다)가 100만분의 5000 이하인 것을 말한다.

3. "액화가스"란 가압(加壓)·냉각 등의 방법에 의하여 액체 상태로 되어 있는 것으로서 대기압에서의 끓는 점이 섭씨 40도 이하 또는 상용 온도 이하인 것을 말한다.

4. "압축가스"란 일정한 압력에 의하여 압축되어 있는 가스를 말한다.

5. "저장설비"란 고압가스를 충전·저장하기 위한 설비로서 저장탱크 및 충전용기보관설비를 말한다.

6. "저장능력"이란 저장설비에 저장할 수 있는 고압가스의 양으로서 별표 1에 따라 산정된 것을 말한다.
7. "저장탱크"란 고압가스를 충전·저장하기 위하여 지상 또는 지하에 고정 설치 된 탱크를 말한다.
8. "초저온저장탱크"란 섭씨 영하 50도 이하의 액화가스를 저장하기 위한 저장탱크로서 단열재를 씌우거나 냉동설비로 냉각시키는 등의 방법으로 저장탱크 내의 가스온도가 상용의 온도를 초과하지 아니하도록 한 것을 말한다.
9. "저온저장탱크"란 액화가스를 저장하기 위한 저장탱크로서 단열재를 씌우거나 냉동설비로 냉각시키는 등의 방법으로 저장탱크 내의 가스온도가 상용의 온도를 초과하지 아니하도록 한 것 중 초저온저장탱크와 가연성 가스 저온저장탱크를 제외한 것을 말한다.
10. "가연성 가스 저온저장탱크"란 대기압에서의 끓는 점이 섭씨 0도 이하인 가연성 가스를 섭씨 0도 이하인 액체 또는 해당 가스의 기상부의 상용압력이 0.1메가파스칼 이하인 액체 상태로 저장하기 위한 저장탱크로서 단열재를 씌우거나 냉동설비로 냉각하는 등의 방법으로 저장탱크 내의 가스온도가 상용 온도를 초과하지 아니하도록 한 것을 말한다.
11. "차량에 고정된 탱크"란 고압가스의 수송·운반을 위하여 차량에 고정 설치된 탱크를 말한다.
12. "초저온용기"란 섭씨 영하 50도 이하의 액화가스를 충전하기 위한 용기로서 단열재를 씌우거나 냉동설비로 냉각시키는 등의 방법으로 용기 내의 가스온도가 상용 온도를 초과하지 아니하도록 한 것을 말한다.
13. "저온용기"란 액화가스를 충전하기 위한 용기로서 단열재를 씌우거나 냉동설비로 냉각시키는 등의 방법으로 용기 내의 가스온도가 상용의 온도를 초과하지 아니하도록 한 것 중 초저온용기 외의 것을 말한다.
14. "충전용기"란 고압가스의 충전질량 또는 충전압력의 2분의 1 이상이 충전되어 있는 상태의 용기를 말한다.
15. "잔가스용기"란 고압가스의 충전질량 또는 충전압력의 2분의 1 미만이 충전되어 있는 상태의 용기를 말한다.
16. "가스설비"란 고압가스의 제조·저장·사용 설비(제조·저장·사용 설비에 부착된 배관을 포함하며, 사업소 밖에 있는 배관은 제외한다) 중 가스(제조·저장되거나 사용 중인 고압가스, 제조공정 중에 있는 고압가스가 아닌 상태의 가스, 해당 고압가스제조의 원료가 되는 가스 및 고압가스가 아닌 상태의 수소를 말한다)가 통하는 설비를 말한다.

11 다음 각 압축기의 윤활제 1가지를 쓰시오.

1. 산소압축기
2. 염소압축기
3. 아세틸렌압축기
4. 공기압축기

정답

1. 물, 10%이하의 묽은 글리세린수
2. 진한 황산
3. 양질의 광유
4. 양질의 광유

12 도시가스 제조법 중 접촉개질공정에서 반응온도를 고온으로 올린 경우 메탄, 수소, 일산화탄소, 이산화탄소의 변화를 설명하시오.

정답

$CO + 3H_2 \rightleftarrows CH_4 + H_2O$ (발열반응)
$CO + H_2O \rightleftarrows CO_2 + H_2$ (발열반응)
$CH_4 \rightleftarrows 2H_2 + C$ (흡열반응)

반응온도를 고온으로 하는 경우 발열반응의 반대인 왼쪽으로 진행되기 때문에 메탄과 이산화탄소는 감소하며 수소와 일산화탄소가 증가한다.

13 도시가스 시설의 정압기 기능 3가지를 쓰시오.

> 정답

1. 도시가스 압력을 사용처에 맞게 낮추는 감압기능.
2. 2차 측의 압력을 허용 범위 내의 압력으로 유지하는 정압기능
3. 가스의 흐름이 없을 때는 밸브를 완전히 폐쇄하여 압력 상승을 방지하는 폐쇄기능

※ 간단하게 감압기능, 정압기능, 폐쇄기능 으로만 기재해도 정답

> 보충 KGS FS552 일반도시가스사업 정압기의 시설·기술·검사 기준

1.3.1 "정압기(Governor)"란 도시가스 압력을 사용처에 맞게 낮추는 감압기능, 2차 측의 압력을 허용 범위 내의 압력으로 유지하는 정압기능 및 가스의 흐름이 없을 때는 밸브를 완전히 폐쇄하여 압력 상승을 방지하는 폐쇄기능을 가진 기기로서, "정압기용 압력조정기(Regulator)"와 그 부속설비를 말한다. 〈개정 10.11.3.〉

1.3.2 "정압기 부속설비"란 정압기실 내부의 1차 측(Inlet) 최초 밸브(밸브가 없는 경우 플랜지 또는 절연조인트)로부터 2차 측(Outlet) 말단밸브(밸브가 없는 경우 플랜지 또는 절연조인트) 사이에 설치된 배관, "가스차단장치(Valve)", "정압기용 필터(Gas Filter)", "긴급차단장치(Slam Shut Valve)", "안전밸브(Safety Valve)", "압력기록장치(Pressure Recorder)", 각종 통보 설비 및 이들과 연결된 배관과 전선을 말한다. 〈개정 10.11.3.〉

1.3.3 "지구정압기(City Gate Governor)"란 일반도시가스사업자의 소유 시설로서 가스 도매 사업자로부터 공급받은 도시가스의 압력을 1차적으로 낮추기 위해 설치하는 정압기를 말한다. 〈개정 10.11.3.〉

1.3.4 "지역정압기 (District Governor)"란 일반도시가스사업자의 소유 시설로서 지구정압기 또는 가스 도매 사업자로부터 공급받은 도시가스의 압력을 낮추어 다수의 사용자에게 가스를 공급하기 위해 설치하는 정압기를 말한다.〈개정 10.11.3.〉

1.3.5 "철근콘크리트 구조의 정압기실"이란 정압기실의 벽과 기초가 철근콘크리트인 정압기실을 말한다. 〈개정 10.11.3.〉

1.3.6 "캐비닛(Cabinet)형 구조의 정압기실"이란 정압기, 배관 및 안전장치 등이 일체로 구성된 정압기에 한정하여 사용할 수 있는 정압기실로, 내식성 재료의 캐비닛과 철근콘크리트 기초로 구성된 정압기실을 말한다.〈개정 10.11.3.〉

1.3.7 "이상압력통보설비"란 정압기 출구 측의 압력이 설정압력보다 상승하거나 낮아지는 경우에 이상 유무를 상황실에서 알 수 있도록 경보음(70 dB 이상) 등으로 알려 주는 설비를 말한다.〈개정 10.11.3.〉

1.3.8 "긴급차단장치"란 정압기의 이상 발생 등으로 출구 측의 압력이 설정압력보다 이상 상승하는 경우 입구 측으로 유입되는 가스를 자동 차단하는 장치를 말한다.〈개정 10.11.3.〉

1.3.9 "안전밸브"란 정압기의 압력이 이상 상승하는 경우 자동으로 압력을 대기 중으로 방출하기 위한 밸브를 말한다.〈개정 10.11.3.〉

1.3.10 "상용압력"란 통상의 사용 상태에서 사용하는 최고압력으로서 정압기 출구 측 압력이 2.5 kPa 이하인 경우에는 2.5 kPa을 말하며, 그 밖의 것은 일반도시가스사업자가 설정한 정압기의 최대 출구 압력을 말한다. 〈개정 10.11.3.〉

14 한 음식점에서 가스 사용량이 시간당 0.65 kg이며 하루에 3시간 가동 버너 10개를 가동한다. 가스용기는 50 kg이며 가스의 잔량이 20 %일 때 교체하고 용기 1개당 기화량이 850 g/h일 때 다음 각 물음에 답하시오.

> 1. 이 가게에서 필요한 가스용기 수를 산정하시오.
> 2. 가스용기를 며칠에 한 번 교체해야 하는지 산정하시오.

> **정답**

1. 시간당 0.65 kg을 사용하는 버너 10개이므로 시간당 사용하는 가스량은 0.65 × 10 = 6.5이다. 공급하는 가스량은 시간당 0.85 kg(850 g = 0.85 kg)이므로

   $$\frac{0.65 \times 10}{0.85} = 7.65$$

   따라서 절상해서 8개의 용기가 필요하다.

2. 하루에 시간당 0.65 kg 사용하는 버너 10개를 3시간 사용하므로 0.65 × 10 × 3 = 19.5 kg
   용기 한 개당 잔량 20 % 남았을 때 교체하므로 50 kg × 0.8 = 40 kg 이하일 때 교체한다.
   0.65 kg/h × 10개 × 3시간 × 교체주기 ≤ 40 kg
   따라서 교체주기는 2일이다.

15 일산화탄소 중독을 막기 위해서는 가스보일러를 전용보일러실에 설치한다. 다만 전용보일러실에 설치하지 않을 수 있는 경우 3가지를 쓰시오.

> **정답**

(1) 밀폐식 가스보일러
(2) 옥외에 설치한 가스보일러
(3) 전용급기통을 부착하는 구조로 검사에 합격한 강제배기식 가스보일러

보충 KGS GC208 주거용 가스보일러의 설치·검사 기준

2.1.3 설치방법

2.1.3.1 공장에서 부품을 생산하여 2.1.1.2에 따라 성능인증을 받은 배기통과 이음연통은 성능인증 기준에 따라 조립한다.

2.1.3.2 라이너는 내화벽돌 또는 배기가스에 대하여 동등 이상의 내열 및 내식 성능을 가진 것을 설치한다.

2.1.3.3 바닥 설치형 가스보일러는 그 하중을 충분히 견딜 수 있는 구조의 바닥면 위에 설치하고, 벽걸이형 가스보일러는 그 하중을 충분히 견딜 수 있는 구조의 벽면에 견고하게 설치한다.

2.1.3.4 가스보일러를 설치하는 주위는 가연성 물질 또는 인화성 물질을 저장·취급하는 장소가 아니어야 하며 조작·연소·확인 및 점검수리에 필요한 간격을 두어 설치한다.

2.1.3.5 가스보일러는 전용보일러실(보일러실 안의 가스가 거실로 들어가지 않는 구조로서 보일러실과 거실 사이의 경계벽은 출입구를 제외하고는 내화구조의 벽을 말한다. 이하 같다)에 설치한다. 다만 다음 중 어느 하나에 해당하는 경우에는 전용보일러실에 설치하지 않을 수 있다.
(1) 밀폐식 가스보일러
(2) 옥외에 설치한 가스보일러
(3) 전용급기통을 부착하는 구조로 검사에 합격한 강제배기식 가스보일러

2.1.3.6 가스보일러는 방, 거실 그밖에 사람이 거처하는 곳과 목욕탕, 샤워장, 베란다, 그 밖에 환기가 잘되지 않아 가스보일러의 배기가스가 누출될 경우 사람이 질식할 우려가 있는 곳에는 설치하지 않는다. 다만 밀폐식 가스보일러로서 다음 중 어느 하나의 조치를 한 경우에는 설치할 수 있다.
(1) 가스보일러와 연통의 접합은 나사식, 플랜지식 또는 리브식으로 하고, 연통과 연통의 접합은 나사식, 플랜지식, 클램프식, 연통일체형 밴드 조임식 또는 리브식 등으로 하여 연통이 이탈되지 않도록 설치하는 경우
(2) 막을 수 없는 구조의 환기구가 외기와 직접 통하도록 설치되어 있고, 그 환기구의 크기가 바닥면적 1 m^2마다 300 cm^2의 비율로 계산한 면적(철망 등을 부착할 때는 철망이 차지하는 면적을 뺀 면적으로 한다) 이상인 곳에 설치하는 경우
(3) 실내에서 사용 가능한 전이중급배기통(Coaxial Flue Pipe)을 설치하는 경우

2.1.3.7 전용보일러실에는 음압(대기압보다 낮은 압력을 말한다) 형성의 원인이 되는 환기팬을 설치하지 않는다.

2.1.3.8 전용보일러실에는 사람이 거주하는 거실·주방 등과 통기될 수 있는 가스레인지 배기덕트(후드)등을 설치하지 않는다.

2025 제1회 [동영상]

01 다음 영상을 보고 각 물음에 답하시오.

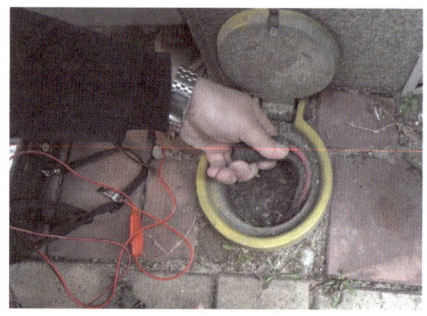

1. 도시가스 매설배관에 대해 희생양극법으로 전기방식을 하는 경우 전위측정용터미널(T/B) 설치 간격을 쓰시오.
2. 부식방지전류가 흐르는 상태에는 토양 중에 있는 배관의 부식방지전위는 포화황산동 기준전극으로 기준하여 방식전위 상한값을 쓰시오.

정답

1. 300 m 이내
2. -0.95 V 이하

보충 KGS GC202 가스시설 전기방식 기준

- 도시가스시설의 전기방식시설의 시공방법에 관한 경과조치
(1) 지하 또는 해저에 매설하는 피복배관 중 다음 중 어느 하나의 배관에는 부식에 대처할 수 있는 전기방식조치를 한다. 다만 임시 사용하기 위한 배관인 경우에는 부식에 대처할 수 있는 전기방식조치를 하지 않을 수 있다.
(1-1) 본관
(1-2) 공급관
(2) 배관의 부식 방지를 위한 전위 상태는 다음 중 어느 하나의 기준에 적합하게 설치·유지한다.
(2-1) 부식방지전류가 흐르는 상태에는 토양 중에 있는 배관의 부식방지전위는 포화황산동 기준전극으로 기준하여 -0.85 V 이하여야 하며, 황산염환원박테리아가 번식하는 토양에서는 -0.95 V 이하일 것
(2-2) 부식방지전류가 흐르는 상태에서 자연전위와의 전위 변화가 최소한 -300 mV 이하일 것(다른 금속과 접촉하는 배관은 제외한다)
(3) 배관에 대한 전위측정은 가능한 가까운 위치에서 기준전극으로 실시할 것
(4) 전기방식시설의 유지관리를 위해 다음에서 정한 장소와 그밖에 배관을 따라 300 m 이내의 간격으로 전위측정용 터미널을 설치할 것. 다만 각종 부식의 위험이 거의 없는 곳에는 더 크게 할 수 있다.
(4-1) 직류전철 횡단부 주위
(4-2) 배관 절연부의 양측
(4-3) 강재 보호관 부분의 배관과 강재 보호관
(4-4) 다른 금속 구조물과 근접 교차 부분
(4-5) 밸브스테이션
(5) 전기방식시설의 효과적인 유지관리를 위해 다음에 따른 측정 및 검검을 실시하여 이상이 발견될 경우에는 지체 없이 정상 기능 유지에 필요한 조치를 강구하고, 그 실시 기록 유지를 위한 전기방식시설 관리대장을 작성·비치할 것
(5-1) 전기방식조치를 한 전체 배관망은 2년에 1회 이상 관대지전위 등의 전위를 측정할 것
(5-2) 외부 전원에 의해 부식이 방지되는 전류 출력, 계기류, 접점부 등의 상태는 6개월에 1회 이상 점검할 것
(5-3) 전기방식시설 중 역전류방지장치, 다이오드, 간섭방지용 결선 등의 작동 상태는 6개월에 1회 이상 점검할 것
(5-4) 절연 부속품, 결선(Bonding) 및 보호절연체의 효과는 6개월에 1회 이상 점검할 것
(5-5) 외부 전원에 의해 부식이 방지되는 시설에서는 전기적인 단락, 접지 연결, 계기의 정확성, 효율, 회로 저항 등을 1년에 1회 이상 점검할 것

02 다음 각 질문에 답하시오.

> 1. 초저온용기는 몇 도 이하의 액화가스를 충전하는가?
> 2. 용기 동판의 최대 두께와 최소 두께와의 차이는 평균 두께의 몇% 이하로 하는가?
> 3. 가스충전용기에서 내력비는 무엇인가?
> 4. 스테인리스강을 초저온용기 재료로 사용하는 경우 허용응력은 인장강도의 몇 배인가?

정답

1. -50 ℃
2. 10
3. 내력과 인장강도의 비
4. 3.5분의 1의 수치

03 다음 동영상의 방폭구조 2가지와 정의를 쓰시오. (단, Ex dib라고 적힌 명판)

※ 출처 : 안전보건공단

정답

1. 내압방폭구조 : 방폭전기기기의 용기(이하 "용기"라 한다) 내부에서 가연성 가스의 폭발이 발생할 경우 그 용기가 폭발 압력에 견디고, 접합면, 개구부 등을 통해 외부의 가연성 가스에 인화되지 않도록 한 구조

2. 본질안전방폭구조 : 정상 시 및 사고(단선, 단락, 지락 등) 시에 발생하는 전기불꽃·아크 또는 고온부로 인하여 가연성 가스가 점화되지 않는 것이 점화시험 및 그 밖의 방법으로 확인된 구조

보충 방폭구조의 종류
① 안전증방폭구조(e)
② 유입방폭구조(o)
③ 내압방폭구조(d)
④ 압력방폭구조(p)
⑤ 본질안전방폭구조(ia, ib)
⑥ 특수방폭구조(s)

보충 KGS GC201 가스시설 전기방폭 기준
• 용어 정의
1. "내압(耐壓)방폭구조"란 방폭전기기기의 용기(이하 "용기"라 한다) 내부에서 가연성 가스의 폭발이 발생할 경우 그 용기가 폭발 압력에 견디고, 접합면, 개구부 등을 통해 외부의 가연성 가스에 인화되지 않도록 한 구조를 말한다.
2. "유입(油入)방폭구조"란 용기 내부에 절연유를 주입하여 불꽃·아크 또는 고온 발생 부분이 기름 속에 잠기게 함으로써 기름면 위에 존재하는 가연성 가스에 인화되지 않도록 한 구조를 말한다.
3. "압력(壓力)방폭구조"란 용기 내부에 보호가스(신선한 공기 또는 불활성 가스)를 압입하여 내부 압력을 유지함으로써 가연성 가스가 용기 내부로 유입되지 않도록 한 구조를 말한다.
4. "안전증방폭구조"란 정상운전 중에 가연성 가스의 점화원이 될 전기불꽃·아크 또는 고온 부분 등의 발생을 방지하기 위해 기계적·전기적 구조상 또는 온도 상승에 대해 특히 안전도를 증가시킨 구조를 말한다.
5. "본질안전방폭구조"란 정상 시 및 사고(단선, 단락, 지락 등) 시에 발생하는 전기불꽃·아크 또는 고온부로 인하여 가연성 가스가 점화되지 않는 것이 점화시험 및 그 밖의 방법으로 확인된 구조를 말한다.
6. "특수방폭구조"란 1부터 5까지 구조 이외의 방폭구조로서 가연성 가스에 점화를 방지할 수 있다는 것이 시험 및 그 밖의 방법으로 확인된 구조를 말한다.

04 다음 동영상을 보고 각 물음에 답하시오.

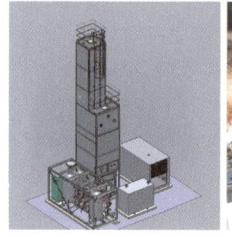 

[동영상]
원료공기 흡입 - 여과기 - 압축기 - 냉각기 - 건조기 - 열교환기 - 정류탑 - 펌프 - 충전

1. 장치 명칭을 쓰시오.
2. 공기액화분리장치에서 즉시 운전을 중지하여 액화산소를 방출하여야 하는 경우 2가지를 쓰시오.
3. 액화공기탱크와 액화산소 증발기 사이에는 무엇을 설치해야 하는지 쓰시오.

> 정답

1. 공기액화분리장치
2. (1) 액화산소 5 L 중 아세틸렌 질량이 5 mg 이상일 때
   (2) 액화산소 5 L 중 탄화수소 중의 탄소 질량이 500 mg 이상일 때
3. 여과기

05 다음 도시가스 정압기실을 보고 각 물음에 답하시오.

※ 출처 : 세전복스

1. 정압기실 경계책 높이를 쓰시오.
2. 정압기실 안내문에 기재해야 하는 사항 3가지를 쓰시오.

> 정답

1. 1.5 m 이상
2. 시설명, 공급자, 연락처

보충 KGS FS552 일반도시가스사업 정압기의 시설·기술·검사 기준

2.10.1 경계표지
정압기의 안전을 확보하기 위하여 정압기실에는 도시가스를 취급하는 시설이거나 일반인의 출입을 제한하는 시설이라는 것을 명확하게 알아볼 수 있도록 다음 기준에 따라 경계표지를 한다.
2.10.1.1 경계표지는 정압기실 주변의 보기 쉬운 곳에 게시한다.
2.10.1.2 경계표지의 크기는 명확하게 식별할 수 있는 크기로 한다.
2.10.1.3 경계표지판은 검정·파랑·적색 글씨 등으로 그림 2.10.1.3의 예와 같이 시설명, 공급자, 연락처 등을 표기한다.

```
┌─────────────────────────────┐
│         안 내 문              │
│ • 시설명 : ○○○ 정압기         │
│ • 공급자 : ○○○ 도시가스(주)    │
│ • 연락처 : ○○○ 도시가스상황실(전화 :   ) │
│ • 이 시설은 주민을 위하여 도시가스를 안전하게 공급 │
│   하기 위한 것입니다. 이 시설에 접근하여 훼손하는 │
│   일이 없도록 하여 주시기 바랍니다.           │
│ • 가스냄새, 이상음 등이 발생되거나 상·하수도, 통 │
│   신 등 타 공사를 실시할 경우에는 발견 즉시 상기의 │
│   연락처로 연락하여 주시기 바랍니다.          │
└─────────────────────────────┘
```

[경계표지의 예]

2.10.2 경계책

정압기의 안전을 확보하기 위하여 정압기실 주위에 외부 사람의 출입을 통제할 수 있도록 다음 기준에 따라 경계책을 설치한다. 다만 단독 사용자에게 가스를 공급하는 정압기의 경우에는 경계책을 설치하지 않을 수 있다.

2.10.2.1 정압기실 주위에는 높이 1.5 m 이상의 철책 또는 철망 등의 경계책를 설치하여 일반인의 출입을 통제한다.

2.10.2.2 2.10.2.1에 불구하고 정압기실이 다음 중 하나의 경우로서, 2.10.1에서 정하는 경계표지를 설치한 경우에는 경계책을 설치한 것으로 본다.

⑴ 철근콘크리트 및 콘크리트블록재로 지상에 설치된 정압기실
⑵ 도로의 지하 또는 도로와 인접하게 설치되어 사람과 차량의 통행에 영향을 주는 장소로서, 경계책 설치가 부득이한 정압기실
⑶ 정압기가 건축물 안에 설치되어 있어 경계책을 설치할 수 있는 공간이 없는 정압기실
⑷ 상부 덮개에 잠금장치를 한 매몰형 정압기
⑸ 일반도시가스사업자를 관할하는 시장·군수·구청장이 경계책 설치가 불가능하다고 인정하는 다음 경우에 해당하는 정압기실
  ⑸-1) 공원지역, 녹지지역 등에 설치된 경우
  ⑸-2) 그 밖에 부득이한 경우

2.10.2.3 경계책 주위에는 외부 사람의 무단출입을 금하는 내용의 경계표지를 보기 쉬운 장소에 부착한다.

2.10.2.4 경계책 안에는 누구도 발화 또는 인화하기 쉬운 물질을 휴대하고 들어가서는 안 된다. 다만 해당 설비의 정비·수리 등 불가피한 사유가 발생할 경우에만 안전관리책임자의 감독하에 휴대할 수 있다.

06 독성 가스 충전용기를 운반하는 차량은 용기를 안전하게 취급하기 위하여 용기 승하차용 리프트와 적재함이 부착된 전용 차량으로 한다. 다음 괄호 안에 들어갈 알맞은 것을 쓰시오.

※ 출처 : 에너지신문

⑴ 적재함은 적재할 충전용기 최대높이의 (㉠) 이상까지 (㉡) 또는 이와 동등 이상의 강도를 갖는 재질(가로·세로·두께가 (75 × 40 × 5) mm 이상인 "ㄷ" 형강 또는 호칭지름·두께가 (50 × 3.2) mm 이상의 강관)로 보강하여 용기 고정이 용이하도록 한다.
⑵ 보강대로 인하여 용기의 상하차 작업이 곤란한 경우에는 적재함의 가로 보강대를 (㉢)으로 설치한다. 이 경우 가로 보강대가 차량 운행 중에 흔들리지 않도록 걸쇠 등으로 차량에 단단히 고정한다.
⑶ 충전용기를 운반하는 가스운반 전용 차량의 적재함에는 (㉣)를 설치한다. 다만 다음에 해당하는 차량의 경우에는 적재함에 (㉣)를 설치하지 않을 수 있다.
  ⑶-1) 가스를 공급받는 업소의 용기 보관실 바닥이 운반차량 적재함 최저 높이로 설치되어 있거나, 컨베이어 벨트 등 상하차 설비가 설치된 업소에 가스를 공급하는 차량
  ⑶-2) 적재능력 1.2톤 이하의 차량

정답
㉠ 3/5
㉡ SS400
㉢ 개폐형
㉣ 리프트

보충 KGS GC207 고압가스 운반차량의 시설·기술 기준
2.1.1.1 차량구조
2.1.1.1.1 독성 가스 충전용기를 운반하는 차량은 용기를 안전하게 취급하기 위하여 용기 승하차용 리프트와 적재함이 부착된 전용 차량으로 한다.
(1) 적재함은 적재할 충전용기 최대높이의 3/5 이상까지 SS400 또는 이와 동등 이상의 강도를 갖는 재질(가로·세로·두께가 (75 × 40 × 5) mm 이상인 ㄷ 형강 또는 호칭지름·두께가 (50 × 3.2) mm 이상의 강관)로 보강하여 용기 고정이 용이하도록 한다.
(2) 보강대로 인하여 용기의 상하차 작업이 곤란한 경우에는 적재함의 가로 보강대를 개폐형으로 설치한다. 이 경우 가로 보강대가 차량 운행 중에 흔들리지 않도록 걸쇠 등으로 차량에 단단히 고정한다.
(3) 충전용기를 운반하는 가스운반 전용 차량의 적재함에는 리프트를 설치한다. 다만 다음에 해당하는 차량의 경우에는 적재함에 리프트를 설치하지 않을 수 있다.
(3-1) 가스를 공급받는 업소의 용기 보관실 바닥이 운반차량 적재함 최저높이로 설치되어 있거나, 컨베이어벨트 등 상하차 설비가 설치된 업소에 가스를 공급하는 차량
(3-2) 적재능력 1.2톤 이하의 차량
2.1.1.1.2 허용농도가 200 ppm 이하인 독성 가스 충전용기를 운반하는 차량은 용기 승하차용 리프트와 밀폐된 구조의 적재함이 부착된 전용 차량으로 한다. 다만 내용적이 1000 L 이상인 충전용기를 운반하는 경우에는 그렇지 않다.
2.1.1.2 경계표지 설치
충전용기를 차량에 적재하여 운반하는 때에는 그 차량의 앞뒤 보기 쉬운 곳에 각각 붉은 글씨로 "위험 고압가스", "독성 가스"라는 경계표지와 위험을 알리는 도형, 상호, 사업자의 전화번호, 운반 기준 위반행위를 신고할 수 있는 등록관청의 전화번호 등이 표시된 안내문을 다음과 같이 부착한다.

2.1.1.2.1 경계표지는 차량의 앞뒤에서 명확하게 볼 수 있도록 "위험 고압가스" 및 "독성 가스"라 표시하고 삼각기를 운전석 외부의 보기 쉬운 곳에 게시한다. 다만 RTC(Rail Tank Car)의 경우는 좌우에서 볼 수 있도록 한다.
2.1.1.2.2 경계표지 크기의 가로 치수는 차체 폭의 30 % 이상, 세로 치수는 가로 치수의 20 % 이상으로 된 직사각형으로 하고, 문자는 KS M 5334(발광 도료)나 KS T 3507(산업 및 교통 안전용 재귀 반사 시트)를 사용하며, 삼각기는 적색 바탕에 글자색은 황색, 경계표지는 적색 글씨로 표시한다. 다만 차량 구조상 정사각형이나 이에 가까운 형상으로 표시할 경우에는 그 면적을 600 cm² 이상으로 한다.

07 다음은 태양광 발전설비의 집광판이다. 괄호 안에 들어갈 알맞은 숫자를 쓰시오.

※ 출처 : 뉴스튜브

1. 집광판을 설치할 수 있는 캐노피는 불연성 재료로 하고, 캐노피의 상부바닥면이 충전기의 상부로부터 (　) m 이상 높이에 설치한다.
2. 충전소 내 지상에 집광판을 설치하려는 경우에는 충전설비, 저장설비, 가스설비, 배관, 자동차에 고정된 탱크 이입·충전장소의 외면(자동차에 고정된 탱크 이입·충전장소의 경우에는 지면에 표시된 정차위치의 중심)으로부터 (　) m 이상 떨어진 곳에 설치하고, 집광판은 지면으로부터 1.5 m 이상 높이에 설치한다.

정답

1. 3
2. 8

보충 KGS FP332 액화석유가스 자동차에 고정된 용기 충전의 시설·기술·검사·정밀안전진단·안전성평가 기준

2.8.5 태양광발전설비 설치
태양광발전설비는 다음 기준에 적합하게 설치한다.
2.8.5.1 태양광발전설비를 사업소 건축물 상부에 설치하는 경우에는 「건축법」 등 건축물 관련 법규 및 하위규정에 따른 구조 및 설비 기준을 준수하고, 건축구조기술사 또는 건축시공기술사의 구조안전확인을 받은 것으로 한다.
2.8.5.2 태양광발전설비는 「전기사업법」 제63조에 따른 사용전검사나 「전기사업법」 제66조에 따른 사용전점검에 합격한 것으로 한다.
2.8.5.3 태양광발전설비 중 집광판은 캐노피의 상부, 건축물의 옥상 등 충전소 운영에 지장을 주지 않는 장소에 설치한다.
2.8.5.3.1 집광판을 설치할 수 있는 캐노피는 불연성 재료로 하고, 캐노피의 상부바닥면이 충전기의 상부로부터 3 m 이상 높이에 설치한다.
2.8.5.3.2 충전소 내 지상에 집광판을 설치하려는 경우에는 충전설비, 저장설비, 가스설비, 배관, 자동차에 고정된 탱크 이입·충전장소의 외면(자동차에 고정된 탱크 이입·충전장소의 경우에는 지면에 표시된 정차위치의 중심)으로부터 8 m 이상 떨어진 곳에 설치하고, 집광판은 지면으로부터 1.5 m 이상 높이에 설치한다.
2.8.5.4 태양광발전설비 관련 전기설비는 2.6.8에 따라 방폭성능을 가진 것으로 설치하거나, 폭발위험장소(0종 장소, 1종 장소 및 2종 장소를 말한다)가 아니고 가스시설 등과 접하지 않는 방향에 설치한다.
2.8.5.5 에너지저장장치(ESS : Energy Storage System)는 설치하지 않는다.
2.8.6 고정형 영상정보처리기기 설치
액화석유가스 충전시설에는 다음 장소의 운영 상태를 감시하기 위해 「개인정보 보호법」 제2조 제7호에 따른 고정형 영상정보처리기기(이하 "영상정보처리기기"라 한다)를 설치하고, 24시간 촬영한 영상정보는 10일 이상 저장한다.
(1) 자동차에 고정된 탱크 이입·충전장소
(2) 저장설비, 가스설비 및 충전설비 설치장소
(3) 그 밖에 안전관리상 필요한 장소

08

가스사용시설에는 연소기 각각에 퓨즈콕 등을 설치한다. 다만 퓨즈콕을 설치하지 않고 배관용 밸브로 설치할 수 있는 경우 2가지를 쓰시오.

※ 출처 : 금정산업, 가스신문

정답

1. 가스소비량이 19400 kcal/h을 초과
2. 사용압력이 3.3 kPa을 초과하는 연소기가 연결된 배관

보충 KGS FU551 2024 도시가스 사용시설의 시설·기술·검사 기준

• 중간밸브 설치
1. 연소기가 설치된 곳에는 조작하기 쉬운 위치에 배관용 밸브를 다음 기준에 따라 설치한다.
   (1) 가스사용시설에는 연소기 각각에 퓨즈콕 등을 설치한다. 다만 연소기가 배관(가스용 금속플렉시블호스를 포함한다)에 연결된 경우 또는 가스소비량이 19400 kcal/h을 초과하거나 사용압력이 3.3 kPa을 초과하는 연소기가 연결된 배관(가스용 금속플렉시블호스를 포함한다)에는 배관용 밸브를 설치할 수 있다.
   (2) 배관이 분기되는 경우에는 주 배관에 배관용 밸브를 설치한다. 다만 부득이하게 매립하여 설치하는 주배관의 경우에는 매립하는 부분 직전의 노출 배관에 배관용 밸브를 설치할 수 있다.
   (3) 2개 이상의 실로 분기되는 경우에는 각 실의 주 배관마다 배관용 밸브를 설치한다.
2. 중간밸브 및 퓨즈콕 등은 해당 가스사용시설의 사용압력 및 유량에 적합한 것으로 한다.

• 가스계량기 설치
1. 가스계량기는 검침·교체·유지관리 및 계량이 용이하고 환기가 양호하도록 다음의 어느 하나의 조치를 한 장소에 설치하되, 직사광선 또는 빗물을 받을 우려가 있는 곳에 설치하는 경우에는 보호상자 안에 설치한다.
    (1) 가스계량기를 설치한 실내의 상부(공기보다 무거운 가스의 경우 하부)에 50 cm² 이상 환기구(철망 등을 부착할 때는 철망 등이 차지하는 면적을 뺀 면적) 등을 설치한 장소
    (2) 가스계량기를 설치한 실내에 기계환기설비를 설치한 장소
    (3) 가스누출자동차단장치를 설치하여 가스 누출 시 경보를 울리고 가스계량기 전단에서 가스가 차단될 수 있도록 조치한 장소
    (4) 환기가 가능한 창문 등(개방 시 환기 면적이 100 cm² 이상인 곳에 한정한다)이 설치된 장소
2. 주택에 설치하는 가스계량기는 가스 사용자가 구분하여 소유하거나 점유하는 건축물의 외벽에 설치한다. 다만 실외에서 가스사용량을 검침할 수 있는 경우에는 그렇지 않다.
3. 가스계량기(30 m³/h 미만에 한정한다)의 설치 높이는 바닥으로부터 계량기 지시장치(계량값 표시창)의 중심까지 1.6 m 이상 2 m 이내에 수직·수평으로 설치하고, 밴드·보호가대 등 고정장치로 고정한다. 다만 보호상자 내에 설치, 기계실에 설치, 보일러실(가정에 설치된 보일러실은 제외한다)에 설치 또는 문이 달린 파이프 덕트(Pipe Shaft, Pipe Duct) 내에 설치하는 경우에는 바닥으로부터 2 m 이내에 설치한다.
4. 가스계량기와 전기계량기 및 전기개폐기와의 거리는 0.6 m 이상, 굴뚝(단열조치를 하지 않은 경우에 한하며, 밀폐형 강제급·배기식 보일러(FF식 보일러)의 2중 구조의 배기통은 '단열조치가 된 굴뚝'으로 보아 제외한다)·전기점멸기 및 전기접속기와의 거리는 0.3 m 이상, 절연조치를 하지 않은 전선과는 0.15 m 이상의 거리를 유지한다.
5. 4에서 전기설비와 가스계량기와의 이격거리 적용 시에는 각 설비의 외면 간 거리를 기준으로 한다.

09 다음 동영상을 보고 PE관의 융착이음에 대한 각 질문에 답하시오.

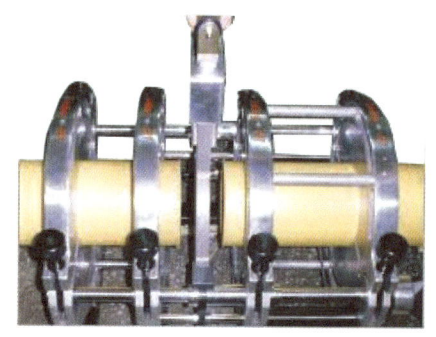

※ 출처 : 나노인스텍

1. 융착이음의 명칭을 쓰시오.
2. 동영상의 융착이음 시공 시 자격 기준을 쓰시오.
3. 가스용 폴리에틸렌관은 노출배관으로 사용하지 않는 것이 원칙이지만, 노출배관으로 사용할 수 있는 경우를 쓰시오.
4. 가스용 폴리에틸렌관은 온도가 40 ℃ 이상인 장소에는 설치하지 않는다. 그러나 40 ℃ 이상의 장소에 설치할 수 있는 경우를 쓰시오.

정답

1. 맞대기 융착
2. 폴리에틸렌융착원양성교육 이수
3. 지상배관과 연결을 위해 금속관을 사용하여 보호조치를 한 경우로서, 지면에서 30 cm 이하로 노출하여 시공하는 경우
4. 파이프슬리브 등을 이용하여 단열조치를 한 경우

보충 KGS FS551 일반도시가스사업 제조소 및 공급소 밖의 배관의 기준

- 가스용 폴리에틸렌관 설치 제한
1. 가스용 폴리에틸렌관(이하 "PE배관"이라 한다)은 노출배관으로 사용하지 않을 것. 다만 지상배관과 연결을 위하여 금속관을 사용하여 보호조치를 한 경우로서 지면에서 30 cm 이하로 노출하여 시공하는 경우에는 노출배관으로 사용할 수 있다.
2. PE배관은 온도가 40 ℃ 이상이 되는 장소에 설치하지 않는다. 다만 파이프슬리브 등을 이용하여 단열조치를 한 경우에는 온도가 40 ℃ 이상이 되는 장소에 설치할 수 있다.
3. PE배관은 폴리에틸렌융착원 양성교육을 이수한 자가 시공하도록 할 것

10 방폭구조 종류 6가지를 쓰시오.

정답
① 안전증방폭구조(e)
② 유입방폭구조(o)
③ 내압방폭구조(d)
④ 압력방폭구조(p)
⑤ 본질안전방폭구조(ia, ib)
⑥ 특수방폭구조(s)

2025 제2회 [필답형]

01 기체의 연소방식에 대한 다음 2가지를 설명하시오.

1. 확산연소
2. 예혼합연소

정답

1. 확산연소 : 가연성 기체가 공기 중으로 확산되며, 공기와 혼합기체를 형성하여 연소
2. 예혼합연소 : 가연물과 공기가 미리 혼합된 상태로 점화원에 의해 연소되거나 스스로 연소하는 것

보충 연소의 종류

(1) 기체의 연소

구분	내용	종류
확산연소	가연성 기체가 공기 중으로 확산되며, 공기와 혼합기체를 형성하여 연소	메탄(메테인) 에탄(에테인) 수소
예혼합연소	가연물과 공기가 미리 혼합된 상태로 점화원에 의해 연소되거나 스스로 연소하는 것	가솔린 엔진, 버너

(2) 액체의 연소

구분	내용	종류
액적연소 (분무연소)	액체연료를 분사하면 안개상으로 분무화되어 공기 접촉 면적을 넓게 하여 연소	벙커C유
증발연소	액체를 가열 시 열에 의해 액체가 증기가 되어 증기가 연소	가솔린, 등유, 경유, 알코올
분해연소	휘발성이 작고, 점성이 큰 액체 가연물이 열분해하여 가스로 분해되어 연소	중유, 아스팔트 글리세린

(3) 고체의 연소

구분	내용	종류
표면연소 (작열연소)	고체의 표면에서 불꽃을 내지 않고 연소	숯, 코크스 목탄, 금속분
분해연소	고체 가연물이 온도 상승 시 열분해를 통해 발생하는 가연성 가스가 연소	종이, 목재 플라스틱, 섬유
증발연소	열분해를 일으키지 않고 그대로 증발하여 연소	황, 나프탈렌 파라핀
자기연소	물질 내부에 산소를 함유하고 있어 외부의 산소 공급 없이 연소	나이트로셀룰로스, 나이트로글리세린, 질산에스터류

02 지하에 매설된 도시가스배관에서 발생하는 부식의 원인 4가지를 쓰시오.

정답

1. 미주전류에 의한 부식
2. 국부전지에 의한 부식
3. 이종금속 접촉에 의한 부식
4. 농염전지에 의한 부식
5. 박테리아에 의한 부식

🔒 미국 이염박

03 고압가스시설의 전기방식시설에 대한 다음 각 괄호 안에 알맞은 말을 쓰시오.

> ① 전기방식시설의 관대지전위(管對地電位) 등을 ( )에 1회 이상 점검한다.
> ② 외부 전원법에 따른 전기방식시설은 외부 전원점 관대지전위, 정류기의 출력, 전압, 전류, 배선의 접속 상태 및 계기류 확인 등을 ( )에 1회 이상 점검한다.
> ③ 배류법에 따른 전기방식시설은 배류점 관대지전위, 배류기의 출력, 전압, 전류, 배선의 접속 상태 및 계기류 확인 등을 ( )에 1회 이상 점검한다.
> ④ 절연 부속품, 역전류방지장치, 결선(Bond) 및 보호절연체의 성능은 ( )에 1회 이상 점검한다.

정답

① 1년
② 3개월
③ 3개월
④ 6개월

보충 KGS GC202 가스시설 전기방식 기준

• 고압가스시설
1. 전기방식시설의 관대지전위(管對地電位) 등을 1년에 1회 이상 점검한다.
2. 외부 전원법에 따른 전기방식시설은 외부 전원점 관대지전위, 정류기의 출력, 전압, 전류, 배선의 접속 상태 및 계기류 확인 등을 3개월에 1회 이상 점검한다.
3. 배류법에 따른 전기방식시설은 배류점 관대지전위, 배류기의 출력, 전압, 전류, 배선의 접속 상태 및 계기류 확인 등을 3개월에 1회 이상 점검한다.
4. 절연 부속품, 역전류방지장치, 결선(Bond) 및 보호절연체의 성능은 6개월에 1회 이상 점검한다.

• 액화석유가스시설
1. 전기방식시설의관대지전위(管對地電位) 등은 1년에 1회 이상 점검한다.
2. 외부 전원법에 따른 전기방식시설은 외부 전원점 관대지전위(管對地電位), 정류기의 출력, 전압, 전류, 배선의 접속 상태 및 계기류 확인 등을 3개월에 1회 이상 점검한다.
3. 배류법에 따른 전기방식시설은 배류점 관대지전위(管對地電位), 배류기의 출력, 전압, 전류, 배선의 접속 상태 및 계기류 확인 등을 3개월에 1회 이상 점검한다.
4. 절연 부속품, 역전류방지장치, 결선(Bond) 및 보호절연체의 성능은 6개월에 1회 이상 점검한다.

• 도시가스시설
1. 전기방식시설의 관대지전위(管對地電位, Pipe-to-soil Potential) 등을 1년에 1회 이상 점검한다. 다만 전위측정용 터미널(T/B)에 원격으로 감시·기록하는 장치 등을 설치하고 모니터링이 가능한 경우에는 관대지전위 등의 점검을 한 것으로 볼 수 있다.
2. 외부 전원법에 따른 전기방식시설은 외부전원점 관대지전위, 정류기의 출력, 전압, 전류, 배선의 접속 상태 및 계기류 확인 등을 3개월에 1회 이상 점검한다. 다만 다음의 경우에는 각 호의 구분에 따라 점검할 수 있다.
   (1) 기준전극을 매설하고 데이터로거 등을 이용하여 전위를 측정하고 이상이 없는 경우 : 6개월에 1회 이상
   (2) 원격으로 감시·기록하는 장치 등을 설치하여 외부전원점 관대지전위, 정류기의 출력, 전압, 전류, 배선의 접속 상태 및 계기류 확인 등의 상시 모니터링이 가능한 경우 : 1년에 1회 이상
3. 배류법에 따른 전기방식시설은 배류점 관대지전위(管對地電位), 배류기의 출력, 전압, 전류, 배선의 접속 상태 및 계기류 확인 등을 3개월에 1회 이상 점검한다. 다만 기준전극을 매설하고 데이터로거 등을 이용하여 전위를 측정하고 이상이 없는 경우에는 6개월에 1회 이상 점검할 수 있다.
4. 절연 부속품, 역전류방지장치, 결선(Bond) 및 보호절연체의 성능은 6개월에 1회 이상 점검한다.

5. 고체 기준전극을 이용한 원격전위 측정 또는 모니터링시스템은 전위측정용 터미널(T/B)의 데이터 로거 등으로부터 수신된 전위값이 방식전위 기준에 적합하지 않은 경우에는 3에 따라 가능한 가스시설 가까운 위치에서 기준전극으로 관대지전위를 측정하여 적합 여부를 판단한다.
6. 가스가 누출되어 체류할 우려가 있는 밸브박스 등의 장소에서는 가스 누출 여부를 확인한 후 전위측정을 한다.
7. 사용시설의 경우에는 1부터 4까지를 제외할 수 있다.

• 수소시설
1. 전기방식시설의 관대지전위(管對地電位) 등을 1년에 1회 이상 점검한다.
2. 외부 전원법에 따른 전기방식시설은 외부 전원점 관대지전위, 정류기의 출력, 전압, 전류, 배선의 접속 상태 및 계기류 확인 등을 3개월에 1회 이상 점검한다.
3. 배류법에 따른 전기방식시설은 배류점 관대지전위, 배류기의 출력, 전압, 전류, 배선의 접속 상태 및 계기류 확인 등을 3개월에 1회 이상 점검한다.
4. 절연 부속품, 역전류방지장치, 결선(Bond) 및 보호절연체의 성능은 6개월에 1회 이상 점검한다.

04 액화천연가스용 저장탱크에 실시하는 압력검사 종류 4가지를 쓰시오.

정답

기압시험, 충수시험, 기밀시험, 진공누출시험

보충 KGS AC115 액화천연가스용 저장탱크 제조의 시설·기술·검사 기준
(1-9-2) 각각의 압력시험 항목별 시험방법은 다음과 같다.
(1-9-2-1) 기압시험
　기상부에 공기 등과 같이 위험성이 없는 기체를 사용하여 설계압력의 1.25배(지중·지하식은 설계압력의 1.5배) 이상으로 압력을 가하여 이상이 없는지 확인한다.
(1-9-2-2) 충수시험
　측면판 최하부에 대하여 설계 액두압에 해당하는 수위의 1.25배 이상 높이까지(설계 액위까지를 한도로 함) 물을 채워 이상 유무를 확인한다.

(1-9-2-3) 기밀시험
　탱크 내부에 공기·질소 등과 같이 위험성이 없는 기체를 사용하여 설계압력의 1.25배(지중·지하식은 설계압력의 1.1배) 이상으로 압력을 가하여 용접부 외면에 비눗물 등을 바르고 누출이 없는지 확인한다. 단, 기밀시험 시 외면(이면)에 비눗물 등을 발라서 확인하기가 곤란한 경우는 진공 누출 시험으로 한다.
(1-9-2-4) 진공누출시험
　바닥면판 및 환상판 용접부에 대하여 −35 kPa 이하에서 진공누출 시험을 실시하고, 용접부에 비눗물 등을 도포하여 누출 유무를 확인한다. 다만 멤브레인식 저장탱크의 경우에는 암모니아 누출검사로 대체한다.

05 고압가스시설의 비파괴검사 기준과 관련한 다음 각 괄호 안에 들어갈 알맞은 말을 쓰시오.

> 배관등의 용접부는 전부를 (①)와 (②)을 하고, 다음 기준에 합격한 것으로 한다. 다만 (③)을 실시하기 곤란한 곳은 (④) 및 (⑤)[또는 (⑥)]을 한다. 이 경우 100 A(4B) 미만이나 두께 6 mm 미만의 용접부로서 오스테나이트계 스테인리스강, 동 및 알루미늄의 용접부는 (⑦)을, 강자성 이외의 재료는 (⑧)을 생략할 수 있다.

정답

① 육안검사
② 방사선투과시험
③ 방사선투과시험
④ 초음파탐상시험
⑤ 자분탐상시험
⑥ 침투탐상시험
⑦ 초음파탐상시험
⑧ 자분탐상시험

보충 **KGS GC205 가스시설 용접 및 비파괴시험 기준**
3.1.1 고압가스시설
3.1.1.1 배관등의 용접부(3.2.1에서 정한 것은 제외한다)는 전부를 육안검사와 방사선투과시험을 하고, 다음 기준에 합격한 것으로 한다. 다만 방사선투과시험을 실시하기 곤란한 곳은 초음파탐상시험 및 자분탐상시험(또는 침투탐상시험)을 한다. 이 경우 100 A(4B) 미만이나 두께 6 mm 미만의 용접부로서 오스테나이트계 스테인리스강, 동 및 알루미늄의 용접부는 초음파탐상시험을, 강자성 이외의 재료는 자분탐상시험을 생략할 수 있다.
3.1.1.1.1 육안검사는 다음 기준에 적합하게 한다.
⑴ 보강덧붙임(Reinforcement Of Weld)은 그 높이가 모재표면보다 낮지 않도록 하고, 3 mm(알루미늄은 제외한다) 이하를 원칙으로 한다.
⑵ 외면의 언더컷(Undercut)은 그 단면이 V자형으로 되지 않도록 하며, 1개의 언더컷 길이와 깊이는 각각 30 mm 이하와 0.5 mm 이하이고, 1개의 용접부에서 언더컷 길이의 합이 용접부 길이의 15 % 이하가 되도록 한다.
⑶ 용접부 및 그 부근에는 균열, 아크스트라이크(Arc - strike), 위해하다고 인정되는 지그(Jig)의 흔적, 오버랩(Overlap) 및 피트(Pit) 등의 결함이 없고 또한 비드(Bead) 형상이 일정하며, 슬러그(Slug), 스패터(Spatter) 등이 부착되어 있지 않도록 한다.

보충 **펌프의 축동력**

(1) $$L_{PS} = \frac{\gamma QH}{75 \times \eta}$$
γ : 액체의 비중량[kgf/m³]
Q : 유량[m³/s]
H : 전양정[m]
η : 효율

(2) $$L_{kW} = \frac{\gamma QH}{102 \times \eta}$$
γ : 액체의 비중량[kgf/m³]
Q : 유량[m³/s]
H : 전양정[m]
η : 효율

07 전기방폭구조 종류 5가지와 각각의 영문 약자를 쓰시오.

정답
① 안전증방폭구조(e)
② 유입방폭구조(o)
③ 내압방폭구조(d)
④ 압력방폭구조(p)
⑤ 본질안전방폭구조(ia, ib)
⑥ 특수방폭구조(s)

06 펌프의 동력이 70 kW이며 전양정이 35 m일 때 유량(m³/s)을 계산하시오. (단, 효율은 75 %이다)

정답
$$L_{kW} = \frac{\gamma QH}{102 \times \eta}$$
$$Q = \frac{L \times 102 \times \eta}{\gamma \times H}$$
$$= \frac{70 \times 102 \times 0.75}{1000 \times 35} = 0.15 \ m^3/s$$

08 다음 고압가스 저장탱크용기 및 특정설비의 재검사기간 기준에 대한 괄호 안에 알맞은 것을 쓰시오.

[이음매 없는 용기]
1. 500 L 이상 : (①)마다
2. 500 L 미만 : 신규검사 후 경과연수가 10년 이하인 것은 5년마다, 10년 초과인 것은 3년마다

[저장탱크]
1. (②) (재검사에 불합격되어 수리한 것은 (③), 다만 음향방출시험에 의하여 안전성이 확인된 경우에는 5년으로 한다)마다
2. 다른 장소로 이동하여 설치한 저장탱크는 (④) 검사한다.

정답

① 5년
② 5년
③ 3년
④ 이동하여 설치한 때마다

보충 고압가스 안전관리법 시행규칙 [별표 22] 용기 및 특정설비의 재검사기간

1. 용기

용기의 종류		신규검사 후 경과연수		
		15년 미만	15년 이상 20년 미만	20년 이상
		재검사 주기		
용접용기(액화석유가스용 용접용기는 제외한다)	500 L 이상	5년 마다	2년 마다	1년 마다
	500 L 미만	3년 마다	2년 마다	1년 마다
액화석유가스용 용접용기	500 L 이상	5년 마다	2년 마다	1년 마다
	500 L 미만	5년마다		2년 마다
이음매 없는 용기 또는 복합재료용기	500 L 이상	5년마다		
	500 L 미만	신규검사 후 경과연수가 10년 이하인 것은 5년마다, 10년을 초과한 것은 3년마다		
액화석유가스용 복합재료용기		5년마다(설계조건에 반영되고, 산업통상자원부장관으로부터 안전한 것으로 인정을 받은 경우에는 10년마다)		
용기부속품	용기에 부착되지 아니한 것	용기에 부착되기 전(검사 후 2년이 지난 것만 해당한다)		
	용기에 부착된 것	검사 후 2년이 지나 용기부속품을 부착한 해당 용기의 재검사를 받을 때마다		

[비고]
1. 재검사일은 재검사를 받지 않은 용기의 경우에는 신규검사일부터 산정하고, 재검사를 받은 용기의 경우에는 최종 재검사일부터 산정한다.
2. 제조 후 경과연수가 15년 미만이고 내용적이 500 L 미만인 용접용기(액화석유가스용 용접용기를 포함한다)에 대하여는 재검사주기를 다음과 같이 한다.
  가. 용기내장형 가스난방기용 용기는 6년
  나. 내식성 재료로 제조된 초저온용기는 5년
3. 내용적 20 L 미만인 용접용기(액화석유가스용 용접용기를 포함한다) 및 지게차용 용기는 10년을 첫번째 재검사주기로 한다.
4. 1회용으로 제조된 용기는 사용 후 폐기한다.
5. 내용적 125 L 미만인 용기에 부착된 용기부속품(산업통상자원부장관이 정하여 고시하는 것은 제외한다)은 그 부속품의 제조 또는 수입 시의 검사를 받은 날부터 2년이 지난 후 해당 용기의 첫 번째 재검사를 받게 될 때 폐기한다. 다만 아세틸렌용기에 부착된 안전장치(용기가 가열되는 경우 용융 합금이 녹아 압력을 방출하는 장치를 말한다)는 용기 재검사 시 적합할 경우 폐기하지 않고 계속 사용할 수 있다.
6. 복합재료용기는 제조검사를 받은 날부터 15년이 되었을 때에 폐기한다.
7. 내용적 45 L 이상 125 L 미만인 것으로서 제조 후 경과연수가 26년 이상된 액화석유가스용 용접용기(1988년 12월 31일 이전에 제조된 경우로 한정한다)는 폐기한다.

2. 특정설비

특정설비의 종류	재검사주기		
	신규검사 후 경과연수		
	15년 미만	15년 이상 20년 미만	20년 이상
차량에 고정된 탱크	5년마다	2년마다	1년마다
	해당 탱크를 다른 차량으로 이동하여 고정할 경우에는 이동하여 고정한 때마다		
저장탱크	1) 5년(재검사에 불합격되어 수리한 것은 3년. 다만 음향방출시험에 의하여 안전성이 확인된 경우에는 5년으로 한다)마다, 다만 검사주기가 속하는 해에 음향방출시험 등의 신뢰성이 있다고 인정하는 방법에 의하여 안전성이 확인된 경우에는 검사주기를 2년간 연장할 수 있다.		

	2) 다른 장소로 이동하여 설치한 저장탱크(「액화석유가스의 안전관리 및 사업관리법 시행규칙」 제2조 제1항 제3호에 따른 소형저장탱크는 제외한다)는 이동하여 설치한 때마다	
안전밸브 및 긴급차단장치	검사 후 2년을 경과하여 해당 안전밸브 또는 긴급차단장치가 설치된 저장탱크 또는 차량에 고정된 탱크의 재검사 시마다	
기화장치	저장탱크와 함께 설치 된 것	검사 후 2년을 경과하여 해당 탱크의 재검사 시마다
	저장탱크가 없는 곳에 설치된 것	3년마다
	설치되지 아니한 것	설치되기 전(검사 후 2년이 지난 것만 해당한다)
압력용기	4년마다. 다만 산업통상자원부장관이 정하여 고시하는 기법에 따라 산정하여 그 적합성을 인정받는 경우 그 주기로 할 수 있다.	

[비고]
1. 재검사를 받아야 하는 연도에 업소가 자체정기보수를 하고자 하는 경우에는 자체정기보수 시까지 재검사기간을 연장할 수 있다.
2. 「기업활동 규제완화에 관한 특별조치법 시행령」 제19조 제1항에 따라 동시검사를 받고자 하는 경우에는 재검사를 받아야 하는 연도 내에서 사업자가 희망하는 시기에 재검사를 받을 수 있다.

09 정압기 특성인 오프셋에 대해 쓰시오.

정답

유량이 변화했을 때 2차 압력과 기준압력과의 차

보충 정압기의 정특성 종류
1. 로크업 : 유량이 '0'으로 되었을 때 끝맺음 압력과 기준압력과의 차
2. 시프트 : 1차 압력의 변화에 의하여 정압곡선이 전체적으로 어긋나는 것
3. 오프셋 : 유량이 변화했을 때 2차 압력과 기준압력과의 차

10 다음 각 질문에 답하시오.

1. 펌프의 이상현상 중 캐비테이션현상에 대해 설명하시오.
2. 캐비테이션 방지법 3가지를 쓰시오.

정답

1. 흡입 측 배관의 손실(마찰, 낙차, 포화증기압)이 커지게 되어 배관 내 압력이 물의 포화증기압보다 낮아져 기포가 발생하는 현상
2. • 펌프의 설치위치를 가급적 낮게
   • 회전차를 수중에 완전히 잠기게
   • 흡입관경을 크게
   • 2대 이상의 펌프를 사용
   • 양흡입펌프를 사용

보충 공동현상(Cavitation)

구분	설명
정의	• 흡입 측 배관의 손실(마찰, 낙차, 포화증기압)이 커지게 되어 배관 내 압력이 물의 포화증기압보다 낮아져 기포가 발생하는 현상 • 배관 내 정압 < 포화증기압일 경우 발생 • [NPSHav < NPSHre]일 경우 발생
원인	• 펌프보다 수원이 낮아 흡입수두가 클 때 • 펌프의 임펠러 회전속도가 클 때 • 펌프의 흡입관경이 작을 때 • 흡입 측 배관의 유속이 빠를 때 • 흡입 측 배관의 마찰손실이 클 때(흡입배관의 길이가 길 경우) • 수온이 높을 때
대책	• 펌프의 설치위치를 가급적 낮게 • 회전차를 수중에 완전히 잠기게 • 흡입관경을 크게 • 2대 이상의 펌프를 사용 • 양흡입펌프를 사용
현상	• 소음과 진동이 생김 • 임펠러(수차의 날개), 배관, 배관 부속 등에 응력 발생으로 손상 및 부식이 발생 • 토출량 및 양정이 감소되며 전체적인 펌프의 효율이 감소

11. 소형저장탱크에 의한 액화석유가스 사용시설의 안전밸브 방출구 구조를 설명하시오.

정답

가스방출관의 방출구는 공기 중에 수직 상방향으로 가스를 분출하는 구조로서 방출구의 수직 상방향 연장선으로부터 다음의 안전밸브 규격에 따른 수평거리 이내에 장애물이 없는 안전한 곳으로 분출하는 구조

> 보충 KGS FU432 소형저장탱크에 의한 액화석유가스 사용시설의 시설·기술·검사 기준

2.8.1.8 과압안전장치 방출관 설치
과압안전장치중 안전밸브에는 다음 기준에 따라 가스방출관을 설치한다.
2.8.1.8.1 가스방출관의 방출구는 건축물 밖에 화기가 없는 위치로서 지면에서 2.5 m 이상 또는 소형저장탱크의 정상부로부터 1 m 이상의 높이 중 높은 위치에 설치한다. 다만 다음 ⑴과 ⑵를 모두 충족하는 경우에는 가스방출관의 방출구 위치를 지면에서 2 m 이상 또는 소형저장탱크의 정상부로부터 0.5 m 이상 높이 중 높은 위치에 설치할 수 있다.
⑴ 소형저장탱크의 저장능력(2개 이상의 소형저장탱크가 가스방출관을 같이 사용하는 경우에는 합산 저장능력을 말한다)이 1톤 미만인 경우
⑵ 가스방출관 방출구의 수직 상방향 연장선으로부터 2 m 이내에 화기나 다른 건축물이 없는 경우
2.8.1.8.2 가스방출관의 방출구는 공기 중에 수직 상방향으로 가스를 분출하는 구조로서 방출구의 수직 상방향 연장선으로부터 다음의 안전밸브 규격에 따른 수평거리 이내에 장애물이 없는 안전한 곳으로 분출하는 구조로 한다.
⑴ 입구 호칭지름 15 A 이하 : 0.3 m
⑵ 입구 호칭지름 15 A 초과 20 A 이하 : 0.5 m
⑶ 입구 호칭지름 20 A 초과 25 A 이하 : 0.7 m
⑷ 입구 호칭지름 25 A 초과 40 A 이하 : 1.3 m
⑸ 입구 호칭지름 40 A 초과 : 2.0 m
2.8.1.8.3 가스방출관 끝에는 빗물이 유입되지 않도록 캡을 설치하고, 그 캡은 방출가스의 흐름을 방해하지 않도록 설치하며, 가스방출관 하부에는 드레인 밸브를 설치한다. 다만 안전밸브에 드레인 기능이 내장되어 있는 경우에는 드레인밸브를 설치하지 않을 수 있다.
2.8.1.8.4 가스방출관 단면적은 안전밸브 분출면적(하나의 방출관에 2개 이상의 안전밸브 방출관이 연결되어 있는 경우에는 각 안전밸브 분출면적의 합계면적) 이상으로 한다.

12. 용기를 내압시험을 하였을 때 전증가량이 0.5 L였으며 압력 제거 시 영구증가량이 0.04 L가 되었다. 영구증가율을 계산하고 합격 여부를 판정하시오..

정답

$$영구증가율 = \frac{영구증가량}{전증가량} \times 100$$
$$= \frac{0.04}{0.5} \times 100 = 8\%$$

10 % 이하이면 합격

13. 30톤 이상의 LPG저장탱크의 계측설비 3가지를 쓰시오.

정답

압력계, 온도계, 액면계

> 보충 KGS FU331 저장탱크에 의한 액화석유가스 저장소의 시설·기술·검사·정밀안전진단·안전성평가 기준

2.10.1 계측설비 설치
2.10.1.1 압력계 및 온도계 설치
2.10.1.1.1 배관에는 그 배관의 적당한 곳에 압력계 및 온도계를 설치한다.
2.10.1.1.2 저장설비 및 가스설비에 설치하는 압력계는 상용압력의 1.5배 이상 2배 이하의 최고눈금이 있는 것으로 한다.
2.10.1.2 액면계 설치
저장탱크에는 저장된 가스의 양을 확인할 수 있도록 다음 기준에 따라 액면계(환형유리제액면계는 제외한다)를 설치한다.

2.10.1.2.1 액면계는 평형반사식 유리액면계, 평형투시식 유리액면계 및 플로트(float)식·차압식·정전용량식·편위식·고정튜브식 또는 회전튜브식이나 스립튜브식 액면계 등에서 액화가스의 종류와 저장탱크의 구조 등에 적합한 구조와 기능을 가지는 것을 선정하여 사용한다.

2.10.1.2.2 유리액면계에 사용하는 유리는 KS B 6208(보일러용 수면계 유리) 중 기호 B 또는 P의 것 또는 이와 같은 수준 이상의 것으로 한다.

2.10.1.2.3 유리를 사용한 액면계에는 액면을 확인하기 위하여 필요한 최소면적 이외의 부분을 금속제 등의 덮개로 보호하여 액면계의 파손을 방지하는 조치를 한 것으로 한다.

2.10.1.2.4 저장탱크와 유리제게이지를 접속하는 상하 배관에는 자동식 및 수동식 스톱밸브를 각각 설치한다. 다만 자동식 및 수동식 기능을 함께 갖춘 경우에는 각각 설치한 것으로 볼 수 있다.

14 액화석유가스를 공급하기 위한 최고사용압력이 0.01메가파스칼 미만의 공급관을 건축물 내부에 설치하는 기준 2가지를 쓰시오.

정답

(1) 배관은 배관에 위해의 우려가 없는 안전한 장소에 설치할 것

(2) 배관의 재료는 그 배관의 안전성을 확보하기 위하여 액화석유가스의 압력, 사용하는 온도 및 환경에 적절한 기계적 성질과 화학적 성분을 갖는 것일 것

(3) 배관의 접합은 액화석유가스의 누출을 방지할 수 있도록 확실한 방법으로 하고, 이를 확인하기 위하여 필요한 경우에는 비파괴시험을 할 것

(4) 배관을 피트(지상 또는 지하의 구조물) 또는 파이프 덕트 안에 설치하는 경우 피트 또는 파이프 덕트의 재료 및 구조는 액화석유가스를 안전하게 공급할 수 있는 적절한 것일 것

(5) 배관은 공급하는 액화석유가스의 특성 및 설치 환경조건을 고려하여 위해의 우려가 없도록 설치하고, 배관의 안전한 유지·관리를 위하여 입상관 차단밸브 등 필요한 설비를 설치하거나 필요한 조치를 할 것

보충 액화석유가스의 안전관리 및 사업법 시행규칙 [별표 4의2] 액화석유가스 배관망공급의 시설·기술·시공감리·검사·정밀안전진단·안전성평가 기준

2) 배관설비 기준

가) 배관의 안전한 시공과 유지관리를 위하여 배관의 위치, 배관의 축척 등 배관에 관한 필요한 정보가 포함되도록 설계도면을 작성할 것

나) 배관의 재료와 두께는 그 배관의 안전성을 확보하기 위하여 사용하는 액화석유가스의 종류 및 압력, 사용하는 온도 및 환경에 적절한 것일 것

다) 배관의 구조는 수송되는 액화석유가스의 중량, 배관의 내압, 배관 및 그 부속설비의 자체 무게, 토압(土壓: 땅의 압력), 수압, 열차하중, 자동차하중, 부력 그 밖의 주하중과 풍하중(바람으로 인하여 구조물에 발생하는 하중), 설하중, 온도변화의 영향, 진동의 영향, 배닻으로 인한 충격의 영향, 파도와 조류의 영향, 설치할 때 하중의 영향, 다른 공사로 인한 영향, 그 밖의 종하중에 따라 생기는 응력에 대한 안전성이 있는 것으로 하고 지진의 영향으로부터 안전한 구조일 것

라) 배관은 그 배관의 강도 유지와 수송하는 액화석유가스의 누출 방지를 위하여 적절한 방법으로 접합하고, 이를 확인하기 위하여 최고사용압력 0.1메가파스칼 이상인 액화석유가스가 통하는 배관의 용접부와 최고사용압력 0.1메가파스칼 미만인 액화석유가스가 통하는 호칭지름 80 mm 이상의 배관의 용접부(건축물 외부에 노출하여 설치된 최고사용압력 0.01메가파스칼 미만인 배관의 용접부를 제외한다)에 대하여 비파괴시험을 해야 하며, 접합부의 안전을 유지하기 위하여 필요한 경우에는 응력제거를 할 것

마) 배관에 나쁜 영향을 미칠 정도의 신축이 생길 우려가 있는 부분에는 그 신축을 흡수하는 조치를 할 것

바) 배관장치(배관 및 그 배관과 일체가 되어 액화석유가스의 수송용으로 사용되는 압축기·펌프·밸브 및 이들의 부속설비를 포함한다. 이하 같다)에는 안전 확보를 위하여 필요한 경우에는 지지물 및 그 밖의 구조물로부터 절연시키고 절연용(전류 차단용) 물질을 삽입할 것

사) 배관의 최고사용압력은 0.2메가파스칼 미만일 것
아) 최고사용압력이 0.2메가파스칼 미만의 배관과 0.2메가파스칼 이상의 배관을 매설하는 경우 서로간의 거리를 2 m 이상으로 할 것. 다만 기존에 설치된 배관의 지반침하·손상 등을 방지하기 위하여 철근콘크리트 방호구조물 안에 설치하는 경우에는 1 m 이상으로, 최고사용압력이 0.2메가파스칼 미만의 배관과 0.2메가파스칼 이상의 배관 관리주체가 같은 경우에는 0.3 m 이상으로 할 수 있다.
자) 본관과 공급관은 건축물의 기초 밑에 설치하지 아니할 것

15 CO_2 탄산가스가 25 ℃ 1 atm에서 12 L 있다. 이 탄산수를 CO_2 기체(탄산가스)로 7 atm·g(게이지압)까지 가압했다가, 압력을 다시 1 atm(대기압)까지 감소시킬 때 용액에서 방출되어 나오는 CO_2 기체의 부피(25 ℃, 1 atm 기준)를 구하시오. (단, 탄산가스는 이상기체로 가정하며, 25 ℃ 1 atm에서 CO_2는 1.75 g/atm·L 녹아있다)

정답

12 L의 물에 녹아있는 CO_2 질량 = 1.75 × 1 × 12
= 21 g
게이지압력 7 atm이므로 절대압력으로 환산하면
7 + 1 = 8 atm
따라서 8 atm에서 CO_2 용해량 = 1.75 × 8 × 12
= 168 g
압력을 감소하면서 방출된 CO_2 질량 = 168 - 21
= 147 g
따라서 방출된 질량을 부피로 환산하면
$$PV = \frac{w}{M}RT$$
$$V = \frac{wRT}{PM}$$
$$= \frac{147 \times 0.0821 \times (25+273)}{1 \times 44} = 81.74 L$$

제2회 [동영상]

01 액화석유가스 자동차에 고정된 탱크충전의 시설에 적용되는 살수장치 종류 2가지를 쓰시오.

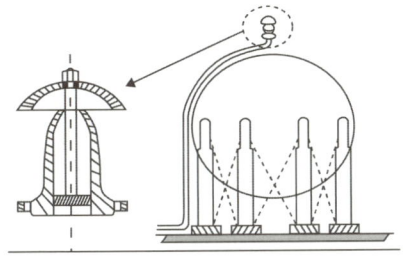

정답
1. 살수관식　　2. 확산판식

보충 KGS FP333 액화석유가스 자동차에 고정된 탱크충전의 시설·기술·검사·정밀안전진단·안전성평가 기준

(1-2) 살수장치는 다음 중 어느 하나의 방법으로 설치하고, 배관 재질은 내식성 재료로 한다. 다만 구형 저장탱크의 살수장치는 확산판식으로 설치한다.

(1-2-1) 살수관식
　배관에 직경 4 mm 이상의 다수의 작은 구멍을 뚫거나 살수노즐을 배관에 부착한다.

(1-2-2) 확산판식
　확산판을 살수노즐 끝에 부착한다.

(1-3) 소화전(호스 끝 수압이 0.25 MPa 이상이고, 방수능력 350 L/min 이상의 것을 말한다. 이하 2.3.1.1.1에서 같다)의 설치 위치는 해당 저장탱크의 외면으로부터 40 m 이내이고, 소화전의 방수 방향은 저장탱크를 향하여 어느 방향에서도 방수할 수 있으며, 소화전의 설치 개수는 해당 저장탱크의 표면적 40 m^2당 1개의 비율로 계산한 수 이상으로 한다. 다만 준내화구조 저장탱크의 경우에는 소화전의 설치 개수를 해당 저장탱크의 표면적 85 m^2마다 1개의 비율로 계산한 수 이상으로 할 수 있다.

(2) 살수장치 또는 소화전은 동시에 방사를 필요로 하는 최대 수량을 30분 이상 연속하여 방사할 수 있는 양을 갖는 수원에 접속되도록 한다.

(3) (2)에 따른 수원으로 지상에 설치하는 저수조는 다음 기준에 따라 설치한다.

(3-1) 저수조는 불연재료(준불연재료를 포함한다) 또는 난연재료로 설치한다.

(3-2) 저수조는 겨울철 동결을 방지할 수 있도록 적절한 조치를 한다.

(4) 살수장치 또는 소화전에 연결된 입상배관에는 겨울철에 동결 등을 방지할 수 있도록 드레인밸브 등 적절한 조치를 한다.

(5) 높이 1 m 이상의 받침대(구조물 위에 설치된 저장탱크에서는 해당 구조물의 받침대를 말한다)는 두께 50 mm 이상의 내화콘크리트 또는 이와 같은 수준 이상의 내화성능을 갖는 불연성단열재로 피복하는 조치를 강구한다. 다만 (1-1), (1-2), (2) 및 (4)에 따른 살수장치 또는 소화전을 받침대에 살수할 수 있도록 조치를 강구한 경우에는 받침대에 피복하는 조치를 강구하지 않을 수 있다.

02
가스도매사업 제조소 및 공급소의 시설에 대한 다음 영상에서 보여주는 설비에 적용되는 물분무장치 등은 동시에 몇 분 이상 연속하여 방수할 수 있는 물이 저장된 수원에 접속되어야 하는가?

※ 출처 : 가스신문

정답

60분

보충 KGS FP451 가스도매사업 제조소 및 공급소의 시설·기술·검사·정밀안전진단·안전성평가 기준

2.3.3.3.4 물분무장치 등은 해당 저장탱크의 외면으로부터 15 m 이상 떨어진 안전한 위치에서 조작하거나 방류둑을 설치한 저장탱크의 경우 해당 방류둑의 밖에서 조작할 수 있는 것으로 한다. 다만 저장탱크의 주위에 예상되는 화재에 대비하여 안전한 차단장치를 설치한 경우에는 이를 제한하지 않을 수 있다.

2.3.3.3.5 물분무장치 등은 다음 중 어느 하나의 수원에 접속되도록 한다. 이 경우 방수량은 물분무장치 등을 동시에 방수할 수 있는 양으로 한다.

(1) 60분 이상 연속하여 방수할 수 있는 물이 저장된 수원
(2) 30분 이상 연속하여 방수할 수 있는 물이 저장된 수원으로서, 다음 중 어느 하나의 방법으로 60분 이상 연속하여 방수할 수 있는 수원
(2-1) 상수도 또는 공업용수 등에 연결
(2-2) 물 순환구조에 따라 방수된 물의 재사용

2.3.3.3.6 저장탱크 주위 5 m 이내에는 물분무장치의 물차단밸브를 설치하지 않고 물차단밸브는 원거리 개폐가 가능한 구조로 하며, 물차단밸브 이후의 배관 재료는 내식성 재료 또는 내식처리가 된 재료로 한다.

03
다음 동영상의 방폭구조 2가지를 쓰고 설명하시오. (단, Ex dib라고 적힌 명판)

※ 출처 : 안전보건공단

정답

1. 내압방폭구조 : 방폭전기기기의 용기(이하 "용기"라 한다) 내부에서 가연성 가스의 폭발이 발생할 경우 그 용기가 폭발 압력에 견디고, 접합면, 개구부 등을 통해 외부의 가연성 가스에 인화되지 않도록 한 구조
2. 본질안전방폭구조 : 정상운전 중에 가연성 가스의 점화원이 될 전기불꽃·아크 또는 고온 부분 등의 발생을 방지하기 위해 기계적·전기적 구조상 또는 온도 상승에 대해 특히 안전도를 증가시킨 구조

보충 방폭구조의 종류
① 안전증방폭구조(e)
② 유입방폭구조(o)
③ 내압방폭구조(d)
④ 압력방폭구조(p)
⑤ 본질안전방폭구조(ia, ib)
⑥ 특수방폭구조(s)

04
다음의 액화천연가스의 저장탱크와 사업소 경계까지 유지 거리 공식을 쓰고 W의 의미를 단위를 포함하여 쓰시오.

정답

$L = C \times \sqrt[3]{143000\,W}$

W : 저장탱크는 저장능력(톤)의 제곱근

보충 가스도매사업 사업 경계와의 거리 기준

$L = C \times \sqrt[3]{143000\,W}$

L : 유지하여야 하는 거리[m]
C : 저압지하식 탱크는 0.24, 그 밖의 가스저장설비 및 처리설비는 0.576
W : 저장탱크는 저장능력(톤)의 제곱근, 그 밖의 것은 그 시설 안의 액화천연가스의 질량(톤)

※ 거리가 50 m 미만의 경우에는 50 m 이상을 유지

05
도시가스 매설배관 표지판에 대한 설치간격 기준을 쓰시오.

※ 출처 : 산업일보

정답

500 m 이내

보충 매설배관 표지판 설치간격
1. 가스도매사업자배관 : 500 m 이내
2. 일반도시가스사업자배관 : 200 m 이내
3. 고압가스배관
   ① 지하에 설치된 배관 : 500 m 이하
   ② 지상에 설치된 배관 : 1000 m 이하

06
가스누출경보기의 기능 3가지를 쓰시오.

정답

1. 가스의 누출을 검지하여 그 농도를 지시함과 동시에 경보를 울리는 것으로 한다.
2. 미리 설정된 가스 농도(폭발한계의 1/4 이하)에서 자동적으로 경보를 울리는 것으로 한다.
3. 경보를 울린 후에는 주위의 가스 농도가 변화되어도 계속 경보를 울리며, 그 확인 또는 대책을 강구함에 따라 경보정지가 되도록 한다.
4. 담배연기 등 잡가스에는 경보를 울리지 않는 것으로 한다.

보충 KGS FP333 액화석유가스 자동차에 고정된 탱크 충전의 기준

저장설비실과 가스설비실에는 가스가 누출될 경우 이를 신속히 검지하여 효과적으로 대응할 수 있도록 다음 기준에 따라 가스누출경보기(이하 "경보기"라 한다)를 설치한다.

• 가스누출경보기의 기능
1. 가스의 누출을 검지하여 그 농도를 지시함과 동시에 경보를 울리는 것으로 한다.
2. 미리 설정된 가스 농도(폭발한계의 1/4 이하)에서 자동적으로 경보를 울리는 것으로 한다.
3. 경보를 울린 후에는 주위의 가스 농도가 변화되어도 계속 경보를 울리며, 그 확인 또는 대책을 강구함에 따라 경보정지가 되도록 한다.
4. 담배연기 등 잡가스에는 경보를 울리지 않는 것으로 한다.

• 가스누출경보기의 구조
1. 충분한 강도를 가지며, 취급과 정비(특히 엘리먼트의 교체)가 용이한 것으로 한다.
2. 경보기의 경보부와 검지부는 분리하여 설치할 수 있는 것으로 한다.
3. 검지부가 다점식인 경우에는 경보가 울릴 때 경보부에서 가스의 검지 장소를 알 수 있는 구조로 한다.
4. 경보는 램프의 점등 또는 점멸과 동시에 경보를 울리는 것으로 한다.

- 가스누출경보기의 설치장소
1. 경보기의 검지부는 저장설비 및 가스설비(버너 등으로서, 파일럿 버너 등으로 인터록기구를 갖추어 가스 누출의 우려가 없는 사용설비에서는 그 버너 등의 부분은 제외한다) 중 가스가 누출하기 쉬운 다음 설비가 설치(보관)되어 있는 장소의 주위에 설치하되, 누출한 가스가 체류하기 쉬운 장소에 설치한다.
   (1) 저장탱크, 마운드형 저장탱크, 소형저장탱크
   (2) 충전설비, 로딩암, 압력용기 등 가스설비
2. 경보기의 검지부를 설치하는 위치는 가스의 성질, 주위 상황, 각 설비의 구조 등의 조건에 따라 정하되, 다음에 해당하는 장소에는 설치하지 않는다.
   (1) 증기, 물방울, 기름기 섞인 연기 등이 직접 접촉될 우려가 있는 곳
   (2) 주위 온도 또는 복사열에 따른 온도가 40 ℃ 이상이 되는 곳
   (3) 설비 등에 가려져 누출가스의 유동이 원활하지 못한 곳
   (4) 차량 및 그 밖의 작업 등으로 경보기가 파손될 우려가 있는 곳
3. 경보기 검지부의 설치 높이는 바닥면으로부터 검지부 상단까지의 높이가 30 cm 이내인 범위에서 가능하면 바닥에 가까운 곳으로 한다.
4. 경보기의 경보부의 설치장소는 관계자가 상주하거나 경보를 식별할 수 있는 장소로서, 경보가 울린 후 각종 조치를 취하기에 적절한 곳으로 한다.

- 가스누출경보기의 설치 개수
(1) 경보기의 검지부가 건축물 안(지붕이 있고 둘레의 1/4 이상이 벽으로 싸여 있는 장소를 말한다)에 설치된 경우에는 그 설비군의 바닥면 둘레 10 m에 1개 이상의 비율로 계산한 수
(2) 경보기의 검지부가 지하에 설치된 전용 저장탱크실, 지하에 설치된 전용 처리설비실 및 건축물 밖에 설치된 경우에는 그 설비군의 바닥면 둘레 20 m에 1개 이상의 비율로 계산한 수

07 도시가스배관의 용접부에 비파괴검사를 하는 것으로 이 검사법의 명칭을 영문약자로 쓰시오.

※ 출처 : 가스신문

정답

RT

보충 비파괴검사
1. 침투탐상검사(PT)
2. 자분탐상검사(MT)
3. 초음파탐상검사(UT)
4. 방사선투과검사(RT)

08 도시가스를 사용하는 연소기에서 황염이 발생하는 이유 2가지를 쓰시오.

※ 출처 : NC 한국인뉴스

> **정답**

1. 충분한 속도로 연소가 진행되지 않을 때
2. 불꽃 온도가 낮아졌을 때(저온 물체에 접촉)
3. 1차 공기량이 부족하여 불완전연소 시

09 액화석유가스 충전사업소에서 폭발사고가 발생하였을 때 한국가스안전공사에 속보로 통보 시 포함하여야 할 사항 4가지를 쓰시오.

> **정답**

1. 통보자의 소속, 직위, 성명 및 연락처
2. 사고 발생 일시
3. 사고 발생 장소
4. 사고내용

보충 액화석유가스사고의 통보

1. 한국가스안전공사에 사고를 알려야 하는 자
   (1) 액화석유가스 충전사업자(그 영업소를 포함한다), 액화석유가스집단공급사업자, 가스용품 제조사업자, 액화석유가스 판매사업자와 법 제9조에 따른 등록을 한 액화석유가스 위탁운송사업자
   (2) 액화석유가스 저장소설치자
   (3) 액화석유가스 특정사용자(액화석유가스의 저장능력이 250킬로그램을 초과하는 경우만 해당한다)
2. 사고 종류별 통보의 방법 및 기한은 다음 표와 같다.

사고 종류	통보방법	통보기한	
		속보	상보
가. 사람이 사망한 사고	전화나 팩스를 이용한 통보(이하 "속보"라 한다) 및 서면으로 제출하는 상세한 통보(이하 "상보"라 한다)	즉시	사고 발생 후 20일 이내
나. 사람이 부상하거나 중독된 사고	속보와 상보	즉시	사고 발생 후 10일 이내
다. 가스누출로 인한 폭발이나 화재 사고(가목 및 나목의 경우는 제외한다)	속보	즉시	-
라. 가스시설이 손괴되거나 가스누출로 인하여 인명대피나 가스의 공급중단이 발생한 사고(가목부터 다목까지의 경우는 제외한다)	속보	즉시	-
마. 액화석유가스 사업자 등의 저장탱크 또는 소형저장탱크에서 가스가 누출된 사고(가목부터 라목까지의 경우는 제외한다)	속보	즉시	-

3. 사고 통보내용에 포함되어야 하는 사항
   (1) 통보자의 소속, 직위, 성명 및 연락처
   (2) 사고 발생 일시
   (3) 사고 발생 장소
   (4) 사고내용
   (5) 시설현황
   (6) 피해현황(인명과 재산)
   ※ 다만 속보인 경우에는 마목과 바목의 내용을 생략할 수 있다.

10 도시가스를 연료로 사용하는 수소추출설비의 니켈 촉매 반응로에서, 반응로 온도가 250 ℃ 이하일 경우 연료(연료가스) 공급을 제한하도록 규정한 이유를 설명하시오.

※ 출처 : 동아일보

정답

니켈 촉매와 일산화탄소(CO)가 저온에서 만나면, 독성이 매우 강하고 휘발성이 큰 '니켈 카르보닐($Ni(CO)_4$)'이 생성·배출될 수 있기 때문

제3회 [필답형]

01 정압기 선정 시 고려사항 4가지와 각각에 대해 설명하시오.

정답
- 정특성 : 정상 상태에서 유량과 2차 압력과의 관계
- 동특성 : 부하변동에 대한 응답의 신속성과 안정성
- 유량특성 : 메인밸브의 열림과 유량과의 관계
- 정압기 사용최대차압 : 메인밸브에 1차 압력과 2차 압력의 최대차압
- 정압기 작동최소차압 : 정압기가 작동 불가능하게 되는 최소차압

02 그린메탄올의 제조과정과 일반 메탄올의 제조과정 차이를 쓰시오.

정답
그린 메탄올은 지속 가능한 바이오매스 혹은 재생 가능한 전기를 사용하여 물을 이산화탄소와 결합된 산소와 수소로 분리해서 생산

03 포스겐의 중화반응식과 중화제를 쓰시오.

정답
- 가성소다수용액(NaOH)
  $COCl_2 + NaOH \rightarrow Na_2CO_3 + 2NaCl + 2H_2O$
- 소석회(CaO)
  $COCl_2 + CaO \rightarrow CaCl_2 + CO_2$

보충 제독제

가스	제독제
염소	• 가성소다수용액 - 670 kg • 탄산소다수용액 - 870 kg • 소석회 - 620 kg
포스겐	• 가성소다수용액 - 390 kg • 소석회 - 360 kg
황화수소	• 가성소다수용액 - 1140 kg • 탄산소다수용액 - 1500 kg
시안화수소	• 가성소다수용액
아황산가스	• 가성소다수용액 - 530 kg • 탄산소다수용액 - 700 kg • 물
암모니아 산화에틸렌, 염화메탄	• 다량의 물

암 염가탄소, 포가소, 황가탄, 시가, 아가탄물, 암산염물

04 수소추출공정에 대한 다음 설명에 알맞은 용어를 쓰시오.

> 1. 내압시험압력 및 기밀시험압력의 기준이 되는 압력으로서 사용 상태에서 해당 설비 등의 각부에 작용하는 최고사용압력
> 2. 수소추출설비의 비상정지 또는 화염검지실패 등이 발생하여 수소추출설비를 안전하게 정지하고, 이후 수동으로만 운전을 복귀시킬 수 있도록 하는 것
> 3. 화염이 있다는 신호가 오지 않는 상태에서 연소안전제어기가 가스의 공급을 허용하는 최대의 시간
> 4. 위험 부분으로의 접근, 외부 분진의 침투 또는 물의 침투에 대한 외함의 방진 보호 및 방수보호 등급

정답

1. 상용압력
2. 로크아웃
3. 안전차단시간
4. IP 등급

보충 KGS AH171 수소추출설비 제조의 시설·기술·검사 기준

1.4.1 "수소추출설비"란 1.1.1(1)부터 (3)까지의 연료로 부터 수소를 추출하는 설비를 말하며, 기하학적 범위는 다음과 같다.
(1) 연료공급설비, 개질기, 버너, 수소정제장치 등 수소추출에 필요한 설비 및 부대설비와 이를 연결하는 배관으로 인입밸브(3.2.2.2.1에 따른 것을 말한다) 전단에 설치된 필터부터 수소정제장치 후단의 정제수소 수송배관의 첫 번째 연결부까지
(2) (1)에 해당하는 수소추출설비가 하나의 외함으로 둘러싸인 구조의 경우에는 외함 외부에 노출되는 각 장치의 접속부까지

1.4.2 "정기품질검사"란 생산단계검사를 받고자 하는 제품이 설계단계검사를 받은 제품과 동일하게 제조된 제품인지 확인하기 위해 양산된 제품에서 시료를 채취하여 성능을 확인하는 것을 말한다.

1.4.3 "상시샘플검사"란 제품확인검사를 받고자 하는 제품에 대하여 같은 생산단위로 제조된 동일제품을 1조로 하고 그 조에서 샘플을 채취하여 기본적인 성능을 확인하는 검사를 말한다.

1.4.4 "수시품질검사"란 생산공정검사 또는 종합공정검사를 받은 제품이 설계단계검사를 받은 제품과 동일하게 제조되고 있는지 양산된 제품에서 예고 없이 시료를 채취하여 확인하는 검사를 말한다.

1.4.5 "공정확인심사"란 설계단계검사를 받은 제품을 제조하기 위해 필요한 제조 및 자체검사공정에 대한 품질시스템 운용의 적합성을 확인하는 것을 말한다.

1.4.6 "종합품질관리체계심사"란 제품의 설계, 제조 및 자체검사 등 수소추출설비 제조 전 공정에 대한 품질시스템 운용의 적합성을 확인하는 것을 말한다.

1.4.7 "형식"이란 구조, 재료, 용량 및 성능 등에서 구별되는 제품의 단위를 말한다.

1.4.8 "공정검사"란 생산공정검사와 종합공정검사를 말한다.

1.4.9 "충전부"란 수소추출설비가 정상운전 상태에서 전류가 흐르는 도체 또는 도전부를 말한다.

1.4.10 "연료가스"란 수소가 주성분인 가스를 생산하기 위한 연료[1.1.1(1)부터 (3)까지를 말한다] 또는 버너 내 점화 및 연소를 위한 에너지원으로 사용되기 위해 수소추출설비로 공급되는 가스를 말한다.

1.4.11 "개질가스"란 연료가스를 수증기 개질, 자열 개질, 부분 산화 등 개질반응을 통해 생성된 것으로서 수소가 주성분인 가스를 말한다.

1.4.12 "개질기"란 수소가 포함된 화합물의 구조를 변화시키기 위한 것으로서 수증기 개질, 자열 개질 등의 개질반응을 통해 연료가스로부터 수소가 주성분인 개질가스로 전환하는 장치를 말한다.

1.4.13 "안전차단시간"이란 화염이 있다는 신호가 오지 않는 상태에서 연소안전제어기가 가스의 공급을 허용하는 최대의 시간을 말한다.

1.4.14 "화염감시장치"란 연소안전제어기와 화염감시기(화염의 유무를 검지하여 연소안전제어기에 알리는 것을 말한다)로 구성된 장치를 말한다.

1.4.15 "로크아웃(Lockout)"이란 수소추출설비의 비상정지 또는 화염검지실패 등이 발생하여 수소추출설비를 안전하게 정지하고, 이후 수동으로만 운전을 복귀시킬 수 있도록 하는 것을 말한다.

1.4.16 "IP 등급"이란 위험 부분으로의 접근, 외부 분진의 침투 또는 물의 침투에 대한 외함의 방진 보호 및 방수보호 등급을 말한다.
1.4.17 "상용압력"이란 내압시험압력 및 기밀시험압력의 기준이 되는 압력으로서 사용 상태에서 해당 설비 등의 각부에 작용하는 최고사용압력을 말한다. 〈신설 22.11.4.〉
1.4.18 "재시동"이란 시동 시 또는 운전 중에 화염이 검지되지 않는 경우 가스의 공급을 차단한 상태에서 연속프로그램에 의해 자동으로 시도되는 시동을 말한다. 〈신설 22.11.4.〉
1.4.19 "재점화"란 시동 시 또는 운전 중에 화염이 검지되지 않는 경우 가스의 공급을 유지한 상태에서 연속프로그램에 의해 자동으로 시도되는 점화를 말한다. 〈신설 22.11.4.〉

05 자연기화방식에 따른 저장능력 산정은 가스 사용시설에 설치된 연소기의 소비량에 충분하도록 기준에 적합하게 설치한다. 이때 용기 설치수량을 산정하는 공식을 쓰시오.

정답

용기설치수량
$$= \frac{\text{필요가스량}[kg/h]}{\text{용기 1개당 가스발생능력}[kg/h]} \times 2(\text{예비용기})$$

보충 KGS FU431 용기에 의한 액화석유가스 사용시설의 시설·기술·검사 기준

C1 자연기화방식
C1.1 자연기화방식에 따른 저장능력 산정은 가스 사용시설에 설치된 연소기의 소비량에 충분하도록 다음 기준에 적합하게 설치한다.
용기설치수량
$$= \frac{\text{필요가스량}[kg/h]}{\text{용기 1개당 가스발생능력}[kg/h]} \times 2(\text{예비용기})$$

(1) 필요 가스양은 1.1.2에서 산정한 값으로 하되, 단독주택, 공동주택 및 숙박시설은 최대 가스 소비량 이상으로 하고, 단독주택, 공동주택 및 숙박시설 외의 경우에는 최대 가스 소비량의 1.1배 이상으로 한다.

06 고압가스설비 중 반응기 또는 이와 유사한 설비로서 현저한 발열반응 또는 부차적으로 발생하는 2차 반응으로 인하여 폭발 등의 위해(危害)가 발생할 가능성이 큰 특수반응설비 4가지를 쓰시오.

정답

(1) 암모니아 2차 개질로
(2) 에틸렌제조시설의 아세틸렌 수첨탑
(3) 산화에틸렌제조시설의 에틸렌과 산소 또는 공기와의 반응기
(4) 사이클로헥산 제조시설의 벤젠 수첨 반응기
(5) 석유정제에 있어서 중유직접수첨 탈황 반응기 및 수소화분해반응기
(6) 저밀도폴리에틸렌 중합기
(7) 메탄 올합성 반응탑

보충 KGS FP111 2025 고압가스 특정제조의 시설·기술·검사·감리·정밀안전검진 기준
2.6.14 내부반응감시 설비 설치
고압가스설비 중 반응기 또는 이와 유사한 설비로서 현저한 발열반응 또는 부차적으로 발생하는 2차 반응으로 인하여 폭발 등의 위해(危害)가 발생할 가능성이 큰 다음의 반응설비(이하 "특수반응설비"라 한다)에는 그 위해(危害)의 발생을 방지하기 위하여 그 특수반응설비의 상황에 따라 그 내부에서의 반응상황을 정확히 계측하고, 특수반응설비 안의 온도·압력 및 유량 등이 정상적인 반응조건을 벗어나거나 벗어날 우려가 있을 경우에 자동으로 경보를 발할 수 있는 온도감시장치, 압력감시장치, 유량감시장치 그 밖의 내부 반응감시장치를 다음 기준에 따라 설치한다. 이 경우 그 내부반응감시장치 중 온도의 상승, 압력의 상승 그 밖에 이상사태의 발생을 가장 먼저 검지할 수 있는 것에 계측결과를 자동으로 기록할 수 있는 장치를 설치한다.

(1) 암모니아 2차 개질로
(2) 에틸렌제조시설의 아세틸렌 수첨탑
(3) 산화에틸렌제조시설의 에틸렌과 산소 또는 공기와의 반응기
(4) 사이클로헥산 제조시설의 벤젠 수첨 반응기
(5) 석유정제에 있어서 중유직접수첨 탈황 반응기 및 수소화분해반응기
(6) 저밀도폴리에틸렌 중합기

(7) 메탄 올합성 반응탑

2.6.14.1 온도감시장치, 압력감시장치, 유량감시장치 그 밖의 내부반응감시장치(이하 "각종 감시장치"라 한다)는 다음 중 2 이상의 것을 설치하고, 동시에 그 검출 부의 설치장소 및 감시장치의 설치개수는 다음 기준에 적합한 것으로 한다.

2.6.14.1.1 온도감시장치
해당 특수반응설비 안의 국부과열 등으로 인한 이상 온도 변화 상태를 정확히 측정할 수 있는 장소에 그 온도를 측정하기에 충분한 수로 한다.

2.6.14.1.2 압력감시장치
해당 특수반응설비 안의 상용압력이 상당한 정도로 달라지거나 또는 달라질 우려가 있는 부위 2곳 이상에 설치한다. 다만 기존 제조시설에 압력감시장치가 설치되어 있는 특수반응설비에 새로 압력감시장치를 추가로 설치함으로써 설비 자체의 안전확보에 지장이 있는 경우에는 압력감시장치를 설치하지 않을 수 있다.

2.6.14.1.3 유량감시장치
해당 특수반응설비와 관련되는 원재료의 송·출입계통 부위마다 1곳 이상 설치한다.

2.6.14.1.4 가스의 밀도·조성 등의 감시장치
해당 특수반응설비 안의 가스의 밀도·조성 등을 정확하게 측정할 수 있는 장소에 1개 이상 설치한다.

2.6.14.2 각종 감시장치의 경보는 다단화하며, 경보감지(계측결과를 자동적으로 기록할 수 있는 것은 그 기록의 감시를 포함한다)는 계기실에서도 알 수 있는 것으로 한다.

2.6.14.3 각종 감시장치는 정전 시 또는 그 밖의 경우에는 그 측정 기능을 수행할 수 있도록 비상전력시설 등을 확보한다.

2.6.14.4 각종 감시장치 중 온도 또는 압력의 이상상승 또는 강하 등 그 밖의 이상사태 발생을 조기에 검지할 수 있는 장소에 각종 감시장치를 설치하고 계측결과를 자동으로 기록하는 장치는 시간의 경과에 따라 계측 결과를 확인할 수 있는 것으로 하며, 그 기록 간격은 이상 상태를 확인하기에 필요하고 충분한 것으로 한다.

07 압축가스설비의 인입배관 및 압축장치의 입구 측 배관 등 위험성이 높은 고압설비 사이 설치해야 하는 밸브 명칭을 쓰시오.

정답

역류 방지밸브

보충 KGS FP651 고정식 압축도시가스자동차 충전의 시설·기술·검사 기준

2.6.4 역류 방지장치 설치
압축가스설비의 인입배관 및 압축장치의 입구 측 배관 등 위험성이 높은 고압설비 사이에는 긴급할 때 가스가 역류되는 것을 효과적으로 차단할 수 있도록 하기 위하여 다음 기준에 따라 역류 방지밸브를 설치한다.

2.6.4.1 압축가스설비의 인입배관에는 배관·호스 등이 파손되었을 때 가스가 압축가스설비로부터 방출되는 것을 방지하기 위하여 역류 방지밸브를 설치한다.

2.6.4.2 압축장치의 입구 측 배관에는 역류 방지밸브 등의 장치를 설치한다.

08 액화석유가스를 저장하기 위하여 지상에 설치된 원통형 탱크에 흙과 모래를 사용하여 덮은 탱크 명칭을 쓰시오.

정답

마운드형 저장탱크

보충 액화석유가스의 안전관리 및 사업법 시행규칙
제2조(정의) ① 이 규칙에서 사용하는 용어의 뜻은 다음과 같다.
1. "저장설비"란 액화석유가스를 저장하기 위한 설비로서 저장탱크, 마운드형 저장탱크, 소형저장탱크 및 용기(용기집합설비와 충전용기보관실을 포함한다. 이하 같다)를 말한다.
2. "저장탱크"란 액화석유가스를 저장하기 위하여 지상 또는 지하에 고정 설치된 탱크(선박에 고정 설치된 탱크를 포함한다)로서 그 저장능력이 3톤 이상인 탱크를 말한다.

3. "마운드형 저장탱크"란 액화석유가스를 저장하기 위하여 지상에 설치된 원통형 탱크에 흙과 모래를 사용하여 덮은 탱크로서 「액화석유가스의 안전관리 및 사업법 시행령」(이하 "영"이라 한다) 제3조 제1항 제1호 마목에 따른 자동차에 고정된 탱크 충전사업 시설에 설치되는 탱크를 말한다.
4. "소형저장탱크"란 액화석유가스를 저장하기 위하여 지상 또는 지하에 고정 설치된 탱크로서 그 저장능력이 3톤 미만인 탱크를 말한다.
5. "용기집합설비"란 2개 이상의 용기를 집합(集合)하여 액화석유가스를 저장하기 위한 설비로서 용기·용기집합장치·자동절체기(사용 중인 용기의 가스공급압력이 떨어지면 자동적으로 예비용기에서 가스가 공급되도록 하는 장치를 말한다)와 이를 접속하는 관 및 그 부속설비를 말한다.
6. "자동차에 고정된 탱크"란 액화석유가스의 수송·운반을 위하여 자동차에 고정 설치된 탱크를 말한다.
7. "충전용기"란 액화석유가스 충전 질량의 2분의 1 이상이 충전되어 있는 상태의 용기를 말한다.
8. "잔가스용기"란 액화석유가스 충전 질량의 2분의 1 미만이 충전되어 있는 상태의 용기를 말한다.
9. "가스설비"란 저장설비 외의 설비로서 액화석유가스가 통하는 설비(배관은 제외한다)와 그 부속설비를 말한다.
10. "충전설비"란 용기 또는 자동차에 고정된 탱크에 액화석유가스를 충전하기 위한 설비로서 충전기와 저장탱크에 부속된 펌프 및 압축기를 말한다.
11. "용기가스소비자"란 용기에 충전된 액화석유가스를 연료로 사용하는 자를 말한다. 다만 다음 각 목의 자는 제외한다.
    가. 액화석유가스를 자동차연료용, 용기내장형 가스난방기용, 이동식 부탄연소기용, 이동식 프로판연소기용, 공업용 또는 선박용으로 사용하는 자
    나. 액화석유가스를 이동하면서 사용하는 자
12. "공급설비"란 용기가스소비자에게 액화석유가스를 공급하기 위한 설비로서 다음 각 목에서 정하는 설비를 말한다.
    가. 액화석유가스를 부피단위로 계량하여 판매하는 방법(이하 "체적판매방법"이라 한다)으로 공급하는 경우에는 용기에서 가스계량기 출구까지의 설비
    나. 액화석유가스를 무게단위로 계량하여 판매하는 방법(이하 "중량판매방법"이라 한다)으로 공급하는 경우에는 용기
13. "소비설비"란 용기가스소비자가 액화석유가스를 사용하기 위한 설비로서 다음 각 목에서 정하는 설비를 말한다.
    가. 체적판매방법으로 액화석유가스를 공급하는 경우에는 가스계량기 출구에서 연소기까지의 설비
    나. 중량판매방법으로 액화석유가스를 공급하는 경우에는 용기 출구에서 연소기까지의 설비
14. "불연재료"란 「건축법 시행령」 제2조 제10호에 따른 불연재료를 말한다.
15. "방호벽"이란 높이 2미터 이상, 두께 12센티미터 이상의 철근콘크리트 또는 이와 같은 수준

09
35 ℃에서 최고 충전압력이 250 atm·g인 용기에 150 atm·g로 충전된 산소용기의 안전밸브가 작동하기 시작하였다면 이때 산소용기 내의 온도는 약 몇 ℃인가?

정답

[안전밸브]

안전밸브 작동압력 = 내압시험압력 × 0.8

$$= 250 \times \frac{5}{3} \times 0.8$$

$$= 333.33 \text{ atm·g}$$

$\dfrac{P_1 V_1}{T_1} = \dfrac{P_2 V_2}{T_2}$ 에서 같은 용기이므로

$V_1 = V_2$, $\dfrac{P_1}{T_1} = \dfrac{P_2}{T_2}$

$\therefore T_2 = \dfrac{P_2}{P_1} \times T_1$

$$= \frac{333.33 + 1}{150 + 1} \times (273 + 35) = 681.94 K$$

보충 내압시험 기준
- 압축가스 및 액화가스 = 최고충전압력(FP) × 5/3배
- 아세틸렌용기 내압시험 = 최고충전압력(FP) × 3배
- 고압가스설비 내압시험 = 상용압력 × 1.5배

10 PE밸브의 상당압력등급(SDR)값에 따른 최고사용압력을 쓰시오.

상당 SDR	압력(MPa 이하)
(㉠) 이하	0.4
(㉡) 이하	0.25
(㉢) 이하	0.2

> 정답

㉠ 11
㉡ 17
㉢ 21

보충 SDR

상당 SDR	압력(MPa 이하)
11 이하	0.4
17 이하	0.25
21 이하	0.2

[비고]
표 3.4.5에서 상당 SDR값은 다음 식에 따라 구한다.
SDR = D/t

D : PE밸브에 연결되는 배관의 표준 외경[mm]
t : PE밸브에 연결되는 배관으로서 PE밸브이음매 재질의 강도와 같고, 표준외경 D에서 SDR값이 최소인 배관의 두께[mm]

11 도시가스 제조공정 4가지를 쓰시오.

> 정답

(1) 열분해 공정 : 나프타, 원유, 중유 등의 분자량이 큰 탄화수소 원료를 고온으로 분해하여 고열량의 가스를 제조하는 공정
(2) 접촉분해 공정 : 촉매를 사용하여 사용온도 400~800℃에서 탄화수소와 수증기와 반응하여 수소, 메탄, 일산화탄소, 에틸렌, 탄산가스, 에탄, 프로필렌 등의 저급 탄화수소로 변환시키는 방법
(3) 부분연소 공정 : 메탄에서 원유까지는 원료를 가스화하는 것으로 산소 또는 공기 및 수증기를 이용하여 메탄, 수소, 일산화탄소, 이산화탄소로 변환하는 방법
(4) 수소화분해 공정 : 수소기류 중 탄화수소 원료를 열분해 또는 접촉분해하여 메탄을 주성분으로 하는 고열량의 가스를 제조하는 방법
(5) 대체천연가스 공정 : 천연가스 이외의 석탄, 원유, 나프샤, LPG 등의 각종 탄화수소 원료에서 천연가스와 물리적, 화학적 성질이 거의 비슷한 가스를 제조하는 것

12 공기액화분리장치에서 액화아르곤의 분리 시 액화산소와 액화질소 중 어느 쪽으로 분리되어 나올지 예상하고 그 이유를 쓰시오.

> 정답

액화산소 쪽으로 분리된다.
비등점이 아르곤은 -186℃, 산소는 -183℃로 비슷하기 때문에
※ 질소의 비등점 : -196℃

13 배관계에서 고온배관의 열응력을 해소하는 방안 4가지를 쓰시오.

> **정답**
> (1) 루프
> (2) 벨로우즈
> (3) 슬라이드
> (4) 스위블
> (5) 콜드스프링

보충 신축흡수 종류

(1) 슬리브(Sleeve) 신축이음(미끄럼형) : 본체와 슬리브 파이프로 되어 있으며 관의 신축은 본체 속의 미끄럼하는 슬리브관에 의해 흡수되며 슬리브와 본체 사이에 패킹을 넣어 누설을 방지하고 단식과 복식 두 가지 형태가 있다. 온수 또는 저압증기의 배관에 주로 사용된다.

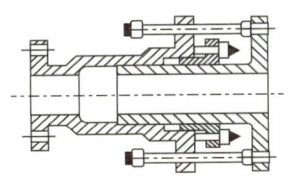

(2) 벨로즈(Bellows)형 이음(주름통식) : 온도에 따라 일어나는 관의 신축이음쇠를 벨로즈의 변형에 의해 흡수시키는 형식으로 증기관에 널리 사용되며 응력흡수가 용이한 이음방식이다. 설치공간을 많이 차지하지 않고 신축에 의한 자체 응력 및 누설이 없지만 고압배관에는 부적합하다. 주름의 하부에 이물질이 쌓이면 부식의 우려가 있기 때문에 주의하여야 한다.

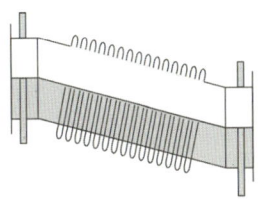

(3) 스위블(Swivel)형 이음 : 2개 이상의 엘보를 사용하여 나사의 회전에 의해 신축이 흡수되며 저압의 증기 및 온수난방에 사용된다.

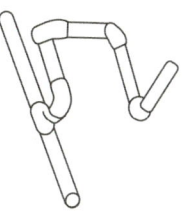

(4) 루프(Loop)형 신축이음 : 신축곡관이라고도 하며 강관 또는 동관 등을 루프(Loop) 모양으로 구부려서 그 휨에 의해 배관의 신축을 흡수하는 형식으로 주로 고압증기 옥외배관에 많이 사용된다. 설치장소를 많이 차지한다는 단점이 있다. 또한 신축에 따른 자체 응력이 발생하고, 곡률 반경은 관 지름의 6배 이상으로 한다.

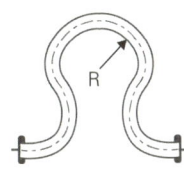

(5) 볼조인트(Ball Joint)형 이음 : 관 끝의 볼 부분을 케이싱으로 감싸는 구조로 평면상의 변위뿐 아니라 입체적인 변위까지 흡수하므로 어떠한 신축에도 배관이 안전하고 설치공간이 적다.

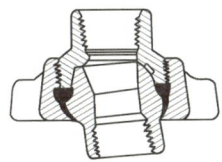

5) 신축 흡수량이 큰 순서 : 루프형 > 슬리브형 > 벨로우즈형 > 스위블형 > 볼조인트형

※ 콜드스프링 : 배관의 자유팽창량을 미리 계산하여 관의 길이를 짧게 절단해서 열팽창을 흡수하는 방법이며, 이때의 절단 길이는 자유팽창량의 1/2이다.

14 고압가스 충전시설에 관한 다음 각 괄호 안에 들어갈 알맞은 말을 쓰시오.

> 1. 고압가스설비에 설치하는 압력계는 (㉠)의 최고눈금이 있는 것으로 하고, 압축·액화 그 밖의 방법으로 처리할 수 있는 가스의 용적이 1일 (㉡) 이상인 사업소에는 「국가표준기본법」에 의한 제품인증을 받은 압력계를 2개 이상 비치한다.
> 2. 충전용 주관의 압력계는 (㉢), 그 밖의 압력계는 3월에 1회 이상 표준이 되는 압력계로 그 기능을 검사한다.

정답

㉠ 상용압력의 1.5배 이상 2배 이하
㉡ $100 \, m^3$
㉢ 매월 1회 이상

보충 KGS FP211 고압가스용기 및 차량에 고정된 탱크 충전의 시설·기술·검사·안전성평가 기준

2.8.1.1 압력계 설치
고압가스설비에 설치하는 압력계는 상용압력의 1.5배 이상 2배 이하의 최고눈금이 있는 것으로 하고, 압축·액화 그 밖의 방법으로 처리할 수 있는 가스의 용적이 1일 $100 \, m^3$ 이상인 사업소에는 「국가표준기본법」에 의한 제품인증을 받은 압력계를 2개 이상 비치한다.

2.8.1.2 액면계 설치
액화가스의 저장탱크에는 다음 기준에 따라 액면계(산소나 불활성 가스의 초저온저장탱크의 경우에만 환형유리제 액면계도 가능)를 설치한다.
2.8.1.2.1 액면계는 평형반사식 유리액면계, 평형투시식 유리액면계 및 플로트(Float)식·차압식·정전용량식·편위식·고정튜브식 또는 회전튜브식이나 슬립튜브식 액면계 등에서 액화가스의 종류와 저장탱크의 구조 등에 적합한 구조와 기능을 가지는 것으로 선정·사용한다.
2.8.1.2.2 유리액면계로 사용하는 유리는 KS B 6208(보일러용 수면계유리)중 기호 B 또는 P의 것 또는 이와 동등 이상인 것으로 한다.
2.8.1.2.3 유리를 사용한 액면계에는 액면을 확인하기 위한 필요한 최소면적 이외의 부분을 금속제 등의 덮개로 보호하여 그의 파손을 방지하는 조치를 한다.
2.8.1.2.4 일반고압가스설비에 설치하는 고정튜브식 또는 회전튜브식이나 슬립튜브식 액면계는 그 액면계로부터 가스가 방출되었을 때 인화 또는 중독의 우려가 없는 가스의 경우에만 사용한다.
2.8.1.2.5 저장탱크(가연성 가스 및 독성 가스에 한한다)와 유리제게이지를 접속하는 상하배관에는 자동식 및 수동식의 스톱밸브를 설치한다. 다만 자동식 및 수동식 기능을 함께 갖춘 경우에는 각각 설치한 것으로 볼 수 있다.

15 다음 그림을 보고 펌프 축동력(kW)을 계산하시오. [단, 에너지 방정식을 1지점(저장탱크의 수면)과 2지점(펌프 토출구 까지의 높이)에 적용하여 계산하고 마찰에 의한 손실은 무시할 것]

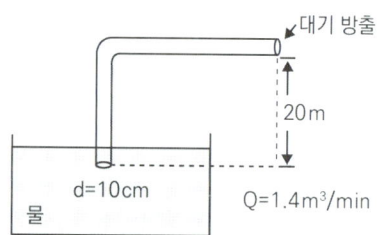

정답

• 베르누이방정식

$$\frac{P_1}{\gamma} + \frac{V_1^2}{2g} + Z_1 = \frac{P_2}{\gamma} + \frac{V_2^2}{2g} + Z_2$$

$$H = \frac{P}{\gamma} + \frac{V^2}{2g} + Z = const$$

P_1, P_2 : 압력$[N/m^2]$
γ : 비중량$[N/m^3]$
V_1, V_2 : 유속$[m/s]$
g : 중력가속도$[m/s^2]$
Z_1, Z_2 : 위치수두$[m]$
H : 전수두$[m]$

- 1지점은 탱크가 대기에 개방되어 있으므로 대기압이며 수면의 속도는 0이다.
- 2지점은 대기로 방출되므로 대기압이기 때문에 압력수두는 서로 소거되어

$$H = (Z_2 - Z_1) + \frac{v_2^2}{2g}$$

- 단면적 $A = \frac{\pi D^2}{4} = \frac{\pi (0.1)^2}{4} = 0.007854 m^2$

- 속도 $v_2 = \frac{Q}{A} = \frac{\frac{1.4}{60}}{0.007854} = 2.97 m/s$

따라서 $\frac{v_2^2}{2g} = \frac{2.97^2}{2 \times 9.8} = 0.45$ m

따라서 총 양정 H = 20 + 0.45 = 20.45 m이므로
펌프의 축동력 $P = \rho g Q H$

$$= 1000 \times 9.8 \times \frac{1.4}{60} \times 20.45$$

$$= 4681 W = 4.68 kW$$

∴ 정답 : 4.68

2025 제3회 [동영상]

01 다음 동영상을 보고 각 물음에 답하시오.

※ 출처 : SJ산업

1. 동영상의 융착종류를 쓰시오.
2. 해당 융착작업의 기준 1가지를 쓰시오.

정답

1. 소켓융착
2. (1) 용융된 비드는 접합부 전면에 고르게 형성되고 관 내부로 밀려나오지 않도록 한다.
   (2) 배관 및 이음관의 접합은 일직선을 유지한다.
   (3) 비드 높이(h)는 이음관의 높이(H) 이하로 한다.
   (4) 융착작업은 홀더(Holder) 등을 사용하고 관의 용융 부위는 소켓 내부 경계턱까지 완전히 삽입되도록 한다.
   (5) 시공이 불량한 융착이음부는 절단해서 제거하고 재시공한다.

02 일반 도시가스사업의 제조소 및 공급소 시설 기준에 대한 다음 괄호 안에 알맞은 말을 쓰시오.

1. 가스혼합기·가스정제설비·배송기·압송기 그 밖에 가스공급시설의 부대설비(배관은 제외한다)는 그 외면으로부터 사업장의 경계까지의 거리를 ( )m 이상 유지할 것. 다만 최고사용압력이 고압인 것은 그 외면으로부터 사업장의 경계까지의 거리를 ( )m 이상, 제1종 보호시설(사업소 안에 있는 시설은 제외한다)까지의 거리를 ( )m 이상으로 할 것
2. 가스설비와 저장설비 외면으로부터 화기를 취급하는 장소 사이에 유지하여야 하는 거리는 우회거리 ( )m 이상으로 할 것

정답

1. 3, 20, 30
2. 8

보충 도시가스사업법 시행규칙 [별표 6] 일반도시가스사업의 가스공급시설의 시설·기술·검사·정밀안전진단 기준

가. 시설 기준
  1) 배치 기준
    가) 가스혼합기·가스정제설비·배송기·압송기 그 밖에 가스공급시설의 부대설비(배관은 제외한다)는 그 외면으로부터 사업장의 경계까지의 거리를 3 m 이상 유지할 것. 다만 최고사용압력이 고압인 것은 그 외면으로부터 사업장의 경계까지의 거리를 20 m 이상, 제1종 보호시설(사업소 안에 있는

시설은 제외한다)까지의 거리를 30 m 이상으로 할 것

나) 가스발생기와 가스홀더는 그 외면으로부터 사업장의 경계(사업장의 경계가 바다·하천·호수·연못 등으로 인접되어 있는 경우에는 이들의 반대편 끝을 경계로 본다. 이하 같다)까지 최고사용압력이 고압인 것은 20 m 이상, 최고사용압력이 중압인 것은 10 m 이상, 최고사용압력이 저압인 것은 5 m 이상의 거리를 각각 유지할 것

다) 그 밖에 별표 5에 따른 가스도매사업의 가스공급시설의 시설·기술·검사·정밀안전진단·안전성평가의 기준 제1호 가목1) 중 나) 및 아)를 적용한다.

보충 교량 및 횡으로 설치하는 가스배관 호칭지름별 최대 지지간격

호칭지름	지지간격
100 A	8 m
150 A	10 m
200 A	12 m
300 A	16 m
400 A	19 m
500 A	22 m
600 A	25 m

03 다음과 같이 횡으로 설치된 도시가스배관의 호칭 지름별 최대 고정장치 지지간격(m)을 쓰시오.

※ 출처 : 가스신문

| 1. 300 A | 2. 400 A |
| 3. 600 A | 4. 600 A 이상 |

정답
1. 16
2. 19
3. 25
4. 처짐량의 500배

04 다음 동영상을 보고 각 물음에 답하시오.

(a)
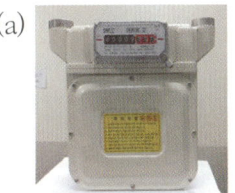 

(b)
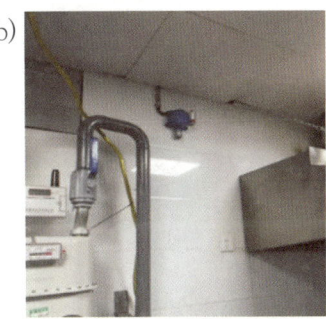

1. (a)와 화기 사이 유지하여야 하는 거리 기준을 쓰시오.
2. (b)의 검지부 하단은 천장으로부터 (   ) cm 이하로 한다.

정답
1. 2 m 이상
2. 30

05 다음 동영상은 가스용기에 부착해서 압력을 조정하는 설비이다. 각 물음에 답하시오.

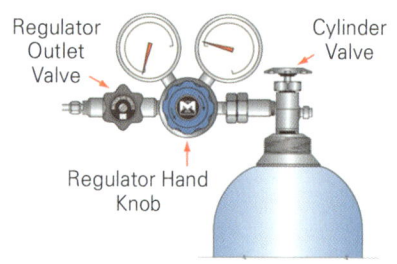

※ 출처 : RE 안전환경

1. 파란색 설비 명칭을 쓰시오.
2. 왼나사인지 오른나사인지 구분하여 쓰시오.

정답

1. 1단 감압식 압력조정기
2. 왼나사

06 도시가스배관을 지하에 매설할 때 다음 물음에 답하시오.

※ 출처 : 가스신문

1. 중압 이상의 배관 매설 시 굴착공사를 할 때 배관을 파손하지 않도록 하기 위한 보호조치를 쓰시오.
2. 위의 조치는 배관 정상부로부터 (   ) 이상 높이에 설치한다.

정답

1. 보호판 설치
2. 0.3 m

보충 KGS FP451 가스도매사업 제조소 및 공급소 밖의 배관의 기준

• 배관 도로 매설
(1) 도로 병행 매설
(1-1) 원칙적으로 자동차 등의 하중에 영향이 적은 곳에 매설한다.
(1-2) 배관 외면으로부터 도로 경계까지는 1 m 이상의 수평거리를 유지한다.
(1-3) 배관(방호구조물 안에 설치하는 경우에는 그 방호구조물을 말한다)은 그 외면으로부터 도로 밑의 다른 시설물까지 0.3 m 이상의 거리를 유지한다.
(1-4) 도로 밑에 배관을 매설하는 경우에는 그 도로와 관련이 있는 공사로 손상을 받지 않도록 다음 중 어느 하나의 조치를 한다.
(1-4-1) 보호판으로 배관을 보호조치하는 경우
(1-4-1-1) 보호판의 재료는 KS D 3503(일반구조용 압연강재) 또는 이와 동등 이상의 성능이 있는 것으로 한다.
(1-4-1-2) 보호판에는 직경 30 mm 이상 50 mm 이하의 구멍을 3 m 이하의 간격으로 뚫어 누출된 가스가 지면으로 확산이 되도록 한다.
(1-4-1-3) 보호판은 배관의 정상부에서 0.3 m 이상 높이에 설치하고, 보호판의 재질이 금속제인 경우에는 보호판과 보호판을 가접하거나 연결 철재 고리로 고정 또는 겹침 설치하는 등의 조치를 하여 보호판과 보호판이 이격되지 않도록 한다. 다만 매설 깊이를 확보할 수 없어 보호관 등을 사용한 경우에는 보호판을 설치하지 않을 수 있다.

(1-4-1-4) 보호판은 쇼트브라스팅 등으로 내·외면의 이물질을 완전히 제거하고, 방청도료(Primer)를 1회 이상 도포한 후, 도막 두께가 80 μm 이상 되도록 에폭시타입 도료를 2회 이상 코팅하거나, 이와 동등 이상의 방청 및 코팅 효과를 갖는 것으로 한다. 다만 도장공정 자동화로 쇼트브라스팅 후 연속적으로 KS M 6030-6종[방청도료(타르 에폭시 수지 도료)]을 도포하는 경우에는 별도의 방청도료(Primer)를 도포하지 않을 수 있다.

- 가스누출검지경보장치 설치 개수
(1) 가스누출검지경보장치 수는 다음과 같이 계산한다.
(1-1) 배관이 건축물 안(지붕이 있고 둘레의 4분의 1 이상이 벽으로 싸여 있는 장소를 말한다)에 설치된 경우에는 그 설비군의 바닥면 둘레 10 m에 한 개 이상의 비율로 계산한 수
(1-2) 배관이 건축물 밖에 설치된 경우에는 그 설비군의 주위 20 m에 한 개 이상의 비율로 계산한 수
(1-3) (1-1) 및 (1-2)에서 설비군을 형성하는 방법은 다음 중 어느 하나로 한다.
(1-3-1) 그림과 같이 각각의 설비마다 개별 설비군으로 형성하는 방법

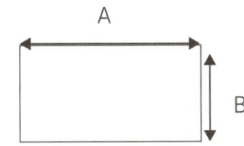

설비군 바닥면 둘레 = 2B + 2B

(1-3-2) 그림과 같이 여러 개의 설비를 하나의 설비군으로 형성하는 방법

설비군 바닥면 둘레 = 실선부분 길이

07
독성 가스 충전용기를 운반하는 차량은 용기를 안전하게 취급하기 위하여 용기 승하차용 리프트와 적재함이 부착된 전용 차량으로 한다. 다만 어떤 경우에 적재함에 리프트를 설치하지 않을 수 있는지 3가지를 쓰시오.

※ 출처 : 가스신문

정답
1. 가스를 공급받는 업소의 용기 보관실 바닥이 운반차량 적재함 최저높이로 설치
2. 컨베이어벨트 등 상하차 설비가 설치된 업소에 가스를 공급하는 차량
3. 적재능력 1.2톤 이하의 차량

보충 KGS GC207 고압가스 운반차량의 시설·기술 기준
2.1.1.1 차량구조
2.1.1.1.1 독성 가스 충전용기를 운반하는 차량은 용기를 안전하게 취급하기 위하여 용기 승하차용 리프트와 적재함이 부착된 전용 차량으로 한다.
(1) 적재함은 적재할 충전용기 최대높이의 3/5 이상까지 SS400 또는 이와 동등 이상의 강도를 갖는 재질(가로·세로·두께가 (75 × 40 × 5) mm 이상인 형강 또는 호칭지름·두께가 (50 × 3.2) mm 이상의 강관)로 보강하여 용기 고정이 용이하도록 한다.
(2) 보강대로 인하여 용기의 상하차 작업이 곤란한 경우에는 적재함의 가로 보강대를 개폐형으로 설치한다. 이 경우 가로 보강대가 차량 운행 중에 흔들리지 않도록 걸쇠 등으로 차량에 단단히 고정한다.
(3) 충전용기를 운반하는 가스운반 전용 차량의 적재함에는 리프트를 설치한다. 다만 다음에 해당하는 차량의 경우에는 적재함에 리프트를 설치하지 않을 수 있다.

(3-1) 가스를 공급받는 업소의 용기 보관실 바닥이 운반차량 적재함 최저높이로 설치되어 있거나, 컨베이어벨트 등 상하차 설비가 설치된 업소에 가스를 공급하는 차량

(3-2) 적재능력 1.2톤 이하의 차량

2.1.1.1.2 허용농도가 200 ppm 이하인 독성 가스 충전용기를 운반하는 차량은 용기 승하차용 리프트와밀폐된 구조의 적재함이 부착된 전용 차량으로 한다. 다만 내용적이 1000 L 이상인 충전용기를 운반하는 경우에는 그렇지 않다.

08 고압가스용 기화장치의 구조 중 (ㄱ)로서의 전자식 밸브는 액화가스 인입부의 필터 또는 (ㄴ)에 설치한다. 괄호 안에 들어갈 알맞은 말을 쓰시오.

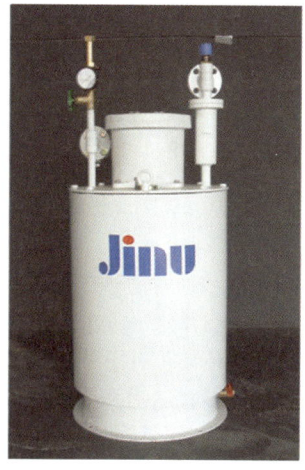

※ 출처 : 가스신문

정답

ㄱ : 액유출방지장치
ㄴ : 스트레이너 후단

보충 KGS AA911 고압가스용 기화장치 제조의 시설·기술·검사 기준

• 기화장치 구조

1. 열매체 부분은 분해하여 확인이 가능한 구조로 한다.
2. 기화통 내부는 점검구 등을 통하여 확인할 수 있거나 분해점검을 통하여 확인할 수 있는 구조로 한다.
3. 기화장치의 액화가스 인입부에는 이물질 유입방지를 위한 필터 또는 스트레이너를 설치한다. 다만 가열 방식을 대기식으로 하는 임계온도가 -50 ℃ 이하의 액화가스용 기화장치는 제외한다.
4. 기화장치에는 액화가스의 유출을 방지하기 위한 액유출방지장치 또는 액유출방지기구를 설치한다. 다만 임계온도가 -50 ℃ 이하인 액화가스용 기화장치와 이동식 기화장치는 그러하지 아니하다.
5. 액유출방지장치로서의 전자식 밸브는 액화가스 인입부의 필터 또는 스트레이너 후단에 설치한다.
6. 기화통 또는 기화장치의 기체부분에는 그 부분의 압력이 허용압력을 초과하는 경우 즉시 그 압력을 허용압력 이하로 되돌릴 수 있는 안전장치를 설치한다. 다만 임계온도가 -50 ℃ 이하인 액화가스용 고정식 기화장치에는 적용하지 아니한다.
7. 기화통의 기체가 통하는 부분으로서 배관 또는 동체에는 압력계를 설치하고, 증기 또는 온수가열식에는 열매체의 온도를 측정하기 위한 온도계(임계온도 -50 ℃ 이하인 액화가스용 기화장치는 제외)를 설치한다. 다만 다른 부분에서 온도 및 압력을 측정할 수 있는 기구는 그러하지 아니한다.
8. 증기 및 온수가열구조의 기화장치에는 응축된 물 또는 기화장치 안에 물을 쉽게 뺄 수 있는 드레인 밸브를 설치한다.
9. 가연성 가스(암모니아, 브롬화메탄 및 공기 중에서 자기발화하는 가스는 제외한다)용 기화장치에 부속된 전기설비는 누출된 가스의 점화원이 되는 것을 방지하기 위하여 KGS GC102(방폭전기기기의 설계, 선정 및 설치에 관한 기준)에 따라 방폭성능을 가진 것으로 한다.
10. 기화장치는 그 외면에 부식·변형·흠·주름 등의 결함이 없고 그 다듬질이 매끈한 것으로 한다.
11. 가연성 가스용 기화장치에는 정전기제거조치를 위한 접지단자를 설치한 것으로 한다.

09 다음 안전틈새 기준을 쓰시오.

> ① ⅡA :
> ② ⅡB :
> ③ ⅡC :

정답

① ⅡA : 최대안전틈새 범위 0.9 mm 이상
② ⅡB : 최대안전틈새 범위 0.5 mm 초과 0.9 mm 미만
③ ⅡC : 최대안전틈새 범위 0.5 mm 이하

보충 방폭구조의 종류
① 안전증방폭구조(e)
② 유입방폭구조(o)
③ 내압방폭구조(d)
④ 압력방폭구조(p)
⑤ 본질안전방폭구조(ia, ib)
⑥ 특수방폭구조(s)

보충 방폭전기기기 온도 등급에 따른 발화도 범위
T1 : 450 ℃ 초과
T2 : 300 ℃ 초과 450 ℃ 이하
T3 : 200 ℃ 초과 300 ℃ 이하
T4 : 135 ℃ 초과 200 ℃ 이하
T5 : 100 ℃ 초과 135 ℃ 이하
T6 : 85 ℃ 초과 100 ℃ 이하

보충 폭발등급
① ⅡA : 최대안전틈새 범위 0.9 mm 이상
② ⅡB : 최대안전틈새 범위 0.5 mm 초과 0.9 mm 미만
③ ⅡC : 최대안전틈새 범위 0.5 mm 이하

보충 KGS GC201 가스시설 전기방폭 기준
• 가연성 가스의 폭발 등급 및 이에 대응하는 내압방폭전기기기의 폭발 등급

최대안전틈새 범위 (mm)	0.9 이상	0.5 초과 0.9 미만	0.5 이하
가연성 가스의 폭발 등급	A	B	C
방폭전기기기의 폭발 등급	ⅡA	ⅡB	ⅡC

[비고]
최대안전틈새는 내용적이 8리터이고 틈새 깊이가 25 mm인 표준용기 안에서 가스가 폭발할 때 발생한 화염이 용기 밖으로 전파하여 가연성 가스에 점화되지 않는 최댓값

• 가연성 가스의 폭발 등급 및 이에 대응하는 본질안전방폭구조의 폭발 등급

최소점화전류비의 범위(mm)	0.8 초과	0.45 이상 0.8 이하	0.45 미만
가연성 가스의 폭발 등급	A	B	C
방폭전기기기의 폭발 등급	ⅡA	ⅡB	ⅡC

[비고]
최소점화전류비는 메탄가스의 최소점화전류를 기준으로 나타낸다.

10 수소추출설비에 대한 다음 각 물음에 답하시오.

> 1. 수소추출설비에서 사용하는 연료는 도시가스, 액화석유가스, 그 밖에 탄화수소 및 (   )이다.
> 2. 수소추출기가 검사 항목에 포함되도록 하는 시간당 수소생산량을 쓰시오.

정답

1. 메탄올, 에탄올 등 알콜류
2. 2000 m^3

보충 KGS AH171 수소추출설비 제조의 시설·기술·검사 기준

1.1 적용 범위

1.1.1 이 기준은 「수소경제 육성 및 수소 안전관리에 관한 법률 시행규칙」(이하 "규칙"이라 한다) 제2조 제3항 제3호에 따른 수소추출설비 중 다음 중 어느 하나에 해당하는 것을 연료로 사용하는 수소추출설비(이하 "수소추출설비"라 한다) 제조의 시설·기술·검사 기준에 대하여 적용한다.
⑴ 「도시가스사업법」 제2조 제1호에 따른 "도시가스"
⑵ 「액화석유가스의 안전관리 및 사업법」(이하 "액법"이라 한다) 제2조 제1호에 따른 "액화석유가스"
⑶ 그 밖에 "탄화수소" 및 메탄올, 에탄올 등 "알콜류

2.2 검사설비

2.2.1 수소추출설비를 제조하려는 자는 제품의 성능을 확인·유지할 수 있도록 다음 기준에 맞는 검사설비를 갖춘다.

2.2.1.1 검사설비의 종류는 안전관리규정에 따른 자체검사를 수행할 수 있는 것으로 다음과 같다.
⑴ 버니어캘리퍼스·마이크로미터·나사게이지 등 치수측정설비
⑵ 연료소비량 측정설비
⑶ 내압시험설비
⑷ 기밀시험설비
⑸ 절연저항측정기 및 내전압시험기
⑹ 소비전력 측정설비
⑺ 안전장치 성능시험설비
⑻ 배기가스 측정설비
⑼ 표면온도 측정설비
⑽ 수소 중 산소농도 측정설비
⑾ 그 밖에 검사에 필요한 설비 및 기구

2.2.1.2 검사설비의 처리능력은 해당 사업소의 제품 생산능력에 맞는 것으로 한다.

2.2.2 2.2.1에도 불구하고 다음 중 어느 하나의 기관에 의뢰하여 설계단계검사 항목의 시험·검사를 하는 경우 또는 다음 중 어느 하나의 기관과 설계단계검사 항목에 필요한 시험·검사설비의 임대차계약을 체결한 경우에는 2.2.1에 따른 검사설비 중 해당 설계단계검사 항목의 검사설비를 갖춘 것으로 본다.
⑴ 한국가스안전공사
⑵ 「국가표준기본법」에 따라 지정을 받은 해당 공인 시험·검사기관

01

아세틸렌 제조 및 충전에 관한 다음 물음에 각각 답하시오.

> 1. 아세틸렌을 (   ) MPa 압력으로 압축하는 때에는 질소·메탄·일산화탄소 또는 에틸렌 등의 희석제를 첨가한다.
> 2. 습식 아세틸렌발생기의 표면은 (   ) ℃ 이하의 온도로 유지하고, 그 부근에서는 불꽃이 튀는 작업을 하지 않는다.
> 3. 아세틸렌을 용기에 충전하는 때에는 미리 용기에 다공물질을 고루 채워 다공도가 (   )이 되도록 한 후 아세톤 또는 디메틸포름아미드를 고루 침윤시키고 충전한다.
> 4. 아세틸렌을 용기에 충전하는 때의 충전 중의 압력은 (①) MPa 이하로 하고, 충전 후에는 압력이 15 ℃에서 (②) MPa 이하로 될 때까지 정치하여 둔다.

정답

1. 2.5
2. 70
3. 75 % 이상 92 % 미만
4. ① 2.5, ② 1.5

보충 KGS FP111 고압가스 특정제조의 시설·기술·검사·감리·정밀안전검진 기준

- 아세틸렌 충전작업
1. 아세틸렌을 2.5 MPa 압력으로 압축하는 때에는 질소·메탄·일산화탄소 또는 에틸렌 등의 희석제를 첨가한다.
2. 습식 아세틸렌발생기의 표면은 70 ℃ 이하의 온도로 유지하고, 그 부근에서는 불꽃이 튀는 작업을 하지 않는다.
3. 아세틸렌을 용기에 충전하는 때에는 미리 용기에 다공물질을 고루 채워 다공도가 75 % 이상 92 % 미만이 되도록 한 후 아세톤 또는 디메틸포름아미드를 고루 침윤시키고 충전한다.
4. 아세틸렌을 용기에 충전하는 때의 충전 중의 압력은 2.5 MPa 이하로 하고, 충전 후에는 압력이 15 ℃에서 1.5 MPa 이하로 될 때까지 정치하여 둔다.
5. 상하의 통으로 구성된 아세틸렌발생장치로 아세틸렌을 제조하는 때에는 사용 후 그 통을 분리하거나 잔류가스가 없도록 조치한다.

- 산소 충전작업
1. 산소를 용기에 충전하는 때에는 미리 밸브와 용기 내부의 석유류 또는 유지류를 제거하고 용기와 밸브 사이에는 가연성 패킹을 사용하지 않는다.
2. 산소 또는 천연메탄을 용기에 충전하는 때에는 압축기(산소압축기는 물을 내부윤활제로 사용한 것에 한정한다)와 충전용 지관 사이에 수취기를 설치하여 그 가스 중의 수분을 제거한다.
3. 밀폐형의 수전해조에는 액면계와 자동급수장치를 설치한다.

- 산화에틸렌 충전
1. 산화에틸렌의 저장탱크는 그 내부의 질소가스·탄산가스 및 산화에틸렌가스의 분위기가스를 질소가스 또는 탄산가스로 치환하고 5 ℃ 이하로 유지한다.
2. 산화에틸렌을 저장탱크 또는 용기에 충전하는 때에는 미리 그 내부가스를 질소가스 또는 탄산가스로 바꾼 후에 산 또는 알칼리를 함유하지 않는 상태로 충전한다.
3. 산화에틸렌의 저장탱크 및 충전용기에는 45 ℃에서 그 내부가스의 압력이 0.4 MPa 이상이 되도록 질소가스 또는 탄산가스를 충전한다.

02 기체의 확산속도에 관한 법칙인 그레이엄 법칙의 공식과 정의를 각각 쓰시오.

정답

1. 공식 : $\dfrac{U_b}{U_a} = \sqrt{\dfrac{M_a}{M_b}}$

2. 정의 : 같은 온도와 압력에서 기체의 확산(또는 유출) 속도가 분자량의 제곱근에 반비례한다.

03 다음은 가스용 PE밸브이다. PE밸브의 상당압력등급(SDR)값에 따른 최고사용압력을 쓰시오.

※ 출처 : 폴리텍

1. 상당 SDR 11 이하
2. 상당 SDR 17 이하
3. 상당 SDR 21 이하

정답

1. 0.4 MPa
2. 0.25 MPa
3. 0.2 MPa

보충 KGS AA333

3.4.5 PE밸브의 상당압력등급(SDR)값에 따른 최고 사용압력은 표 3.4.5와 같이 한다.

상당 SDR	압력(MPa)
11 이하	0.4 이하
17 이하	0.25 이하
21 이하	0.2 이하

[비고]
표 3.4.5에서 상당 SDR값은 다음 식에 따라 구한다.
SDR = D/t

D : PE밸브에 연결되는 배관의 표준 외경[mm]
t : PE밸브에 연결되는 배관으로서 PE밸브이음매 재질의 강도와 같고 표준외경 D에서 SDR값이 최소인 배관의 두께[mm]

04 10 m 길이의 저압배관에 시간당 20 m³의 가스를 흐르도록 하려면 가스배관의 관경은 약 몇 cm이어야 하는가? (단, 기점과 종점 간의 압력강하는 100 mmH₂O이며 가스비중은 0.64이다)

정답

$Q = K\sqrt{\dfrac{D^5 H}{SL}}$

$20 = 0.707\sqrt{\dfrac{D^5 \times 100}{0.64 \times 10}} = 2.21 cm$

보충 저압배관

$$Q = K\sqrt{\dfrac{D^5 H}{SL}}$$

Q : 가스의 유량[m³/hr] D : 관안지름[cm]
H : 압력손실[mmH₂O] S : 가스의 비중
L : 관의 길이[m] K : 폴의 정수(0.707)

05 LPG 저장설비 정의를 쓰시오.

정답

액화석유가스를 저장하기 위한 설비로서, 저장탱크·마운드형 저장탱크·소형저장탱크 및 용기(용기 집합설비와 충전용기 보관실을 포함한다. 이하 같다)를 말한다.

보충 KGS FP333 액화석유가스 자동차에 고정된 탱크 충전의 시설·기술·검사·정밀안전진단·안전성 평가 기준

- 용어 정의
1. "저장설비"란 액화석유가스를 저장하기 위한 설비로서, 저장탱크·마운드형 저장탱크·소형저장탱크 및 용기(용기 집합설비와 충전용기 보관실을 포함한다. 이하 같다)를 말한다.
2. "저장탱크"란 액화석유가스를 저장하기 위하여 지상 또는 지하에 고정 설치된 탱크로서, 그 저장능력이 3톤 이상인 탱크를 말한다.
3. "마운드형 저장탱크"란 액화석유가스를 저장하기 위하여 지상에 설치된 원통형 탱크에 흙과 모래를 사용하여 덮은 탱크로서, 「액화석유가스의 안전관리 및 사업법 시행령」(이하 "영"이라 한다) 제3조 제1항 제1호 마목에 따라 자동차에 고정된 탱크충전사업 시설에 설치되는 탱크를 말한다.
4. "소형저장탱크"란 액화석유가스를 저장하기 위하여 지상이나 지하에 고정 설치된 탱크로서, 그 저장능력이 3톤 미만의 탱크를 말한다.
5. "자동차에 고정된 탱크"란 액화석유가스의 수송·운반을 위하여 자동차에 고정·설치된 탱크를 말한다.
6. "벌크로리"란 소형저장탱크에 액화석유가스를 공급하기 위하여 펌프 또는 압축기가 부착된 자동차에 고정된 탱크를 말한다. 다만 규칙 별표 4에서 규정하는 방법으로 액화석유가스를 공급하는 경우에는 저장능력 10톤 이하인 저장탱크에 공급할 수 있다.
7. "가스설비"란 저장설비 외의 설비로서 액화석유가스가 통하는 설비(배관은 제외한다)와 그 부속설비를 말한다.
8. "충전설비"란 용기 또는 자동차에 고정된 탱크에 액화석유가스를 충전하기 위한 설비로서, 충전기와 저장탱크에 부속된 펌프 및 압축기를 말한다.
9. "불연재료"란 「건축법 시행령」 제2조 제10호에 따른 재료를 말한다.
10. "방호벽"이란 높이 2 m 이상, 두께 12 cm 이상의 철근콘크리트 또는 이와 같은 수준 이상의 강도를 가지는 구조의 벽을 말한다.

06 연소의 과잉공기 시 발생하는 현상 4가지를 쓰시오.

정답

1. 질소산화물 증가
2. 연소가스 중 황으로 인한 저온부식 발생
3. 열손실 증가
4. 연소가스의 온도 하강

07 다음 설명에 해당하는 연소방법을 쓰시오.

> 1. 가스를 그대로 대기 중으로 분출하여 연소시키는 방법. 연소에 필요한 공기 전부를 2차 공기로 취하며 1차 공기는 취하지 않는 연소
> 2. 연소에 필요한 공기를 전부 1차 공기로 혼합시켜 연소하는 방법

정답

1. 적화식
2. 전1차 공기식

보충 연소

(1) 연소기구 구분
  가스와 공2차 공기의 비율에 따라 구별
  ① 분젠식 연소
  ② 적화식 연소
  ③ 세미·분젠식 연소
  ④ 전일차 공기식 연소

(2) 분젠식 연소 ★★
    1차 공기는 40 ~ 70 %, 2차는 60 ~ 30 % 필요로 하며, 불꽃 표준온도가 가장 높은 연소
    ① 장점 : 급속한 연소가 되며, 염의 온도가 높음
    ② 단점 : 역화, 선화의 현상이 나타남
(3) 적화식 연소
    가스를 그대로 대기 중으로 분출하여 연소시키는 방법. 연소에 필요한 공기 전부를 2차 공기로 취하며 1차 공기는 취하지 않는 연소
    ① 장점
        ㉠ 역화하지 않음
        ㉡ 염의 온도가 비교적 낮음
    ② 단점
        ㉠ 연소실이 넓어야 함(2차 공기만으로 취하기 때문에 많은 공기량)
        ㉡ 선화현상이 일어날 가능성이 있음
        ㉢ 고온을 얻기 힘듦
(4) 세미·분젠식 연소
    1차 공기를 40 % 이하로 제한하여 연소시키는 방법
(5) 전일차 공기식 연소
    연소에 필요한 공기를 전부 1차 공기로 혼합시켜 연소하는 방법

08 가연성 가스저온저장탱크에는 그 저장탱크의 내부압력이 외부압력보다 낮아짐에 따라 그 저장탱크가 파괴되는 것을 방지하기 위하여 갖추는 설비 중 압력계 압력경보설비 이외에 하나의 설비를 더 갖추어야 한다. 그 종류 4가지를 쓰시오.

정답
(1) 진공안전밸브
(2) 다른 저장탱크나 시설로부터의 가스도입배관(균압관)
(3) 압력과 연동하는 긴급차단장치를 설치한 냉동제어설비
(4) 압력과 연동하는 긴급차단장치를 설치한 송액설비

보충 KGS FP211
1. 저장탱크 부압파괴 방지조치
   가연성 가스저온저장탱크에는 그 저장탱크의 내부압력이 외부압력보다 낮아짐에 따라 그 저장탱크가 파괴되는 것을 방지하기 위하여 다음의 부압파괴방지설비를 설치한다.
   ⑴ 압력계
   ⑵ 압력경보설비
   ⑶ 그 밖의 다음 중 어느 하나 이상의 설비
   (3-1) 진공안전밸브
   (3-2) 다른 저장탱크나 시설로부터의 가스도입배관(균압관)
   (3-3) 압력과 연동하는 긴급차단장치를 설치한 냉동제어설비
   (3-4) 압력과 연동하는 긴급차단장치를 설치한 송액설비
2. 저장탱크 과충전 방지 조치
   아황산가스·암모니아·염소·염화메탄·산화에틸렌·시안화수소·포스겐 또는 황화수소의 저장탱크에는 그 가스의 용량이 그 저장탱크 내용적의 90 %를 초과하는 것을 방지하기 위하여 다음 기준에 따라 과충전 방지조치를 강구한다.
   ⑴ 저장탱크에 충전된 독성 가스의 용량이 90 %에 이르렀을 때 이를 검지하는 방법은 그 액면 또는 액두압을 검지하는 것이거나 이에 갈음할 수 있는 유효한 방법으로 한다.
   ⑵ ⑴의 방법으로 그 용량이 검지되었을 때는 지체 없이 경보(부자 등 음향으로 하는 것)를 울리는 것으로 한다.
   ⑶ ⑵의 경보는 해당 충전작업관계자가 상주하는 장소 및 작업장소에서 명확하게 들을 수 있는 것으로 한다.

09 전기방식방법 중 배류법의 정의를 쓰시오.

정답
매설배관의 전위가 주위의 타 금속 구조물의 전위보다 높은 장소에서 매설배관과 주위의 타 금속 구조물을 전기적으로 접속하여 매설배관에 유입된 누출전류를 전기회로적으로 복귀시키는 방법을 말한다.

보충 **KGS GC202 가스시설 전기방식 기준**
• 용어 정의
1. "전기방식(電氣防蝕)"이란 지중 및 수중에 설치하는 강재 배관 및 저장탱크 외면에 전류를 유입하여 양극 반응을 저지함으로써 배관의 전기적 부식을 방지하는 것을 말한다.
2. "희생양극법(犧牲陽極法)"이란 지중 또는 수중에 설치된 양극 금속과 매설배관을 전선으로 연결해 양극 금속과 매설배관 사이의 전지작용으로 부식을 방지하는 방법을 말한다.
3. "외부전원법(外部電源法)"이란 외부직류전원장치의 양극(+)은 매설배관이 설치되어 있는 토양이나 수중에 설치한 외부전원용 전극에 접속하고, 음극(-)은 매설배관에 접속하여 부식을 방지하는 방법을 말한다.
4. "배류법(排流法)"이란 매설배관의 전위가 주위의 타 금속 구조물의 전위보다 높은 장소에서 매설배관과 주위의 타 금속 구조물을 전기적으로 접속하여 매설배관에 유입된 누출전류를 전기회로적으로 복귀시키는 방법을 말한다.

10 다음 배관의 기밀시험 주기를 쓰시오.

> 1. PE관
> 2. 1993년 6월 26일 이후에 설치된 폴리에틸렌 피복강관
> 3. 1993년 6월 25일 이전에 설치된 폴리에틸렌 피복강관

정답

1. 설치 후 15년이 되는 해 및 그 이후는 5년마다
2. 설치 후 15년이 되는 해 및 그 이후는 5년마다
3. 설치 후 15년이 되는 해 및 그 이후는 3년마다

보충 **KGS FS551 2024일반도시가스사업 제조소 및 공급소 밖의 배관의 시설·기술·검사·정밀안전진단 기준**
• 공동주택 등(다세대주택 제외)의 부지 내에 설치된 배관
1. 검지공을 설치하고 도시가스사업자가 매년 자체 점검을 실시한 배관 : 6년마다
2. 그 밖의 배관 : 설치 후 15년이 되는 해까지는 5년마다, 15년 경과 31년이 되는 해까지는 4년마다, 31년 경과 3년마다

11 부취제를 엎지르는 사고 발생 시 처리법 3가지를 쓰시오.

정답

1. 연소
2. 활성탄에 의한 흡착
3. 화학적 산화 처리

12 LPG 저장시설에서 충전용기 및 그 밖의 용기(잔 가스용기, 재검사 대상 용기, 빈 용기 등)의 보관 장소를 구분하는 방법을 쓰시오.

정답

충전용기 및 그 밖의 용기(잔 가스용기, 재검사 대상 용기 등)보관 장소는 각각 구획 또는 경계선으로 안전 확보에 필요한 용기 상태를 명확히 식별할 수 있도록 조치하고 해당 내용에 따라 필요한 표지를 부착한다.

보충 **KGS FU111 고압가스 저장의 시설·기술·검사·안전성평가 기준**
(1) 고압가스사업소 경계표지
고압가스사업소에 설치하는 경계표지는 다음 기준에 따라 설치한다.
① 사업소의 경계표지는 해당 사업소의 출입구(경계울타리, 담 등에 설치되어 있는 것) 등 외부에서 보기 쉬운 곳에 게시한다.

② 사업소 안 시설 중 일부만이 동 법의 적용을 받을 때에는 해당 시설이 설치되어 있는 구획, 건축물 또는 건축물 내에 구획된 출입구 등 외부에서 보기 쉬운 장소에 게시한다. 이 경우 해당 시설에 출입 또는 접근할 수 있는 장소가 여러 방향일 때에는 그 장소마다 게시해야 하며, 냉동설비, 저온액화탄산가스 저장설비 중에서 단체설비(유닛형 냉동설비 등을 말한다) 또는 이동식 냉동설비에는 그 설비외면의 보기 쉬운 장소에 표시할 수 있다.

③ 경계표지는 법의 적용을 받고 있는 사업소 또는 시설임을 외부 사람이 명확하게 식별할 수 있는 크기로 한다. 또한 해당 사업소에서 준수해야 할 안전 확보에 필요한 주의사항을 부기할 수 있다.

○○ 가스 지하저장소
○○ 가스 지하저장소
출입금지
화기 절대 엄금
○○ 가스 지하저장소
○○ 가스 기계실

(2) 용기보관소 경계표지

용기보관소 또는 용기보관실의 경계표지는 다음 기준에 따라 설치한다.

1. 경계표지는 해당 용기보관소 또는 보관실의 출입구등 외부에서 보기 쉬운 곳에 게시한다. 이 경우 출입하는 방향이 여러 곳일 경우에는 그 장소마다 게시한다.
2. 표지는 외부사람이 용기보관소 또는 용기보관실이라는 것을 명확히 식별할 수 있는 크기로 해야 하며, 용기에 충전되어 있는 가스의 성질에 따라 가연성 가스일 경우에는 "연", 독성 가스일 경우에는 "독"자를 표시한다.

3. 충전용기 및 그 밖의 용기(잔 가스용기, 재검사 대상 용기 등)보관 장소는 각각 구획 또는 경계선으로 안전 확보에 필요한 용기 상태를 명확히 식별할 수 있도록 조치하고 해당 내용에 따라 필요한 표지를 부착한다.

○○ 가스용기 보관소(실) ○
○○ 가스용기 보관소(실) ○
충전용기 보관소
잔가스용기 보관소

13 고압식 공기액화분리장치 여과기에서 제거되는 물질 2가지를 쓰시오.

정답

1. 먼지
2. 질소산화물

보충 공기액화분리장치
1. 탄산가스 흡수기 : 이산화탄소 제거
2. 건조기 : 수분 제거

14 레이놀즈식 정압기에서 수용가에서 가스 사용량 증가 시 다음 각 조건은 어떻게 변화하는 지 '상승, 하강, 증대, 감소, 저하'로 답하시오.

1. 2차 압력
2. 저압 보조정압기의 열림 정도
3. 중간 압력
4. 보조 압력 내의 아이어프램의 위치
5. 조봉 레버 메인밸브 위치
6. 메인밸브의 열림 정도

정답

1. 저하
2. 증대
3. 저하
4. 하강
5. 하강
6. 증대

15 직경이 3 m, 길이가 10 m인 원통형 저장탱크에 냉각살수장치를 설치 표면적 1 m²당 5 L/min의 수량을 30분 연속 분무가 가능하다고 할 때 보유하여야 하는 수량(ton)을 구하시오. (단, 경판은 평판으로 간주한다)

정답

탱크의 표면적 = $\frac{\pi}{4} \times 3^2 + (\pi \times 3 \times 10)$
$\qquad\qquad\quad$ = 108.38 m²

따라서 필요 수량 = 108.38 × 5 × 30
$\qquad\qquad\quad$ = 16257.74 L
$\qquad\qquad\quad$ = 16.25774 m³
$\qquad\qquad\quad$ = 16.26 ton

2024 제1회 [동영상]

01 다음 각 물음에 답하시오.

※ 출처 : 대방에너지

1. 이 가스용품 내부에 설치된 안전기구 명칭을 쓰시오.
2. 핸들 등이 반개방 상태에서도 가스 유로가 열리지 않는 장치의 명칭을 쓰시오.
3. F의 의미를 쓰시오.
4. 1.2의 의미를 쓰시오.

정답
1. 과류차단 안전기구
2. On - off장치
3. 퓨즈콕
4. 과류차단 안전기구가 작동하는 시간당 유량이 1.2 m^3

02 다음 동영상을 보고 각 물음에 답하시오.

※ 출처 : 국제신문

1. LNG의 주성분을 분자식으로 쓰시오.
2. LNG 주성분의 가스 비중을 쓰시오.
3. LNG폭발 범위를 쓰시오.
4. LNG의 비점을 쓰시오.
5. LNG의 분자량을 쓰시오.

정답
1. CH_4
2. $\dfrac{16}{29} = 0.55$
3. 5 ~ 15 %
4. -161 ℃
5. 16

03 다음 동영상을 보고 보일러에 대한 각 물음에 답하시오.

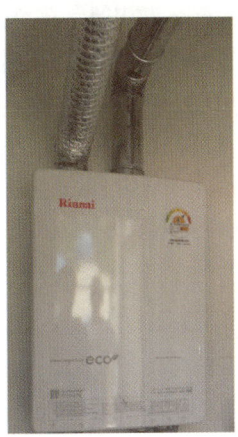

※ 출처 : 가스신문

1. 터미널과 좌우 또는 상하에 설치된 돌출물 간의 이격거리는 ( )m 이상이 되도록 한다.
2. 터미널과 좌우에 설치된 다른 터미널과의 이격거리는 ( )m, 상하에 설치된 다른 터미널과의 이격거리는 ( )m 이상이 되도록 한다.
3. 터미널과 상방향에 설치된 구조물과의 이격거리는 ( )m 이상이 되도록 한다.

정답
1. 1.5
2. 0.3
3. 0.25

보충 KGS GC208 주거용 가스보일러의 설치·검사 기준
• 단독·밀폐식·강제급배기식 설치방법
1. 벽걸이식 가스보일러는 벽에 확실하게 고정·설치한다.
2. 배기통과 가스보일러 본체는 확실하게 접속한다.
3. 배기통이 벽을 관통하는 부분은 배기가스가 실내로 들어오지 않도록 확실하게 밀폐한다.
4. 배기통은 점검 및 유지가 용이한 장소에 설치하되, 부득이 천장 속 등의 은폐부에 설치하는 경우에는 배기통을 단열조치하고, 수리나 교체에 필요한 점검구 및 외부환기구를 설치한다. 다만 이중구조의 배기통은 '단열조치가 된 배기통'으로 본다.
5. 배기통은 응축수가 외부로 배출될 수 있도록 기울기를 주어 설치한다. 다만 콘덴싱보일러의 경우에는 응축수가 내부로 유입될 수 있도록 설치하고, 응축수 동결 방지를 위해 응축수 드레인 호스는 실내로 배출될 수 있는 구조로 한다.
6. 외력으로 손상될 우려가 있는 곳에 배기통 또는 터미널을 설치하는 경우에는 보호조치를 한다. 다만 터미널이 파손을 방지할 수 있는 구조인 경우에는 그렇지 않을 수 있다.
7. 터미널은 옥외에 물고임 등이 없을 정도의 기울기를 주어 설치한다.
8. 터미널은 주위에 장애물이 없는 곳에 설치한다.
9. 터미널은 충분히 개방된 공간의 벽 외부로 충분히 나오도록 설치한다.
10. 배기통의 최대 연장길이는 가스보일러의 취급설명서에 기재한 최대연장길이 이내이어야 한다.
11. 터미널은 배기가스가 안전하게 확산될 수 있도록 다음 기준에 적합하게 설치한다.
  (1) 터미널 개구부로 부터 0.6 m 이내에 배기가스가 실내(방, 거실 그 밖에 사람이 거처하는 곳과 목욕탕, 샤워장, 베란다, 그 밖에 환기가 잘 되지 않아 가스보일러의 배기가스가 누출되는 경우 사람이 질식할 우려가 있는 곳)로 유입할 우려가 있는 개구부가 없도록 한다.
  (2) 터미널과 상방향에 설치된 구조물과의 이격거리는 0.25 m 이상이 되도록 한다.
  (3) 터미널의 높이는 바닥면 또는 지면으로부터 0.15 m 위쪽으로 한다.
  (4) 터미널은 전방 0.15 m 이내에 장애물이 없도록 한다.
  (5) 터미널과 좌우 또는 상하에 설치된 돌출물 간의 이격거리는 1.5 m 이상이 되도록 한다.

(6) 터미널과 좌우에 설치된 다른 터미널과의 이격거리는 0.3 m, 상하에 설치된 다른 터미널과의 이격거리는 0.3 m 이상이 되도록 한다.
① 개구부와의 이격거리 예

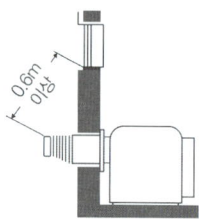

② 개구부와 터미널 사이의 차단물을 설치한 예

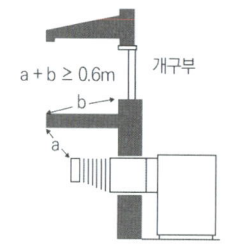

③ 터미널 설치 예

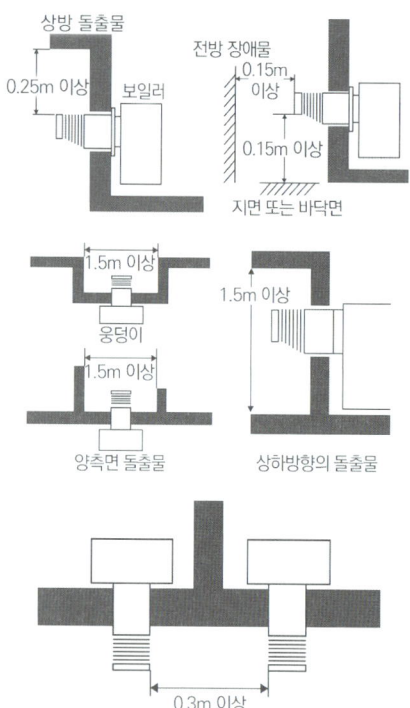

04 도시가스 제조사업의 가스도매사업의 규정에 따른 저장탱크와 다른 저장탱크 또는 가스홀더 사이에는 두 저장탱크의 최대 직경을 더한 길이의 1/4 이상에 해당하는 거리, 또는 1 m 이상의 거리를 유지하여야 한다. 다만 이 거리를 유지하지 못하는 경우 설치하여야 하는 설비 명칭과 그 설비의 점검 주기를 쓰시오.

정답
1. 명칭 : 물분무장치
2. 점검 주기 : 1개월에 1회 이상

05 다음은 가스시설의 이상사태 발생 시 이·충전되는 가스를 정지시키는 장치이다. 이 장치의 명칭과 작동 동력을 각각 쓰시오.

※ 출처 : 거봉한진

정답
1. 명칭 : 긴급차단장치
2. 작동 동력 : 액압, 기압, 전기식, 스프링식

06 다음 동영상은 전기방식시설이다. 이 시설의 명칭과 용도를 쓰시오.

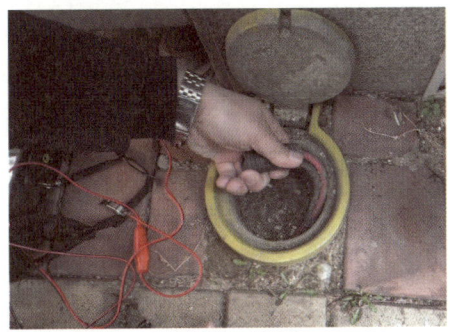

1. 명칭   2. 용도

정답
1. 전위측정용 터미널
2. 지하매설배관의 전위 측정

07 동영상의 LNG(액화천연가스) 탱크를 보고 각 물음에 답하시오.

※ 출처 : 알리바바닷컴

1. 가연성 가스 저장탱크의 외면으로부터 처리능력이 20만 m³ 이상인 압축기까지 유지하여야 하는 거리는 (   ) m 이상으로 한다.
2. 둘 이상의 제조소가 인접하여 있는 경우의 가스공급시설은 그 외면으로부터 다른 제조소의 경계까지 몇 m 이상의 거리를 유지해야 하는지 쓰시오.

정답
1. 30
2. 20

보충 도시가스사업법 시행규칙 [별표 5]
• 가스도매사업의 가스공급시설의 시설·기술·검사·정밀안전진단·안전성평가의 기준

가) 액화석유가스의 저장설비와 처리설비는 그 외면으로부터 보호시설까지 30 m 이상의 거리를 유지할 것. 다만 산업통상자원부장관이 필요하다고 인정하는 지역의 경우에는 이 기준 외에 거리를 더하여 정할 수 있다.

나) 제조소 및 공급소에 설치하는 도시가스(저압의 것으로서 지면에 체류할 우려가 없는 것은 제외한다)가 통하는 가스공급시설(배관은 제외한다)은 그 외면으로부터 화기(그 설비 안의 것은 제외한다)를 취급하는 장소까지 8 m 이상의 우회거리를 유지하고, 그 가스공급시설과 화기를 취급하는 장소와의 사이에는 그 가스공급시설에서 누출된 도시가스가 유동하는 것을 방지하기 위한 시설을 설치할 것

다) 액화천연가스(기화된 천연가스는 포함한다)의 저장설비와 처리설비(1일 처리능력이 5만 2천 500 m³ 이하인 펌프·압축기·응축기·기화장치는 제외한다)는 그 외면으로부터 사업소경계[사업소경계가 바다·호수·하천(「하천법」에 따른 하천을 말한다. 이하 같다)·연못 등의 경우에는 이들의 반대편 끝을 경계로 본다]까지 다음 계산식에 따라 얻은 거리(그 거리가 50 m 미만의 경우에는 50 m) 이상을 유지할 것

$L = C \times \sqrt[3]{143000\,W}$

이 계산식에서 L, C 및 W는 각각 다음의 수치를 표시한다.

L: 유지하여야 하는 거리[m]
C: 저압 지하식 저장탱크는 0.240, 그 밖의 가스저장설비와 처리설비는 0.576
W: 저장탱크는 저장능력(톤)의 제곱근 그 밖의 것은 그 시설 안의 액화천연가스의 질량(톤)

라) 고압의 가스공급시설은 안전구획 안에 설치하고 그 안전구역의 면적은 2만 m² 미만일 것. 다만 공정상 밀접한 관련을 가지는 가스공급시설로서 두 개 이상의 안전구역을 구분함에 따라 그 가스공급시설의 운영에 지장을 줄 우려가 있는 경우에는 그러하지 아니하다.

마) 안전구역 안의 고압인 가스공급시설[배관은 제외하나 고압인 가스공급시설과 같은 제조설비에 속하는 가스설비는 포함한다. 이하 마)에서 같다]은 그 외면으로부터 다른 안전구역 안에 있는 고압인 가스공급시설의 외면까지 30 m 이상의 거리를 유지할 것

바) 두 개 이상의 제조소가 인접하여 있는 경우의 가스공급시설은 그 외면으로부터 다른 제조소의 경계까지 20 m 이상의 거리를 유지할 것

사) 액화천연가스의 저장탱크는 그 외면으로부터 처리능력이 20만 m³ 이상인 압축기까지 30 m 이상의 거리를 유지할 것

아) 제조소 및 공급소에는 안전조업에 필요한 공지를 확보하여야 하며, 가스공급시설은 안전조업에 지장이 없도록 배치할 것

08 방폭전기기기에 표시된 각 내용에 대해 설명하시오.

※ 출처 : 아성테크

1. Ex	2. d
3. II B	4. T4

정답

1. 방폭구조
2. 내압방폭구조
3. 내압 방폭전기기기의 폭발등급(최대안전틈새 범위 0.5 mm 초과 0.9 mm 미만)
4. 방폭전기기기의 온도등급(가연성 가스의 발화도 ℃ 범위 135 ℃ 초과 200 ℃ 이하)

09 다음 신축이음관에 대한 괄호 안을 채우시오.

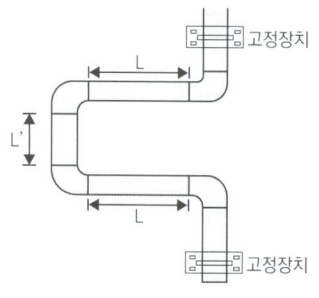

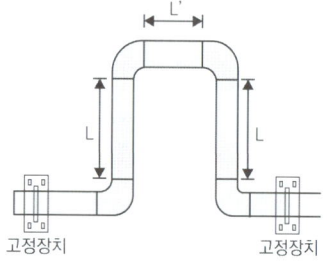

입상관에 설치하는 곡관은 그림과 같으며, 신축흡수용 곡관의 수평방향 길이(L)는 배관 호칭지름의 (①)배 이상으로 하고, 수직방향 길이(L')는 수평방향 길이의 (②) 이상으로 한다. 이때 엘보의 길이는 포함하지 않는다.

정답

① 6, ② 1/2

보충 KGS FS551 일반도시가스사업 제조소 및 공급소 밖의 배관의 기준

1. 곡관의 규격
   (1) 입상관에 설치하는 곡관은 그림과 같으며, 신축흡수용 곡관의 수평방향 길이(L)는 배관 호칭지름의 6배 이상으로 하고, 수직방향 길이(L')는 수평방향 길이의 1/2 이상으로 한다. 이때 엘보의 길이는 포함하지 않는다.

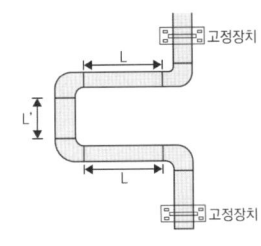

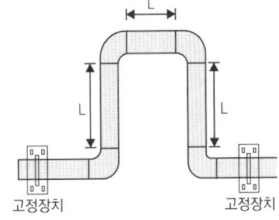

   (2) 횡지관에 설치하는 곡관의 규격은 1.과 동일하게 적용한다.

2. 지지설계의 일반사항
   지지간격, 지지형태(구조) 및 지지재 등은 배관의 각 하중에 대해 충분히 견딜 수 있도록 다음과 같이 설계·시공한다.
   (1) 지지간격은 규칙 별표 6 제3호 가목 2) 바)의 규정을 따르되, Guide Type의 고정장치(U볼트 등을 사용하여 관 축방향(軸方向)으로 신축이 가능하도록 지지하는 형태를 말한다. 이하 같다)로 설치한다.
   (2) 지지재 등의 강도(지지부재, 앵커볼트, U볼트, 볼트 등)를 검토하여 하중에 적절한 것을 선정한다. 이때 브라켓 등을 벽에 부착시는 금속확장 앵커볼트 또는 인서트 금속 지지구를 사용한다.

3. 부착강도 유지방법
   (1) 인서트 금속 지지구는 보통 주철제, 강제 등이 있으나 주철제는 사용하지 않도록 한다.

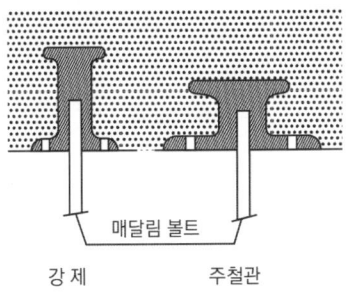

   (2) 금속확장(일명 '세트') 앵커볼트에는 수나사형과 암나사형이 있으나, 암나사형은 강도가 고르지 못하기 때문에 수나사형을 사용한다.

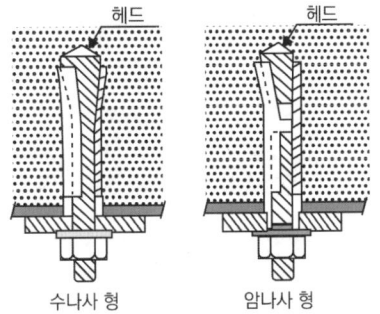

4. 입상관의지지
   (1) 입상관 자중지지는 하부지지를 원칙으로 한다.
   (2) 입상관 하부에는 그림과 같이 90°엘보를 이용한 1회 이상의 굴곡이 있도록 하고, 입상관의 자하중(自荷重)을 지지하도록 굴곡부 가로방향(수평부)의 배관에 대해서 그림과 같이 견고히 지지한다.

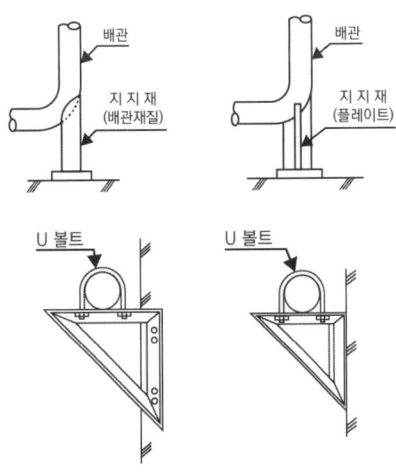

(3) 배관 하부 지지재의 재료는 배관과 동등 이상의 강도를 가진 것으로 하며, 지지재 하부 기초 위에는 방진재를 추가로 설치할 수 있다.
(4) 입상관 하부를 제외한 입상관의 지지는 내진지지인 Guide Type의 고정장치로 지지하며, 곡관을 이용한 신축흡수 시 견고한 고정지지는 설계사의 시방서에 따르되, 가능한 입상관의 최상단부 및 곡관 사이의 중앙지점으로 한다.

10 다음 동영상을 보고 물음에 답하시오.

※ 출처 : 가스신문

1. 배관을 지하에 매설하는 경우 폭 8 m 이상의 도로에서 매설깊이를 쓰시오.
2. 배관의 매설심도를 확보할 수 없는 경우 조치방법 2가지를 쓰시오.
3. 지하구조물·암반 그 밖의 특수한 사정으로 따른 매설깊이를 확보할 수 없는 곳에 매설하는 배관은 다음 기준에 따른 재질 및 설치방법 등에 따라 보호관 또는 보호판으로 보호조치를 하되, 보호관이나 보호판 외면이 지면 또는 노면과 ( ) m 이상의 깊이를 유지한다.

정답

1. 1.2 m 이상
2. ① 배관의 재질이 강재인 경우에는 배관의 재질과 동등 이상의 기계적 강도를 가진 금속재의 보호관으로 보호
   ② 배관의 재질이 폴리에틸렌인 경우에는 금속제의 보호관 또는 보호판으로 보호
3. 0.3

보충 KGS FS551 일반도시가스사업 제조소 및 공급소 밖의 배관의 시설·기술·검사·정밀안전진단 기준

(5) 매설깊이 미달배관 보호조치
지하구조물·암반 그 밖의 특수한 사정으로 (1)에 따른 매설깊이를 확보할 수 없는 곳에 매설하는 배관은 다음 기준에 따른 재질 및 설치방법 등에 따라 보호관 또는 보호판으로 보호조치를 하되, 보호관이나 보호판 외면이 지면 또는 노면과 0.3 m 이상의 깊이를 유지한다. 다만 다음 철근콘크리트 방호구조물 안에 배관을 설치하는 경우에는 간격을 유지한 것으로 볼 수 있다.

(5-1) 배관의 매설심도를 확보할 수 없는 곳에는 다음 중 어느 하나에서 정한 재질·설치방법에 따라 보호관이나 보호판으로 배관을 보호한다.

(5-1-1) 배관의 재질이 강재인 경우에는 배관의 재질과 동등 이상의 기계적 강도를 가진 금속재의 보호관 또는 2.7.7.1에 따른 보호판으로 보호한다.

(5-1-2) 배관의 재질이 폴리에틸렌인 경우에는 (5-1-1)에 따른 금속제의 보호관 또는 2.7.7.1에 따른 보호판으로 보호한다.

(5-1-3) (5-1-1)과 (5-1-2)에 따른 보호관 또는 보호판의 외면과 지면 또는 노면과는 0.3 m 이상의 깊이를 유지한다. 다만 (5-3)에 따른 철근콘크리트방호구조물 안에 배관을 설치하는 경우에는 간격을 유지한 것으로 볼 수 있다. (5-1-4) (5-1-1) 및 (5-1-2)에도 불구하고 매설 깊이를 확보할 수 없어 설치하는 보호판은 배관의 정상부에서 0.1 m 이상 높이에 설치할 수 있다.

2024 제2회 [필답형]

01 배관을 지하에 매설하는 경우 배관의 직상부에 보호포를 설치하고, 지면에는 확인할 수 있는 라인마크 또는 표지판을 다음 기준에 따라 설치한다. 괄호 안에 들어갈 알맞은 말을 쓰시오.

> 보호포는 일반형 보호포와 (①)보호포(지면에서 매설된 보호포의 설치위치를 탐지할 수 있도록 제조된 것을 말한다)로 구분하고, 보호포의 재질·규격 및 설치 기준은 다음과 같다.
> (1) 보호포는 폴리에틸렌수지·폴리프로필렌수지 등 잘 끊어지지 않는 재질로 직조한 것으로서 두께는 (②) mm 이상으로 한다.
> (2) 보호포의 폭은 (③) cm 이상으로 한다.
> (3) 보호포의 바탕색은 최고사용압력이 0.1 MPa 미만인 관은 황색, 0.1 MPa 이상인 관은 적색으로 하고, 가스명·사용압력 등을 그림의 표시방법과 같이 표시한다.
> (4) 최고사용압력이 0.1 MPa 미만인 배관으로서 매설깊이가 1.0 m 이상인 경우에는 배관 정상부로부터 (④) cm 이상, 매설깊이가 1.0 m 미만인 경우에는 배관 정상부로부터 (⑤) cm 이상 떨어진 곳에 보호포를 설치한다.

정답

① 탐지형
② 0.2
③ 15
④ 60
⑤ 40

보충 KGS FP332

- 배관설비 표시

배관을 지하에 매설하는 경우 배관의 직상부에 보호포를 설치하고, 지면에는 확인할 수 있는 라인마크 또는 표지판을 다음 기준에 따라 설치한다.

1. 보호포는 일반형 보호포와 탐지형 보호포(지면에서 매설된 보호포의 설치위치를 탐지할 수 있도록 제조된 것을 말한다)로 구분하고, 보호포의 재질·규격 및 설치 기준은 다음과 같다.
   (1) 재질 및 규격
   (1-1) 보호포는 폴리에틸렌수지·폴리프로필렌수지 등 잘 끊어지지 않는 재질로 직조한 것으로서 두께는 0.2 mm 이상으로 한다.
   (1-2) 보호포의 폭은 15 cm 이상으로 한다.
   (1-3) 보호포의 바탕색은 최고사용압력이 0.1 MPa 미만인 관은 황색, 0.1 MPa 이상인 관은 적색으로 하고, 가스명·사용압력 등을 그림의 표시방법과 같이 표시한다.

액화석유가스, 0.1 MPa 미만	액화석유가스, 0.1 MPa 미만
← 20cm →	

   (2) 설치 기준
   (2-1) 보호포 설치는 호칭지름에 10 cm를 더한 폭으로 하고, 2열 이상으로 설치할 경우 보호포 간의 간격은 해당 보호포 폭 이내로 한다.
   (2-2) 보호포는 다음 기준에 적합하게 설치한다.
   (2-2-1) 최고사용압력이 0.1 MPa 이상인 배관의 경우에는 보호판의 상부로부터 30 cm 이상 떨어진 곳에 보호포를 설치한다.

(2-2-2) 최고사용압력이 0.1 MPa 미만인 배관으로서 매설깊이가 1.0 m 이상인 경우에는 배관 정상부로부터 60 cm 이상, 매설깊이가 1.0 m 미만인 경우에는 배관 정상부로부터 40 cm 이상 떨어진 곳에 보호포를 설치한다.

(2-2-3) 공동주택 등의 부지 안에 설치하는 배관의 경우에는 배관 정상부로부터 40 cm 떨어진 곳에 보호포를 설치한다.

(2-2-4) (2-2-1)부터 (2-2-3)까지에도 불구하고 다음의 경우에는 해당 기준에 적합하게 설치한다.

(2-2-4-1) 매설깊이를 확보할 수 없어 보호관 등을 사용한 경우에는 보호관 직상부에 보호포를 설치할 수 있다.

(2-2-4-2) 도로복구 등으로 인하여 보호포가 훼손될 우려가 있는 경우에는 (2-2-1)부터 (2-2-3)까지에서 정한 보호포 설치위치 이하에 설치할 수 있다.

(2-2-4-3) 압입구간, 철도밑 등 부득이한 경우에는 보호포를 설치하지 않을 수 있다.

02 액화산소 500 L 용기에 250 kg의 산소가 24시간 후 230 kg이 되었다. 다음 각 물음에 답하시오. (단, 산소의 증발잠열은 213526 J/kg이며 외기온도는 20 ℃, 액화산소의 비점은 −183 ℃이다)

1. 침입열량(J/h·℃·L)을 구하시오.
2. 단열성능시험의 합격 여부를 판별하시오.

정답

1. $Q = \dfrac{Wq}{H \cdot \Delta t \cdot V}$

   $= \dfrac{(250-230) \times 213526}{24 \times (20+183) \times 500} = 1.753$

2. 침입열량이 2.09 J/h·℃·L 이하이므로 합격

보충 KGS AC217

• 단열성능검사

(1) 검사방법

(1-1) 단열성능시험은 액화질소, 액화산소 또는 액화아르곤(이하 "시험용 가스"라 한다)을 사용하여 실시한다.

(1-2) 시험용 가스의 충전량은 충전한 후 기화가스량이 거의 일정하게 되었을 때 시험용 가스의 용적이 초저온용기 내용적의 1/3 이상 1/2 이하가 되도록 충전한다.

(1-3) 초저온용기에 시험용 가스를 충전한 후, 기상부에 접속된 가스방출밸브를 완전히 열고 다른 모든 밸브는 잠그며, 초저온용기에서 가스를 대기 중으로 방출하여 기화가스량이 거의 일정하게 될 때까지 정지한 후 가스방출밸브에서 방출된 기화량을 중량계(저울) 또는 유량계를 사용하여 측정한다.

(1-4) 침입열량은 다음 식에 따른다.

$Q = \dfrac{Wq}{H \cdot \Delta t \cdot V}$

Q : 침입열량[J/h·℃·L]
W : 기화된 가스량[kg]
q : 시험용 가스의 기화잠열[J/kg]
H : 측정 기간[h]
△t : 시험용 가스의 비점과 대기 온도와의 온도차[℃]
V : 초저온용기의 내용적[L]

단, 시험용 가스의 비점 및 기화잠열은 표와 같다.

시험용 가스의 종류	비점(℃)	기화잠열(kJ/kg)
액화질소	-196	200
액화산소	-183	213
액화아르곤	-186	159

(2) 판정
침입열량이 2.09 J/h·℃·L(내용적이 1000 L 이상인 초저온용기는 8.37 J/h·℃·L) 이하의 경우를 적합한 것으로 한다.

(3) 재시험
단열성능시험에 부적합된 초저온용기는 단열재를 교체하여 재시험을 행할 수 있다.

03
고압가스 설비 내의 압력이 상용압력을 초과하는 경우 즉시 상용압력 이하로 되돌릴 수 있는 과압안전장치를 설치하여야 한다. 다음의 경우 설치하는 과압안전장치 명칭을 쓰시오.

> 1. 기체 및 증기의 압력상승 방지
> 2. 급격한 압력상승, 급성독성 물질 유출, 반응 생성물의 성상에 따라 1. 설치가 부적당한 경우
> 3. 펌프 및 배관에서 액체의 압력상승 방지를 위해 설치
> 4. 위의 안전장치와 함께 병행하여 설치할 수 있는 안전장치

정답

1. 안전밸브
2. 파열판
3. 릴리프밸브 또는 안전밸브
4. 자동압력제어장치

04
수소취성에 대해 설명하고 반응식을 쓰시오.

정답

1. 수소취성 : 고온 고압에서 탄소강과 반응하여 메탄을 생성하며 강을 약화시키는 현상
2. $Fe_3C + 2H_2 \rightarrow 3Fe + CH_4$

05
액화석유가스용 복합재료용기의 신규검사 종류 2가지를 쓰시오.

정답

1. 설계단계검사
2. 생산단계검사

06
LPG의 수송법 중 (1) 용기에 의한 수송과 (2) 탱크로리에 의한 수송에 대해 각각 장점과 단점 2가지씩 쓰시오.

정답

(1) 용기에 의한 수송
  ① 장점
    ㉠ 소량 수송일 때 편리
    ㉡ 용기를 저장설비로 이용
  ② 단점
    ㉠ 수송비가 고가
    ㉡ 취급 부주의로 인한 사고 발생
(2) 탱크로리에 의한 수송
  ① 장점
    ㉠ 장거리에도 적합
    ㉡ 대량 수송 가능
  ② 단점
    ㉠ 탱크가 부설되어야 함
    ㉡ 일정량 이상 이송 시 운반책임자 동승이 필요

07
가연성 가스의 정의를 쓰시오.

정답

폭발한계(공기와 혼합된 경우 연소를 일으킬 수 있는 공기 중의 가스 농도의 한계를 말한다. 이하 같다)의 하한이 10퍼센트 이하인 것과 폭발한계의 상한과 하한의 차가 20퍼센트 이상인 것

보충 KGS GC202

• 용어 정의
1. "가연성 가스"란 아크릴로니트릴·아크릴알데히드·아세트알데히드·아세틸렌·암모니아·수소·황화수소·시안화수소·일산화탄소·이황화탄소·메탄·염화메탄·브롬화메탄·에탄·염화에탄·염화비닐·에틸렌·산화에틸렌·프로판·시클로프로판·프로필렌·산화프로필렌·부탄·부타디엔·부틸렌·메틸에테르·모노메틸아민·디메틸아민·트리메틸아민·에틸아민·벤젠·에틸벤젠 및 그 밖에 공기 중에서 연소하는 가스로서, 폭발한계(공기와 혼합된 경우 연소를 일으킬 수 있는 공기 중의 가스 농도의 한계를 말한다. 이하 같다)의 하한이 10퍼

센트 이하인 것과 폭발한계의 상한과 하한의 차가 20퍼센트 이상인 것을 말한다.
2. "독성 가스"란 아크릴로니트릴·아크릴알데히드·아황산가스·암모니아·일산화탄소·이황화탄소·불소·염소·브롬화메탄·염화메탄·염화프렌·산화에틸렌·시안화수소·황화수소·모노메틸아민·디메틸아민·트리메틸아민·벤젠·포스겐·요오드화수소·브롬화수소·염화수소·불화수소·겨자가스·알진·모노실란·디실란·디보레인·세렌화수소·포스핀·모노게르만 및 그 밖에 공기 중에 일정량 이상 존재하는 경우 인체에 유해한 독성을 가진 가스로서, 허용농도(해당 가스를 성숙한 흰쥐 집단에게 대기 중에서 1시간 동안 계속하여 노출한 경우 14일 이내에 그 흰쥐의 2분의 1 이상이 죽게 되는 가스의 농도를 말한다. 이하 같다)가 100만분의 5000 이하인 것을 말한다.
3. "액화가스"란 가압(加壓)·냉각 등의 방법에 의하여 액체 상태로 되어 있는 것으로서, 대기압에서의 끓는점이 섭씨 40도 이하 또는 상용 온도 이하인 것을 말한다.
4. "압축가스"란 일정한 압력으로 압축되어 있는 가스를 말한다.
5. "차량에 고정된 탱크"란 고압가스의 수송·운반을 위하여 차량에 고정 설치된 탱크를 말한다.
6. "차량에 고정된 용기"란 고압가스의 수송·운반을 위하여 차량에 고정 설치된 2개 이상을 상호 연결한 이음매 없는 용기를 말한다.
7. "충전용기"란 고압가스의 충전 질량 또는 충전압력의 2분의 1 이상이 충전되어 있는 상태의 용기를 말한다.
8. "접합 또는 납붙임용기"란 동판 및 경판을 각각 성형하여 심(Seam)용접이나 그 밖의 방법으로 접합하거나 납붙임하여 만든 내용적(內容積) 1리터 이하인 일회용 용기로서, 에어졸 제조용, 라이터 충전용, 연료용 가스용, 절단용 또는 용접용으로 제조한 것을 말한다.
9. "이입(移入)작업"이란 저장시설로부터 차량에 고정된 탱크나 용기에 가스를 주입(注入)하는 작업을 말한다.
10. "이송(移送)작업"이란 차량에 고정된 탱크나 용기로부터 저장설비 등에 가스를 주입(注入)하는 작업을 말한다.

08 캐비테이션 방지법 4가지를 쓰시오.

정답

1. 양흡입펌프를 사용
2. 수직축펌프를 사용하고 회전차를 수중에 잠기게 할 것
3. 펌프의 회전수를 낮출 것
4. 펌프의 설치위치를 낮춰 흡입양정을 짧게 할 것
5. 펌프를 두 대 이상 설치할 것

09 피크 시 가스 사용량을 구하는 공식을 쓰고 각 기호에 대해 설명하시오. (단, 집단으로 가스를 사용하는 수용가이다)

정답

$Q = q \times N \times \eta$

Q : 피크 시 사용량[kg/h]
q : 1일 1호당 평균가스 소비량[kg/day]
N : 세대수
η : 소비율[%]

10 저압배관으로 가스 이송 중 가스량을 2배로 증가할 때 압력손실은 몇 배 인가?

정답

저압배관공식

$Q = k\sqrt{\dfrac{D^5 \times H}{SL}}$ 이므로

압력손실 $H = \dfrac{Q^2 SL}{K^2 D^5}$

따라서 유량의 제곱과 비례하므로 2^2 = 4배

보충 저압배관 유량 계산식

$Q = k\sqrt{\dfrac{HD^5}{SL}}$

Q : 가스의 유량[m³/h], D : 관안지름[cm]
H : 압력손실[mmH₂O], S : 가스의 비중
L : 관의 길이[m], K : 유량계수

11

과압 안전장치 중 안전밸브에는 가스방출관을 설치한다. 다음 괄호 안에 알맞은 말을 쓰시오.

> 1. 가스방출관의 방출구는 공기 중에 (①)으로 가스를 분출하는 구조로서, 방출구의 (②) 연장선으로부터 안전밸브 규격에 따라 수평거리 이내에 장애물이 없는 안전한 곳으로 분출하는 구조로 한다.
> 2. 가스방출관 끝에는 빗물이 유입되지 않도록 (③)을 설치하고, 그 캡은 방출가스의 흐름을 방해하지 않도록 설치하며, 가스방출관 하부에는 (④)를 설치한다. 다만 안전밸브에 드레인 기능이 내장되어 있는 경우에는 드레인밸브를 설치하지 않을 수 있다.
> 3. 가스방출관 단면적은 (⑤) 이상으로 한다.

정답

① 수직 상방향
② 수직 상방향
③ 캡
④ 드레인밸브
⑤ 안전밸브 분출 면적

보충 KGS FP333

- 과압 안전장치 가스방출관 설치

과압 안전장치 중 안전밸브에는 가스방출관을 설치한다. 이 경우 가스방출관은 다음 기준에 따라 설치한다. 다만 액상배관에 설치한 안전밸브의 가스방출관의 방출구는 방출된 가스가 저장탱크로 되돌려질 수 있는 구조로 설치할 수 있다.

1. 가스방출관의 방출구는 화기가 없는 다음의 위치에 설치한다.
   (1) 저장탱크에 설치한 안전밸브의 경우에는 지면으로부터 5 m 이상 또는 그 저장탱크의 정상부로부터 2 m 이상의 높이 중 더 높은 위치
   (2) 소형저장탱크에 설치한 안전밸브의 경우에는 지면으로부터 2.5 m 이상 또는 소형저장탱크의 정상부로부터 1 m 이상의 높이 중 더 높은 위치
2. 가스방출관의 방출구는 공기 중에 수직 상방향으로 가스를 분출하는 구조로서, 방출구의 수직 상방향 연장선으로부터 다음의 안전밸브 규격에 따라 수평거리 이내에 장애물이 없는 안전한 곳으로 분출하는 구조로 한다.
   (1) 입구 호칭 지름 15 A 이하 : 0.3 m
   (2) 입구 호칭 지름 15 A 초과 20 A 이하 : 0.5 m
   (3) 입구 호칭 지름 20 A 초과 25 A 이하 : 0.7 m
   (4) 입구 호칭 지름 25 A 초과 40 A 이하 : 1.3 m
   (5) 입구 호칭 지름 40 A 초과 : 2.0 m
3. 가스방출관 끝에는 빗물이 유입되지 않도록 캡을 설치하고, 그 캡은 방출가스의 흐름을 방해하지 않도록 설치하며, 가스방출관 하부에는 드레인밸브를 설치한다. 다만 안전밸브에 드레인 기능이 내장되어 있는 경우에는 드레인밸브를 설치하지 않을 수 있다.
4. 가스방출관 단면적은 안전밸브 분출 면적(하나의 방출관에 2개 이상의 안전밸브 방출관이 연결되어 있는 경우에는 각 안전밸브 분출 면적의 합계 면적) 이상으로 한다.

12

단면적이 600 mm²인 봉에 700 kg 추가 달려있을 때 안전율을 계산하시오. (단, 허용인장강도는 400 kgf/cm²이다)

정답

안전율 = $\dfrac{\text{인장강도}}{\text{허용응력}}$ 이므로, 허용응력을 먼저 구한다.

허용응력 = $\dfrac{700 kg}{6 cm^2}$ = 116.67 kg/cm²

따라서 안전율 = $\dfrac{400}{116.67}$ = 3.43

13 용접부에 대한 비파괴검사법 중 초음파탐상시험의 단점 4가지를 쓰시오.

> **정답**

1. 검사 비용이 저렴
2. 내부결함 및 불균일 층 검사가 가능

> **보충** 초음파탐상시험 단점
1. 결과를 보존할 수 없음
2. 불감대가 존재
3. 내부조직 구조에 따른 영향을 많이 받음
4. 초음파의 효과적인 전달을 위해 일반적으로 접촉매질을 필요로 함
5. 검사자의 지식이 필요

14 액화석유가스의 안전관리 및 사업법상 자동차 연료로 사용하는 액화석유가스는 여름용과 겨울용의 조성이 다르다. 여름철 LPG 2호(자동차용)의 C_3H_8 조성을 10 mol% 이하로 하였을 때 겨울철 C_3H_8의 조성은 몇 mol%인지 쓰고 그 이유를 설명하시오.

> **정답**

(1) 겨울철 프로판 조성 : 25 ~ 35 mol%
(2) 이유 : 겨울철에 LPG 차량 시동에 지장이 없기 위해 탄화수소 성분을 증가

15 어느 용기에 충전된 혼합가스 비율과 각 가스의 허용농도가 다음과 같다. 이 혼합가스의 LC50 농도(ppm)을 구하시오.

가스	농도	LC50
$COCl_2$	5 %	20 ppm
Cl_2	3 %	293 ppm
N_2	92 %	∞

> **정답**

$$LC_{50} = \frac{1}{\sum_{i=1}^{n} \frac{C_i}{LC_{50i}}}$$

n : 혼합가스 내 성분가스 수
C_i : 혼합가스 각각의 독성 성분 몰분율
LC_{50i} : 부피 ppm으로 표현하는 i번째 가스 허용농도

$$\therefore LC_{50} = \frac{1}{\sum_{i=1}^{3} \frac{C_i}{LC_{50i}}}$$
$$= \frac{1}{\frac{5\%}{20} + \frac{3\%}{293} + \frac{92\%}{\infty}}$$
$$= 384.26$$

2024 제2회 [동영상]

01 다음 동영상을 보고 가스도매사업제조소에 대한 각 물음에 답하시오.

> 1. 1일 처리능력이 20만 m³인 압축기까지 유지하여야 하는 거리는 몇 m 이상으로 하는가?
> 2. 1일 처리능력이 20만 m³ 이상의 제조소가 인접하여 있는 경우 가스공급시설은 그 외면으로부터 그 제조소와 다른 제조소의 경계까지 몇 m 이상을 유지하여야 하는가?

※ 출처 : 전기신문

정답
1. 30 m 이상
2. 20 m 이상

보충 KGS FP451 가스도매사업 제조소 및 공급소의 시설·기술·검사·정밀안전진단·안전성평가 기준

2.1.3 다른 설비와의 거리
고압의 가스공급시설은 안전구획 안에 설치하고 다른 제조소, 압축기 및 다른 저장탱크 사이에는 하나의 가스공급시설에서 발생한 위해 요소가 다른 시설로 전이되지 않도록 다음과 같이 조치한다.

2.1.3.1 고압인 가스공급시설은 통로·공지 등으로 구획된 안전구역 안에 설치하되 그 안전구역의 면적은 20000 m² 미만으로 한다. 다만 공정상 밀접한 관련을 가지는 가스공급시설로서 둘 이상의 안전구역을 구분할 때 그 가스공급시설의 운영에 지장을 줄 우려가 있는 경우에는 그 면적을 20000 m² 이상으로 할 수 있다.

2.1.3.2 안전구역 안의 고압인 가스공급시설(배관은 제외하나 고압인 가스공급시설과 같은 제조설비에 속하는 가스설비는 포함한다. 이하 2.1.3.2에서 같다)은 그 외면으로부터 다른 안전구역 안에 있는 고압인 가스공급시설의 외면까지 30 m 이상의 거리를 유지한다.

2.1.3.3 둘 이상의 제조소가 인접하여 있는 경우의 가스공급시설은 그 외면으로부터 그 제조소와 다른 제조소의 경계까지 20 m 이상의 거리를 유지한다.

2.1.3.4 액화천연가스의 저장탱크는 그 외면으로부터 처리능력이 200000 m³ 이상인 압축기까지 30 m 이상의 거리를 유지한다.

2.1.3.5 저장탱크와 다른 저장탱크 또는 가스홀더와의 사이에는 두 저장탱크의 최대 지름을 더한 길이의 4분의 1 이상에 해당하는 거리(두 저장탱크의 최대 지름을 합산한 길이의 4분의 1이 1 m 미만인 경우에는 1 m 이상의 거리)를 유지하는 등 하나의 저장탱크에서 발생한 위해 요소가 다른 저장탱크로 전이되지 않도록 한다. 다만 저장탱크 상호 간에 2.3.3.3에 따른 물분무장치를 설치 한 경우에는 본문에서 규정한 거리를 유지하지 않을 수 있다.

02
다음 동영상의 고압가스용 안전밸브를 보고 각 물음에 답하시오.

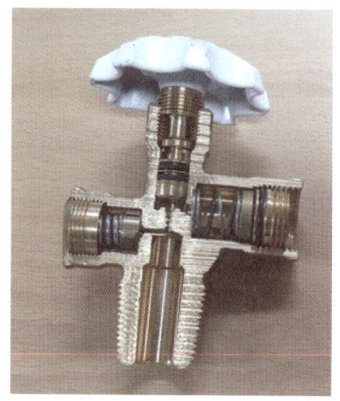

※ 출처 : 가스신문

1. 제품 성능 2가지를 쓰시오.
2. 재료 성능으로 갖추어야 하는 조건 3가지를 쓰시오.

정답
1. 내압성능, 기밀성능
2. 인장강도, 항복점, 연신율

03
다음 동영상을 보고 공기액화분리장치에 관한 괄호 안에 들어갈 알맞은 말을 쓰시오.

※ 출처 : 알리바바닷컴

공기액화분리장치에서 액화산소 (①) L 중 아세틸렌 질량이 (②) mg 이상이거나 탄화수소 중 탄소 질량이 (③) mg 이상이 존재할 때 즉시 운전을 중지하고 액화산소를 방출하여야 하며, 액화공기탱크와 액화산소증발기 사이에는 (④)를 설치한다.

정답
① 5 ② 5
③ 500 ④ 여과기

04
LPG 자동차 충전소에 대한 다음 물음에 답하시오.

※ 출처 : 가스신문

1. 충전호스 길이는 얼마인가?
2. 충전호스에 부착하는 가스주입기는 무슨 형태로 하는가?
3. 충전호스에 과도한 ( )이 작용하였을 때 분리될 수 있도록 세이프티 커플링을 설치한다. 이때 괄호 안에 들어갈 알맞은 말을 쓰시오.
4. 충전기의 충전호스 끝에 축적되는 무엇을 제거하는 장치를 설치하여야 하는가?

정답

1. 5 m 이내
2. 원터치형
3. 인장력
4. 정전기

---

05 다음 동영상을 보고 물음에 답하시오.

※ 출처 : 가스신문

1. 가스용 폴리에틸렌관은 노출배관으로 사용하지 않는 것이 원칙이지만, 노출배관으로 사용할 수 있는 경우를 쓰시오.
2. 가스용 폴리에틸렌관은 온도가 40℃ 이상인 장소에는 설치하지 않는다. 그러나 40℃ 이상의 장소에 설치할 수 있는 경우를 쓰시오.

정답

1. 지상배관과 연결을 위해 금속관을 사용하여 보호조치를 한 경우로서, 지면에서 30 cm 이하로 노출하여 시공하는 경우
2. 파이프슬리브 등을 이용하여 단열조치를 한 경우

보충 KGS FS551 일반도시가스사업 제조소 및 공급소 밖의 배관의 기준

• 가스용 폴리에틸렌관 설치 제한
1. 가스용 폴리에틸렌관(이하 "PE배관"이라 한다)은 노출배관으로 사용하지 않을 것. 다만 지상배관과 연결을 위하여 금속관을 사용하여 보호조치를 한 경우로서 지면에서 30 cm 이하로 노출하여 시공하는 경우에는 노출배관으로 사용할 수 있다.
2. PE배관은 온도가 40℃ 이상이 되는 장소에 설치하지 않는다. 다만 파이프슬리브 등을 이용하여 단열조치를 한 경우에는 온도가 40℃ 이상이 되는 장소에 설치할 수 있다.
3. PE배관은 폴리에틸렌융착원 양성교육을 이수한 자가 시공하도록 할 것

---

06 PE관 융착작업 시 다음 각 물음에 답하시오.

출처 : SJ산업

1. 열선이탈의 정의를 쓰시오.
2. 열선이탈 발생 원인 3가지를 쓰시오.

정답

1. PE관 전기융착 시 이음관 내부 열선이 융착 후 예정위치에 있지 않고 이탈한 현상
2. 과도한 과열, 높은 온도, 적절하지 않은 절차

07 다음 동영상을 보고 빈칸에 들어갈 알맞은 말을 쓰시오.

※ 출처 : 가스신문

보호판에는 직경 (①) mm 이상 (②) mm 이하의 구멍을 (③) m 이하의 간격으로 뚫어 누출된 가스가 지면으로 확산이 되도록 한다.

정답

① 30　　② 50　　③ 3

보충　KGS FP451 가스도매사업 제조소 및 공급소 밖의 배관의 기준

• 배관 도로 매설
(1) 도로 병행 매설
(1-1) 원칙적으로 자동차 등의 하중에 영향이 적은 곳에 매설한다.
(1-2) 배관 외면으로부터 도로 경계까지는 1 m 이상의 수평거리를 유지한다.
(1-3) 배관(방호구조물 안에 설치하는 경우에는 그 방호구조물을 말한다)은 그 외면으로부터 도로 밑의 다른 시설물까지 0.3 m 이상의 거리를 유지한다.
(1-4) 도로 밑에 배관을 매설하는 경우에는 그 도로와 관련이 있는 공사로 손상을 받지 않도록 다음 중 어느 하나의 조치를 한다.
(1-4-1) 보호판으로 배관을 보호조치하는 경우
(1-4-1-1) 보호판의 재료는 KS D 3503(일반구조용 압연강재) 또는 이와 동등 이상의 성능이 있는 것으로 한다.
(1-4-1-2) 보호판에는 직경 30 mm 이상 50 mm 이하의 구멍을 3 m 이하의 간격으로 뚫어 누출된 가스가 지면으로 확산이 되도록 한다.
(1-4-1-3) 보호판은 배관의 정상부에서 0.3 m 이상 높이에 설치하고, 보호판의 재질이 금속제인 경우에는 보호판과 보호판을 가접하거나 연결 철재 고리로 고정 또는 겹침 설치하는 등의 조치를 하여 보호판과 보호판이 이격되지 않도록 한다. 다만 매설 깊이를 확보할 수 없어 보호관 등을 사용한 경우에는 보호판을 설치하지 않을 수 있다.
(1-4-1-4) 보호판은 쇼트브라스팅 등으로 내·외면의 이물질을 완전히 제거하고, 방청도료(Primer)를 1회 이상 도포한 후, 도막 두께가 80 μm 이상 되도록 에폭시타입 도료를 2회 이상 코팅하거나, 이와 동등 이상의 방청 및 코팅 효과를 갖는 것으로 한다. 다만 도장공정 자동화로 쇼트브라스팅 후 연속적으로 KS M 6030-6종[방청도료(타르 에폭시 수지 도료)]을 도포하는 경우에는 별도의 방청도료(Primer)를 도포하지 않을 수 있다.

• 가스누출검지경보장치 설치 개수
(1) 가스누출검지경보장치 수는 다음과 같이 계산한다.
(1-1) 배관이 건축물 안(지붕이 있고 둘레의 4분의 1 이상이 벽으로 싸여 있는 장소를 말한다)에 설치된 경우에는 그 설비군의 바닥면 둘레 10 m에 한 개 이상의 비율로 계산한 수
(1-2) 배관이 건축물 밖에 설치된 경우에는 그 설비군의 주위 20 m에 한 개 이상의 비율로 계산한 수
(1-3) (1-1) 및 (1-2)에서 설비군을 형성하는 방법은 다음 중 어느 하나로 한다.
(1-3-1) 그림과 같이 각각의 설비마다 개별 설비군으로 형성하는 방법

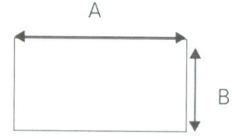

설비군 바닥면 둘레 = 2B +2B

(1-3-2) 그림과 같이 여러 개의 설비를 하나의 설비군으로 형성하는 방법

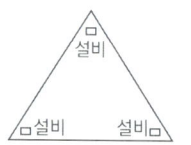

설비군 바닥면 둘레 = 실선부분 길이

08 다음은 태양광 발전설비의 집광판이다. 괄호 안에 들어갈 알맞은 말을 쓰시오.

※ 출처 : 뉴스튜브

1. 집광판을 설치할 수 있는 캐노피는 불연성 재료로 하고, 캐노피의 상부바닥면이 충전기의 상부로부터 (　　)m 이상 높이에 설치한다.
2. 태양광발전설비 관련 전기설비는 (　　)을 가진 것으로 설치하거나, 폭발위험장소 (0종 장소, 1종 장소 및 2종 장소를 말한다)가 아니고 가스시설 등과 접하지 않는 방향에 설치한다.
3. (　　)장치는 설치하지 않는다.

2.8.5.3 태양광발전설비 중 집광판은 캐노피의 상부, 건축물의 옥상 등 충전소 운영에 지장을 주지 않는 장소에 설치한다.
2.8.5.3.1 집광판을 설치할 수 있는 캐노피는 불연성 재료로 하고, 캐노피의 상부바닥면이 충전기의 상부로부터 3 m 이상 높이에 설치한다.
2.8.5.3.2 충전소 내 지상에 집광판을 설치하려는 경우에는 충전설비, 저장설비, 가스설비, 배관, 자동차에 고정된 탱크 이입·충전장소의 외면(자동차에 고정된 탱크 이입·충전장소의 경우에는 지면에 표시된 정차위치의 중심)으로부터 8 m 이상 떨어진 곳에 설치하고, 집광판은 지면으로부터 1.5 m 이상 높이에 설치한다.
2.8.5.4 태양광발전설비 관련 전기설비는 2.6.8에 따라 방폭성능을 가진 것으로 설치하거나, 폭발위험장소(0종 장소, 1종 장소 및 2종 장소를 말한다)가 아니고 가스시설 등과 접하지 않는 방향에 설치한다.
2.8.5.5 에너지저장장치(ESS : Energy Storage System)는 설치하지 않는다.
2.8.6 고정형 영상정보처리기기 설치
액화석유가스 충전시설에는 다음 장소의 운영 상태를 감시하기 위해 「개인정보 보호법」 제2조 제7호에 따른 고정형 영상정보처리기기(이하 "영상정보처리기기"라 한다)를 설치하고, 24시간 촬영한 영상정보는 10일 이상 저장한다.
(1) 자동차에 고정된 탱크 이입·충전장소
(2) 저장설비, 가스설비 및 충전설비 설치장소
(3) 그 밖에 안전관리상 필요한 장소

정답
1. 3
2. 폭발위험장소
3. 에너지저장

보충 KGS FP332 액화석유가스 자동차에 고정된 용기 충전의 시설·기술·검사·정밀안전진단·안전성 평가 기준

2.8.5 태양광발전설비 설치
태양광발전설비는 다음 기준에 적합하게 설치한다.
2.8.5.1 태양광발전설비를 사업소 건축물 상부에 설치하는 경우에는 「건축법」 등 건축물 관련 법규 및 하위규정에 따른 구조 및 설비 기준을 준수하고, 건축구조기술사 또는 건축시공기술사의 구조안전확인을 받은 것으로 한다.
2.8.5.2 태양광발전설비는 「전기사업법」 제63조에 따른 사용전검사나 「전기사업법」 제66조에 따른 사용전점검에 합격한 것으로 한다.

09 다음 각 물음에 답하시오.

> 1. 1만 kg 이하의 저장능력이 있는 가연성 설비의 경우 학교와의 안전거리를 쓰시오.
> 2. 1만 kg 이하의 저장 처리능력이 있는 산소가스의 설비일 경우 주택과의 안전거리를 쓰시오.

정답

1. 17 m 이상
2. 8 m 이상

※ 주택은 제2종 보호시설이며 학교는 제1종 보호시설이다.

보충 고압가스 제조시설 및 기준

이격거리 m 이상

처리능력 및 저장능력	산소 처리·저장설비		독성, 가연성 가스 처리·저장설비		그 밖의 가스 처리·저장설비	
	제1종 보호시설	제2종 보호시설	제1종 보호시설	제2종 보호시설	제1종 보호시설	제2종 보호시설
1만 이하	12	8	17	12	8	5
1만 ~ 2만	14	9	21	14	9	7
2만 ~ 3만	16	11	24	16	11	8
3만 ~ 4만	18	13	27	18	13	9
4만 ~ 5만	20	14	30	20	14	10
5만 ~ 99만	-	-	30	20	-	-

1) 처리능력 및 저장능력 범위는 ~초과 ~이하이며 압축가스의 경우 세제곱미터(m^3), 액화가스인 경우 킬로그램(kg)으로 한다.
   ⑴ 단위 : 압축가스는 m^3, 액화가스는 kg
   ⑵ 동일사업소 안에 2개 이상의 처리설비 또는 저장설비가 있는 경우 그 처리능력, 저장능력별로 각각 안전거리를 유지할 것
   ⑶ 가연성 가스 저온저장탱크의 경우
      ① 5만 초과 99만 이하의 경우 제1종은 $\frac{3}{25}\sqrt{X+10000}\ m$, 제2종은 $\frac{2}{25}\sqrt{X+10000}\ m$
      ② 99만 초과의 경우 제1종 120 m, 제2종 80 m
   ⑷ 산소 및 그 밖의 가스는 4만 초과까지
2) 우회거리
   ⑴ 가스설비 또는 저장설비와 화기를 취급하는 장소 : 2 m
   ⑵ 가연성 가스 또는 산소의 가스설비 또는 저장설비 : 8 m
3) 용기보관장소 주위 2 m 이내 화기 또는 인화성 물질이나 발화성 물질을 두지 않을 것
4) 충전용기와 잔가스용기는 각각 구분하여 용기보관장소에 놓을 것
5) 용기보관장소에는 계량기 등 작업에 필요한 물건 외에는 두지 않을 것
6) 충전용기는 항상 40 ℃ 이하의 온도를 유지하고, 직사광선을 받지 않도록 할 것
7) 가연성 가스 저장탱크와 다른 가연성 가스 저장탱크 또는 산소저장탱크 사이에는 두 저장탱크 최대 지름을 더한 길이의 4분의 1 이상의 거리를 유지할 것
8) 가연성 가스 보관장소에 방폭형 휴대용 손전등 외의 등화를 지니고 들어가지 않을 것
9) 충전용기(내용적 5 L 이하인 것은 제외)에는 넘어짐 등에 의한 충격 및 밸브의 손상을 방지하는 등의 조치를 하고 난폭한 취급을 하지 않을 것
10) 가연성 가스 제조시설의 고압가스설비는 그 외면으로부터 다른 가연성 가스 제조시설의 고압가스설비와 5 m, 산소 제조시설의 고압가스설비와 10 m 이상의 거리 유지
11) 가연성 가스(암모니아, 브롬화 메탄 및 공기 중에서 자기 발화하는 가스는 제외한다)의 가스설비 중 전기설비는 그 설치장소 및 그 가스의 종류에 따라 적절한 방폭 성능을 가지는 것일 것

10 다음 동영상의 안전장치 이름을 쓰시오.

※ 출처 : 콘비스타

정답

스프링식 안전밸브

2024 제3회 [필답형]

01 희생양극법의 정의를 쓰시오.

정답

지중 또는 수중에 설치된 양극 금속과 매설배관을 전선으로 연결해 양극 금속과 매설배관 사이의 전지작용으로 부식을 방지하는 방법

보충 KGS GC202 가스시설 전기방식 기준

• 용어 정의

1. "전기방식(電氣防蝕)"이란 지중 및 수중에 설치하는 강재 배관 및 저장탱크 외면에 전류를 유입하여 양극반응을 저지함으로써 배관의 전기적 부식을 방지하는 것을 말한다.
2. "희생양극법(犧牲陽極法)"이란 지중 또는 수중에 설치된 양극 금속과 매설배관을 전선으로 연결해 양극 금속과 매설배관 사이의 전지작용으로 부식을 방지하는 방법을 말한다.
3. "외부전원법(外部電源法)"이란 외부직류전원장치의 양극(+)은 매설배관이 설치되어 있는 토양이나 수중에 설치한 외부전원용 전극에 접속하고, 음극(-)은 매설배관에 접속하여 부식을 방지하는 방법을 말한다.
4. "배류법(排流法)"이란 매설배관의 전위가 주위의 타 금속 구조물의 전위보다 높은 장소에서 매설배관과 주위의 타 금속 구조물을 전기적으로 접속하여 매설배관에 유입된 누출전류를 전기회로적으로 복귀시키는 방법을 말한다.

02 전기설비에 설치하는 방폭구조 종류 5가지와 기호를 쓰시오.

정답

① 안전증방폭구조(e)
② 유입방폭구조(o)
③ 내압방폭구조(d)
④ 압력방폭구조(p)
⑤ 본질안전방폭구조(ia, ib)
⑥ 특수방폭구조(s)

보충 KGS GC201 가스시설 전기방폭 기준

• 용어 정의

1. "내압(耐壓)방폭구조"란 방폭전기기기의 용기(이하 "용기"라 한다) 내부에서 가연성 가스의 폭발이 발생할 경우 그 용기가 폭발 압력에 견디고, 접합면, 개구부 등을 통해 외부의 가연성 가스에 인화되지 않도록 한 구조를 말한다.
2. "유입(油入)방폭구조"란 용기 내부에 절연유를 주입하여 불꽃・아크 또는 고온 발생 부분이 기름 속에 잠기게 함으로써 기름면 위에 존재하는 가연성 가스에 인화되지 않도록 한 구조를 말한다.
3. "압력(壓力)방폭구조"란 용기 내부에 보호가스(신선한 공기 또는 불활성 가스)를 압입하여 내부 압력을 유지함으로써 가연성 가스가 용기 내부로 유입되지 않도록 한 구조를 말한다.
4. "안전증방폭구조"란 정상운전 중에 가연성 가스의 점화원이 될 전기불꽃・아크 또는 고온 부분 등의 발생을 방지하기 위해 기계적・전기적 구조상 또는 온도 상승에 대해 특히 안전도를 증가시킨 구조를 말한다.
5. "본질안전방폭구조"란 정상 시 및 사고(단선, 단락, 지락 등) 시에 발생하는 전기불꽃・아크 또는 고온부로 인하여 가연성 가스가 점화되지 않는 것이 점화시험 및 그 밖의 방법으로 확인된 구조를 말한다.
6. "특수방폭구조"란 1부터 5까지 구조 이외의 방폭구조로서 가연성 가스에 점화를 방지할 수 있다는 것이 시험 및 그 밖의 방법으로 확인된 구조를 말한다.

03 도시가스 정압기의 형식에 따른 분류 3가지를 쓰시오.

정답

1. 피셔식
2. 레이놀즈식
3. AFV식

04 그림과 같은 조건에서 Oliphant식을 사용하여 관지름(cm)을 선정하시오. (단, 모든 Line은 동일 지름이라 가정한다)

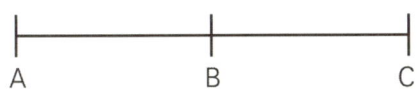

- A지점 압력 : 8 kg/cm²(g)
- B지점 압력 : 유량 20,000 m³/h
- C지점 유량 : 50,000 m³/h
- C지점 압력 : 1 kg/cm²(g)
- A ~ B 거리 : 20000 m
  B ~ C 거리 : 10000 m
- 가스비중 : 0.65
- 유량계수 : 0.59

정답

Oliphant식

$$Q = K\sqrt{\frac{(P_1^2 - P_2^2)D^5}{SL}}$$

$$\therefore D_{AC}^5 = \left(\frac{Q_{AC}}{K}\right)^2 \times \frac{SL_{AC}}{P_A - P_2}$$

$$= \left(\frac{70,000}{0.59}\right)^2 \times \left(\frac{0.65 \times 30,000}{80,000 - 10,000}\right)$$

(이때 Q_{AC} = 20000 m³/h + 50000 m³/h = 70000 m³/h
L_{AC} = 20000 m + 10000 m = 30000 m)

$$= 3921286986$$

$$\therefore D_{AC} = 82.93 cm$$

05 도시가스 정압기용 압력조정기의 압력에 대한 각 압력을 쓰시오.

1. 저압 :
2. 준저압 :
3. 중압 :

정답

1. 저압 : 1 kPa 이상 4 kPa 미만
2. 준저압 : 4 kPa 이상 100 kPa 미만
3. 중압 : 0.1 MPa 이상 1 MPa 미만

06 프로판 22 kg 완전연소 시 이산화탄소는 몇 kg 생성되는지 구하시오.

정답

$C_3H_8 + 5O_2 \rightarrow 3CO_2 + 4H_2O$

$44 : 3 \times 44 = 22 : x$

$$\therefore x = \frac{22 \times 3 \times 44}{44} = 66 kg$$

07 부식의 종류 4가지를 쓰고 간략히 설명하시오.

정답

1. 응력 부식 : 높은 응력을 받을 때 생기는 부식
2. 고온 부식 : 가열로 인해 재료가 화학적으로 악화되는 부식
3. 침식 부식 : 금속재료 표면과 유체의 역학적인 요인에 의해 생기는 부식
4. 전해부식 : 이종금속 부식이라고도 하며, 서로 다른 두 금속의 전위차이로 인해 생기는 부식
5. 전면 부식 : 금속의 전 표면에 균등하게 생기는 부식
6. 국부 부식 : 금속 표면이 국부적으로 부식

08 담금질된 강을 보온용기에 담아 드라이아이스 또는 물 등으로 0 ℃ 이하에서 냉각하여 오스테나이트계 조직을 마아텐자이트화하여 열처리하는 방법이 무엇인지 쓰시오.

정답

심냉처리법(심랭처리법)

09 동 함유량이 62 %인 용기에 아세틸렌가스를 사용하면 안 되는 이유를 쓰시오.

정답

폭발성 화합물인 동아세틸라이드를 생성하기 때문
$2Cu + C_2H_2 \rightarrow Cu_2C_2 + H_2$

10 다음 가스의 부식 명칭과 방지 금속을 쓰시오.

1. 황화수소
2. 수소
3. 암모니아
4. 일산화탄소

정답

1. 황화수소 : 황화부식, 방지금속 : Cr, Al
2. 수소 : 탈탄작용, 방지금속 : Ti, Mo, V, Cr, W
3. 암모니아 : 질화작용, 방지금속 : Ni
4. 일산화탄소 : 침탄작용, 방지금속 : Cu

11 오르토수소와 파라수소를 구분하여 설명하시오.

정답

1. 오르토수소 : 두 원자핵의 스핀이 같은 방향
2. 파라수소 : 두 원자핵의 스핀이 반대 방향

12 터보형 압축기에서 맥동과 진동이 발생하여 불완전 운전이 되는 원인 2가지 쓰시오.

정답

1. 사용 측 부하의 급격한 감소
2. 토출 측 저항 증가

13 배관의 길이가 400 m이며 관 내경이 300 m인 경우 최고사용압력이 중압인 도시가스배관을 자기압력기록계로 기밀시험할 때 기밀시험 유지시간을 계산하시오.

정답

자기압력기록계는 중압인 경우 용적에 따라 기밀유지시간이 달라진다.
따라서 용적을 먼저 구하면
$V = \dfrac{\pi}{4} D^2 \times L = \dfrac{\pi}{4} \times 0.3^2 \times 400 = 28.2743$
따라서 용적이 10 m³ 이상 300 m³ 미만이므로
24 × 28.2743 = 678.58분

보충 KGS FU551 2024 도시가스 사용시설의 시설·기술·검사 기준
4.2.2.1.15 기밀시험

[표 4.2.2.1.15 압력 측정기구별 기밀 유지 시간]

압력측정기구	최고사용압력	용적	기밀유지시간
수주 게이지	저압	1 m³ 미만	1분
		1 m³ 이상 10 m³ 미만	5분
		10 m³ 이상 300 m³ 미만	0.5 × V분 단, 60분을 초과한 경우는 60분으로 할 수 있음
전기식 다이어프램형 압력계	저압	1 m³ 미만	4분
		1 m³ 이상 10 m³ 미만	40분
		10 m³ 이상 300 m³ 미만	4 × V분 단, 240분을 초과한 경우는 240분으로 할 수 있음
압력계 또는 자기 압력 기록계	저압, 중압	1 m³ 미만	24분
		1 m³ 이상 10 m³ 미만	240분
		10 m³ 이상 300 m³ 미만	24 × V분 단, 1440분을 초과한 경우는 1440분으로 할 수 있음
압력계 또는 자기 압력 기록계	고압	1 m³ 미만	48분
		1 m³ 이상 10 m³ 미만	480분
		10 m³ 이상 300 m³ 미만	48 × V분 단, 2880분을 초과한 경우는 2880분으로 할 수 있음

1. V는 피시험부분의 용적(단위 : m³)이다.
2. 전기식 다이어프램형 압력계는 공인검사기관으로부터 성능을 인증 받는다.

14 LPG를 자연기화방식으로 사용하는 곳에서 1일 1호당 평균가스 소비량이 1.2 kg/day, 소비호수가 200세대, 평균가스 소비율이 18 %일 때 피크 시 가스사용량(kg/h)을 계산하시오.

정답

피크 시 가스사용량
$Q = q \times N \times \eta$
  $= 1.2 \times 200 \times 0.18 = 43.2$ kg/h
∴ 43.2 kg/h

15 액화산소용기에 액화산소가 50 kg 충전되어 있다. 이때 용기 외부에서 액화산소에 대하여 6 kcal/h의 열량이 주어진다면 액화산소량이 반으로 감소되는 데 걸리는 시간은? (단, 산소의 증발잠열은 1600 cal/mol이다)

정답

액화산소량이 반으로 감소되는 데 걸리는 시간

$= \dfrac{열량}{시간당\ 공급열량}$

$= \dfrac{\left(50 \times \dfrac{1}{2}\right) \times 50}{6 kcal/h} = 208.33$시간

∴ 정답 : 208.33시간

※ 이때 산소의 증발잠열 $= \dfrac{1600}{32}$
  $= 50$ cal/g
  $= 50$ kcal/kg
열량 $= 50$ kg × (1/2) × 50 kcal/kg

2024 제3회 [동영상]

01 다음 동영상을 보고 물음에 답하시오.

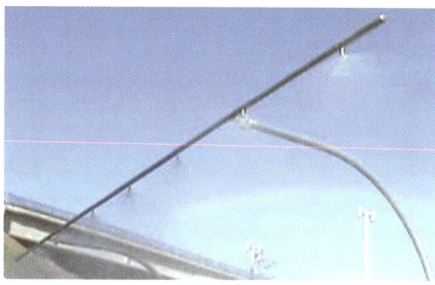

※ 출처 : 대명에너지

1. 동영상의 장치 명칭을 쓰시오.
2. 조작장치는 탱크 외면으로부터 몇 m 이상 떨어진 위치에 설치하는지 쓰시오.
3. 장치 용량은 (   ) 중 최대용량의 것을 기준으로 하여야 한다.
4. 해당 장치는 최대 수량을 몇 분간 연속하여 방사할 수 있는 양을 갖는 수원에 접속하여야 하는지 쓰시오.

정답

1. 냉각살수장치
2. 5 m 이상
3. 국내에서 운행하는 자동차에 고정된 탱크
4. 30분 이상

02 방폭전기기기에 표시된 각 내용에 대해 설명하시오.

※ 출처 : 아성테크

1. Ex
2. d(구조에 대해 설명까지 하시오)
3. IIB
4. T4

정답

1. 방폭구조
2. 내압방폭구조(방폭전기기기의 용기(이하 "용기"라 한다) 내부에서 가연성 가스의 폭발이 발생할 경우 그 용기가 폭발 압력에 견디고, 접합면, 개구부 등을 통해 외부의 가연성 가스에 인화되지 않도록 한 구조)
3. 내압 방폭전기기기의 폭발등급 B등급이며 최대안전틈새 범위 0.5 mm 초과 0.9 mm 미만
4. 방폭전기기기의 온도등급(가연성 가스의 발화도 ℃ 범위 135 ℃ 초과 200 ℃ 이하)

보충 KGS GC201 가스시설 전기방폭 기준

• 용어 정의

1. "내압(耐壓)방폭구조"란 방폭전기기기의 용기(이하 "용기"라 한다) 내부에서 가연성 가스의 폭발이 발생할 경우 그 용기가 폭발 압력에 견디고, 접합면, 개구부 등을 통해 외부의 가연성 가스에 인화되지 않도록 한 구조를 말한다.
2. "유입(油入)방폭구조"란 용기 내부에 절연유를 주입하여 불꽃·아크 또는 고온 발생 부분이 기름 속에 잠기게 함으로써 기름면 위에 존재하는 가연성 가스에 인화되지 않도록 한 구조를 말한다.
3. "압력(壓力)방폭구조"란 용기 내부에 보호가스(신선한 공기 또는 불활성 가스)를 압입하여 내부 압력을 유지함으로써 가연성 가스가 용기 내부로 유입되지 않도록 한 구조를 말한다.
4. "안전증방폭구조"란 정상운전 중에 가연성 가스의 점화원이 될 전기불꽃·아크 또는 고온 부분 등의 발생을 방지하기 위해 기계적·전기적 구조상 또는 온도 상승에 대해 특히 안전도를 증가시킨 구조를 말한다.
5. "본질안전방폭구조"란 정상 시 및 사고(단선, 단락, 지락 등) 시에 발생하는 전기불꽃·아크 또는 고온부로 인하여 가연성 가스가 점화되지 않는 것이 점화시험 및 그 밖의 방법으로 확인된 구조를 말한다.
6. "특수방폭구조"란 1부터 5까지 구조 이외의 방폭구조로서 가연성 가스에 점화를 방지할 수 있다는 것이 시험 및 그 밖의 방법으로 확인된 구조를 말한다.

03 다음 동영상을 보고 물음에 답하시오.

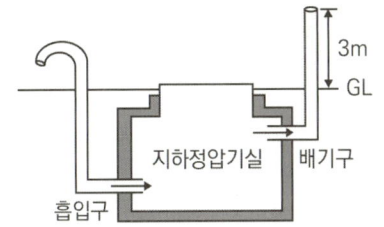

[그림설명]
지면에 노란색 관의 배기구와 흡입구 영상이 나옴

1. 공기보다 가벼운 정압기실에서 흡입구 및 배기구의 관경은 몇 mm 이상인지 쓰시오.
2. 공기보다 가벼운 가스의 경우 흡입구와 배기구 설치 위치를 각각 쓰시오.

정답

1. 100 mm 이상
2. (1) 흡입구 : 바닥면 가까이 설치
   (2) 배기구 : 천장으로부터 0.3 m 이내에 설치

보충 KGS FS552

2.7.4.1.4 공기보다 비중이 가벼운 도시가스의 공급시설로서, 공급시설이 지하에 설치된 경우의 통풍구조는 다음 기준에 따라 할 수 있다.
(1) 통풍구조는 환기구를 2방향 이상 분산하여 설치한다.
(2) 배기구는 천장면으로부터 0.3 m 이내에 설치한다.
(3) 흡입구 및 배기구의 관경은 100 mm 이상으로 하되, 통풍이 양호하도록 한다.
(4) 배기가스 방출구는 지면에서 3 m 이상의 높이에 설치하되, 화기가 없는 안전한 장소에 설치한다.

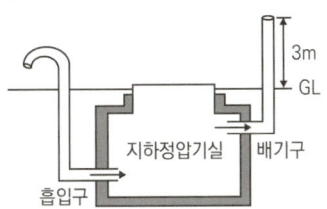

※ 출처 : KGS CODE

2.7.4.2 기계환기설비 설치
2.7.4.1에 따라 자연환기설비를 설치할 수 없거나 공기보다 비중이 무거운 가스로서 정압기실이 지하에 설치된 경우에는 다음 기준에 적합한 기계환기설비를 설치한다.
2.7.4.2.1 통풍능력은 바닥 면적 $1\ m^2$마다 $0.5\ m^3$/분 이상으로 한다.
2.7.4.2.2 배기구는 바닥면(공기보다 가벼운 경우에는 천장면) 가까이에 설치한다.
2.7.4.2.3 통풍구조는 환기구를 2방향 이상 분산하여 설치한다. 〈개정 12.12.28.〉
2.7.4.2.4 흡입구 및 배기구의 관경은 100 mm 이상으로 하되, 통풍이 양호하도록 한다.
2.7.4.2.5 배기가스 방출구는 지면에서 5 m 이상의 높이에 설치한다. 다만 다음의 경우에는 배기가스 방출구를 지면에서 3 m 이상의 높이에 설치할 수 있다.
⑴ 공기보다 비중이 가벼운 배기가스인 경우
⑵ 전기 시설물과의 접촉 등으로 사고의 우려가 있는 경우

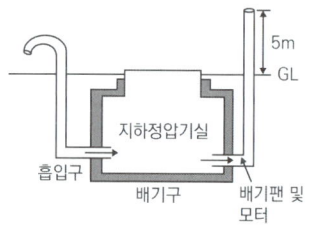

※ 출처 : KGS CODE

04 도시가스 매설배관 표지판에 대한 다음 물음에 답하시오.

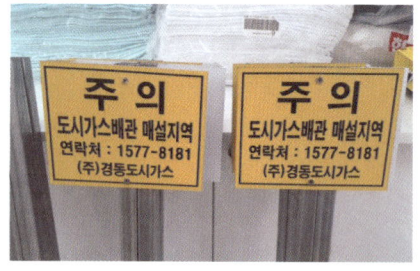

※ 출처 : 보라매판촉물

1. 표지판 설치간격을 쓰시오.
2. 표지판 재질에 대해 쓰시오.

정답

1. 200 m 이내
2. 일반 구조용 압연강재

보충 매설배관 표지판 설치간격
1. 가스도매사업자배관 : 500 m 이내
2. 일반도시가스사업자배관 : 200 m 이내
3. 고압가스배관
   ① 지하에 설치된 배관 : 500 m 이하
   ② 지상에 설치된 배관 : 1000 m 이하

05 다음 동영상은 제조소에 이상사태 발생 시 그 확대를 방지하기 위한 긴급설비로 가스를 연소시켜 방출하는 설비이다. 각 물음에 답하시오.

※ 출처 : sciencedirect

1. 설비 명칭을 쓰시오.
2. 해당 설비의 설치 위치 및 높이는 해당 설비 바로 밑 지표면에 미치는 복사열이 얼마 이하가 되도록 하는가?

정답

1. 플레어스택
2. 4000 kcal/m²·h

보충 플레어스택 설치 기준
1. 긴급이송설비로 이송되는 가스를 안전하게 연소시킬 수 있는 것으로 할 것
2. 플레어스택에서 발생하는 복사열이 다른 제조시설에 나쁜 영향을 미치지 아니하도록 안전한 높이 및 위치에 설치할 것
3. 플레어스택에서 발생하는 최대열량에 장시간 견딜 수 있는 재료 및 구조로 되어 있는 것으로 할 것
4. 파일럿버너를 항상 점화하여 두는 등 플레어스택에 관련된 폭발을 방지하기 위한 조치가 되어 있는 것으로 할 것
5. 플레어스택의 설치 위치 및 높이는 플레어스택 바로 밑의 지표면에 미치는 복사열이 4000 kcal/m²·h 이하가 되도록 할 것

정답

1. 최고사용압력의 1.5배 이상
2. KS D 3503(일반구조용 압연강재) 또는 이와 동등 이상

06 다음 동영상을 보고 각 물음에 답하시오.

※ 출처 : 가스신문

1. 내압성능압력 기준을 쓰시오.
2. 굴착공사로 인한 배관 손상을 방지하기 위한 보호판 재료 성능 기준을 쓰시오.

07 다음 동영상을 보고 LPG 저장설비에 대한 각 물음에 답하시오.

※ 출처 : 가스신문

1. 이 저장설비는 외면으로부터 화기를 취급하는 장소까지 얼마 이상의 우회거리를 유지하는가?
2. 저장능력 7 ton인 저장설비로부터 주택까지의 거리는 몇 m 이상 유지하는가?
3. 저장능력 7 ton인 저장설비로부터 사업소 경계까지 거리는 몇 m 이상 유지하는가?

정답

1. 8 m 이상
2. 12 m 이상
3. 17 m 이상
※ 주택 : 제2종 보호시설

보충   보호시설과의 이격거리

처리능력 및 저장 능력	산소 처리·저장설비		독성, 가연성 가스 처리·저장설비		그 밖의 가스 처리·저장설비	
	제1종 보호시설	제2종 보호시설	제1종 보호시설	제2종 보호시설	제1종 보호시설	제2종 보호시설
1만 이하	12	8	17	12	8	5
1만 ~ 2만	14	9	21	14	9	7
2만 ~ 3만	16	11	24	16	11	8
3만 ~ 4만	18	13	27	18	13	9
4만 ~ 5만	20	14	30	20	14	10
5만 ~ 99만	-	-	30	20	-	-

보충   저장시설 중 저장설비

저장능력	사업소경계와의 거리(m)
10톤 이하	17
10톤 초과 20톤 이하	21
20톤 초과 30톤 이하	24
30톤 초과 40톤 이하	27

보충   충전시설 중 저장설비

저장능력	사업소경계와의 거리(m)
10톤 이하	24
10톤 초과 20톤 이하	27
20톤 초과 30톤 이하	30
30톤 초과 40톤 이하	33
40톤 초과 200톤 이하	36
200톤 초과	39

[비고] 같은 사업소에 두 개 이상의 저장설비가 있는 경우에는 그 설비별로 각각 안전거리를 유지한다.

08 주거용 가스보일러 설치 기준에 대한 내용 중 괄호 안에 알맞은 용어를 쓰시오.

※ 출처 : 가스신문

1. 배기통 및 연돌의 터미널에는 새, 쥐 등 직경 (   )mm 이상인 물체가 통과할 수 없는 방조망을 설치한다.
2. 전용 보일러실에는 대기압보다 낮은 압력인 음압 형성의 원인이 되는 (   )을 설치하지 않는다.
3. 가스보일러는 (   )에 설치하지 않는다.
4. 위의 조건에도 불구하고 가스보일러를 설치할 수 있는 경우를 쓰시오.

정답

1. 16
2. 환기팬
3. 지하실 또는 반지하실
4. 밀폐식 가스보일러 및 급배기시설을 갖춘 전용보일러실에 설치하는 반밀폐식 가스보일러의 경우
〈KGS CODE GC208〉

09 다음 동영상을 보고 PE관의 융착이음에 대한 각 질문에 답하시오.

※ 출처 : 나노인스텍

1. 융착이음의 명칭을 쓰시오.
2. 융착이음은 공칭 외경 몇 mm 이상의 직관이음에 적용되는지 쓰시오.
3. 시공이 불량한 융착이음부의 조치사항을 쓰시오.

정답

1. 맞대기 융착
2. 공칭 외경 90
3. 절단하고 재시공할 것

10 다음 동영상을 보고 각 물음에 답하시오.

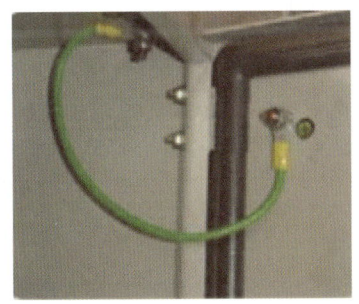

1. 전선의 설치 목적을 쓰시오.
2. 본딩용 접속선 및 접지 접속선의 단면적을 쓰시오.
3. 접지저항치 총합은 몇 Ω 이하인지 쓰시오. (단, 피뢰설비가 설치된 경우이다)

정답

1. 정전기 제거
2. 5.5 mm² 이상
3. 10 Ω 이하

보충 KGS FP333 액화석유가스 자동차에 고정된 탱크 충전의 기술

• 이·충전설비 정전기 제거조치
저장설비 및 충전설비에 이충전하거나 가연성 가스를 용기 등으로부터 충전할 때에는 해당 설비 등에 정전기를 제거하는 조치를 다음과 같이 한다. 이 경우 접지저항치의 총합이 100 Ω(피뢰설비를 설치한 것은 총합 10 Ω) 이하의 것은 정전기 제거조치를 하지 않을 수 있다.

1. 충전용으로 사용하는 저장탱크 및 충전설비는 접지한다. 이 경우 접지접속선은 단면적 5.5 mm² 이상의 것(단선은 제외한다)을 사용하고, 경납붙임, 용접, 접속금구 등을 사용하여 확실히 접속한다.
2. 차량에 고정된 탱크 및 충전에 사용하는 배관은 반드시 충전하기 전에 다음 기준에 따라 확실하게 접지한다.
   (1) 접속금구 등 접지시설은 차량에 고정된 탱크, 저장탱크, 가스설비, 기계실 개구부 등의 외면(차량에 고정된 탱크의 경우에는 지면에 표시된 정차 위치의 중심)으로부터 수평거리 8 m 이상 거리를 두고 설치한다. 다만 방폭형 접속금구의 경우에는 8 m 이내에 설치할 수 있다.
   (2) 접지선은 절연전선(비닐 절연전선은 제외한다)·캡타이어케이블 또는 케이블(통신케이블은 제외한다)로서, 단면적 5.5 mm² 이상의 것(단선은 제외한다)을 사용하고 접속금구를 사용하여 확실하게 접속한다.
3. 접지저항치는 총합 100 Ω(피뢰설비를 설치한 것은 총합 10 Ω) 이하로 한다.

2023 제1회 [필답형]

01 다음 각 물음에 답하시오.

> 1. 정압기실 내진설계 기초자료로 활용 및 긴급차단의 역할과 속도계, 가속도계와 실리콘 센서가 부착되어 있는 장치명칭을 쓰시오.
> 2. 정압기실 안전밸브와 연결된 가스 방출관의 설치 높이를 쓰시오.
> 3. 정압기실 외부에 설치된 경계책 높이를 쓰시오.
> 4. 정압기실 내의 조명도는 몇 lux 이상인지 쓰시오.

정답

1. 지진감지장치
2. 지면으로부터 5 m 이상
3. 1.5 m 이상
4. 150

02 LPG 공급방식에서 공기혼합가스의 공급 목적 3가지를 쓰시오.

정답

1. 재액화 방지
2. 발열량 조절
3. 연소효율 증가
4. 누설 시 손실 감소

03 고압가스 냉동제조시설에서 방류둑의 설치 기준을 쓰시오.

정답

수액기 용량 10000 L 이상

보충 방류둑

1. 설치
   (1) 저장탱크 내 액화가스가 액체 상태로 유출되는 것을 방지하기 위해 설치
   (2) 저장탱크 저부가 지하에 있으며 주위피트상 구조로인 것으로 그 용량 이상일 것
2. 설치 적용 범위
   (1) 고압가스 특정제조
      ① 독성 가스 : 5톤 이상
      ② 가연성 가스 : 500톤 이상
      ③ 액화산소 : 1000톤 이상
   (2) 고압가스 일반제조
      ① 독성 가스 : 5톤 이상
      ② 가연성 가스, 액화산소 : 1000톤 이상
   (3) 냉동제조시설(독성 가스 냉매 사용) : 수액기 내용적 10000 L 이상
   (4) 액화석유가스 : 1000톤 이상
   (5) 도시가스
      ① 가스도매사업 : 500톤 이상
      ② 일반도시가스사업 : 1000톤 이상
   ※ LNG 저장탱크 : 가스도매사업
3. 용량
   (1) 저장탱크 저장능력에 상당하는 용적 이상으로 할 것
   (2) 액화산소는 저장능력의 상당 용량의 60 % 이상으로 할 것
4. 방류둑 구조 및 기준
   (1) 재료 : 철근콘크리트, 금속, 흙 또는 이를 혼합한 액밀한 구조
   (2) 액체류 표면적 : 가능한 한 적게

⑶ 배관관통부 틈새로부터 누설방지 및 방식조치
⑷ 금속재료 : 부식되지 않게 방식 및 방청조치
⑸ 방류둑 내 고인 물을 배출하기 위한 배수조치
⑹ 가연성과 독성, 가연성과 조연성 액화가스 방류둑은 혼합배치하지 말 것
⑺ 방류둑 내면과 외면으로부터 10 m 이내 : 저장탱크 부속설비 이외의 것은 설치 금지
⑻ 성토 : 수평에 대해 45° 이하 구배를 가지고 성토 정상부 폭은 30 cm 이상
⑼ 방류둑 계단 및 사다리 : 출입구 둘레 50 m마다 1개 이상 설치
→ 둘레 50 m 미만 : 2개소 이상 분산 설치

04 액화가스 정의를 쓰시오.

정답

가압(加壓)·냉각 등의 방법으로 액체 상태로 되어 있는 것으로서 대기압에서의 끓는점이 섭씨 40도 이하 또는 상용의 온도 이하인 것

※ 출처 : 고압가스 안전관리법

05 이동식 부탄가스연소기의 용기 연결방식 3가지를 쓰시오.

정답

1. 카세트식 : 거버너가 부착된 연소기 내의 용기를 수평으로 장착
2. 직결식 : 연소기에 1 L 이하의 접합용기를 직접 연결
3. 분리식 : 연소기에 1 L 이하의 접합용기를 호스 등으로 연결

06 도시가스사업법의 공급소 신규공사 승인 대상 설비 5가지를 쓰시오.

정답

압송기, 정압기, 가스홀더, 최고사용압력이 중압 및 고압인 배관으로 호칭지름 150 mm 이상

보충 제조소의 신규공사 승인대상
가스발생설비, 정제설비, 가스홀더, 배송기 또는 압송기, 저장탱크, 가스압축기, 공기압축기

07 연소기를 제외한 도시가스 사용시설의 기밀시험 기준을 쓰시오.

정답

최고사용압력의 1.1배 또는 8.4 kPa 중 높은 압력

보충 KGS FS551

• 기밀시험 또는 누출검사
1. 시공감리를 하는 때에는 압력유지시간 등을 고려하여 시험을 실시하여 누출 여부를 확인하고, 배관 내부의 시험가스의 방출 여부를 확인한다.
2. 정기검사를 하는 때에는 기밀시험을 실시(기밀시험 시기가 도래한 경우에만 한다)하고, 그 밖에 가스누출 검지기를 이용하여 가스누출 여부를 확인하여 이상이 있는 지하매설배관에 대해서는 보링작업에 의한 누출검사를 실시한다.
3. 배관의 기밀시험방법은 다음과 같다.
   ⑴ 기밀시험은 공기 또는 위험성이 없는 불활성 기체로 실시한다. 다만 통과하는 가스로 기밀시험을 할 수 있는 경우는 다음과 같다.
   (1-1) 최고 사용압력이 고압이나 중압으로 길이가 15 m 미만인 배관 또는 그 부대설비로서 그 이음부와 동일재료, 동일치수 및 동일시공방법에 따르고 최고 사용압력의 1.1배 이상인 압력에서 누출이 없는가를 확인하고 기밀시험을 한 경우
   (1-2) 최고 사용압력이 저압인 배관 또는 그 부대설비로서 기밀시험을 한 경우
   (1-3) 기설치된 사용자공급관의 기밀시험을 하는 경우

(2) 기밀시험은 최고사용압력의 1.1배 또는 8.4 kPa 중 높은 압력 이상으로 실시한다. 다만 다음 기준에 해당하는 경우에는 최고사용압력의 1.1배 또는 8.4 kPa 중 높은 압력 이상으로 실시하지 않을 수 있다.

(2-1) 최고사용압력이 저압인 배관 및 그 부대설비 이외의 것으로서 최고사용압력이 30 kPa 이하인 것은 시험압력을 최고사용압력으로 할 수 있다.

(2-2) 이미 설치된 사용자공급관은 시험압력을 사용압력 이상으로 할 수 있다.

(3) 기밀시험은 그 설비가 취성 파괴를 일으킬 우려가 없는 온도에서 실시한다.

(4) 기밀시험은 기밀시험압력에서 누출 등의 이상이 없을 때 합격으로 한다.

(5) 기밀시험에 종사하는 인원은 작업에 필요한 최소 인원으로 하고, 관측 등은 적절한 장애물을 설치하고 그 뒤에서 실시한다.

(6) 기밀시험을 하는 장소 및 그 주위는 잘 정돈하여 긴급한 경우 대피하기 좋도록 하고 2차적으로 인체에 피해가 발생하지 않도록 한다.

(7) 기밀시험 및 누출검사에 필요한 준비는 검사신청인이 한다.

08 가연성 가스저온저장탱크에는 그 저장탱크의 내부압력이 외부압력보다 낮아짐에 따라 그 저장탱크가 파괴되는 것을 방지하기 위하여 설치해야 하는 부압파괴방지설비 2가지를 쓰시오.

보충 KGS FP211

• 저장탱크 부압파괴 방지조치

가연성 가스저온저장탱크에는 그 저장탱크의 내부압력이 외부압력보다 낮아짐에 따라 그 저장탱크가 파괴되는 것을 방지하기 위하여 다음의 부압파괴방지설비를 설치한다.

(1) 압력계
(2) 압력경보설비
(3) 그 밖의 다음 중 어느 하나 이상의 설비
(3-1) 진공안전밸브
(3-2) 다른 저장탱크나 시설로부터의 가스도입배관(균압관)
(3-3) 압력과 연동하는 긴급차단장치를 설치한 냉동제어설비
(3-4) 압력과 연동하는 긴급차단장치를 설치한 송액설비

• 저장탱크 과충전 방지 조치

아황산가스·암모니아·염소·염화메탄·산화에틸렌·시안화수소·포스겐 또는 황화수소의 저장탱크에는 그 가스의 용량이 그 저장탱크 내용적의 90 %를 초과하는 것을 방지하기 위하여 다음 기준에 따라 과충전 방지조치를 강구한다.

1. 저장탱크에 충전된 독성 가스의 용량이 90 %에 이르렀을 때 이를 검지하는 방법은 그 액면 또는 액두압을 검지하는 것이거나 이에 갈음할 수 있는 유효한 방법으로 한다.
2. 1.의 방법으로 그 용량이 검지되었을 때는 지체없이 경보(부자 등 음향으로 하는 것)를 울리는 것으로 한다.
3. 2.의 경보는 해당 충전작업관계자가 상주하는 장소 및 작업장소에서 명확하게 들을 수 있는 것으로 한다.

정답

1. 압력계
2. 압력경보설비
3. 진공안전밸브
4. 다른 저장탱크 또는 시설로부터의 가스도입관(균압관)
5. 압력과 연동하는 긴급차단장치를 설치한 냉동제어설비
6. 압력과 연동하는 긴급차단장치를 설치한 송액설비

09 역화의 정의와 발생원인 2가지를 쓰시오.

정답

(1) 역화
   염이 염공을 통해 버너의 혼합관 내에 불타며 들어오는 현상
(2) 역화의 원인
   ① 염공이 크게 된 경우
   ② 가스 공급압력이 저하되었을 때
   ③ 버너가 과열되어 혼합기 온도가 상승한 경우
   ④ 구경이 작게 된 경우
   ⑤ 댐퍼가 과다하게 열려 연소속도가 빨라진 경우

10 내용적이 40 L인 산소용기가 압력 150 atm·a, 27 ℃일 때 산소 무게[kg]를 계산하시오.

정답

$PV = \dfrac{W}{M}RT$

$W = \dfrac{PVM}{RT} = \dfrac{150 \times 40 \times 32}{0.0821 \times (273+27)} = 7804 g$

∴ 7.8 kg

11 음식점에서 사용하는 연소기구의 수량과 가스 소비량이 다음과 같을 때 월사용 예정량을 계산하시오.

- 가스레인지 : 33000 kcal/h, 1개
- 가스용 온수보일러
   : 53000 kcal/h, 2개
- 가스 밥솥 : 16000 kcal/h, 1개
- 오븐 레인지 : 23000 kcal/h, 1개

정답

$Q = \dfrac{(A \times 240) + (B \times 90)}{11000}$

$= \dfrac{\left\{\begin{array}{l}(33000 \times 1) + (53000 \times 2) \\ +(16000 \times 1) + (23000 \times 1)\end{array}\right\} \times 90}{11000}$

$= 1456.36\ m^3$

∴ 1456.36 m³

Q : 월 사용예정량[m³]
A : 산업용으로 사용하는 연소기의 명판에 적힌 가스소비량 합계[kcal/h]
B : 산업용이 아닌 연소기의 명판에 적힌 가스소비량 합계[kcal/h]

12 다음 괄호 안에 들어갈 알맞은 용어를 쓰시오.

1. "( )"란 정상운전 상태에서 액화천연가스를 저장할 수 있는 것으로서 단일방호식, 이중방호식, 완전방호식 또는 멤브레인식 저장탱크의 안쪽 탱크를 말한다.
2. "( )"란 액화천연가스를 담을 수 있는 것으로서 이중방호식, 완전방호식 또는 멤브레인식 저장탱크의 바깥쪽 탱크를 말한다.

정답

1. 1차 탱크
2. 2차 탱크

보충 KGS AC115

• 용어 정의
1. "지상식 저장탱크(Aboveground Storage Tank)"란 지표면 위에 설치하는 형태의 저장탱크로 기초의 형식에 따라 저부가열식과 고상식으로 구분한다.
   (1) "저부가열식 저장탱크(Base Heating Type Storage Tank)"란 저장탱크 내 초저온 액화천연가스가 지반에 영향을 미치지 않도록 별도로 바닥에 가열시스템을 설치한 저장탱크를 말한다.

⑵ "고상식 저장탱크(Elevated Base Type Storage Tank)"란 저장탱크 내 초저온 액화천연가스가 지반에 영향을 미치지 않도록 기둥, 받침 등 하부구조를 설치하여 지표면과 이격시켜 설치한 저장탱크를 말한다.
2. "지중식 저장탱크(Inground Storage Tank)"란 액화천연가스의 최고 액면을 지표면과 동등 또는 그 이하가 되도록 설치하는 형태의 저장탱크를 말한다.
3. "지하식 저장탱크(Underground Storage Tank)"란 지하에 설치하는 구조로서 콘크리트지붕을 흙으로 완전히 덮어버린 형태의 저장탱크를 말한다.
4. "1차 탱크(Primary Container)"란 정상운전 상태에서 액화천연가스를 저장할 수 있는 것으로서 단일방호식, 이중방호식, 완전방호식 또는 멤브레인식 저장탱크의 안쪽 탱크를 말한다.
5. "2차 탱크(Secondary Container)"란 액화천연가스를 담을 수 있는 것으로서 이중방호식, 완전방호식 또는 멤브레인식 저장탱크의 바깥쪽 탱크를 말한다.
6. "단일방호식 저장탱크(Single Containment Tank)"란 액화천연가스를 저장할 수 있는 하나의 탱크로 구성된 것으로서 다음의 ⑴ 및 ⑵를 만족하는 저장탱크를 말한다.
   ⑴ 1차 탱크는 액화천연가스를 저장할 수 있는 자기지지형 강재 원통형으로 한다.
   ⑵ 1차 탱크는 증기를 담을 수 있는 강재 돔(Dome) 지붕이 있거나 상부 개방형인 경우에는 증기를 담을 수 있도록 설계되고 단열을 유지할 수 있는 기밀한 구조의 바깥 강재 탱크가 있는 것으로 한다.
7. "이중방호식 저장탱크(Double Containment Tank)"란 1차 탱크와 2차 탱크로 구성된 것으로서 다음의 ⑴부터 ⑶까지를 만족하는 저장탱크를 말한다.
   ⑴ 1차 탱크는 단일방호식 저장탱크와 동일한 형태로 액화천연가스를 저장할 수 있는 기밀한 구조인 것으로 한다.
   ⑵ 2차 탱크는 1차 탱크가 파손되는 경우 액화천연가스를 담을 수 있는 것으로 한다.
   ⑶ 1차 탱크와 2차 탱크 사이의 환상공간(Annular Space)은 6.0 m 이하인 것으로 한다.
8. "완전방호식 저장탱크(Full Containment Tank)"란 1차 탱크와 2차 탱크가 함께 구성된 것으로서 다음의 ⑴부터 ⑷까지를 만족하는 저장탱크를 말한다.
   ⑴ 1차 탱크는 액화천연가스를 저장할 수 있는 것으로 자기 자립형(Self-standing) 구조의 단일벽 강재인 것으로 한다.
   ⑵ 1차 탱크는 증기를 담지 않는 상부 개방형 구조 또는 증기를 담을 수 있는 돔 지붕을 갖춘 것으로 한다.
   ⑶ 2차 탱크는 돔 지붕을 갖춘 콘크리트 구조의 탱크로 하며, 다음의 성능을 갖도록 설계한다.
   ⑶-1 정상운전 시 : 1차 탱크가 상부 개방형인 경우 증기를 담을 수 있어야 하고, 1차 탱크의 단열을 유지할 수 있는 것으로 한다.
   ⑶-2 1차 탱크 누출 시 : 모든 액화천연가스를 담을 수 있어야 하고, 기밀을 유지할 수 있는 구조인 것으로 한다. 또한 증기는 압력 방출시스템을 통해 제어될 수 있는 것으로 한다.
   ⑷ 1차 탱크와 2차 탱크 사이의 환상공간은 2.0 m 이하인 것으로 한다.
9. "멤브레인식 저장탱크(Membrane Containment Tank)"란 멤브레인의 1차 탱크와 단열재와 콘크리트가 조합된 복합구조(이하 "복합구조"라 한다)의 2차 탱크로 구성된 것으로서 다음의 ⑴ 및 ⑵를 만족하는 저장탱크를 말한다.
   ⑴ 멤브레인에 걸리는 액화천연가스의 하중 및 기타 하중은 단열재를 거쳐 콘크리트 구조의 2차 탱크로 전달될 수 있는 것으로 한다.
   ⑵ 복합구조 지붕 또는 기밀한 돔 지붕과 단열된 현수 천장(Suspended Roof)은 증기를 담을 수 있는 것으로 한다.
10. "설계 시방서"란 액화천연가스 저장탱크 설계자와 발주자가 건설공사에 필요한 재료의 품질·성능 및 시공방법 등에 대한 세부사항과 지침을 문서화한 것을 말한다.

13 액화산소 500 L 용기에 250 kg의 산소가 24시간 후 230 kg이 되었다. 다음 각 물음에 답하시오. (단, 산소의 증발잠열은 213526 J/kg이며 외기온도는 20 ℃, 액화산소의 비점은 −183 ℃이다)

> 1. 침입열량(J/h·℃·L)을 구하시오.
> 2. 단열성능시험의 합격 여부를 판별하시오.

단, 시험용 가스의 비점 및 기화잠열은 표와 같다.

시험용 가스의 종류	비점(℃)	기화잠열(kJ/kg)
액화질소	−196	200
액화산소	−183	213
액화아르곤	−186	159

(2) 판정
침입열량이 2.09 J/h·℃·L(내용적이 1000 L 이상인 초저온용기는 8.37 J/h·℃·L) 이하의 경우를 적합한 것으로 한다.

(3) 재시험
단열성능시험에 부적합된 초저온용기는 단열재를 교체하여 재시험을 행할 수 있다.

정답

1. $Q = \dfrac{Wq}{H \cdot \Delta t \cdot V}$

$= \dfrac{(250-230) \times 213526}{24 \times (20+183) \times 500} = 1.753$

2. 침입열량이 2.09 J/h·℃·L 이하이므로 합격

보충 KGS AC217

• 단열성능검사

(1) 검사방법

(1-1) 단열성능시험은 액화질소, 액화산소 또는 액화아르곤(이하 "시험용 가스"라 한다)을 사용하여 실시한다.

(1-2) 시험용 가스의 충전량은 충전한 후 기화가스량이 거의 일정하게 되었을 때 시험용 가스의 용적이 초저온용기 내용적의 1/3 이상 1/2 이하가 되도록 충전한다.

(1-3) 초저온용기에 시험용 가스를 충전한 후, 기상부에 접속된 가스방출밸브를 완전히 열고 다른 모든 밸브는 잠그며, 초저온용기에서 가스를 대기 중으로 방출하여 기화가스량이 거의 일정하게 될 때까지 정지한 후 가스방출밸브에서 방출된 기화량을 중량계(저울) 또는 유량계를 사용하여 측정한다.

(1-4) 침입열량은 다음 식에 따른다.

$Q = \dfrac{Wq}{H \cdot \Delta t \cdot V}$

Q : 침입열량[J/h·℃·L]
W : 기화된 가스량[kg]
q : 시험용 가스의 기화잠열[J/kg]
H : 측정 기간[h]
△t : 시험용 가스의 비점과 대기 온도와의 온도차[℃]
V : 초저온용기의 내용적[L]

14 도시가스 정압기실의 크기가 20 m × 10 m × 6 m이다. 정압기실 내에 도시가스가 38 m³/h 누출되고 있을 때 몇 시간 후 폭발이 발생하는지 계산하시오. (단, 도시가스의 주성분은 메탄이다)

정답

정압기실 내의 공기는 정압기실 크기인
20 m × 10 m × 6 m = 1200 m³만큼 존재
시간당 도시가스가 38 m³ 누출되고 있으며, 메탄의 폭발 범위 하한값인 5 %(0.05)가 정압기실 내에 존재할 때 폭발

∴ $\dfrac{x}{1200+x} = 0.05$

$x = 63.16 m^3$

도시가스가 63.16 m³ 존재하면 폭발한다.

따라서 $\dfrac{63.16}{38} = 1.66$시간 후 폭발

15 직동식 및 파일럿식 정압기에서 정압기 정특성 중 오프셋의 변화크기가 다른 이유를 쓰시오.

> **정답**
> 1. 직동식 : 2차 압력을 구동압력으로 사용하므로 오프셋의 변화가 커짐
> 2. 파일럿식 : 파일럿 2차 압력이 작은 변화를 증폭해서 메인 정압기를 작동시키므로 오프셋 변화 크기가 작음

2023 제1회 [동영상]

01 다음 동영상을 보고 각 물음에 답하시오.

※ 출처 : 전국 지역신문협회

1. 안전밸브 가스방출관 설치 높이를 쓰시오.
2. 정압기 설계유량이 900 Nm^3/h이며 정압기 입구압력이 0.3 MPa인 경우 안전밸브 방출관 크기를 쓰시오.

정답

1. 지면으로부터 5 m 이상
2. 25 A 이상

보충 정압기 안전밸브 방출관 크기
〈정압기 입구 측 압력〉
1. 0.5 MPa 이상 : 50 A 이상
2. 0.5 MPa 미만
  ① 정압기 설계유량 1000 Nm^3/h 이상 : 50 A 이상
  ② 정압기 설계유량 1000 Nm^3/h 미만 : 25 A 이상

02 다음 동영상을 보고 각 물음에 답하시오.

※ 출처 : 가스신문

1. 라인마크 설치 목적을 쓰시오.
2. 라인마크 설치 간격 기준을 쓰시오.

정답

1. 지하 가스배관의 위치를 표시
2. 배관길이 50 m마다 1개 이상 설치

보충 라인마크
지하 매설된 가스배관의 위치를 표시

03 다음 동영상에서 가스누설 검지기 탐지부 설치위치와 탐지부를 설치할 수 없는 장소 2가지를 쓰시오.

※ 출처 : 유한테크

> 정답

1. 천장에서 검지기 하단부까지 30 cm 이내
2. ⑴ 환기구 등 공기가 들어오는 곳으로부터 1.5 m 이내
   ⑵ 연소기의 폐가스가 접촉하기 쉬운 곳
   ⑶ 출입구 부근 등으로서 외부의 기류가 통하는 곳

04 다음은 공업용 용기이다. 각 용기에 충전하는 가스 명칭을 순서대로 쓰시오.

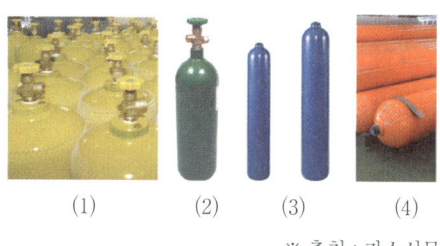

※ 출처 : 가스신문

> 정답

⑴ 아세틸렌
⑵ 산소
⑶ 이산화탄소
⑷ 수소

보충 용기
1. 용기도색

탄산가스	산소	아세틸렌	암모니아	수소	염소	기타
청색	녹색	황색	백색	주황색	갈색	회색

2. 가스명칭

아세틸렌	암모니아	LPG	기타
흑색	흑색	적색	백색

05 다음 동영상을 보고 각 물음에 답하시오.

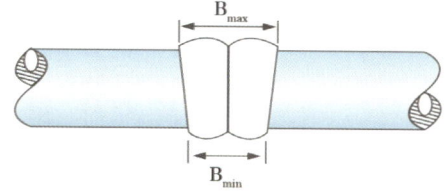

1. PE배관 융착이음의 명칭을 쓰시오.
2. 공칭 외경 몇 mm 이상의 직관과 이음관 연결에 적용하는지 쓰시오.

> 정답

1. 맞대기융착
2. 90 mm 이상

보충 KGS CODE FU551
⑴ 열 융착이음방법은 맞대기 융착, 소켓 융착 또는 새들 융착으로 구분하여 다음 기준과 같이 한다.
⑴-1 맞대기 융착(Butt Fusion)은 공칭 외경 90 mm 이상의 직관과 이음관 연결에 적용하되, 다음 기준에 적합하게 한다.
⑴-1-1 비드(Bead)는 좌·우 대칭형으로 둥글고 균일하게 형성되도록 한다.
⑴-1-2 비드의 표면은 매끄럽고 청결하게 한다.

(1-1-3) 접합면의 비드와 비드 사이의 경계 부위는 배관의 외면보다 높게 형성되도록 한다.
(1-1-4) 이음부의 연결오차(v)는 배관 두께의 10 % 이하로 한다.
(1-1-5) 공칭 외경별 비드 폭은 원칙적으로 다음 식에 따라 산출한 최소치 이상 최대치 이하이고, 산출 예는 다음과 같다.
최소 = 3 + 0.5t, 최대 = 5 + 0.75t
(여기서 t = 배관 두께)
(1-1-6) 접합하는 PE배관은 KS M 3515(가스용 폴리에틸렌관의 이음관-조합형 전기 융착이음관) 부속서E에서 규정하는 동일한 호수의 관 종류를 사용한다.
(1-1-7) 시공이 불량한 융착이음부는 절단하여 제거하고 재시공한다.

보충 배관 관경에 따른 고정

관지름 13 mm 미만	1 m마다
관지름 13 mm 이상 33 mm 미만	2 m마다
관지름 33 mm 이상	3 m마다

보충 호칭지름이 100 m 이상인 경우

호칭지름	최대 지지간격
100 A	8 m
150 A	10 m
200 A	12 m
300 A	16 m
400 A	19 m
500 A	22 m
600 A	25 m

06 다음 동영상을 보고 각 물음에 답하시오.

※ 출처 : 오마이뉴스

1. 관경이 40 mm인 경우 고정장치는 몇 m마다 설치하는지 쓰시오.
2. 배관에 표시할 사항 3가지를 쓰시오.

정답
1. 3 m마다
2. 사용 가스명, 최고사용압력, 가스 흐름방향

07 다음 동영상을 보고 공기액화분리장치에 관한 괄호 안에 들어갈 알맞은 말을 쓰시오.

※ 출처 : 알리바바닷컴

공기액화분리장치에서 액화산소 (①) L 중 아세틸렌 질량이 (②) mg 이상이거나 탄화수소 중 탄소 질량이 (③) mg 이상이 존재할 때 즉시 운전을 중지하고 액화산소를 방출하여야 하며, 액화공기탱크와 액화산소증발기 사이에는 (④)를 설치한다.

정답
① 5   ② 5
③ 500   ④ 여과기

08 파일럿 버너 또는 메인 버너의 불꽃이 꺼지거나 연소기구 사용 중 가스 공급이 중단 또는 불꽃 검지부에 고장이 생겼을 때 자동으로 가스밸브를 닫히게 하여 불이 꺼졌을 때 가스가 유출되는 것을 방지하는 안전장치로 종류에는 열전대식, UV-cell방식 등이 있는 이 장치의 명칭은 무엇인가?

※ 출처 : 가스신문

정답

소화안전장치

09 다음은 태양광 발전설비의 집광판이다. 괄호 안에 들어갈 알맞은 말을 쓰시오.

※ 출처 : 뉴스튜브

1. 집광판을 설치할 수 있는 캐노피는 불연성 재료로 하고, 캐노피의 상부바닥면이 충전기의 상부로부터 ( )m 이상 높이에 설치한다.

2. 충전소 내 지상에 집광판을 설치하려는 경우에는 충전설비, 저장설비, 가스설비, 배관, 자동차에 고정된 탱크 이입·충전장소의 외면(자동차에 고정된 탱크 이입·충전장소의 경우에는 지면에 표시된 정차위치의 중심)으로부터 ( )m 이상 떨어진 곳에 설치하고, 집광판은 지면으로부터 1.5 m 이상 높이에 설치한다.

3. 태양광발전설비 관련 전기설비는 방폭성능을 가진 것으로 설치하거나, ( )가 아니고 가스시설 등과 접하지 않는 방향에 설치한다.

4. ( )는 설치하지 않는다.

정답

1. 3
2. 8
3. 폭발위험장소
4. 에너지저장장치

보충 KGS FP332 액화석유가스 자동차에 고정된 용기 충전의 시설·기술·검사·정밀안전진단·안전성 평가 기준

2.8.5 태양광발전설비 설치
태양광발전설비는 다음 기준에 적합하게 설치한다.
2.8.5.1 태양광발전설비를 사업소 건축물 상부에 설치하는 경우에는 「건축법」 등 건축물 관련 법규 및 하위규정에 따른 구조 및 설비 기준을 준수하고, 건축구조기술사 또는 건축시공기술사의 구조안전확인을 받은 것으로 한다.
2.8.5.2 태양광발전설비는 「전기사업법」 제63조에 따른 사용전검사나 「전기사업법」 제66조에 따른 사용전점검에 합격한 것으로 한다.
2.8.5.3 태양광발전설비 중 집광판은 캐노피의 상부, 건축물의 옥상 등 충전소 운영에 지장을 주지 않는 장소에 설치한다.
2.8.5.3.1 집광판을 설치할 수 있는 캐노피는 불연성 재료로 하고, 캐노피의 상부바닥면이 충전기의 상부로부터 3 m 이상 높이에 설치한다.

2.8.5.3.2 충전소 내 지상에 집광판을 설치하려는 경우에는 충전설비, 저장설비, 가스설비, 배관, 자동차에 고정된 탱크 이입·충전장소의 외면(자동차에 고정된 탱크 이입·충전장소의 경우에는 지면에 표시된 정차위치의 중심)으로부터 8 m 이상 떨어진 곳에 설치하고, 집광판은 지면으로부터 1.5 m 이상 높이에 설치한다.

2.8.5.4 태양광발전설비 관련 전기설비는 2.6.8에 따라 방폭성능을 가진 것으로 설치하거나, 폭발위험장소(0종 장소, 1종 장소 및 2종 장소를 말한다)가 아니고 가스시설 등과 접하지 않는 방향에 설치한다.

2.8.5.5 에너지저장장치(ESS : Energy Storage System)는 설치하지 않는다.

2.8.6 고정형 영상정보처리기기 설치
액화석유가스 충전시설에는 다음 장소의 운영 상태를 감시하기 위해 「개인정보 보호법」제2조 제7호에 따른 고정형 영상정보처리기기(이하 "영상정보처리기기"라 한다)를 설치하고, 24시간 촬영한 영상정보는 10일 이상 저장한다.
(1) 자동차에 고정된 탱크 이입·충전장소
(2) 저장설비, 가스설비 및 충전설비 설치장소
(3) 그 밖에 안전관리상 필요한 장소

10 다음 영상을 보고 각 물음에 답하시오.

1. 해당 설비 명칭을 쓰시오.
2. 해당 설비 기능을 쓰시오.
3. 도시가스시설에서 자연전위의 변화값은 몇 mV 이하인지 쓰시오.
4. 도시가스배관의 방식전위 상한값을 포화황산동 기준전극으로 몇 V 이하인지 쓰시오.
5. 도시가스시설에서 방식전위 하한값은 전기철도 등의 간섭 영향을 받는 곳을 제외하고는 포화황산동 기준전극으로 몇 V 이상이 되도록 하는지 쓰시오.

> **정답**
> 1. 전위측정용 터미널 박스
> 2. 매설배관의 전기방식용 전위 측정
> 3. -300
> 4. -0.85
> 5. -2.5

2023 제2회 [필답형]

01 아세틸렌, 프로판, 메탄, 수소의 위험도를 구하고, 위험도가 큰 것부터 작은 순으로 쓰시오.

정답

위험도 $H = \dfrac{U-L}{L}$

1. 아세틸렌 : $H = \dfrac{81-2.5}{2.5} = 31.4$

2. 프로판 : $H = \dfrac{9.5-2.2}{2.2} = 3.32$

3. 메탄 : $H = \dfrac{15-5}{5} = 2$

4. 수소 : $H = \dfrac{75-4}{4} = 17.75$

∴ 아세틸렌 → 수소 → 프로판 → 메탄

02 수소가스 제법 중 파우더법의 반응식을 쓰시오.

정답

$2CH_4 + O_2 \rightarrow 2CO + 4H_2$

※ 파우더법 : 천연가스를 부분산화해서 수소를 뽑아내는 방법

03 다음은 산화에틸렌 충전 기준에 대한 설명이다. 빈칸에 들어갈 알맞은 말을 쓰시오.

1. 산화에틸렌의 저장탱크는 그 내부의 질소가스·탄산가스 및 산화에틸렌 가스의 분위기가스를 질소가스 또는 탄산가스로 치환하고 ( )℃ 이하로 유지한다.
2. 산화에틸렌을 저장탱크 또는 용기에 충전하는 때에는 미리 그 내부가스를 질소가스 또는 탄산가스로 바꾼 후에 ( ) 또는 ( )를 함유하지 않는 상태로 충전한다.
3. 산화에틸렌의 저장탱크 및 충전용기에는 45℃에서 그 내부가스의 압력이 ( )MPa 이상이 되도록 질소가스 또는 탄산가스를 충전한다.
4. 산화에틸렌의 제독제는 ( )을 사용한다.

정답

1. 5
2. 산, 알칼리
3. 0.4
4. 물

04 충전설비 정의를 쓰시오.

정답

용기 또는 자동차에 고정된 탱크에 액화석유가스를 충전하기 위한 설비로서, 충전기와 저장탱크에 부속된 펌프 및 압축기를 말한다.

보충 FP333

• 용어 정의
1. "저장설비"란 액화석유가스를 저장하기 위한 설비로서, 저장탱크·마운드형 저장탱크·소형저장탱크 및 용기(용기 집합설비와 충전용기 보관실을 포함한다. 이하 같다)를 말한다.
2. "저장탱크"란 액화석유가스를 저장하기 위하여 지상 또는 지하에 고정 설치된 탱크로서, 그 저장능력이 3톤 이상인 탱크를 말한다.
3. "마운드형 저장탱크"란 액화석유가스를 저장하기 위하여 지상에 설치된 원통형 탱크에 흙과 모래를 사용하여 덮은 탱크로서, 「액화석유가스의 안전관리 및 사업법 시행령」(이하 "영"이라 한다) 제3조 제1항 제1호 마목에 따라 자동차에 고정된 탱크충전사업 시설에 설치되는 탱크를 말한다.
4. "소형저장탱크"란 액화석유가스를 저장하기 위하여 지상이나 지하에 고정 설치된 탱크로서, 그 저장능력이 3톤 미만의 탱크를 말한다.
5. "자동차에 고정된 탱크"란 액화석유가스의 수송·운반을 위하여 자동차에 고정·설치된 탱크를 말한다.
6. "벌크로리"란 소형저장탱크에 액화석유가스를 공급하기 위하여 펌프 또는 압축기가 부착된 자동차에 고정된 탱크를 말한다. 다만 규칙 별표 4에서 규정하는 방법으로 액화석유가스를 공급하는 경우에는 저장능력 10톤 이하인 저장탱크에 공급할 수 있다.
7. "가스설비"란 저장설비 외의 설비로서 액화석유가스가 통하는 설비(배관은 제외한다)와 그 부속설비를 말한다.
8. "충전설비"란 용기 또는 자동차에 고정된 탱크에 액화석유가스를 충전하기 위한 설비로서, 충전기와 저장탱크에 부속된 펌프 및 압축기를 말한다.
9. "불연재료"란 「건축법 시행령」 제2조 제10호에 따른 재료를 말한다.
10. "방호벽"이란 높이 2 m 이상, 두께 12 cm 이상의 철근콘크리트 또는 이와 같은 수준 이상의 강도를 가지는 구조의 벽을 말한다.
11. "보호시설"이란 다음의 제1종 보호시설과 제2종 보호시설을 말한다.

05 공기액화분리장치 내의 액화산소 40 L 중 메탄 1.4 g, 에탄 1.5 g, 프로판 1.6 g 존재 시 탄소의 질량(mg)을 구하고 운전가능 여부를 판단하시오.

정답

액화산소 5 L 중 탄소 질량이 500 mg 이상이면 운전 정지이다.
따라서 40 L 중 탄소의 질량을 먼저 구하면

$\frac{12}{16} \times 1400 \, mg + \frac{24}{30} \times 1500 \, mg$

$+ \frac{36}{44} \times 1600 \, mg = 3559.0909$

$\therefore \frac{5}{40} \times 3559.0909 = 444.9 \, mg$

444.9 mg이 존재하므로 운전 가능하다.

06 자동교체식 조정기(자동절체식 조정기)에 대해 설명하시오.

정답

입구에 사용 측과 예비 측의 용기가 각각 접속되어 있어 사용 측의 압력이 낮아지는 경우 예비 측 용기로부터 가스가 공급되는 조정기

07 강제배류법 장점 4가지를 쓰시오.

정답
1. 전기방식 범위가 넓다.
2. 전압과 전류 조정이 가능하다.
3. 외부전원법에 비해 경제적이다.
4. 전철의 운전중지 시에도 방식이 가능하다.

08 용접부에 대한 비파괴검사법 중 초음파탐상시험의 단점 4가지를 쓰시오.

정답
1. 결과를 보존할 수 없음
2. 불감대가 존재
3. 내부조직 구조에 따른 영향을 많이 받음
4. 초음파의 효과적인 전달을 위해 일반적으로 접촉매질을 필요로 함
5. 검사자의 지식이 필요

보충 초음파탐상시험 장점
1. 검사 비용이 저렴
2. 내부결함 및 불균일층검사가 가능

09 내용적이 5 L인 용기에 암모니아를 충전하였을 때 압력 220 atm, 온도 173 ℃였다. 압축계수가 0.4인 경우 암모니아의 질량은 몇 g인지 구하시오.

정답

$PV = \dfrac{W}{M} RTZ$

$\therefore W = \dfrac{PVM}{ZRT}$

$= \dfrac{220 \times 2 \times 17}{0.4 \times 0.0821 \times (273+173)} = 511.32 g$

10 아세틸렌 가스에 대한 다음 각 물음에 답하시오.

1. 최고충전압력 F_P(MPa)을 쓰시오.
2. 기밀시험압력 A_P(MPa)을 쓰시오.
3. 내압시험압력 T_P(MPa)을 쓰시오.
4. 내력비의 정의에 대해 쓰시오.

정답
1. 15 ℃에서 그 용기에 충전할 수 있는 가스의 압력 중 최고압력으로서 1.5 MPa이다.
2. 최고충전압력 × 1.8배 = 1.5 × 1.8
   = 2.7 MPa
3. 최고충전압력 × 3배 = 1.5 × 3
   = 4.5 MPa
4. 내력과 인장강도의 비

보충 KGS AC214
- 용어 정의
1. "비열처리재료"란 용기 제조에 사용되는 재료로서 오스테나이트계 스테인리스강·내식 알루미늄 합금판·내식 알루미늄 합금 단조품, 그 밖에 이와 유사한 열처리가 필요 없는 것을 말한다.
2. "열처리재료"란 용기 제조에 사용되는 재료로서, 비열처리재료 외의 것을 말한다.
3. "최고충전압력"이란 15 ℃에서 용기에 충전할 수 있는 가스의 압력 중 최고압력을 말한다.
4. "기밀시험압력"이란 최고충전압력의 1.8배의 압력을 말한다.
5. "내압시험압력"이란 최고충전압력수치의 3배의 압력을 말한다.
6. "내력비"란 내력과 인장강도의 비를 말한다.
7. "용접용기"란 동판 및 경판을 각각 성형하고 용접으로 접합하여 제조한 용기를 말한다.

11 공기액화분리장치 내에 이산화탄소 존재 시의 문제점과 제거방법을 각각 쓰시오.

> **정답**
> 1. 문제점 : 이산화탄소는 고형의 드라이아이스가 되어 배관과 밸브를 폐쇄하여 장치의 장해 및 파손을 하기 때문에
> 2. 제거방법 : 가성소다수용액을 이용하여 탄산나트륨과 물을 생성시킨 후 실리카겔, 알루미나 등으로 물을 최종적으로 흡착 제거한다.

12 아세틸렌의 제법인 주수식, 투입식, 침지식에서 다음 각 물음에 답하시오.

> 1. 공업적으로 가장 많이 사용되는 방식을 쓰시오.
> 2. 1에 대한 방식에 대해 간략히 설명하시오.
> 3. 1이 가장 많이 사용되는 이유 2가지를 쓰시오.

> **정답**
> 1. 투입식
> 2. 물에 카바이드를 투입하는 방식
> 3. 대량생산이 가능하며 카바이드 투입량을 조절하여 아세틸렌 발생량을 조절할 수 있다.

13 가연성 가스누출경보기와 독성 가스누출경보기의 경보농도 및 정밀도를 각각 쓰시오.

> **정답**
> 1. 가연성 가스누출경보기
>   ① 경보농도 : 폭발하한계의 1/4 이하
>   ② 정밀도 : ±25 % 이하
> 2. 독성 가스누출경보기
>   ① TLV-TWA 기준 농도 이하
>   ② ±30 % 이하

보충 KGS FP654

• 가스누출검지경보장치 기능
검지경보장치는 누출된 가스를 검지하여 경보를 울리면서 자동으로 가스 통로를 차단하는 것으로서, 다음 기능을 가진 것으로 한다.
1. 경보는 접촉연소방식, 격막갈바니전지방식, 반도체방식, 그 밖의 방식에 따라 검지엘리먼트의 변화를 전기적 신호에 의해 이미 설정하여 놓은 가스농도(이하 "경보 농도"라 한다)에서 자동적으로 울리는 것으로 한다. 이 경우 가연성 가스 경보기는 담배연기 등에, 독성 가스용 경보기는 담배연기, 기계세척유 가스, 등유의 증발가스, 배기가스 및 탄화수소계 가스 등 잡가스에는 경보하지 않는 것으로 한다.
2. 경보 농도는 검지경보장치의 설치장소, 주위 분위기 온도에 따라 가연성 가스는 폭발하한계의 1/4 이하, 독성 가스는 TLV - TWA(Treshold Lmit Vlue - time Wight Aerage, 정상인이 1일 8시간 또는 주 40시간의 통상적인 작업을 수행할 때 건강상 나쁜 영향을 미치지 않는 정도의 공기 중 가스 농도를 말한다. 이하 같다) 기준 농도 이하로 한다(다만 암모니아를 실내에서 사용하는 경우에는 50 ppm으로 할 수 있다).
3. 경보기의 정밀도는 경보 농도 설정치에 대해 가연성 가스용일 경우는 ±25 % 이하, 독성 가스용일 경우는 ±30 % 이하로 한다.
4. 검지에서 발신까지 걸리는 시간은 경보 농도의 1.6배 농도에서 보통 30초 이내로 한다. 다만 검지경보장치의 구조상 또는 이론상 30초가 넘게 걸리는 가스(암모니아, 일산화탄소 또는 이와 유사한 가스)일 경우에는 1분 이내로 할 수 있다.

5. 검지경보장치의 경보 정밀도는 전원의 전압 등 변동이 ±10 % 정도일 때에도 저하되지 않도록 한다.
6. 지시계의 눈금은 가연성 가스용은 0 ~ 폭발 하한계 값, 독성 가스는 0 ~ TLV-TWA 기준 농도의 3배 값(암모니아를 실내에서 사용하는 경우에는 150 ppm)을 명확하게 지시하는 것으로 한다.
7. 경보를 발신한 후에는 원칙적으로 분위기 중 가스농도가 변화하여도 계속 경보를 울리고, 그 확인 또는 대책을 강구할 때 경보가 정지되는 것으로 한다.
8. 자동적으로 긴급차단신호를 발하는 농도 설정치는 1.25퍼센트 이하의 값으로 한다.

14 저압배관 유량식의 공식을 관의 내경(D)에 대한 식으로 쓰고 각 기호에 대해 설명하시오.

정답

$$D = \left\{ \frac{Q^2 SL}{K^2 H} \right\}^{\frac{1}{5}}$$

Q : 가스의 유량[m³/h]
D : 관안지름[cm]
H : 압력손실[mmH₂O]
S : 가스의 비중
L : 관의 길이[m]
K : 폴의정수(0.707)

15 부취제 냄새측정법 3가지를 쓰고 그 중 2가지에 대해 설명하시오.

정답

1. 오더미터법 : 전용 오더미터(공기희석장치)로 시료가스를 순차적으로 공기와 섞어가면서 패널에게 흘려 보내 감지되는 최소 희석배수를 찾는 방법
2. 주사기법 : 기밀 주사기(가스주입기)를 이용하여 소량의 시료를 냄새가 없는 공기와 수동으로 단계적으로 희석한 후 패널이 직접 맡아서 판단하는 방법
3. 무취실법 : 무취실(냄새가 없는 실)에 시료를 방출하여 실내 공기와 희석된 상태에서 패널이 감지하여 평가

2023 제2회 [동영상]

01 다음 동영상에서 보여주는 LPG용기는 원칙적으로 무슨 장치가 설치된 시설에서만 사용하는지 쓰시오.

※ 출처 : 가스신문

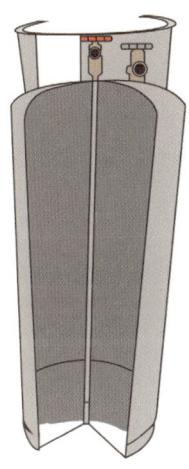

> 정답

기화장치

02 도시가스 시설에 전기방식 효과를 유지하기 위하여 빗물이나 그 밖에 이물질의 접촉으로 인한 절연의 효과가 상쇄되지 아니하도록 절연이음매 등을 사용해 절연조치를 하는 장소 4개소를 쓰시오.

> 정답

1. 교량 횡단배관의 양단(다만 외부전원법에 따른 전기방식을 한 경우에는 제외할 수 있다)
2. 배관과 철근콘크리트 구조물 사이
3. 배관과 강재 보호관 사이
4. 지하에 매설된 배관의 부분과 지상에 설치된 부분과의 경계. 이 경우 가스 사용자에게 공급하기 위해 지중에서 지상으로 연결되는 배관에만 한다.
5. 다른 시설물과 접근 교차지점. 다만 다른 시설물과 30 cm 이상 이격하여 설치된 경우에는 제외할 수 있다.
6. 배관과 배관 지지물 사이

> 보충 KGS GC202

2.2.2.2.3 도시가스시설
(1) 교량 횡단배관의 양단(다만 외부전원법에 따른 전기방식을 한 경우에는 제외할 수 있다)
(2) 배관과 철근콘크리트 구조물 사이
(3) 배관과 강재 보호관 사이
(4) 지하에 매설된 배관의 부분과 지상에 설치된 부분과의 경계. 이 경우 가스 사용자에게 공급하기 위해 지중에서 지상으로 연결되는 배관에만 한다.
(5) 다른 시설물과 접근 교차지점. 다만 다른 시설물과 30 cm 이상 이격하여 설치된 경우에는 제외할 수 있다.
(6) 배관과 배관 지지물 사이
(7) 그 밖에 절연이 필요한 장소

2.2.2.2.4 수소시설 〈신설 24.7.23〉
(1) 교량 횡단배관의 양단. 다만 외부전원법으로 전기방식을 한 경우에는 제외할 수 있다.
(2) 수소시설과 철근콘크리트 구조물 사이

(3) 배관과 강재 보호관 사이
(4) 지하에 매설된 배관의 부분과 지상에 설치된 부분과의 경계. 이 경우 가스 사용자에게 공급하기 위해 지중에서 지상으로 연결되는 배관에만 한다.
(5) 다른 시설물과 접근 교차 지점. 다만 다른 시설물과 30 cm 이상 이격 설치된 경우에는 제외할 수 있다
(6) 배관과 배관 지지물 사이
(7) 그 밖에 절연이 필요한 장소

03 다음 동영상의 설비를 보고 괄호 안에 알맞은 말을 쓰시오.

※ 출처 : 금정산업, 가스신문

1. 퓨즈콕은 가스유로를 (ⓐ)로 개폐하고, (ⓑ)가 부착된 것으로서 배관과 호스, 호스와 호스, 배관과 배관 또는 배관과 커플러를 연결하는 구조로 한다.
2. 콕의 핸들 등을 회전하여 조작하는 것은 핸들의 회전 각도를 90°나 180°로 규제하는 (ⓐ)를 갖추어야 한다.
3. 완전히 열었을 때의 핸들의 방향은 유로의 방향과 (ⓐ)인 것으로 하고, 볼 또는 플러그의 구멍과 유로와는 어긋나지 않는 것으로 한다.
4. 콕은 닫힌 상태에서 (ⓐ)이 없이는 열리지 않는 구조로 한다. 다만 업무용 대형 연소기용 노즐콕은 그러지 않을 수 있다.

> **정답**
> 1. ⓐ 볼, ⓑ 과류차단 안전기구
> 2. ⓐ 스토퍼
> 3. ⓐ 평행
> 4. ⓐ 예비적 동작
>
> **보충** KGS AA334
> 콕은 그 콕의 안전성·편리성 및 호환성을 확보하기 위하여 다음 기준에 따른 구조 및 치수를 가지는 것으로 한다.
> 3.4.1 콕의 표면은 매끈하고, 사용에 지장을 주는 부식·균열·주름 등이 없는 것으로 한다.
> 3.4.2 퓨즈콕은 가스 유로를 볼로 개폐하고, 과류차단안전기구가 부착된 것으로서, 배관과 호스, 호스와 호스, 배관과 배관 또는 배관과 커플러를 연결하는 구조로 한다.
> 3.4.3 상자콕은 가스 유로를 핸들, 누름, 당김 등의 조작으로 개폐하고, 과류차단안전기구가 부착된 것으로서, 배관과 커플러를 연결하는 구조로 한다. 〈개정 13.12.31., 17.8.7.〉
> 3.4.4 주물연소기용 노즐콕은 주물연소기 부품으로 사용하는 것으로서, 볼로 개폐하는 구조로 한다.
> 3.4.5 콕의 각 부분은 기계적·화학적 및 열적인 부하에 견디고, 사용에 지장을 주는 변형·파손 및 누출 등이 없으며 원활하게 작동하는 것으로 한다.
> 3.4.6 콕은 1개의 핸들 등으로 1개의 유로를 개폐하는 구조로 한다. 〈개정 13.12.31.〉
> 3.4.7 콕의 핸들 등을 회전하여 조작하는 것은 핸들의 회전 각도를 90°나 180°로 규제하는 스토퍼를 갖추어야 하며, 또한 핸들 등을 누름, 당김, 이동 등 조작을 하는 것은 조작 범위를 규제하는 스토퍼를 갖추어야 한다. 〈개정 13.12.31.〉
> 3.4.8 콕의 핸들 등은 개폐 상태를 눈으로 확인할 수 있는 구조로 하고, 핸들 등이 회전하는 구조의 것은 회전 각도가 90°의 것을 원칙으로 열림 방향은 시계 반대 방향인 구조로 한다. 다만 주물연소기용 노즐콕 및 업무용 대형 연소기용 노즐콕의 핸들 열림 방향은 그러지 않을 수 있다.
> 3.4.9 완전히 열었을 때의 핸들의 방향은 유로의 방향과 평행인 것으로 하고, 볼 또는 플러그의 구멍과 유로와는 어긋나지 않는 것으로 한다.

3.4.10 콕의 플러그 및 플러그와 접촉하는 몸통 부분 테이퍼는 1/5부터 1/15까지이고, 몸통과 플러그와의 표면은 밀착되도록 다듬질하며, 회전이 원활한 것으로 한다.

3.4.11 콕은 닫힌 상태에서 예비적 동작이 없이는 열리지 않는 구조로 한다. 다만 업무용 대형 연소기용 노즐콕은 그러지 않을 수 있다. 〈개정 15.4.14.〉

3.4.12 상자콕은 카플러를 연결하지 않으면 핸들 등을 열림 위치로 조작하지 못하는 구조로 하고, 핸들 등을 카플러가 빠지는 위치로 조작해야만 카플러가 빠지는 구조로 한다. 〈개정 13.12.31.〉

3.4.13 콕에 과류차단안전기구가 부착된 것은 과류가 차단되었을 때 간단하게 복원되도록 하는 기구를 부착한다.

3.4.14 콕의 몸통과 덮개는 나사에 금속 접착제를 사용하여 조립한다.

3.4.15 콕의 오링이 접촉하는 몸체 부분은 매끄럽고 윤이 나는 것으로 한다.

> [정답]
> ① 90 mm ② 제조일
> ③ 1년   ④ 한국가스안전공사

05 주거용 가스보일러와 연통을 접합하는 방법 2가지를 쓰고 바닥면적 1 m²당 환기구의 크기는 몇 cm² 이상으로 해야 하는지 쓰시오.

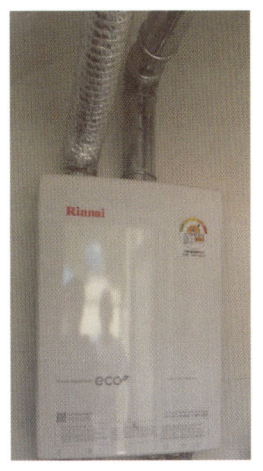

※ 출처 : 가스신문

> [정답]
> 1. 나사식, 플랜지식, 리브식
> 2. 300 cm²

04 다음 동영상은 PE관의 접합 기준에 관한 내용이다. 괄호 안에 들어갈 알맞은 말을 쓰시오.

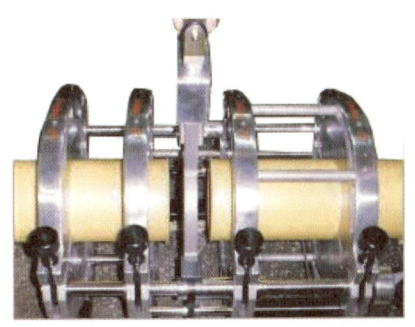

※ 출처 : 나노인스텍

맞대기 융착이음은 공칭외경 (①) 이상의 직관과 이음관 연결에 적용하며, 맞대기 융착과 전기융착에 사용하는 융착기는 (②)을(를) 기준으로 매 (③)이 되는 날의 전후 30일 이내에 (④)로부터 성능 확인을 받은 것으로 한다.

06 액화천연가스 시설에서 내진설계 대상에서 제외되는 경우 2가지를 쓰시오.

※ 출처 : 동양보일러

정답
1. 지하에 설치되는 시설
2. 저장능력이 3톤(압축가스의 경우 300 m³) 미만인 저장탱크 또는 가스홀더

보충 내진설계 대상의 도시가스 시설
1. 제조시설 : 3톤(300 m² 이상)
2. 충전시설 : 5톤(500 m² 이상)

07 조리개 전후에 연결된 액주계의 압력차를 이용하여 유량을 측정하는 차압식 유량계는 무슨 원리를 응용한 것인가?

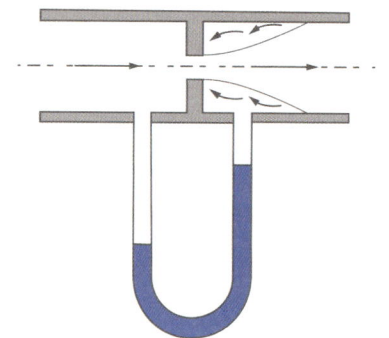

정답
베르누이 정리

08 다음 영상은 초저온 용기이다. 다음 각 물음에 답하시오.

※ 출처 : 가스신문

1. 초저온용기의 단열성능검사는 기화가스량을 측정하는 것이 목적이다. 이때 측정된 기화가스량을 통해 무엇을 계산하는지 쓰시오.
2. 단열성능검사에서 부적합 판정을 받은 후 재검사를 맡기기 전 어떤 조치를 취해야 하는지 쓰시오.

정답
1. 침입열량
2. 초저온용기의 단열재 교체

보충 KGS AC217
• 단열성능검사
(1) 검사방법
(1-1) 단열성능시험은 액화질소, 액화산소 또는 액화아르곤(이하 "시험용 가스"라 한다)을 사용하여 실시한다.
(1-2) 시험용 가스의 충전량은 충전한 후 기화가스량이 거의 일정하게 되었을 때 시험용 가스의 용적이 초저온용기 내용적의 1/3 이상 1/2 이하가 되도록 충전한다.
(1-3) 초저온용기에 시험용 가스를 충전한 후, 기상부에 접속된 가스방출밸브를 완전히 열고 다른 모든 밸브는 잠그며, 초저온용기에서 가스를 대기 중으로 방출하여 기화가스량이 거의 일정하게 될 때까지 정지한 후 가스방출밸브에서 방출된 기화량을 중량계(저울) 또는 유량계를 사용하여 측정한다.

(1-4) 침입열량은 다음 식에 따른다.

$$Q = \frac{Wq}{H \cdot \triangle t \cdot V}$$

Q : 침입열량[J/h · ℃ · L]
W : 기화된 가스량[kg]
q : 시험용 가스의 기화잠열[J/kg]
H : 측정 기간[h]
△t : 시험용 가스의 비점과 대기 온도와의 온도차[℃]
V : 초저온용기의 내용적[L]
단, 시험용 가스의 비점 및 기화잠열은 표와 같다.

시험용 가스의 종류	비점(℃)	기화잠열(kJ/kg)
액화질소	-196	200
액화산소	-183	213
액화아르곤	-186	159

(2) 판정
침입열량이 2.09 J/h · ℃ · L(내용적이 1000 L 이상인 초저온용기는 8.37 J/h · ℃ · L) 이하의 경우를 적합한 것으로 한다.

(3) 재시험
단열성능시험에 부적합된 초저온용기는 단열재를 교체하여 재시험을 행할 수 있다.

09 다음 동영상을 보고 각 물음에 답하시오.

※ 출처 : 가스신문

1. LPG 저장실의 환기구를 바닥에 접하고 외기에 면하게 설치하는 이유를 쓰시오.
2. 환기구의 1개소 면적을 쓰시오.

정답

1. LPG는 공기보다 무거워 누출 시 바닥으로 체류하기 때문에
2. 2400 cm² 이하

보충 자연환기설비 설치

바닥 면에 접하거나 외기를 향하여 설치된 환기구의 통풍가능면적은 바닥 면적 1 m²마다 300 cm²의 비율로 계산한 면적 이상(1개소 환기구의 면적은 2400 cm² 이하로 한다)으로 하고, 사방을 방호벽 등으로 설치할 경우에는 환기구를 2방향 이상으로 분산 설치한다.

10 다음 동영상을 보고 LPG 충전시설에서 사용하는 아래 설비에 대한 각 물음에 답하시오.

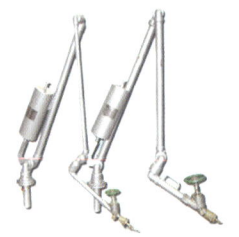

※ 출처 : 백진산업, 가스신문

1. 해당 설비의 명칭을 쓰시오.
2. 이 설비의 용도를 쓰시오.
3. 로딩암의 내압성능은 상용압력의 (①)배 이상의 수압으로 내압시험을 (②)분간 실시하여 이상이 없는 것으로 본다.
4. 로딩암의 기밀성능은 상용압력의 (①)배 이상의 압력으로 기밀시험을 (②)분간 실시한 후 누출이 없는 것으로 한다.

정답

1. 로딩암
2. 차량에 고정된 저장탱크로부터 지상, 지하에 LPG 저장탱크로 LPG 이송
3. ① 1.5   ② 5
4. ① 1.1   ② 10

2023 제3회 [필답형]

01 폭굉의 정의에 대해 쓰시오.

정답
가스 중의 음속보다도 화염 전파속도가 큰 경우로서 파면선단에 충격파라고 하는 압력파가 생겨 격렬한 파괴작용을 일으키는 현상

02 다량의 분진이 발생하는 작업장에는 분진폭발이 발생할 수 있다. 이때, 분진폭발방지 대책 4가지를 쓰시오.

정답
1. 점화원 제거
2. 접지를 통해 정전기 제거
3. 분진의 퇴적 방지
4. 제진설비 설치

03 암모니아 가스의 위험성에 대해 4가지를 쓰시오. (단, 독성, 가연성 제외)

정답
1. 동 및 동합금에 부식성이 있음
2. 액체 암모니아는 피부에 노출되면 동상의 위험이 있음
3. 고온 고압에서 질소와 수소로 분해되며 탈탄작용 및 질화작용이 일어남
4. 공기와 암모니아가 혼합 시 폭발의 우려가 있음

04 아세틸렌가스 또는 압력이 9.8 MPa 이상인 압축가스를 용기에 충전하는 경우 가스폭발에 따른 충격에 견딜 수 있는 방호벽을 설치하고, 그 한 쪽에서 발생하는 위해요소가 다른 쪽으로 전이되는 것을 방지하기 위하여 필요한 조치를 해야 한다. 해당하는 장소 4가지를 쓰시오.

정답
(1) 압축기와 그 충전장소 사이의 공간
(2) 압축기와 그 가스충전용기 보관장소 사이의 공간
(3) 충전장소와 그 가스충전용기 보관장소 사이의 공간
(4) 충전장소와 그 충전용 주관밸브 조작밸브 사이의 공간

보충 KGS FP 111 고압가스 특정제조의 시설·기술·검사·감리·정밀안전검진 기준

• 방호벽 설치
다음의 공간에는 가스폭발에 따른 충격에 견딜 수 있는 방호벽을 설치하고, 그 한 쪽에서 발생하는 위해요소가 다른 쪽으로 전이되는 것을 방지하기 위하여 필요한 조치를 할 것. 다만 (1)부터 (4)까지는 아세틸렌가스 또는 압력이 9.8 MPa 이상인 압축가스를 용기에 충전하는 경우에 한한다.
(1) 압축기와 그 충전장소 사이의 공간
(2) 압축기와 그 가스충전용기 보관장소 사이의 공간
(3) 충전장소와 그 가스충전용기 보관장소 사이의 공간
(4) 충전장소와 그 충전용 주관밸브 조작밸브 사이의 공간
(5) 저장설비와 사업소 안의 보호시설 사이의 공간. 다만 다음의 경우에는 방호벽을 설치하지 않을 수 있다.
(5-1) 비가연성·비독성의 저온 또는 초저온가스로서 경계책을 설치한 경우

(5-2) 방호벽의 설치로 인하여 조업이 불가능할 정도로 특별한 사정이 있다고 시장·군수 또는 구청장이 인정한 경우
(5-3) 2.1.1에 규정된 안전거리 이상의 거리를 유지한 경우
(5-4) 저장설비를 지하에 매몰하여 설치한 경우
(5-5) 저장설비(저장설비가 2개 이상인 경우에는 각각의 저장설비를 말한다)의 저장능력이 「고압가스 안전관리법 시행규칙」 제2조 제2항 각 호에 따른 저장능력 미만인 경우

• 제독설비 설치
독성 가스 중 아황산가스·암모니아·염소·염화메탄·산화에틸렌·시안화수소·포스겐 또는 황화수소의 제조설비에는 그 설비로부터 독성 가스가 누출될 경우 그 독성 가스로 인한 중독을 방지하기 위하여 제독설비를 설치하고 제독제 및 제독작업에 필요한 보호구를 구비한다.

• 확산방지
아황산가스·암모니아·염소·염화메틸·산화에틸렌·시안화수소·포스겐·황화수소 등의 독성 가스가 누출된 때에 확산을 방지하는 조치는 다음의 방법 또는 이와 동등 이상의 효과가 있는 조치 중 독성 가스의 종류 및 설비의 상황에 따라 한 가지 또는 두 가지 이상의 것을 선택하여 조치한다. 다만 염소 또는 포스겐의 저장탱크는 (4)에 따른다.
(1) 수용성이거나 물에 독성이 희석되는 가스는 확산된 액화가스를 물 등의 용매에 희석하여 가스의 증기압을 저하시키는 조치
(2) 설비 안에 있는 액화가스 또는 설비 외에 누설된 액화가스를 다른 저장탱크 또는 누설된 가스의 흡입장치와 연동된 중화설비 등의 안전한 장소로 이송하는 조치
(3) 누설된 액화가스의 액면을 흡착제·중화제로 흡착 제거·흡수 또는 중화하는 조치, 기포성 액체나 부유물 등으로 덮어 액화가스의 증발기화를 가능한 한 적게 하는 조치
(4) 불연성 가스의 제조설비 등을 다음 기준에 적합한 건축물로 덮는 등의 조치
(4-1) 누출된 액화가스가 쉽게 외부에 누출되지 않도록 하는 구조로서 건축물 안의 가스를 흡인해서 제독하는 설비와 연결 한다.
(4-2) 건축물을 방류둑과 조합하는 경우에는 건축물과 방류둑 사이로 가스가 누출되지 않도록 하는 구조로 한다.
(4-3) 건축물은 밸브조작 등의 작업에 필요한 충분한 공간을 확보한다.
(4-4) 건축물 출입구는 불연성 문으로 하고 또한 밀폐구조로 한다. 다만 건축물 내부의 가스를 흡인해서 제독하는 연동장치를 설치한 경우에는 밀폐구조로 하지 않을 수 있다.
(5) 방호벽 또는 국소배기장치 등으로 가스가 주변으로 확산되지 않도록 하는 조치
(6) 집액구(저장탱크 이외의 설비 또는 저장능력 5톤 미만의 저장탱크에 한정한다) 또는 방류둑으로 다른 곳으로 유출하는 것을 방지하는 조치

05 초저온 액화가스 취급 시 발생할 수 있는 인적 사고 2가지를 쓰시오.

정답

1. 산소 부족에 의한 질식
2. 초저온 가스에 의한 동상

06 정압기 정특성에 대한 다음 괄호 안에 들어갈 알맞은 말을 쓰시오.

> 1. 정특성의 정의는 ( )이다.
> 2. 유량이 0이 되었을 때 끝맺음 압력과 기준압력과의 차이는 ( )이다.
> 3. 유량이 변했을 때 2차 압력과 기준 압력과의 차이는 ( )이다.
> 4. 1차 압력의 변화에 의하여 정압곡선이 전체적으로 어긋나는 것은 ( )이다.

정답

1. 유량과 2차 압력과의 관계
2. 로크업
3. 오프셋
4. 시프트

07 물의 전기분해 반응식과 수소연료전지 반응식을 각각 양극과 음극으로 나누어 반쪽반응식을 쓰시오.

> **정답**

1. 물의 전기분해 반응식
   ① 양극 : $2H_2O + O_2 \rightarrow 4H + 4e^-$
   ② 음극 : $4H_2O + 4e \rightarrow 2H_2 + 4OH^-$
2. 수소연료전지 반응식
   ① 양극 : $\frac{1}{2}O_2 + 2H + 2e^- \rightarrow H_2O$
   ② 음극 : $H_2 \rightarrow 2H + 2e^-$

08 정압기 부속설비 4가지를 쓰시오. (단, 통보설비 및 이와 연결된 배관 및 전선은 제외)

> **정답**

1. 가스차단장치
2. 정압기용필터
3. 긴급차단장치
4. 안전밸브
5. 압력기록장치

09 주거용 가스보일러 중 (1) 단독·밀폐식·강제급배기식과 (2) 단독·반밀폐식·강제배기식의 정의를 쓰시오.

> **정답**

(1) "단독·밀폐식·강제급배기식"이란 하나의 가스보일러를 사용하는 배기시스템으로서 연소용 공기는 실외에서 급기하고, 배기가스는 실외로 배기하며, 송풍기를 사용하여 강제적으로 급기 및 배기하는 시스템을 말한다.
(2) "단독·반밀폐식·강제배기식"이란 하나의 가스보일러를 사용하는 배기시스템으로서 연소용 공기는 가스보일러가 설치된 실내에서 급기하고, 배기가스는 실외로 배기하며(연돌을 통하여 배기하는 것을 포함한다), 송풍기를 사용하여 강제적으로 배기하는 시스템을 말한다.

보충 KGS GC208 주거용 가스보일러의 설치·검사 기준
• 용어 정의

1. "연통(Flue Pipe)"이란 가스보일러 배기가스를 이송하기 위한 관으로서, 배기통, 이음연통, 연돌 등을 말한다.
2. "배기통(Vent)"이란 가스보일러를 단독배기방식으로 사용하는 경우로서, 가스보일러에서 나오는 배기가스를 이음연통이나 연돌을 거치지 않고 건축물 바깥으로 직접 배출하는 연통을 말한다.
3. "이음연통(Connecting Flue Pipe)"이란 가스보일러와 연돌을 연결하는 연통으로서 가스보일러 출구에서 연돌 입구로 연결하는 관을 말한다.
4. "연돌(Chimney)"이란 가스보일러에서 나오는 배기가스를 건축물 바깥으로 배출하기 위한 연통으로서 하나 이상의 수직 또는 수직에 가까운 통로를 가진 구조물을 말한다.
5. "배기시스템(Venting System)"이란 배기가스와 직접 접촉하는 가스보일러 부속품과 이 기준에서 사용하는 모든 연통을 말한다.
6. "터미널(Terminal)"이란 배기가스를 건축물 바깥 공기 중으로 배출하기 위하여 배기시스템 말단에 설치하는 부속품(배기통과 터미널이 일체형인 경우에는 배기가스가 배출되는 말단부분을 말한다)을 말한다.

7. "라이너(Liner)"란 표면이 배기가스와 접촉하는 연돌의 벽을 말한다.
8. "단독·밀폐식·강제급배기식"이란 하나의 가스보일러를 사용하는 배기시스템으로서 연소용 공기는 실외에서 급기하고, 배기가스는 실외로 배기하며, 송풍기를 사용하여 강제적으로 급기 및 배기하는 시스템을 말한다.
9. "단독·반밀폐식·강제배기식"이란 하나의 가스보일러를 사용하는 배기시스템으로서 연소용 공기는 가스보일러가 설치된 실내에서 급기하고, 배기가스는 실외로 배기하며(연돌을 통하여 배기하는 것을 포함한다), 송풍기를 사용하여 강제적으로 배기하는 시스템을 말한다.
10. "공동·반밀폐식·강제배기식"이란 다수의 가스보일러를 사용하는 배기시스템으로서 연소용 공기는 가스보일러가 설치된 실내에서 급기하고, 배기가스는 연돌을 통하여 실외로 배기하며, 송풍기를 사용하여 강제적으로 배기하는 시스템을 말한다.

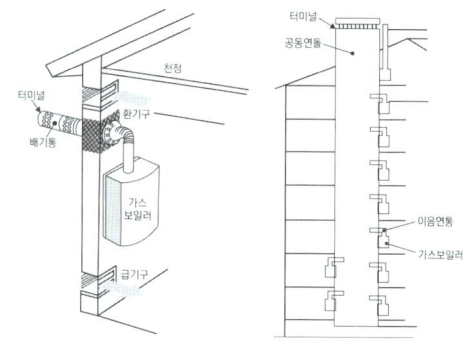

10 도시가스 시설의 전위 측정용 터미널 박스 설치장소 3가지를 쓰시오.

정답
(1) 직류전철 횡단부 주위
(2) 배관 절연부의 양측
(3) 강재 보호관 부분의 배관과 강재 보호관
(4) 다른 금속 구조물과 근접 교차 부분
(5) 밸브스테이션

보충 KGS GC202 가스시설 전기방식 기준
1.5.2.1.1 「도시가스사업법 시행규칙」 제38조에 따라 배관의 외면에 전류를 유입하여 양극반응을 저지함으로써 배관의 부식을 방지하기 위한 조치(이하 "전기방식조치"라 한다)는 다음 기준과 같다.
(1) 지하 또는 해저에 매설하는 피복 배관 중 다음 중 어느 하나의 배관에는 부식에 대처할 수 있는 전기방식조치를 한다. 다만 임시 사용하기 위한 배관인 경우에는 부식에 대처할 수 있는 전기방식조치를 하지 않을 수 있다.
(1-1) 본관
(1-2) 공급관
(2) 배관의 부식 방지를 위한 전위 상태는 다음 중 어느 하나의 기준에 적합하게 설치·유지한다.
(2-1) 부식방지전류가 흐르는 상태에는 토양 중에 있는 배관의 부식방지전위는 포화황산동 기준전극으로 기준하여 −0.85 V 이하여야 하며, 황산염환원박테리아가 번식하는 토양에서는 −0.95 V 이하일 것
(2-2) 부식방지전류가 흐르는 상태에서 자연전위와의 전위 변화가 최소한 −300 mV 이하일 것(다른 금속과 접촉하는 배관은 제외한다)
(3) 배관에 대한 전위측정은 가능한 가까운 위치에서 기준전극으로 실시할 것
(4) 전기방식시설의 유지관리를 위해 다음에서 정한 장소와 그밖에 배관을 따라 300 m 이내의 간격으로 전위측정용 터미널을 설치할 것. 다만 각종 부식의 위험이 거의 없는 곳에는 더 크게 할 수 있다.
(4-1) 직류전철 횡단부 주위
(4-2) 배관 절연부의 양측
(4-3) 강재 보호관 부분의 배관과 강재 보호관
(4-4) 다른 금속 구조물과 근접 교차 부분
(4-5) 밸브스테이션

(5) 전기방식시설의 효과적인 유지관리를 위해 다음에 따른 측정 및 검점을 실시하여 이상이 발견될 경우에는 지체없이 정상기능유지에 필요한 조치를 강구하고, 그 실시기록 유지를 위한 전기방식시설 관리대장을 작성·비치할 것
(5-1) 전기방식조치를 한 전체 배관망은 2년에 1회 이상 관대지전위 등의 전위를 측정할 것
(5-2) 외부 전원에 의해 부식이 방지되는 전류 출력, 계기류, 접점부 등의 상태는 6개월에 1회 이상 점검할 것
(5-3) 전기방식시설 중 역전류방지장치, 다이오드, 간섭방지용 결선 등의 작동 상태는 6개월에 1회 이상 점검할 것
(5-4) 절연 부속품, 결선(bonding) 및 보호절연체의 효과는 6개월에 1회 이상 점검할 것
(5-5) 외부전원에 의해 부식이 방지되는 시설에서는 전기적인 단락, 접지연결, 계기의 정확성, 효율, 회로 저항 등을 1년에 1회 이상 점검할 것

11 LPG 사용시설에서 2단 감압방식을 사용할 때 장점 4가지를 쓰시오.

정답
1. 공급 압력이 안정
2. 중간 배관이 가늘음
3. 각 기구에 알맞게 압력 강하 보정 가능
4. 압력손실을 보정 가능

보충 2단 감압방식 단점
1. 설비가 복잡
2. 재액화의 문제
3. 검사방법 복잡

12 용접부에 대한 비파괴검사방법 중 침투탐상법의 장점 4가지를 쓰시오.

정답
1. 철과 비철금속 등에 관계없이 모든 재료에 적용 가능
2. 검사과정이 간단
3. 전기 및 수동설비가 필요하지 않음
4. 1회 조작으로 전체 시험체 탐상 가능

보충 단점
1. 이물질이 있으면 결함 검출이 불가능
2. 결함의 깊이와 내부형상은 검출이 불가능
3. 주변의 환경과 온도에 영향을 받음

13 고압가스 제조 시 압축금지 기준 4가지를 쓰시오.

정답
1. 가연성 가스(아세틸렌, 에틸렌 및 수소는 제외) 중 산소용량이 전체 용량의 4 % 이상인 것
2. 산소 중 가연성 가스(아세틸렌, 에틸렌 및 수소는 제외)의 용량이 전체 용량의 4 % 이상인 것
3. 산소 중 아세틸렌, 에틸렌 및 수소의 용량 합계가 전체 용량의 2 % 이상인 것
4. 아세틸렌, 에틸렌 또는 수소 중의 산소용량이 전체 용량의 2 % 이상인 것

14 배관의 길이가 1 km이고, 선팽창계수 $\alpha = 1.2 \times 10^{-5}$/℃일 때 −10 ℃에서 50 ℃까지 사용되어지는 배관에서 신축량이 20 mm를 흡수할 수 있는 신축이음은 몇 개를 설치하는가?

정답

신축길이
$\triangle L = L \times \alpha \times \triangle t$
$= 1000 \times 10^3 \times 1.2 \times 10^{-5} \times (50+10)$
$= 720 mm$

∴ 신축이음 수
$= \dfrac{\text{신축 길이}}{\text{신축 흡수 장치 흡수 길이}}$
$= \dfrac{720}{20} = 36$개

∴ 36개

15 피스톤 행정량이 0.003 m³이며 회전수는 150 rpm인 압축기 토출구로 100 kg/h의 가스가 통과하고 있다. 이때 가스의 토출효율(%)을 구하시오. (단, 토출가스 1 kg의 흡인 상태 시 환산체적은 0.2 m³이다)

정답

효율 $= \dfrac{\text{실제값}}{\text{이론값}}$
$= \dfrac{100 \times 0.2}{0.003 \times 150 \times 60} \times 100 = 74.07\%$

2023 제3회 [동영상]

01 다음 용기 부속품에 'LG'가 각인되어 있다. 'LG'의 의미를 쓰시오.

※ 출처 : 덕산금속

정답

액화석유가스 외의 액화가스 용기 부속품

보충
1. AG : 아세틸렌가스를 충전하는 용기 부속품
2. LG : 액화석유가스 외의 액화가스 용기 부속품
3. PG : 압축가스를 충전하는 용기 부속품
4. LT : 저온 및 초저온가스용기의 부속품

02 방폭전기기기에 표시된 각 내용에 대해 설명하시오.

※ 출처 : 아성테크

1. Ex
2. d(구조에 대해 설명까지 하시오)
3. ⅡB
4. T4

정답

1. 방폭구조
2. 내압방폭구조(방폭전기기기의 용기(이하 "용기"라 한다) 내부에서 가연성 가스의 폭발이 발생할 경우 그 용기가 폭발 압력에 견디고, 접합면, 개구부 등을 통해 외부의 가연성 가스에 인화되지 않도록 한 구조)
3. 내압 방폭전기기기의 폭발등급(최대안전틈새 범위 0.5 mm 초과 0.9 mm 미만)
4. 방폭전기기기의 온도등급(가연성 가스의 발화도 ℃ 범위 135 ℃ 초과 200 ℃ 이하)

보충 **KGS GC201 가스시설 전기방폭 기준**

• 용어 정의

1. "내압(耐壓)방폭구조"란 방폭전기기기의 용기(이하 "용기"라 한다) 내부에서 가연성 가스의 폭발이 발생할 경우 그 용기가 폭발 압력에 견디고, 접합면, 개구부 등을 통해 외부의 가연성 가스에 인화되지 않도록 한 구조를 말한다.
2. "유입(油入)방폭구조"란 용기 내부에 절연유를 주입하여 불꽃·아크 또는 고온 발생 부분이 기름 속에 잠기게 함으로써 기름면 위에 존재하는 가연성 가스에 인화되지 않도록 한 구조를 말한다.
3. "압력(壓力)방폭구조"란 용기 내부에 보호가스(신선한 공기 또는 불활성 가스)를 압입하여 내부 압력을 유지함으로써 가연성 가스가 용기 내부로 유입되지 않도록 한 구조를 말한다.
4. "안전증방폭구조"란 정상운전 중에 가연성 가스의 점화원이 될 전기불꽃·아크 또는 고온 부분 등의 발생을 방지하기 위해 기계적·전기적 구조상 또는 온도 상승에 대해 특히 안전도를 증가시킨 구조를 말한다.
5. "본질안전방폭구조"란 정상 시 및 사고(단선, 단락, 지락 등) 시에 발생하는 전기불꽃·아크 또는 고온부로 인하여 가연성 가스가 점화되지 않는 것이 점화시험 및 그 밖의 방법으로 확인된 구조를 말한다.
6. "특수방폭구조"란 1부터 5까지 구조 이외의 방폭구조로서 가연성 가스에 점화를 방지할 수 있다는 것이 시험 및 그 밖의 방법으로 확인된 구조를 말한다.

03 도시가스 정압기실 실내의 조명도는 몇 룩스 이상인가?

※ 출처 : ulsansafety, 이레산업

정답

150 Lux 이상

04 LNG 저장탱크와 사업소 경계까지 유지하여야 하는 거리 계산공식을 쓰고 각 인자에 대해 설명하시오.

※ 출처 : 경향신문

> **정답**

액화천연가스(기화된 천연가스를 포함)의 저장설비와 처리설비는 그 외면으로부터 사업소 경계까지 다음 계산식에서 얻은 거리(그 거리가 50 m 미만의 경우에는 50 m) 이상을 유지

$$L = C \times \sqrt[3]{143000\,W}$$

   L : 유지하여야 하는 거리[m]
   C : 저압지하식 탱크는 0.24, 그 밖의 가스저장설비 및 처리설비는 0.576
   W : 저장탱크는 저장능력(톤)의 제곱근 그 밖의 것은 그 시설 안의 액화천연가스의 질량(톤)

05 지하매설 배관에 대한 다음 각 물음에 답하시오.

※ 출처 : 가스신문

1. 지하매설이 가능한 배관 재료 3가지를 쓰시오.
2. 지하매설 배관을 현장에서 피복해야 하는 경우를 쓰시오.

> **정답**

1. 가스용 폴리에틸렌관, 폴리에틸렌 피복강관, 분말용착식 폴리에틸렌 피복강관
2. 지하매설 강관의 용접부 호칭지름이 150 mm 미만인 모든 관 이음매

06 다음 동영상의 가스용 폴리에틸렌관 융착 이음방법을 쓰고 이 융착이음을 사용하는 PE관의 최소 관지름(mm)을 쓰시오.

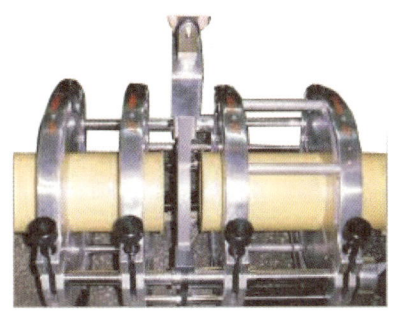

※ 출처 : 나노인스텍

> **정답**

1. 방법 : 맞대기융착
2. 최소 관지름 : 90 mm 이상

07 초저온용기 정의를 쓰시오.

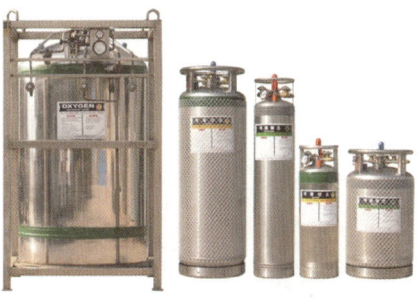

※ 출처 : 가스신문

> [정답]

영하 50 ℃ 이하인 액화가스를 충전하기 위한 용기로서, 단열재로 피복하여 용기 내 가스온도가 상용의 온도를 초과하지 않도록 한 용기

08 다음 동영상을 보고 각 물음에 답하시오.

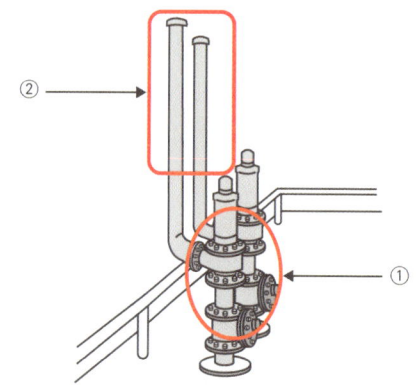

1. ①과 ②의 명칭을 쓰시오.
2. ②의 높이 기준을 쓰시오.

> [정답]

1. ① 스프링식 안전밸브, ② 가스방출관
2. 지면으로부터 5 m 이상 또는 탱크 정상부로부터 2 m 이상 중 높은 위치

09 다음 동영상은 매설된 도시가스배관의 누설을 탐지하는 차량으로 이곳에서 사용하는 가스누출 검지기의 명칭을 쓰고 검출 원리를 설명하시오.

※ 출처 : 이투뉴스

> [정답]

명칭 : 수소불꽃 이온화 검출기(FID)
원리 : 염으로 시료성분이 이온화됨으로써 염 중에 놓인 전극 간의 전기전도도가 증대하는 것을 이용

보충 구분
1. 깔대기가 있으면 : FID
2. 깔대기가 없이 차량 위에서 레이저를 통해 검사를 하면 : OMD

10 다음 동영상을 보고 각 물음에 답하시오.

※ 출처 : 가스신문

1. 세이프티 커플링은 안전성을 확보하기 위해 암커플링은 호스가 분리된 경우 (a)에, 숫커플링은 (b)에 설치할 수 있다.
2. 암커플링은 외부의 캡이 (a)하지 않는 구조로 하며, 커플링의 가스의 흐름에 지장이 없도록 합산 유효면적을 (b) cm²로 한다.

> [정답]

1. (a) 자동차 충전구, (b) 충전기
2. (a) 회전, (b) 0.5

2022 제1회 [필답형]

01 가연물 구비조건 5가지를 쓰시오.

> 정답

1. 활성화 에너지가 적어야 한다(작은 에너지로도 연소 가능).
2. 발열량이 커야 한다.
3. 열전도도가 작아야 한다(열축적 용이).
4. 산소와 친화력이 좋아야 한다.
5. 산소와 접촉할 수 있는 표면적이 넓어야 한다(비표면적이 커야 한다).
6. 건조도가 높아야 한다.
7. 최소산소농도가 낮아야 한다.

02 증기운폭발의 정의를 쓰시오.

> 정답

UVCE(Unconfined Vapor Cloud Explosion) 대기중 확산된 가스가 점화원에 의하여 급격한 폭발을 일으키는 현상

보충 증기운폭발 발생과정
1. 인화성 액체 등 누출

2. 증기가 공기와 혼합하에 증기운 형성

3. 탱크 표면 균열 발생으로 화재 확산

4. 증기운 생성 및 폭발

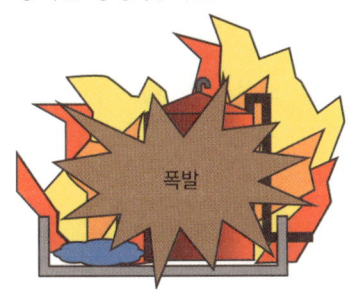

03 비중이 0.55인 가스를 길이 300 m 떨어진 곳에 저압으로 시간당 300 m³로 공급하고자 한다. 압력손실이 수주로 30.85 mm이면 배관의 최소 관지름(cm)은 얼마인가? (단, 폴의 상수 K는 0.7055이다)

정답

$$Q = k\sqrt{\dfrac{D^5 H}{SL}}$$

$$D = \sqrt[5]{\dfrac{Q^2 SL}{K^2 H}} = \sqrt[5]{\dfrac{300^2 \times 0.55 \times 300}{0.7055^2 \times 30.85}} = 15.73 cm$$

Q : 가스의 유량[m³/h]
D : 관안지름[cm]
H : 압력손실[mmH₂O]
S : 가스의 비중
L : 관의 길이[m]
K : 유량계수

04 안전밸브를 계속 사용할 수 있는지 확인하기 위한 안전밸브의 재검사방법 3가지를 쓰시오.

정답

1. 구조 및 치수검사
2. 기밀검사
3. 작동성능검사

보충 KGS AA319 고압가스용 안전밸브 제조의 시설·기술·검사·재검사 기준
5. 재검사 기준
5.1 재검사항목
안전밸브를 계속 사용할 수 있는지 확인하기 위한 안전밸브의 재검사방법은 다음과 같다.
⑴ 5.2(1-1)에 따른 구조 및 치수검사
⑵ 5.2(1-2)에 따른 기밀검사
⑶ 5.2(1-3)에 따른 작동성능검사
5.2 재검사방법
안전밸브의 재검사는 그 제품을 계속 사용할 수 있는지 확인하기 위하여 다음 기준에 따라 실시한다. 다만 검사에 불합격된 경우로서 부품의 작동불량이라고 인정되는 경우에는 부품을 수리하거나 교체한 후 재시험할 수 있다.
⑴ 검사요령
(1-1) 구조 및 치수검사
구조 및 치수검사의 검사요령은 4.4.2.2.1(2-1)에 따른다. 다만 재검사에서는 3.4.1.1.1부터 3.4.1.1.4까지의 구조검사와 3.4.1.3의 겉모양검사만 실시한다.
(1-2) 기밀검사
기밀검사의 검사요령은 4.4.2.2.1(2-3)에 따른다.
(1-3) 작동성능검사
작동성능검사의 검사요령은 4.4.2.2.1(2-5)에 따른다.
⑵ 합부판정
안전밸브가 (1-1)부터 (1-3)까지의 검사에 모두 적합한 경우 합격한 것으로 한다.

05 이너팅(불활성화) 중 진공 퍼지에 대해 설명하시오.

정답

용기를 진공압에 가깝도록 만들고 불활성 가스를 주입하여 대기압과 같아지게 하는 방법이며 저압 퍼지라고 함

보충 이너팅(불활성화)
⑴ 사이폰퍼지
용기에 액체를 채운 후 용기로부터 액체를 배출하여 불활성 가스를 주입

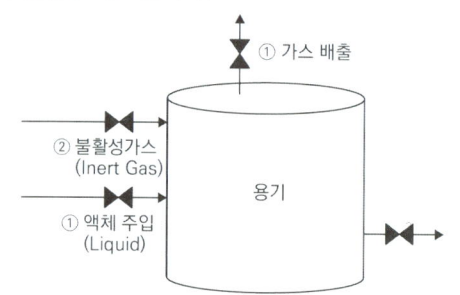

⑵ 스위프퍼지
진공과 압력을 가할 수 없는 용기에 사용, 용기 개구부로 불활성 가스 주입 후 다른 개구부로 불활성 가스를 대기로 방출, 원하는 산소농도를 구함

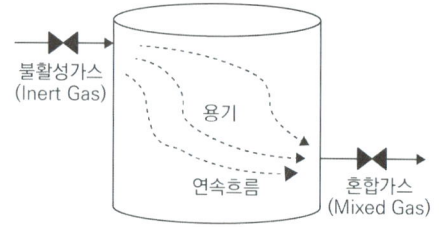

(3) 압력퍼지

용기를 가압한 후 불활성 가스를 주입하고 불활성 가스가 용기 내에 확산되면 대기로 방출하여 원하는 산소 농도를 구함

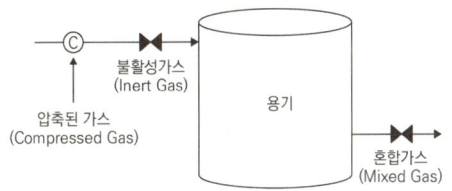

(4) 진공퍼지

용기를 진공압에 가깝도록 만들고 불활성 가스를 주입하여 대기압과 같아지게 하는 방법이며 저압 퍼지라고 함

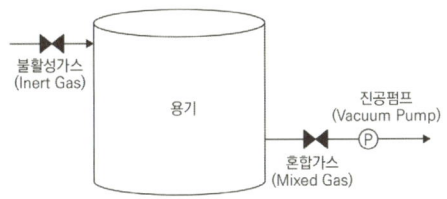

06 다음 각 질문에 대한 가스를 쓰시오.

1. 가연성 가스이자 독성이며 헤모글로빈과 결합하여 적혈구를 파괴하는 가스
2. 달걀 썩은 냄새가 나는 가스
3. 무독성이지만 공기 중 다량 존재 시 질식의 위험이 있는 가스
4. 황을 연소시킬 때 발생하는 유독가스

정답

1. 일산화탄소(CO)
2. 황화수소(H_2S)
3. 이산화탄소(CO_2)
4. 이산화황(SO_2)

07 LPG에 대한 다음 각 질문에 답하시오.

1. LPG 주성분 2가지를 쓰시오.
2. LPG 판매사용자가 가스의 종류별 중량단위(kg) 정상판매가격의 보고 기한은 언제인지 쓰시오.

정답

1. 프로판, 부탄
2. 매월 2일

보충 액화석유가스의 안전관리 및 사업법 시행령 [별표 2] 판매가격 보고 대상의 종류와 보고내용 등

1. 액화석유가스 수출입업자

보고 대상 액화석유가스의 종류	보고내용	보고 방법	보고 기한
가. 가정용·상업용 액화석유가스(1호)	지난달의 액화석유가스의 종류별, 판매대상별(액화석유충전사업자, 집단공급사업자, 판매사업자) 내수판매량, 내수매출액 및 내수매출단가	전자 보고	매월 23일
나. 자동차용 액화석유가스(2호)			

2. 액화석유가스 충전사업자

보고 대상 액화석유가스의 종류	보고내용	보고 방법	보고 기한
가. 자동차용 액화석유가스(2호)	액화석유가스의 종류별 부피 단위(L) 정상 판매가격	전자 보고 또는 그 밖의 보고	수시 (가격 변경 시 6시간 이내)
나. 가정용·상업용 액화석유가스(1호)	이번 달의 액화석유가스의 종류별 중량 단위(kg) 정상 판매가격		매월 2일
다. 캐비닛히터용 액화석유가스(2호)			

3. 액화석유가스 집단 공급사업자

보고 대상 액화석유가스의 종류	보고내용	보고방법	보고기한
가정용·상업용 액화석유가스 (1호)	이번 달의 액화석유가스의 종류별 부피 단위(m³) 정상 판매가격	전자보고 또는 그 밖의 보고	매월 2일

4. 액화석유가스 판매사업자

보고 대상 액화석유가스의 종류	보고내용	보고방법	보고기한
가. 가정용·상업용 액화석유가스(1호) 나. 캐비닛히터용 액화석유가스(2호)	이번 달의 액화석유가스의 종류별 중량 단위(kg) 정상 판매가격	전자보고 또는 그 밖의 보고	매월 2일

08 왕복동압축기의 용량조절방법 4가지를 쓰시오.

정답

1. 바이패스밸브에 의한 조정
2. 회전수를 변경
3. 흡입 주밸브를 폐쇄
4. 타임드밸브 조정

09 가스연소방식 중 전1차공기방식 특징 4가지를 쓰시오.

정답

1. 구조가 복잡하며 고가이다.
2. 연소에 필요한 공기를 전부 1차 공기로 취한다.
3. 버너를 여러 방향으로 설치 가능하다.
4. 압력조정기가 필요하다.
5. 개방된 노에 사용 시 열손실이 적다.

보충 전1차공기방식
연소에 필요한 공기를 전부 1차 공기로 혼합하여 연소하는 방법

10 수소 30 g, 질소 30 g으로 이루어진 어떤 혼합기체가 있다. 부피 50 L, 온도 25 ℃에서의 혼합기체 압력을 계산하시오.

정답

$$PV = nRT$$

$$P = \frac{nRT}{V}$$

$$= \frac{\left(\frac{30}{2} + \frac{30}{28}\right) \times 0.0821 \times (273+25)}{50}$$

$$= 7.86 \, atm$$

11 가스발생장치 및 정류장치에 설치하여야 하는 장치를 쓰시오.

정답

역류방지장치

12 펌프에서 비속도(비교회전도)의 정의를 쓰시오.

정답

비교회전도란 1개의 임펠러를 대상으로 형상과 운전상태를 동일하게 유지하면서 그 크기를 변경하고, 유량 1 m³/min에서 양정 1 m를 발생시킬 때 그 임펠러에 주어져야 할 회전수(rpm)

보충 가스산업기사 문제
펌프의 비교회전도에 대한 설명으로 괄호 안에 알맞은 내용을 쓰시오.

비교회전도란 1개의 임펠러를 대상으로 형상과 운전상태를 동일하게 유지하면서 그 크기를 변경하고, 유량 1 m³/min에서 양정 1 m를 발생시킬 때 그 임펠러에 주어져야 할 회전수(rpm)로 비속도라고도 한다. 비교회전도가 크면 (①), (②) 펌프이고 작으면 (③), (④) 펌프 특성을 갖는다.

정답

① 대유량
② 저양정
③ 소유량
④ 고양정

---

13 방류둑의 역할을 쓰시오.

정답

액화가스 저장탱크 주위에 액상의 가스가 누출된 경우에 그 가스의 유출을 방지

보충 방류둑

1. 설치
   (1) 저장탱크 내 액화가스가 액체 상태로 유출되는 것을 방지하기 위해 설치
   (2) 저장탱크 저부가 지하에 있으며 주위피트상 구조로인 것으로 그 용량 이상일 것
2. 설치 적용 범위
   (1) 고압가스
      〈특정제조〉
      ① 독성 가스 : 5톤 이상
      ② 가연성 가스 : 500톤 이상
      ③ 액화산소 : 1000톤 이상
      〈일반제조〉
      ① 독성 가스 : 5톤 이상
      ② 가연성 가스, 액화산소 : 1000톤 이상
   (2) 냉동제조시설(독성 가스 냉매 사용) : 수액기 내용적 10000 L 이상
   (3) 액화석유가스 : 1000톤 이상
   (4) 도시가스
      ① 가스도매사업 : 500톤 이상
      ② 일반도시가스사업 : 1000톤 이상
   ※ LNG 저장탱크→가스도매사업
3. 용량
   (1) 저장탱크 저장능력에 상당하는 용적 이상으로 할 것
   (2) 액화산소는 저장능력의 상당 용량의 60 % 이상으로 할 것
4. 방류둑 구조 및 기준
   (1) 재료 : 철근콘크리트, 금속, 흙 또는 이를 혼합한 액밀한 구조
   (2) 액체류 표면적 : 가능한 한 적게
   (3) 배관관통부 틈새로부터 누설방지 및 방식조치
   (4) 금속재료 : 부식되지 않게 방식 및 방청조치
   (5) 방류둑 내 고인 물을 배출하기 위한 배수조치
   (6) 가연성과 독성, 가연성과 조연성 액화가스 방류둑은 혼합배치하지 말 것
   (7) 방류둑 내면과 외면으로부터 10 m 이내 : 저장탱크 부속설비 이외의 것은 설치 금지
   (8) 성토 : 수평에 대해 45° 이하 구배를 가지고 성토 정상부 폭은 30 cm 이상
   (9) 방류둑 계단 및 사다리 : 출입구 둘레 50 m마다 1개 이상 설치
      → 둘레 50 m 미만 : 2개소 이상 분산 설치

---

14 고압가스 제조시설의 사업소 외의 배관에 설치된 배관장치에 설치하는 비상전력 설비 4가지를 쓰시오.

정답

1. 타처 공급전력
2. 축전지장치
3. 자가발전
4. 엔진구동발전
5. 스팀터빈 구동발전

보충 KGS FP111 고압가스 특정제조의 시설·기술·검사·감리·정밀안전검진 기준

2.8.2.1 제조설비 등의 비상전력설비
제조설비에는 다음 기준에 따라 비상전력설비를 설치한다.
2.8.2.1.1 비상전력 등이란 정전 등의 경우에 제조설비 등을 안전하게 유지하고 안전하게 정지시키기 위하여 필요한 최소용량을 갖춘 전력 및 공기 등 또는 이와 동등 이상인 것을 말한다.

2.8.2.1.2 비상전력 등은 정전 등으로 인하여 그 제조설비의 기능이 상실되지 않도록 지체 없이 전환될 수 있는 방식이어야 하고 안전에 필요한 설비는 다음에 나타낸 것 또는 이들과 동등 이상으로 인정되는 것 가운데 같은 종류를 포함하여 두 가지 이상(평상 시에 사용되는 전력을 포함한다)을 보유하도록 조치한다.
※ 타처공급전력, 자가발전, 축전지장치, 엔진구동발전, 스팀터빈구동발전

15
내용적 50 L인 용기에 프로판가스 충전 시 용기 내 안전공간(%)을 구하시오. (단, 프로판의 액비중은 0.5이다)

정답

안전공간 = $\dfrac{V-E}{V} \times 100$

프로판용기의 내용적 V : 50이므로
용기 내의 내용물이 차지하는 체적 E를 구하면 된다.

용기 충전량 공식 W = $\dfrac{V}{C}$ = $\dfrac{50}{2.35}$ = 21.28 kg

따라서 $\dfrac{21.28 kg}{0.5 kg/L}$ = 41.56 L

∴ 안전공간 = $\dfrac{50-41.56}{50} \times 100$ = 14.88 %

2022 제1회 [동영상]

01 다음 동영상의 방폭구조 종류와 정의를 각각 쓰시오.

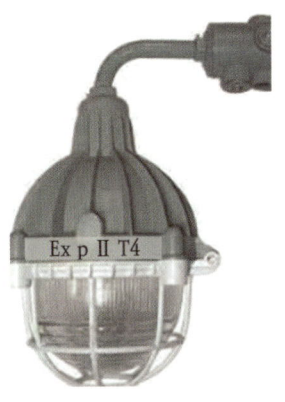

※ 출처 : 보영전기

정답
1. 종류 : 압력방폭구조
2. 용기 내부에 보호가스를 압입하여 내부압력을 유지함으로써 가연성 가스가 용기 내부로 유입되지 않도록 한 구조

02 두 저장탱크의 직경이 각각 30 m, 34 m라고 할 때 저장탱크 사이 이격거리를 쓰시오.

※ 출처 : 국립중앙도서관

정답
저장탱크 상호 간 유지해야 하는 안전거리는 두 저장탱크 최대지름을 합한 길이의 4분의 1 이상이므로
$$L = \frac{30+34}{4} = 16\,m$$
∴ 16 m 이상

03 다음은 공업용 용기이다. 각 용기에 충전하는 가스 명칭을 순서대로 쓰시오.

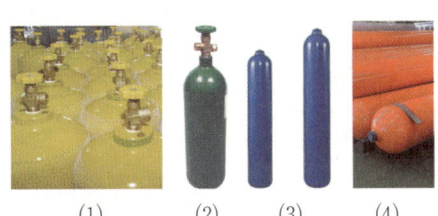

(1)　　(2)　　(3)　　(4)

※ 출처 : 가스신문

정답
(1) 아세틸렌
(2) 산소
(3) 이산화탄소
(4) 수소

보충 용기
1. 용기도색

탄산가스	산소	아세틸렌	암모니아	수소	염소	기타
청색	녹색	황색	백색	주황색	갈색	회색

2. 가스명칭

아세틸렌	암모니아	LPG	기타
흑색	흑색	적색	백색

04 주거용 가스보일러 설치 기준에 대한 내용 중 괄호 안에 알맞은 용어를 쓰시오.

※ 출처 : 가스신문

1. 배기통 및 연돌의 터미널에는 새, 쥐 등 직경 (   ) mm 이상인 물체가 통과할 수 없는 (   )을 설치한다.
2. 전용 보일러실에는 대기압보다 낮은 압력인 음압 형성의 원인이 되는 (   )을 설치하지 않는다.
3. 가스보일러는 (   )에 설치하지 않는다.
4. 위의 조건에도 불구하고 가스보일러를 설치할 수 있는 경우를 쓰시오.

> 정답
1. 16, 방조망
2. 환기팬
3. 지하실 또는 반지하실
4. 밀폐식 가스보일러 및 급배기시설을 갖춘 전용보일러실에 설치하는 반밀폐식 가스보일러의 경우

05 액화천연가스의 저장탱크는 처리능력 20만 m^3 이상인 압축기와 몇 m 이상을 유지해야 하는지 쓰시오.

※ 출처 : 전기신문

> 정답

30 m 이상

보충 KGS FP111
• 다른 설비와의 거리
1. 안전구역 안의 고압가스설비(배관은 제외한다)의 외면으로부터 다른 안전구역 안에 있는 고압가스설비의 외면까지 유지하여야 할 거리는 30 m 이상으로 한다.
2. 가연성 가스 저장탱크의 외면으로부터 처리능력이 20만 m^3 이상인 압축기까지 유지하여야 하는 거리는 30 m 이상으로 한다.

06 PE관 융착작업 시 다음 각 물음에 답하시오.

※ 출처 : SJ산업

1. 열선이탈의 정의를 쓰시오.
2. 열선이탈 발생 원인 3가지를 쓰시오.

> **정답**
> 1. PE관 전기융착 시 이음관 내부 열선이 융착 후 예정위치에 있지 않고 이탈한 현상
> 2. 과도한 과열, 높은 온도, 적절하지 않은 절차

07 다음 입상관밸브에 대한 각 물음에 답하시오.

※ 출처 : 가스신문

1. 설치높이 기준을 쓰시오.
2. 1.6 m 미만 설치 시 기준을 쓰시오.
3. 2.0 m 초과 설치 시 기준 2가지를 쓰시오.

> **정답**
> 1. 바닥으로부터 1.6 m 이상 2 m 이내에 설치
> 2. 입상관밸브를 불연재료의 보호상자 안에 설치한다.
> 3. (1) 원격으로 차단이 가능한 전동밸브를 설치
>   (2) 입상관밸브 차단을 위한 전용계단을 견고하게 고정·설치

> **보충** KGS FS551 일반도시가스사업 제조소 및 공급소 밖의 배관의 기준

• 건축물에 고정 설치
(1) 입상관 및 입상관의 밸브 설치
(1-1) 입상관이 화기가 있을 가능성이 있는 주위를 통과할 경우에는 불연재료로 차단조치를 한다.
(1-2) 입상관에는 밸브를 설치하고 입상관의 밸브는 다음 기준에 따라 설치한다.
(1-2-1) 입상관의 밸브는 밸브 손잡이가 부착된 부분 (중심)을 기준으로 바닥으로부터 1.6 m 이상 2 m 이내에 설치한다. 다만 부득이 1.6 m 이상 2 m 이내에 설치하지 못할 경우 다음 기준을 따른다.
(1-2-1-1) 입상관밸브 높이가 1.6 m 미만인 경우 입상관밸브를 불연재료의 보호상자 안에 설치한다.
(1-2-1-2) 입상관밸브 높이가 2 m를 초과한 경우 다음 중 어느 하나의 기준을 따른다.
(1-2-1-2-1) 원격으로 차단이 가능한 전동밸브를 설치한다. 이 경우 전동밸브의 제어부는 조작이 용이하도록 공용의 장소에 바닥으로부터 1.6 m 이상 2 m 이내에 설치하며 전동밸브 및 제어부는 빗물에 노출되지 않도록 조치한다.
(1-2-1-2-2) 입상관밸브 차단을 위한 전용계단을 견고하게 고정·설치한다.
(1-2-2) 입상관의 밸브는 입상관마다 설치하는 것을 원칙으로 한다. 다만 다세대주택, 연립주택 및 30세대 이하의 소규모 공동주택등에서 해당 동 전체를 차단할 수 있는 1개의 입상관밸브를 설치한 경우에는 입상관마다 입상관밸브를 설치한 것으로 볼 수 있다.
(1-2-3) 입상관의 밸브를 건축물 내부에 설치할 경우에는 차단이 용이한 건축물 내 주차장, 복도 등 공용의 장소에 설치한다. 다만 건축물 구조상 부득이하여 입상관의 밸브를 개인세대 내부에 설치할 경우에는 다음 중 어느 하나의 기준에 따른다.
(1-2-3-1) 원격으로 차단이 가능한 전동밸브를 각 입상관에 설치한다.

(1-2-3-2) 해당 동 전체를 차단할 수 있는 입상관밸브를 별도로 설치하되, 그 입상관밸브가 건축물 내부에 설치되는 경우에는 전동밸브를 설치한다.

(1-3) 입상관에 방범용 덮개를 설치할 경우에는 배관에 위해를 미치지 않고 배관의 점검 및 보수가 가능하도록 다음 기준에 따라 설치한다.

(1-3-1) 방범용 덮개의 최상부는 배관에서 가스가 누출되는 경우 대기 중에 확산이 용이하도록 개방된 구조로 하고, 최하부는 입상배관의 점검이 가능하도록 개방된 구조로 한다.

(1-3-2) 방범용 덮개는 입상밸브 상단부터 해당 공동주택의 3층 천정 높이 이내로 설치한다.

(1-3-3) 방범용 덮개는 도색등 유지 보수가 가능하도록 분리 가능한 구조로 설치한다.

(1-3-4) 세대별 분기관은 신축흡수를 위하여 방범용 덮개 밖으로 노출되도록 한다.

08 신축곡관에 대한 다음 각 물음에 답하시오.

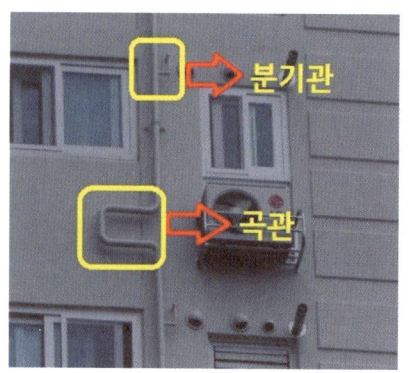

※ 출처 : 도시가스 시설 기준

1. 입상관에 설치하는 신축흡수용 곡관의 수평방향 길이는 배관호칭 지름의 몇 배 이상으로 하는가?
2. 수직방향의 길이는 수평방향 길이의 얼마 이상으로 하는가?

정답

1. 6배, 1/2배

보충 KGS FS551 일반도시가스사업 제조소 및 공급소 밖의 배관의 기준

• 곡관의 규격

1. 입상관에 설치하는 곡관은 그림과 같으며, 신축흡수용 곡관의 수평방향 길이(L)는 배관 호칭지름의 6배 이상으로 하고, 수직방향 길이(L')는 수평방향 길이의 1/2 이상으로 한다. 이때 엘보의 길이는 포함하지 않는다.

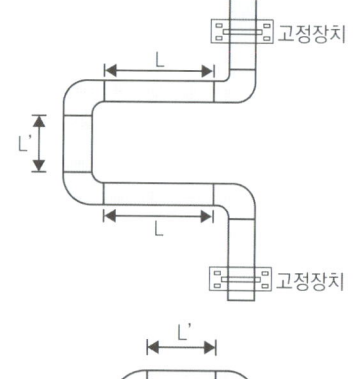

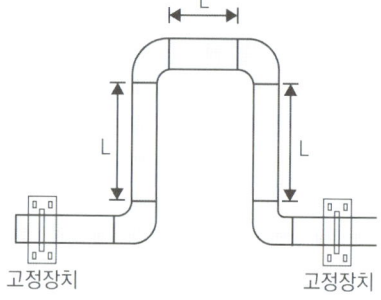

2. 횡지관에 설치하는 곡관의 규격은 1.과 동일하게 적용한다.

• 지지설계의 일반사항

지지간격, 지지형태(구조) 및 지지재 등은 배관의 각 하중에 대해 충분히 견딜 수 있도록 다음과 같이 설계·시공한다.

1. 지지간격은 규칙 별표 6 제3호 가목 2) 바)의 규정을 따르되, Guide Type의 고정장치(U볼트 등을 사용하여 관 축방향(軸方向)으로 신축이 가능하도록 지지하는 형태를 말한다. 이하 같다)로 설치한다.
2. 지지재 등의 강도(지지부재, 앵커볼트, U볼트, 볼트 등)를 검토하여 하중에 적절한 것을 선정한다. 이때 브라켓 등을 벽에 부착시는 금속확장 앵커볼트 또는 인서트 금속 지지구를 사용한다.

09 다음 동영상을 보고 1종 위험시설과 2종 위험시설에 각각 어떤 방폭구조를 설치할 수 있는지 종류 1가지씩을 쓰시오.

정답
- 1종 : 본질안전방폭구조, 유입방폭구조, 내압방폭구조, 압력방폭구조
- 2종 : 본질안전방폭구조, 유입방폭구조, 압력방폭구조, 내압방폭구조, 안전증방폭구조

보충 방폭구조
0종 : 본질안전방폭구조

10 다음 동영상을 보고 LPG 충전시설에서 충전설비 외면에서 사업소 경계까지 유지해야 할 거리를 쓰시오.

정답
24 m 이상

보충 사업소 경계와의 거리

액화석유가스 충전시설 중 저장설비의 외면에서 사업소 경계[사업소 경계가 바다·호수·하천·도로(「도로법」 제2조 제1호에 따른 도로 및 같은 법 제108조에 따라 같은 법이 준용되는 도로를 말한다) 등과 접한 경우에는 그 반대편 끝을 경계로 본다. 이하 같다]까지 유지해야 할 거리는 표에서 정한 거리 이상으로 한다. 다만 저장설비를 지하에 설치하거나 지하에 설치된 저장설비 안에 액중펌프를 설치하는 경우에는 저장능력별 사업소 경계와의 거리에 0.7을 곱한 거리 이상으로 할 수 있고, 마운드형 저장탱크는 저장설비가 지하에 설치된 것으로 본다.

저장능력	사업소경계와의 거리(m)
10톤 이하	24
10톤 초과 20톤 이하	27
20톤 초과 30톤 이하	30
30톤 초과 40톤 이하	33
40톤 초과 200톤 이하	36
200톤 초과	39

[비고] 같은 사업소에 두 개 이상의 저장설비가 있는 경우에는 그 설비별로 각각 안전거리를 유지한다.

- 액화석유가스 충전시설 중 충전설비의 외면으로부터 사업소 경계까지 유지해야 할 거리는 24 m 이상으로 한다.
- 탱크로리 이입·충전 장소(지면에 표시하는 정차 위치 크기는 길이 13 m 이상, 폭 3 m 이상)의 중심(지면에 표시하는 정차 위치의 중심)으로부터 사업소 경계까지 유지해야 할 거리는 24 m 이상으로 한다.

2022 제2회 [필답형]

01 리프팅(선화)현상의 정의와 발생원인 4가지를 쓰시오.

정답
- 정의 : 가스가 염공을 떠나서 연소하는 현상
- 선화의 원인
  ① 버너의 압력이 높은 경우
  ② 가스 공급압력이 높은 경우
  ③ 구경이 크게 된 경우
  ④ 연소가스 배출이 불안전한 경우 또는 2차 공기 공급이 불충분한 경우
  ⑤ 공기조절장치를 많이 열었을 경우

02 위험장소의 분류 중 0종 장소의 정의를 쓰시오.

정답
상용의 상태에서 가연성 가스의 농도가 연속해서 폭발하한계 이상으로 되는 장소(폭발상한계를 넘는 경우에는 폭발한계 이내로 들어갈 우려가 있는 경우를 포함한다)

보충 KGS GC201 가스시설 전기방폭 기준
- 위험장소 분류
1. 0종 장소
   상용의 상태에서 가연성 가스의 농도가 연속해서 폭발하한계 이상으로 되는 장소(폭발상한계를 넘는 경우에는 폭발한계 이내로 들어갈 우려가 있는 경우를 포함한다)
2. 1종 장소
   상용 상태에서 가연성 가스가 체류해 위험하게 될 우려가 있는 장소, 정비보수 또는 누출 등으로 인하여 종종 가연성 가스가 체류하여 위험하게 될 우려가 있는 장소
3. 2종 장소
   (1) 밀폐된 용기 또는 설비 안에 밀봉된 가연성 가스가 그 용기 또는 설비의 사고로 인하여 파손되거나 오조작의 경우에만 누출할 위험이 있는 장소
   (2) 확실한 기계적 환기 조치에 따라 가연성 가스가 체류하지 않도록 되어 있으나 환기장치에 이상이나 사고가 발생한 경우에는 가연성 가스가 체류해 위험하게 될 우려가 있는 장소
   (3) 1종 장소의 주변 또는 인접한 실내에서 위험한 농도의 가연성 가스가 종종 침입할 우려가 있는 장소

03 소금물을 이용한 염소의 제조방법 2가지와 반응식을 쓰시오.

정답
1. 수은법, 격막법
2. $2NaCl + 2H_2O \rightarrow 2NaOH + H_2 + Cl_2$

04 다음 각 용기의 최고충전압력을 쓰시오.

1. 저온용기
2. 저온용기 이외의 용기 중 액화가스 충전용기

정답
1. 저온용기 : 상용압력 중 최고압력
2. 저온용기 이외의 용기 중 액화가스 충전용기 : 내압시험압력 × 3/5

05 도시가스 원료인 나프타 특징 3가지를 쓰시오.

정답
1. 부산물이 생성되지 않는다.
2. 불순물이 적어 정제설비가 불필요하다.
3. 환경오염의 문제가 적다.
4. 가스화가 용이하여 효율이 좋다.
5. 취급과 저장이 용이하다.

06 압력조정기의 역할 4가지를 쓰시오.

정답
1. 가스소비량에 따른 공급압력 유지
2. 공급압력에 따른 안정적인 연소 유지
3. 연소기구에 공급하는 압력을 적정 압력으로 감압
4. 가스소비의 중단 시 가스 차단

07 브레이턴사이클과정 4가지를 쓰시오.

정답
1. 단열 압축
2. 정압 가열
3. 단열 팽창
4. 정압 방열
- 브레이턴사이클 : 가스터빈의 이상사이클 2개의 단열과정과 2개의 정압과정으로 이루어짐

08 냉매설비 안의 냉매가스 압력이 상용압력을 초과하는 경우 즉시 상용압력 이하로 되돌릴 수 있도록 하는 장치 3가지를 쓰시오.

정답
고압차단장치, 안전밸브, 파열판, 용전, 압력릴리프 장치

09 프로판연소 시 화학양론 농도와 폭발 범위 하한값을 계산하여 구하시오.

정답
- 화학양론농도
$$= \frac{\text{연료의 몰수}}{\text{연료의 몰수} + \text{이론공기의 몰수}} \times 100$$
$C_3H_8 + 5O_2 \rightarrow 3CO_2 + 4H_2O$

따라서 이론공기량 $= \dfrac{5}{0.21}$

- 화학양론농도
$$= \frac{\text{연료의 몰수}}{\text{연료의 몰수} + \text{이론공기의 몰수}} \times 100$$
$$= \frac{1}{1 + \dfrac{5}{0.21}} \times 100 = 4.03$$

- 화학양론농도를 알 때 폭발 범위
하한값 : $C_{st} \times 0.55$
상한값 : $C_{st} \times 3.50$
따라서 하한값 $= 4.03 \times 0.55 = 2.22\ \%$
∴ 정답 : 2.22 %

10 독성 가스 1000 kg을 운반 시 갖추어야 하는 보호장비 4가지를 쓰시오.

정답

방독마스크, 보호의, 보호장갑, 보호장화, 공기호흡기

보충 보충
〈독성 가스 1000 kg 미만 운반 시〉
방독마스크, 보호장갑, 보호의, 보호장화

11 충전용기의 재질이 강(Steel)에서 복합재료인 합성수지로 변화하고 있다. 복합재료 용기에 사용되는 섬유재료 3가지를 쓰시오.

정답

탄소섬유, 아라미드섬유, 혼합섬유, 유리섬유

12 AFV정압기의 다음 빈칸에 들어갈 알맞은 말을 쓰시오.

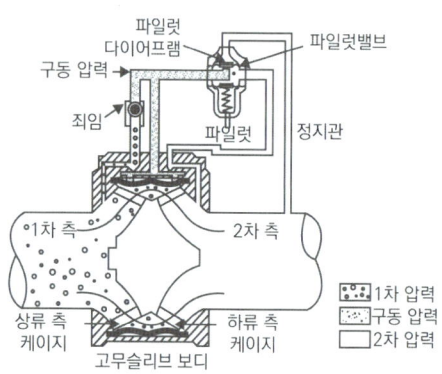

1. 사용량 증가 시 2차 압력은 저하하고 파일럿밸브의 열림 정도는 (A)하며, 구동압력은 저하하고 고무슬리브의 열림 정도는 (B)한다.
2. 사용량 감소 시 2차 압력은 (A)하고 파일럿밸브의 열림 정도는 감소하며, 구동압력은 (B)하고 고무슬리브의 열림 정도는 감소한다.

정답

1. A 증대, B 증대
2. A 상승, B 상승

13 다음은 정압기에 설치된 바이패스관이다. 각 명칭을 쓰시오.

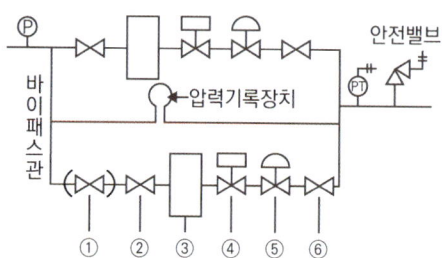

정답

① 차단용 바이패스밸브
② 바이패스용 입구차단밸브
③ 필터
④ SSV (긴급차단밸브)
⑤ 정압기용 압력조정기
⑥ 바이패스용 출구차단밸브

14 건물에 승압방지장치를 설치하려고 한다. 이때, 다음 조건을 참조하여 승압방지장치를 설치할 건물의 높이를 구하시오.

> (1) 연소기 명판의 최고사용압력 : 300 Pa
> (2) 수직 배관 최초 시작 지점의 가스압력 : 200 Pa
> (3) 비중 : 0.62
> (4) 공기의 밀도 : 1.293 kg/m³

정답

승압방지장치 최초 설치 높이

$$= \frac{P_h - P_o}{\rho(1-S) \times g}$$

$$= \frac{300 - 200}{1.293(1-0.62) \times 9.8} = 20.77$$

H : 승압방지장치 최초 설치 높이[m]
P_h : 연소기 명판의 최고사용압력[Pa]
P_o : 수직배관 최초 시작 지점의 가스 압력[Pa]
rho : 공기밀도(1.293 kg/m³)
S : 공기에 대한 가스 비중(0.62)
g : 중력가속도(9.8 m/s²)

∴ 20.77 m

보충 KGS FU551 도시가스 사용시설의 시설·기술·검사 기준

D1 승압방지장치 설치
일정 높이 이상의 건물로서 가스압력 상승으로 연소기에 실제 공급되는 가스의 압력이 연소기의 최고사용압력을 초과할 우려가 있는 건물은 가스압력 상승으로 인한 가스 누출, 이상연소 등을 방지하기 위하여 다음 기준에 따라 승압방지장치를 설치한다.
D1.1 승압방지장치는 한국가스안전공사의 성능 인증품을 사용한다.
[비고] 승압방지장치는 액화석유가스의 안전관리 및 사업법령에 따른 도시가스용압력조정기에 해당하지 않으므로 KGS AA431(도시가스 압력조정기 제조의 시설기술검사 기준)을 적용하지 않는다.
D1.2 승압방지장치의 전후단에는 승압방지장치의 탈착이 용이하도록 차단밸브를 설치한다. D1.3 승압방지장치의 설치 위치 및 설치 수량은 D2.2의 계산식에 따른 압력상승값을 계산하였을 때 연소기에 공급되는 가스압력이 연소기의 최고사용압력 이내가 되는 위치 및 수량으로 한다.
D2 승압방지장치 설치가 필요한 건물 높이 산출방법
D2.1 승압방지장치 설치가 필요한 건물 높이
"승압방지장치 설치가 필요한 건물 높이"란 압력 상승으로 연소기에 공급되는 가스 압력이 연소기의 최고사용압력을 초과할 가능성이 있는 높이를 말한다.
D2.2 건물 높이 산정방법
D2.2.1 승압방지장치 설치가 필요한 건물 높이의 산정은 다음과 같은 압력 상승 계산식을 이용한다.

승압방지장치 최초 설치 높이 = $\dfrac{P_h - P_o}{\rho(1-S) \times g}$

H : 승압방지장치 최초 설치 높이[m]
P_h : 연소기 명판의 최고사용압력[Pa]
P_o : 수직 배관 최초 시작 지점의 가스 압력[Pa]
rho : 공기밀도(1.293 kg/m³)
S : 공기에 대한 가스 비중(0.62)
g : 중력가속도(9.8 m/s²)

15 내용적이 500 L이며 최고충전압력이 15 MPa인 수소용기 100개의 저장능력(m^3)을 산정하시오.

정답

500 L 용기 100개의 체적 = 500 × 100
  = 50000 L

50000 L = 50 m^3

∴ 저장능력 Q = (10P + 1) × V
  = (10 × 15 + 1) × 50
  = 7550 m^3

보충 저장능력

- 액화가스 저장탱크
  W = 0.9dV

  W : 저장능력[kg]
  d : 액화가스비중

- 단, 소형저장탱크의 충전량은 내용적의 85 % 이하이므로 0.9 대신 0.85를 적용할 것

- 액화가스 용기(충전용기, 탱크로리)

  $W = \dfrac{V}{C}$

  W : 저장능력[kg]
  V : 내용적[L]
  C : 충전상수

- 압축가스, 저장탱크 및 용기
  $Q = (10P+1)V$

  Q : 저장능력[m^3]
  P : 최고충전압력[MPa]
  V : 내용적[m^3]

2022 제2회 [동영상]

01 다음 동영상을 보고 각 물음에 답하시오.

(1)

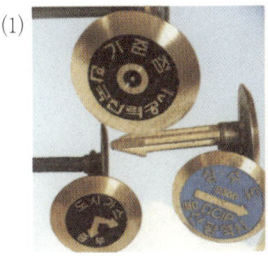

※ 출처 : 가스신문

(2)

※ 출처 : www.sam-gong.co.kr

1. 각각의 명칭을 쓰시오.
2. (1)의 설치 기준을 쓰시오.

정답

1. (1) 라인마크, (2) 전위측정용 터미널박스
2. 배관길이 50 m마다 1개 이상 설치

보충 KGS FS551 일반도시가스사업 제조소 및 공급소 밖의 배관의 기준

• 라인마크(Line - Mark)의 설치 기준
(1) 「도로법」에 따른 도로 및 공동주택 등의 부지 안 도로에 도시가스배관을 매설하는 경우에는 라인마크를 설치한다. 다만 「도로법」에 따른 도로 중 비포장도로, 포장도로의 법면 및 측구는 표지판을 설치하되, 비포장도로가 포장될 때에는 라인마크로 교체 설치한다.

(2) 라인마크의 종류는 금속재 라인마크, 스티커형 라인마크 및 네일형(Nail) 라인마크로 한다. 다만 「도로교통법」에 따른 보도와 차도가 명확히 구분된 도로의 차도에는 네일형 라인마크를 설치하지 않는다.

(3) 라인마크는 배관길이 50 m마다 1개 이상 설치하되, 주요분기점·굴곡지점·관말지점 및 그 주위 50 m 안에 설치한다. 다만 단독주택 분기점은 제외하며, 밸브박스 또는 배관 직상부에 전위측정용 터미널(T/B)·검지공·로케이팅와이어 측정함(L/B) 등이 라인마크 기능을 갖도록 적합하게 설치된 경우에는 라인마크로 볼 수 있다.

02 다음은 가스시설의 이상사태 발생 시 이·충전되는 가스를 정지시키는 장치이다. 이 장치의 명칭과 작동 동력을 각각 쓰시오.

※ 출처 : 거봉한진

정답

1. 명칭 : 긴급차단장치
2. 작동 동력 : 액압, 기압, 전기식, 스프링식

03 독성 가스 충전용기를 운반하는 차량은 용기를 안전하게 취급하기 위하여 용기 승하차용 리프트와 적재함이 부착된 전용 차량으로 한다. 다만 어떤 경우에 적재함에 리프트를 설치하지 않을 수 있는지 3가지를 쓰시오.

※ 출처 : 가스신문

> 정답

1. 가스를 공급받는 업소의 용기 보관실 바닥이 운반차량 적재함 최저높이로 설치
2. 컨베이어벨트 등 상하차 설비가 설치된 업소에 가스를 공급하는 차량
3. 적재능력 1.2톤 이하의 차량

보충 KGS GC207 고압가스 운반차량의 시설·기술 기준
2.1.1.1 차량구조
2.1.1.1.1 독성 가스 충전용기를 운반하는 차량은 용기를 안전하게 취급하기 위하여 용기 승하차용 리프트와 적재함이 부착된 전용 차량으로 한다.
⑴ 적재함은 적재할 충전용기 최대높이의 3/5 이상까지 SS400 또는 이와 동등 이상의 강도를 갖는 재질(가로·세로·두께가 (75 × 40 × 5) mm 이상인 형강 또는 호칭지름·두께가 (50 × 3.2) mm 이상의 강관)로 보강하여 용기 고정이 용이하도록 한다.
⑵ 보강대로 인하여 용기의 상하차 작업이 곤란한 경우에는 적재함의 가로 보강대를 개폐형으로 설치한다. 이 경우 가로 보강대가 차량 운행 중에 흔들리지 않도록 걸쇠 등으로 차량에 단단히 고정한다.
⑶ 충전용기를 운반하는 가스운반 전용 차량의 적재함에는 리프트를 설치한다. 다만 다음에 해당하는 차량의 경우에는 적재함에 리프트를 설치하지 않을 수 있다.

⑶-1) 가스를 공급받는 업소의 용기 보관실 바닥이 운반차량 적재함 최저높이로 설치되어 있거나, 컨베이어벨트 등 상하차 설비가 설치된 업소에 가스를 공급하는 차량
⑶-2) 적재능력 1.2톤 이하의 차량
2.1.1.1.2 허용농도가 200 ppm 이하인 독성 가스 충전용기를 운반하는 차량은 용기 승하차용 리프트와 밀폐된 구조의 적재함이 부착된 전용 차량으로 한다. 다만 내용적이 1000 L 이상인 충전용기를 운반하는 경우에는 그렇지 않다.

04 방폭구조 종류 6가지를 쓰시오.

> 정답

① 안전증방폭구조(e)
② 유입방폭구조(o)
③ 내압방폭구조(d)
④ 압력방폭구조(p)
⑤ 본질안전방폭구조(ia, ib)
⑥ 특수방폭구조(s)

05 다음 동영상의 횡으로 설치된 도시가스배관 호칭지름이 300 A일 경우 각 물음에 답하시오.

> 1. 고정장치 최대 설치 간격을 쓰시오.
> 2. 고정장치와 배관 사이 조치하여야 할 사항을 쓰시오.

※ 출처 : 가스신문

정답

1. 16 m
2. 지지대와 U볼트 등의 고정장치와 배관 사이에 절연물질을 삽입할 것

보충 교량 및 횡으로 설치하는 가스배관 호칭지름별 최대 지지간격

호칭지름	지지간격
100 A	8 m
150 A	10 m
200 A	12 m
300 A	16 m
400 A	19 m
500 A	22 m
600 A	25 m

06 매설된 도시가스배관의 전기방식법 중 다음 방식의 명칭을 쓰고 장점 4가지를 쓰시오.

※ 출처 : 왕도방식

정답

- 명칭 : 외부전원법
- 장점 (1) 방식의 범위가 넓음
  (2) 전식에 대해 방식이 가능
  (3) 전압 전류 조절이 용이
  (4) 장거리 배관에 적합

07 제시해주는 용기의 물음에 답하시오.

※ 출처 : 가스신문

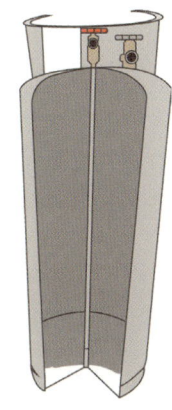

1. 용기 명칭을 쓰시오.
2. 이 용기를 사용할 때 설치해야 하는 장치를 쓰시오.

> **정답**
> 1. 사이펀 용기
> 2. 기화기

08 다음 도시가스 정압기실을 보고 각 물음에 답하시오.

※ 출처 : 세전복스

1. 정압기실 경계책 높이를 쓰시오.
2. 정압기실 안내문에 기재해야 하는 사항 3가지를 쓰시오.

> **정답**
> 1. 1.5 m 이상
> 2. 시설명, 공급자, 연락처

09 다음 동영상을 보고 각 물음에 답하시오.

※ 출처 : 가스신문

1. 보호판 재질을 쓰시오.
2. 매설배관의 내압시험 압력을 쓰시오.

> **정답**
> 1. KS D 3503 일반구조용 압연강재
> 2. 최고사용압력의 1.5배 이상

10 다음 동영상을 보고 액화천연가스 저장탱크의 외면으로부터 처리능력이 20만 m³ 이상인 압축기까지 유지하여야 하는 거리를 쓰시오.

※ 출처 : 투데이에너지

- 다른 설비와의 거리
1. 안전구역 안의 고압가스설비(배관은 제외한다)의 외면으로부터 다른 안전구역 안에 있는 고압가스설비의 외면까지 유지하여야 할 거리는 30 m 이상으로 한다.
2. 가연성 가스 저장탱크의 외면으로부터 처리능력이 20만 m³ 이상인 압축기까지 유지하여야 하는 거리는 30 m 이상으로 한다.
3. 가연성 가스 제조시설의 고압가스설비[저장탱크 및 배관은 제외한다]는 그 외면으로부터 다른 가연성 가스 제조시설의 고압스설비와 5 m 이상, 산소제조시설의 고압가스설비와 10 m 이상의 거리를 유지하는 등 하나의 고압가스설비에서 발생한 위해요소가 다른 고압가스설비로 전이되지 않도록 필요한 조치를 한다.

정답

30 m 이상

보충 KGS FP111 고압가스 특정제조의 시설·기술·검사·감리·정밀안전검진 기준

- 화기와의 거리

가스설비와 저장설비 외면으로부터 화기(그 설비 안의 것은 제외한다)를 취급하는 장소 사이에 유지하여야 하는 거리는 우회거리 2 m(가연성 가스와 산소의 가스설비 또는 저장설비는 8 m) 이상으로 하고, 가연성 가스의 가스설비 또는 사용시설에 관련된 저장설비, 기화장치 및 이들 사이의 배관(이하 "가스설비 등"이라 한다)에서 누출된 가연성 가스가 화기를 취급하는 장소로 유동하는 것을 방지하기 위하여 유동방지시설을 설치한다. 다만 가스설비등이 화기와의 거리 이상을 유지한 경우에는 유동방지시설을 설치하지 않을 수 있다.
1. 유동방지시설은 높이 2 m 이상의 내화성 벽으로 하고, 가스설비등과 화기를 취급하는 장소와는 우회수평거리 8 m 이상을 유지한다.
2. 불연성 건축물 안에서 화기를 사용하는 경우, 가스설비 등으로부터 수평거리 8 m 이내에 있는 건축물 개구부는 방화문 또는 망입유리로 폐쇄하고, 사람이 출입하는 출입문은 2중문으로 한다.

2022 제3회 [필답형]

01 오프가스 2가지를 쓰고 설명하시오.

정답
1. 석유정제 오프가스 : 원유의 상압증류, 감압증류, 가솔린 생산을 위한 접촉개질공정 등에서 발생하는 가스
2. 석유화학 오프가스 : 나프타 분해에 의한 에틸렌 제조 공정 시 발생하는 가스

02 헥산 8 %, 공기 85 %, 메탄 7 %로 이루어진 혼합가스의 폭발 범위 하한값을 구하시오.

정답
$$\frac{15}{L} = \frac{8}{1.1} + \frac{7}{5}$$
∴ $L = 1.73$ %
※ 공기는 가연성 가스가 아니므로 혼합가스폭발 범위 계산식에 대입하지 않는다.
※ 헥산 폭발범위 : 1.1 ~ 7.5

03 액화석유가스에 부취제를 첨가하는 목적을 쓰시오.

정답
액화석유가스가 누출될 경우 사람이 이를 쉽게 감지할 수 있도록

보충 KGS FP333 액화석유가스 자동차에 고정된 탱크 충전의 기준

• 냄새 나는 물질의 첨가
액화석유가스가 누출될 경우 사람이 이를 쉽게 감지할 수 있도록 다음 기준에 따라 냄새 나는 물질(이하 "부취제"라 한다)을 첨가한다.
1. 액화석유가스는 공기 중의 혼합 비율의 용량이 1천분의 1의 상태에서 감지될 수 있도록 부취제(공업용의 경우는 제외한다)를 섞어 자동차에 고정된 탱크에 충전한다.
2. 액화석유가스의 "공기 중의 혼합 비율의 용량을 1000분의 1의 상태에서 감지할 수 있는 냄새"는 다음 방법 중 어느 한 가지 측정방법 또는 이들과 같은 수준 이상의 정확도를 가진 측정방법으로 측정하여 액화석유가스가 혼합되어 있음을 감지할 수 있는 냄새로 한다.
  (1) 오더(Odor) 미터법(냄새 측정기법)
  (2) 주사기법
  (3) 냄새주머니법
  (4) 무취실법
3. 냄새의 측정에 대한 기본적인 사항은 다음과 같다.
  (1) 시험가스의 채취법
      해당 저장탱크의 시료 채취 전용 구멍(이와 유사한 것을 포함한다)에서 액상인 액화석유가스를 소용기에 채취하고, 이것을 기화시킨 가스(시험가스)와 공기와의 혼합가스를 시료기체로 한다.
  (2) 냄새측정실의 구비 조건
  (2-1) 액화석유가스의 냄새를 측정하기 위한 검취실은 청결하고 냄새가 없어야 하며 적당한 환기가 가능하도록 한다.
  (2-2) 실내의 온도 및 습도는 패널의 후각 안정을 위하여 가능한 한 생활환경에 가깝도록(온도 18 ~ 25 ℃, 습도 60 ~ 80 %) 일정하고 조용하게 유지한다. 특히, 한냉 및 강풍은 후각을 감퇴시키므로 주의한다.

(3) 패널의 구비 조건 등
(3-1) 패널은 시험을 시작하기 전에 적어도 30분간 식사, 흡연 등을 하지 않는다.
(3-2) 패널은 건강 상태가 나쁠 때, 특히 코의 상태가 좋지 않을 때는 측정에 참가하지 않는다.
(3-3) 패널의 인원은 적어도 4명(무취실법에서는 6명) 이상으로 한다.

04 가스용 연료전지 제조소에서 갖추어야 하는 제조설비 2가지를 쓰시오.

정답
1. 단위셀 및 스택 제작 설비
2. 연료개질기 제작 설비
3. 그 밖에 제조에 필요한 가공설비

보충 KGS AB934 가스용 연료전지 제조의 시설·기술·검사 기준

2. 제조시설 기준
2.1 제조설비
연료전지를 제조하려는 자는 이 제조 기준에 따라 연료전지를 제조하기 위하여 다음 기준에 맞는 제조설비를 갖춘다. 다만 허가관청이 부품의 품질향상을 위하여 필요하다고 인정하는 경우에는 그 부품을 제조하는 전문생산업체의 설비를 이용하거나 그가 제조한 부품을 사용할 수 있다.
(1) 단위셀 및 스택 제작 설비
(2) 연료개질기 제작설비
(3) 그 밖에 제조에 필요한 가공설비

05 희생양극법의 정의를 쓰시오.

정답
지중 또는 수중에 설치된 양극 금속과 매설배관을 전선으로 연결해 양극 금속과 매설배관 사이의 전지작용으로 부식을 방지하는 방법

보충 KGS GC202 가스시설 전기방식 기준
• 용어 정의
1. "전기방식(電氣防蝕)"이란 지중 및 수중에 설치하는 강재 배관 및 저장탱크 외면에 전류를 유입하여 양극반응을 저지함으로써 배관의 전기적 부식을 방지하는 것을 말한다.
2. "희생양극법(犧牲陽極法)"이란 지중 또는 수중에 설치된 양극 금속과 매설배관을 전선으로 연결해 양극 금속과 매설배관 사이의 전지작용으로 부식을 방지하는 방법을 말한다.
3. "외부전원법(外部電源法)"이란 외부직류전원장치의 양극(+)은 매설배관이 설치되어 있는 토양이나 수중에 설치한 외부전원용 전극에 접속하고, 음극(-)은 매설배관에 접속하여 부식을 방지하는 방법을 말한다.
4. "배류법(排流法)"이란 매설배관의 전위가 주위의 타 금속 구조물의 전위보다 높은 장소에서 매설배관과 주위의 타 금속 구조물을 전기적으로 접속하여 매설배관에 유입된 누출전류를 전기회로적으로 복귀시키는 방법을 말한다.

06 펌프의 다음 각 물음에 대해 답하시오.

1. 펌프 상사법칙을 설명하시오.
2. 유량, 양정, 동력 공식을 쓰고 각각 설명하시오.

정답

1. 기하학적으로 닮은(상사한) 펌프 두 개의 유량, 양정, 동력, 회전수의 관계에 관한 법칙
2. (1) 유량 : $Q_2 = Q_1 \times \dfrac{N_2}{N_1} \times \left(\dfrac{D_2}{D_1}\right)^3$ 유량은 회전수 변화의 1승, 임펠러 직경 변화의 3승에 비례
   (2) 양정 : $H_2 = H_1 \times \left(\dfrac{N_2}{N_1}\right)^2 \times \left(\dfrac{D_2}{D_1}\right)^2$ 유량은 회전수 변화의 2승, 임펠러 직경 변화의 2승에 비례
   (3) 동력 : $P_2 = P_1 \times \left(\dfrac{N_2}{N_1}\right)^3 \times \left(\dfrac{D_2}{D_1}\right)^5$ 유량은 회전수 변화의 3승, 임펠러 직경 변화의 5승에 비례

07 보일러의 급·배기방식 4가지를 쓰고 각각 설명하시오.

정답

1. 자연배기식 : 연소에 필요한 공기를 실내에서 취하고 배기가스는 배기통을 이용해 자연적으로 실외로 배출하는 형태
2. 강제배기식 : 연소에 필요한 공기는 실내에서 취하고 배기가스는 배출기를 통해 강제로 실외에 배출하는 형태
3. 자연급배기식 : 연소에 필요한 공기를 실외에서 흡입하고 배기가스를 자연적으로 실외로 배출하는 형태
4. 강제급배기식 : 연소에 필요한 공기는 급기구를 통해 취하고 배기가스는 배출기를 통해 배출시키는 형태

보충 보일러

구분		내용
개방식		연소에 필요한 공기를 실내에서 취하고 배기가스는 옥내로 배출하는 형태
반밀폐식	자연배기식 (CF)	연소에 필요한 공기를 실내에서 취하고 배기가스는 배기통을 이용해 자연적으로 실외로 배출하는 형태
	강제배기식 (FE)	연소에 필요한 공기는 실내에서 취하고 배기가스는 배출기를 통해 강제로 실외에 배출하는 형태
밀폐식	자연급배기식 (BF)	연소에 필요한 공기를 실외에서 흡입하고 배기가스를 자연적으로 실외로 배출하는 형태
	강제급배기식 (FF)	연소에 필요한 공기는 급기구를 통해 취하고 배기가스는 배출기를 통해 배출시키는 형태

08 다음 조건을 보고 P_B의 압력(mmH₂O)을 구하시오.

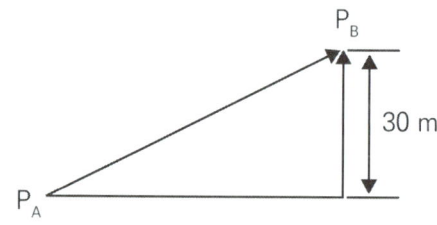

- P_A 압력 : 200 mmH₂O
- 관안지름 D : 500 mm
- 가스비중 s : 0.65
- 배관 직선부 길이 L : 20 m
- 유량 Q : 500 m³/h

정답

1. 직선부 : $Q = k\sqrt{\dfrac{HD^5}{SL}}$

   $500 = 0.707\sqrt{\dfrac{H \times 50^5}{0.65 \times 20}}$

   $\therefore H = 0.021\ mmH_2O$

2. 입상부

   $1.293(s-1)H = 1.293(0.65-1) \times 30$
   $\qquad\qquad\qquad = -13.565\ mmH_2O$

   따라서 $P_B = 200 - 0.021 + 13.565$
   $\qquad\qquad = 213.54\ mmH_2O$

   이때, 입상부는 공기보다 가벼운 가스(비중이 1보다 작음)이므로 압력손실이 아닌 압력상승이다.

---

09 다음은 고압가스 안전관리법에 따른 내진설계 적용 대상이다. 다음 빈칸에 들어갈 알맞은 말을 쓰시오.

> 1. 5톤(①의 경우에는 10톤) 또는 500 m³(①의 경우에는 1000 m³) 이상의 지상 저장탱크
> 2. 반응·분리·정제·증류 등을 행하는 탑류로서, 동체부의 높이가 (②) m 이상인 압력용기(이하 "탑류"라 한다)
> 3. 세로 방향으로 설치한 동체의 길이가 (③) m 이상인 원통형 응축기
> 4. 내용적 (④) L 이상인 수액기

정답

① 비가연성 가스나 비독성 가스
② 5
③ 5
④ 5000

보충 KGS GC203 가스시설 및 지상 가스배관 내진설계 기준

- 고법 적용 대상 시설
1. 5톤(비가연성 가스나 비독성 가스의 경우에는 10톤) 또는 500 m³(비가연성 가스나 비독성 가스의 경우에는 1000 m³) 이상의 지상 저장탱크
2. 반응·분리·정제·증류 등을 행하는 탑류로서, 동체부의 높이가 5 m 이상인 압력용기(이하 "탑류"라 한다)
3. 세로 방향으로 설치한 동체의 길이가 5 m 이상인 원통형 응축기
4. 내용적 5000 L 이상인 수액기
5. 지상에 설치되는 사업소 밖의 고압가스배관
6. 1에서 5까지에 따른 시설의 지지구조물 및 기초와 이들의 연결부

- 액법 적용 대상 시설
1. 3톤 이상의 지상 저장탱크
2. 지상에 설치되는 액화석유가스배관망공급 제조소 밖의 배관(사용자 공급관과 내관은 제외한다)
3. 1 및 2에 따른 시설의 지지구조물 및 기초와 이들의 연결부
4. 액화석유가스 배관망공급사업자의 철근콘크리트 구조의 정압기실. 다만 캐비닛 및 매몰형은 제외한다.

- 도법 적용 대상 시설
1. 가스제조시설에서 저장능력이 3톤(압축가스의 경우에는 300 m³) 이상인 지상 저장탱크(가스 도매 사업자가 소유하는 지중식 저장탱크를 포함한다)와 가스홀더
2. 가스충전시설에서 저장능력이 5톤 또는 500 m³ 이상인 지상 저장탱크와 가스홀더
3. 가스충전시설에서 반응·분리·정제·증류 등을 행하는 탑류로서, 동체부의 높이가 5 m 이상인 압력용기(이하 "탑류"라 한다)
4. 지상에 설치하는 사업소 밖의 도시가스배관(사용자 공급관과 내관은 제외한다)
5. 1에서 4까지에 따른 시설 및 압축기, 펌프, 기화기, 열교환기, 냉동설비, 정제설비, 부취제 주입설비의 지지구조물 및 기초와 이들의 연결부
6. 가스 도매 사업자(도법 제39조의2에 따른 도시가스 사업자 외의 가스 공급시설 설치자를 포함한다. 이하 같다)의 적용 대상 시설은 다음과 같다.

6-1. 정압기지 및 밸브기지 내
  (1) 정압설비·계량설비·가열설비·배관의 지지 구조물 및 기초
  (2) 방산탑
  (3) 건축물
6-2. 사업소 밖의 배관에 긴급 차단장치를 설치 또는 관리하는 건축물
7. 일반 도시가스 사업자의 철근콘크리트 구조의 정압기실. 다만 캐비닛 및 매몰형은 제외한다.

• 수소법 적용 대상 시설
설비 중량 5톤 이상인 수소저장설비와 수소저장설비의 지지구조물 및 기초

10 다음 질문에 대해 답하시오.

> 1. 중압 이상인 도시가스배관의 내압시험 압력을 쓰시오.
>   (1) 수압으로 시행 시
>   (2) 공기 또는 질소 등의 기체로 시행 시
> 2. 내압시험을 수압으로 실시하되, 중압 이하의 배관, 길이 (①) m 이하로 설치되는 고압배관과 부득이한 이유로 물을 채우는 것이 부적당한 경우에는 (②) 또는 위험성이 없는 (③)로 할 수 있다.
> 3. 도시가스의 기밀시험 압력을 쓰시오.
> 4. 기밀시험을 생략할 수 있는 가스공급시설은 최고사용압력이 (①) 이하의 것 또는 항상 대기로 개방되어 있는 것으로 한다.

정답

1. (1) 최고사용압력의 1.5배 이상
   (2) 최고사용압력의 1.25배 이상
2. ① 50 ② 공기 ③ 불활성 기체
3. 최고사용압력의 1.1배 또는 8.4 kPa 중 높은 압력
4. 0 MPa

보충 KGS FU551 도시가스 사용시설의 시설·기술·검사 기준

4.2.2.1.16 내압시험 최고사용압력이 중압 이상인 배관은 최고사용압력의 1.5배(고압의 배관으로서 공기·질소 등의 기체로 내압시험을 실시하는 경우에는 1.25배) 이상의 압력으로 내압시험을 실시하여 압력 강하 및 이상 변형, 파손이 없는지를 확인한다.

(1) 중압 이상인 배관의 내압시험은 다음 기준에 따라 실시한다.

(1-1) 내압시험은 수압으로 실시한다. 다만 중압 이하의 배관, 길이 50 m 이하로 설치되는 고압 배관과 부득이한 이유로 물을 채우는 것이 부적당한 경우에는 공기 또는 위험성이 없는 불활성 기체로 할 수 있다.

(1-2) 공기 등의 기체의 압력으로 내압시험을 실시하는 경우에는 작업을 안전하게 하기 위하여 강관 용접부 전 길이에 내압시험 전에 KS B 0845(강 용접 이음부의 방사선투과검사)에 따라 방사선투과시험을 하고 그 등급 분류가 2류(범주2)[중압 이하의 배관은 3류(범주3)] 이상임을 확인한다.

(1-3) 중압 이상 강관의 양 끝부에는 이음부의 재료와 동등 이상의 성능이 있는 배관용 앤드 캡(end cap), 막음플랜지 등을 용접으로 부착하고, 비파괴시험을 실시한 후 내압시험을 실시한다.

(1-4) 내압시험은 해당 설비가 취성 파괴를 일으킬 우려가 없는 온도에서 실시한다.

(1-5) 내압시험은 최고사용압력의 1.5배(고압의 가스시설로서 공기·질소 등의 기체로 내압시험을 실시하는 경우에는 1.25배) 이상으로 하며, 규정 압력을 유지하는 시간은 5분에서 20분을 표준으로 한다.

(1-6) 내압시험을 공기 등의 기체로 하는 경우 압력은 일시에 시험압력까지 승압하지 않아야 하며, 먼저 상용압력의 50 %까지 승압한 후에 상용압력의 10 %씩 단계적으로 승압하여 내압시험압력에 달하였을 때 누출 등의 이상이 없고, 그 후 압력을 내려 상용압력으로 하였을 때 팽창, 누출 등의 이상이 없으면 합격으로 한다.

(1-7) 내압시험에 종사하는 사람의 수는 작업에 필요한 최소 인원으로 하고, 관측 등을 하는 경우에는 적절한 방호시설을 설치한 후 그 뒤에서 실시한다.

(1-8) 내압시험을 하는 장소 및 그 주위는 잘 정돈하여 긴급한 경우 대피하기 좋도록 하고, 2차적으로 인체에 위해가 발생하지 않도록 한다.

(1-9) 내압시험을 할 때 감독자는 시험이 시작되는 때부터 끝날 때까지 시험 구간을 순회점검하고 이상 유무를 확인한다.

(2) 중압 이상인 배관 중 내압시험을 생략할 수 있는 가스사용시설은 다음과 같다.

(2-1) 내압시험을 위하여 구분된 구간과 구간을 연결하는 이음관으로서, 그 관의 용접부가 방사선투과시험에 합격된 이음관

(2-2) 길이가 15 m 미만으로 최고사용압력이 중압 이상인 배관 및 그 부대설비로서, 시험을 위해 그들의 이음부와 동일 재료, 동일 치수 및 동일 시공방법으로 접합한 관을 이용하여 미리 최고 사용압력의 1.5배(고압의 가스시설로서 공기·질소 등의 기체로 내압시험을 실시하는 경우에는 1.25배) 이상인 압력으로 시험을 실시하여 합격된 배관 및 그 부대설비

(3) 내압시험에 필요한 준비는 검사 신청인이 한다.

11 정압기 특성인 오프셋에 대해 쓰시오.

정답

유량이 변화했을 때 2차 압력과 기준압력과의 차

보충 정압기의 정특성 종류
1. 로크업 : 유량이 '0'으로 되었을 때 끝맺음 압력과 기준압력과의 차
2. 시프트 : 1차 압력의 변화에 의하여 정압곡선이 전체적으로 어긋나는 것
3. 오프셋 : 유량이 변화했을 때 2차 압력과 기준압력과의 차

12 AFV식 정압기의 2차측 압력 상승 시 작동에 대해 쓰시오.

정답

2차 측 압력 상승 시 파일럿 다이어프램이 밑으로 내려와서 파일럿밸브가 닫히며 고무 슬리브가 수축하여 가스를 차단한다.

13 백파이어(역화), 리프팅(선화), 블로우오프, 옐로팁에 대해 설명하시오.

정답

1. 역화 : 염이 염공을 통해 버너의 혼합관 내에 불타며 들어오는 현상
2. 선화(Lifting) : 가스가 염공을 떠나서 연소하는 현상
3. 블로 오프 : 불꽃 주변 기류에 의해 염공에서 떨어져 연소하다 꺼져버리는 현상
4. 옐로팁 : 불완전연소 시에 적황색 불꽃으로 되는 현상

14 다음 설명에 해당하는 배관 명칭을 쓰시오.

> 1. 노출 배관으로 사용하지 않는다. 다만 지상 배관과 연결하기 위해 금속관을 사용하여 보호조치를 한 경우로서 지면에서 0.3 m 이하로 노출하여 시공하는 경우에는 노출 배관으로 사용할 수 있다.
> 2. 온도가 40 ℃ 이상이 되는 장소에 설치하지 않는다. 다만 파이프슬리브 등을 이용하여 단열조치를 한 경우에는 온도가 40 ℃ 이상이 되는 장소에 설치할 수 있다.

정답

가스용 폴리에틸렌관(PE관)

※ [KGS FS451 가스도매사업 제조소 및 공급소 밖의 배관의 시설·기술·검사·정밀안전진단 기준]에 명시됨]

15 다음 고압가스 제조설비에 대한 각 물음에 답하시오.

> 1. 고압가스 제조설비의 외면으로부터 그 제조소의 경계까지 유지하여야 하는 거리는 20 m 이상으로 한다. 다만 제조소의 제조설비가 인접한 제조소의 제조설비와 인접한 경우 20 m 이상으로 하지 않아도 되는데 이 경우 3가지를 쓰시오.
> 2. 고압가스 제조시설에서 안전구역 설정 시 안전구역 안의 고압설비 연소열량수치 $Q = 6 \times 10^8$ 이하로 한다. 여기서 연소열량수치 Q는 무엇을 의미하는지 쓰시오.

정답

1. (1) 제조설비와 인접한 제조소의 제조설비 사이의 거리가 40 m 이상 유지되고, 그 안에 다른 제조설비가 설치되지 않는 것이 보장되는 경우
   (2) 비가연성·비독성 가스의 제조설비인 경우
   (3) 비독성 가스인 가연성 가스의 제조설비로서 연소열량의 수치가 3.4×10^6 미만인 경우
2. 연소열량의 수치(가스의 단위중량인 진발열량의 수)

보충 KGS FP111 고압가스 특정제조의 시설·기술·검사·감리·정밀안전검진 기준

2.1.3 다른 설비와의 거리
2.1.3.1 안전구역 안의 고압가스설비(배관은 제외한다)의 외면으로부터 다른 안전구역 안에 있는 고압가스설비의 외면까지 유지하여야 할 거리는 30 m 이상으로 한다.
2.1.3.2 가연성 가스 저장탱크의 외면으로부터 처리능력이 20만 m³ 이상인 압축기까지 유지하여야 하는 거리는 30 m 이상으로 한다.
2.1.3.3 가연성 가스 제조시설의 고압가스설비[저장탱크 및 배관은 제외한다. 이하 2.1.3.3에서 같다]는 그 외면으로부터 다른 가연성 가스 제조시설의 고압가스설비와 5 m 이상, 산소제조시설의 고압가스설비와 10 m 이상의 거리를 유지하는 등 하나의 고압가스설비에서 발생한 위해요소가 다른 고압가스설비로 전이되지 않도록 필요한 조치를 한다.

2.1.4 사업소경계와의 거리
제조설비의 외면으로부터 그 제조소의 경계까지 유지하여야 하는 거리는 20 m 이상으로 한다. 다만 다음의 경우에는 2.1.4.1 또는 2.1.4.2에서 정한 거리로 할 수 있다.
2.1.4.1 하나의 안전관리체계로 운영되는 2개 이상의 제조소가 한 사업장 안에 공존하는 경우에는 2.1.3.1의 거리를 유지한다.
2.1.4.2 다음의 어느 하나에 해당하는 제조소의 제조설비가 인접한 제조소의 제조설비와 인접한 경우에는 해당 제조소의 경계와의 거리를 20 m 이상 유지하지 않을 수 있다.
(1) 제조설비와 인접한 제조소의 제조설비 사이의 거리가 40 m 이상 유지되고, 그 안에 다른 제조설비가 설치되지 않는 것이 보장되는 경우
(2) 비가연성·비독성 가스의 제조설비인 경우
(3) 비독성 가스인 가연성 가스의 제조설비로서 2.1.9.2에 따른 연소열량의 수치가 3.4×10^6 미만인 경우

2.1.9 안전구역의 설정
고압가스제조시설에서 재해가 발생할 경우 그 재해의 확대를 방지하기 위하여 가연성 가스설비 또는 독성 가스의 설비는 다음 기준에 따라 통로·공지 등으로 구분된 안전구역 안에 설치한다. 다만 다음 기준을 모두 만족하는 경우에는 안전구역 안에 설치하지 않을 수 있다.
(1) 공정상 밀접한 관련을 가진 고압가스설비로서 2개 이상의 안전구역을 구분할 경우 그 고압가스설비의 운영에 줄 우려가 있는 경우
(2) 사업자가 안전성 평가를 실시하고 그 결과에 따라 필요한 안전성 향상조치를 실시한 경우
2.1.9.1 안전구역 면적은 다음 방법에 따라 구한 것으로서 2만 m² 이하로 한다.
2.1.9.1.1 하나의 안전구역 면적은 하나 또는 둘 이상의 안전분구 면적의 합계로 한다.
2.1.9.1.2 2.1.9.1.1의 안전분구가 폭 5 m 이상의 통로 또는 그 제조소의 경계선으로 구획되어 있고, 그 구획 안에 고압가스설비(배관 및 저장탱크를 제외하고, 그 고압가스설비의 제조시설에 속하는 가연성 가스의 가스설비를 포함한다. 이하 같다)가 설치되어 있는 경우에는 그 구획 안에 설치되어 있는 고압가스설비의 수평투영면의 바깥쪽(건축물 안에 고압가스설비가 설치되어 있는 경우에는 그 건축물의 수평투영면의 바깥쪽으로 한다) 접선을 내각이 180°를 초과하지 않도록 연결한 다각형의 내면으로 한다.

2.1.9.1.3 2.1.9.1.2에 따른 안전분구 통로 폭은 다음 방법에 따라 측정한다.

(1) 경계턱·하수구 등으로 통로가 명확하게 구획되어 있는 경우에는 그 경계턱·하수구 등을 기점으로 측정한다.

(2) 통로의 경계가 명확하지 않은 경우에는 그 통로에 접하는 안전분구 안의 고압가스설비의 수평투영면 바깥쪽에 1 m의 폭을 더한 선을 통로와 안전분구와의 경계로 보고 측정한다. 2.1.9.2 안전구역 안의 고압가스설비 연소열량수치(Q)는 다음 연소열량수치 산정 기준 중 어느 하나에 따라 산정한 것으로서, 6×10^8 이하로 한다.

2.1.9.2.1 저장설비 또는 처리설비 안에 1종류의 가스가 있는 경우에는 다음 식에 따라 연소열량수치 Q를 구한다.

$Q = K \cdot W$

Q : 연소열량의 수치
(가스의 단위중량인 진발열량의 수)
K : 가스의 종류 및 상용의 온도에 따라 정한 수치
W : 저장설비 또는 처리설비에 따라 정한 수치

2022 제3회 [동영상]

01 고압가스설비에 설치하는 압력계에 대한 기준 중 괄호 안에 알맞은 내용을 쓰시오.

※ 출처 : KC안전기술

1. 고압가스 설비에 설치하는 압력계는 상용압력의 (①)배 이상 (②)배 이하의 최고눈금이 있는 것으로 한다.
2. 충전용 주관의 압력계는 (①) 이상, 그 밖의 압력계는 (②) 이상 표준이 되는 압력계로 그 기능을 검사한다.

정답

1. ① 1.5
   ② 2
2. ① 매월 1회
   ② 3월에 1회

02 다음 동영상을 보고 각 물음에 답하시오.

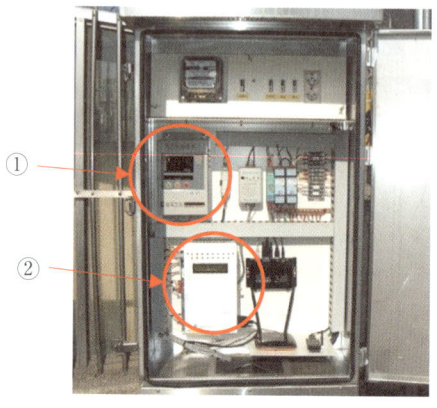

※ 출처 : 이투뉴스

1. RTU박스의 기능을 쓰시오.
2. ①, ②, ③의 각 명칭과 역할을 쓰시오.

정답

1. 정압기실의 감시제어 데이터(온도, 가스누출 여부 등)를 상황실로 전송
2. ① 가스누설 경보기 : 정압기실 내의 가스누설 시 경보
   ② UPS : 정전 시 전원공급장치
   ③ 출입문 개폐 통보장치 : 정압기실 내에 관계자 외의 사람이 개방 시 통보

03 방폭전기기기에 표시된 내용에 대해 설명하시오.

※ 출처 : 아성테크

| 1. Ex | 2. d |
| 3. ⅡB | 4. T6 |

정답

1. 방폭구조
2. 내압방폭구조
3. 내압 방폭전기기기의 폭발등급(최대안전틈새 범위 0.5 mm 초과 0.9 mm 미만)
4. 방폭전기기기의 온도등급(가연성 가스의 발화도(℃) 범위 : 85 ℃ 초과 100 ℃ 이하)

보충 방폭구조의 종류
① 안전증방폭구조(e)
② 유입방폭구조(o)
③ 내압방폭구조(d)
④ 압력방폭구조(p)
⑤ 본질안전방폭구조(ia, ib)
⑥ 특수방폭구조(s)

보충 방폭전기기기 온도 등급에 따른 발화도 범위
T1 : 450 ℃ 초과
T2 : 300 ℃ 초과 450 ℃ 이하
T3 : 200 ℃ 초과 300 ℃ 이하
T4 : 135 ℃ 초과 200 ℃ 이하
T5 : 100 ℃ 초과 135 ℃ 이하
T6 : 85 ℃ 초과 100 ℃ 이하

보충 폭발등급
① ⅡA : 최대안전틈새 범위 0.9 mm 이상
② ⅡB : 최대안전틈새 범위 0.5 mm 초과 0.9 mm 미만
③ ⅡC : 최대안전틈새 범위 0.5 mm 이하

04 다음 영상을 보고 각 물음에 답하시오.

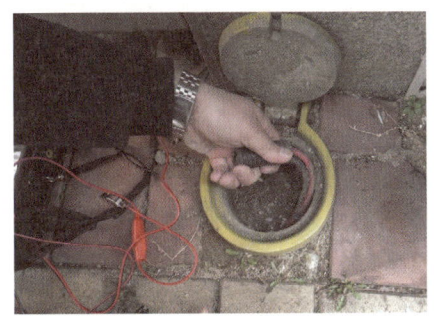

1. 해당 설비 명칭을 쓰시오.
2. 해당 설비 기능을 쓰시오.
3. 자연전위의 변화값은 몇 mV 이하인지 쓰시오.
4. 도시가스배관의 방식전위 상한값을 포화황산동 기준전극으로 몇 V 이하인지 쓰시오.

정답

1. 전위측정용 터미널 박스
2. 매설배관의 전기방식용 전위 측정
3. -300
4. -0.85

05 다음은 공업용 용기이다. 각 용기에 충전하는 가스 명칭을 분자식으로 쓰시오.

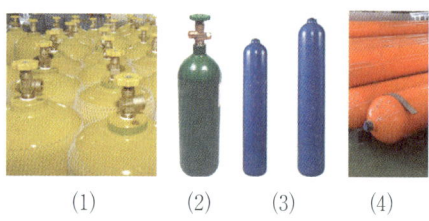

(1) (2) (3) (4)

※ 출처 : 가스신문

> **정답**
> (1) C_2H_2
> (2) O_2
> (3) CO_2
> (4) H_2

보충 용기

1. 용기도색

탄산가스	산소	아세틸렌	암모니아	수소	염소	기타
청색	녹색	황색	백색	주황색	갈색	회색

2. 가스명칭

아세틸렌	암모니아	LPG	기타
흑색	흑색	적색	백색

06 다음 LPG 저장실의 가스누출 검지기에 대한 각 물음에 답하시오.

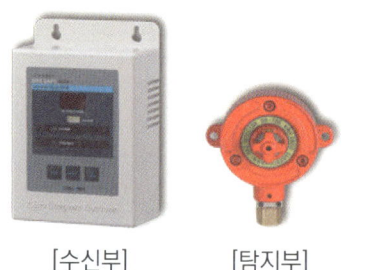

[수신부]   [탐지부]

※ 출처 : 성화전자

1. 설치 위치를 쓰고 그 이유를 쓰시오.
2. 검지기 설치 개수 규정을 쓰시오.

> **정답**
> 1. 바닥면으로부터 검지부 상단까지의 높이가 30 cm 이내인 범위에서 가능하면 바닥에 가까운 곳으로
> 2. 바닥면 둘레 20 m에 1개 이상의 비율로 계산한 수

보충 KGS FP333

• 가스누출경보기의 구조
1. 충분한 강도를 가지며, 취급과 정비(특히 엘리먼트의 교체)가 용이한 것으로 한다.
2. 경보기의 경보부와 검지부는 분리하여 설치할 수 있는 것으로 한다.
3. 검지부가 다점식인 경우에는 경보가 울릴 때 경보부에서 가스의 검지 장소를 알 수 있는 구조로 한다.
4. 경보는 램프의 점등 또는 점멸과 동시에 경보를 울리는 것으로 한다.

• 가스누출경보기의 설치장소
1. 경보기의 검지부는 저장설비 및 가스설비(버너 등으로서, 파일럿 버너 등으로 인터록기구를 갖추어 가스 누출의 우려가 없는 사용설비에서는 그 버너 등의 부분은 제외한다) 중 가스가 누출하기 쉬운 다음 설비가 설치(보관)되어 있는 장소의 주위에 설치하되, 누출한 가스가 체류하기 쉬운 장소에 설치한다.
  (1) 저장탱크, 마운드형 저장탱크, 소형저장탱크
  (2) 충전설비, 로딩암, 압력용기 등 가스설비
2. 경보기의 검지부를 설치하는 위치는 가스의 성질, 주위 상황, 각 설비의 구조 등의 조건에 따라 정하되, 다음에 해당하는 장소에는 설치하지 않는다.
  (1) 증기, 물방울, 기름기 섞인 연기 등이 직접 접촉될 우려가 있는 곳
  (2) 주위 온도 또는 복사열에 따른 온도가 40 ℃ 이상이 되는 곳
  (3) 설비 등에 가려져 누출가스의 유동이 원활하지 못한 곳
  (4) 차량 및 그 밖의 작업 등으로 경보기가 파손될 우려가 있는 곳
3. 경보기 검지부의 설치 높이는 바닥면으로부터 검지부 상단까지의 높이가 30 cm 이내인 범위에서 가능하면 바닥에 가까운 곳으로 한다.
4. 경보기의 경보부의 설치장소는 관계자가 상주하거나 경보를 식별할 수 있는 장소로서, 경보가 울린 후 각종 조치를 취하기에 적절한 곳으로 한다.

- 가스누출경보기의 설치 개수
1. 경보기의 검지부가 건축물 안(지붕이 있고 둘레의 1/4 이상이 벽으로 싸여 있는 장소를 말한다)에 설치된 경우에는 그 설비군의 바닥면 둘레 10 m에 1개 이상의 비율로 계산한 수
2. 경보기의 검지부가 지하에 설치된 전용 저장탱크실, 지하에 설치된 전용 처리설비실 및 건축물 밖에 설치된 경우에는 그 설비군의 바닥면 둘레 20 m에 1개 이상의 비율로 계산한 수

07 지시하는 것은 LPG 이송에 사용하는 차량에 고정된 탱크에서 차량 운전석 외부에 설치된 것으로 명칭과 역할을 각각 쓰시오.

※ 출처 : 가스신문

정답
1. 명칭 : 높이 측정 기구(감지봉)
2. 역할 : 탱크 정상부 높이가 차량 정상부보다 높을 경우 충돌사고 방지

08 다음은 비파괴검사의 한 종류인 음향검사이다. 각 물음에 답하시오.

1. 검사의 합격 기준을 쓰시오.
2. 재검사 대상 용기의 내압검사 대상에 대해 제조 후 첫 번째 및 두 번째로 재검사를 받는 용기로서, 규정에 따른 음향검사에 적합하고, 등급 분류 결과 몇 등급에 해당하는 용기에 대하여 영구팽창측정시험을 실시하는지 쓰시오.

정답
1. 용기의 고유 진동수를 저해하지 않도록 나무망치 등으로 가볍게 동체를 두드렸을 때 맑은 소리가 길게 퍼지는 것
2. 3급

보충 KGS AC218 고압가스용 이음매없는 용기 재검사 기준

5.2.1.2.2 음향검사
(1) 검사방법
용기의 고유 진동수를 저해하지 않도록 나무망치 등으로 가볍게 동체를 두드린다. 5.2.1.2.3(4)에 따른 용기와 법 제17조 제2항 제1호에 따른 첫 번째 및 두 번째 실시하는 재검사의 카트리지 용기는 음향검사를 생략할 수 있다.
(2) 판정방법
(1)에 따른 검사 결과 맑은 소리가 길게 퍼지는 것을 적합으로 한다.
5.2.1.2.3 내압검사
내압검사는 내압시험압력 이상의 압력을 가하여 실시하고, 팽창측정시험은 누출 또는 이상팽창이 없고 영구증가율이 10 % 이하를 적합으로 하며, 가압시험은 누출 또는 이상팽창이 없는 것을 적합으로 한다.
(1) 내압검사 대상 〈개정 18.10.16.〉
(1-1) 제조 후 첫 번째 재검사를 받는 용기로서, 5.2.1.2.2에 따른 음향검사에 적합하고, 표 5.2.1.2.1(1)①에 따른 등급 분류 결과 1급에 해당하는 용기는 내압시험을 면제한다.

(1-2) 제조 후 첫 번째 재검사를 받는 용기로서, 5.2.1.2.2에 따른 음향검사에 적합하고, 표 5.2.1.2.1(1)①에 따른 등급 분류 결과 2급에 해당하는 용기 및 제조 후 두 번째로 재검사를 받는 용기는 내압시험압력 이상의 압력으로 가압시험을 실시한다.

(1-3) 제조 후 첫 번째 및 두 번째로 재검사를 받는 용기로서, 5.2.1.2.2에 따른 음향검사에 적합하고 표 5.2.1.2.1(1)①에 따른 등급 분류 결과 3급에 해당하는 용기 및 제조 후 세 번째 이상 재검사를 받는 용기는 영구팽창측정 시험을 실시한다.

(1-4) 표 5.2.1.2.1(1)①에 따른 등급 분류 결과 2급·3급에는 해당하지 않으나 부식, 우그러짐 등 결함이 사용상 지장이 있는지를 판단하기 곤란한 경우에는 영구팽창측정시험을 실시한다.

09 지상에 설치된 LPG 저장탱크에 부착된 액면계의 명칭을 쓰고, 상·하 배관에는 어떤 형식의 밸브를 설치하는지 쓰시오.

※ 출처 : GURBONG HANJIN

정답

(1) 명칭 : 크린카식 액면계
(2) 밸브 : 자동 및 수동식 스톱밸브

10 다음은 태양광 발전설비의 집광판이다. 괄호 안에 들어갈 알맞은 숫자를 쓰시오.

※ 출처 : 뉴스튜브

1. 집광판을 설치할 수 있는 캐노피는 불연성 재료로 하고, 캐노피의 상부바닥면이 충전기의 상부로부터 ( ) m 이상 높이에 설치한다.
2. 충전소 내 지상에 집광판을 설치하려는 경우에는 충전설비, 저장설비, 가스설비, 배관, 자동차에 고정된 탱크 이입·충전장소의 외면(자동차에 고정된 탱크 이입·충전장소의 경우에는 지면에 표시된 정차위치의 중심)으로부터 ( ) m 이상 떨어진 곳에 설치하고, 집광판은 지면으로부터 1.5 m 이상 높이에 설치한다.

정답

1. 3
2. 8

보충 KGS FP332 액화석유가스 자동차에 고정된 용기 충전의 시설·기술·검사·정밀안전진단·안전성평가 기준

2.8.5 태양광발전설비 설치
태양광발전설비는 다음 기준에 적합하게 설치한다.
2.8.5.1 태양광발전설비를 사업소 건축물 상부에 설치하는 경우에는 「건축법」 등 건축물 관련 법규 및 하위규정에 따른 구조 및 설비 기준을 준수하고, 건축구조기술사 또는 건축시공기술사의 구조안전확인을 받은 것으로 한다.

2.8.5.2 태양광발전설비는 「전기사업법」 제63조에 따른 사용전검사나 「전기사업법」 제66조에 따른 사용전점검에 합격한 것으로 한다.

2.8.5.3 태양광발전설비 중 집광판은 캐노피의 상부, 건축물의 옥상 등 충전소 운영에 지장을 주지 않는 장소에 설치한다.

2.8.5.3.1 집광판을 설치할 수 있는 캐노피는 불연성 재료로 하고, 캐노피의 상부바닥면이 충전기의 상부로부터 3 m 이상 높이에 설치한다.

2.8.5.3.2 충전소 내 지상에 집광판을 설치하려는 경우에는 충전설비, 저장설비, 가스설비, 배관, 자동차에 고정된 탱크 이입·충전장소의 외면(자동차에 고정된 탱크 이입·충전장소의 경우에는 지면에 표시된 정차위치의 중심)으로부터 8 m 이상 떨어진 곳에 설치하고, 집광판은 지면으로부터 1.5 m 이상 높이에 설치한다.

2.8.5.4 태양광발전설비 관련 전기설비는 2.6.8에 따라 방폭성능을 가진 것으로 설치하거나, 폭발위험장소(0종 장소, 1종 장소 및 2종 장소를 말한다)가 아니고 가스시설 등과 접하지 않는 방향에 설치한다.

2.8.5.5 에너지저장장치(ESS : Energy Storage System)는 설치하지 않는다.

2.8.6 고정형 영상정보처리기기 설치
액화석유가스 충전시설에는 다음 장소의 운영 상태를 감시하기 위해 「개인정보 보호법」 제2조 제7호에 따른 고정형 영상정보처리기기(이하 "영상정보처리기기"라 한다)를 설치하고, 24시간 촬영한 영상정보는 10일 이상 저장한다.
⑴ 자동차에 고정된 탱크 이입·충전장소
⑵ 저장설비, 가스설비 및 충전설비 설치장소
⑶ 그 밖에 안전관리상 필요한 장소

2021 제1회 [필답형]

01 다단압축 목적 4가지를 쓰시오.

정답
① 소요일량 절감
② 힘의 평형 양호
③ 압축비 감소로 인한 효율 증가
④ 토출가스 온도상승 방지

02 파일럿 정압기의 파일럿 역할을 쓰시오.

정답
2차 압력의 작은 변화를 증폭하여 주정압기를 작동

03 충전용기를 차량에 적재 시 주의사항 4가지를 쓰시오.

정답
(1) 독성 가스 충전용기를 차량에 적재하여 운반하는 때에는 고압가스 운반차량에 세워서 운반한다.
(2) 차량의 최대 적재량을 초과하여 적재하지 않는다.
(3) 차량의 적재함을 초과하여 적재하지 않는다.
(4) 차량에 충전용기 등을 적재한 후 그 차량의 측판과 뒤판을 정상적인 상태로 닫은 후 확실하게 걸게쇠로 걸어 잠근다.

보충 KGS GC207 고압가스 운반차량의 시설·기술 기준
(1) 독성 가스 충전용기를 차량에 적재하여 운반하는 때에는 고압가스 운반차량에 세워서 운반한다.
(2) 차량의 최대 적재량을 초과하여 적재하지 않는다.
(3) 차량의 적재함을 초과하여 적재하지 않는다.
(4) 충전용기를 차량에 적재할 때에는 차량 운행 중의 동요로 인하여 용기가 충돌하지 않도록 고무링을 씌우거나 적재함에 넣어 세워서 적재한다. 다만 압축가스의 충전용기 중 그 형태나 운반차량의 구조상 세워서 적재하기 곤란한 때에는 적재함 높이 이내로 눕혀서 적재할 수 있다.
(5) 충전용기 등을 목재·플라스틱이나 강철제로 만든 팔레트(견고한 상자 또는 틀) 내부에 넣어 안전하게 적재하는 경우와 용량 10 kg 미만의 액화석유가스 충전용기를 적재할 경우를 제외하고 모든 충전용기는 1단으로 쌓는다.
(6) 충전용기 등은 짐이 무너지거나, 떨어지거나 차량의 충돌 등으로 인한 충격과 밸브의 손상 등을 방지하기 위하여 차량의 짐받이에 바짝 대고 로프, 짐을 조이는 공구 또는 그물 등(이하 "로프등"이라 한다)을 사용하여 확실하게 묶어서 적재하며, 운반차량 뒷면에는 두께가 5 mm 이상, 폭 100 mm 상의 범퍼(SS400 또는 이와 동등 이상의 강도를 갖는 강재를 사용한 것에만 적용한다. 이하 같다) 또는 이와 동등 이상의 효과를 갖는 완충장치를 설치한다.
(7) 차량에 충전용기 등을 적재한 후 그 차량의 측판과 뒤판을 정상적인 상태로 닫은 후 확실하게 걸게쇠로 걸어 잠근다.
(8) 밸브가 돌출한 충전용기는 고정식 프로텍터 또는 캡을 부착하여 밸브의 손상을 방지하는 조치를 하고 운반한다.
(9) 충전용기를 운반하는 때에는 넘어짐 등으로 인한 충격을 받지 않도록 주의하여 취급하며, 충격을 최소한으로 방지하기 위하여 완충판을 차량 등에 갖추고 이를 사용한다.
(10) 독성 가스 중 가연성 가스와 조연성 가스는 동일 차량 적재함에 운반하지 않는다.
(11) 가연성 가스와 산소를 동일 차량에 적재하여 운반하는 때에는 그 충전용기의 밸브가 서로 마주보지 않도록 적재한다.

⑫ 염소와 아세틸렌·암모니아 또는 수소는 동일 차량에 적재하여 운반하지 않는다.
⑬ 충전용기는 이륜차(자전거를 포함한다)에 적재하여 운반하지 않는다.
⑭ 충전용기와 「위험물 안전관리법」 제2조 제1항 제1호에서 정하는 위험물과는 동일 차량에 적재하여 운반하지 않는다.

04 승압방지장치에 대한 다음 각 물음에 답하시오.

1. 고층 건물 등에 연소기를 설치할 때 승압방지장치 설치 대상인지 판단은 높이 몇 m 기준인가?
2. 승압방지장치를 사용하는 이유를 쓰시오.

정답

1. 80 m
2. 일정 높이 이상의 건물로서 가스압력 상승으로 연소기에 실제 공급되는 가스의 압력이 연소기의 최고사용압력을 초과할 우려가 있는 건물은 가스압력 상승으로 인한 가스 누출, 이상연소 등을 방지하기 위하여

보충 KGS FU551 도시가스 사용시설의 시설·기술·검사 기준

2.8.15 불순물 제거장치 설치
정압기의 입구에는 수분 및 불순물 제거장치를 설치한다. 다만 다른 정압기로 수분 및 불순물이 충분히 제거되는 경우에는 생략할 수 있다.

2.8.16 동결 방지조치
가스 중 수분의 동결로 인해 정압기능을 저해할 우려가 있는 정압기에는 동결 방지조치를 한다.

2.8.17 승압 방지장치 설치
높이가 80 m 이상인 고층 건물 등에 연소기를 설치할 때에는 부록 D에 따라 승압 방지장치 설치대상인지를 판단한 후 이를 설치한다.

2.8.18 액화천연가스 저장탱크 부취제 주입
액화천연가스 저장탱크를 설치하고 천연가스를 사용하는 가스사용시설에서는 공기 중의 혼합비율의 용량이 1천분의 1의 상태에서 감지할 수 있는 냄새가 나는 물질을 혼합하기 위한 장치를 설치하고, 냄새가 나는 물질이 품질 기준에 적합하게 주입한다.

D1. 승압방지장치 설치
일정 높이 이상의 건물로서 가스압력 상승으로 연소기에 실제 공급되는 가스의 압력이 연소기의 최고사용압력을 초과할 우려가 있는 건물은 가스압력 상승으로 인한 가스 누출, 이상연소 등을 방지하기 위하여 다음 기준에 따라 승압방지장치를 설치한다.

D1.1 승압방지장치는 한국가스안전공사의 성능 인증품을 사용한다.
[비고] 승압방지장치는 액화석유가스의 안전관리 및 사업법령에 따른 도시가스용압력조정기에 해당하지 않으므로 KGS AA431(도시가스 압력조정기 제조의 시설기술검사 기준)을 적용하지 않는다.

D1.2 승압방지장치의 전후단에는 승압방지장치의 탈착이 용이하도록 차단밸브를 설치한다. D1.3 승압방지장치의 설치 위치 및 설치 수량은 D2.2의 계산식에 따른 압력상승값을 계산하였을 때 연소기에 공급되는 가스압력이 연소기의 최고사용압력 이내가 되는 위치 및 수량으로 한다.

05 메탄의 위험도를 계산하시오.

정답

메탄 : $H = \dfrac{15-5}{5} = 2$

보충 위험도

위험도 $H = \dfrac{U-L}{L}$

H : 위험도
U : 폭발상한값[%]
L : 폭발하한값[%]

1. 아세틸렌 : $H = \dfrac{81-2.5}{2.5} = 31.4$
2. 프로판 : $H = \dfrac{9.5-2.2}{2.2} = 3.32$
3. 메탄 : $H = \dfrac{15-5}{5} = 2$
4. 수소 : $H = \dfrac{75-4}{4} = 17.75$

06
직경 20 mm인 볼트로 플랜지 조립 시 내압에 의한 볼트 인장응력이 600 kgf/cm² 이다. 지름 15 mm의 볼트로 변경하였을 때의 인장응력을 계산하시오.

정답

$\sigma_1 A_1 Z_1 = \sigma_2 A_2 Z_2$

이때 볼트 수가 변함이 없으므로 볼트의 지름만 변경시 1개의 볼트가 받는 인장응력이 변한다(볼트 체결력 변하지 않음).

$\therefore \sigma_2 = \dfrac{A_1}{A_2}\sigma_1 = \dfrac{\frac{\pi}{4}\times 2^2}{\frac{\pi}{4}\times 1.5^2}\times 600 = 1066.67\,kg_f/cm^2$

07
캐비테이션 발생원인 4가지를 쓰시오.

정답

- 펌프보다 수원이 낮아 흡입수두가 클 때
- 펌프의 임펠러 회전속도가 클 때
- 펌프의 흡입관경이 작을 때
- 흡입 측 배관의 유속이 빠를 때
- 흡입 측 배관의 마찰손실이 클 때(흡입배관의 길이가 길 경우)
- 수온이 높을 때

보충 공동현상(Cavitation)

구분	설명
정의	• 흡입 측 배관의 손실(마찰, 낙차, 포화증기압)이 커지게 되어 배관 내 압력이 물의 포화증기압보다 낮아져 기포가 발생하는 현상 • 배관 내 정압 < 포화증기압일 경우 발생 • [NPSHav < NPSHre]일 경우 발생
원인	• 펌프보다 수원이 낮아 흡입수두가 클 때 • 펌프의 임펠러 회전속도가 클 때 • 펌프의 흡입관경이 작을 때 • 흡입 측 배관의 유속이 빠를 때 • 흡입 측 배관의 마찰손실이 클 때(흡입배관의 길이가 길 경우) • 수온이 높을 때
대책	• 펌프의 설치위치를 가급적 낮게 • 회전차를 수중에 완전히 잠기게 • 흡입관경을 크게 • 2대 이상의 펌프를 사용 • 양흡입펌프를 사용
현상	• 소음과 진동이 생김 • 임펠러(수차의 날개), 배관, 배관 부속 등에 응력 발생으로 손상 및 부식이 발생 • 토출량 및 양정이 감소되며 전체적인 펌프의 효율이 감소

08
사업소 내 긴급사태 발생 시 신속한 연락을 위해 안전관리자 상주 사업소와 현장사업소 사이 또는 현장사무소 상호간 설치하여야 할 통신설비 4가지를 쓰시오.

정답

1. 구내전화
2. 구내방송설비
3. 인터폰
4. 페이징설비

보충 통신시설

사업소 내 긴급사태 발생 시 신속한 연락을 위한 통신시설 구비

통신 범위	구비 통신설비
사업소 내 전체	1. 구내방송설비 2. 사이렌 3. 휴대용 확성기 4. 페이징설비 5. 메가폰
안전관리자 상주 사업소와 현장사업소 사이 또는 현장사무소 상호 간	1. 구내전화 2. 구내방송설비 3. 인터폰 4. 페이징설비
종업원 상호 간	1. 페이징설비 2. 휴대용 확성기 3. 트랜시버 4. 메가폰

09 분젠식 연소장치 특징 4가지를 쓰시오.

정답

1. 연소실이 작아도 된다.
2. 연소온도가 높다.
3. 선화현상이 발생할 우려가 있다.
4. 소화음이 발생한다.
5. 불꽃의 길이가 짧다.

10 염소 제조법인 클로로 알칼리 공정의 반응식을 쓰시오.

정답

$2NaCl + 2H_2O \rightarrow Cl_2 + H_2 + 2NaOH$

보충 클로로 알칼리 공정

소금물(식염수, NaCl 용액)을 전기분해하여 염소(Cl_2), 수산화나트륨(NaOH), 수소(H_2)를 동시에 얻는 공정이며 이때 "클로로(Chloro)"는 염소(Cl_2), "알칼리(Alkali)"는 수산화나트륨(NaOH)을 의미한다.

11 동일한 지름 2개의 강관을 이을 때 사용하는 이음재 종류 4가지를 쓰시오.

정답

소켓, 니플, 플랜지, 유니언

12 용접결함 종류 4가지를 쓰시오.

정답

언더컷, 오버랩, 균열, 슬래그혼입

보충 결함

용입 불량	오버랩	언더컷
스패터 과대	기공	용합불량

13 용기에 산소충전 시 주의사항 2가지를 쓰시오.

정답

1. 산소를 용기에 충전하는 때에는 미리 밸브와 용기 내부의 석유류 또는 유지류를 제거하고 용기와 밸브 사이에는 가연성 패킹을 사용하지 않는다.
2. 산소 또는 천연메탄을 용기에 충전하는 때에는 압축기(산소압축기는 물을 내부윤활제로 사용한 것에 한정한다)와 충전용 지관 사이에 수취기를 설치하여 그 가스 중의 수분을 제거한다.
3. 밀폐형의 수전해조에는 액면계와 자동급수장치를 설치한다.

보충 KGS FP111 고압가스 특정제조의 시설·기술·검사·감리·정밀안전검진 기준

- 시안화수소 충전작업
1. 용기에 충전하는 시안화수소는 순도가 98 % 이상이고 아황산가스 또는 황산 등의 안정제를 첨가한 것으로 한다.
2. 시안화수소를 충전한 용기는 충전 후 24시간 정치하고, 그 후 1일 1회 이상 질산구리벤젠 등의 시험지로 가스의 누출검사를 하며, 용기에 충전 연월일을 명기한 표지를 붙이고, 충전한 후 60일이 경과되기 전에 다른 용기에 옮겨 충전한다. 다만 순도가 98 % 이상으로서 착색되지 않은 것은 다른 용기에 옮겨 충전하지 않을 수 있다.

• 아세틸렌 충전작업
1. 아세틸렌을 2.5 MPa 압력으로 압축하는 때에는 질소·메탄·일산화탄소 또는 에틸렌 등의 희석제를 첨가한다.
2. 습식 아세틸렌발생기의 표면은 70 ℃ 이하의 온도로 유지하고, 그 부근에서는 불꽃이 튀는 작업을 하지 않는다.
3. 아세틸렌을 용기에 충전하는 때에는 미리 용기에 다공물질을 고루 채워 다공도가 75 % 이상 92 % 미만이 되도록 한 후 아세톤 또는 디메틸포름아미드를 고루 침윤시키고 충전한다.
4. 아세틸렌을 용기에 충전하는 때의 충전 중의 압력은 2.5 MPa 이하로 하고, 충전 후에는 압력이 15 ℃에서 1.5 MPa 이하로 될 때까지 정치하여 둔다.
5. 상하의 통으로 구성된 아세틸렌발생장치로 아세틸렌을 제조하는 때에는 사용 후 그 통을 분리하거나 잔류가스가 없도록 조치한다.

• 산소 충전작업
1. 산소를 용기에 충전하는 때에는 미리 밸브와 용기 내부의 석유류 또는 유지류를 제거하고 용기와 밸브 사이에는 가연성 패킹을 사용하지 않는다.
2. 산소 또는 천연메탄을 용기에 충전하는 때에는 압축기(산소압축기는 물을 내부윤활제로 사용한 것에 한정한다)와 충전용 지관 사이에 수취기를 설치하여 그 가스 중의 수분을 제거한다.
3. 밀폐형의 수전해조에는 액면계와 자동급수장치를 설치한다.

• 산화에틸렌 충전
1. 산화에틸렌의 저장탱크는 그 내부의 질소가스·탄산가스 및 산화에틸렌가스의 분위기가스를 질소가스 또는 탄산가스로 치환하고 5 ℃ 이하로 유지한다.
2. 산화에틸렌을 저장탱크 또는 용기에 충전하는 때에는 미리 그 내부가스를 질소가스 또는 탄산가스로 바꾼 후에 산 또는 알칼리를 함유하지 않는 상태로 충전한다.
3. 산화에틸렌의 저장탱크 및 충전용기에는 45 ℃에서 그 내부가스의 압력이 0.4 MPa 이상이 되도록 질소가스 또는 탄산가스를 충전한다.

• 고압가스 제조 시 압축금지
고압가스를 제조하는 경우 다음의 가스는 압축하지 않는다.
(1) 가연성 가스(아세틸렌·에틸렌 및 수소는 제외한다) 중 산소용량이 전체 용량의 4 % 이상인 것
(2) 산소 중의 가연성 가스(아세틸렌·에틸렌 및 수소는 제외한다)의 용량이 전체 용량의 4 % 이상인 것
(3) 아세틸렌·에틸렌 또는 수소 중의 산소용량이 전체 용량의 2 % 이상인 것
(4) 산소 중의 아세틸렌·에틸렌 및 수소의 용량 합계가 전체 용량의 2 % 이상인 것

14 액화천연가스용 저장탱크에 대한 다음 설명 중 괄호 안에 알맞은 말을 쓰시오.

> 1. "1차 탱크(Primary Container)"란 정상운전 상태에서 액화천연가스를 저장할 수 있는 것으로서 단일방호식, ( ), ( ) 또는 ( ) 저장탱크의 안쪽 탱크를 말한다.
> 2. "2차 탱크(Secondary Container)"란 액화천연가스를 담을 수 있는 것으로서 ( ), ( ) 또는 ( ) 저장탱크의 바깥쪽 탱크를 말한다.

정답
1. 이중방호식, 완전방호식, 멤브레인식
2. 이중방호식, 완전방호식, 멤브레인식

보충 KGS AC115 액화천연가스용 저장탱크 제조의 시설·기술·검사 기준
• 용어 정의
1. "지상식 저장탱크(Aboveground Storage Tank)"란 지표면 위에 설치하는 형태의 저장탱크로 기초의 형식에 따라 저부가열식과 고상식으로 구분한다.
   (1) "저부가열식 저장탱크(Base Heating Type Storage Tank)"란 저장탱크 내 초저온 액화천연가스가 지반에 영향을 미치지 않도록 별도로 바닥에 가열시스템을 설치한 저장탱크를 말한다.

(2) "고상식 저장탱크(Elevated Base Type Storage Tank)"란 저장탱크 내 초저온 액화천연가스가 지반에 영향을 미치지 않도록 기둥, 받침 등 하부 구조를 설치하여 지표면과 이격시켜 설치한 저장탱크를 말한다.

2. "지중식 저장탱크(Inground Storage Tank)"란 액화천연가스의 최고 액면을 지표면과 동등 또는 그 이하가 되도록 설치하는 형태의 저장탱크를 말한다.

3. "지하식 저장탱크(Underground Storage Tank)"란 지하에 설치하는 구조로서 콘크리트지붕을 흙으로 완전히 덮어버린 형태의 저장탱크를 말한다.

4. "1차 탱크(Primary Container)"란 정상운전 상태에서 액화천연가스를 저장할 수 있는 것으로서 단일방호식, 이중방호식, 완전방호식 또는 멤브레인식 저장탱크의 안쪽 탱크를 말한다.

5. "2차 탱크(Secondary Container)"란 액화천연가스를 담을 수 있는 것으로서 이중방호식, 완전방호식 또는 멤브레인식 저장탱크의 바깥쪽 탱크를 말한다.

6. "단일방호식 저장탱크(Single Containment Tank)"란 액화천연가스를 저장할 수 있는 하나의 탱크로 구성된 것으로서 다음의 (1) 및 (2)를 만족하는 저장탱크를 말한다.
   (1) 1차 탱크는 액화천연가스를 저장할 수 있는 자기 지지형 강재 원통형으로 한다.
   (2) 1차 탱크는 증기를 담을 수 있는 강재 돔(Dome) 지붕이 있거나 상부 개방형인 경우에는 증기를 담을 수 있도록 설계되고 단열을 유지할 수 있는 기밀한 구조의 바깥 강재 탱크가 있는 것으로 한다.

7. "이중방호식 저장탱크(Double Containment Tank)"란 1차 탱크와 2차 탱크로 구성된 것으로서 다음의 (1)부터 (3)까지를 만족하는 저장탱크를 말한다.
   (1) 1차 탱크는 단일방호식 저장탱크와 동일한 형태로 액화천연가스를 저장할 수 있는 기밀한 구조인 것으로 한다.
   (2) 2차 탱크는 1차 탱크가 파손되는 경우 액화천연가스를 담을 수 있는 것으로 한다.
   (3) 1차 탱크와 2차 탱크 사이의 환상공간(Annular Space)은 6.0 m 이하인 것으로 한다.

8. "완전방호식 저장탱크(Full Containment Tank)"란 1차 탱크와 2차 탱크가 함께 구성된 것으로서 다음의 (1)부터 (4)까지를 만족하는 저장탱크를 말한다.
   (1) 1차 탱크는 액화천연가스를 저장할 수 있는 것으로 자기 자립형(Self-standing) 구조의 단일벽 강재인 것으로 한다.
   (2) 1차 탱크는 증기를 담지 않는 상부 개방형 구조 또는 증기를 담을 수 있는 돔 지붕을 갖춘 것으로 한다.
   (3) 2차 탱크는 돔 지붕을 갖춘 콘크리트 구조의 탱크로 하며, 다음의 성능을 갖도록 설계한다.
   (3-1) 정상운전 시 : 1차 탱크가 상부 개방형인 경우 증기를 담을 수 있어야 하고, 1차 탱크의 단열을 유지할 수 있는 것으로 한다.
   (3-2) 1차 탱크 누출 시 : 모든 액화천연가스를 담을 수 있어야 하고, 기밀을 유지할 수 있는 구조인 것으로 한다. 또한 증기는 압력 방출시스템을 통해 제어될 수 있는 것으로 한다.
   (4) 1차 탱크와 2차 탱크 사이의 환상공간은 2.0 m 이하인 것으로 한다.

9. "멤브레인식 저장탱크(Membrane Containment Tank)"란 멤브레인의 1차 탱크와 단열재와 콘크리트가 조합된 복합구조(이하 "복합구조"라 한다)의 2차 탱크로 구성된 것으로서 다음의 (1) 및 (2)를 만족하는 저장탱크를 말한다.
   (1) 멤브레인에 걸리는 액화천연가스의 하중 및 기타 하중은 단열재를 거쳐 콘크리트 구조의 2차 탱크로 전달될 수 있는 것으로 한다.
   (2) 복합구조 지붕 또는 기밀한 돔 지붕과 단열된 현수 천장(Suspended Roof)은 증기를 담을 수 있는 것으로 한다.

10. "설계 시방서"란 액화천연가스 저장탱크 설계자와 발주자가 건설공사에 필요한 재료의 품질·성능 및 시공방법 등에 대한 세부사항과 지침을 문서화한 것을 말한다.

15 지름이 30 m인 구형 가스홀더에 1 MPa의 압력인 도시가스를 0.2 MPa이 될 때까지 공급하였을 때 공급된 가스량(Nm³)을 계산하시오. (단, 온도는 일정하다)

정답

구형 저장탱크에 의한 저장

$V = \dfrac{\pi}{6} \times D^3 = \dfrac{\pi}{6} \times 30^3 = 14137.17 m^3$

이때 온도변화는 없으므로

공급된 가스량

$= \dfrac{(1+0.1MPa) - (0.2+0.1MPa)}{0.1} \times 14137.17$

$= 105377.40 \text{ Nm}^3$

2021 제1회 [동영상]

01 다음 동영상을 보고 백열전등의 위험장소별 방폭구조를 쓰시오.

※ 출처 : 보영전기

1. 1종 장소
2. 2종 장소

정답

1. 내압방폭구조
2. 내압방폭구조, 안전증 방폭구조

02 다음 동영상은 다기능 가스안전계량기이다. 각 물음에 답하시오.

※ 출처 : 가스신문

1. 차단밸브가 작동한 후에는 (   )을 하지 않은 한 열리지 않은 구조로 한다.
2. 사용자가 쉽게 조작할 수 없는 (   )이 있는 것으로 한다.

정답

1. 복원조작
2. 테스트 차단 기능

보충 KGS AA631 다기능 가스안전계량기 제조의 시설·기술·검사 기준

• 구조 및 치수

다기능계량기는 그 다기능계량기의 안천성·편리성 및 호환성을 확보하기 위하여 다음 기준에 따른 구조 및 치수를 가지는 것으로 한다.
1. 통상의 사용 상태에서 빗물·먼지 등이 침입할 수 없는 구조로 한다.
2. 차단밸브가 작동한 후에는 복원조작을 하지 않은 한 열리지 않은 구조로 한다.

3. 복원을 위한 버튼이나 레버 등은 다기능계량기의 정면에서 쉽게 확인할 수 있고, 또한 복원조작을 쉽게 실시할 수 있는 위치에 있는 것으로 한다.
4. 사용자가 쉽게 조작할 수 없는 테스트차단기능(제어부로부터의 신호를 받아 차단하는 것만을 말한다)이 있는 것으로 한다.
5. 가스 검지기능을 가지는 다기능계량기의 검지부는 방수구조(가정용은 제외한다)로서 「소방시설 설치유지 및 안전관리에 관한 법률」에 따른 검정품으로 한다.

정답

1. 20
2. 19
3. 13
4. 80

03
일반도시가스사업의 가스시설 및 가스사용시설의 배관 용접부에 실시하는 비파괴시험의 방사선투과시험에 관한 다음 기준 중 괄호 안에 들어갈 알맞은 숫자를 쓰시오.

> 1. 배관이음의 ( ) % 이상에 대하여 방사선 투과시험을 실시하여 합격한 경우 그 나머지의 원주이음 용접부는 방사선투과시험을 실시하지 않을 수 있다.
> 2. 두께가 ( ) mm를 초과하는 탄소강판으로 만들어진 배관의 설치장소에서 시공된 길이이음 용접부는 방사선투과시험을 실시하여 합격한 것으로 한다.
> 3. 두께가 ( ) mm를 초과하는 저합금강판으로 만들어진 배관의 설치장소에서 시공된 길이이음 용접부는 방사선투과시험을 실시하여 합격한 것으로 한다.
> 4. 사용시설의 배관 중 호칭지름 ( ) mm 미만인 저압의 매설배관 용접부는 방사선투과시험을 하지 않아도 된다.

04
액화가스 저장탱크가 설치된 장소 중 영상에서 지시하는 것의 기능과 이것의 평상시 개방 여부를 쓰시오.

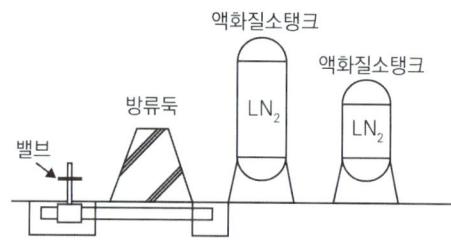

정답

1. 기능 : 방류둑 내부의 고인 물을 외부로 배출
2. 평상시 : 닫혀 있을 것

보충 KGS FP111 고압가스 특정제조의 시설·기술·검사·감리·정밀안전검진 기준

• 제조시설
⑴ 건축물 안에 설치되어 있는 압축기·펌프·반응설비·저장탱크[⑺에 적은 것은 제외한다] 등 가스가 누출되기 쉬운 고압가스설비등[⑶ 및 ⑷에 적은 것은 제외한다]이 설치되어 있는 장소의 주위에는 누출된 가스가 체류하기 쉬운 곳에 이들 설비군의 바닥면 둘레 10 m마다 1개 이상의 비율로 계산한 수
⑵ 건축물 밖에 설치되어 있는 ⑴에 적은 고압가스설비가 다른 고압가스설비, 벽이나 그 밖의 구조물에 인접하여 설치된 경우, 피트 등의 내부에 설치되어 있는 경우 및 누출된 가스가 체류할 우려가 있는 장소에 설치되어 있는 경우에는 누출된 가스가 체류할 우려가 있는 장소에 그 설비군의 바닥면 둘레 20 m마다 1개 이상의 비율로 계산한 수. 다만 ⑺에 적은 것은 제외한다.

(3) 특수반응설비로서 누출된 가스가 체류하기 쉬운 장소에 설치되는 경우에는 그 장소 바닥면 둘레 10 m마다 1개 이상의 비율로 계산한 수
(4) 가열로 등 발화원이 있는 제조설비가 누출된 가스가 체류하기 쉬운 장소에 설치되는 경우에는 그 장소의 바닥면 둘레 20 m마다 1개 이상의 비율로 계산한 수
(5) 계기실 내부에는 1개 이상
(6) 독성 가스의 충전용 접속구 군의 주위에는 1개 이상
(7) 방류둑(2기 이상의 저장탱크를 집합방류둑 안에 설치한 경우에는 저장탱크 칸막이를 설치한 경우에 한정한다) 안에 설치된 저장탱크의 경우에는 해당 저장탱크마다 1개 이상
(8) ⑴에 따른 고압가스설비등이 2층 이상의 구조물 위에 설치되어 있는 경우로서 그 바닥이 누출된 가스가 체류하기 쉬운 구조인 경우에는 그 설비군에 대하여 각 층별로 ⑴ 및 ⑵에서 정하는 비율로 계산한 수
(9) 계기실에 설치된 실내공기흡입설비의 공기흡입구에는 1개 이상

• 배관
(1) 긴급차단장치의 부분(밸브피트를 설치한 곳에는 해당 밸브 피트 안)
(2) 슬리브관, 2중관 또는 방호구조물 등으로 밀폐되어 설치(매설을 포함한다)되는 부분
(3) 누출된 가스가 체류하기 쉬운 구조인 부분

• 방류둑 설치
가연성 가스 · 독성 가스 또는 산소의 액화가스저장탱크(가연성 가스는 저장능력 500톤 이상, 독성 가스는 저장능력 5톤 이상, 산소는 저장능력 1000톤 이상인 것에 한정한다)의 주위에 액상의 가스가 누출된 경우에 그 유출을 방지하기 위하여 방류둑 또는 이와 동등 이상의 효과가 있는 시설을 설치한다.

• 방류둑 기능
방류둑은 저장탱크의 액화가스가 액체 상태로 누출된 경우 액체 상태의 가스가 저장탱크 주위의 한정된 범위를 벗어나서 다른 곳으로 유출되는 것을 방지하는 기능을 가지는 것으로 한다. 다만 다음 기준에 따른 저장탱크는 방류둑을 설치한 것으로 본다.
(1) 저장탱크 저부가 지하에 있고 주위가 피트선 구조로 되어 있는 것으로서 그 용량이 KGS CODE FP111 2.7.1.2에 따른 용량 이상인 것(빗물의 고임 등으로 용량이 감소되지 않는 것에 한정한다)
(2) 지하에 묻은 저장탱크로서 그 저장탱크 안의 액화가스가 전부 유출된 경우에 그 액면이 지면보다 낮도록 된 구조인 것
(3) 저장탱크 주위에 충분한 안전용 공지를 확보한 경우에는 저장탱크로부터 유출된 액화가스가 체류하지 않도록 지면을 경사지게 하여 유출한 액화가스를 안전한 유도구로 유도해서 고이도록 구축한 피트상의 구조물(피트상 구조물에 체류된 액화가스를 펌프 등의 이송설비로 안전한 위치에 이송할 수 있는 조치를 강구한 것에 한정한다)인 것
(4) 법 적용을 받는 시설에 설치된 2중 구조의 저장탱크로서 외조가 내조의 상용온도에서 동등 이상의 내압 강도를 가지고 있고, 외피와 내피 사이의 가스를 흡인하여 누출된 가스를 검지할 수 있는 것 중 긴급차단장치를 내장한 것
(5) 방호형식이 완전방호형식이고 API 620, EN14620 등 관련 규격에 따라 설계된 저장탱크

05 다음 동영상을 보고 각 물음에 답하시오.

※ 출처 : 가스신문

1. 물분무능력은 저장탱크 표면적 1 m²당 얼마인지 쓰시오.
2. 동영상에서 보여주는 것의 명칭을 쓰시오.

정답

1. 5 L/min 이상
2. 냉각살수장치

06 다음 동영상을 보고 각 물음에 답하시오.

※ 출처 : 대방에너지

1. 퓨즈콕은 가스 유로를 (   )로 개폐하고, 과류차단안전기구가 부착된 것으로서, 배관과 호스, 호스와 호스, 배관과 배관 또는 배관과 커플러를 연결하는 구조로 한다.
2. 콕의 핸들 등을 회전하여 조작하는 것은 핸들의 회전 각도를 90°나 180°로 규제하는 (   )를 갖추어야 하며, 또한 핸들 등을 누름, 당김, 이동 등 조작을 하는 것은 조작 범위를 규제하는 스토퍼를 갖추어야 한다.
3. 완전히 열었을 때의 핸들의 방향은 유로의 방향과 (   )인 것으로 하고, 볼 또는 플러그의 구멍과 유로와는 어긋나지 않는 것으로 한다.
4. 콕은 닫힌 상태에서 (   )이 없이는 열리지 않는 구조로 한다. 다만 업무용 대형 연소기용 노즐콕은 그러지 않을 수 있다.

정답
1. 볼
2. 스토퍼
3. 평행
4. 예비적 동작

07 다음과 같이 횡으로 설치된 도시가스배관의 호칭 지름별 고정장치 최대 지지간격(m)을 쓰시오.

※ 출처 : 가스신문

| 1. 100 A | 2. 300 A |
| 3. 500 A | 4. 600 A |

정답
1. 8
2. 16
3. 22
4. 25

보충 교량 및 횡으로 설치하는 가스배관 호칭지름별 최대 지지간격

호칭지름	지지간격
100 A	8 m
150 A	10 m
200 A	12 m
300 A	16 m
400 A	19 m
500 A	22 m
600 A	25 m

08 고정식 압축도시가스 자동차 충전시설에 설치된 저장설비 안전밸브 방출관 높이를 쓰시오.

정답
지상으로부터 5 m 이상

보충 설치 기준
안전밸브 방출관 높이는 지상으로부터 5 m 이상 또는 저장설비 정상부로부터 2 m 이상 중 높은 위치에 설치할 것

09 지상에 설치된 정압기실에 대한 다음 물음에 답하시오.

※ 출처 : 우리가스공사

(1) 경계책 설치 높이는 얼마인가?
(2) 경계표시 내용 2가지를 쓰시오.

정답
(1) 1.5 m 이상
(2) 시설명, 공급자, 연락처

10 도시가스를 사용하는 연소기구에서 발생하는 적황색 불꽃의 명칭을 쓰시오.

※출처 : 가스신문

[동영상]
동영상에서 공기조절장치를 조절하여 공기량을 줄임

[공기조절장치]

※ 출처 : (주)국제주방

정답
옐로우 팁(Yellow Tip)

2021 제2회 [필답형]

01 직동식 정압기의 다이어프램 역할을 쓰시오.

정답
2차 압력을 감지하고, 2차 압력의 변동을 밸브에 전함

보충 정압기
1. 다이어프램 : 2차 압력을 감지하고, 2차 압력의 변동을 밸브에 전함
2. 스프링 : 조정하여야 할 압력을 설정
3. 메인밸브 : 가스량을 밸브의 개폐 정도에 따라 직접 조정

※ 출처 : 한국화재보험협회

02 산소압축기 내부윤활제로 사용할 수 없는 것 3가지를 쓰시오.

정답
1. 석유류
2. 유지류
3. 글리세린수

03 LP가스연소특징 3가지를 쓰시오.

정답
1. 발열량이 큼
2. 연소속도가 느림
3. 발화온도가 높음
4. 연소 시 다량의 공기가 필요
5. 연소 범위가 좁음

04 왕복압축기의 체적효율에 영향을 주는 요소 4가지를 쓰시오.

정답
1. 클리어런스
2. 냉각
3. 밸브 하중
4. 가스 누설
5. 기체 마찰

05 독성 가스를 LC50 기준으로 분류 시 허용농도 기준을 쓰시오.

정답
100만분의 5000(혹은 5000 ppm)

보충 독성 가스
독성 가스 : 독성을 가진 가스로, LC50 기준 허용농도가 100만분의 5000(5000 ppm) 이하인 것
⇒ 성숙한 흰쥐 집단에게 대기 중 1시간 동안 노출시킨 경우 14일 이내에 그 쥐의 2분의 1 이상이 죽게 되는 가스 농도
⇒ 200 ppm 이하를 맹독성 가스라고 함

보충 TLV-TWA
성인 1일 8시간 혹은 주 40시간 노출되어도 인체에 악 영향을 받지 않는 농도이며, 100만분의 200(200 ppm) 이하인 것

06 전기방식법 중 "지중 또는 수중에 설치된 양극 금속과 매설배관을 전선으로 연결해 양극 금속과 매설배관 사이의 전지작용으로 부식을 방지하는 방법"의 명칭을 쓰시오.

정답

희생양극법

보충 KGS GC202 가스시설 전기방식 기준
• 용어 정의
1. "전기방식(電氣防蝕)"이란 지중 및 수중에 설치하는 강재 배관 및 저장탱크 외면에 전류를 유입하여 양극반응을 저지함으로써 배관의 전기적 부식을 방지하는 것을 말한다.
2. "희생양극법(犧牲陽極法)"이란 지중 또는 수중에 설치된 양극 금속과 매설배관을 전선으로 연결해 양극 금속과 매설배관 사이의 전지작용으로 부식을 방지하는 방법을 말한다.
3. "외부전원법(外部電源法)"이란 외부직류전원장치의 양극(+)은 매설배관이 설치되어 있는 토양이나 수중에 설치한 외부전원용 전극에 접속하고, 음극(-)은 매설배관에 접속하여 부식을 방지하는 방법을 말한다.
4. "배류법(排流法)"이란 매설배관의 전위가 주위의 타 금속 구조물의 전위보다 높은 장소에서 매설배관과 주위의 타 금속 구조물을 전기적으로 접속하여 매설배관에 유입된 누출전류를 전기회로적으로 복귀시키는 방법을 말한다.

07 가스용 연료전지 제조소에서 갖추어야 하는 제조설비 2가지를 쓰시오.

정답

1. 단위셀 및 스택 제작 설비
2. 연료개질기 제작 설비
3. 그 밖에 제조에 필요한 가공설비

보충 KGS AB934 가스용 연료전지 제조의 시·기술·검사 기준
2. 제조시설 기준
2.1 제조설비
연료전지를 제조하려는 자는 이 제조 기준에 따라 연료전지를 제조하기 위하여 다음 기준에 맞는 제조설비를 갖춘다. 다만 허가관청이 부품의 품질향상을 위하여 필요하다고 인정하는 경우에는 그 부품을 제조하는 전문생산업체의 설비를 이용하거나 그가 제조한 부품을 사용할 수 있다.
(1) 단위셀 및 스택 제작 설비
(2) 연료개질기 제작설비
(3) 그 밖에 제조에 필요한 가공설비
2.2 검사설비
2.2.1 연료전지를 제조하려는 자는 제품의 성능을 확인·유지할 수 있도록 하기 위하여 다음 기준에 맞는 검사설비를 갖춘다.
2.2.1.1 검사설비의 종류는 안전관리규정에 따른 자체검사를 수행할 수 있는 것으로 다음과 같다.
(1) 가스소비량측정설비 및 연소성 시험설비
(2) 기밀시험설비
(3) 절연저항측정기 및 내전압시험기
(4) 전기출력측정설비
(5) 전압측정기
(6) 전류측정기
(7) 그 밖에 검사에 필요한 설비 및 기구
2.2.1.2 검사설비의 처리능력은 해당 사업소의 제품 생산능력에 맞는 것으로 한다.
2.2.2 2.2.1에 불구하고 다음 중 어느 하나의 기관에 의뢰하여 설계단계검사 항목의 시험·검사를 하는 경우 또는 다음 중 어느 하나의 기관과 설계단계검사 항목에 필요한 시험·검사설비의 임대차계약을 체결한 경우에는 2.2.1에 따른 검사설비 중 해당 설계단계검사 항목의 검사설비를 갖춘 것으로 본다.
(1) 고법 제28조에 따른 한국가스안전공사(이하 "한국가스안전공사"라 한다)
(2) 고법 제35조에 따라 지정을 받은 검사기관(이하 "검사기관"이라 한다)
(3) 「국가표준기본법」에 따라 지정을 받은 해당 공인 시험·검사기관
3. 제조기술 기준
3.1 재료
연료전지의 재료는 그 연료전지의 안전성을 확보하기 위하여 다음 기준에 적합한 것으로 한다.

3.1.1 사용하는 재료는 사용 조건의 온도에 견디고, 부식에 대하여 충분한 내식성이 있는 재료 또는 코팅재인 것으로 한다.
3.1.2 고무 또는 플라스틱의 비금속성 재료는 단기간에 열화하지 아니하도록 사용 조건에 적합한 것으로 한다.
3.1.3 습도가 높은 환경 하에서 사용되는 금속은 주철, 스테인리스강 등의 내식성이 있는 재료이고, 탄소강을 사용하는 경우에는 부식에 강한 코팅을 한다.
3.1.4 전기 절연물 및 단열재는 접촉부 또는 그 부근의 온도에 충분히 견디고 흡습성이 적은 것으로 한다.
3.1.6 도전재료는 동, 동합금, 스테인리스강 또는 이하 같은 수준 이상의 전기적·열적 및 기계적인 안전성이 있는 것으로 한다. 다만 탄성이 필요한 부분, 구조에 있어 사용하기 곤란한 부분은 그러하지 아니하다.
3.1.7 부품의 재료에는 폴리염화비페닐을 함유되어 있지 아니한 것으로 한다.
3.1.8 부품은 석면 또는 석면을 포함하지 아니한 재료로 한다.
3.1.9 연소 배기가스가 통하는 부분은 최고 운전온도에서 배기 기밀을 유지하는 불연재료로 한다. 다만 패킹류, 씰재 등은 불연재료로 아니할 수 있으나, 최고 운전온도에서 기밀성능을 유지하여야 한다.

08 다음 각 용도에 해당하는 이음재 종류를 쓰시오.

> 1. 동일한 지름의 배관을 연결할 때
> 2. 배관 끝을 막을 때
> 3. 배관의 방향을 바꿀 때
> 4. 배관 중간에서 분기할 때

정답

1. 소켓, 니플, 플랜지, 유니언
2. 플러그, 캡
3. 엘보우, 밴드
4. 티, 와이, 크로스

09 도시가스 원료로 사용하는 오프가스에 대해 쓰시오.

정답

석유정제 폐가스(접촉분해, 개질, 상압정류 때 발생)와 석유화학 폐가스(C_2H_4, C_3H_6를 제조할 때 발생)

보충 가스
(1) 천연가스 : 유전가스, 탄전, 수용성으로 천연적으로 발생하는 가스로서 가연성인 것
(2) LNG : 액화천연가스, 메탄이 주성분
(3) LPG : 석유정제의 부산물로서 프로판, 부탄이 주성분
(4) 오일가스 : 나프타를 주원료로 열분해, 접촉분해, 부분연소 등으로 만들어짐
(5) 석탄계 가스 : 석탄을 건류할 때 발생되는 가스(CH_4, H_2, CO 등)
(6) 수성 가스 : 무연탄이나 코크스를 수증기와 작용시켜 생성(H_2, CO)
(7) 고로가스 : 제철의 용광로에서 부산물로 발생되는 가스(CO_2, CO, N_2 등)
(8) 오프가스 : 석유정제 폐가스(접촉분해, 개질, 상압정류 때 발생)와 석유화학 폐가스(C_2H_4, C_3H_6를 제조할 때)를 말함
(9) 도시가스 : CH_4이 주성분이며, H_2 탄화수소물 등을 혼합시킴

10 베이퍼록현상에 대해 설명하고 베이퍼록 방지법 4가지를 쓰시오.

정답

연료 배관이나 펌프 내에서 액체가 기화하여 기포가 생겨 유로를 막는 현상

보충 방지법
1. 흡입관로를 청소한다.
2. 펌프 설치위치를 낮춘다.
3. 실린더 외부를 냉각한다.
4. 흡입관경을 크게 한다.

11 공기액화분리장치에서 산소와 질소를 분리하여 제조하는 원리를 설명하시오.

정답

공기액화분리장치는 질소, 산소, 아르곤의 비점의 차이를 이용하여 분리한다. 액화된 공기 중 산소의 비점 -183℃, 질소의 비점 -196℃이 다르므로 정류장치에서 분리되어 나온다.

12 부취제의 주입방식 중 증발식의 특징 4가지를 쓰시오.

정답

1. 설비가 간단하며 설비비가 저렴하다.
2. 동력이 불필요하다.
3. 부취제의 첨가비율을 일정하게 유지하기 어렵다.
4. 소규모 부취설비에 적합하다(대규모에는 부적합하다).

13 다음 매몰형 정압기 설치 기준에 대한 괄호 안에 들어갈 알맞은 말을 쓰시오.

1. 정압기의 기초는 바닥 전체가 일체로 된 철근콘크리트 구조로 하고, 그 두께는 (   ) mm 이상으로 한다.
2. 정압기 본체는 두께 (   ) mm 이상의 철판에 부식방지 도장을 한 격납상자 안에 넣어 매설하고, 격납상자 안의 정압기 주위는 모래를 사용하여 되메움 처리를 한다.
3. 정압기에는 누출된 가스를 검지하여 이를 안전관리자가 상주하는 곳에 통보할 수 있는 (   )를 설치한다.
4. 정압기의 상부 덮개 및 콘트롤 박스 문에는 개폐 여부를 안전관리자가 상주하는 곳에 통보할 수 있는 (   )를 갖춘다.

정답

1. 300
2. 4
3. 가스누출검지 통보설비
4. 경보설비

보충 KGS FS552 일반도시가스사업 정압기의 시설·기술·검사 기준

부록 A 매몰형 정압기 설치 기준

A1 용품 사용 제한
도시가스 시설에 사용하는 매몰형 정압기(이하 "정압기"라 한다)는 「액화석유가스의 안전관리 및 사업법 시행규칙」별표 3 제4호에 따른 가스용품으로서, 제품검사를 받아 합격한 것으로 한다.

A2 설치 기준
정압기는 다음 기준에 따라 설치하되, 이 기준에서 정하고 있지 않은 사항은 KGS FS 552 2부터 4까지(2.7.4는 제외)의 기준에 따른다.

A2.2 기초
정압기의 기초는 바닥 전체가 일체로 된 철근콘크리트 구조로 하고, 그 두께는 300 mm 이상으로 한다.

A2.3 격납상자 설치
정압기 본체는 두께 4 mm 이상의 철판에 부식방지 도장을 한 격납상자 안에 넣어 매설하고, 격납상자 안의 정압기 주위는 모래를 사용하여 되메움 처리를 한다.

A2.4 가스누출검지통보설비
A2.4.1 정압기에는 누출된 가스를 검지하여 이를 안전관리자가 상주하는 곳에 통보할 수 있는 설비를 설치한다.
A2.4.2 가스누출검지통보설비의 검지부는 지상에 설치된 콘트롤 박스(안전밸브, 자기압력 기록계, 압력계 등이 설치된 박스를 말한다) 안에 1개소 이상 설치한다.
A2.4.3 정압기 본체에서 누출된 가스를 포집하여 가스누출검지통보설비 검지부로 이송할 수 있는 도입관을 설치한다.
A2.4.4 격납상자 쪽의 도입관의 말단부에는 누출된 가스를 포집할 수 있는 직경 0.2 m 이상의 포집갓을 설치한다. 다만 정압기 본체에서의 누출가스를 콘트롤 박스 안의 가스누출검지통보설비검지부로 용이하게 이송할 수 있는 구조의 경우에는 포집갓을 설치하지 않는다.

A2.4.5 계측 및 센싱라인
정압기로부터 콘트롤 박스에 이르는 도입관계측라인(배관) 및 센싱라인(배관) 중 지하에 매설되는 부분의 재료는 스테인리스강관, 폴리에틸렌 피복강관 등 내식성 재료로 한다.

A2.5 개폐 경보설비
정압기의 상부 덮개 및 콘트롤 박스 문에는 개폐 여부를 안전관리자가 상주하는 곳에 통보할 수 있는 경보설비를 갖춘다.

14 LNG 700 kg을 1기압 20 ℃에서 기화시 체적(m³)을 구하시오. (단, LNG는 체적비로 메탄 95 %, 에탄 5 %이며 액비중은 0.46이다)

정답

$PV = GRT$

$V = \dfrac{GRT}{P}$

$= \dfrac{700 \times \dfrac{8.314}{(16 \times 0.95)+(30 \times 0.05)} \times (273+20)}{101.325}$

$= 1007.73 m^3$

15 일정한 온도에서 용기 내 A기체와 B의 기체가 동일한 질량으로 충전되어 있다. 이때 용기 내의 압력을 구하시오. (단, A의 증기압은 20 atm, B의 증기압은 40 atm이며 A의 분자량은 50, B의 분자량은 20이고 라울의 법칙을 성립한다)

가스	mol(%)	발열량(kcal/m³)
H_2	37	3050
N_2	35	-
C_4H_{10}	10	32000
CO_2	6	-
CH_4	6	9540
CO	5	3030
O_2	1	-

정답

$P = P_A + P_B$

각 성분의 몰분율을 계산하면

$X_A = \dfrac{n_A}{n_A+n_B} = \dfrac{\dfrac{w}{50}}{\dfrac{w}{50}+\dfrac{w}{20}} = \dfrac{2}{7}$

따라서 $X_B = 1 - \dfrac{2}{7} = \dfrac{5}{7}$

$\therefore P = (20 \times \dfrac{2}{7}) + (40 \times \dfrac{5}{7}) = 34.29 atm$

보충 라울의 법칙
용액 속 용매의 증기압력은 순수한 용매의 증기압력에 용매의 몰분율을 곱한 것과 같다.

2021 제2회 [동영상]

01 다음 동영상은 PE관의 접합 기준에 관한 내용이다. 괄호 안에 들어갈 알맞은 말을 쓰시오.

※ 출처 : 나노인스텍

맞대기 융착이음은 공칭외경 (①) 이상의 직관과 이음관 연결에 적용하며, 맞대기 융착과 전기융착에 사용하는 융착기는 (②)을[를] 기준으로 매 (③)이 되는 날의 전후 30일 이내에 (④)로부터 성능 확인을 받은 것으로 한다.

정답
① 90 mm
② 제조일
③ 1년
④ 한국가스안전공사

02 다음은 도시가스 지하 정압기실에 설치된 강제통풍장치이다. ① 배기구 관지름(mm) 크기와 ② 배기구 설치 위치에 대해 각각 쓰시오.

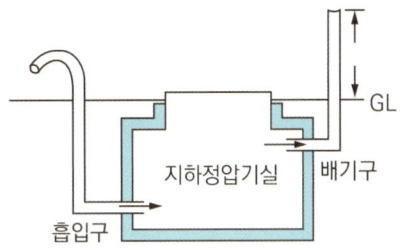

정답
1. 배기구 관지름 : 100 mm 이상
2. 배기구 설치 위치 : 천장면으로부터 30 cm 이내

보충 KGS FS552

2.7.4.1.4 공기보다 비중이 가벼운 도시가스의 공급시설로서, 공급시설이 지하에 설치된 경우의 통풍구조는 다음 기준에 따라 할 수 있다.
⑴ 통풍구조는 환기구를 2방향 이상 분산하여 설치한다.
⑵ 배기구는 천장면으로부터 0.3 m 이내에 설치한다.
⑶ 흡입구 및 배기구의 관경은 100 mm 이상으로 하되, 통풍이 양호하도록 한다.
⑷ 배기가스 방출구는 지면에서 3 m 이상의 높이에 설치하되, 화기가 없는 안전한 장소에 설치한다.

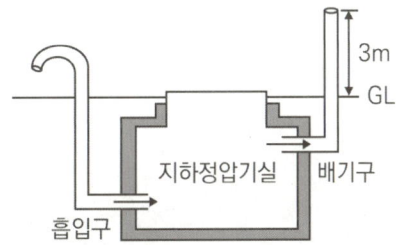

※ 출처 : KGS CODE

2.7.4.2 기계환기설비 설치
2.7.4.1에 따라 자연환기설비를 설치할 수 없거나 공기보다 비중이 무거운 가스로서 정압기실이 지하에 설치된 경우에는 다음 기준에 적합한 기계환기설비를 설치한다.
2.7.4.2.1 통풍능력은 바닥 면적 1 m^2마다 0.5 m^3/분 이상으로 한다.
2.7.4.2.2 배기구는 바닥면(공기보다 가벼운 경우에는 천장면) 가까이에 설치한다.
2.7.4.2.3 통풍구조는 환기구를 2방향 이상 분산하여 설치한다. 〈개정 12.12.28.〉
2.7.4.2.4 흡입구 및 배기구의 관경은 100 mm 이상으로 하되, 통풍이 양호하도록 한다.
2.7.4.2.5 배기가스 방출구는 지면에서 5 m 이상의 높이에 설치한다. 다만 다음의 경우에는 배기가스 방출구를 지면에서 3 m 이상의 높이에 설치할 수 있다.
(1) 공기보다 비중이 가벼운 배기가스인 경우
(2) 전기 시설물과의 접촉 등으로 사고의 우려가 있는 경우

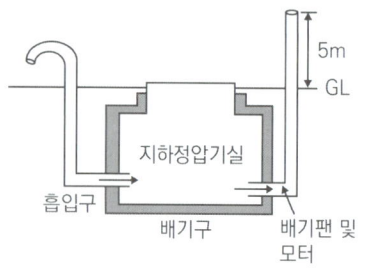

※ 출처 : KGS CODE

03 다음 동영상은 LPG용 차량에 고정된 탱크가 정차하는 위치에 설치된 것이다. 이 설비의 명칭을 쓰시오.

※ 출처 : 가스신문

정답

냉각살수장치

04 액화가스 저장탱크가 설치된 장소의 방류둑 단면으로 지시하는 것의 기능과 이것이 평상시에 닫혀 있는지, 열려 있는지 쓰시오.

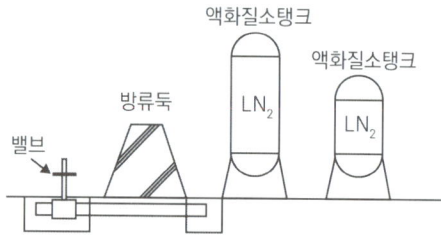

정답

1. 기능 : 방류둑 내부의 고인 물을 외부로 배출하는 배수밸브
2. 평상시 : 닫혀 있을 것

05 다음 영상을 보고 각 물음에 답하시오.

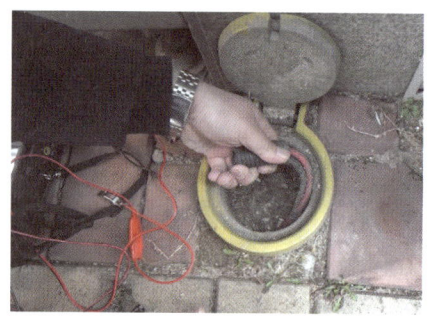

1. 도시가스 매설배관에 대해 희생양극법으로 전기방식을 하는 경우 전위측정용터미널(T/B) 설치 간격을 쓰시오.
2. 황산염환원 박테리아가 번식하는 토양인 경우 포화황산동 기준전극으로 방식전위 상한값을 쓰시오.

> **정답**

1. 300 m 이내
2. -0.95 V 이하

> **보충** KGS GC202 가스시설 전기방식 기준

- 도시가스시설의 전기방식시설의 시공방법에 관한 경과조치

(1) 지하 또는 해저에 매설하는 피복 배관 중 다음 중 어느 하나의 배관에는 부식에 대처할 수 있는 전기방식조치를 한다. 다만 임시 사용하기 위한 배관인 경우에는 부식에 대처할 수 있는 전기방식조치를 하지 않을 수 있다.

(1-1) 본관

(1-2) 공급관

(2) 배관의 부식 방지를 위한 전위 상태는 다음 중 어느 하나의 기준에 적합하게 설치·유지한다.

(2-1) 부식방지전류가 흐르는 상태에는 토양 중에 있는 배관의 부식방지전위는 포화황산동 기준전극으로 기준하여 -0.85 V 이하야야 하며, 황산염환원박테리아가 번식하는 토양에서는 -0.95 V 이하일 것

(2-2) 부식방지전류가 흐르는 상태에서 자연전위와의 전위 변화가 최소한 -300 mV 이하일 것(다른 금속과 접촉하는 배관은 제외한다)

(3) 배관에 대한 전위측정은 가능한 가까운 위치에서 기준전극으로 실시할 것

(4) 전기방식시설의 유지관리를 위해 다음에서 정한 장소와 그밖에 배관을 따라 300 m 이내의 간격으로 전위측정용 터미널을 설치할 것. 다만 각종 부식의 위험이 거의 없는 곳에는 더 크게 할 수 있다.

(4-1) 직류전철 횡단부 주위

(4-2) 배관 절연부의 양측

(4-3) 강재 보호관 부분의 배관과 강재 보호관

(4-4) 다른 금속 구조물과 근접 교차 부분

(4-5) 밸브스테이션

(5) 전기방식시설의 효과적인 유지관리를 위해 다음에 따른 측정 및 검검을 실시하여 이상이 발견될 경우에는 지체 없이 정상 기능 유지에 필요한 조치를 강구하고, 그 실시 기록 유지를 위한 전기방식시설 관리대장을 작성·비치할 것

(5-1) 전기방식조치를 한 전체 배관망은 2년에 1회 이상 관대지전위 등의 전위를 측정할 것

(5-2) 외부 전원에 의해 부식이 방지되는 전류 출력, 계기류, 접점부 등의 상태는 6개월에 1회 이상 점검할 것

(5-3) 전기방식시설 중 역전류방지장치, 다이오드, 간섭방지용 결선 등의 작동 상태는 6개월에 1회 이상 점검할 것

(5-4) 절연 부속품, 결선(Bonding) 및 보호절연체의 효과는 6개월에 1회 이상 점검할 것

(5-5) 외부 전원에 의해 부식이 방지되는 시설에서는 전기적인 단락, 접지 연결, 계기의 정확성, 효율, 회로 저항 등을 1년에 1회 이상 점검할 것

06 다음 동영상을 보고 도시가스 매설배관의 누설검사 차량에 탑재하여 사용되는 장비 명칭과 원리를 각각 설명하시오.

※ 출처 : 이투뉴스

> **정답**

(1) 명칭 : 수소불꽃이온화 검출기(FID)
(2) 원리 : 운반체 가스 내의 유기화합물을 수소불꽃 에너지로 이온화하여 이온전류를 측정

07 도시가스배관에서 관지름 20 mm 배관의 길이가 100 m일 때 배관 고정장치는 몇 개를 설치하여야 하는가?

※ 출처 : 가스신문

> **정답**

20 mm 배관일 경우 2 m마다 설치하므로
$\dfrac{100}{2} = 50$개

보충 배관 관경에 따른 고정

관지름 13 mm 미만	1 m마다
관지름 13 mm 이상 33 mm 미만	2 m마다
관지름 33 mm 이상	3 m마다

보충 호칭지름이 100 m 이상인 경우

호칭지름	최대 지지간격
100 A	8 m
150 A	10 m
200 A	12 m
300 A	16 m
400 A	19 m
500 A	22 m
600 A	25 m

08 LPG 용기보관실에 설치하는 가스누출경보기 검지부 수량의 설치 기준을 쓰시오.

※ 출처 : 가스신문

> **정답**

바닥면 둘레 20 m마다 1개 이상의 비율

09 액화천연가스 시설에서 내진설계 대상에서 제외되는 경우 2가지를 쓰시오.

※ 출처 : 동양보일러

> **정답**

1. 지하에 설치되는 시설
2. 저장능력이 3톤(압축가스의 경우 300 m^3) 미만인 저장탱크 또는 가스홀더

10 고압가스용 기화장치의 구조 중 액유출방지장치로서의 전자식 밸브는 액화가스 인입부의 필터 또는 (   )에 설치한다. 괄호 안에 들어갈 알맞은 말을 쓰시오.

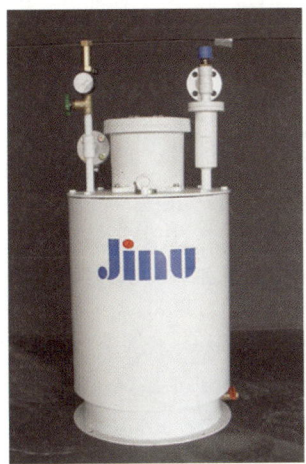

※ 출처 : 가스신문

7. 기화통의 기체가 통하는 부분으로서 배관 또는 동체에는 압력계를 설치하고, 증기 또는 온수가열식에는 열매체의 온도를 측정하기 위한 온도계(임계온도 -50℃ 이하인 액화가스용 기화장치는 제외)를 설치한다. 다만 다른 부분에서 온도 및 압력을 측정할 수 있는 기구는 그러하지 아니한다.
8. 증기 및 온수가열구조의 기화장치에는 응축된 물 또는 기화장치 안에 물을 쉽게 뺄 수 있는 드레인 밸브를 설치한다.
9. 가연성 가스(암모니아, 브롬화메탄 및 공기 중에서 자기발화하는 가스는 제외한다)용 기화장치에 부속된 전기설비는 누출된 가스의 점화원이 되는 것을 방지하기 위하여 KGS GC102(방폭전기기기의 설계, 선정 및 설치에 관한 기준)에 따라 방폭성능을 가진 것으로 한다.
10. 기화장치는 그 외면에 부식·변형·흠·주름 등의 결함이 없고 그 다듬질이 매끈한 것으로 한다.
11. 가연성 가스용 기화장치에는 정전기제거조치를 위한 접지단자를 설치한 것으로 한다.

정답

스트레이너 후단

보충 KGS AA911 고압가스용 기화장치 제조의 시설·기술·검사 기준

• 기화장치 구조
1. 열매체 부분은 분해하여 확인이 가능한 구조로 한다.
2. 기화통 내부는 점검구 등을 통하여 확인할 수 있거나 분해점검을 통하여 확인할 수 있는 구조로 한다.
3. 기화장치의 액화가스 인입부에는 이물질 유입방지를 위한 필터 또는 스트레이너를 설치한다. 다만 가열방식을 대기식으로 하는 임계온도가 -50℃ 이하의 액화가스용 기화장치는 제외한다.
4. 기화장치에는 액화가스의 유출을 방지하기 위한 액유출방지장치 또는 액유출방지기구를 설치한다. 다만 임계온도가 -50℃ 이하인 액화가스용 기화장치와 이동식 기화장치는 그러하지 아니하다.
5. 액유출방지장치로서의 전자식 밸브는 액화가스 인입부의 필터 또는 스트레이너 후단에 설치한다.
6. 기화통 또는 기화장치의 기체부분에는 그 부분의 압력이 허용압력을 초과하는 경우 즉시 그 압력을 허용압력 이하로 되돌릴 수 있는 안전장치를 설치한다. 다만 임계온도가 -50℃ 이하인 액화가스용 고정식 기화장치에는 적용하지 아니한다.

2021 제3회 [필답형]

01 돌턴의 법칙에 대해 설명하시오.

정답

혼합기체 전체의 압력은 각 성분 분압의 합과 같다.

분압(Pa) = 전압 × $\dfrac{성분기체몰수}{전몰수}$

= 전압 × $\dfrac{성분기체부피}{전부피}$

02 도시가스 매설배관에 전기방식을 할 때 포화황산동 기준전극으로 −2.5V가 넘는 과방식이 되었을 경우 강관에 미치는 영향을 쓰시오.

정답

배관의 피복이 박리된다.

03 고압가스 안전관리법에 따른 냉동기와 냉동용 특정설비 정의를 각각 쓰시오.

정답

1. 냉동기 : 고압가스를 사용하여 냉동을 하기 위한 기기(機器)로서 산업통상자원부령으로 정하는 냉동능력 이상인 것을 말한다.
2. 냉동용 특정설비 : 냉동설비를 구성하는 압축기·응축기·증발기 또는 압력용기

보충 고압가스 안전관리법

1. "저장소"란 산업통상자원부령으로 정하는 일정량 이상의 고압가스를 용기나 저장탱크로 저장하는 일정한 장소를 말한다.
2. "용기(容器)"란 고압가스를 충전(充塡)하기 위한 것(부속품을 포함한다)으로서 이동할 수 있는 것을 말한다.

2의2. "차량에 고정된 탱크"란 고압가스의 수송·운반을 위하여 차량에 고정 설치된 탱크를 말한다.

3. "저장탱크"란 고압가스를 저장하기 위한 것으로서 일정한 위치에 고정(固定) 설치된 것을 말한다.
4. "냉동기"란 고압가스를 사용하여 냉동을 하기 위한 기기(機器)로서 산업통상자원부령으로 정하는 냉동능력 이상인 것을 말한다.

4의2. "안전설비"란 고압가스의 제조·저장·판매·운반 또는 사용시설에서 설치·사용하는 가스 검지기 등의 안전기기와 밸브 등의 부품으로서 산업통상자원부령으로 정하는 것(제5호에 따른 특정설비는 제외한다)을 말한다.

5. "특정설비"란 저장탱크와 산업통상자원부령으로 정하는 고압가스 관련 설비를 말한다.
6. "정밀안전검진"이란 대형(大型) 가스사고를 방지하기 위하여 오래되어 낡은 고압가스 제조시설의 가동을 중지한 상태에서 가스안전관리 전문기관이 정기적으로 첨단장비와 기술을 이용하여 잠재된 위험요소와 원인을 찾아내고 그 제거방법을 제시하는 것을 말한다.

04. 안전성평가기법 중 정량적 파악기법 4가지를 영문약자로 쓰시오.

[정답]

FTA, ETA, CCA, HEA

[보충] 평가기법
- 정량적 기법 : 수치로 파악
- 정성적 기법 : 판단과 논리로 파악

종류	영문약자	특징
체크리스트	-	공정 및 설비 오류, 결함 상태, 위험상황을 목록화한 형태로 작성하여 경험적 비교로 위험성을 정성적으로 파악하는 기법
결함수분석	FTA	사고를 일으키는 장치 이상이나 운전사 실수 조합을 연역적으로 분석하는 기법
이상위험도분석	FMECA	공정 및 설비 고장 형태 및 영향, 고장형태별 위험도 순위를 결정하는 기법
위험과 운전 분석	HAZOP	공정에 존재하는 위험 요소와 공정 효율을 떨어뜨릴 수 있는 운전상의 문제점을 찾아 원인 제거기법
사건수분석	ETA	초기사건으로 알려진 특정장치 이상이나 운전자 실수로부터 발생하는 잠재적 사고결과 평가기법
원인결과분석	CCA	잠재된 사고 결과와 근본적 원인을 찾아내고 결과와 원인의 상호 관계를 예측·평가하는 기법
작업자 실수분석	HEA	설비 운전원, 정비보수원, 기술자 등의 작업에 영향을 미칠 요소를 평가하여 실수 원인을 파악 및 추적으로 상대적 순위를 결정하는 기법
사고예상 질문분석	WHAT-IF	공정에 잠재하며 원하지 않는 나쁜 결과를 초래할 수 있는 사고에 대해 예상질문을 통해 사전 확인함으로써 위험을 줄이는 방법을 제시하는 기법
예비위험분석	PHA	공정 또는 설비에 관한 상세 정보를 얻을 수 없는 상황에서 위험물질 및 공정 요소에 초점을 두어 초기위험을 확인하는 기법
공정위험분석	PHR	기존설비 또는 안전성향상계획서를 제출·심사 받은 설비에 대하여 설비 설계·건설·운전 및 정비 경험을 바탕으로 위험성 분석하는 방법
상대위험 순위결정	-	설비 존재 위험에 대해 수치적으로 상대위험순위를 지표화하여 피해 정도를 나타내는 상대적 위험 순위를 정하는 안전성평가기법

05. 아세틸렌, 수소 그 밖에 가연성 가스의 제조 및 사용설비에 부착하는 역화방지장치 중 아세틸렌에만 적용하는 방식의 명칭과 상용압력 기준을 쓰시오.

[정답]

1. 명칭 : 수봉식
2. 상용압력 기준 : 0.1 MPa 이하

[보충] KGS AA211 가스용 역화방지장치 제조의 시설·기술·검사 기준

1.4 용어 정의
이 기준에서 사용하는 용어의 뜻은 다음과 같다.
1.4.1 "역화방지장치"란 아세틸렌, 수소, 그 밖에 가연성 가스의 제조 및 사용설비에 부착하는 건식 또는 수봉식(아세틸렌에만 적용한다)의 역화방지장치로서, 상용압력이 0.1 MPa 이하인 것을 말한다.
1.4.2 "가연성 가스"란 아크릴로니트릴·아크릴알데히드·아세트알데히드·아세틸렌·암모니아·수소·황화수소·시안화수소·일산화탄소·이황화탄소·메탄·염화메탄·브롬화메탄·에탄·염화에탄·염화비닐·에틸렌·산화에틸렌·프로판·시클로프로판·프로필렌·산화프로필렌·부탄·부타디엔·부틸렌·메틸에테르·모노메틸아민·디메틸아민·트리메틸아민·에틸아민·벤젠·에틸벤젠 및 그 밖에 공기 중에서 연소하는 가스로서, 폭발한계(공기와 혼합된 경우 연소를 일으킬 수 있는 공기 중의 가스 농도 한계를 말한다. 이하 같다)의 하한이 10퍼센트 이하인 것과 폭발한계의 상한과 하한의 차가 20퍼센트 이상인 것을 말한다.

06
내용적이 5 L인 용기에 에탄 1650 g을 충전하였을 때 압력이 200 atm·g이었다. 이때 에탄의 압축계수(Z)를 구하시오. (단, 온도는 100 ℃이다)

정답

$$PV = \frac{W}{M}RTZ$$

$$\therefore Z = \frac{PVM}{WRT}$$

$$= \frac{(200+1) \times 5 \times 30}{1650 \times 0.0821 \times (273+100)} = 0.597$$

$$\therefore 0.6$$

07
도시가스 원료인 나프타 특징 3가지를 쓰시오.

정답

1. 부산물이 생성되지 않는다.
2. 불순물이 적어 정제설비가 불필요하다.
3. 환경오염의 문제가 적다.
4. 가스화가 용이하여 효율이 좋다.
5. 취급과 저장이 용이하다.

08
플레어스택에 관한 다음 각 물음에 답하시오.

1. 플레어스택의 기능을 쓰시오.
2. 플레어스택의 설치위치 및 높이는 플레어스택 바로 밑의 지표면에 미치는 복사열이 (   ) 이하가 되도록 한다.

정답

1. 긴급이송설비로 이송되는 가스가 비정상적인 압력 상승이 발생 시 높은 곳에서 안전하게 연소시켜 대기 중으로 방출하는 탑
2. 4000 kcal/m²·h

09
가스배관 설계 시 최대사용유량을 설정할 때 고려해야 하는 인자 4가지를 쓰시오.

정답

1. 관의 안지름
2. 가스 비중
3. 관의 길이
4. 압력손실

보충 유량계산

1) 저압배관 ★★★

$$Q = K\sqrt{\frac{D^5 H}{SL}}$$

Q : 가스의 유량[m³/hr]　　D : 관안지름[cm]
H : 압력손실[mmH₂O]　　S : 가스의 비중
L : 관의 길이[m]　　　　K : 폴의 정수(0.707)

2) 중·고압 배관

$$Q = K\sqrt{\frac{D^5(P_1^2 - P_2^2)}{SL}}$$

Q : 가스의 유량[m³/hr]　　D : 관안지름[cm]
P_1 : 초압[kg/cm²a]　　　P_2 : 종압[kg/cm²a]
S : 가스의 비중　　　　　L : 관의 길이[m]
K : 콕의 정수(52.31)

10
액체침투탐상시험의 원리를 쓰시오.

정답

표면에 존재하는 결함을 검출하는 비파괴검사방법이다. 침투탐상에 사용되는 침투제는 낮은 표면장력과 높은 모세관현상의 특성이 있어 시험체에 적용하면 표면의 크랙에 쉽게 침투한다. 즉, 모세관현상의 원리로 침투제가 크랙 등의 결함에 침투하게 되고 침투하지 못한 침투제를 제거한 후 현상제를 적용하면 크랙 등에 들어간 침투제가 현상제 위로 흡착되어 결함의 부위를 알 수 있다.

※ 출처 : 한국가스안전교육원

11
정압기 선정 시 고려사항 4가지와 각각에 대해 설명하시오.

정답
- 정특성 : 정상 상태에서 유량과 2차 압력과의 관계
- 동특성 : 부하변동에 대한 응답의 신속성과 안정성
- 유량특성 : 메인밸브의 열림과 유량과의 관계
- 정압기 사용최대차압 : 메인밸브에 1차 압력과 2차 압력의 최대차압
- 정압기 작동최소차압 : 정압기가 작동 불가능하게 되는 최소차압

12
천연가스를 원료로 사용하여 수소를 제조하는 방법 2가지를 쓰시오.

정답
1. 수증기 개질법
2. 부분 산화법

보충 수소 제법
1. 부분산화법 : 산소가 충분히 공급이 되지 않을 때 일산화탄소와 수소 생성
$$CH_4 + 0.5O_2 \rightarrow CO + 2H_2$$
2. 수증기개질법 : 메탄과 물을 접촉시켰을 때 수소 생성
$$CH_4 + H_2O \rightarrow 3H_2 + CO$$
3. 자열개질법 : 부분산화법과 수증기개질법을 일정한 비율로 사용하여 수소 생성
$$CH_4 + 0.5O_2 \rightarrow CO + 2H_2$$
$$CH_4 + H_2O \rightarrow 3H_2 + CO$$

13
셰일가스(Shale Gas)의 정의를 쓰시오.

정답
진흙이 퇴적하여 굳어서 형성된 셰일(암석층)에 함유된 천연가스

14
도시가스 공급소의 공사계획 승인대상 4가지를 쓰시오. (단, 공급소의 신규 설치공사는 제외한다)

정답
1) 가스홀더
2) 압송기
3) 정압기
4) 배관(최고사용압력이 중압 또는 고압인 배관으로서 호칭지름이 150 mm 이상인 것만을 말한다)

보충 보충설명
위의 문제는 도시가스 공급소의 공사계획 '승인대상'이다. 만약 문제가 '신고대상'으로 출제된다면, 아래와 같다.
도시가스사업법 시행규칙 [별표 3] 공사계획의 신고대상
1. 〈생략〉
2. 공급소
  가. 다음 어느 하나에 해당하는 설비의 위치 변경공사
    1) 가스홀더
    2) 압송기
  나. 다음 어느 하나에 해당하는 변경공사
    1) 가스홀더 및 정압기의 안전장치의 변경공사
    2) 정압기의 용량 변경공사

15 어떤 혼합가스의 체적비가 각각 메탄 40 %, 수소 30 %, 일산화탄소 30 %인 경우 다음 각 물음에 답하시오.

> 1. 혼합가스의 폭발 범위를 구하는 식을 설명하시오.
> 2. 혼합가스의 폭발 범위를 계산하시오.

정답

1. 르샤틀리에법칙

$$L = \frac{100}{\frac{V_1}{L_1} + \frac{V_2}{L_2} + \frac{V_3}{L_3}}$$

L : 혼합가스의 폭발한계치
L_1, L_2, L_3 : 각 성분 가스의 단독 폭발 한계치
V_1, V_2, V_3 : 각 성분 가스의 비율(부피 [%])

2. (1) 폭발 범위 하한값

$$L_L = \frac{100}{\frac{40}{5} + \frac{30}{4} + \frac{30}{12.5}} = 5.59\%$$

(2) 폭발 범위 상한값

$$L_H = \frac{100}{\frac{40}{15} + \frac{30}{75} + \frac{30}{74}} = 28.80\%$$

따라서 5.59 ~ 28.80 %

2021 제3회 [동영상]

01 다음 동영상은 PE관의 접합 기준에 관한 내용이다. 괄호 안에 들어갈 알맞은 말을 쓰시오.

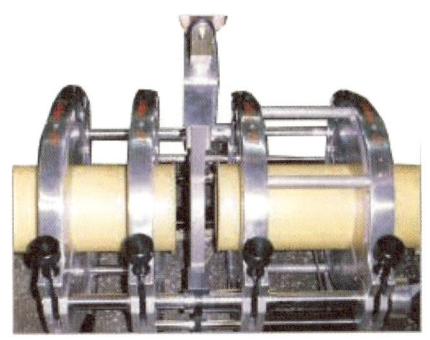

※ 출처 : 나노인스텍

맞대기 융착이음은 공칭외경 (①) 이상의 직관과 이음관 연결에 적용하며, 맞대기 융착과 전기융착에 사용하는 융착기는 (②)을[를] 기준으로 매 (③)이 되는 날의 전후 30일 이내에 (④)로부터 성능 확인을 받은 것으로 한다.

> **정답**
> ① 90 mm
> ② 제조일
> ③ 1년
> ④ 한국가스안전공사

02 다음 동영상을 보고 각 물음에 답하시오.

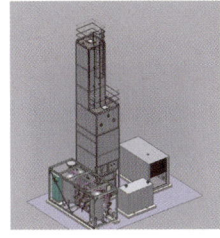 

[동영상]

원료공기 흡입 - 여과기 - 압축기 - 냉각기 - 건조기 - 열교환기 - 정류탑 - 펌프 - 충전

1. 장치 명칭을 쓰시오.
2. 공기액화분리장치에서 즉시 운전을 중지하여 액화산소를 방출하여야 하는 경우 2가지를 쓰시오.
3. 액화공기탱크와 액화산소 증발기 사이에는 무엇을 설치해야 하는지 쓰시오.

> 정답

1. 공기액화분리장치
2. ⑴ 액화산소 5 L 중 아세틸렌 질량이 5 mg 이상일 때
   ⑵ 액화산소 5 L 중 탄화수소 중의 탄소 질량이 500 mg 이상일 때
3. 여과기

03 LPG용 세이프티 커플링 구조에 대한 다음 각 질문에 답하시오.

※ 출처 : 가스신문

1. 세이프티 커플링은 안전성을 확보하기 위해 암커플링은 호스가 분리된 경우 (a)에, 숫커플링은 (b)에 설치할 수 있다.
2. 암커플링의 외부 캡이 (   ) 구조로 한다.
3. 커플링은 가스의 흐름에 지장이 없도록 합산유효면적을 얼마로 하여야 하는가?

> 정답

1. (a) 자동차 충전구
   (b) 충전기
2. 회전되지 않는
3. 0.5 cm² 이상

04 다음 동영상은 전기방식시설이다. 이 시설의 유지관리를 위해 선택배류법, 희생양극법, 외부전원법은 몇 m 이내 간격으로 전위 측정용 터미널을 설치하는가?

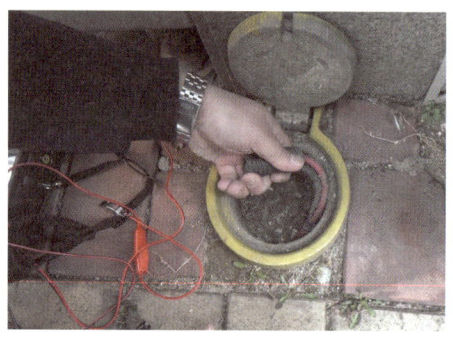

> 정답

⑴ 선택배류법 : 300 m 이내
⑵ 희생양극법(유전양극법) : 300 m 이내
⑶ 외부전원법 : 500 m 이내

> 참 선희 300, 그밖 500

05 다음 정압기실에 설치된 가스누출검지 통보설비에서 가스누출경보기 기능 2가지를 쓰시오.

※ 출처 : 바이텍

정답

1. 가스누출검지경보장치는 가스 누출을 검지하여 그 농도를 지시함과 동시에 경보가 울리는 것으로 한다.
2. 미리 설정된 가스농도(폭발하한계의 4분의 1 이하)에서 60초 이내에 경보가 울리는 것으로 한다.
3. 경보가 울린 후에는 주위의 가스농도가 변화되어도 계속 경보가 울리며, 그 확인 또는 대책을 강구함에 따라 경보가 정지되도록 한다.
4. 담배연기 등 잡가스에 경보가 울리지 않는 것으로 한다.

보충 KGS FS552 일반도시가스사업 정압기의 시설·기술·검사 기준

2.7.1.3 과압안전장치 가스방출관 설치
안전밸브는 가스방출관이 설치된 것으로 하고, 그 방출관의 방출구는 주위에 불 등이 없는 안전한 위치로서 지면으로부터 5 m 이상의 높이에 설치한다. 다만 전기시설물과의 접촉 등으로 사고의 우려가 있는 장소에서는 3 m 이상으로 할 수 있다.

2.7.2 가스누출검지통보설비 설치
가스누출검지통보설비는 누출된 가스를 검지하여 이를 안전관리자가 상주하는 곳에 통보할 수 있는것으로서 다음 기준에 따른다. 다만 단독사용자에게 가스를 공급하는 정압기의 경우에는 그 사용시설의 안전관리자가 상주하는 곳에 통보할 수 있는 것으로 할 수 있다.

2.7.2.1 가스누출경보기 기능
2.7.2.1.1 가스누출검지경보장치는 가스 누출을 검지하여 그 농도를 지시함과 동시에 경보가 울리는 것으로 한다.
2.7.2.1.2 미리 설정된 가스농도(폭발하한계의 4분의 1 이하)에서 60초 이내에 경보가 울리는 것으로 한다.
2.7.2.1.3 경보가 울린 후에는 주위의 가스농도가 변화되어도 계속 경보가 울리며, 그 확인 또는 대책을 강구함에 따라 경보가 정지되도록 한다.
2.7.2.1.4 담배연기 등 잡가스에 경보가 울리지 않는 것으로 한다.

2.7.2.2 가스누출경보기 구조
2.7.2.2.1 가스누출경보기는 「소방시설 설치 및 관리에 관한 법률」에 따른 분리형 공업용으로 한다.
2.7.2.2.2 가스누출경보기는 충분한 강도를 가지며, 취급과 정비(특히 엘리먼트의 교체)가 용이한 것으로 한다.
2.7.2.2.3 경보부와 검지부는 분리하여 설치할 수 있는 것으로 한다.
2.7.2.2.4 검지부가 다점식인 경우에는 경보가 울릴 때 경보부에서 가스의 검지 장소를 알 수 있는 구조로 한다.

2.7.2.3 가스누출경보기 설치 장소
2.7.2.3.1 검지부 설치장소는 정압기실 중 가스가 누출하기 쉬운 설비가 설치되어 있는 장소의 주위로서, 누출한 가스가 체류하기 쉬운 곳으로 한다.
2.7.2.3.2 검지부 설치 위치는 가스의 성질, 주위 상황, 그 밖에 설비의 구조 등에 적합한 곳으로서, 다음 기준에 해당하지 않는 곳으로 한다.
(1) 증기, 물방울, 기름 섞인 연기 등이 직접 접촉될 우려가 있는 곳
(2) 주위 온도 또는 복사열에 의한 온도가 섭씨 40도 이상이 되는 곳
(3) 설비 등에 가려져 누출가스의 유통이 원활하지 못한 곳
(4) 차량 및 그 밖의 작업 등으로 경보기가 파손될 우려가 있는 곳

2.7.2.3.3 검지부의 설치 높이는 가스의 비중, 주위 상황, 가스설비의 높이 등에 적합한 곳으로 한다.
2.7.2.3.4 경보기의 설치 장소는 관계자가 상주하거나 경보를 식별할 수 있는 곳으로서, 경보가 울린 후 각종 조치를 취하기에 적절한 곳으로 한다.

06 방폭전기기기에 표시된 각 내용에 대해 설명하고, 최대안전틈새가 무엇인지 쓰시오.

※ 출처 : 아성테크

| 1. Ex | 2. d |
| 3. II B | 4. T4 |

정답

1. 방폭구조
2. 내압방폭구조
3. 내압 방폭전기기기의 폭발등급(최대안전틈새 범위 0.5 mm 초과 0.9 mm 미만)
4. 방폭전기기기의 온도등급(가연성 가스의 발화도 ℃ 범위 135 ℃ 초과 200 ℃ 이하)
※ 최대안전틈새 : 내용적이 8리터이고 틈새 깊이가 25 mm인 표준용기 안에서 가스가 폭발할 때 발생한 화염이 용기 밖으로 전파하여 가연성 가스에 점화되지 않는 최댓값

보충 **방폭구조의 종류**
① 안전증방폭구조(e)
② 유입방폭구조(o)
③ 내압방폭구조(d)
④ 압력방폭구조(p)
⑤ 본질안전방폭구조(ia, ib)
⑥ 특수방폭구조(s)

보충 **방폭전기기기 온도 등급에 따른 발화도 범위**
T1 : 450 ℃ 초과
T2 : 300 ℃ 초과 450 ℃ 이하
T3 : 200 ℃ 초과 300 ℃ 이하
T4 : 135 ℃ 초과 200 ℃ 이하
T5 : 100 ℃ 초과 135 ℃ 이하
T6 : 85 ℃ 초과 100 ℃ 이하

보충 **폭발등급**
① II A : 최대안전틈새 범위 0.9 mm 이상
② II B : 최대안전틈새 범위 0.5 mm 초과 0.9 mm 미만
③ II C : 최대안전틈새 범위 0.5 mm 이하

보충 **KGS GC201 가스시설 전기방폭 기준**
• 가연성 가스의 폭발 등급 및 이에 대응하는 내압방폭전기기기의 폭발 등급

최대안전틈새 범위 (mm)	0.9 이상	0.5 초과 0.9 미만	0.5 이하
가연성 가스의 폭발 등급	A	B	C
방폭전기기기의 폭발 등급	II A	II B	II C

[비고]
최대안전틈새는 내용적이 8리터이고 틈새 깊이가 25 mm인 표준용기 안에서 가스가 폭발할 때 발생한 화염이 용기 밖으로 전파하여 가연성 가스에 점화되지 않는 최댓값

• 가연성 가스의 폭발 등급 및 이에 대응하는 본질안전방폭구조의 폭발 등급

최소점화전류비의 범위(mm)	0.8 초과	0.45 이상 0.8 이하	0.45 미만
가연성 가스의 폭발 등급	A	B	C
방폭전기기기의 폭발 등급	II A	II B	II C

[비고]
최소점화전류비는 메탄가스의 최소점화전류를 기준으로 나타낸다.

07 다음을 보고 도시가스 정압기실에 설치된 장치의 명칭과 기능 2가지를 쓰시오.

※ 출처 : 이투뉴스

정답

1. 명칭 : RTU장치
2. 기능
   ① 정전 시 비상전력 공급
   ② 정압기실의 감시제어 데이터(온도, 가스누출 여부 등)을 상황실로 전송

08 다음 동영상을 보고 각 물음에 답하시오.

※ 출처 : 환경경찰뉴스

> 1. 도시가스배관을 시가지 외의 도로, 산지, 농지 또는 (①), (②) 내에 매설하는 경우에는 표지판을 설치한다. 이때 (①), (②)을(를) 횡단하여 배관을 매설하는 경우에는 양편에 표지판을 설치한다.
> 2. 표지판의 규격은 가로 (①) 이상, 세로 (②) 이상으로 한다.

정답

1. ① 하천부지   ② 철도부지
2. ① 200 mm   ② 150 mm

보충 KGS FS551 일반도시가스사업 제조소 및 공급소 밖의 배관의 기준

• 라인마크(Line-Mark)의 설치 기준

(1) 「도로법」에 따른 도로 및 공동주택 등의 부지 안 도로에 도시가스배관을 매설하는 경우에는 라인마크를 설치한다. 다만 「도로법」에 따른 도로 중 비포장도로, 포장도로의 법면 및 측구는 표지판을 설치하되, 비포장도로가 포장될 때에는 라인마크로 교체 설치한다.

(2) 라인마크의 종류는 금속재 라인마크, 스티커형 라인마크 및 네일형(Nail) 라인마크로 한다. 다만 「도로교통법」에 따른 보도와 차도가 명확히 구분된 도로의 차도에는 네일형 라인마크를 설치하지 않는다.

(3) 라인마크는 배관길이 50 m마다 1개 이상 설치하되, 주요분기점·굴곡지점·관말지점 및 그 주위 50 m 안에 설치한다. 다만 단독주택 분기점은 제외하며, 밸브박스 또는 배관 직상부에 전위측정용 터미널(T/B)·검지공·로케이팅와이어 측정함(L/B) 등이 라인마크 기능을 갖도록 적합하게 설치된 경우에는 라인마크로 볼 수 있다.

• 표지판의 설치 기준

(1) 도시가스배관을 시가지외의 도로·산지·농지 또는 하천부지·철도부지내에 매설하는 경우에는 표지판을 설치한다. 이때 하천부지·철도부지를 횡단하여 배관을 매설하는 경우에는 양편에 표지판을 설치한다.

(2) 표지판은 배관을 따라 200 m 간격으로 1개 이상으로 설치하되, 교통 등의 장애가 없는 장소를 선택해 일반인이 쉽게 볼 수 있도록 설치한다.

(3) 표지판의 가로치수는 200 mm, 세로치수는 150 mm 이상의 직사각형으로 하고, 황색바탕에 검정색 글씨로 표지판의 치수 및 표기방법 보기와 같이 도시가스배관임을 알리는 뜻과 연락처 등을 표기한다.

(4) 판의 재료는 KS D 3503(일반구조용 압연강재)으로서 부식방지 조치를 한 것 또는 내식성 재료로 하고 지지대의 재료는 관의 재료와 동등 이상의 것으로 한다.

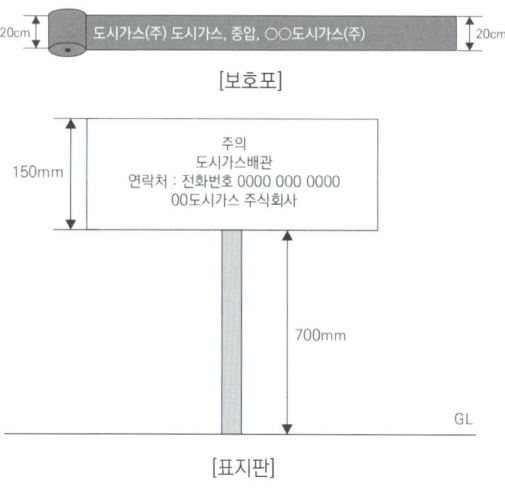

[보호포]

[표지판]

10 지상에 설치된 LPG 저장탱크에 부착된 크린카식 액면계의 상·하 배관에는 어떤 형식의 밸브를 설치하는지 쓰시오.

정답

자동 및 수동식 스톱밸브(액면계 파손 혹은 검사 시 LPG 누설차단을 위해 설치)

09 다음 각 물음에 답하시오.

1. 산소를 충전할 때 압축기와 충전용 지관 사이에 무엇을 설치해야 하는가?
2. 1.의 역할은 무엇인가?
3. 아세틸렌용기 부속품을 보호하기 위해 사용하는 부품의 명칭을 쓰시오.
4. 용기에 충전하는 아세틸렌의 최고충전압력 기준을 쓰시오.

정답

1. 수취기
2. 산소에 포함된 수분 제거
3. 캡
4. 15℃에서 용기에 충전할 수 있는 가스의 압력 중 최고압력

2020 제1, 2회 [필답형]

01 배관의 콜드스프링을 설명하시오.

정답
배관의 자유팽창량을 미리 계산하여 관의 길이를 짧게 절단해서 열팽창을 흡수하는 방법이며, 이때의 절단 길이는 자유팽창량의 1/2이다.

02 가스용 연료전지의 원리에 대해 설명하시오.

정답
도시가스(LNG, LPG)와 같은 가스를 연료로 사용해 전기와 열을 생산하는 친환경 발전 기술로서 도시가스를 개질하여 얻은 수소와 대기 중의 산소를 전기화학적으로 반응시켜 전기와 열을 생산한다.

03 LPG를 안지름 50 mm, 배관의 길이 100 m인 관으로 시간당 30 m³를 공급할 때 압력손실(mmH₂O)을 계산하시오. (단, LPG의 비중은 1.50이다)

정답
압력손실 계산

$$Q = k\sqrt{\frac{D^5 H}{SL}}$$

$$H = \frac{Q^2 SL}{K^2 D^5} = \frac{30^2 \times 1.5 \times 100}{0.707^2 \times 5^5} = 86.43\,mmH_2O$$

Q : 가스의 유량[m³/h], D : 관안지름[cm]
H : 압력손실[mmH₂O], S : 가스의 비중
L : 관의 길이[m], K : 유량계수

04 원심펌프를 직렬 운전할 때와 병렬 운전할 때 유량과 양정이 어떻게 되는지 쓰시오.

정답
1. 직렬 운전 : 양정 증가, 유량 일정
2. 병렬 운전 : 유량 증가, 양정 일정

05 방폭구조의 종류 6가지를 기호와 같이 쓰시오.

정답
① 안전증방폭구조(e)
② 유입방폭구조(o)
③ 내압방폭구조(d)
④ 압력방폭구조(p)
⑤ 본질안전방폭구조(ia, ib)
⑥ 특수방폭구조(s)

06 프로판 55 kg의 완전연소 시 이론공기량(Nm³)을 계산하시오.

정답
프로판의 완전연소 반응식
$C_3H_8 + 5O_2 \rightarrow 3CO_2 + 4H_2O$
44 kg : 5 × 22.4 = 55 kg : x

$$\therefore x = \frac{5 \times 22.4 \times 55}{44} = 140$$

$$A_0 = \frac{O_0}{0.21} = \frac{140}{0.21} = 666.67\,Nm^3$$

07 다음 펌프의 특성곡선을 보고 각각에 해당하는 펌프 명칭을 쓰시오.

[보기]
원심펌프, 점성펌프, 축류펌프, 왕복펌프

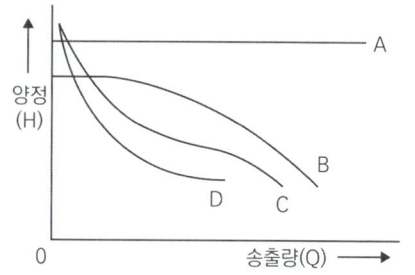

정답

A : 왕복펌프
B : 원심펌프
C : 축류펌프
D : 점성펌프

08 다음 각 가스압축기의 윤활제를 쓰시오.

1. 산소   2. 공기
3. LPG   4. 염소

정답

1. 물 또는 10 % 이하의 묽은 글리세린수
2. 양질의 광유
3. 식물성유
4. 진한 황산

보충 중요가스 윤활유
(1) 공기 : 양질의 광유
(2) 아세틸렌 : 양질의 광유
(3) 수소 : 양질의 광유
(4) 산소 : 10 % 이하의 묽은 글리세린수 또는 물
(5) 염소 : 진한 황산

암 공유, 아유, 수유, 산물, 염황

09 정적과정 1개, 정압과정 1개, 단열과정 2개로 이루어진 가스터빈(외연기관)의 이상 사이클 명칭을 쓰시오.

정답

아트킨슨사이클

10 플레어스택의 구조는 긴급이송설비로부터 이송되는 가스를 연소시켜 대기로 안전하게 방출할 수 있도록 조치를 하여야 하는데, 역화 및 공기 등과의 혼합폭발을 방지하기 위하여 해당 제조시설의 가스의 종류 및 시설의 구조에 따라 갖추어야 하는 시설 4가지를 쓰시오.

정답

(1) Liquid Seal 설치
(2) Flame Arrestor 설치
(3) Vapor Seal 설치
(4) Purge Gas(N_2, off gas 등)의 지속적인 주입 등
(5) Molecular Seal 설치

암 리플바보

보충 KGS FP111 고압가스 특정제조의 시설·기술·검사·감리·정밀안전검진 기준

• 플레어스택 설치
1. 긴급이송설비로 이송되는 가스를 안전하게 연소시킬 수 있는 것으로 한다.
2. 플레어스택에서 발생하는 복사열이 다른 제조시설에 나쁜 영향을 미치지 않도록 안전한 높이 및 위치에 설치한다.
3. 플레어스택에서 발생하는 최대열량에 장시간 견딜 수 있는 재료 및 구조로 되어 있는 것으로 한다.
4. 파일럿버너를 항상 점화하여 두는 등 플레어스택에 관련된 폭발을 방지하기 위한 조치가 되어 있는 것으로 한다.

5. 플레어스택의 설치위치 및 높이는 플레어스택 바로 밑의 지표면에 미치는 복사열이 4000 kcal/m²·h 이하가 되도록 한다. 다만 4000 kcal/m²·h를 초과하는 경우로서 출입이 통제되어 있는 지역은 그렇지 않다.
6. 플레어스택의 구조는 긴급이송설비로부터 이송되는 가스를 연소시켜 대기로 안전하게 방출할 수 있도록 다음 조치를 한다.
   (1) 파일럿버너 또는 항상 작동할 수 있는 자동점화장치를 설치하고 파일럿버너가 꺼지지 않도록 하거나, 자동점화장치의 기능이 완전하게 유지되도록 한다.
   (2) 역화 및 공기 등과의 혼합폭발을 방지하기 위하여 해당 제조시설의 가스의 종류 및 시설의 구조에 따라 다음 중 하나 또는 둘 이상을 갖춘다.
      (2-1) Liquid Seal 설치
      (2-2) Flame Arrestor 설치
      (2-3) Vapor Seal 설치
      (2-4) Purge Gas(N_2, off gas 등)의 지속적인 주입 등
      (2-5) Molecular Seal 설치
7. 플레어스택의 용량 및 설치는 API, ISO 공인 기준을 적용한 경우와 그 밖에 산업통상자원부장관과 한국가스안전공사가 협의하여 인정하는 국제적인 공인 기준을 적용한 경우에는 1.부터 6.까지에도 불구하고 적합한 것으로 본다.

11
지상에 설치된 LPG 저장탱크에 부착된 크린카식 액면계의 상·하 배관에는 어떤 형식의 밸브를 설치하는지 쓰시오.

> **정답**

자동 및 수동식 스톱밸브

12
도시가스 제조공정에서 가스화 촉매에 요구되는 성질 4가지를 쓰시오.

> **정답**

1. 활성도가 높을 것
2. 고온에서 내열성이 좋을 것
3. 장기간 안정적일 것
4. 독성 물질에 대해 내구성이 좋을 것

13
가연성 가스의 폭발 범위(연소 범위)에 대해 설명하시오.

> **정답**

공기와 혼합된 가스가 연소 또는 폭발할 수 있는 농도의 범위로서, 연소 가능한 최저 농도를 연소하한계(LEL), 최고 농도를 연소상한계(UEL)라 한다.

14
직동식 정압기의 2차 압력이 (1) 설정압력보다 높을 때, (2) 설정 압력보다 낮을 때 작동원리를 설명하시오.

> **정답**

(1) 높을 때 : 가스 사용량이 감소하여 2차 압력이 설정압력보다 높아지면 다이어프램이 스프링힘보다 커져 메인밸브를 위로 밀어 가스 유량을 제한한다.
(2) 낮을 때 : 가스 사용량이 증가하여 2차 압력이 설정압력보다 낮아지면 스프링힘이 우세하여 다이어프램을 밀어 메인밸브를 열어 가스 유입을 증가시킨다.

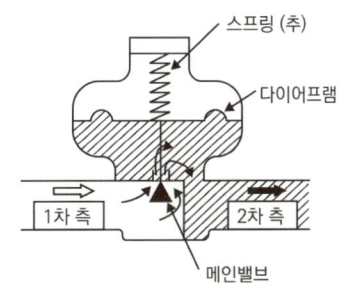

15 가스누설 검지기의 오보 대책에 대한 다음 내용을 설명하시오.

> 1. 경보지연
> 2. 반시한 경보
> 3. 즉시경보

정답
1. 가스 농도가 설정치에 도달한 후 그 이상 농도가 계속 존재하는 경우 지연시간이 지난 후 경보하는 방식(이때 지연시간은 20 ~ 60초)
2. 가스농도가 경보 설정값에 도달한 후 그 이상 농도가 계속 존재하는 경우 경보하는 방식
3. 가스 농도가 설정치에 도달 시 즉시 경보를 울리는 형식

01
실내에 설치된 기화장치에 대한 다음 물음에 각각 답하시오.

※ 출처 : 가스신문

1. 액체 상태로 열교환기 밖으로 유출을 방지하는 장치의 명칭은 무엇인가?
2. 액 유출 시 나타나는 현상 2가지를 쓰시오.

정답

1. 액유출방지장치
2. ① 폭발의 위험
   ② 액화가스는 극저온으로 존재하므로 유출 시 피부에 접촉하면 급격히 냉각되어 동상이 발생
   ③ 액화가스 기화 및 산소 결핍으로 인한 질식

02
도시가스사용시설의 다음 기기 명칭을 쓰고 저압, 중압의 기밀시험 시 용적 $1\ m^3$ 미만의 기밀 유지 시간을 쓰시오.

※ 출처 : 아이에스테크

정답

1. 명칭 : 자기압력기록계
2. 기밀 유지 시간 : 24분

보충 KGS FU551 2024 도시가스 사용시설의 시설·기술·검사 기준

4.2.2.1.15 기밀시험

표 4.2.2.1.15 압력 측정기구별 기밀 유지 시간

압력측정기구	최고사용압력	용적	기밀유지시간
수주 게이지	저압	$1\ m^3$ 미만	1분
		$1\ m^3$ 이상 $10\ m^3$ 미만	5분
		$10\ m^3$ 이상 $300\ m^3$ 미만	$0.5 \times V$분 단, 60분을 초과한 경우는 60분으로 할 수 있음

압력측정 기구	최고사용 압력	용적	기밀유지시간
전기식다이어프램형압력계	저압	1 m³ 미만	4분
		1 m³ 이상 10 m³ 미만	40분
		10 m³ 이상 300 m³ 미만	4 × V분 단, 240분을 초과한 경우는 240분으로 할 수 있음
압력계 또는 자기 압력 기록계	저압, 중압	1 m³ 미만	24분
		1 m³ 이상 10 m³ 미만	240분
		10 m³ 이상 300 m³ 미만	24 × V분 단, 1440분을 초과한 경우는 1440분으로 할 수 있음
압력계 또는 자기 압력 기록계	고압	1 m³ 미만	48분
		1 m³ 이상 10 m³ 미만	480분
		10 m³ 이상 300 m³ 미만	48 × V분 단, 2880분을 초과한 경우는 2880분으로 할 수 있음

1. V는 피시험부분의 용적(단위 : m³)이다.
2. 전기식 다이어프램형 압력계는 공인검사기관으로부터 성능을 인증 받는다.

03
공동주택 등에 도시가스를 공급하기 위해 압력조정기를 설치할 때 다음 각 물음에 답하시오.

※ 출처 : 주식회사 에이디(AD)

1. 저압일 경우 설치 세대 수
2. 압력조정기의 안전점검주기

정답

1. 250세대 미만
2. 6개월에 1회 이상

보충 압력조정기 설치 기준
- 중압인 경우 : 150세대 미만
- 저압인 경우 : 250세대 미만

보충 점검주기
- 공급시설 : 6개월에 1회 이상
- 사용시설 : 1년에 1회 이상

04 다음 동영상을 보고 각 물음에 답하시오.

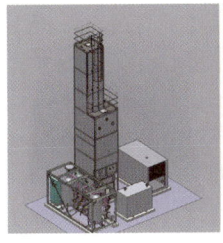

[동영상]
원료공기 흡입 - 여과기 - 압축기 - 냉각기 - 건조기 - 열교환기 - 정류탑 - 펌프 - 충전

1. 장치 명칭을 쓰시오.
2. 공기액화분리장치에서 즉시 운전을 중지하여 액화산소를 방출하여야 하는 경우 2가지를 쓰시오.

정답
1. 공기액화분리장치
2. (1) 액화산소 5 L 중 아세틸렌 질량이 5 mg 이상일 때
   (2) 액화산소 5 L 중 탄화수소 중의 탄소 질량이 500 mg 이상일 때

05 다음 동영상을 보고 각 물음에 답하시오.

1. 과류차단안전기구에 대해 설명하시오.
2. 상자콕의 정의를 쓰시오.
3. 상자콕의 출구 측에 접속되는 것으로, 신속하게 탈착할 수 있고, 접속부에서 가스 누출이 없는 이음구조를 쓰시오.
4. 과류차단안전기구를 가지며, 핸들 등이 반개방 상태에서도 가스 유로가 열리지 않는 것의 명칭을 쓰시오.

정답
1. 표시 유량 이상의 가스량이 통과되었을 경우 가스 유로를 차단하는 장치를 말한다.
2. 상자에 넣어 바닥, 벽 등에 설치하는 것으로서, 3.3 kPa 이하의 압력과 1.2 m^3/h 이하의 표시 유량에 사용하는 콕을 말한다.
3. 신속이음쇠
4. 온 - 오프(On - off)장치

보충 KGS AA334 가스용 콕 제조의 시설·기술·검사 기준

• 용어 정의
1. "정기품질검사"란 생산단계검사를 받고자 하는 제품이 설계단계검사를 받은 제품과 동일하게 제조된 제품인지 확인하기 위하여 양산된 제품에서 시료를 채취하여 성능을 확인하는 것을 말한다.
2. "상시샘플검사"란 제품확인검사를 받고자 하는 제품에 대하여 같은 생산 단위로 제조된 동일 제품을 1조로 하고, 그 조에서 샘플을 채취하여 기본적인 성능을 확인하는 검사를 말한다.
3. "수시품질검사"란 생산공정검사 또는 종합공정검사를 받은 제품이 설계단계검사를 받은 제품과 동

일하게 제조되고 있는지 양산된 제품에서 예고 없이 시료를 채취하여 확인하는 검사를 말한다.
4. "공정확인심사"란 설계단계검사를 받은 제품을 제조하기 위하여 필요한 제조 및 자체검사 공정에 대한 품질시스템 운용의 적합성을 확인하는 것을 말한다.
5. "종합품질관리체계심사"란 제품의 설계·제조 및 자체검사 등 콕 제조 전 공정에 대한 품질시스템 운용의 적합성을 확인하는 것을 말한다.
6. "형식"이란 구조·재료·용량 및 성능 등에서 구별되는 제품의 단위를 말한다.
7. "공정검사"란 생산공정검사와 종합공정검사를 말한다.
8. "업무용 대형 연소기용 노즐콕"이란 업무용 대형 연소기 부품으로 사용하는 것으로서 가스 흐름을 볼로 개폐하는 구조를 말한다.
9. "핸들"이란 가스 유로를 수동으로 개폐하기 위해 콕의 몸통에 장착한 것을 말한다.
10. "과류차단안전기구"란 표시 유량 이상의 가스량이 통과되었을 경우 가스 유로를 차단하는 장치를 말한다.
11. "상자콕"이란 상자에 넣어 바닥, 벽 등에 설치하는 것으로서, 3.3 kPa 이하의 압력과 1.2 m³/h 이하의 표시 유량에 사용하는 콕을 말한다.
12. "신속이음쇠"란 상자콕의 출구 측에 접속되는 것으로, 신속하게 탈착할 수 있고, 접속부에서 가스 누출이 없는 이음구조를 말한다.
13. "온-오프(On-Off)장치"란 과류차단안전기구를 가지며, 핸들 등이 반개방 상태에서도 가스 유로가 열리지 않는 것을 말한다.

• 구조 및 치수

콕은 그 콕의 안전성·편리성 및 호환성을 확보하기 위하여 다음 기준에 따른 구조 및 치수를 가지는 것으로 한다.
1. 콕의 표면은 매끈하고, 사용에 지장을 주는 부식·균열·주름 등이 없는 것으로 한다.
2. 퓨즈콕은 가스 유로를 볼로 개폐하고, 과류차단안전기구가 부착된 것으로서, 배관과 호스, 호스와 호스, 배관과 배관 또는 배관과 커플러를 연결하는 구조로 한다.
3. 상자콕은 가스 유로를 핸들, 누름, 당김 등의 조작으로 개폐하고, 과류차단안전기구가 부착된 것으로서, 배관과 카플러를 연결하는 구조로 한다.

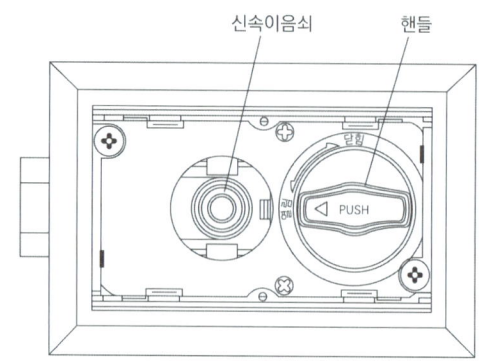

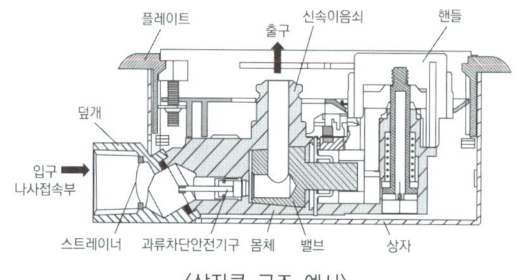

〈상자콕 구조 예시〉

06 다음 동영상을 보고 각 물음에 답하시오.

※ 출처 : 가스신문

1. 황색 배관의 최고사용압력을 쓰시오.
2. 적색배관과 황색배관의 이격거리를 쓰시오.

정답

1. 0.4 MPa
2. 2 m 이상

보충 KGS FS551 일반도시가스사업 제조소 및 공급소 밖의 배관의 시설·기술·검사·정밀안전진단 기준

2.5.8.1.4 고압배관과 근접설치 제한
중압 이하의 배관과 고압배관을 매설하는 경우 서로 간의 거리를 2 m 이상으로 설치한다. 다만 기존에 설치된 배관의 지반침하·손상 등을 방지하기 위하여 철근콘크리트 방호구조물 안에 설치하는 경우에는 1 m 이상으로, 중압 이하의 배관과 고압배관의 관리주체가 같은 경우에는 0.3 m 이상으로 할 수 있다

07 PE관의 융착방법 중 열융착방법 3가지를 쓰고 융착 상태의 적합판정 여부는 무엇으로 하는지 쓰시오.

(1)
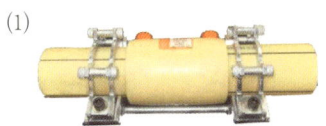

(2)

(3)
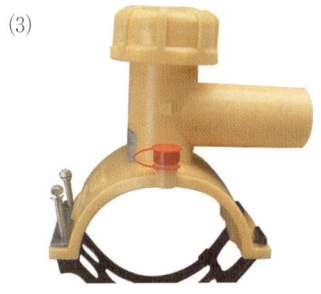

정답

(1) 소켓융착
(2) 맞대기융착
(3) 새들융착
(4) 적합판정 여부 : 비드폭

08 다음 고압가스 충전용기의 제조방법에 따른 용기 명칭을 쓰시오.

정답

무계목용기(혹은 이음매 없는 용기, 심리스용기)

보충 용기
(1) 용접용기(계목용기) : 주로 압력이 낮은 가스, 액화가스 충전
  ※ LPG, NH_3, C_2H_2, C_2H_4 등
  ※ 용접용기의 두께공차 : 평균값의 20 % 이하일 것
(2) 이음매 없는 용기(무계목용기) : 주로 압력이 높은 가스, 압축가스, 초저온 액화가스 등을 충전

09 다음은 가스 자동차단장치의 구성 모습이다. 각각의 명칭과 기능을 설명하시오. 또한 제어부가 열린 경우와 닫힌 경우 표시 색상을 쓰시오.

(1)

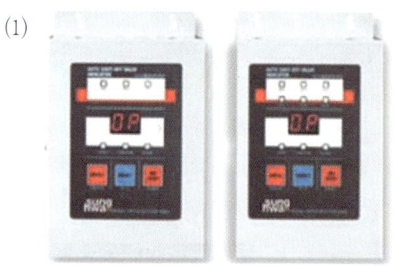

※ 출처 : ulsansafety

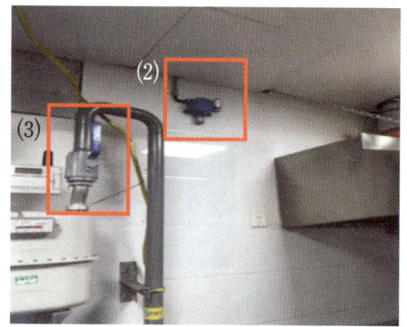

※ 출처 : 가스신문

> 정답

(1) 제어부 : 차단부에 자동차단신호를 보내는 기능으로 차단부를 원격 개폐할 수 있는 기능 및 경보 기능
(2) 검지부 : 누출된 가스를 검지하여 제어부로 신호를 보내는 기능
(3) 차단부 : 제어부로부터 보내진 신호에 따라 가스의 유로를 개폐하는 기능
(4) 제어부의 열림 : 녹색
　제어부의 닫힘 : 적색

10 최고사용압력이 고압 또는 중압인 배관에서 (①)에 합격된 배관은 통과하는 가스를 시험가스로 사용할 때 가스 농도가 (②) % 이하에서 작동하는 가스 검지기를 사용한다. 괄호 안에 알맞은 용어 및 숫자를 넣으시오. 또한 매설된 배관은 시험가스를 넣어 얼마 경과한 후 판정하는지(③) 쓰시오.

※ 출처 : 가스신문

> 정답

① 방사선투과시험
② 0.2
③ 24시간

보충　KGS FS551 일반도시가스사업 제조소 및 공급소 밖의 배관의 시설·기술·검사·정밀안전진단 기준
4.2.2.9.4 신규로 설치되는 본관, 공급관의 기밀시험은 4.2.2.9.3 및 다음 중 어느 하나의 방법에 따라 실시한다. 다만 매설배관의 경우에는 (1)의 방법을 제외한다.
(1) 발포액을 이음부에 도포하여 거품의 발생 여부로 판정하는 방법
(2) 시험에 사용하는 가스농도가 0.2 % 이하에서 작동하는 가스 검지기를 사용하여 해당 검지기가 작동되지 않는 것으로 판정하는 방법(매설된 배관은 시험가스를 넣어서 12시간 경과한 후 판정한다)
(3) 최고사용압력이 고압이나 중압인 배관으로서 용접에 의하여 접합되고 방사선투과시험에 따라 합격된 배관은 통과하는 가스를 시험가스로 사용하고 0.2 % 이하에서 작동하는 가스 검지기를 사용하여 해당 검지기가 작동하지 않는 것으로 판정하는 방법(매설된 배관은 시험가스를 넣어 24시간 경과한 후 판정한다.

01
다음에서 설명하는 전기방식법 명칭을 쓰시오.

> 지중 또는 수중에 설치된 양극 금속과 매설배관을 전선으로 연결해 양극 금속과 매설배관 사이의 전지작용으로 부식을 방지하는 방법

정답

희생양극법

보충 KGS GC202 가스시설 전기방식 기준

• 용어 정의
1. "전기방식(電氣防蝕)"이란 지중 및 수중에 설치하는 강재 배관 및 저장탱크 외면에 전류를 유입하여 양극반응을 저지함으로써 배관의 전기적 부식을 방지하는 것을 말한다.
2. "희생양극법(犧牲陽極法)"이란 지중 또는 수중에 설치된 양극 금속과 매설배관을 전선으로 연결해 양극 금속과 매설배관 사이의 전지작용으로 부식을 방지하는 방법을 말한다.
3. "외부전원법(外部電源法)"이란 외부직류전원장치의 양극(+)은 매설배관이 설치되어 있는 토양이나 수중에 설치한 외부전원용 전극에 접속하고, 음극(-)은 매설배관에 접속하여 부식을 방지하는 방법을 말한다.
4. "배류법(排流法)"이란 매설배관의 전위가 주위의 타 금속 구조물의 전위보다 높은 장소에서 매설배관과 주위의 타 금속 구조물을 전기적으로 접속하여 매설배관에 유입된 누출전류를 전기회로적으로 복귀시키는 방법을 말한다.

02
LNG 또는 석유로부터 수소제법 2가지를 쓰시오.

정답

1. 수증기개질법
2. 부분산화법

03
공기액화분리장치 안에 액화산소 5 L 중 CH_4 420 mg, C_2H_2 10 mg이 함유되어 있을 때 운전가능 여부를 쓰시오.

정답

액화산소 5 L 중 아세틸렌이 5 mg을 넘으므로 운전을 중지할 것

보충 공기액화분리장치 운전 정지
1. 액화산소 5 L 중 아세틸렌 질량이 5 mg 이상일 때
2. 액화산소 5 L 중 탄화수소 중의 탄소 질량이 500 mg 이상일 때

04
내용적 52 L인 용기를 내압시험을 하였을 때 내용적이 52.211 L가 되었으며 압력 제거 시 52.004 L가 되었다. 영구증가율을 계산하시오.

정답

$$영구증가율 = \frac{영구증가량}{전증가량} \times 100$$
$$= \frac{52.004 - 52}{52.211 - 52} \times 100 = 1.9\%$$

10 % 이하이면 합격

05 방폭구조 6가지를 영어기호와 함께 쓰시오.

정답

① 안전증방폭구조(e)
② 유입방폭구조(o)
③ 내압방폭구조(d)
④ 압력방폭구조(p)
⑤ 본질안전방폭구조(ia, ib)
⑥ 특수방폭구조(s)

보충 방폭전기기기 종류

- 내압방폭구조(d)
  방폭전기기기의 용기 내부에서 가연성 가스폭발이 발생할 경우 인화되지 않도록 한 구조
- 유입방폭구조(o)
  절연유를 주입하여 인화되지 않도록 한 구조
- 압력방폭구조(p)
  보호가스(불활성 가스)를 압입하여 내부압력을 유지하며 가연성 가스가 용기 내부로 유입되지 않도록 한 구조
- 안전증방폭구조(e)
  정상운전 중 가연성 가스 점화원 발생 방지를 위해 기계적·전기적 구조·온도상승 안전도를 증가시킨 구조
- 본질안전방폭구조(ia, ib)
  정상 시 및 사고 시에 발생하는 전기불꽃에 의해 가연성 가스가 점화되지 않도록 한 구조
- 특수방폭구조(s)
  방폭구조로서 가연성 가스에 점화를 방지할 수 있는 것이 확인된 구조

06 연소기구에서 발생하는 리프팅(선화)현상의 원인 4가지를 쓰시오.

정답

1) 버너의 압력이 높은 경우
2) 가스 공급압력이 높은 경우
3) 구경이 크게 된 경우
4) 연소가스 배출 불안전한 경우 또는 2차 공기 공급이 불충분한 경우
5) 공기조절장치를 많이 열었을 경우

보충 연소기구 이상현상

1. 역화
   염이 염공을 통해 버너의 혼합관 내에 불타며 들어오는 현상
2. 역화의 원인
   1) 염공이 크게 된 경우
   2) 가스 공급압력이 저하되었을 때
   3) 버너가 과열되어 혼합기온도가 상승한 경우
   4) 구경이 작게 된 경우
   5) 댐퍼가 과다하게 열려 연소속도가 빨라진 경우
   TIP : 구경과 염공을 잘 구분할 것
3. 선화(Lifting)
   가스가 염공을 떠나서 연소하는 현상
4. 선화의 원인
   1) 버너의 압력이 높은 경우
   2) 가스 공급압력이 높은 경우
   3) 구경이 크게 된 경우
   4) 연소가스 배출 불안전한 경우 또는 2차 공기 공급이 불충분한 경우
   5) 공기조절장치를 많이 열었을 경우
5. LP 가스 불완전연소 원인
   1) 공기 공급량 부족
   2) 배기 불충분
   3) 가스 조성이 맞지 않을 때
   4) 가스기구와 연소기구가 맞지 않을 때
6. 블로 오프
   불꽃 주변 기류에 의해 염공에서 떨어져 연소하는 현상
7. 옐로 팁
   불완전연소 시에 적황색 불꽃으로 되는 현상

07 A기체의 대기 중 확산시간은 16분이며 같은 조건에서 수소 확산시간이 4분인 경우 A기체의 분자량을 계산하시오.

정답

기체확산속도
$$\sqrt{\frac{M_A}{M_{수소}}} = \frac{T_A}{T_{수소}}$$
수소의 분자량은 2이므로
$$\sqrt{\frac{M_A}{2}} = \frac{16}{4}$$
∴ $M_A = 32$

보충 기체확산속도법칙

$$\frac{U_b}{U_a} = \sqrt{\frac{M_a}{M_b}} = \frac{T_a}{T_b}$$

U_a, U_b : 각 성분기체의 확산속도
M_a, M_b : 각 성분기체의 분자량
T_a, T_b : 각 성분기체의 확산시간

08 정압기 정특성 중 시프트에 대해 설명하시오.

정답

1차 압력의 변화에 의하여 정압곡선이 전체적으로 어긋나는 것

보충 정특성의 종류
(1) 시프트 : 1차 압력의 변화에 의하여 정압곡선이 전체적으로 어긋나는 것
(2) 로크업 : 유량이 0으로 되었을 때 끝맺음 압력과 기준압력과의 차
(3) 오프셋 : 유량이 변화했을 때 2차 압력과 기준압력과의 차

09 비중이 0.6인 가스를 2.1 kPa의 압력으로 100 m 위치에 30 m³/h로 공급을 할 때 다음 각 물음에 답하시오. (단, 1 Pa은 0.101969 mmH₂O로 적용한다)

1. 100 m 부분에서의 유출압력 (mmH₂O)를 구하시오.
2. 배관 안지름(cm)을 구하시오.

정답

1. 2.1×10^3 Pa × 0.101969 = 214.13 mmH₂O
  압력손실 계산공식 H = 1.293(S-1)h에 대입하면
  H = 1.296(0.6-1) × 100 = -51.72 mmH₂O
  즉, 압력손실이 -51.72 mmH₂O이다.
  따라서 100 m부분에서의 유출압력은
  214.13 - (-51.72) = 265.85 mmH₂O

2. $Q = K\sqrt{\dfrac{D^5 H}{SL}}$

  $30 = 0.707\sqrt{\dfrac{D^5 \times 51.72}{0.6 \times 100}} = 4.61 cm$

보충 저압배관

$$Q = K\sqrt{\frac{D^5 H}{SL}}$$

Q : 가스의 유량[m³/hr] D : 관안지름[cm]
H : 압력손실[mmH₂O] S : 가스의 비중
L : 관의 길이[m] K : 폴의 정수(0.707)

10 강제혼합식 가스버너의 보염기 역할을 쓰시오.

정답

연료와 공기가 안정적으로 섞이도록 하여 화염을 안정화시키는 장치

보충 보염장치
1. 보염장치의 정의
   화염을 보호하는 장치
2. 보염장치의 설치 목적
   1) 연료와 공기의 혼합을 좋게 한다.
   2) 연소를 촉진시키기 위해 사용되는 장치이다.
   3) 연소용 공기의 흐름을 조절하여 준다.
   4) 확실한 착화가 이루어지도록 한다.
   5) 화염의 안정을 도모한다.
   6) 화염의 형상을 조정한다.
   7) 국부과열을 방지한다.
   8) 화염의 편류현상을 막아준다.
3. 보염장치의 종류
   1) 버너타일(Burner Tile) : 연소실 입구나 내부에 설치하여 화염을 유지시키는 타일형 부품
      (1) 분무류와 타일벽 사이에 와류 또는 저속부가 형성되어 화염 소멸을 방지함으로써 화염을 안정시킨다.
      (2) 오일의 분무입자와 연소용 공기의 혼합 및 미립자의 기화를 촉진하고, 화염 형상을 조절하여 노 내의 복사열로부터 버너의 선단부를 보호한다.
   2) 보염기(Stabilizer) : 연료와 공기가 안정적으로 섞이도록 하여 화염을 안정화시키는 장치
      (1) 버너에서 착화를 확실히 한다.
      (2) 화염이 꺼지지 않도록 화염의 안전을 도모하는 장치이다.
   3) 윈드박스(Wind Box) : 연소용 공기를 버너에 고르게 공급하는 밀폐된 공간
      (1) 압입 통풍기에서 공급하는 연소용 공기를 받아들이기 위해 버너가 있는 보일러 벽면에 설치하는 상자형 방이다.
      (2) 공기 통로 내에서 동압인 연소용 공기를 정압으로 바꾸어 노 내로의 공기 흐름을 균일하게 하는 역할을 한다.
      (3) 공기와 분무연료와의 혼합을 촉진시킨다.
   4) 에어레지스터(Air Register) : 윈드박스를 통해 유입된 공기의 풍량과 방향을 조절하는 장치
      (1) 공기의 흐름을 조정한다.
      (2) 분무기로 노 내에 분사된 연료에 연소용 공기를 유효하게 공급하여 연소를 좋게 한다.

11 부취제 냄새측정법 4가지를 쓰시오.

정답

(1) 오더(Odor)미터법(냄새 측정기법)
(2) 주사기법
(3) 냄새주머니법
(4) 무취실법

보충 KGS FP333 액화석유가스 자동차에 고정된 탱크 충전의 기준
• 냄새 나는 물질의 첨가
액화석유가스가 누출될 경우 사람이 이를 쉽게 감지할 수 있도록 다음 기준에 따라 냄새 나는 물질(이하 "부취제"라 한다)을 첨가한다.
1. 액화석유가스는 공기 중의 혼합 비율의 용량이 1천분의 1의 상태에서 감지될 수 있도록 부취제(공업용의 경우는 제외한다)를 섞어 자동차에 고정된 탱크에 충전한다.
2. 액화석유가스의 "공기 중의 혼합 비율의 용량을 1000분의 1의 상태에서 감지할 수 있는 냄새"는 다음 방법 중 어느 한 가지 측정방법 또는 이들과 같은 수준 이상의 정확도를 가진 측정방법으로 측정하여 액화석유가스가 혼합되어 있음을 감지할 수 있는 냄새로 한다.
   (1) 오더(Odor)미터법(냄새 측정기법)
   (2) 주사기법
   (3) 냄새주머니법
   (4) 무취실법
3. 냄새의 측정에 대한 기본적인 사항은 다음과 같다.
   (1) 시험가스의 채취법
       해당 저장탱크의 시료 채취 전용 구멍(이와 유사한 것을 포함한다)에서 액상인 액화석유가스를 소용기에 채취하고, 이것을 기화시킨 가스(시험가스)와 공기와의 혼합가스를 시료기체로 한다.
   (2) 냄새측정실의 구비 조건
   (2-1) 액화석유가스의 냄새를 측정하기 위한 검취실은 청결하고 냄새가 없어야 하며 적당한 환기가 가능하도록 한다.

(2-2) 실내의 온도 및 습도는 패널의 후각 안정을 위하여 가능한 한 생활환경에 가깝도록(온도 18 ~ 25 ℃, 습도 60 ~ 80 %) 일정하고 조용하게 유지한다. 특히, 한냉 및 강풍은 후각을 감퇴시키므로 주의한다.

(3) 패널의 구비 조건 등

(3-1) 패널은 시험을 시작하기 전에 적어도 30분간 식사, 흡연 등을 하지 않는다.

(3-2) 패널은 건강 상태가 나쁠 때, 특히 코의 상태가 좋지 않을 때는 측정에 참가하지 않는다.

(3-3) 패널의 인원은 적어도 4명(무취실법에서는 6명) 이상으로 한다.

(4) 그 밖의 사항

(4-1) 측정하는 기기 및 용구는 전부 냄새가 없거나 또는 냄새가 적은 것으로서, 액화석유가스 냄새의 흡착성이 적은 것을 선정한다.

(4-2) 시험자는 측정 준비를 가능한 한 신속히 한다.

(4-3) 패널은 측정 중 잡담을 일절 하지 않는다.

(4-4) 시험자는 패널이 보지 않도록 희석조작을 하고, 패널에 불필요한 정보를 주지 않는다.

(4-5) 패널이 측정하는 시료기체의 희석 배수는 원칙적으로 500배, 1000배, 2000배 및 4000배의 4가지 이상으로 한다.

(4-6) 패널이 측정하는 희석 배수의 순서는 랜덤(Random)으로 한다.

(4-7) 연속해서 측정하는 경우에는 30분마다 30분간의 휴식을 취한다.

(4-8) 연속해서 측정하는 경우에는 실내에 방출된 액화석유가스가 체류하여 폭발하한계의 4분의 1을 넘는 농도가 되지 않도록 정기적으로 환기한다.

5. 액화석유가스의 냄새 정확도 판정은 각 패널의 감지 희석 배수 중 명확히 이상하다고 인정하는 것을 제외한 평균치가 1000 이상인 경우 "공기 중의 혼합 비율 용량이 1000분의 1일 때 감지할 수 있는 냄새"로 확인이 된 것으로 한다.

12 굴착공사의 원콜시스템에 대해 설명하시오.

정답

원콜시스템(EOCS : Excavation One Call System) 구멍 뚫기, 말뚝 박기, 터파기, 그 밖의 토지의 굴착공사(이하 "굴착공사"라 한다)로 인하여 일어날 수 있는 도시가스배관의 파손사고를 예방하기 위한 정보제공, 홍보 등에 필요한 굴착공사지원정보망의 구축·운영, 그 밖에 매설배관 확인에 대한 정보지원 업무를 효율적으로 수행하기 위한 시스템

보충 도시가스사업법

제30조의2(굴착공사정보지원센터의 설치) 구멍 뚫기, 말뚝 박기, 터파기, 그 밖의 토지의 굴착공사(이하 "굴착공사"라 한다)로 인하여 일어날 수 있는 도시가스배관의 파손사고를 예방하기 위한 정보제공, 홍보 등에 필요한 굴착공사지원정보망의 구축·운영, 그 밖에 매설배관 확인에 대한 정보지원 업무를 효율적으로 수행하기 위하여 한국가스안전공사에 굴착공사정보지원센터(이하 "정보지원센터"라 한다)를 둔다.

13 용기내장형 가스난방기에서 세라믹 버너를 사용하는 경우 필요한 장치를 쓰시오.

정답

거버너

보충 KGS AB231 가스난방기 제조의 시설·기술·검사 기준

• 정전안전장치

교류전원으로 가스 통로를 개폐하는 난방기는 정전이 되었을 때에 가스 통로를 차단하고, 다시 통전되었을 때에 자동으로 가스 통로가 열리지 않아야 하며, 재점화되는 정전안전장치를 갖추는 것으로 한다. 다만 정전이 되었을 때에 파일럿버너의 불꽃이 꺼지지 않는 가스난방기는 정전안전장치를 갖추지 않을 수 있다

• 역풍방지장치
배기통 연결부가 있는 난방기는 역풍이 버너에 영향을 미치지 않는 역풍방지장치를 갖추는 것으로 한다.

• 소화안전장치
난방기에는 소화안전장치를 부착한 것으로 한다.

• 그 밖의 장치
그 밖에 갖추어야 할 장치는 다음과 같다.
(1) 거버너(세라믹 버너를 사용하는 난방기만을 말한다)
(2) 불완전연소 방지장치나 산소 결핍 안전장치(가스 소비량이 11.6 kW (10000 kcal/h) 이하인 가정용 및 업무용의 개방형 가스난방기만을 말한다)
(3) 전도 안전장치(고정 설치형은 제외한다)
(4) 배기 폐쇄 안전장치(FE식 난방기에 한함)
(5) 과대 풍압 안전장치(FE식 난방기에 한함)
(6) 과열방지 안전장치(강제대류식 난방기에 한함)
(7) 저온 차단장치(촉매식 난방기에 한함)

14 액화석유가스 용기밸브 중 과류차단형 밸브와 차단기능형 밸브를 설명하시오.

정답
1. 과류차단형 밸브 : 내용적 30 L 이상 50 L 이하의 액화석유가스용기에 부착되는 것으로서, 규정량 이상의 가스가 흐르는 경우에 가스 공급을 자동적으로 차단하는 과류차단기구를 내장한 용기밸브(KGS AA313 과류차단형 액화석유가스용 용기밸브 제조의 시설·기술·검사 기준
2. 차단기능형 밸브 : 내용적 30 L 이상 50 L 이하의 액화석유가스용기에 부착되는 것으로서 가스충전구에서 압력조정기의 체결을 해제할 경우 가스 공급을 자동적으로 차단하는 차단기구가 충전구에 내장된 용기밸브(KGS AA312 차단기능형 액화석유가스용 용기밸브 제조의 시설·기술·검사 기준)

15 도시가스용 지상배관의 표면색상은 지상배관은 황색으로 한다. 다만 지상배관 중 건축물의 내·외벽에 노출된 것으로서 황색으로 하지 않아도 되는 경우를 설명하시오.

정답
바닥(2층 이상 건물의 경우에는 각 층의 바닥을 말한다)으로부터 1 m의 높이에 폭 3 cm의 황색띠를 2중으로 표시한 경우

보충 KGS FS551 일반도시가스사업 제조소 및 공급소 밖의 배관의 기준

• 배관설비 표시
1. 배관의 외부에 사용 가스명·최고사용압력 및 가스의 흐름방향을 표시한다. 다만 지하에 매설하는 경우에는 흐름방향을 표시하지 않을 수 있다.
2. 가스배관의 표면색상은 지상배관은 황색으로, 매설배관은 최고사용압력이 저압인 배관은 황색·중압인 배관은 적색으로 한다. 다만 지상배관 중 건축물의 내·외벽에 노출된 것으로서 바닥(2층 이상 건물의 경우에는 각 층의 바닥을 말한다)으로부터 1 m의 높이에 폭 3 cm의 황색띠를 2중으로 표시한 경우에는 표면색상을 황색으로 하지 않을 수 있다.
3. 배관을 지하에 매설하는 경우 배관의 직상부에 보호포를 지면에는 매설위치를 확인할 수 있는 라인마크 및 표지판을 다음과 같이 설치하며 보호포는 일반형 보호포와 탐지형 보호포(지면에서 매설된 보호포의 설치위치를 탐지할 수 있도록 제조된 것을 말한다)로 구분하고 재질·규격 및 설치 기준은 다음과 같다.
(1) 재질 및 규격
(1-1) 보호포는 폴리에틸렌수지·폴리프로필렌수지 등 잘 끊어지지 않는 재질로 직조한 것으로서 두께는 0.2 mm 이상으로 한다.
(1-2) 보호포의 폭은 15 cm 이상으로 한다.
(1-3) 보호포의 바탕색은 최고사용압력이 저압인 관은 황색, 중압 이상인 관은 적색으로 하고, 가스명·최고사용압력·공급자명 등을 보호포의 표시방법과 같이 표시한다.

(2) 설치 기준

(2-1) 보호포는 호칭지름에 10 cm를 더한 폭으로 설치하고, 2열 이상으로 설치할 경우 보호포 간의 간격은 해당 보호포 폭 이내로 한다.

(2-2) 보호포는 다음 기준에 적합하게 설치한다.

(2-2-1) 최고사용압력이 중압 이상인 배관의 경우에는 보호판의 상부로부터 30 cm 이상 떨어진 곳에 보호포를 설치한다.

(2-2-2) 최고사용압력이 저압인 배관으로서 매설깊이가 1.0 m 이상인 경우에는 배관 정상부로부터 60 cm 이상, 매설깊이가 1.0 m 미만인 경우에는 배관 정상부로부터 40 cm 이상 떨어진 곳에 보호포를 설치한다.

(2-2-3) 공동주택 등의 부지 안에 설치하는 배관의 경우에는 배관 정상부로부터 40 cm 떨어진 곳에 보호포를 설치한다.

(2-2-4) (2-2-1)부터 (2-2-3)까지에도 불구하고 다음의 경우에는 해당 기준에 적합하게 설치한다.

(2-2-4-1) 매설깊이를 확보할 수 없어 보호관 등을 사용한 경우에는 보호관 직상부에 보호포를 설치할 수 있다.

(2-2-4-2) 도로복구 등으로 인하여 보호포가 훼손될 우려가 있는 경우에는 (2-2-1)부터 (2-2-3)까지에서 정한 보호포 설치위치 이하에 설치할 수 있다.

(2-2-4-3) 압입구간, 철도밑 등 부득이한 경우 및 비개착공법으로 배관을 지하에 매설하는 경우에는 보호포를 설치하지 않을 수 있다. 다만 비개착공법에 의하여 배관을 지하에 매설하는 경우에는 다음 기준을 따른다.

(2-2-4-3-1) 비개착공법에 의하여 배관을 지하에 매설하는 그 시점, 종점 및 시점과 종점 사이 배관길이 10 m마다 1개 이상의 라인마크를 설치해야 한다.

(2-2-4-3-2) (2-2-4-3-1)에 따라 라인마크 설치가 곤란한 경우 배관길이 30 m마다 1개 이상의 표지판을 설치해야 한다.

2020 제3회 [동영상]

01 다음 동영상을 보고 물음에 답하시오.

※ 출처 : 투데이에너지

1. 해당 설비의 명칭을 쓰시오.
2. 사용압력(MPa) 기준을 쓰시오.
3. 사용온도 기준을 쓰시오.
4. SDR이 13일 경우 최고압력을 쓰시오.
5. 개폐용 핸들의 열림 방향을 쓰시오.
6. 사용방식을 쓰시오.

정답

1. 가스용 PE밸브
2. 0.4 MPa 이하
3. -29 ℃ 이상 38 ℃ 이하
4. 0.25 MPa
5. 시계 반대 방향
6. 지하에 매몰하여 사용
   ① SDR 11 이하(1호관) : 0.4 MPa 이하
   ② SDR 17 이하(2호관) : 0.25 MPa 이하
   ③ SDR 21 이하(3호관) : 0.2 MPa 이하

02 LPG용 자동차에 고정된 탱크의 냉각살수 장치에 대한 다음 각 물음에 답하시오.

※ 출처 : 가스신문

1. 물분무능력은 저장탱크 표면적 1 m² 당 얼마인지 쓰시오.
2. 살수장치는 ( ) 중 최대용량의 것을 기준으로 설치한다.

정답

1. 5 L/min 이상
2. 국내에서 운행하는 자동차에 고정된 탱크

03 다음 표를 채우시오.

※ 출처 : 안전보건공단

최대안전틈새 범위(mm)	0.9 이상	0.5 초과 0.9 미만	0.5 이하
가연성 가스의 폭발 등급			
방폭전기기기의 폭발 등급			

정답

최대안전틈새 범위(mm)	0.9 이상	0.5 초과 0.9 미만	0.5 이하
가연성 가스의 폭발 등급	A	B	C
방폭전기기기의 폭발 등급	ⅡA	ⅡB	ⅡC

[비고]
최대안전틈새는 내용적이 8리터이고 틈새 깊이가 25mm인 표준용기 안에서 가스가 폭발할 때 발생한 화염이 용기 밖으로 전파하여 가연성 가스에 점화되지 않는 최댓값

04 다음 동영상을 보고 각 물음에 답하시오.

※ 출처 : 대방에너지

1. 동영상에서 제시되는 가스용품 내부에 설치된 것으로 호스가 파손되는 것 등에 의해 가스가 과다 누출될 때 가스를 차단하는 안전기구 명칭을 쓰시오.
2. 1의 장치 정의를 쓰시오.

정답

1. 과류차단 안전기구
2. 퓨즈콕에 각인된 표시유량 $1.2\ m^3/h$ 이상의 가스량이 통과하는 경우 가스유로 차단

05 다음 동영상을 보고 각 물음에 답하시오.

※ 출처 : NC 한국인뉴스

1. 이상현상 명칭을 쓰시오.
2. 발생 원인 4가지를 쓰시오.

> **정답**

1. 황염 또는 옐로 팁(Yellow Tip)
2. ⑴ 충분한 속도로 연소가 진행되지 않을 때
   ⑵ 불꽃 온도가 낮아졌을 때(저온 물체에 접촉)
   ⑶ 1차 공기량이 부족하여 불완전연소 시
   ⑷ 연소기구의 프레임의 냉각

06 다음을 보고 도시가스 정압기실에 설치된 장치의 명칭과 기능 2가지를 쓰시오.

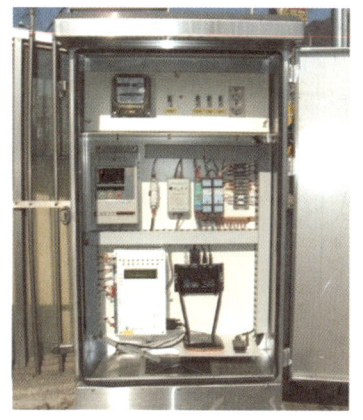

※ 출처 : 이투뉴스

> **정답**

1. 명칭 : RTU장치
2. 기능
   ① 정전 시 비상전력 공급
   ② 정압기실의 감시제어 데이터(온도, 가스누출여부 등)을 상황실로 전송

07 고압가스 설비에 설치하는 압력계는 상용압력의 (①)배 이상 (②)배 이하의 최고눈금이 있는 것으로 하고, 처리할 수 있는 가스의 용적이 1일 100 m³ 이상인 사업소에는 「국가표준기본법」에 의한 제품인증을 받은 압력계를 (③)개 이상 비치하여야 한다. 괄호 안에 알맞은 숫자를 넣으시오.

※ 출처 : KC안전기술

> **정답**

① 1.5
② 2
③ 2

08 다음 동영상은 다기능 가스안전계량기이다. 각 물음에 답하시오.

※ 출처 : 가스신문

1. 차단밸브가 작동한 후에는 (　　)을 하지 않은 한 열리지 않은 구조로 한다.
2. 사용자가 쉽게 조작할 수 없는 (　　)이 있는 것으로 한다.

정답
1. 복원조작
2. 테스트 차단 기능

보충　KGS AA631 다기능 가스안전계량기 제조의 시설·기술·검사 기준

• 구조 및 치수
다기능계량기는 그 다기능계량기의 안전성·편리성 및 호환성을 확보하기 위하여 다음 기준에 따른 구조 및 치수를 가지는 것으로 한다.
1. 통상의 사용 상태에서 빗물·먼지 등이 침입할 수 없는 구조로 한다.
2. 차단밸브가 작동한 후에는 복원조작을 하지 않은 한 열리지 않은 구조로 한다.
3. 복원을 위한 버튼이나 레버 등은 다기능계량기의 정면에서 쉽게 확인할 수 있고, 또한 복원조작을 쉽게 실시할 수 있는 위치에 있는 것으로 한다.
4. 사용자가 쉽게 조작할 수 없는 테스트차단기능(제어부로부터의 신호를 받아 차단하는 것만을 말한다)이 있는 것으로 한다.

5. 가스 검지기능을 가지는 다기능계량기의 검지부는 방수구조(가정용은 제외한다)로서 「소방시설 설치유지 및 안전관리에 관한 법률」에 따른 검정품으로 한다.

09 다음 동영상을 보고 각 질문에 답하시오.

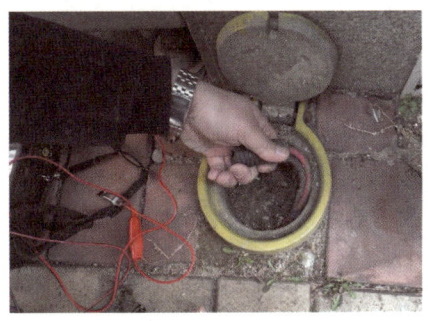

1. 동영상의 명칭을 쓰시오.
2. 방식전류가 흐르는 상태에서 자연전위와의 전위 변화 기준을 쓰시오.

정답
1. 전위측정용 터미널박스
2. -300 mV 이하

보충　KGS GC202 가스시설 전기방식 기준
2.3 전기방식 기준
가스시설로부터 가능한 한 가까운 위치에서 기준전극으로 측정한 전위가 다음 기준에 적합하도록 한다.
2.3.1 고압가스시설
고압가스시설의 부식 방지를 위한 전위 상태는 다음 중 어느 하나에 따라 설치한다.
2.3.1.1 방식전류가 흐르는 상태에서 토양 중에 있는 고압가스시설의 방식전위는 포화황산동 기준전극으로 -5 V 이상, -0.85 V 이하(황산염환원 박테리아가 번식하는 토양에서는 -0.95 V 이하)로 한다.
2.3.1.2 방식전류가 흐르는 상태에서 자연전위와의 전위 변화가 최소한 -300 mV 이하로 한다. 다만 다른 금속과 접촉하는 고압가스시설은 제외한다.
2.3.2 액화석유가스시설
액화석유가스시설의 부식 방지를 위한 전위 상태는 다음 중 어느 하나에 따라 설치한다.

2.3.2.1 방식전류가 흐르는 상태에서 토양 중에 있는 액화석유가스시설의 방식전위는 포화황산동 기준전극으로 -0.85 V 이하로 하고 황산염환원 박테리아가 번식하는 토양에서는 -0.95 V 이하로 한다.
2.3.2.2 방식전류가 흐르는 상태에서 자연전위와의 전위 변화가 최소한 -300 mV 이하로 한다. 다만 다른 금속과 접촉하는 액화석유가스시설은 제외한다.
2.3.3 도시가스시설
배관의 부식 방지를 위한 전위 상태는 다음 중 어느 하나에 적합하도록 하고, 방식전위 하한값은 전기철도 등의 간섭 영향을 받는 곳을 제외하고는 포화황산동 기준전극으로 -2.5 V 이상이 되도록 한다.
2.3.3.1 방식전류가 흐르는 상태에서 토양 중에 있는 배관의 방식전위 상한값은 포화황산동 기준전극으로 -0.85 V 이하(황산염환원 박테리아가 번식하는 토양에서는 -0.95 V 이하)로 한다.
2.3.3.2 방식전류가 흐르는 상태에서 자연전위와의 전위 변화가 최소한 -300 mV 이하로 한다. 다만 다른 금속과 접촉하는 배관은 제외한다.
2.3.3.3 토양 중에 있는 배관의 방식전위 상한값은 방식전류가 일순간 동안 흐르지 않는 상태(Instant-off)에서 포화황산동 기준전극으로 -0.85 V(황산염환원 박테리아가 번식하는 토양에서는 -0.95 V) 이하로 한다.
2.3.4 수소시설 〈신설 24.7.23〉
수소시설의 부식 방지를 위한 전위 상태는 다음 중 어느 하나에 적합하도록 한다.
2.3.4.1 방식전류가 흐르는 상태에서 토양 중에 있는 수소시설의 방식전위가 포화황산동 기준전극으로 -5 V 이상, -0.85 V 이하(황산염환원 박테리아가 번식하는 토양에서는 -0.95 V 이하)가 되도록 한다.
2.3.4.2 방식전류가 흐르는 상태에서 자연전위와의 전위변화가 최소한 -300 mV 이하가 되도록 한다. 다만 다른 금속과 접촉하는 수소시설은 제외한다.

10 가스용 폴리에틸렌관 접합 기준에 대한 다음 각 물음에 답하시오.

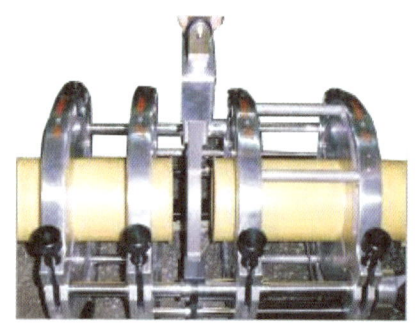

※ 출처 : 나노인스텍

1. PE관 접합 전 접합부를 접합전용 (　　)등을 사용하여 다듬질한다.
2. 금속관과의 접합은 (　　)를 사용한다.
3. 공칭외경이 상이할 경우 접합은 (　　)를(을) 사용한다.
4. 맞대기 융착(Butt Fusion)은 공칭외경 (　　) mm 이상의 직관과 이음관 연결에 적용한다.

정답

1. 스크레이프
2. T/F(Transition fitting)
3. 관이음매
4. 90

2020 제4회 [필답형]

01 정전기 제거설비를 정상 상태로 유기하기 위해 확인할 사항 3가지를 쓰시오.

정답
(1) 지상에서 접지
(2) 지상에서의 접속부의 접속 상태
(3) 지상에서의 절선 그밖에 손상부분의 유무

보충 유해화학물질 제조·사용시설 설치 및 관리에 관한 세부 기준

9)-1 접지저항치의 총합이 100 Ω(피뢰설비를 설치한 것은 총합 10 Ω)을 초과하는 인화성화학물질 취급시설에는 다음 기준에 적합한 정전기 제거설비를 설치한다.

(1) 탑류·저장탱크·열교환기·회전기계·벤트스택 등은 단독으로 접지한다. 다만 기계가 복잡하게 연결되어 있는 경우 및 배관 등으로 연속되어 있는 경우에는 본딩용 접속선으로 접속하여 접지할 수 있다.
(2) 본딩용 접속선 및 접지접속선은 단면적 5.5 mm² 이상의 것(단선은 제외한다)을 사용하고 경납붙임·용접·접속금구 등을 사용하여 확실히 접속한다.
(3) 접지 저항치는 총합 100 Ω(피뢰설비를 설치한 것은 총합 10 Ω) 이하로 한다.

9)-2 정전기 제거설비를 정상 상태로 유지하기 위하여 다음 사항을 확인한다.
(1) 지상에서 접지
(2) 지상에서의 접속부의 접속 상태
(3) 지상에서의 절선 그밖에 손상부분의 유무

9)-3 「위험물안전관리법」 대상이 아닌 유해화학물질은 정전기 제거설비 설비를 면제할 수 있다.

02 폭굉유도거리에 관한 다음 각 물음에 답하시오.

1. 폭굉유도거리(DID)의 정의를 쓰시오.
2. 폭굉유도거리(DID)가 짧아지는 조건 4가지를 쓰시오.

정답
1. 완만한 연소가 폭굉으로 발전하는 거리
2. • 고압일수록
   • 점화원의 에너지가 강할수록
   • 관 속에 장애물이 있거나 관지름이 작을수록
   • 정상 연소속도가 큰 혼합가스일수록

03 도시가스 제조공정 중 가스화 방식에 의한 공정 4가지를 쓰시오.

정답
1. 열분해공정
2. 접촉분해공정
3. 부분연소공정
4. 수소화분해공정
5. 대체천연가스공정

04 공동·반밀폐식·강제배기식 보일러의 연돌의 유효단면적을 구하는 공식을 쓰고 각 인자에 대해 단위를 포함하여 설명하시오.

정답

A = Q × 0.6 × K × F + P

A : 연돌의 유효단면적(mm^2)
Q : 가스보일러의 가스소비량 합계(kcal/h)
K : 형상계수
F : 가스보일러의 동시사용율
P : 배기통의 수평투영면적(mm^2)

보충 KGS GC208 주거용 가스보일러의 설치·검사 기준

2.4.2.3 연돌의 단면적이 부족한 경우에는 건물 외벽에 부족한 유효단면적 이상의 별도 배기구를 설치하고, 그 재료가 금속재일 때는 보온조치를 한다.
2.4.2.4 연돌을 사람이 거주하는 실의 벽 외부에 설치되는 경우에는 그 실의 벽을 이중벽으로 하거나 그 실의 벽 내부를 시멘트모르타르 등으로 마감처리 한다.
2.4.2.5 연돌 내에 설치하는 이음연통 터미널은 끝부분이 막히고 주위가 개방된 구조로 한다.
2.4.2.6 전용보일러실에 설치하는 급기구 및 상부환기구는 다음 기준에 따른다. 다만 건축물의 지하에 설치하는 전용보일러실로서, 기계환기설비를 설치하거나 급기구 및 환기구를 대체할 수 있는 조치를 한 경우에는 그렇지 않다.
⑴ 급기구 및 상부환기구의 유효단면적은 그 실에 설치된 배기통의 단면적 이상으로 한다.
⑵ 급기구 또는 상부환기구의 위치 및 구조는 유입된 공기가 직접 가스보일러 연소실에 흡입되어 불이 꺼지는 일이 발생하지 않도록 한다.

05 수소취성에 대해 설명하시오.

정답

고온·고압에서 강재의 탄소와 반응하여 메탄을 생성하는 수소취화현상

보충 수소

- 고온·고압에서 강재의 탄소와 반응하여 메탄을 생성하는 수소취화현상이 있음

$$Fe_3C + 2H_2 \rightarrow CH_4 + 3Fe : 탈탄작용$$

- 탈탄작용 방지금속 : Ti, Mo, V, Cr, W

  암 탈탄작용 방지금속 : 티모부끄러워

06 가연성 또는 독성 가스 설비에서 이상 상태 발생 시 당해 설비 내의 내용물을 설비 밖으로 긴급하고 안전하게 이송하는 설비 명칭을 쓰시오.

정답

벤트스택

보충 벤트스택

1) 독성 가스는 제독조치 후 방출
2) 방출구 위치(작업원이 통행하는 장소로부터 기준)

긴급벤트스택	일반
10 m 이상	5 m 이상

3) 플레어스택
   ⑴ 설치 위치 : 플레어스택 바로 밑 지표면에 미치는 복사열이 4000 $kcal/m^2 \cdot hr$ 이하
   ⑵ 구조 : 이송된 가스를 연소시켜 대기로 안정하게 방출시키도록 조치
   ⑶ 파일럿버너 또는 항상 작동할 수 있는 자동점화장치 설치
   ⑷ 역화 및 공기 등과의 혼합폭발 방지조치

07 고압가스 제조시설의 내부반응 감시장치 종류 3가지를 쓰시오.

> **정답**

1. 온도감시장치
2. 압력감시장치
3. 유량감시장치
4. 가스의 밀도·조성 등의 감시장치

> 보충 KGS FP111 고압가스 특정제조의 시설·기술·검사·감리·정밀안전검진 기준

2.6.14 내부반응감시 설비 설치

고압가스설비 중 반응기 또는 이와 유사한 설비로서 현저한 발열반응 또는 부차적으로 발생하는 2차 반응으로 인하여 폭발 등의 위해(危害)가 발생할 가능성이 큰 다음의 반응설비(이하 "특수반응설비"라 한다)에는 그 위해(危害)의 발생을 방지하기 위하여 그 특수반응설비의 상황에 따라 그 내부에서의 반응상황을 정확히 계측하고, 특수반응설비 안의 온도·압력 및 유량 등이 정상적인 반응조건을 벗어나거나 벗어날 우려가 있을 경우에 자동으로 경보를 발할 수 있는 온도감시장치, 압력감시장치, 유량감시장치 그 밖의 내부 반응감시장치를 다음 기준에 따라 설치한다. 이 경우 그 내부반응감시장치 중 온도의 상승, 압력의 상승 그 밖에 이상사태의 발생을 가장 먼저 검지할 수 있는 것에 계측결과를 자동으로 기록할 수 있는 장치를 설치한다.

(1) 암모니아 2차 개질로
(2) 에틸렌제조시설의 아세틸렌 수첨탑
(3) 산화에틸렌제조시설의 에틸렌과 산소 또는 공기와의 반응기
(4) 사이클로헥산 제조시설의 벤젠 수첨 반응기
(5) 석유정제에 있어서 중유직접수첨 탈황 반응기 및 수소화분해반응기
(6) 저밀도폴리에틸렌 중합기
(7) 메탄 올합성 반응탑

2.6.14.1 온도감시장치, 압력감시장치, 유량감시장치 그 밖의 내부반응감시장치(이하 "각종 감시장치"라 한다)는 다음 중 2 이상의 것을 설치하고, 동시에 그 검출 부의 설치장소 및 감시장치의 설치개수는 다음 기준에 적합한 것으로 한다.

2.6.14.1.1 온도감시장치
해당 특수반응설비 안의 국부과열 등으로 인한 이상온도 변화 상태를 정확히 측정할 수 있는 장소에 그 온도를 측정하기에 충분한 수로 한다.

2.6.14.1.2 압력감시장치
해당 특수반응설비 안의 상용압력이 상당한 정도로 달라지거나 또는 달라질 우려가 있는 부위 2곳 이상에 설치한다. 다만 기존 제조시설에 압력감시장치가 설치되어 있는 특수반응설비에 새로 압력감시장치를 추가로 설치함으로써 설비 자체의 안전확보에 지장이 있는 경우에는 압력감시장치를 설치하지 않을 수 있다.

2.6.14.1.3 유량감시장치
해당 특수반응설비와 관련되는 원재료의 송·출입계통 부위마다 1곳 이상 설치한다.

2.6.14.1.4 가스의 밀도·조성 등의 감시장치 해당 특수반응설비 안의 가스의 밀도·조성 등을 정확하게 측정할 수 있는 장소에 1개 이상 설치한다.

2.6.14.2 각종 감시장치의 경보는 다단화하며, 경보 감지(계측결과를 자동적으로 기록할 수 있는 것은 그 기록의 감시를 포함한다)는 계기실에서도 알 수 있는 것으로 한다.

2.6.14.3 각종 감시장치는 정전 시 또는 그 밖의 경우에는 그 측정 기능을 수행할 수 있도록 비상전력시설 등을 확보한다.

2.6.14.4 각종 감시장치 중 온도 또는 압력의 이상상승 또는 강하 등 그 밖의 이상사태 발생을 조기에 검지할 수 있는 장소에 각종 감시장치를 설치하고 계측 결과를 자동으로 기록하는 장치는 시간의 경과에 따라 계측 결과를 확인할 수 있는 것으로 하며, 그 기록 간격은 이상 상태를 확인하기에 필요하고 충분한 것으로 한다.

08 펌프의 비속도에 대한 다음 설명 중 괄호 안에 들어갈 공통 용어를 쓰시오.

> 펌프의 성능은 비속도로 나타낼 수 있으며, 비속도는 펌프의 구조에 영향을 받지만 크기에는 관계가 없고, ( )으로 펌프의 회전수를 결정할 수 있다. 또는 설계압력, 유량이 주어지면 ( )을 결정할 수 있다.

정답
임펠러의 모양

보충 비속도
1) 개념
   (1) 여러 가지 펌프 및 팬의 특성을 비교하기 위하여 수치로 정량화한 것으로 그 특성은 회전수, 토출량, 전양정 등에 의해 영향을 받음
   (2) 1 m³/min의 유량을 1 m 송수하는 데 필요한 펌프의 회전수
2) 계산식

$$Ns = \frac{N\sqrt{Q}}{H^{\frac{3}{4}}} \, [rpm \cdot m^3/min \cdot m]$$

   N : 회전수$[rpm]$
   Q : 유량$[m^3/min]$
   H : 양정$[m]$

   (1) 수치 적용 시 유의사항
      ① 최고 효율점의 수치적용
      ② 양흡입펌프의 토출량은 1/2로 계산
      ③ 다단펌프의 양정은 임펠러 1단의 양정 적용
3) 비속도의 특징
   (1) 축류펌프는 원심펌프보다 비속도가 큼
   (2) 저유량 고양정펌프는 비속도가 작음
   (3) 비속도는 무차원수가 아님

09 초저온 액화가스가 충전된 용기를 취급할 때 발생할 수 있는 사고 4가지를 쓰시오.

정답
1. 동상사고
2. 폭발사고
3. 질식사고
4. 액체 증발에 의한 압력 상승

10 직동식 정압기의 기본 구조인 다이어프램, 스프링, 메인밸브의 역할을 각각 설명하시오.

정답
1. 다이어프램 : 2차 압력을 감지하고, 2차 압력의 변동을 밸브에 전함
2. 스프링 : 조정하여야 할 압력을 설정
3. 메인밸브 : 가스량을 밸브의 개폐 정도에 따라 직접 조정

※ 출처 : 한국화재보험협회

11 비중이 0.75인 액체가 내경 4 cm인 원관 속을 31.4 kg/min의 질량유량으로 흐를 때 유속을 계산하시오.

정답
$M = \rho A V$
$\therefore V = \dfrac{M}{\rho A}$
$= \dfrac{31.4}{0.75 \times 10^3 \times \dfrac{\pi}{4}(0.04^2)} = 33.32 \, m/min$

12 압력조정기의 특성 중 동특성을 설명하시오.

정답

부하변동에 대한 응답의 신속성과 안정성

보충 정압기 특성
- 정특성 : 정상 상태에서 유량과 2차 압력과의 관계
- 동특성 : 부하변동에 대한 응답의 신속성과 안정성
- 유량특성 : 메인밸브의 열림과 유량과의 관계
- 사용 최대 차압 : 메인밸브에 1차와 2차 압력이 작용하여 최대로 되었을 때 차압
- 작동 최소 차압 : 정압기가 작동할 수 있는 최소 차압

13 액화석유가스 부취제 냄새측정법 4가지를 쓰시오.

정답
- 주사기법
- 냄새주머니법
- 오더미터법
- 무취실법

14 40 ℃에서 내용적 2 m³인 용기에 산소 3 kg, 질소 2 kg이 충전되어 있을 때 용기 내 압력(kPa)을 구하시오. (단, 산소와 질소는 이상기체이며 기체상수 R은 산소 0.2598 kJ/kg·K, 질소 0.2962 kJ/kg·K이다)

정답

$PV = GRT$

$P = \dfrac{GRT}{V}$

$= \dfrac{[(3 \times 0.2598) + (2 \times 0.2962)] \times (273 + 40)}{2}$

$= 214.686 \, kPa \cdot a$

∴ $214.686 - 101.325 = 113.36 \, kPa \cdot g$

15 27 ℃, 100 kPa에서 이산화탄소의 비중을 구하시오. (단, 물의 비중량 9.8 kN/m³, 이산화탄소 기체상수 0.189 kJ/kg·K이다)

정답

$PV = GRT$

밀도 $\rho = \dfrac{G}{V} = \dfrac{P}{RT} = \dfrac{100}{0.189 \times (273 + 27)} = 1.76$

이산화탄소의 비중 $= \dfrac{\text{이산화탄소 비중량}}{\text{물 비중량}}$

$= \dfrac{1.76 \times 9.8}{9.8 \times 1000} = 1.76 \times 10^{-3}$

2020 제4회 [동영상]

01 도시가스 정압기실에 설치되는 가스누출 검지 통보장치의 검지부이다. 검지부는 천장으로부터 검지부 하단까지 몇 cm 이하가 되도록 설치하는가?

※ 출처 : 도시가스시공 전문 블로그

정답

30 cm

02 다음과 같이 횡으로 설치된 도시가스배관의 호칭 지름별 고정장치 최대 지지간격(m)을 쓰시오.

※ 출처 : 가스신문

1. 100 A 2. 200 A
3. 500 A 4. 600 A

정답

1. 8
2. 12
3. 22
4. 25

보충 교량 및 횡으로 설치하는 가스배관 호칭지름별 최대 지지간격

호칭지름	지지간격
100 A	8 m
150 A	10 m
200 A	12 m
300 A	16 m
400 A	19 m
500 A	22 m
600 A	25 m

03 다음 도시가스 매설배관을 보고 각 물음에 답하시오.

※ 출처 : 가스신문

> 1. 도로 밑에 최고사용압력이 중압 이상인 배관을 매설할 때 보호조치 기준을 쓰시오.
> 2. 도로가 평탄한 경우 배관공사 시 배관의 기울기 기준을 쓰시오.

정답

1. 보호판을 배관의 정상부로부터 30 cm 이상 떨어진 그 배관의 직상부에 설치한다.
2. 1/500 ~ 1/1000 정도의 기울기

보충 KGS FP451 가스도매사업 제조소 및 공급소 밖의 배관의 기준

(7) 연약지반 기초 보강
   연약지반에 설치하는 배관은 모래기초 또는 그 밖에 단단한 기초공사 등으로 지반침하를 방지하는 조치를 한다.
(8) 배관의 기울기
   배관의 기울기는 도로의 기울기를 따르되, 도로가 평탄한 경우에는 1/500 ~ 1/1000 정도의 기울기로 설치한다.

(9) 수취기 박스 침수방지조치
   수취기를 설치하는 콘크리트 등의 박스는 침수방지조치를 한다.
(10) PE배관 매설 설치
   PE배관은 그 배관에 대한 위해의 우려가 없도록 다음 기준에 따라 설치한다.
(10-1) PE배관의 굴곡 허용 반경은 외경의 20배 이상으로 한다. 다만 굴곡 반경이 외경의 20배 미만일 경우에는 엘보를 사용한다.
(10-2) PE배관의 매설 위치를 지상에서 탐지할 수 있는 탐지형 보호포·로케팅와이어[전선(나전선은 제외한다)의 굵기는 6 mm^2 이상] 등을 설치한다.

04 다음 동영상을 보고 물음에 답하시오.

※ 출처 : 투데이에너지

> 1. SDR을 구하는 계산식을 쓰시오.
> 2. 최고사용압력이 0.3 MPa일 때 SDR 값을 쓰시오.

> 정답

1. SDR = D/t

    D : PE밸브에 연결되는 배관의 표준 외경[mm]

    t : PE밸브에 연결되는 배관으로서 PE밸브 이음매 재질의 강도와 같고, 표준외경 D에서 SDR값이 최소인 배관의 두께[mm]

2. SDR 11 이하

보충 KGS AA333

3.4.5 PE밸브의 상당압력등급(SDR)값에 따른 최고 사용압력은 표 3.4.5와 같이 한다.

상당 SDR	압력(MPa)
11 이하	0.4 이하
17 이하	0.25 이하
21 이하	0.2 이하

[비고]
표 3.4.5에서 상당 SDR값은 다음 식에 따라 구한다.
SDR = D/t

D : PE밸브에 연결되는 배관의 표준 외경[mm]
t : PE밸브에 연결되는 배관으로서 PE밸브이음매 재질의 강도와 같고 표준외경 D에서 SDR값이 최소인 배관의 두께[mm]

05 다음 동영상을 보고 각 물음에 답하시오.

※ 출처 : 가스신문

1. 방사선투과시험에 대해 설명하시오.
2. 비파괴검사에 합격한 배관은 통과하는 가스를 시험가스로 사용할 때 가스 검지기가 몇% 이하에서 작동하지 않는 것을 합격으로 판정하는지 쓰시오.

> 정답

1. X선이나 γ선으로 투과한 후 필름에 의해 내부 결함의 모양, 크기 등을 관찰할 수 있음
2. 0.2 % 이하

06 LNG 저장설비 외면으로부터 사업소 경계까지 유지하여야 하는 계산식을 쓰고 각 인자에 대해 설명하시오.

> 정답

$L = C \times \sqrt[3]{143000\,W}$

L : 유지하여야 하는 거리[m]
C : 저압지하식 탱크는 0.24, 그 밖의 가스저장설비 및 처리설비는 0.576
W : 저장탱크는 저장능력(톤)의 제곱근, 그 밖의 것은 그 시설 안의 액화천연가스의 질량(톤)

07 다음 동영상을 보고 압축가스 및 액화가스 충전 시 용접 유무에 의한 명칭을 쓰시오.

> 정답

무계목 용기(이음매 없는 용기, 심리스 용기)

08 다음 동영상을 보고 각 물음에 답하시오.

※ 출처 : 환경경찰뉴스

1. 설치 간격을 쓰시오.
2. 표지판 크기 치수를 쓰시오.

정답

1. 500 m 이내
2. 가로 200 mm 이상, 세로 150 mm 이상

보충 매설배관 표지판 설치간격

1. 가스도매사업 배관 : 500 m 이내
2. 일반도시가스사업 배관 : 200 m 이내
3. 고압가스배관
   ① 지하에 설치된 배관 : 500 m 이하
   ② 지상에 설치된 배관 : 1000 m 이하

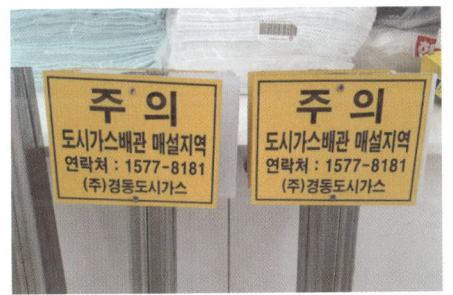

[일반도시가스사업]

※ 출처 : 보라매판촉물

09 동영상에서 사용된 방폭구조의 명칭 2가지를 쓰고 설명하시오.

※ 출처 : 아성테크

[동영상]

Ex d ib ⅡB T6가 각인된 방폭전기 기기의 명판을 보여준다.

정답

1. 내압방폭구조 : 방폭전기기기의 용기(이하 "용기" 라 한다) 내부에서 가연성 가스의 폭발이 발생할 경우 그 용기가 폭발 압력에 견디고, 접합면, 개구부 등을 통해 외부의 가연성 가스에 인화되지 않도록 한 구조를 말한다.
2. 본질안전방폭구조 : 정상 시 및 사고(단선, 단락, 지락 등) 시에 발생하는 전기불꽃·아크 또는 고온부로 인하여 가연성 가스가 점화되지 않는 것이 점화시험 및 그 밖의 방법으로 확인된 구조를 말한다.

보충 방폭구조의 종류
① 안전증방폭구조(e)
② 유입방폭구조(o)
③ 내압방폭구조(d)
④ 압력방폭구조(p)
⑤ 본질안전방폭구조(ia, ib)
⑥ 특수방폭구조(s)

보충 방폭전기기기 온도 등급에 따른 발화도 범위
T1 : 450 ℃ 초과
T2 : 300 ℃ 초과 450 ℃ 이하
T3 : 200 ℃ 초과 300 ℃ 이하
T4 : 135 ℃ 초과 200 ℃ 이하
T5 : 100 ℃ 초과 135 ℃ 이하
T6 : 85 ℃ 초과 100 ℃ 이하

보충 폭발등급
① ⅡA : 최대안전틈새 범위 0.9 mm 이상
② ⅡB : 최대안전틈새 범위 0.5 mm 초과 0.9 mm 미만
③ ⅡC : 최대안전틈새 범위 0.5 mm 이하

보충 KGS CODE GC201 용어 정의
1.3.1 "내압(耐壓)방폭구조"란 방폭전기기기의 용기(이하 "용기"라 한다) 내부에서 가연성 가스의 폭발이 발생할 경우 그 용기가 폭발 압력에 견디고, 접합면, 개구부 등을 통해 외부의 가연성 가스에 인화되지 않도록 한 구조를 말한다.
1.3.2 "유입(油入)방폭구조"란 용기 내부에 절연유를 주입하여 불꽃·아크 또는 고온 발생 부분이 기름 속에 잠기게 함으로써 기름면 위에 존재하는 가연성 가스에 인화되지 않도록 한 구조를 말한다.
1.3.3 "압력(壓力)방폭구조"란 용기 내부에 보호가스(신선한 공기 또는 불활성 가스)를 압입하여 내부 압력을 유지함으로써 가연성 가스가 용기 내부로 유입되지 않도록 한 구조를 말한다.
1.3.4 "안전증방폭구조"란 정상운전 중에 가연성 가스의 점화원이 될 전기불꽃·아크 또는 고온 부분 등의 발생을 방지하기 위해 기계적·전기적 구조상 또는 온도 상승에 대해 특히 안전도를 증가시킨 구조를 말한다.
1.3.5 "본질안전방폭구조"란 정상 시 및 사고(단선, 단락, 지락 등) 시에 발생하는 전기불꽃·아크 또는 고온부로 인하여 가연성 가스가 점화되지 않는 것이 점화시험 및 그 밖의 방법으로 확인된 구조를 말한다.
1.3.6 "특수방폭구조"란 1.3.1부터 1.3.5까지 구조 이외의 방폭구조로서 가연성 가스에 점화를 방지할 수 있다는 것이 시험 및 그 밖의 방법으로 확인된 구조를 말한다.

10 금속재 라인마크 규격 중 몸체 부분의 지름과 두께를 쓰시오.

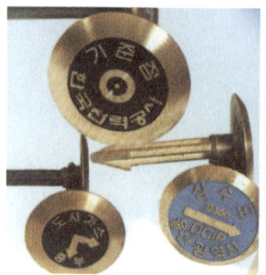

※ 출처 : 가스신문

정답
지름 60 mm, 두께 7 mm

2019 제1회 [필답형]

01 밸브에 표시된 다음 기호의 의미를 쓰시오.

1. AG
2. LG
3. LT

정답

1. AG : 아세틸렌가스를 충전하는 용기 부속품
2. LG : 액화석유가스 외의 액화가스 용기 부속품
3. LT : 저온 및 초저온가스용기의 부속품

보충 용기 종류별 부속품
- AG : 아세틸렌가스를 충전하는 용기 부속품
- PG : 압축가스를 충전하는 용기 부속품
- LPG : 액화석유가스를 충전하는 용기 부속품
- LT : 저온 및 초저온가스용기의 부속품
- LG : 액화석유가스 외의 액화가스 용기 부속품

03 배관의 길이가 20 m이고, 선팽창계수 $\alpha = 1.2 \times 10^{-5}/℃$, 영률 $Y = 2.1 \times 10^{-5}$ kgf/cm²일 때 겨울철 −10 ℃에서 설치한 후 여름철 40 ℃까지 온도가 상승한 경우 배관에 작용하는 응력(kgf/cm²)을 계산하시오. (단, 배관의 관지름은 400 mm이다)

정답

신축길이 $\triangle L$
$= L \times \alpha \times \triangle t$
$= 20 \times 10^2 \times 1.2 \times 10^{-5} \times (40 + 10)$
$= 1.2$ cm (이때 20 m의 강관 $= 20 \times 10^2$ cm이다)

$\therefore$ 응력 $= \dfrac{Y \triangle L}{L}$

$= \dfrac{2.1 \times 10^5 \times 1.2}{20 \times 10^2} = 126 \, kgf/cm^2$

02 도시가스 사용시설에서 가스 누출사고가 발생하였다. 대처법 4가지를 쓰시오.

정답

1. 가스 누출이 확인된 경우 가스계량기밸브, 중간밸브, 등을 신속히 차단한다.
2. 창문과 출입문 등을 열어 환기를 충분히 한다.
3. 사고 현장에서는 담배, 성냥 등 화기 사용을 금지한다.
4. 도시가스 공급자에 즉시 신고한다.
- 가스 차단 - 환기 - 화기엄금 - 신고

04 표준 상태의 암모니아 비체적(m³/kg)을 계산하시오.

정답

비체적 : 단위질량당 부피

$\therefore \dfrac{22.4}{17} = 1.32$ m³/kg

(이때 암모니아의 질량 : 17)

05 도시가스가 지름 40 m인 구형 가스홀더에 7 kgf/cm²·a로 저장돼있다. 이때 가스를 압력 3 kgf/cm²·a까지 공급한 경우 공급된 가스량(Nm³)을 계산하시오. (단, 온도는 일정하며 기압은 1 atm이다)

정답

구형 저장탱크에 의한 저장

$V = \dfrac{\pi}{6} \times D^3 = \dfrac{\pi}{6} \times 40^3$

  $= 33510.32164 = 33510.32 \text{ m}^3$

이때 온도변화는 없으므로

공급된 가스량 $= \dfrac{7-3}{1.0332} \times 33510.32$

  $= 129734.11 \text{ Nm}^3$

- 구형 가스홀더에 처음 저장된 가스량 7 kgf/cm²·a에서 3 kgf/cm²·a까지 공급하였으므로 공급한 가스량은 7 - 3 = 4 kgf/cm²·a이다.

06 고압가스 안전관리법에서 정하는 고압가스 특정설비 종류 6가지를 쓰시오.

정답

안전밸브, 긴급차단장치, 역화방지장치, 기화장치, 압력용기, 자동차용 가스 자동주입기

보충 고압가스 안전관리법 시행규칙
"산업통상자원부령으로 정하는 고압가스 관련 설비"란 다음 각 호의 설비를 말한다.
1. 안전밸브·긴급차단장치·역화방지장치
2. 기화장치
3. 압력용기
4. 자동차용 가스 자동주입기
5. 독성 가스배관용 밸브
6. 냉동설비(별표 11 제4호 나목에서 정하는 일체형 냉동기는 제외한다)를 구성하는 압축기·응축기·증발기 또는 압력용기(이하 "냉동용 특정설비"라 한다)
7. 고압가스용 실린더캐비닛
8. 자동차용 압축천연가스 완속충전설비(처리능력이 시간당 18.5세제곱미터 미만인 충전설비를 말한다)
9. 액화석유가스용 용기 잔류가스회수장치
10. 차량에 고정된 탱크

07 동일장소에 설치하는 소형저장탱크의 수와 충전 질량의 합계를 각각 쓰시오.

정답

1. 소형저장탱크의 수 : 6기 이하
2. 충전 질량의 합계 : 5000 kg 미만

보충 KGS FP334 액화석유가스 소형용기충전의 기준
- 소형저장탱크 설치방법

소형저장탱크는 그 소형저장탱크를 보호하고, 그 소형저장탱크를 사용하는 시설의 안전을 확보하기 위하여 위해의 우려가 없도록 다음 기준에 따라 설치한다.
(1) 동일 장소에 설치하는 소형저장탱크의 수는 6기 이하로 하고, 충전 질량의 합계는 5000 kg 미만이 되도록 한다. 이 경우 "동일 장소에 설치하는 소형저장탱크"란 다음 중 어느 하나에 해당하는 소형저장탱크를 말한다.
(1-1) 배관으로 연결된 소형저장탱크
(1-2) 탱크 중심 사이의 거리가 30 m 이하이거나 같은 구축물에 설치되어 있는 소형저장탱크
(2) 소형저장탱크는 지진, 바람 등으로 이동되지 않도록 설치한다.
(3) 소형저장탱크는 지면보다 5 cm 이상 높게 설치된 일체형 콘크리트 기초에 설치한다. 이 경우, 저장능력이 1톤 초과인 소형저장탱크는 일체형 철근 콘크리트 기초에 설치하여야 하며, 철근의 규격, 배근·결속 등의 설치 기준은 다음과 같다.
(3-1) 철근의 규격 : 직경 9 mm 이상
(3-2) 배근·결속 : 가로·세로 400 mm 이하의 간격으로 배근하고, 모서리 부분의 철근은 확실히 결속한다.
(3-3) 소형저장탱크 지지대는 배근·결속된 철근의 안쪽에 위치한다.

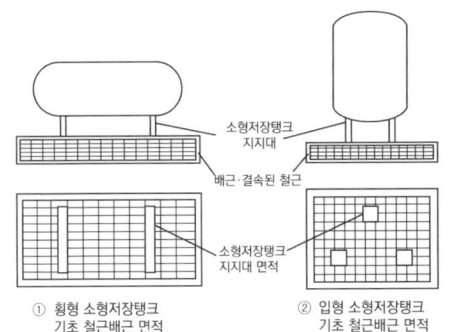

① 횡형 소형저장탱크 기초 철근배근 면적
② 입형 소형저장탱크 기초 철근배근 면적

(4) 소형저장탱크의 일체형 기초는 소형저장탱크의 수평 투영 면적보다 넓게 설치한다. 다만 소형저장탱크의 지지대가 설치된 면적이 소형저장탱크의 수평 투영 면적보다 넓은 경우에는 일체형 기초를 소형저장탱크의 지지대가 설치된 면적보다 넓게 설치한다.

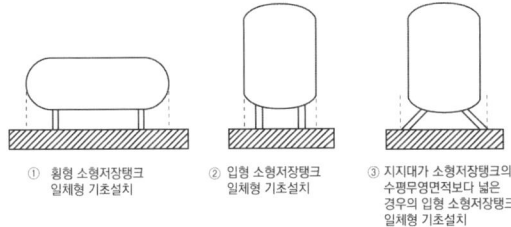

① 횡형 소형저장탱크 일체형 기초설치
② 입형 소형저장탱크 일체형 기초설치
③ 지지대가 소형저장탱크의 수평무영면적보다 넓은 경우의 입형 소형저장탱크 일체형 기초설치

(5) 소형저장탱크를 기초에 고정하는 방식은 화재 등의 경우 쉽게 분리될 수 있는 것으로 한다.
(6) 소형저장탱크가 손상을 받을 우려가 있는 경우에는 다음 기준에 따라 보호대 등의 방호조치를 한다.
(6-1) 보호대는 다음 중 어느 하나를 만족하는 것으로 한다.
(6-1-1) 두께 12 cm 이상의 철근콘크리트
(6-1-2) 호칭 지름 100 A 이상의 KS D 3507(배관용 탄소강관) 또는 이와 동등 이상의 기계적 강도를 가진 강관
(6-2) 보호대의 높이는 80 cm 이상으로 한다.

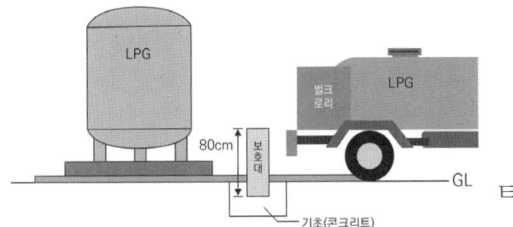

(6-3) 보호대는 차량의 충돌로부터 소형저장탱크를 보호할 수 있는 형태로 한다. 다만 말뚝형태일 경우 말뚝은 2개 이상을 설치하고, 간격은 1.5 m 이하로 한다.

(6-4) 보호대의 기초는 다음 중 어느 하나를 만족하는 것으로 한다.
(6-4-1) 철근콘크리트제 보호대는 콘크리트 기초에 25 cm 이상의 깊이로 묻고, 보호대를 바닥과 일체가 되도록 콘크리트를 타설한다.
(6-3-2) 강관제 보호대는 (6-4-1)과 같이 기초에 묻거나, KS B 1016(기초볼트)에 따른 앵커볼트를 사용하여 그림과 같이 고정한다.

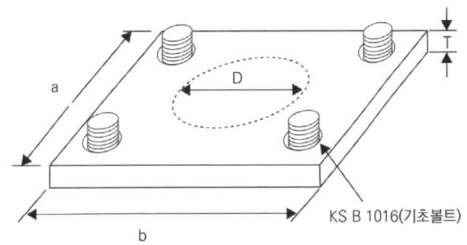

KS B 1016(기초볼트)

(6-5) 소형저장탱크와 보호대 간 거리는 보호대가 파손되어 전도되어도 전도된 보호대가 소형저장탱크에 닿지 않는 거리로 한다.
(6-6) 보호대의 외면에는 야간 식별이 가능하도록 야광 페인트로 도색하거나 야광 테이프 또는 반사지 등으로 표시한다.
(6-7) 보호대 설치방법 예시

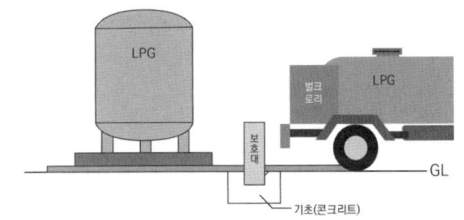

(7) 소형저장탱크 주위에는 소형저장탱크의 설치, 분리, 점검 등에 필요한 공간을 확보한다.
(8) 소형저장탱크와 수요자 측 배관의 접속부는 쉽게 분리할 수 있거나 수요자 측으로의 액화석유가스 공급을 차단할 수 있도록 한다.
(9) 소형저장탱크에는 정전기 제거조치를 한다.
(10) 소형저장탱크의 안전밸브 방출구 부근에는 구축물 및 그 밖의 장애물을 설치하지 않는다.
(11) 소형저장탱크의 안전밸브 방출구는 수직상방으로 분출하는 구조로 한다.
(12) 소형저장탱크 상호 간의 연결관에는 팽창·수축, 진동 등을 흡수하는 조치를 강구한다.

08 독성 가스 종류에 따른 제독제를 각각 모두 쓰시오.

1. 포스겐(COCl₂)
2. 황화수소(H₂S)
3. 아황산가스(SO₂)
4. 암모니아(NH₃)

정답

1. 가성소다수용액, 소석회
2. 가성소다수용액, 탄산소다수용액
3. 가성소다수용액, 탄산소다수용액, 물
4. 다량의 물

보충 제독제

가스	제독제
염소	• 가성소다수용액 - 670 kg • 탄산소다수용액 - 870 kg • 소석회 - 620 kg
포스겐	• 가성소다수용액 - 390 kg • 소석회 - 360 kg
황화수소	• 가성소다수용액 - 1140 kg • 탄산소다수용액 - 1500 kg
시안화수소	• 가성소다수용액
아황산가스	• 가성소다수용액 - 530 kg • 탄산소다수용액 - 700 kg • 물
암모니아, 산화에틸렌, 염화메탄	• 다량의 물

🔑 염가탄소, 포가소, 황가탄, 시가, 아가탄물, 암산염물

09 웨버지수의 공식을 쓰고 각 인자에 대해 설명하시오.

정답

$$WI = \frac{H_g}{\sqrt{d}}$$

WI : 웨버지수
H_g : 도시가스의 총발열량 $[kcal/m^3]$
d : 도시가스의 공기에 대한 비중

10 역브레이턴사이클의 작동과정을 쓰시오.

정답

정압흡열 - 단열압축 - 정압방열 - 단열팽창

보충 역브레이턴사이클

단순 기체 냉동사이클

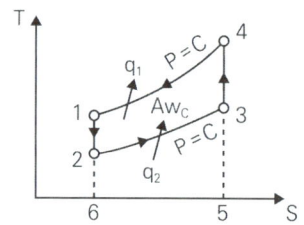

2-3 : 정압흡열(증발기)
3-4 : 단열압축(압축기)
4-1 : 정압방열(응축기)
1-2 : 단열팽창(팽창밸브)

* 공기냉동기의 표준사이클이며, 브레이튼사이클의 역방향이다.

11 LPG 용기에 대한 다음 각 질문에 답하시오.

> 1) 용기 도색
> 2) 안전밸브의 형식
> 3) 충전구 나사 형식
> 4) 용기밸브 나사형식

정답

1) 밝은회색
2) 스프링식
3) 왼나사
4) 오른나사

12 아세틸렌의 충전작업에 대한 다음 각 물음에 답하시오.

> 1. 아세틸렌을 2.5 MPa 압력으로 충전할 때 첨가하는 희석제의 종류 3가지를 쓰시오.
> 2. 용기에 충전하는 때에 미리 용기에 침윤시키는 것 2가지는 무엇인가?

정답

1. 질소, 메탄, 일산화탄소, 에틸렌
2. 아세톤, 디메틸포름아미드

보충 아세틸렌 충전작업

1. 아세틸렌을 2.5 MPa 압력으로 압축하는 때에는 질소·메탄·일산화탄소 또는 에틸렌 등의 희석제를 첨가한다.
2. 습식 아세틸렌발생기의 표면은 70 ℃ 이하의 온도로 유지하고, 그 부근에서는 불꽃이 튀는 작업을 하지 아니한다.
3. 아세틸렌을 용기에 충전하는 때에는 미리 용기에 다공물질을 고루 채워 다공도가 75 % 이상 92 % 미만이 되도록 한 후 아세톤 또는 디메틸포름아미드를 고루 침윤시키고 충전한다.
4. 아세틸렌을 용기에 충전하는 때의 충전 중의 압력은 2.5 MPa 이하로 하고, 충전 후에는 압력이 15 ℃에서 1.5 MPa 이하로 될 때까지 정치하여 둔다.
5. 상하의 통으로 구성된 아세틸렌발생장치로 아세틸렌을 제조하는 때에는 사용 후 그 통을 분리하거나 잔류가스가 없도록 조치한다.

13 프로판 가스에 대한 최소산소농도 MOC (Minimum Oxygen Concentration)을 계산하시오.

정답

최소산소농도값 MOC

$= $ 폭발 범위 하한값 $\times \dfrac{\text{산소몰수}}{\text{연료몰수}}$

프로판의 폭발 범위는 2.1 ~ 9.5 %이며
완전연소반응식은
$C_3H_8 + 5O_2 \rightarrow 3CO_2 + 4H_2O$ 이므로
프로판 1몰이 완전연소 시 필요한 산소의 몰수는 5몰이다.

즉, MOC $= 2.1 \times \dfrac{5}{1} = 10.5\%$

14 운전 중 화염이 블로우오프(Blow-off)된 경우에는 안전차단시간 이내에 버너의 작동이 정지되고 가스통로가 차단되도록 하며 시동시 안전차단시간 이내에 화염이 검지되지 아니하면 버너는 자동 폐쇄되는 것으로 한다. 이때 파일럿점화방식으로 파일럿버너 시동시 안전차단시간을 쓰시오. (메인 버너에 대한 최대 가스 소비량은 8 %이다)

정답
5초 이내

보충 KGS AB931 강제혼합식 가스버너 제조의 시설·기술·검사 기준

(3) 가스공급개시
안전차단밸브는 다음 조건이 모두 만족될 경우에만 작동하는 것으로 한다.
(3-1) 3.4.3.3.1(1)에 따른 프리퍼지가 완료되고 공기압력감시장치로부터 송풍기가 작동되고 있다는 신호가 온다.
(3-2) 가스압력감시장치로부터 가스압력이 적정하다는 신호가 온다.
(3-3) 점화장치가 켜진다. 다만 시동 시의 가스소비량이 1200 kW를 초과하는 버너의 경우에는 특수전기점화장치의 작동준비가 되어 있다는 신호가 온다.
(3-4) 파일럿화염으로 메인버너가 점화되는 경우에는 파일럿화염이 있다는 신호가 온다.
(4) 화염감시
(4-1) 시동 시 주화염의 생성이 감시되도록 한다. 다만 주화염이 여러 개의 부분화염으로 구성되는 버너의 경우에는 한 부분화염이 감시되는 것으로 할 수 있다.
(4-2) 표에 따른 시동 시 안전차단시간 이내에 화염이 검지되지 아니하면 버너는 자동 폐쇄되는 것으로 한다.

안전차단시간(초)			시동 시		운전 중		
버너의 구분		버너의 최대 가스 소비량 (kW)	직접 점화방식	파일럿 점화방식	재점화시	재시동시	재점화 및 재시동이 없을 경우
메인 버너		10이하	5	5	5	1	-
		10 초과 50 이하	5	5	5	1	-
		50 초과 120 이하	3	3	3	1	-
		120 초과 350 이하	3	3	불허	1	1
		350 초과	3	3	불허	불허	1
파일럿 버너	메인 버너에 대한 최대 가스 소비량(%)	5 % 이하	-	10	-	-	-
		5 % 초과 8 % 이하	-	-	5	-	-	-
		8 % 초과	-	-	메인버너 시간에 따름	-	-	-

15 줄파기 작업 시행 시 주의사항 4가지를 쓰시오.

정답

[KGS GC253 도시가스배관보호 기준]
1. 가스배관이 있을 것으로 예상되는 지점으로부터 2 m 이내에서 줄파기를 할 때에는 안전관리 전담자의 입회하에 시행한다.
2. 줄파기 1일 시공량 결정은 시공 속도가 가장 느린 천공작업에 맞추어 결정한다.
3. 줄파기 심도는 최소한 1.5 m 이상으로 하며 지장물의 유무가 확인되지 않는 곳은 안전관리 전담자와 협의 후 공사의 진척 여부를 결정한다.
4. 줄파기는 두 줄 또는 세 줄을 동시에 시행하지 않아야 하며 시공작업, 항타작업 및 가포장이 완료된 후에 다른 줄을 시행한다.
5. 줄파기공사 후 가스배관으로부터 1 m 이내에 파일을 설치할 경우에는 유도관(Guide Pipe)을 먼저 설치한 후 되메우기를 실시한다.

보충 파일 박기 및 빼기 작업
1. 가스배관과의 수평거리 30 cm 이내에서는 파일박기를 하지 않는다.
2. 항타기는 가스배관과의 수평거리가 2 m 이상 되는 곳에 설치한다. 다만 부득이하여 수평거리 2 m 이내에 설치할 때에는 하중 진동을 완화할 수 있는 조치를 한다.

보충 그라우팅·보링작업
시험굴착을 통하여 가스배관의 위치를 확인한 후 보링비트가 가스배관에 접촉할 가능성이 있는 경우에는 가이드파이프를 사용하여 직접 접촉되지 않도록 한다.

보충 터파기·되메우기 및 포장작업
1. 가스배관의 주위를 굴착하고자 할 때에는 가스배관의 좌우 1 m 이내의 부분은 인력으로 굴착한다.
2. 가스배관에 근접하여 굴착할 경우에는 주위에 가스배관의 부속시설물(밸브, 수취기, 전기방식용 리드선 및 터미널 등)이 있을 때에는 작업으로 인한 이탈이나 그 밖에 손상방지에 주의한다.
3. 가스배관이 노출될 경우 배관의 코팅부가 손상되지 않도록 하고, 코팅의 손상 시에는 도시가스사업자에 통보하여 보수를 행한 후 작업을 진행한다.
4. 가스배관 주위에서 발파작업을 하는 경우에는 도시가스사업자의 입회하에 충분한 대책을 강구한 후 실시한다.

2019 제1회 [동영상]

01 도시가스배관을 지하에 매설할 때 다음 물음에 답하시오.

※ 출처 : 가스신문

1. 도시가스 보호판 설치 위치를 쓰시오.
2. 도시가스배관 매설 시 보호판을 설치하는 이유를 2가지 쓰시오.

정답

1. 배관의 정상부로부터 30 cm 이상 떨어진 그 배관의 직상부에 설치
2. ① 도로 및 공동주택등의 부지 안 도로 밑에 최고사용압력이 중압 이상인 배관을 매설하는 경우
   ② 배관을 지하에 매설할 때 타 시설물과 이격거리를 유지하지 못하는 경우
   ③ 배관의 매설깊이를 확보할 수 없는 경우

보충 KGS FS551 2024 일반도시가스사업 제조소 및 공급소 밖의 배관의 시설·기술·검사·정밀안전진단 기준

(5) 매설깊이 미달배관 보호조치

지하구조물·암반 그 밖의 특수한 사정으로 (1)에 따른 매설깊이를 확보할 수 없는 곳에 매설하는 배관은 다음 기준에 따른 재질 및 설치방법 등에 따라 보호관 또는 보호판으로 보호조치를 하되, 보호관이나 보호판 외면이 지면 또는 노면과 0.3 m 이상의 깊이를 유지한다. 다만 다음 철근콘크리트 방호구조물 안에 배관을 설치하는 경우에는 간격을 유지한 것으로 볼 수 있다.

(5-1) 배관의 매설심도를 확보할 수 없는 곳에는 보호관이나 보호판으로 배관을 보호한다.

2.7.7.1 「도로법」에 따른 도로 및 공동주택등의 부지 안 도로 밑에 최고사용압력이 중압 이상인 배관을 매설하는 때에는 배관을 보호할 수 있는 보호판을 설치해야 하며, 이 경우 배관을 보호할 수 있는 보호판의 설치 기준은 다음과 같다.

2.7.7.1.1 보호판의 재료는 KS D 3503(일반구조용 압연강재) 또는 이와 동등 이상의 성능이 있는 것으로 한다.

2.7.7.1.2 보호판에는 직경 30 mm 이상 50 mm 이하의 구멍을 3 m 이하의 간격으로 뚫어 누출된 가스가 지면으로 확산이 되도록 한다.

2.7.7.1.3 보호판은 배관의 정상부에서 30 cm 이상 높이에 설치하고, 보호판의 재질이 금속제인 경우에는 보호판과 보호판을 가접하거나 연결철재고리로 고정 또는 겹침설치하는 등으로 보호판과 보호판이 이격되지 않도록 한다. 다만 매설깊이를 확보할 수 없거나 비개착공법으로 시공함에 따라 보호관 또는 2.5.8.2.1 철근콘크리트 방호구조물로 보호하는 경우에는 보호판을 설치하지 않을 수 있다.
〈생략〉

2.5.8.2.1 배관 지하매설

〈생략〉

(4) 타시설물과의 이격거리 유지

배관을 지하에 매설하는 경우에는 배관의 외면과 상수도관·하수관거 통신케이블 등 타시설물과는 0.3 m 이상의 간격을 유지한다. 다만 타시설물과 이격거리를 유지하지 못하는 배관은 (5-1-1), (5-1-2) 및 (5-2)에서 정한 보호관 또는 보호판으로 다음과 같이 보호한 경우에는 간격을 유지한 것으로 볼 수 있다.

(4-1) 보호판으로 보호하는 경우에는 타시설물의 크기 및 위치에 따라 "—"자, "ㄱ"자 또는 "ㄷ"자 등의 형태로 시공한다.

(4-2) 가스배관의 주위에 타 매설물이 복잡하게 설치되어 있어 보호판으로는 가스배관의 보호가 곤란할 경우에는 보호관으로 보호하되, 보호관 외부에는 보호관임을 쉽게 식별할 수 있도록 다음 기준에 따라 표시한다.

(4-2-1) 표기문구는 "도시가스배관 보호관", "최고사용압력 ○○ MPa(kPa)"

(4-2-2) 글자 크기는 보호관의 관경에 따라 손쉽게 식별이 가능한 크기

(4-2-3) 글자 색상은 보호관이라는 것을 손쉽게 식별할 수 있는 색상

02 다음은 LPG 판매사업의 용기보관실에 관한 질문이다. 각 물음에 답하시오.

※ 출처 : 가스신문

1. 용기보관실의 면적은 몇 m^2 이상인가?
2. 자연환기를 위한 환기구 1개의 면적은 몇 cm^2 이하로 하는가?

정답

1. 19
2. 2400

보충 KGS FS231 액화석유가스 판매의 시설·기술·검사 기준

2.3.2 저장설비 구조

2.3.2.1 용기보관실은 용기보관실에서 누출된 가스가 사무실로 유입되지 않는 구조(동일 실내에 설치할 경우 용기보관실과 사무실 사이에 불연성 재료로 칸막이를 설치하여 구분한다. 이 경우 틈새가 없는 밀폐구조로 하여 누출된 가스가 사무실로 유입되지 않도록 한다)로 하고, 용기보관실의 면적은 19 m^2 이상으로 한다.

2.3.2.2 용기보관실의 용기는 그 용기보관실의 안전을 위하여 용기집합식으로 하지 않는다.

2.3.3 저장설비 설치

용기보관실은 다음 기준에 따라 설치한다.

2.3.3.1 용기보관실과 사무실은 동일한 부지에 구분하여 설치하되, 해상에서 가스판매업을 하려는 판매업소의 용기보관실은 해상구조물이나 선박에 설치할 수 있다.

2.3.3.2 용기보관실 바닥은 확보한 운반차량 중 적재함의 높이가 가장 낮은 운반차량의 적재함 높이로 한다. 다만 용기의 안전을 저해하지 않는 다음 중 어느 하나의 방법으로 용기를 취급하는 경우에는 용기보관실 바닥의 높이를 확보한 운반차량 중 적재함의 높이가 가장 낮은 운반차량의 적재함 높이로 하지 않을 수 있다.
(1) 용기보관실 또는 액화석유가스 전용운반차량에 유압·공압·전기등으로 작동하는 전용리프트(Lift)를 고정 설치하여 용기를 취급하는 경우
(2) 용기 보관실에 벨트컨베이어로 충전용기를 차에 싣거나 내리는 설비를 고정 설치하여 용기를 취급하는 경우
(3) 그 밖에 「고압가스 안전관리법」 제28조에 따라 한국가스안전공사(이하 "한국가스안전공사"라 한다) 사장이 용기의 안전관리상 지장이 없다고 인정하는 방법으로 용기를 취급하는 경우

2.7.4.1 자연환기설비 설치
2.7.4.1.1 환기구는 바닥면에 접하고, 외기를 향하게 설치한다.
2.7.4.1.2 외기를 향하게 설치한 환기구의 통풍 가능 면적의 합계는 바닥 면적 $1\,m^2$마다 $300\,cm^2$의 비율로 계산한 면적 이상으로 하고, 환기구 1개의 면적은 $2,400\,cm^2$ 이하로 한다. 이 경우 환기구의 통풍 가능 면적은 다음 기준에 따른다.
(1) 환기구에 철망 또는 환기구의 틀 등이 부착될 경우 환기구의 통풍가능면적은 그 철망, 환기구의 틀 등이 차지하는 단면적을 뺀 면적으로 계산한다.
(2) 환기구에 알루미늄 또는 강판제 갤러리가 부착된 경우 환기구의 통풍가능면적은 환기구 면적의 50%로 계산한다.
(3) 한 방향의 환기구 통풍가능면적은 전체 환기구 필요 통풍가능면적의 70%까지만 계산한다.
2.7.4.1.3 사방을 방호벽 등으로 설치할 경우 환기구의 방향은 2방향 이상으로 분산하여 외기와의 통풍이 잘되는 위치에 설치해야 하고, 용기보관실과 타 건축물과의 사이에 상부가 막혀 있어 통풍이 잘 되지 않는 위치에는 환기구를 설치하지 않아야 한다.
2.7.4.2 강제환기설비 설치
2.7.4.1의 기준에 따라 통풍구조를 설치할 수 없는 경우에는 다음의 기준에 따라 강제통풍장치를 설치한다.

2.7.4.2.1 통풍능력이 바닥면적 $1\,m^2$마다 $0.5\,m^3$/분 이상으로 한다.
2.7.4.2.2 흡입구는 바닥면 가까이에 설치한다.
2.7.4.2.3 배기가스 방출구를 지면에서 5 m 이상의 높이에 설치한다.

03 실내에 설치된 기화장치에 대한 다음 물음에 각각 답하시오.

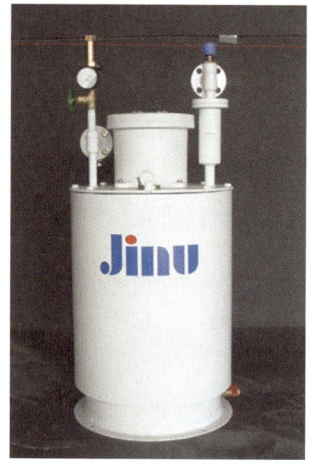

※ 출처 : 가스신문

1. 액체 상태로 열교환기 밖으로 유출을 방지하는 장치의 명칭은 무엇인가?
2. 액 유출 시 나타나는 현상 2가지를 쓰시오.

정답

1. 액유출방지장치
2. ① 폭발의 위험
    ② 액화가스는 극저온으로 존재하므로 유출 시 피부에 접촉하면 급격히 냉각되어 동상이 발생
    ③ 액화가스 기화 및 산소 결핍으로 인한 질식

04 가연성 가스와 산소를 동일 차량에 적재하여 운반하는 때에 주의사항을 쓰시오.

※ 출처 : 가스신문

정답

가연성 가스와 산소를 동일 차량에 적재하여 운반하는 때에는 그 충전용기의 밸브가 서로 마주보지 않도록 적재한다.

보충 KGS GC207 고압가스 운반차량의 시설·기술 기준
• 적재

(1) 독성 가스 충전용기를 차량에 적재하여 운반하는 때에는 고압가스 운반차량에 세워서 운반한다.
(2) 차량의 최대 적재량을 초과하여 적재하지 않는다.
(3) 차량의 적재함을 초과하여 적재하지 않는다.
(4) 충전용기를 차량에 적재할 때에는 차량 운행 중의 동요로 인하여 용기가 충돌하지 않도록 고무링을 씌우거나 적재함에 넣어 세워서 적재한다. 다만 압축가스의 충전용기 중 그 형태나 운반차량의 구조상 세워서 적재하기 곤란한 때에는 적재함 높이 이내로 눕혀서 적재할 수 있다.
(5) 충전용기 등을 목재·플라스틱이나 강철제로 만든 팔레트(견고한 상자 또는 틀) 내부에 넣어 안전하게 적재하는 경우와 용량 10 kg 미만의 액화석유가스 충전용기를 적재할 경우를 제외하고 모든 충전용기는 1단으로 쌓는다.
(6) 충전용기 등은 짐이 무너지거나, 떨어지거나 차량의 충돌 등으로 인한 충격과 밸브의 손상 등을 방지하기 위하여 차량의 짐받이에 바짝 대고 로프, 짐을 조이는 공구 또는 그물 등(이하 "로프등"이라 한다)을 사용하여 확실하게 묶어서 적재하며, 운반차량 뒷면에는 두께가 5 mm 이상, 폭 100 mm 상의 범퍼(SS400 또는 이와 동등 이상의 강도를 갖는 강재를 사용한 것에만 적용한다. 이하 같다) 또는 이와 동등 이상의 효과를 갖는 완충장치를 설치한다.
(7) 차량에 충전용기 등을 적재한 후 그 차량의 측판과 뒤판을 정상적인 상태로 닫은 후 확실하게 걸게쇠로 걸어 잠근다.
(8) 밸브가 돌출한 충전용기는 고정식 프로텍터 또는 캡을 부착하여 밸브의 손상을 방지하는 조치를 하고 운반한다.
(9) 충전용기를 운반하는 때에는 넘어짐 등으로 인한 충격을 받지 않도록 주의하여 취급하며, 충격을 최소한으로 방지하기 위하여 완충판을 차량 등에 갖추고 이를 사용한다.
(10) 독성 가스 중 가연성 가스와 조연성 가스는 동일 차량 적재함에 운반하지 않는다.
(11) 가연성 가스와 산소를 동일 차량에 적재하여 운반하는 때에는 그 충전용기의 밸브가 서로 마주보지 않도록 적재한다.
(12) 염소와 아세틸렌·암모니아 또는 수소는 동일 차량에 적재하여 운반하지 않는다.
(13) 충전용기는 이륜차(자전거를 포함한다)에 적재하여 운반하지 않는다.
(14) 충전용기와 「위험물 안전관리법」 제2조 제1항 제1호에서 정하는 위험물과는 동일 차량에 적재하여 운반하지 않는다.

05 다음은 LPG 충전사업에 대한 질문이다. 각 물음에 답하시오.

※ 출처 : 가스신문

1. 지상에 설치된 저장탱크의 저장능력이 100톤인 경우 저장설비 외면으로부터 사업소 경계까지 유지해야 하는 안전거리를 쓰시오.
2. 충전설비 외면으로부터 사업소 경계까지 유지해야 하는 안전거리를 쓰시오.

정답

1. 36 m 이상
2. 24 m 이상

보충 저장설비 외면으로부터 사업소 경계와의 이격거리

저장능력	사업소 경계와의 거리
10 t 이하	24 m
10 t 초과 20 t 이하	27 m
20 t 초과 30 t 이하	30 m
30 t 초과 40 t 이하	33 m
40 t 초과 200 t 이하	36 m
200 t 초과	39 m

• 충전설비 외면으로부터 사업소 경계까지 : 24 m 이상

06 다음 동영상에 나온 용기는 원칙적으로 (   )가 설치되어 있는 시설에서 사용한다. 알맞은 단어를 쓰시오.

정답

기화장치

보충 사이폰용기
(1) 명칭 : 사이폰 용기
(2) 용도 : 기화장치가 설치되어 있는 시설에 사용

07 저장능력 20만톤인 LNG 저압 지하식 저장탱크의 외면과 사업소 경계까지 유지하여야 하는 안전거리를 쓰시오. (단, 유지하여야 하는 거리 계산 시 적용하는 상수 C는 기준값을 적용한다)

> **정답**

$L = C \times \sqrt[3]{143000\,W}$
$\quad = 0.24 \times \sqrt[3]{143000 \times \sqrt{200000}}$
$\quad = 95.98\,m$

∴ 95.98 m 이상

> **보충** 가스도매사업 사업소 경계와의 거리 기준

$L = C \times \sqrt[3]{143000\,W}$

L : 유지하여야 하는 거리[m]
C : 저압지하식 탱크는 0.24, 그 밖의 가스저장설비 및 처리설비는 0.576
W : 저장탱크는 저장능력(톤)의 제곱근 그 밖의 것은 그 시설 안의 액화천연가스의 질량(톤)

※ 거리가 50 m 미만의 경우에는 50 m 이상을 유지

08 방폭전기기기 종류 6가지를 쓰시오.

※ 출처 : 안전보건공단

> **정답**

① 안전증방폭구조(e)
② 유입방폭구조(o)
③ 내압방폭구조(d)
④ 압력방폭구조(p)
⑤ 본질안전방폭구조(ia, ib)
⑥ 특수방폭구조(s)

09 도시가스 사용시설에서 사용되는 가스 용품으로 각각의 명칭을 쓰시오.

(1)

※ 출처 : 대방에너지

(2)

※ 출처 : 가스신문

> **정답**

(1) 퓨즈콕
(2) 상자콕

10 액화석유가스를 차량에 고정된 탱크로부터 저장설비에 이입작업을 하기 전 조치사항 4단계를 쓰시오.

※ 출처 : 가스신문

정답

(1) 차를 소정의 위치에 정차하고 주차브레이크를 확실히 건 다음, 엔진을 끄고 메인스위치와 그 밖의 전기장치를 완전히 차단하여 스파크가 발생하지 않도록 하며, 커플링을 분리하지 않은 상태에서는 엔진을 사용할 수 없도록 적절한 조치를 강구한다.
(2) 차량 시동키를 안전관리자에게 전달하고, "충전 중" 표지판을 전달받아 운전대 또는 운전석에 게시한다.
(3) 차량이 앞뒤로 움직이지 않도록 차바퀴의 전후를 차바퀴 고정목 등으로 확실하게 고정한다.
(4) 정전기 제거용의 접지코드를 접지탭에 접속하여 차량에 고정된 탱크에서 발생하는 정전기를 제거한다.

보충 KGS GC207 고압가스 운반차량의 시설·기술 기준

• 운행 중 조치사항
(1) 충전용기를 차에 싣거나 차에서 내릴 때를 제외하고 운행 도중 노상에 주차할 필요가 있는 경우에는 보호시설과 육교 및 고가차도 등의 아래 또는 부근을 피하고, 주위의 교통 상황·지형 조건·화기 등을 고려하여 안전한 장소를 택하여 주차한다. 또한 부득이하게 비탈길에 주차하는 경우에는 주차브레이크를 확실히 걸고 차바퀴를 고정목으로 고정한다.
(2) 운반 중의 충전용기는 항상 40℃ 이하로 유지한다.
(3) 고압가스를 운반하는 때에는 그 고압가스의 명칭·물성 및 이동 중의 재해 방지를 위하여 필요한 주의사항을 적은 서류를 운반책임자나 운전자에게 발급하고 운반 중에 휴대하도록 한다.
(4) 고압가스를 적재하여 운반하는 차량은 차량의 고장, 교통 사정, 운반책임자 또는 운전자의 휴식 등 부득이한 경우를 제외하고는 장시간 정차하여서는 안 되며, 운반책임자와 운전자는 동시에 차량에서 이탈하지 않는다.
(5) 고압가스를 운반하는 때에는 운반책임자나 고압가스 운반차량의 운전자에게 그 고압가스의 위해 예방에 필요한 사항을 주지한다.
(6) 고압가스를 운반하는 자는 그 고압가스를 수요자에게 인도하는 때까지 최선의 주의를 다하여 안전하게 운반하며, 고압가스를 보관하는 때에는 안전한 장소에 보관·관리한다.
(7) 200 km 이상의 거리를 운행하는 경우에는 중간에 충분한 휴식을 취한 후 운행한다.
(8) 충전용기를 적재하여 운반하는 중 누출 등의 위해 우려가 있는 경우에는 소방서 및 경찰서에 신고하고, 충전용기를 도난당하거나 분실한 때에는 즉시 그 내용을 경찰서에 신고한다.
(9) 충전용기를 적재하여 운반하는 때에는 노면이 나쁜 도로에서는 가능한 한 운행하지 않는다. 다만 부득이하여 노면이 나쁜 도로를 운행할 때에는 운행 개시 전에 충전용기의 적재 상황을 재점검하여 이상이 없는가를 확인하고 운행한다.
(10) 충전용기를 적재하여 운반하는 때에는 노면이 나쁜 도로를 운행한 후 일단 정지하여 적재 상황·용기밸브·로프 등의 풀림 등이 없는지를 확인한다.

• 적재 및 하역 작업
1. 충전용기는 이륜차에 적재하여 운반하지 않는다. 다만 다음 (1)부터 (3)까지에 모두 해당하는 경우에는 액화석유가스 충전용기를 이륜차(자전거는 제외한다. 이하 같다)에 적재하여 운반할 수 있다.
    (1) 차량이 통행하기 곤란한 지역의 경우 또는 시·도지사가 이륜차로 운반이 가능하다고 지정하는 경우
    (2) 이륜차가 넘어질 경우 용기에 손상이 가지 않도록 제작된 용기 운반 전용 적재함을 장착한 경우
    (3) 적재하는 충전용기의 충전량이 20 kg 이하이고, 적재하는 충전용기의 수가 2개 이하인 경우
2. 염소와 아세틸렌·암모니아 또는 수소는 한 차량에 적재하여 운반하지 않는다.
3. 가연성 가스와 산소를 동일 차량에 적재하여 운반하는 경우에는 그 충전용기의 밸브가 서로 마주보지 않도록 적재한다.
4. 충전용기와 「위험물 안전관리법」 제2조 제1항 제1호에서 정하는 위험물과는 동일 차량에 적재하여 운반하지 않을 것

• 이입작업
이입작업을 할 경우에는 차량 운전자와 안전관리자(차량에 고정된 탱크로 고압가스를 공급하는 시설에 선임된 안전관리자를 말한다)가 각각 다음 기준에 따른 조치를 한다.
(1) 차량운전자는 안전관리자의 책임하에 다음 기준에 따른 조치를 한다.

(1-1) 차를 소정의 위치에 정차하고 주차브레이크를 확실히 건 다음, 엔진을 끄고 메인스위치와 그 밖의 전기장치를 완전히 차단하여 스파크가 발생하지 않도록 하며, 커플링을 분리하지 않은 상태에서는 엔진을 사용할 수 없도록 적절한 조치를 강구한다.

(1-2) 차량 시동키를 안전관리자에게 전달하고, "충전 중" 표지판을 전달받아 운전대 또는 운전석에 게시한다.

(1-3) 차량이 앞뒤로 움직이지 않도록 차바퀴의 전후를 차바퀴 고정목 등으로 확실하게 고정한다.

(1-4) 정전기 제거용의 접지코드를 접지탭에 접속하여 차량에 고정된 탱크에서 발생하는 정전기를 제거한다.

(1-5) 이입작업 장소 및 그 부근에 화기가 없는지를 확인한다.

(1-6) "이입작업 중(충전 중) 화기 엄금"의 표지판이 눈에 잘 띄는 곳에 세워져 있는지를 확인한다.

(1-7) 만일의 화재에 대비하여 작업장소 부근에 소화기를 비치한다.

(1-8) 저온 및 초저온 가스의 경우에는 가죽장갑 등을 끼고 작업을 한다.

(1-9) 이입작업이 종료될 때까지 차량 부근에 위치하며, 가스 누출 등 긴급사태 발생 시 차량의 긴급차단장치를 작동하거나 차량 이동 등 안전관리자의 지시에 따라 신속하게 누출방지조치를 한다.

(1-10) 이입작업을 종료한 후에는 차량 및 수입시설 쪽에 있는 각 밸브의 잠금 및 캡 부착, 호스 또는 로딩암의 분리, 접지코드의 제거 등이 적절하게 되었는지 확인하고, 차량 부근에 가스가 체류되어 있는지 여부를 점검한 후 안전관리자에게 "충전 중" 표지판을 반납하고 차량 시동키를 돌려받아 안전관리자의 지시에 따라 차량을 이동한다.

(2) 안전관리자는 다음 기준에 따른 조치를 한다.

(2-1) 차량운전자로부터 전달받은 차량 시동키는 안전관리자가 관리하는 별도 보관함에 보관하고 "충전 중" 표지판을 차량운전자에게 전달하여 운전대 또는 운전석에 게시 여부를 확인한다.

(2-2) 가스 누출 등 긴급사태 발생 시, 차량 운전자에게 차량의 긴급차단장치 작동 및 차량의 이동을 지시하는 등 신속하게 누출방지조치를 한다.

(2-3) 가스를 공급한 차량에 고정된 탱크에 가스의 누출 여부 등 안전점검을 실시하고 그 결과를 기록·보존한다.

(2-4) (2-3)에 따른 점검 결과 이상이 없음을 확인한 후 차량운전자에게 차량 시동키를 전달하고 차량이동을 지시한다.

• 이송작업

이송작업을 할 경우에는 차량 운전자와 안전관리자(차량에 고정된 탱크로부터 고압가스를 공급받는 시설에 선임된 안전관리자를 말한다)가 각각 다음 기준에 따른 조치를 한다. 다만 고압가스를 공급받는 시설이 안전관리책임자의 선임 대상에 해당하지 않는 경우에는 차량 운전자가 다음 기준에 따른 모든 조치를 한다.

⑴ 차량운전자는 다음 기준에 따른 조치를 한다.

(1-1) 차량을 소정의 위치에 정차시키고 주차브레이크를 확실히 건다.

(1-2) 차량 시동키를 안전관리자에게 전달하고, "충전 중" 표지판을 전달받아 운전대 또는 운전석에 게시한다. 다만 이송작업에 엔진구동이 필요한 차량은 차량 시동키를 전달하지 않을 수 있다.

⑵ 이송작업에 필요한 설비 중 차량에 고정된 탱크 및 그 부속설비(차량에 고정 설치된 펌프·압축기 등을 포함한다)는 차량 운전자가, 고압가스를 공급받는 저장탱크 및 그 부속설비(사업소에 고정 설치된 펌프·압축기 등을 포함한다)는 안전관리자가 각각 다음 기준에 따라 안전하게 취급·조작해야 한다.

(2-1) 이송작업 전후에 밸브의 누출 유무를 점검하고 개폐는 서서히 행한다.

(2-2) 저울·액면계, 유량계 또는 압력계를 사용하여 가스를 공급받는 저장탱크의 저장능력을 초과하여 가스를 공급하지 않도록 주의한다.

(2-3) 가스 속에 수분이 혼입되지 않도록 하고 슬립튜브식 액면계의 계량 시에는 액면계의 바로 위에 얼굴이나 몸을 내밀고 조작하지 않는다.

⑶ 안전관리자는 가스를 공급받은 저장설비에 대한 가스의 누출 여부 등 안전점검을 실시하고 그 결과를 기록·보존한다.

(3-1) 이송작업 장소 및 그 부근에는 동시에 2대 이상의 차량에 고정된 탱크를 주정차하지 않도록 통제·관리한다. 다만 충전가스가 없는 차량에 고정된 탱크의 경우에는 그렇지 않다.

2019 제2회 [필답형]

01 나프타의 가스화에 따른 ① PONA의 의미를 쓰고 ② 가스화 효율을 증가시키기 위해 PONA중 어느 성분이 많아야 하며 어느 성분이 적어야 하는지 설명하시오.

정답
① P(파라핀계 탄화수소), O(올레핀계 탄화수소), N(나프텐계 탄화수소), A(방향족 탄화수소)
② 파라핀계 탄화수소가 많고 올레핀계, 나프텐계, 방향족 탄화수소가 적을수록 효율이 증가
※ 올레핀계, 나프텐계, 방향족 탄화수소가 많으면 카본 석출, 나프탈렌 생성으로 인해 효율이 낮아진다.

02 도시가스 공급시설 중 일부공정 시공감리 대상 시설물 3가지를 쓰시오.

정답
1. 가스도매사업자의 가스공급시설
2. 일반도시가스사업자, 나프타부생가스·바이오가스제조사업자, 합성천연가스제조사업자 및 도시가스사업자 외의 가스공급시설설치자의 가스공급시설 중 제1호의 시설을 제외한 가스공급시설
3. 시공감리의 대상이 되는 사용자공급관(그 부속시설을 포함한다)

보충 도시가스사업법 시행규칙
주요공정 시공감리 대상
가. 일반도시가스사업자 및 도시가스사업자 외의 가스공급시설설치자의 배관(그 부속시설을 포함한다)
나. 나프타부생가스·바이오가스제조사업자 및 합성천연가스제조사업자의 배관(그 부속시설을 포함한다)

03 용기에 충전하는 시안화수소 안정제 종류 2가지를 쓰시오.

정답
아황산가스, 황산

보충 시안화수소
(1) 용기에 충전하는 시안화수소(HCN)는 순도가 98% 이상이고, 아황산가스 또는 황산 등의 안정제를 첨가하고 시안화수소를 충전한 용기는 충전 후 24시간 정치하고, 그 후 1일 1회 이상 질산구리벤젠 등의 시험지로 가스누출검사를 실시
(2) 충전한 후 60일이 경과되기 전에 다른 용기에 옮겨 충전할 것
(3) 다만 순도가 98% 이상으로 착색되지 아니한 것은 다른 용기에 옮겨 충전하지 아니할 수 있음

04 내용적 360 m³인 저장탱크에 압축질소가 5 MPa 상태로 저장되어 있을 때 저장능력을 계산하시오.

정답
$Q = (10P+1)V$
$= (10 \times 5 + 1) \times 360 = 18360 m^3$

Q : 저장능력$[m^3]$
P : 35℃에서 최고충전압력$[MPa]$
V : 내용적$[m^3]$

05 갈바닉 절연에 대해 설명하시오.

정답

전기회로 간에 직접 전기적인 연결이 아닌, 유도·광·자기 등을 이용하여 신호를 전달하고 전류의 흐름은 차단하는 절연방식

06 전기방식법 중 "지중 또는 수중에 설치된 양극 금속과 매설배관을 전선으로 연결해 양극 금속과 매설배관 사이의 전지작용으로 부식을 방지하는 방법"의 명칭을 쓰시오.

정답

희생양극법

보충 KGS GC202 가스시설 전기방식 기준

• 용어 정의

1. "전기방식(電氣防蝕)"이란 지중 및 수중에 설치하는 강재 배관 및 저장탱크 외면에 전류를 유입하여 양극반응을 저지함으로써 배관의 전기적 부식을 방지하는 것을 말한다.
2. "희생양극법(犧牲陽極法)"이란 지중 또는 수중에 설치된 양극 금속과 매설배관을 전선으로 연결해 양극 금속과 매설배관 사이의 전지작용으로 부식을 방지하는 방법을 말한다.
3. "외부전원법(外部電源法)"이란 외부직류전원장치의 양극(+)은 매설배관이 설치되어 있는 토양이나 수중에 설치한 외부전원용 전극에 접속하고, 음극(-)은 매설배관에 접속하여 부식을 방지하는 방법을 말한다.
4. "배류법(排流法)"이란 매설배관의 전위가 주위의 타 금속 구조물의 전위보다 높은 장소에서 매설배관과 주위의 타 금속 구조물을 전기적으로 접속하여 매설배관에 유입된 누출전류를 전기회로적으로 복귀시키는 방법을 말한다.

07 가스제조설비에는 해당 설비 등에 정전기를 제거하는 조치를 한다. 이 경우 피뢰설비를 설치했을 때의 접지저항치 총합은 얼마 이하인가?

정답

10 Ω 이하

보충 KGS CODE FP333

• 저장설비 및 충전설비 정전기 제거조치

저장설비 및 충전설비[KGS Code fp333 2.6.11.2에 규정된 것 및 접지저항치의 총합이 100 Ω(피뢰설비를 설치한 것은 총합 10 Ω) 이하의 것은 제외한다] 등에서 발생하는 정전기를 제거하는 조치는 다음과 같이 한다.

1. 탑류, 저장탱크, 열교환기, 회전기계, 벤트스택 등은 단독으로 되어 있도록 한다. 다만 기계가 복잡하게 연결되어 있는 경우 및 배관 등으로 연속되어 있는 경우에는 본딩용 접속선으로 접속하여 접지한다.
2. 본딩용 접속선 및 접지접속선은 단면적 5.5 mm^2 이상의 것(단선은 제외한다)을 사용하고 경납붙임, 용접, 접속금구 등을 사용하여 확실히 접속한다.
3. 접지저항치의 총합은 100 Ω(피뢰설비를 설치한 것은 총합 10 Ω) 이하로 한다.

08 고압가스 특정제조시설의 배관기밀시험 시 산소를 사용하지 않는 이유를 쓰시오.

정답

산소는 강한 산화제이며 조연성 가스 이므로 가연성 가스와 접촉 시 폭발이 발생할 우려가 크기 때문

09 다음 방폭기기의 물음에 답하시오.

> 1. 가연성 가스의 폭발등급 및 방폭전기기기 폭발등급은 내압방폭전기기기의 경우 최대안전틈새 범위에 따라 3가지로 분류되며, 본질안전방폭구조는 (　)에 따라 3가지로 분류한다.
> 2. 본질안전방폭구조의 폭발등급 분류 시 기준이 되는 가스를 쓰시오.

정답
1. 최소점화전류비
2. 메탄

보충 KGS GC201 가스시설 전기방폭 기준

• 가연성 가스의 폭발 등급 및 이에 대응하는 내압방폭전기기기의 폭발 등급

최대안전틈새 범위(mm)	0.9 이상	0.5 초과 0.9 미만	0.5 이하
가연성 가스의 폭발 등급	A	B	C
방폭전기기기의 폭발 등급	ⅡA	ⅡB	ⅡC

[비고]
최대안전틈새는 내용적이 8리터이고 틈새 깊이가 25mm인 표준용기 안에서 가스가 폭발할 때 발생한 화염이 용기 밖으로 전파하여 가연성 가스에 점화되지 않는 최댓값

• 가연성 가스의 폭발 등급 및 이에 대응하는 본질안전방폭구조의 폭발 등급

최소점화전류비의 범위(mm)	0.8 초과	0.45 이상 0.8 이하	0.45 미만
가연성 가스의 폭발 등급	A	B	C
방폭전기기기의 폭발 등급	ⅡA	ⅡB	ⅡC

[비고]
최소점화전류비는 메탄가스의 최소점화전류를 기준으로 나타낸다.

10 "레이저메탄가스디텍터 등 가스 누출 정밀 감시장비"란 (A) 이상의 거리에서 (B) ppm·m의 메탄가스를 (C)초 이내에 검출해낼 수 있으며, 진단 기간 동안 가스 누출을 자동으로 상시 감시할 수 있는 장비를 말한다.

정답
A : 저장탱크 반지름
B : 300
C : 0.2

보충 KGS FP451 가스도매사업 제조소 및 공급소의 시설·기술·검사·정밀안전진단·안전성평가 기준

1.3.14 "정밀안전진단"이란 가스사고를 예방하기 위하여 장비와 기술을 이용하여 잠재된 위험요소와 원인을 찾아내고 적절한 조치 방안 등을 제시하는 것을 말한다.
1.3.15 "자료수집 및 분석"이란 안전관리 상태를 서류, 기록 및 자료를 통해 확인 및 분석하고, 안전관리에 위해 요소가 없는지 확인하는 것을 말한다.
1.3.16 "현장조사"란 위험 요소를 전문기술 및 직접 장비를 이용하여 찾아내고 진단하는 것을 말한다.
1.3.17 "정밀안전진단기관"이란 「고압가스 안전관리법」 제28조에 따른 한국가스안전공사를 말한다.
1.3.18 "액화천연가스의 인수기지 관리 주체 또는 액화천연가스 저장탱크 관리 주체(이하 '시설관리주체'라 한다)"란 법 제2조 제3호에 따른 가스 도매사업자와 법 제39조의2제1항에 따른 도시가스사업자 외의 가스공급시설 설치자를 말한다.
1.3.19 "레이저메탄가스디텍터 등 가스 누출 정밀 감시장비"란 저장탱크 반지름(외경의 반지름을 말한다) 이상의 거리에서 300 ppm·m의 메탄가스를 0.2초 이내에 검출해낼 수 있으며, 진단 기간 동안 가스 누출을 자동으로 상시 감시할 수 있는 장비를 말한다.
1.3.20 "상태평가"란 액화천연가스 저장탱크에 대한 외관검사 및 시험 결과를 바탕으로 저장탱크의 상태를 평가하는 것을 말한다.
1.3.21 "구조물 안전성 평가"란 액화천연가스 저장탱크 설계자료 분석과 현장조사 결과를 바탕으로 내진성능 검토와 구조 해석을 실시하여 저장탱크의 구조적, 기능적 안전성을 평가하는 것을 말한다.

1.3.22 "내진성능 검토"란 지진으로부터 가스 시설물의 안전성을 확보하고 기능을 유지하기 위하여 시설물이 지진의 영향으로부터 안전한 구조인지 검토하는 것을 말한다.

1.3.23 "부재"란 저장탱크의 상부 구조에서 지붕, 벽체 및 바닥판과 LNG 저장탱크의 하부 구조에서 페데스탈, 기초 및 저장탱크 받침을 말한다.

1.3.24 "부재별 상태평가"란 액화천연가스 저장탱크의 상부구조에서 지붕, 벽체 및 바닥판과 하부구조에서 페데스탈(Pedestal), 기초 및 받침의 열화에 대해 각각 평가하여 부재별로 등급을 산정하는 것을 말한다.

1.3.25 "종합적 상태평가"란 부재별 상태평가 결과를 바탕으로 부재별 가중치를 적용하여 액화천연가스 저장탱크의 외관 상태를 하나의 등급으로 산정하는 것을 말한다.

11
압축기의 압축비 증가시 (A)저하, (B)효율 저하, (C) 온도 상승하므로 (D)압축으로 중간단에 냉각기를 설치한다.

정답
A : 성능
B : 체적
C : 토출가스
D : 다단

12
액화석유가스 저장탱크 외벽이 화염으로 국부적으로 가열될 경우 그 저장탱크 벽면의 열을 신속히 흡수·분산시킴으로써, 탱크벽면의 국부적인 온도상승에 따른 저장탱크의 파열을 방지하기 위하여 저장탱크 내벽에 다공성 벌집형 알루미늄 합금 박판을 설치한다. 이때, 폭발방지장치의 열전달 매체인 다공성 알루미늄박판(이하 "폭발방지제"라 한다) 설치 기준을 쓰시오.

정답
알루미늄 합금 박판에 일정 간격으로 슬릿(Slit)을 내고 이것을 팽창시켜 다공성 벌집형으로 한 것으로 한다.

보충 KGS FP333 액화석유가스 자동차에 고정된 탱크 충전의 시설·기술·검사·정밀안전진단·안전성 평가 기준

2.3.3.5 저장설비폭발 방지장치 설치
주거지역 또는 상업지역에 설치하는 저장능력 10톤 이상의 저장탱크에는 저장탱크의 안전을 확보하기 위하여 다음 기준에 따라 폭발방지장치를 설치한다. 다만 안전조치를 한 저장탱크, 지하에 매몰하여 설치한 저장탱크 또는 마운드형 저장탱크의 경우에는 폭발 방지장치를 설치하지 않을 수 있다.

2.3.3.5.1 폭발 방지장치 재료
(1) 폭발방지장치의 열전달 매체인 다공성 알루미늄박판(이하 "폭발방지제"라 한다)은 알루미늄합금 박판에 일정 간격으로 슬릿(slit)을 내고 이것을 팽창시켜 다공성 벌집형으로 한 것으로 한다.
(2) 폭발방지제 지지 구조물의 후프링 재질은 기존 저장탱크의 재질과 같은 것 또는 이와 같은 수준 이상의 것으로서, 액화석유가스에 내식성을 가지며 열적 성질이 저장탱크동체의 재질과 유사한 것으로 한다.
(3) 폭발방지제 지지 구조물의 지지봉은 KS D 3507 (배관용 탄소 강관)에 적합한 것(최저 인장강도 294 N/mm^2)으로 한다.

(4) 그 밖의 폭발 방지제 지지 구조물의 부품 재질은 안전을 확보하기 위하여 충분한 기계적 강도 및 액화석유가스에 내식성을 가지는 것으로 한다.

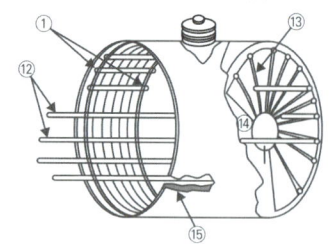

[폭발 방지장치 설치의 예시]

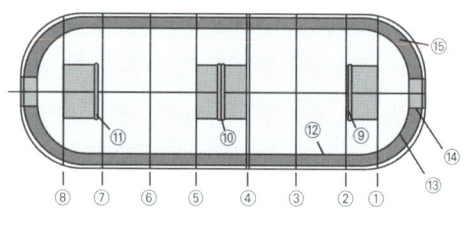

[폭발 방지장치 전체 조립도]

- ① ~ ⑧ 후프링
- ⑫ 연결봉
- ⑭ 캡 부원관
- ⑨ ~ ⑪ 방파판
- ⑬ 지지봉
- ⑮ 폭발 방지제

14 내용적 20 L의 가스배관의 공사를 끝내고 수주 880 mm압력으로 공기를 주입하여 기밀시험을 하였다. 15분 경과 후 압력이 수주 620 mm라면 누설량은 몇 %인가? (단, 온도는 동일하다)

정답

1. 처음공기량 $= \dfrac{P_1}{P_0} \times V_1$

$= \dfrac{10332 + 880}{10332} \times 20$

$= 21.70$ L

2. 15분 후 공기량 $= \dfrac{P_2}{P_0} \times V_2$

$= \dfrac{10332 + 620}{10332} \times 20$

$= 21.20$ L

$\therefore$ 누설량 $= \dfrac{21.70 - 21.20}{20} \times 100 = 2.5$ %

13 공기 중 아세틸렌의 폭발하한계는 2.5 %이다. 표준 상태에서 혼합기체 1 m³ 중 아세틸렌의 폭발하한계에 해당하는 중량을 계산하시오.

정답

혼합기체 1 m³ 중 아세틸렌의 부피는
$1 \times 0.025 = 0.025$ m³이다.
표준 상태에서의 아세틸렌 중량은
22.4 m³ : 26 kgf = 0.025 m³ : x [kgf]
$\therefore x = 0.03$ kgf

15 가스 조성이 다음과 같을 때, 부탄 제조가스의 진발열량(kcal/m³)을 계산하시오. (단, 수증기 응축잠열은 0.6 kcal/g이다)

가스	mol(%)	발열량(kcal/m³)
H_2	37	3050
N_2	35	-
C_4H_{10}	10	32000
CO_2	6	-
CH_4	6	9540
CO	5	3030
O_2	1	-

정답

총발열량 = (3050 × 0.37) + (32000 × 0.1)
　　　　　 + (9540 × 0.06) + (3030 × 0.05)
　　　　 = 5052.4 kcal/m³

이때 가연성 가스의 연소반응식은 아래와 같다.

$H_2 + \dfrac{1}{2}O_2 \rightarrow H_2O$

$CH_4 + 2O_2 \rightarrow CO_2 + 2H_2O$

$C_4H_{10} + 6.5O_2 \rightarrow 4CO_2 + 5H_2O$

(일산화탄소는 수소가 없으므로 연소 시 수분이 발생하지 않음)

따라서 수증기 응축잠열이 0.6 kcal/g = 600 cal/g 이므로

$\dfrac{600\,cal/g \times 18g/mol}{22.4L/mol} \times [(1 \times 0.37)$
$\quad + (2 \times 0.06) + (5 \times 0.1)]$

$= 477.18\,cal/L = 477.18\,kcal/m^3$

따라서 진발열량 = 총발열량 − 수증기
　　　　　　　　 = 5052.4 − 477.18
　　　　　　　　 = 4575.22 kcal/m³

∴ 정답 : 4575.22 kcal/m³ .08 kcal/m³

∴ 4575.08 kcal/m³

보충 발열량

완전연소할 때 발생하는 열량(액체, 고체 : kcal/kg, 기체 : kcal/m³)

1) 고위발열량 : 수증기의 증발잠열을 포함한 열량 (총발열량)

　　　$H_h(고) = H_\ell(저) + 600(9H + W)$
　　　※ SI단위 : $H_h = H_\ell + 2.5(9H + W)$

2) 저위발열량 : 수증기의 증발잠열을 뺀 열량(진발열량)

　　　$H_\ell(저) = H_h(고) - 600(9H + W)$
　　　※ SI단위 : $H_\ell = H_h - 2.5(9H + W)$

2019 제2회 [동영상]

01 장미를 LNG(비점 -162 ℃)에 넣었다 빼면 꽃잎이 쉽게 부스러진다. 다음 각 물음에 답하시오.

※ 출처 : 국제신문

1. LNG의 주성분 명칭을 분자식으로 쓰시오.
2. 해당 가스의 공기 중 폭발 범위를 쓰시오.
3. 기체 상태의 비중을 계산하시오.
4. 대기압 상태에서의 비점을 쓰시오.

정답

1. CH_4
2. 5 ~ 15 %
3. 비중 = $\dfrac{가스 분자량}{공기 분자량} = \dfrac{16}{29} = 0.55$
4. -162 ℃

02 LPG 자동차 충전기(Dispenser)에 대한 다음 물음에 답하시오.

※ 출처 : 가스신문

1. 충전호스 길이는 얼마인가?
2. 충전호스에 과도한 인장력이 작용하였을 때 분리되는 안전장치의 명칭은 무엇인가?

정답

1. 5 m 이내
2. 세이프티 커플링

03 방폭구조 종류 6가지를 쓰시오.

※ 출처 : 안전보건공단

정답

① 안전증방폭구조(e)
② 유입방폭구조(o)
③ 내압방폭구조(d)
④ 압력방폭구조(p)
⑤ 본질안전방폭구조(ia, ib)
⑥ 특수방폭구조(s)

04 지상에 설치된 LPG 저장탱크에 부착된 크린카식 액면계의 상·하 배관에는 어떤 형식의 밸브를 설치하는지 쓰시오.

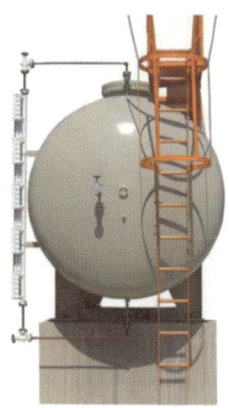

※ 출처 : (주)거봉한진

정답

자동 및 수동식 스톱밸브

05 다음 영상은 아세틸렌용기이다. 아세틸렌 용기에 각인된 각각의 의미를 쓰시오.

1. TW
2. W
3. V

정답

1. TW : 용기질량 + 다공물질 + 용제 및 밸브부속품을 포함한 질량(kg)
2. W : 밸브와 부속품을 포함하지 않은 용기질량(kg)
3. V : 용기 내용적(L)
- 단위를 쓰라고 명시하지 않았기 때문에 단위까지 안 써도 정답이긴 하지만 단위 또한 미리 알아둘 것

06 다음 동영상은 전기방식시설이다. 이 시설의 유지관리를 위해 선택배류법, 희생양극법, 외부전원법은 몇 m 이내 간격으로 전위 측정용 터미널을 설치하는가?

정답

(1) 선택배류법 : 300 m 이내
(2) 희생양극법(유전양극법) : 300 m 이내
(3) 외부전원법 : 500 m 이내

　　암기 선희 300, 그밖 500

정답

1. 충분한 속도로 연소가 진행되지 않을 때
2. 불꽃 온도가 낮아졌을 때(저온 물체에 접촉)
3. 1차 공기량이 부족하여 불완전연소 시

07 정압기용 필터의 합격표시 기준을 쓰시오.

※ 출처 : 가스신문

09 다음 동영상은 도시가스 사용시설에서 가스누출 경보장치의 3요소이다. (1)의 명칭을 쓰시오.

정답

바깥지름 7 mm의 KC 각인

08 도시가스를 사용하는 연소기에서 황염이 발생하는 이유 2가지를 쓰시오.

※ 출처 : NC 한국인뉴스

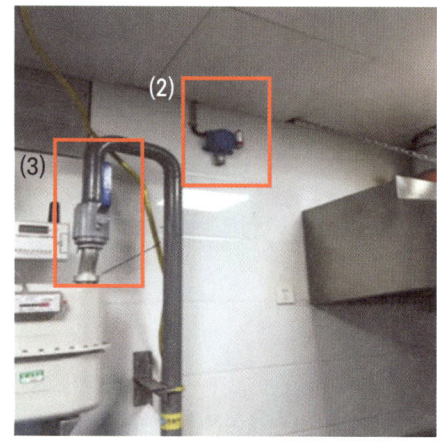

※ 출처 : ulsansafety

정답

제어부

보충　가스누출경보장치

(1) 제어부 : 차단부에 자동차단신호를 보내는 기능으로 차단부를 원격 개폐할 수 있는 기능 및 경보 기능
(2) 검지부 : 누출된 가스를 검지하여 제어부로 신호를 보내는 기능
(3) 차단부 : 제어부로부터 보내진 신호에 따라 가스의 유로를 개폐하는 기능

10 라인마크 모양 6가지를 쓰시오.

※ 출처 : 가스신문

정답

직선방향, 양방향, 삼방향, 일방향, 135°방향, 관말지점

> **보충** KGS FS551 일반도시가스사업 제조소 및 공급소 밖의 배관의 시설·기술·검사·정밀안전진단 기준

2.10.3.3.2 라인마크(Line-Mark)의 설치 기준은 다음과 같다.

(1) 「도로법」에 따른 도로 및 공동주택 등의 부지 안 도로에 도시가스배관을 매설하는 경우에는 라인마크를 설치한다. 다만 「도로법」에 따른 도로 중 비포장도로, 포장도로의 법면 및 측구는 표지판을 설치하되, 비포장 도로가 포장될 때에는 라인마크로 교체 설치한다.

(2) 라인마크의 종류는 금속재 라인마크, 스티커형 라인마크 및 네일형(nail) 라인마크로 한다. 다만 「도로교통법」에 따른 보도와 차도가 명확히 구분된 도로의 차도에는 네일형 라인마크를 설치하지 않는다.

(3) 라인마크는 배관길이 50 m마다 1개 이상 설치하되, 주요분기점·굴곡지점·관말지점 및 그 주위 50 m 안에 설치한다. 다만 단독주택 분기점은 제외하며, 밸브박스 또는 배관 직상부에 전위측정용 터미널(T/B)·검지공·로케이팅와이어 측정함(L/B) 등이 라인마크 기능을 갖도록 적합하게 설치된 경우에는 라인마크로 볼 수 있다.

2019 제3회 [필답형]

01 아크 용접부에 발생하는 결함의 종류 4가지를 쓰시오.

정답
1. 기공
2. 언더컷
3. 오버랩
4. 용입불량
5. 피트
6. 스패터
7. 슬래그 섞임

02 Water Hammering 방지책 4가지를 쓰시오.

정답
1. 관 내 유속을 낮춘다.
2. 서지탱크를 설치한다.
3. 펌프에 Fly Wheel을 설치한다.
4. 밸브의 개폐를 서서히 조작한다.
5. 밸브를 토출구 가까이 설치한다.

보충 수격현상(Water Hammering)
(1) 개념
  ① 펌프 토출 측에서 속도 변화로 충격파가 전달되는 현상
  ② 유수의 속도차로 압력차와 힘의 차가 발생하는 현상($\Delta V \Rightarrow \Delta P \Rightarrow \Delta F$)
(2) 발생원인
  ① 펌프의 순간 기동이나 급정지
  ② 터빈의 출력 변화
  ③ 배관의 급격한 굴곡
  ④ 밸브의 급개폐 조작
  ⑤ 속도 변화가 있는 곳은 모두 수격 발생

03 정특성과 동특성에 대해 설명하시오.

정답
(1) 정특성 : 정상 상태에서 유량과 2차 압력과의 관계
(2) 동특성 : 부하변동에 대한 응답의 신속성과 안정성

보충 정압기 특성
- 정특성 : 정상 상태에서 유량과 2차 압력과의 관계
- 동특성 : 부하변동에 대한 응답의 신속성과 안정성
- 유량특성 : 메인밸브의 열림과 유량과의 관계
- 사용 최대 차압 : 메인밸브에 1차와 2차 압력이 작용하여 최대로 되었을 때 차압
- 작동 최소 차압 : 정압기가 작동할 수 있는 최소 차압

04 가스용 PE배관(폴리에틸렌관)은 온도 40℃ 이상이 되는 장소에 설치하지 않지만 어떤 조치를 한 경우 설치가 가능한지 쓰시오.

정답
파이프 슬리브 등을 이용하여 단열조치

보충 KGS FS331 액화석유가스 일반집단공급의 시설·기술·검사 기준
- PE배관 설치장소 제한
  PE배관은 온도가 40℃ 이상이 되는 장소에 설치하지 않는다. 다만 파이프슬리브 등을 이용하여 단열조치를 한 경우에는 온도가 40℃ 이상이 되는 장소에 설치할 수 있다

• 배관지지

배관은 그 배관을 움직이지 않도록 그 호칭지름이 13 mm 미만의 것은 1 m마다, 13 mm 이상 33 mm 미만인 것은 2 m마다, 33 mm 이상의 것은 3 m마다 고정한다. 다만 호칭지름 100 mm 이상의 것에는 다음의 방법에 따라 3 m를 초과하여 설치할 수 있다.

(1) 배관은 온도 변화에 의한 열응력과 수직 및 수평 하중을 동시에 고려하여 설계·설치한다.
(2) 배관의 재료는 강재를 사용하고 접합은 용접으로 하도록 한다.
(3) 배관 지지대는 배관 하중 및 축 방향의 하중에 충분히 견디는 강도를 갖는 구조로 설치하고, 지지대의 부식 등을 감안하여 가능한 한 여유 있게 설치한다.
(4) 지지대, U볼트 등의 고정장치와 배관 사이에는 고무판, 플라스틱 등 절연물질을 삽입한다.
(5) 배관의 고정 및 지지를 위한 지지대의 최대 지지 간격은 표를 기준으로 하되, 호칭지름 600 A를 초과하는 배관은 배관 처짐량의 500배 미만이 되는 지점마다 지지한다.

호칭지름	지지간격
100 A	8 m
150 A	10 m
200 A	12 m
300 A	16 m
400 A	19 m
500 A	22 m
600 A	25 m

05 다음 금속재료의 열처리 목적을 쓰시오.

| 1. 담금질 | 2. 불림 |
| 3. 풀림 | 4. 뜨임 |

정답

1. 담금질 : 경도와 강도를 증가하며 내마모성 향상을 위해
2. 불림 : 결정조직을 균일화하고 기계적인 성질을 향상하기 위해
3. 풀림 : 내부응력을 제거하고 상온가공을 용이하게 하기 위해
4. 뜨임 : 내부응력을 제거하고 인성과 인장강도를 높이기 위해

보충 열처리

(1) 담금질 : 강의 경도 및 강도를 증가시키기 위해 A_3 변태점보다 30 ~ 50 ℃ 높게 가열하여 급속히 냉각시키는 방법
(2) 뜨임 : 담금질한 강을 변태점 이하의 적당한 온도로 가열하여 재료에 알맞은 속도로 냉각시켜 인성을 증가시키기 위한 열처리방법
(3) 불림 : 단조, 압연 등의 소성가공이나 주조로 거칠어진 조각을 미세화하고, 편석이나 잔류응력을 제거하기 위해 A_3 또는 A_1 변태점보다 약 30 ~ 60 ℃ 높게 가열하여 공기 중에서 냉각시키는 열처리
(4) 풀림 : 상온가공을 용이하게 할 목적으로 뜨임온도보다 약간 높은 온도로 가열하여 가열로 속에서 천천히 냉각시켜 가공 경화나 내부응력을 제거

06 충전밸브가 1 atm 25 ℃에서 27.92 g이며 건조공기 유입 시 28.05 g, 메탄과 에탄으로 이루어진 LP가스를 충전밸브에 넣었을 때 28.14 g이 된다면 LP가스 성분에 해당하는 메탄과 에탄의 몰분율(%)을 각각 계산하시오.

> 정답

유입된 공기량 : 28.05 - 27.92 = 0.13 g
주입된 LP가스량 : 28.14 - 27.92 = 0.22 g
이때 각 가스의 몰수를 계산하면
공기 : 0.13/29
메탄 : 0.22/16
에탄 : 0.22/30

$$\therefore \text{메탄의 몰분율} = \frac{\frac{0.22}{16}}{\frac{0.13}{29}+\frac{0.22}{16}+\frac{0.22}{30}} = 0.54\%$$

$$\therefore \text{에탄의 몰분율} = \frac{\frac{0.22}{30}}{\frac{0.13}{29}+\frac{0.22}{16}+\frac{0.22}{30}} = 0.29\%$$

07 비파괴시험 중 초음파탐상시험의 장점과 단점을 2가지씩 쓰시오.

> 정답

- 초음파검사법 장점
  (1) 두꺼운 용접물에 적당
  (2) 장치가 비교적 가볍고 편리
  (3) 균열 검출이 용이
- 초음파검사법 단점
  (1) 개인차가 생김
  (2) 시험결과의 기록 보존 불가
  (3) 결함 판별에 숙련이 필요

08 세이프티 커플링은 안전성을 확보하기 위해 암커플링은 호스가 분리된 경우 (a)에, 숫커플링은 (b)에 설치할 수 있다.

> 정답

(a) 자동차 충전구
(b) 충전기

09 안전성평가기법 4가지를 쓰시오.

> 정답

(1) 체크리스트기법
(2) 상대위험순위결정기법
(3) 작업자실수분석기법
(4) 사고예상질문분석기법
(5) 위험과 운전분석기법
(6) 이상위험도분석기법
(7) 결함수분석기법
(8) 사건수분석기법
(9) 원인결과분석기법
(10) (1)부터 (9)까지와 같은 수준 이상의 기술적 평가기법

보충 KGS FP334 액화석유가스 소형용기충전의 기준
- 안전성 평가 기준
1. 충전시설 변경 전후의 안전도에 관한 안전성 평가는 「고압가스 안전관리법」 제28조에 따른 한국가스안전공사(이하 "한국가스안전공사"라 한다)에서 실시한다.
2. 안전성 평가는 다음 안전성 평가기법 중 안전성 평가 대상 시설에 적합한 기법에 따라서 실시한다.
   (1) 체크리스트기법
   (2) 상대위험순위결정기법
   (3) 작업자실수분석기법
   (4) 사고예상질문분석기법
   (5) 위험과 운전분석기법
   (6) 이상위험도분석기법
   (7) 결함수분석기법
   (8) 사건수분석기법
   (9) 원인결과분석기법
   (10) (1)부터 (9)까지와 같은 수준 이상의 기술적 평가기법

3. 안전성 평가는 사고의 발생 빈도, 사고 발생 시 피해 영향 등 안전도를 정량적으로 평가하는 방법에 따라서 실시한다. 다만 안전도를 정량적으로 평가하지 않아도 4에 따른 안전도 향상을 판단할 수 있는 경우에는 안전성을 정량적으로 평가하는 방법으로 하지 않을 수 있다.
4. 안전성평가 결과 저장설비 또는 가스설비의 위치변경·용량증가 또는 수량증가로 인하여 사업소의 안전도가 향상되도록 한다.

10
염소용기는 수분이 접촉하면 안 되는데 그 이유를 반응식과 함께 설명하시오.

정답

염소와 물의 반응 시 염산(HCl)과 차아염소산(HClO)이 발생하여 용기 내부를 부식시키며, 철제 용기의 경우 염화제2철($FeCl_3$)이 발생하고 급격한 부식이 진행되기 때문

$Cl_2 + H_2O \rightarrow HCl + HClO$
$Fe + 2HCl \rightarrow FeCl_2 + H_2$
$2FeCl_2 + Cl_2 \rightarrow 2FeCl_3$

11
액화산소용기에 액화산소가 50 kg이 충전되어 있다. 이때 외부에서 용기로 5 kcal/h의 열량이 주어져 최종적으로 액화산소량이 1/2까지 감소되는 데 걸리는 시간을 계산하시오. (단, 산소의 증발잠열은 1600 cal/mol이다)

정답

액화산소량이 반으로 감소되는 데 걸리는 시간

$= \dfrac{열량}{시간당\ 공급열량}$

$= \dfrac{\left(50 \times \dfrac{1}{2}\right) \times 50}{5 kcal/h} = 250$시간

∴ 250시간

※ 이때 산소의 증발잠열 $= \dfrac{1600}{32}$
$= 50$ cal/g $= 50$ kcal/kg

열량 $= 50$ kg $\times (1/2) \times 50$ kcal/kg

12
다음 도시가스시설의 전기방식에 관한 내용 중 괄호 안에 들어갈 알맞은 말을 쓰시오.

1. 전기방식시설의 관대지전위(管對地電位, Pipe-to-soil Potential) 등을 1년에 1회 이상 점검한다. 다만 전위측정용 터미널(T/B)에 원격으로 감시·기록하는 장치 등을 설치하고 모니터링이 가능한 경우에는 (   ) 등의 점검을 한 것으로 볼 수 있다.
2. 외부 전원법에 따른 전기방식시설은 (   ), 정류기의 출력, 전압, 전류, 배선의 접속 상태 및 계기류 확인 등을 (   )개월에 1회 이상 점검한다. 다만 다음의 경우에는 각 호의 구분에 따라 점검할 수 있다.
   (1) 기준전극을 매설하고 데이터로거 등을 이용하여 전위를 측정하고 이상이 없는 경우 : 6개월에 1회 이상
   (2) 원격으로 감시·기록하는 장치 등을 설치하여 외부전원점 관대지전위, 정류기의 출력, 전압, 전류, 배선의 접속 상태 및 계기류 확인 등의 상시 모니터링이 가능한 경우 : 1년에 1회 이상
3. (   )에 따른 전기방식시설은 배류점 관대지전위(管對地電位), 배류기의 출력, 전압, 전류, 배선의 접속 상태 및 계기류 확인 등을 (   )개월에 1회 이상 점검한다. 다만 기준전극을 매설하고 데이터로거 등을 이용하여 전위를 측정하고 이상이 없는 경우에는 (   )개월에 1회 이상 점검할 수 있다.

> 4. 절연 부속품, 역전류방지장치, 결선(Bond) 및 보호절연체의 성능은 ( )개월에 1회 이상 점검한다.

정답

1. 관대지전위
2. 외부전원점 관대지전위, 3
3. 배류법, 3, 6
4. 6

보충 [KGS GC202 가스시설 전기방식 기준]

• 고압가스시설
1. 전기방식시설의 관대지전위(管對地電位) 등을 1년에 1회 이상 점검한다.
2. 외부 전원법에 따른 전기방식시설은 외부 전원점 관대지전위, 정류기의 출력, 전압, 전류, 배선의 접속 상태 및 계기류 확인 등을 3개월에 1회 이상 점검한다.
3. 배류법에 따른 전기방식시설은 배류점 관대지전위, 배류기의 출력, 전압, 전류, 배선의 접속 상태 및 계기류 확인 등을 3개월에 1회 이상 점검한다.
4. 절연 부속품, 역전류방지장치, 결선(Bond) 및 보호절연체의 성능은 6개월에 1회 이상 점검한다.

• 액화석유가스시설
1. 전기방식시설의 관대지전위(管對地電位) 등은 1년에 1회 이상 점검한다.
2. 외부 전원법에 따른 전기방식시설은 외부 전원점 관대지전위(管對地電位), 정류기의 출력, 전압, 전류, 배선의 접속 상태 및 계기류 확인 등을 3개월에 1회 이상 점검한다.
3. 배류법에 따른 전기방식시설은 배류점 관대지전위(管對地電位), 배류기의 출력, 전압, 전류, 배선의 접속 상태 및 계기류 확인 등을 3개월에 1회 이상 점검한다.
4. 절연 부속품, 역전류방지장치, 결선(Bond) 및 보호절연체의 성능은 6개월에 1회 이상 점검한다.

• 도시가스시설
1. 전기방식시설의 관대지전위(Pipe-to-soil Potential) 등을 1년에 1회 이상 점검한다. 다만 전위측정용 터미널(T/B)에 원격으로 감시·기록하는 장치 등을 설치하고 모니터링이 가능한 경우에는 관대지전위 등의 점검을 한 것으로 볼 수 있다.
2. 외부 전원법에 따른 전기방식시설은 외부전원점 관대지전위, 정류기의 출력, 전압, 전류, 배선의 접속 상태 및 계기류 확인 등을 3개월에 1회 이상 점검한다. 다만 다음의 경우에는 각 호의 구분에 따라 점검할 수 있다.
   (1) 기준전극을 매설하고 데이터로거 등을 이용하여 전위를 측정하고 이상이 없는 경우 : 6개월에 1회 이상
   (2) 원격으로 감시·기록하는 장치 등을 설치하여 외부전원점 관대지전위, 정류기의 출력, 전압, 전류, 배선의 접속 상태 및 계기류 확인 등의 상시 모니터링이 가능한 경우 : 1년에 1회 이상
3. 배류법에 따른 전기방식시설은 배류점 관대지전위(管對地電位), 배류기의 출력, 전압, 전류, 배선의 접속 상태 및 계기류 확인 등을 3개월에 1회 이상 점검한다. 다만 기준전극을 매설하고 데이터로거 등을 이용하여 전위를 측정하고 이상이 없는 경우에는 6개월에 1회 이상 점검할 수 있다.
4. 절연 부속품, 역전류방지장치, 결선(Bond) 및 보호절연체의 성능은 6개월에 1회 이상 점검한다.
5. 고체 기준전극을 이용한 원격전위 측정 또는 모니터링시스템은 전위측정용 터미널(T/B)의 데이터로거 등으로부터 수신된 전위값이 방식전위 기준에 적합하지 않은 경우에는 3에 따라 가능한 가스시설 가까운 위치에서 기준전극으로 관대지전위를 측정하여 적합 여부를 판단한다.
6. 가스가 누출되어 체류할 우려가 있는 밸브박스 등의 장소에서는 가스 누출 여부를 확인한 후 전위 측정을 한다.
7. 사용시설의 경우에는 1부터 4까지를 제외할 수 있다.

• 수소시설
1. 전기방식시설의 관대지전위(管對地電位) 등을 1년에 1회 이상 점검한다.
2. 외부 전원법에 따른 전기방식시설은 외부 전원점 관대지전위, 정류기의 출력, 전압, 전류, 배선의 접속 상태 및 계기류 확인 등을 3개월에 1회 이상 점검한다.
3. 배류법에 따른 전기방식시설은 배류점 관대지전위, 배류기의 출력, 전압, 전류, 배선의 접속 상태 및 계기류 확인 등을 3개월에 1회 이상 점검한다.
4. 절연 부속품, 역전류방지장치, 결선(Bond) 및 보호절연체의 성능은 6개월에 1회 이상 점검한다.

13
도시가스 제조·공급시설의 가스홀더 기능 4가지를 쓰시오.

정답
- 공급설비의 일시적 중단에 대하여 어느 정도 공급량 확보
- 공급가스의 성분, 열량, 연소성 등의 성질을 균일화함
- 소비지역 근처에 설치하여 피크 시 공급, 수송효과를 얻음
- 가스수요의 시간적 변동에 대하여 공급가스량 확보

보충 가스홀더
가스홀더의 종류
제조 공장에서 제정된 가스를 저장하여 균일하게 질을 유지하며 제조량과 수요량을 조절하는 저장탱크
1) 유수식 가스홀더
   (1) 저압 제조설비에 많이 사용
   (2) 구형에 비해 유효가동량이 많음
   (3) 물이 많이 필요하기 때문에 비용이 많이 듦
   (4) 가스가 건조해지면 수조의 수분을 흡수
2) 무수식 가스홀더
   탱크 내부 가스는 피스톤이나 다이어프램 밑에 저장되고 가스량의 증감에 따라 피스톤이 상하 왕복 운동하며 가스압력을 유지
   (1) 수조가 없으므로 기초가 간단하며 설비 절감
   (2) 건조한 상태에서 가스 저장 가능
   (3) 대용량에 적합
   (4) 유수식에 비해 작동 중 가스압 일정
3) 고압식 홀더(서지탱크)
   가스를 압축하여 저장하는 탱크이며 고압홀더로부터 가스 압송을 할 때는 고압 정압기를 사용하여 압력을 낮추어 공급

14
절대압력 2 kg_f/cm^2, 온도 25 ℃의 산소 비중량(N/m^3)을 계산하시오.

정답
$PV = GRT$에서

밀도 $\dfrac{G}{V} = \dfrac{P}{RT}$

$= \dfrac{\dfrac{2}{1.0332} \times 101.325}{\dfrac{8.314}{32} \times (273+25)}$

$= 2.53 \text{ kg/m}^3$

따라서 비중량 $\gamma = \rho(밀도) \times g$
$= 2.53 \times 9.8 = 24.79 \text{ N/m}^3$

15
다음 보기에서 설명하는 엔진을 쓰시오.

- 외부에서 열을 공급받아 실린더 내부의 작동기체(보통 공기, 헬륨, 수소 등)를 가열·냉각하며, 기체의 팽창과 수축을 이용해 피스톤을 왕복시켜 동력을 발생시키는 기관
- 가솔린 엔진보다 열효율이 높고 소음과 진동이 적은 엔진
- 화석연료뿐만 아니라 석유와 천연가스를 비롯하여 공장 폐열, 태양열 등 모든 열원을 이용할 수 있음

정답
스털링 엔진

2019 제3회 [동영상]

01 용기보관실의 유지관리책 2가지를 쓰시오.

※ 출처 : 가스신문

정답

(1) 충전용기와 잔가스용기는 각각 구분하여 용기보관실에 놓는다.
(2) 가연성 가스·독성 가스 및 산소의 용기는 각각 구분하여 용기보관실에 놓는다.
(3) 용기보관실에는 계량기등 작업에 필요한 물건 외에는 이를 두지 않는다.
(4) 용기보관실의 주위 2m 이내에는 화기 또는 인화성 물질이나 발화성 물질을 두지 않는다.
(5) 가연성 가스 용기보관실에는 방폭형 휴대용손전등 외의 등화를 휴대하고 들어가지 않는다.

보충 KGS FS111

1. 용기보관실의 유지관리
   용기보관실에 고압가스 용기를 보관하는 때에는 위해요소가 발생하지 않도록 다음 기준에 따라 관리한다.
   (1) 충전용기와 잔가스용기는 각각 구분하여 용기보관실에 놓는다.
   (2) 가연성 가스·독성 가스 및 산소의 용기는 각각 구분하여 용기보관실에 놓는다.
   (3) 용기보관실에는 계량기등 작업에 필요한 물건 외에는 이를 두지 않는다.
   (4) 용기보관실의 주위 2m 이내에는 화기 또는 인화성 물질이나 발화성 물질을 두지 않는다.
   (5) 가연성 가스 용기보관실에는 방폭형 휴대용손전등 외의 등화를 휴대하고 들어가지 않는다.

2. 용기 유지관리
   고압가스 용기를 취급할 때에는 위해요소가 발생하지 않도록 다음 기준에 따라 유지 관리한다.
   (1) 판매하는 가스의 충전용기는 외면에 그 강도를 약하게 하는 균열 또는 주름등이 없고 고압가스가 누출되지 않는 것으로 한다.
   (2) 판매하는 가스의 충전용기가 검사유효기간이 경과되었거나, 도색이 불량한 경우에는 그 용기충전자에게 반송한다.
   (3) 가연성 가스 또는 독성 가스의 충전용기를 인도할 때에는 가스의 누출여부를 인수자의 입회하에 확인한다.
   (4) 용기는 항상 40℃ 이하의 온도를 유지하고, 직사광선을 받지 아니하도록 조치한다.
   (5) 밸브가 돌출된 용기(내용적이 5L 미만인 용기는 제외한다)에는 고압가스를 충전한 후 용기의 넘어짐 및 밸브의 손상을 방지하기 위하여 다음 기준에 적합한 조치를 강구하고, 조심스럽게 다룬다.
   ① 충전용기는 바닥이 평탄한 장소에 보관한다.
   ② 충전용기는 물건의 낙하우려가 없는 장소에 저장한다.
   ③ 고정된 프로텍터가 없는 용기에는 캡을 씌워 보관한다.
   ④ 충전용기를 이동하면서 사용할 때에는 손수레에 단단하게 묶어 사용한다.

02
도시가스 사용시설에 설치되는 가스계량기에 대해 다음 각 물음에 답하시오.

※ 출처 : 가스신문

1. 가스계량기와 화기사이에 유지하여야 하는 우회거리 기준을 쓰시오.
2. 가스계량기를 바닥으로부터 2 m 이내에 설치할 수 있는 조건 2가지를 쓰시오.
3. 가스계량기와 전기접속기와의 유지거리 기준을 쓰시오.

정답

1. 2 m 이상
2. 보호상자 내에 설치, 기계실에 설치, 보일러실(가정에 설치된 보일러 실은 제외한다)에 설치 또는 문이 달린 파이프 덕트(Pipe Shaft, Pipe Duct) 내에 설치하는 경우
3. 30 cm 이상

보충 KGS CODE

가스계량기(30 m³/h 미만에 한정한다)의 설치높이는 바닥으로부터 1.6 m 이상 2.0 m 이내에 수직·수평으로 설치하고 밴드·보호가대 등 고정장치로 고정한다. 다만 보호상자 내에 설치, 기계실에 설치, 보일러실(가정에 설치된 보일러 실은 제외한다)에 설치 또는 문이 달린 파이프 덕트(Pipe Shaft, Pipe Duct) 내에 설치하는 경우 바닥으로부터 2.0 m 이내 설치한다.

보충 이격거리

(1) 가스계량기와의 거리

전기계량기 및 전기개폐기	60 cm 이상
굴뚝·전기점멸기 및 전기 접속기	30 cm 이상
절연조치를 하지 않은 전선	15 cm 이상

(2) 배관이음매와의 거리

배관의 이음매	60 cm	전기계량기 및 전기개폐기
	30 cm	전기점멸기 및 전기접속기(사용시설은 15 cm 이상)
	10 cm	절연전선
	15 cm	절연조치를 하지 않은 전선 및 단열조치를 하지 않은 굴뚝

03
LPG자동차용 고정충전설비의 충전호스 설치 기준 3가지를 쓰시오.

※ 출처 : 가스신문

정답

1. 충전기의 충전호스의 길이는 5 m 이내(자동차 제조공정 중에 설치된 것은 제외한다)로 하고, 그 끝에 축적되는 정전기를 유효하게 제거할 수 있는 정전기제거장치를 설치한다.
2. 충전호스에 과도한 인장력이 가해졌을 때 충전기와 가스주입기가 분리될 수 있는 안전장치를 설치한다.
3. 충전호스에 부착하는 가스주입기는 원터치형으로 한다.

보충 KGS FP332 액화석유가스 자동차에 고정된 용기 충전의 기준

• 충전호스 설치

1. 충전기의 충전호스의 길이는 5 m 이내(자동차 제조공정 중에 설치된 것은 제외한다)로 하고, 그 끝에 축적되는 정전기를 유효하게 제거할 수 있는 정전기제거장치를 설치한다.

2. 충전호스에 과도한 인장력이 가해졌을 때 충전기와 가스주입기가 분리될 수 있는 안전장치를 설치한다.
3. 충전호스에 부착하는 가스주입기는 원터치형으로 한다.

• 가스설비 성능

가스설비는 액화석유가스를 안전하게 취급할 수 있도록 하기 위하여 다음 기준에 따라 내압 성능 및 기밀 성능을 가지도록 한다.

• 가스설비 기밀 성능

상용압력 이상의 기체의 압력으로 기밀시험(공기·질소 등의 기체로 내압시험을 실시하는 경우는 제외하고 기밀시험을 실시하기 곤란한 경우에는 누출검사)을 실시하여 이상이 없도록 한다.

• 가스설비 내압 성능

상용압력의 1.5배(그 구조상 물로 내압시험이 곤란하여 공기·질소 등의 기체로 내압시험을 실시하는 경우에는 1.25배) 이상의 압력(이하 "내압시험압력"이라 한다)으로 내압시험을 실시하여 이상이 없도록 한다.

04 방폭전기기기에 표시된 각 내용에 대해 설명하고, 최대안전틈새가 무엇인지 쓰시오.

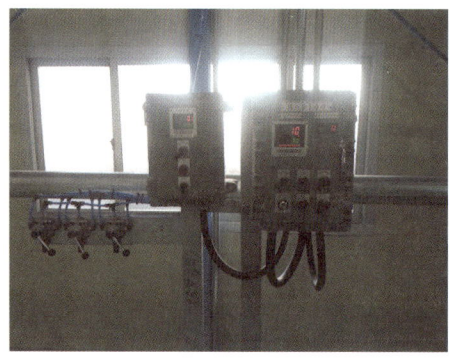

※ 출처 : 아성테크

| 1. Ex | 2. d |
| 3. ⅡB | 4. T4 |

정답

1. 방폭구조
2. 내압방폭구조
3. 내압 방폭전기기기의 폭발등급(최대안전틈새 범위 0.5 mm 초과 0.9 mm 미만)
4. 방폭전기기기의 온도등급(가연성 가스의 발화도 ℃ 범위 135 ℃ 초과 200 ℃ 이하)

※ 최대안전틈새 : 내용적이 8리터이고 틈새 깊이가 25 mm인 표준용기 안에서 가스가 폭발할 때 발생한 화염이 용기 밖으로 전파하여 가연성 가스에 점화되지 않는 최댓값

보충 방폭구조의 종류
① 안전증방폭구조(e)
② 유입방폭구조(o)
③ 내압방폭구조(d)
④ 압력방폭구조(p)
⑤ 본질안전방폭구조(ia, ib)
⑥ 특수방폭구조(s)

보충 방폭전기기기 온도 등급에 따른 발화도 범위
T1 : 450 ℃ 초과
T2 : 300 ℃ 초과 450 ℃ 이하
T3 : 200 ℃ 초과 300 ℃ 이하
T4 : 135 ℃ 초과 200 ℃ 이하
T5 : 100 ℃ 초과 135 ℃ 이하
T6 : 85 ℃ 초과 100 ℃ 이하

보충 폭발등급
① ⅡA : 최대안전틈새 범위 0.9 mm 이상
② ⅡB : 최대안전틈새 범위 0.5 mm 초과 0.9 mm 미만
③ ⅡC : 최대안전틈새 범위 0.5 mm 이하

보충 **KGS GC201 가스시설 전기방폭 기준**
• 가연성 가스의 폭발 등급 및 이에 대응하는 내압방폭전기기기의 폭발 등급

최대안전틈새 범위 (mm)	0.9 이상	0.5 초과 0.9 미만	0.5 이하
가연성 가스의 폭발 등급	A	B	C
방폭전기기기의 폭발 등급	IIA	IIB	IIC

[비고]
최대안전틈새는 내용적이 8리터이고 틈새 깊이가 25mm인 표준용기 안에서 가스가 폭발할 때 발생한 화염이 용기 밖으로 전파하여 가연성 가스에 점화되지 않는 최댓값

• 가연성 가스의 폭발 등급 및 이에 대응하는 본질안전방폭구조의 폭발 등급

최소점화전류비의 범위(mm)	0.8 초과	0.45 이상 0.8 이하	0.45 미만
가연성 가스의 폭발 등급	A	B	C
방폭전기기기의 폭발 등급	IIA	IIB	IIC

[비고]
최소점화전류비는 메탄가스의 최소점화전류를 기준으로 나타낸다.

05 다음 도시가스 매설배관을 보고 각 물음에 답하시오.

※ 출처 : 가스신문

1. 도로 밑에 최고사용압력이 중압 이상인 배관을 매설할 때 보호조치 기준을 쓰시오.
2. 도로가 평탄한 경우 배관공사 시 배관의 기울기 기준을 쓰시오.

정답

1. 보호판을 배관의 정상부로부터 30 cm 이상 떨어진 그 배관의 직상부에 설치한다.
2. 1/500 ~ 1/1000 정도의 기울기

보충 **KGS FP451 가스도매사업 제조소 및 공급소 밖의 배관의 기준**

(7) 연약지반 기초 보강
  연약지반에 설치하는 배관은 모래기초 또는 그 밖에 단단한 기초공사 등으로 지반침하를 방지하는 조치를 한다.
(8) 배관의 기울기
  배관의 기울기는 도로의 기울기를 따르되, 도로가 평탄한 경우에는 1/500 ~ 1/1000 정도의 기울기로 설치한다.
(9) 수취기 박스 침수방지조치
  수취기를 설치하는 콘크리트 등의 박스는 침수방지조치를 한다.
(10) PE배관 매설 설치
  PE배관은 그 배관에 대한 위해의 우려가 없도록 다음 기준에 따라 설치한다.
(10-1) PE배관의 굴곡 허용 반경은 외경의 20배 이상으로 한다. 다만 굴곡 반경이 외경의 20배 미만일 경우에는 엘보를 사용한다.
(10-2) PE배관의 매설 위치를 지상에서 탐지할 수 있는 탐지형 보호포·로케팅와이어[전선(나전선은 제외한다)의 굵기는 6 mm² 이상] 등을 설치한다.

06 다음 정압기용 필터에 대해 각 물음에 답하시오.

※ 출처 : 가스신문

1. 입출구 연결부의 형식이 무엇인가?
2. 필터 엘리먼트는 (   ) kPa 미만의 차압에서 찌그러들지 아니하는 것으로 한다.
3. 필터는 분해 청소 및 (   )의 교체가 용이한 구조로 한다.
4. 필터는 이물질을 제거할 수 있도록 (   )를 설치한다.

보충 KGS CODE AA433
3.4 구조 및 치수
필터는 그 필터의 안전성·편리성 및 호환성을 확보하기 위하여 다음 기준에 따른 구조 및 치수를 가지는 것으로 한다.
3.4.1 차압계는 필터의 허용차압 초과 여부를 알 수 있는 것을 사용한다. 3.4.2 입·출구 연결부는 플랜지식으로 한다.
3.4.3 필터 엘리먼트는 50 kPa 미만의 차압에서 찌그러들지 않는 것으로 한다.
3.4.4 필터는 분해 청소 및 엘리먼트의 교체가 용이한 구조로 한다.
3.4.5 필터는 이물질을 제거할 수 있도록 드레인밸브를 설치한다.
3.4.6 필터 용기의 표면은 매끈하고 사용에 지장 있는 부식·균열·주름 등이 없는 것으로 한다.

07 다음 동영상을 보고 입상관에 설치하는 루프형 이음(신축곡관)에 대한 각 물음에 답하시오.

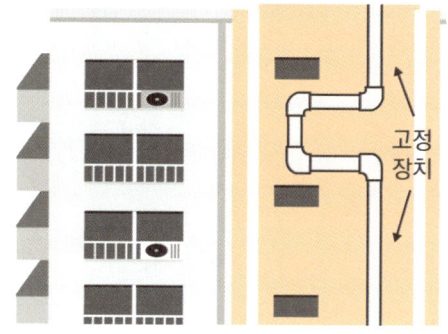

1. 신축흡수용 곡관의 수평방향 길이(L)는 배관 호칭지름의 몇 배 이상으로 하는가?
2. 수직방향 길이(L')는 수평방향 길이의 몇 배 이상으로 하는가?

> **정답**
> 1. 플랜지
> 2. 50
> 3. 엘리먼트
> 4. 드레인밸브

> **정답**

1. 6
2. 1/2

> **보충** KGS FS551 일반도시가스사업 제조소 및 공급소 밖의 배관의 기준

• 곡관의 규격
1. 입상관에 설치하는 곡관은 그림과 같으며, 신축흡수용 곡관의 수평방향 길이(L)는 배관 호칭지름의 6배 이상으로 하고, 수직방향 길이(L')는 수평방향 길이의 1/2 이상으로 한다. 이때 엘보의 길이는 포함하지 않는다.

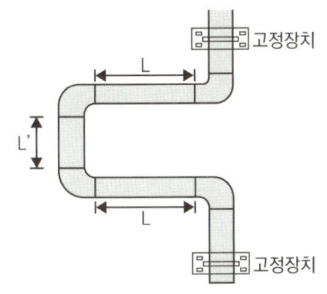

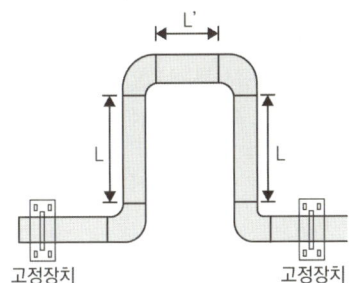

2. 횡지관에 설치하는 곡관의 규격은 1.과 동일하게 적용한다.

• 지지설계의 일반사항
지지간격, 지지형태(구조) 및 지지재 등은 배관의 각 하중에 대해 충분히 견딜 수 있도록 다음과 같이 설계·시공한다.
1. 지지간격은 규칙 별표 6 제3호 가목 2) 바)의 규정을 따르되, Guide Type의 고정장치(U볼트 등을 사용하여 관 축방향(軸方向)으로 신축이 가능하도록 지지하는 형태를 말한다. 이하 같다)로 설치한다.
2. 지지재 등의 강도(지지부재, 앵커볼트, U볼트, 볼트 등)를 검토하여 하중에 적절한 것을 선정한다. 이때 브라켓 등을 벽에 부착시는 금속확장 앵커볼트 또는 인서트 금속 지지구를 사용한다.

08 다음 동영상의 CNG를 보고 각 물음에 답하시오.

※ 출처 : 뉴스인

1. CNG용어의 뜻을 쓰시오.
2. LNG의 주성분 명칭을 분자식으로 쓰시오.
3. 해당 가스의 공기 중 폭발 범위를 쓰시오.
4. 기체 상태의 비중을 계산하시오.
5. 대기압 상태에서의 비점을 쓰시오.

> **정답**

1. 압축천연가스
2. CH_4
3. 5 ~ 15 %
4. 비중 $= \dfrac{\text{가스 분자량}}{\text{공기 분자량}} = \dfrac{16}{29} = 0.55$
5. -162 ℃

09 다음 동영상을 보고 이음매 없는 용기 재검사 불합격 시 파기 기준을 4가지 쓰시오.

※ 출처 : 가스신문

> **정답**
>
> 1. 절단 등의 방법으로 파기하여 원형으로 가공할 수 없도록 할 것
> 2. 잔가스를 전부 제거한 후 절단할 것
> 3. 검사신청인에게 파기의 사유·일시·장소 및 인수시한 등을 통지하고 파기할 것
> 4. 파기하는 때에는 검사장소에서 검사원으로 하여금 직접 실시하게 하거나 검사원 참관하에 용기 및 특정설비의 사용자로 하여금 실시하게 할 것
> 5. 파기한 물품은 검사신청인이 인수시한(통지한 날부터 1개월 이내) 내에 인수하지 아니하는 때에는 검사기관으로 하여금 임의로 매각 처분하게 할 것

보충 **고압가스 안전관리법 시행규칙 별표 23**
신규의 용기 및 특정설비 파기방법
1. 절단 등의 방법으로 파기하여 원형으로 가공할 수 없도록 할 것
2. 파기하는 때에는 검사장소에서 검사원 참관하에 용기 및 특정설비제조자로 하여금 실시하게 할 것

10 다음 영상은 아세틸렌용기이다. 아세틸렌용기에 각인된 각각의 의미를 쓰시오.

1. TW
2. W
3. V

> **정답**
>
> 1. TW : 용기질량 + 다공물질 + 용제 및 밸브부속품을 포함한 질량(kg)
> 2. W : 밸브와 부속품을 포함하지 않은 용기질량(kg)
> 3. V : 용기 내용적(L)
>
> ※ 단위를 쓰라고 명시하지 않았기 때문에 단위까지 안 써도 정답이긴 하지만 단위 또한 미리 알아둘 것

PART 03
산업기사 기출문제

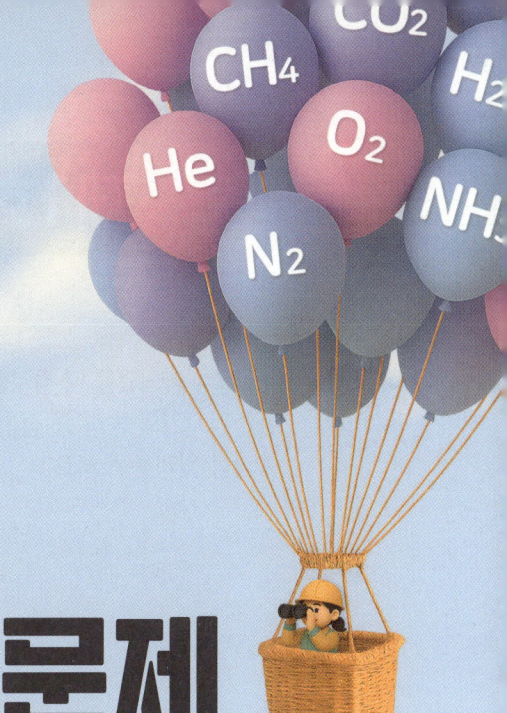

2025 1회(필답형, 동영상) / 2회(필답형, 동영상) / 3회(필답형, 동영상)
2024 1회(필답형, 동영상) / 2회(필답형, 동영상) / 3회(필답형, 동영상)
2023 1회(필답형, 동영상) / 2회(필답형, 동영상) / 4회(필답형, 동영상)

2025 제1회 [필답형]

01 가스가 누출되었을 때 감지할 수 있는 가스 누출 검지기의 방식 중 접촉연소방식의 센서 작동 원리를 쓰시오.

정답

가스와 산소의 반응으로 열이 생기고 이 열이 전기신호로 변환되어 감지

02 전기방식의 정의와 종류 3가지를 쓰시오.

정답

1. 정의 : 지중 및 수중에 설치하는 강재 배관 및 저장 탱크 외면에 전류를 유입하여 양극반응을 저지함으로써 배관의 전기적 부식을 방지하는 것
2. 종류 : 희생양극법, 외부전원법, 배류법

보충 KGS GC202 가스시설 전기방식 기준
• 용어 정의
1. "전기방식(電氣防蝕)"이란 지중 및 수중에 설치하는 강재 배관 및 저장탱크 외면에 전류를 유입하여 양극반응을 저지함으로써 배관의 전기적 부식을 방지하는 것을 말한다.
2. "희생양극법(犧牲陽極法)"이란 지중 또는 수중에 설치된 양극 금속과 매설배관을 전선으로 연결해 양극 금속과 매설배관 사이의 전지작용으로 부식을 방지하는 방법을 말한다.
3. "외부전원법(外部電源法)"이란 외부직류전원장치의 양극(+)은 매설배관이 설치되어 있는 토양이나 수중에 설치한 외부전원용 전극에 접속하고, 음극(-)은 매설배관에 접속하여 부식을 방지하는 방법을 말한다.
4. "배류법(排流法)"이란 매설배관의 전위가 주위의 타 금속 구조물의 전위보다 높은 장소에서 매설배관과 주위의 타 금속 구조물을 전기적으로 접속하여 매설배관에 유입된 누출전류를 전기회로적으로 복귀시키는 방법을 말한다.

03 막식 계량기에 표시된 각각의 내용을 설명하시오.

1. MAX 3 m³/h
2. 0.5 L/rev

정답

1. 사용 최대유량이 시간당 $3\ m^3/h$
2. 계량실 1주기 체적이 0.5 L

04 일반용 액화석유가스 압력조정기의 다이어프램 노화시험방법 2가지를 쓰시오.

정답

1. 공기가열 노화시험
2. 오존 노화시험

보충 **KGS AA438 액화석유가스 정압기용 압력조정기 제조의 시설·기술·검사 기준**

(1) 공기가열노화시험은 70 ℃의 공기 중에서 96시간 노화시킨 후, 실온에서 48시간 방치한 다음, 인장강도 및 신장률을 측정하였을 때 인장강도 변화율은 ±15 % 이내, 신장 변화율은 ±25 % 이내, 경도변화는 쇼어 경도(A형) 기준 ±10 이내인 것으로 한다.

(2) 오존노화시험은 KS M 6518(가황고무물리시험방법)의 오존균열시험에 따라 온도 40 ℃, 오존농도 25 pphm에서 시험편에 20 %의 신장을 가한 상태로 72시간 유지한 다음 신장력을 제거하였을 때 길이 변화가 없는 것으로 하고, 10배의 확대경으로 확인하였을 때 A2급 이상인 것으로 한다.

05 도시가스 제조법 중 수증기 개질법은 다음과 같다. 이때 반응온도를 올리면 CH_4, CO_2가 감소하고 H_2, CO가 많은 가스가 생성되는데 이유를 화학식을 이용하여 설명하시오.

> 1. $CO + 3H_2 \rightleftarrows CH_4 + H_2O (Q > 0)$
> 2. $CO + H_2O \rightleftarrows CO_2 + H_2 (Q > 0)$
> 3. $CH_4 \rightleftarrows 2H_2 + C (Q < 0)$

정답

1, 2는 Q가 0보다 크므로 오른쪽으로 반응이 진행될 시 발열반응이 일어나며 3은 Q가 0보다 작으므로 오른쪽으로 반응이 진행될 시 흡열반응이 일어난다. 따라서 1과 2는 반응온도를 올리면 발열반응이 감소되는 방향인 왼쪽으로 진행이 된다. 따라서 메탄과 이산화탄소는 감소하며 일산화탄소는 증가한다.
3은 반응온도를 높이면 온도가 낮아지는 흡열반응하는 오른쪽으로 진행이 되므로 수소가 증가한다.

06 연소기구에 접속된 염화비닐호스가 지름 0.5 mm의 구멍이 뚫려 수주 200 mm의 압력으로 LP가스가 10시간 유출하였을 경우 가스분출량은 몇 L인가? (단, LP가스의 분출압력 수주 200 mm에서 비중은 1.5이다)

정답

가스분출량 계산

$Q = 0.009D^2 \times \sqrt{\dfrac{P}{d}}$
$= 0.009 \times (0.5)^2 \times \sqrt{\dfrac{200}{1.5}}$
$= 0.0259807 m^3$

L단위로 환산하기 위해 1000을 곱하면 25.9807 L
이때 10시간 유출하였으므로
25.9807 × 10 = 259.81 L
∴ 259.81 L

보충 **단위**
- 가스량의 기본 단위 : m^3/h
- $1 m^3$ = 1000 L
- 10시간 유출

07 고압가스설비의 내압시험 기준 2가지를 쓰시오.

정답

1. 상용압력의 1.5배 이상으로 한다.
2. 규정압력 유지시간은 5분에서 20분간을 표준으로 한다.

보충 **KGS FP111 2025 고압가스 특정제조의 시설·기술·검사·감리·정밀안전검진 기준**

내압시험방법
(1) 내압시험은 원칙적으로 수압으로 실시한다. 다만 부득이한 이유로 물을 채우는 것이 부적당한 경우에는 공기 또는 위험성이 없는 기체의 압력으로 할 수 있다.
〈생략〉

(6) 내압시험은 상용압력의 1.5배(공기 등의 기체의 압력으로 하는 내압시험은 상용압력의 1.25배) 이상으로 하고, 규정압력을 유지하는 시간은 5분에서 20분간을 표준으로 한다. 다만 초고압(압력을 받는 금속부의 온도가 -50 ℃ 이상 350 ℃ 이하인 고압가스 설비의 상용압력 98 MPa를 말한다. 이하 같다)의 고압가스 설비와 초고압의 배관은 1.25배(운전압력이 충분히 제어 될 수 있는 경우에는 공기 등의 기체에 의한 상용압력의 1.1배) 이상의 압력으로 실시할 수 있다.

08 액화석유가스 용기의 액화석유가스의 증발량에 영향을 주는 인자 4가지를 쓰시오.

정답

1. 온도
2. 압력
3. 부피
4. 농도
5. 성분
6. 비중

09 LPG 사용시설에서 2단 감압방식을 사용할 때 장점 4가지를 쓰시오.

정답

1. 공급 압력이 안정
2. 중간 배관이 가늘음
3. 각 기구에 알맞게 압력 강하 보정 가능
4. 압력손실을 보정 가능

보충 **2단 감압방식 단점**
1. 설비가 복잡
2. 재액화의 문제
3. 검사방법 복잡

10 메탄 90 mol%, 에탄 10 mol%로 이루어진 LNG 522 kg이 15 ℃ 1 atm에서 모두 기화할 때 부피(m³)를 계산하시오.

정답

$$PV = \frac{W}{M}RT$$

$$\therefore V = \frac{W}{PM}RT$$

$$= \frac{522 \times 10^3}{1 \times 17.4} \times 0.0821 \times (273 + 15)$$

$$= 709344 \text{ L}$$

$\therefore 709.34 \text{ m}^3$

(이때 분자량 M = (16 × 0.9) + (30 × 0.1) = 17.4)
709344 L → 709.34 m³

11 액화석유가스용기의 내압시험압력과 규정압력 유지시간을 각각 쓰시오.

정답

1. 내압시험압력 : 상용압력의 1.5배 이상
2. 유지시간 : 5분부터 20분

보충 KGS FP331 2024 액화석유가스 용기충전의 시설·기술·검사·정밀안전진단·안전성평가 기준

(2) 내압시험

(2-1) 내압시험은 원칙적으로 수압으로 한다. 다만 부득이한 이유로 물을 채우는 것이 부적당한 경우에는 공기 또는 위험성이 없는 기체의 압력으로 할 수 있다.

(2-2) 내압시험을 공기 등의 기체로 하는 경우에는 작업을 안전하게 하기 위하여 그 설비(설비 내의 배관을 포함한다. 이하 4.2.2.4에서 같다)의 용접부 중 맞대기 용접을 한 용접부의 전 길이에 KGS GC205(가스시설 용접 및 비과괴시험 기술 기준)에 따라 방사선투과시험을 하고 합격한 것을 확인한다. 다만 완성검사의 경우 배관의 길이이음매는 그 배관을 제조한 사업소 내압시험 시험성적서 등으로 확인할 수 있을 경우 그러지 않는다. 또한 필렛용접부에는 KS D 0213(철강 재료의 자분탐상

시험방법) 또는 KS B 0816(침투 탐상시험방법 및 침투 지시 모양의 분류)에 따라 탐상시험을 하고 표면 등에 유해한 결함이 없음을 확인한다.

(2-3) 내압시험은 해당 설비가 취성파괴를 일으킬 우려가 없는 온도에서 실시한다.

(2-4) 내압시험압력은 상용압력의 1.5배(공기 등 기체로 실시할 경우에는 1.25배) 이상으로 하고, 규정압력유지시간은 5분부터 20분까지를 표준으로 한다.

(2-5) 내압시험에 종사하는 사람의 수는 작업에 필요한 최소인원으로 하고, 관측 등을 하는 경우에는 적절한 방호시설을 설치하고 그 뒤에서 실시한다.

(2-6) 내압시험을 하는 장소 및 그 주위는 잘 정돈하여 긴급한 경우 대피하기 좋도록 하고 인체에 대한 위해가 발생하지 않도록 한다.

(2-7) 내압시험은 내압시험 압력에서 팽창, 누출 등의 이상이 없을 때 합격으로 한다.

(2-8) 내압시험을 공기 등의 기체로 하는 경우에는 우선 상용압력의 50%까지 승압하고 그 후에는 상용압력의 10%씩 단계적으로 승압하여 내압시험압력에 달하였을 때 누출 등의 이상이 없으며, 그 후 압력을 내려 상용압력으로 하였을 때 팽창, 누출 등의 이상이 없으면 합격으로 한다.

12 실내에 설치된 기화장치의 액유출방지장치 설치 목적을 쓰시오.

정답

액체 상태로 열교환기 밖으로 유출을 방지하기 위해

13 길이가 200 m 이며 직경이 100 mm인 관에 물이 3 m/sec의 속도로 흐를 때 마찰손실수두(mmH₂O)를 계산하시오. (단, 마찰손실계수는 0.02이다)

정답

$$h_L = f \times \frac{l}{D} \times \frac{V^2}{2g}$$
$$= 0.02 \times \frac{200}{0.1} \times \frac{3^2}{2 \times 9.8}$$
$$= 18.36734 \, mH_2O = 18367.34 \, mmH_2O$$

14 가스설비는 그 고압가스를 안전하게 취급할 수 있도록 적합한 강도와 두께를 가지는 것으로 해야 한다. 이때 구형의 경우 용기 동판 두께를 산출하는 공식은 다음과 같은데, 해당 공식 중 P와 D가 무엇인지 각각 쓰시오.

$$t = \frac{PD}{f\eta - P} + C$$

정답

- P : 상용압력의 수치[MPa]
- D : 구형의 경우 내경에서 각각 부식여유에 상당하는 부분을 뺀 부분의 수치[mm]

보충 동판 두께 산출공식 인자
- t : 두께의 수치[mm]
- P : 상용압력의 수치[MPa]
- D : 구형의 경우 내경에서 각각 부식여유에 상당하는 부분을 뺀 부분의 수치[mm]
- f : 재료의 항복점[N/mm²]
- C : 부식여유의 두께[mm]
- η : 동체의 길이 이음매 또는 경판의 중앙부이음매 효율

보충 **KGS FP111 고압가스 특정제조의 시설·기술· 검사·감리·정밀안전검진 기준**

2.4.3 가스설비 두께 및 강도
가스설비는 그 고압가스를 안전하게 취급할 수 있도록 다음 기준에 적합한 두께 및 강도를 가지는 것으로 한다.

2.4.3.1 고압가스설비는 상용압력의 2배 이상의 압력에서 항복을 일으키지 않는 두께를 가지고, 상용의 압력에 견디는 충분한 강도를 가지는 것으로 한다.

15 액화석유가스 용기를 실외 저장소 설치 시 다음 질문에 답하시오.

> 1. 충전용기와 잔가스용기의 보관 장소는 몇 m 이상의 간격을 두어 구분하여 보관하는가?
> 2. 바닥으로부터 몇 m 이내의 도랑이나 배수시설이 있을 경우에는 방수재료로 이중으로 덮는가?
> 3. 용기의 단위 집적량은 몇 톤을 초과하지 않아야 하는가?
> 4. 팰릿(Pallet)에 넣어 집적된 용기군 사이의 통로는 그 너비가 몇 m 이상이어야 하는가?

정답

1. 1.5 m
2. 3 m
3. 30톤
4. 2.5 m

보충 **KGS FU332 용기에 의한 액화석유가스 저장소의 시설·기술·검사 기준**

• 실외 저장소 설치

실외 저장소는 그 실외 저장소의 안전 확보와 실외 저장소에서 가스가 누출되는 경우 재해 확대를 방지하기 위하여 다음 기준에 따라 설치한다.

1. 충전용기와 잔가스용기의 보관 장소는 1.5 m 이상의 간격을 두어 구분하여 보관한다.
2. 바닥으로부터 3 m 이내의 도랑이나 배수시설이 있을 경우에는 방수재료로 이중으로 덮는다.
3. 움푹 파인 곳은 적절한 재료로 포장하거나 메워 평평하게 한다.
4. 실외 저장소 안의 용기군(容器群) 사이의 통로는 다음 기준에 맞게 한다.
   (1) 용기의 단위 집적량은 30톤을 초과하지 않을 것
   (2) 팰릿(Pallet)에 넣어 집적된 용기군 사이의 통로는 그 너비가 2.5 m 이상일 것
   (3) 팰릿에 넣지 않은 용기군 사이의 통로는 그 너비가 1.5 m 이상일 것
5. 실외 저장소 안의 집적된 용기의 높이는 다음 기준에 맞게 한다.
   (1) 팰릿에 넣어 집적된 용기의 높이는 5 m 이하일 것
   (2) 팰릿에 넣지 않은 용기는 2단 이하로 쌓을 것

2025 제1회 [동영상]

01 다음 동영상은 LPG 충전사업소이다. 각 물음에 답하시오.

> 가. LPG 충전시설 중 저장설비의 저장능력이 100톤인 경우 저장설비 외면으로부터 사업소 경계까지 유지해야 하는 이격거리는 몇 m 이상인지 쓰시오.
> 나. LPG 충전시설 중 충전설비의 외면으로부터 사업소 경계까지 유지해야 하는 이격거리는 몇 m 이상인지 쓰시오.

※ 출처 : 가스신문

[정답]
가. 36 m
나. 24 m

보충 KGS FP331 2024액화석유가스 용기충전의 시설·기술·검사·정밀안전진단·안전성평가 기준

1. 액화석유가스 충전시설 중 저장설비의 외면에서 사업소경계[사업소경계가 바다·호수·하천·도로(「도로법」 제2조 제1호에 따른 도로 및 같은 법 제108조에 따라 같은 법이 준용되는 도로를 말한다)등과 접한 경우에는 그 반대편 끝을 경계로 본다. 이하 같다]까지 유지해야 할 거리는 표에서 정한 거리 이상으로 한다. 다만 저장설비를 지하에 설치하거나 지하에 설치된 저장설비 안에 액중펌프를 설치하는 경우에는 저장능력별 사업소 경계와의 거리에 0.7을 곱한 거리 이상으로 할 수 있다.

저장능력	사업소경계와의 거리(이상)
10톤 이하	24 m
10톤 초과 20톤 이하	27 m
20톤 초과 30톤 이하	30 m
30톤 초과 40톤 이하	33 m
40톤 초과 200톤 이하	36 m
200톤 초과	39 m

(1) 액화석유가스 충전시설 중 충전설비의 외면으로부터 사업소경계까지 유지해야 할 거리는 24 m 이상으로 한다.
(2) 자동차에 고정된 탱크 이입·충전장소(지면에 표시하는 정차위치 크기는 길이 13 m 이상, 폭 3 m 이상)의 중심(지면에 표시하는 정차위치의 중심)으로부터 사업소경계까지 유지해야 할 거리는 24 m 이상으로 한다.

02 다음 동영상에서 보여주는 방폭구조의 이름을 쓰시오.

> 용기 내부에 절연유를 주입하여 불꽃, 아크 또는 고온 발생 부분이 기름 속에 잠기게 함으로써 기름면 위에 존재하는 가연성 가스에 인화되지 아니하도록 한 구조로 탄광에서 처음으로 사용한 방폭구조

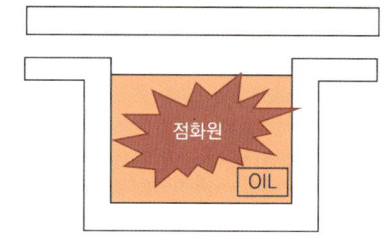

정답

유입방폭구조

03 도시가스 시설에 전기방식 효과를 유지하기 위하여 빗물이나 그 밖에 이물질의 접촉으로 인한 절연의 효과가 상쇄되지 아니하도록 절연이음매 등을 사용해 절연조치를 하는 장소 4개소를 쓰시오.

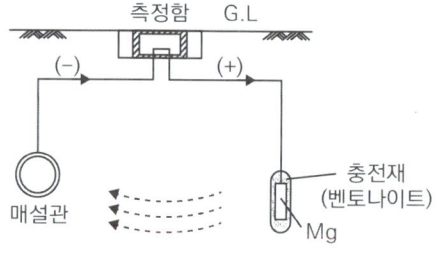

※ 출처 : 가스신문

정답

1. 교량 횡단배관의 양단(다만 외부전원법에 따른 전기방식을 한 경우에는 제외할 수 있다)
2. 배관과 철근콘크리트 구조물 사이
3. 배관과 강재 보호관 사이
4. 지하에 매설된 배관의 부분과 지상에 설치된 부분과의 경계. 이 경우 가스 사용자에게 공급하기 위해 지중에서 지상으로 연결되는 배관에만 한다.
5. 다른 시설물과 접근 교차지점. 다만 다른 시설물과 30 cm 이상 이격하여 설치된 경우에는 제외할 수 있다.
6. 배관과 배관 지지물 사이

보충 KGS GC202 2.2.2.2.3 도시가스시설

(1) 교량 횡단배관의 양단(다만 외부전원법에 따른 전기방식을 한 경우에는 제외할 수 있다)
(2) 배관과 철근콘크리트 구조물 사이
(3) 배관과 강재 보호관 사이
(4) 지하에 매설된 배관의 부분과 지상에 설치된 부분과의 경계. 이 경우 가스 사용자에게 공급하기 위해 지중에서 지상으로 연결되는 배관에만 한다.
(5) 다른 시설물과 접근 교차지점. 다만 다른 시설물과 30 cm 이상 이격하여 설치된 경우에는 제외할 수 있다.
(6) 배관과 배관 지지물 사이
(7) 그 밖에 절연이 필요한 장소

04 다음 동영상은 자동차용 LPG 저장탱크이다. 영상에서 보여주는 A와 B의 명칭을 각각 쓰시오.

A.
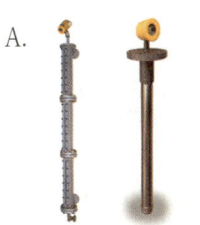
※ 출처 : 거봉한진

B.
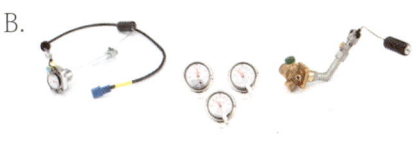
※ 출처 : 디임코

정답
A : 액면계
B : 과충전방지장치

05 도시가스 제조소 및 공급소에서 가스누출경보기의 검지부를 설치하면 안 되는 장소 2가지를 쓰시오.

정답
1. 증기, 물방울, 기름 섞인 연기 등이 직접 접촉될 우려가 있는 곳
2. 주위온도 또는 복사열에 의한 온도가 섭씨 40도 이상이 되는 곳
3. 설비 등에 가려져 누출가스의 유통이 원활하지 못한 곳
4. 차량 그 밖의 작업 등으로 인해 경보기가 파손될 우려가 있는 곳

보충 가스누출경보기 설치 장소
1. 검지부 설치 장소는 정압기실 내 가스가 누출되기 쉬운 설비가 설치되어 있는 장소 주위로서, 누출한 가스가 체류하기 쉬운 곳으로 한다.
2. 정압기실에 설치하는 검지부의 설치 위치는 가스의 성질, 주위 상황, 그 밖에 설비의 구조 등에 적합한 곳으로서, 다음 기준에 해당하지 않는 곳으로 한다.
   ① 증기, 물방울, 기름섞인 연기 등이 직접 접촉될 우려가 있는 곳
   ② 주위 온도 또는 복사열에 의한 온도가 40℃ 이상이 되는 곳
   ③ 설비 등에 가려져 누출가스의 유통이 원활하지 못한 곳
   ④ 차량 및 그 밖의 작업 등으로 인하여 경보기가 파손될 우려가 있는 곳.
3. 검지부의 설치 높이는 가스의 비중, 주위 상황, 가스설비의 높이 등의 조건에 적합한 곳으로 한다.
4. 경보부의 설치 장소는 관계자가 상주하거나 경보를 식별할 수 있는 곳으로서, 경보가 울린 후 각종 조치를 취하기에 적절한 곳으로 한다.

• 가스누출경보기 설치 개수
정압기실(지하정압기실을 포함한다)에 설치하는 검지부의 수는 바닥면 둘레 20 m에 1개 이상의 비율로 계산된 수로 한다.

06 다음 동영상은 가스사용시설의 퓨즈콕이다. 퓨즈콕의 최대가스소비량(kcal/h)을 쓰시오.

※ 출처 : 금정산업, 가스신문

> **정답**
>
> 19400 kcal/h

보충 KGS FU551 도시가스 사용시설의 시설·기술·검사 기준

2.4.4.4.1 연소기가 설치된 곳에는 조작하기 쉬운 위치에 배관용 밸브를 다음 기준에 따라 설치한다.
⑴ 가스사용시설에는 연소기 각각에 퓨즈콕 등을 설치한다. 다만 연소기가 배관(가스용금속플렉시블호스를 포함한다)에 연결된 경우 또는 가스소비량이 19400 kcal/h을 초과하거나 사용압력이 3.3 kPa을 초과하는 연소기가 연결된 배관(가스용금속플렉시블호스를 포함한다)에는 배관용 밸브를 설치할 수 있다.
⑵ 배관이 분기되는 경우에는 주 배관에 배관용 밸브를 설치한다. 다만 부득이하게 매립하여 설치하는 주배관의 경우에는 매립하는 부분 직전의 노출배관에 배관용 밸브를 설치할 수 있다.
⑶ 2개 이상의 실로 분기되는 경우에는 각 실의 주 배관마다 배관용 밸브를 설치한다.
2.4.4.4.2 중간밸브 및 퓨즈콕 등은 해당 가스사용시설의 사용압력 및 유량에 적합한 것으로 한다.

07 다음 동영상은 중압 이상인 배관의 경우 설치하는 배관 보호포이다. 각 물음에 답하시오.

가. 최고사용압력이 중압 이상인 배관의 경우 보호판 상부로부터 보호포의 이격거리를 쓰시오.
나. 공동주택등의 부지안에 설치하는 배관의 경우 배관 정상부로부터 얼마 이상 떨어진 곳에 보호포를 설치하는지 쓰시오.

> **정답**
>
> 1. 30 cm 이상
> 2. 40 cm 이상

※ 보호포는 배관 정상부에서 60 cm 이상에 설치하지만 공동주택 부지 안 및 사용시설의 배관에 설치 시 배관 정상부에서 40 cm 이상에 설치

08 가스시설에는 정전기로 인한 폭발을 방지하기 위한 조치를 해야 한다. 이때 정전기 방지법 4가지를 쓰시오.

※ 출처 : 알리바바닷컴

정답

1. 상대습도 70 % 이상을 유지한다.
2. 공기를 이온화한다.
3. 대전방지제를 사용한다.
4. 정전의, 정전화를 착용한다.
5. 제전기를 사용한다.

09 다음 동영상의 비파괴검사법을 영문으로 쓰고, 이 방법의 검사 원리를 쓰시오.

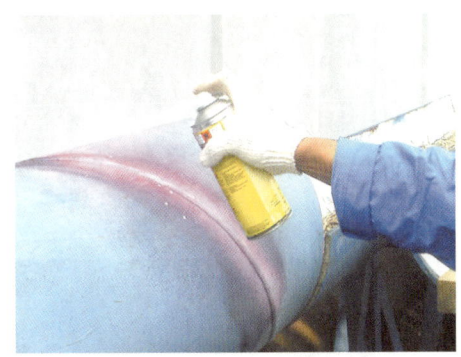

※ 출처 : KC안전기술

정답

1. PT
2. 시험편 표면에 침투액을 적용시켜 균열부에 침투액을 침투시킨 후 시간이 경과한 뒤에 침투제를 제거하고 현상제를 도포하여 침투된 침투액의 불연속부분을 식별하여 결함을 검출

보충 비파괴검사법 종류
1. 침투탐상검사(PT)
2. 자분탐상검사(MT)
3. 초음파탐상검사(UT)
4. 방사선투과검사(RT)

10 다음 동영상은 LPG 저장소이다. 동영상을 보고 물음에 답하시오.

> 가. LPG 저장소의 환기구를 바닥면에 설치하는 이유를 쓰시오.
> 나. LPG 저장소의 바닥면적이 200 m² 인 경우 환기구 설치 개수를 구하시오.

※출처 : Yuyangtech

정답

가. LPG의 주성분인 프로판과 부탄은 각각 분자량이 44, 58이므로 공기보다 무거워 누설 시 바닥으로 체류하기 때문에

나. 환기구의 통풍가능 면적 합계는 바닥면적 1 m² 마다 300 cm²의 비율로 계산한 면적 이상이어야 하며 환기구 1개의 면적은 2400 cm² 이하이어야 하므로, $\dfrac{200 \times 300}{2400} = 25$개

2025 제2회 [필답형]

01 고압가스 안전관리법에 따른 초저온용기와 저온용기의 정의를 쓰시오.

정답

- "초저온용기"란 섭씨 영하 50도 이하의 액화가스를 충전하기 위한 용기로서 단열재를 씌우거나 냉동설비로 냉각시키는 등의 방법으로 용기 내의 가스온도가 상용 온도를 초과하지 아니하도록 한 것을 말한다.
- "저온용기"란 액화가스를 충전하기 위한 용기로서 단열재를 씌우거나 냉동설비로 냉각시키는 등의 방법으로 용기 내의 가스온도가 상용의 온도를 초과하지 아니하도록 한 것 중 초저온용기 외의 것을 말한다.

보충 고압가스 안전관리법 시행규칙(약칭 : 고압가스법 시행규칙)

1. "가연성 가스"란 아크릴로니트릴·아크릴알데히드·아세트알데히드·아세틸렌·암모니아·수소·황화수소·시안화수소·일산화탄소·이황화탄소·메탄·염화메탄·브롬화메탄·에탄·염화에탄·염화비닐·에틸렌·산화에틸렌·프로판·시클로프로판·프로필렌·산화프로필렌·부탄·부타디엔·부틸렌·메틸에테르·모노메틸아민·디메틸아민·트리메틸아민·에틸아민·벤젠·에틸벤젠 및 그 밖에 공기 중에서 연소하는 가스로서 폭발한계(공기와 혼합된 경우 연소를 일으킬 수 있는 공기 중의 가스 농도의 한계를 말한다. 이하 같다)의 하한이 10퍼센트 이하인 것과 폭발한계의 상한과 하한의 차가 20퍼센트 이상인 것을 말한다.
2. "독성 가스"란 아크릴로니트릴·아크릴알데히드·아황산가스·암모니아·일산화탄소·이황화탄소·불소·염소·브롬화메탄·염화메탄·염화프렌·산화에틸렌·시안화수소·황화수소·모노메틸아민·디메틸아민·트리메틸아민·벤젠·포스겐·요오드화수소·브롬화수소·염화수소·불화수소·겨자가스·알진·모노실란·디실란·디보레인·세렌화수소·포스핀·모노게르만 및 그 밖에 공기 중에 일정량 이상 존재하는 경우 인체에 유해한 독성을 가진 가스로서 허용농도(해당 가스를 성숙한 흰쥐 집단에게 대기 중에서 1시간 동안 계속하여 노출시킨 경우 14일 이내에 그 흰쥐의 2분의 1 이상이 죽게 되는 가스의 농도를 말한다. 이하 같다)가 100만분의 5000 이하인 것을 말한다.
3. "액화가스"란 가압(加壓)·냉각 등의 방법에 의하여 액체 상태로 되어 있는 것으로서 대기압에서의 끓는 점이 섭씨 40도 이하 또는 상용 온도 이하인 것을 말한다.
4. "압축가스"란 일정한 압력에 의하여 압축되어 있는 가스를 말한다.
5. "저장설비"란 고압가스를 충전·저장하기 위한 설비로서 저장탱크 및 충전용기보관설비를 말한다.
6. "저장능력"이란 저장설비에 저장할 수 있는 고압가스의 양으로서 별표 1에 따라 산정된 것을 말한다.
7. "저장탱크"란 고압가스를 충전·저장하기 위하여 지상 또는 지하에 고정 설치 된 탱크를 말한다.
8. "초저온저장탱크"란 섭씨 영하 50도 이하의 액화가스를 저장하기 위한 저장탱크로서 단열재를 씌우거나 냉동설비로 냉각시키는 등의 방법으로 저장탱크 내의 가스온도가 상용의 온도를 초과하지 아니하도록 한 것을 말한다.
9. "저온저장탱크"란 액화가스를 저장하기 위한 저장탱크로서 단열재를 씌우거나 냉동설비로 냉각시키는 등의 방법으로 저장탱크 내의 가스온도가 상용의 온도를 초과하지 아니하도록 한 것 중 초저온저장탱크와 가연성 가스 저온저장탱크를 제외한 것을 말한다.
10. "가연성 가스 저온저장탱크"란 대기압에서의 끓는 점이 섭씨 0도 이하인 가연성 가스를 섭씨 0도 이하인 액체 또는 해당 가스의 기상부의 상용 압력이 0.1메가파스칼 이하인 액체 상태로 저장하기 위한 저장탱크로서 단열재를 씌우거나 냉동설비로 냉각하는 등의 방법으로 저장탱크 내의 가스온도가 상용 온도를 초과하지 아니하도

11. "차량에 고정된 탱크"란 고압가스의 수송·운반을 위하여 차량에 고정 설치된 탱크를 말한다.
12. "초저온용기"란 섭씨 영하 50도 이하의 액화가스를 충전하기 위한 용기로서 단열재를 씌우거나 냉동설비로 냉각시키는 등의 방법으로 용기 내의 가스온도가 상용 온도를 초과하지 아니하도록 한 것을 말한다.
13. "저온용기"란 액화가스를 충전하기 위한 용기로서 단열재를 씌우거나 냉동설비로 냉각시키는 등의 방법으로 용기 내의 가스온도가 상용의 온도를 초과하지 아니하도록 한 것 중 초저온용기 외의 것을 말한다.
14. "충전용기"란 고압가스의 충전질량 또는 충전압력의 2분의 1 이상이 충전되어 있는 상태의 용기를 말한다.
15. "잔가스용기"란 고압가스의 충전질량 또는 충전압력의 2분의 1 미만이 충전되어 있는 상태의 용기를 말한다.
16. "가스설비"란 고압가스의 제조·저장·사용 설비(제조·저장·사용 설비에 부착된 배관을 포함하며, 사업소 밖에 있는 배관은 제외한다) 중 가스(제조·저장되거나 사용 중인 고압가스, 제조공정 중에 있는 고압가스가 아닌 상태의 가스, 해당 고압가스제조의 원료가 되는 가스 및 고압가스가 아닌 상태의 수소를 말한다)가 통하는 설비를 말한다.

02 원심펌프로 양정 24 m에 0.56 m³/min으로 송출할 때 축동력은 몇 kW인가? (단, 펌프의 효율은 65 %이다)

정답

$$P = \frac{\gamma QH}{102 \times \eta \times 60} = \frac{1000 \times 0.56 \times 24}{102 \times 0.65 \times 60} = 3.38 kW$$

(이때 $\gamma : 1000 \, kgf/m^3$)

03 가스시설 및 지상 가스배관 내진 설계 기준에 따른 제1종 독성 가스와 제2종 독성 가스의 종류를 각각 2개씩 쓰시오.

정답
- 1종 : 염소, 시안화수소, 이산화질소, 불소, 포스겐
- 2종 : 염화수소, 삼불화붕소, 이산화유황, 불화수소, 브롬화메틸, 황화수소

보충 KGS GC203 2024 가스시설 및 지상 가스배관 내진설계 기준

1.3.11 "독성 가스"란 공기 중에 일정량 이상 존재할 경우 인체에 유해한 독성을 가진 가스로서, 허용 농도(정상인이 1일 8시간 또는 1주 40시간 통상적인 작업을 수행할 때 건강상 나쁜 영향을 미치지 않는 정도의 공기 중의 가스의 농도)가 100만분의 200 이하인 것을 다음과 같이 분류한다.
(1) "제1종 독성 가스"란 독성 가스 중 염소, 시안화수소, 이산화질소, 불소 및 포스겐과 그 밖에 허용 농도가 1 ppm 이하인 것을 말한다.
(2) "제2종 독성 가스"란 독성 가스 중 염화수소, 삼불화붕소, 이산화유황, 불화수소, 브롬화메틸 및 황화수소와 그 밖에 허용 농도가 1 ppm 초과 10 ppm 이하인 것을 말한다.
(3) "제3종 독성 가스"란 독성 가스 중 (1) 및 (2)의 제1종과 제2종 독성 가스 이외의 것을 말한다.

04 용접용기 재검사 항목 4가지를 쓰시오.

정답
1. 내압검사
2. 누출검사
3. 외관검사
4. 다공질물 충전검사
5. 단열성능검사

보충 AC217 고압가스용 용접용기 재검사 기준(KGS CODE 보개기 수록)

1. 재검사 항목
   용기의 재검사는 그 용기를 계속 사용할 수 있는지 확인하기 위하여 다음 항목에 실시한다.
   (1) 외관검사
   (2) 내압검사
   (3) 누출검사
   (4) 다공질물 충전검사
   (5) 단열성능검사

2. 단열성능검사
   (1) 검사방법
   (1-1) 단열성능시험은 액화질소, 액화산소 또는 액화아르곤(이하 "시험용 가스"라 한다)을 사용하여 실시한다.
   (1-2) 시험용 가스의 충전량은 충전한 후 기화가스량이 거의 일정하게 되었을 때 시험용 가스의 용적이 초저온용기 내용적의 1/3 이상 1/2 이하가 되도록 충전한다.
   (1-3) 초저온용기에 시험용 가스를 충전한 후, 기상부에 접속된 가스방출밸브를 완전히 열고 다른 모든 밸브는 잠그며, 초저온용기에서 가스를 대기 중으로 방출하여 기화가스량이 거의 일정하게 될 때까지 정지한 후 가스방출밸브에서 방출된 기화량을 중량계(저울) 또는 유량계를 사용하여 측정한다.
   (1-4) 침입열량은 다음 식에 따른다.
   $$Q = \frac{Wq}{H \cdot \triangle t \cdot V}$$

   Q : 침입열량[J/h·℃·L]
   W : 기화된 가스량[kg]
   q : 시험용 가스의 기화잠열[J/kg]
   H : 측정 기간[h]
   △t : 시험용 가스의 비점과 대기 온도와의 온도차[℃]
   V : 초저온용기의 내용적[L]
   단, 시험용 가스의 비점 및 기화잠열은 표와 같다.

시험용 가스의 종류	비점(℃)	기화잠열(kJ/kg)
액화질소	-196	200
액화산소	-183	213
액화아르곤	-186	159

   (2) 판정
   침입열량이 2.09 J/h·℃·L(내용적이 1000 L 이상인 초저온용기는 8.37 J/h·℃·L) 이하의 경우를 적합한 것으로 한다.
   (3) 재시험
   단열성능시험에 부적합된 초저온용기는 단열재를 교체하여 재시험을 행할 수 있다.

05 관지름 25 mm인 배관을 입상높이 25 m인 곳에 프로판을 공급할 때 압력손실은 수주로 몇 mm인가? (단, 프로판의 비중은 1.52이다)

정답

압력손실 계산
$$H = 1.293(S-1)h$$
$$= 1.293(1.52-1) \times 25 = 16.81 mm H_2O$$

∴ 16.81 mmH₂O

- 해당 문제와 반대로 공기보다 가벼운 가스가 배관 상부로 공급되면 압력손실의 반대값(-)이 나온다. 또한 배관 하부로 공급되면 압력손실(+)값이 나온다.

06 다음 LPG 기화장치 내부 구조도 중 A,B,C의 명칭을 쓰시오.

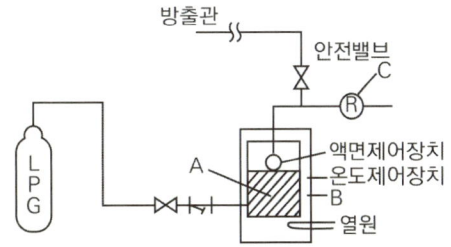

정답

A : 열교환기
B : 과열방지장치
C : 2단 감압식 1차조정기

07 저온장치에 사용되는 진공단열법의 종류 3가지를 쓰시오.

정답

1. 고진공 단열법
2. 다층진공 단열법
3. 분말진공 단열법

보충 단열법

1. 공기를 빼서(진공) 열이 전달되지 않게 만드는 단열법. 고진공 단열법 : 공기 압력을 아주 낮게 만든 단열법, 열을 전달하는 매개체가 거의 없어서 단열 성능이 좋음
2. 다층진공 단열법 : 얇은 금속박(알루미늄)을 겹겹이 쌓아, 그 사이에 진공을 만듦
3. 분말진공 단열법 : 단열재로 분말을 채워서 그 공간을 진공 상태로 만듦, 분말이 열 전도를 막음

08 최대 지름이 3 m인 LPG 저장탱크 2기를 지하에 인접하여 매설해 설치하는 경우, 두 저장탱크 사이에 유지해야 하는 거리를 적으시오.

정답

1 m 이상

보충 KGS FU331 2024 저장탱크에 의한 액화석유가스 저장소의 시설 · 기술 · 검사 · 정밀안전진단 · 안전성평가 기준

2.3.3.1.2 저장탱크 지하설치

(6) 저장탱크를 2개 이상 인접하여 설치하는 경우에는 상호간에 1 m 이상의 거리를 유지한다.
(7) 저장탱크를 묻은 곳의 지상에는 경계표지를 한다.

09 배관은 수송하는 LPG의 누출을 방지할 수 있도록 다음 기준에 따라 접합하고, 이를 확인 하기 위해 필요한 경우에는 비파괴 시험을 한다. 다음 빈 칸에 들어갈 수치를 적으시오.

액화석유가스가 통하는 다음의 배관 용접부에는 비파괴검사를 실시하며, 비파괴시험에 관한 세부 기준은 KGS GC205(가스시설 용접 및 비파괴시험 기준)에 따른다.
(1) 사용압력이 (   ) MPa 이상인 배관의 용접부
(2) 사용압력이 (   ) MPa 미만이고 호칭지름이 80 A 이상인 배관의 용접부(건축물 외부에 노출하여 설치된 사용압력이 0.01 MPa 미만인 배관의 용접부는 제외한다)

정답

(1) 0.1
(2) 0.1

보충 KGS FU432 소형저장탱크에 의한 액화석유가스 사용시설의 시설 · 기술 · 검사 기준

2.5.4.1 금속관의 접합

2.5.4.1.1 금속관의 접합은 용접으로 시공하는 것을 원칙으로 하되, 세부적인 방법은 다음에 따른다.
(1) 강관의 접합
(1-1) 강관의 접합은 용접으로 시공하는 것을 원칙으로 한다. 그중 지하 매설 배관의 접합부와 호칭지름이 50 A를 초과하는 노출배관의 접합부는 맞대기 용접 접합한다.
(1-2) 건축물 내외의 노출 배관으로서 용접으로 접합하는 것이 곤란한 다음의 경우에는 플랜지접합 또는 기계적 접합으로 할 수 있다.
(1-2-1) 사용압력이 30 kPa 이하이고, 호칭지름이 40 A 이하인 배관 접합부. 다만 나사접합은 관용테이퍼 나사접합(유니온 접합의 경우는 제외) 방법으로 한다.

(1-2-2) 공동주택 등의 가스계량기를 집단으로 설치하기 위하여 가스계량기 입구쪽의 공동배관으로부터 각 세대별 계량기를 분기하여 설치하는 경우로서 최고 사용압력이 저압인 40 A 초과인 분기점 배관

(1-2-3) 계기류 등의 설치를 위한 이음쇠 접합부, 플랜지 접합부 또는 나사타입 제품과의 연결부

(2) 동관의 접합

동관의 접합은 용접[경납땜(Brazing)을 포함한다]으로 시공하는 것을 원칙으로 한다. 다만 사용압력이 30 kPa 이하이고, 호칭지름이 40 A 이하인 동관 상호 간의 접합부와 밸브 등 가스기기와의 연결 부분은 나사접합(플레어이음은 제외한다)을 할 수 있다.

(3) 이종금속관과의 접합

탄소강관과 스테인레스강관 등과 같이 이종금속을 용접 시에는 E308 또는 E309 등과 같이 이종금속 용접에 적합한 용접봉을 사용한다.

(4) 비파괴검사

액화석유가스가 통하는 다음의 배관 용접부에는 비파괴검사를 실시하며, 비파괴시험에 관한 세부 기준은 KGS GC205(가스시설 용접 및 비파괴시험 기준)에 따른다.

(4-1) 사용압력이 0.1 MPa 이상인 배관의 용접부

(4-2) 사용압력이 0.1 MPa 미만이고 호칭지름이 80 A 이상인 배관의 용접부(건축물 외부에 노출하여 설치된 사용압력이 0.01 MPa 미만인 배관의 용접부는 제외한다)

10 다음 각 가스의 일반용 용기 도색을 적으시오.

- 산소 : (   )
- 아세틸렌 : (   )
- 액화탄산가스 : (   )
- 액화염소 : (   )
- 수소 : (   )

정답

- 산소 : 녹색
- 아세틸렌 : 황색
- 액화탄산가스 : 청색
- 액화염소 : 갈색
- 수소 : 주황색

보충 용기

1. 일반가스 용기 도색

가스종류	도색
액화염소	갈색
액화탄산가스	청색
산소	녹색
액화석유가스	회백색
암모니아	백색
아세틸렌	황색
질소	회색
수소	주황색

2. 의료용 가스 용기 도색

가스종류	도색
사이클로프로판	주황색
에틸렌	자색
질소	흑색
아산화질소	청색
헬륨	갈색
산소	백색
액화탄산가스	회색
그 밖의 가스	회색

11 도시가스사업법에 따라, 일반 도시가스사업에서 가스배관의 총 길이가 790 km인 경우 안전관리원의 최소 인원을 쓰시오.

정답

8명(5 + 790/200 = 8.95 소숫점은 버린다)

보충 도시가스사업법 시행령 별표 1 안전관리자의 자격과 선임 인원

안전관리원
1. 배관 길이가 200킬로미터 이하인 경우에는 5명 이상
2. 배관길이가 200킬로미터 초과 1천킬로미터 이하인 경우에는 5명에 200킬로미터마다 1명씩 추가한 인원 이상
3. 배관 길이가 1천킬로미터를 초과하는 경우에는 10명 이상

12 방사선투과검사의 원리를 설명하시오.

정답

방사선(x선, 감마선)을 시험체에 투과하면 균일한 곳은 방사선이 일정량 통과하고, 결함이 있는 곳은 더 많이 투과되는 것을 이용하여 필름에 이미지로 확인

13 TLV – TWA와 TLV – STEL에 대해 쓰시오.

정답

1. TLV - TWA : 시간가중 평균치
   작업자가 1일 8시간, 주 40시간 작업을 수행함에 있어 건강장해가 나타나지 않는 농도
2. TLV - STEL : 단시간 노출 허용농도
   작업장의 시간 가중 평균치(TWA)가 기준치 이하일지라도 15분동안 노출되면 안 되는 평균농도로서 근로자가 자극, 만성 또는 사고유발 및 작업능률 저하를 초래할 정도의 마취를 일으키지 않고 노출될 수 있는 농도

14 건축물 내에 배관설치 시, 다음 배관의 관경에 따른 고정장치 설치 간격(m)을 쓰시오.

- 13 mm 미만 :
- 13 mm 이상 33 mm 미만 :
- 33 mm 이상 :

정답

13 mm 미만 : 1 m마다(이하)
13 mm 이상 33 mm 미만 : 2 m마다(이하)
33 mm 이상 : 3 m마다(이하)

15 도시가스 공급에 관한 다음 괄호 안에 알맞은 말을 쓰시오.

액체 상태인 LNG가 (A)를 거치며, 열교환이 되어 기체가 되고, 기체 상태인 가스가 (B)를 지나 압력이 되어 수용가에 공급된다.

정답

A : 기화기
B : 정압기

01 다음 동영상은 LNG 저장탱크이다. 다음 설명에 대한 평가기법 명칭을 법령 용어 그대로 쓰시오.

※ 출처 : 에너지신문 & 수소신문

[동영상]
박물관 내부에 전시되어 있는 높이 4 m 정도의 LNG 저장탱크 영상을 보여준다)

가. 액화천연가스 저장탱크에 대한 외관검사 및 시험 결과를 바탕으로 저장탱크의 상태를 평가하는 것
나. 액화천연가스 저장탱크 설계자료 분석과 현장조사 결과를 바탕으로 내진성능 검토와 구조 해석을 실시하여 저장탱크의 구조적, 기능적 안전성을 평가하는 것

정답

가. 상태평가
나. 구조물 안전성 평가

보충 FP451 가스도매사업 제조소 및 공급소의 시설·기술·검사·정밀안전진단·안전성평가 기준

1.3.22 "내진성능 검토"란 지진으로부터 가스 시설물의 안전성을 확보하고 기능을 유지하기 위하여 시설물이 지진의 영향으로부터 안전한 구조인지 검토하는 것을 말한다. 〈신설 24.10.31〉

1.3.23 "부재"란 저장탱크의 상부 구조에서 지붕, 벽체 및 바닥판과 LNG 저장탱크의 하부 구조에서 페데스탈, 기초 및 저장탱크 받침을 말한다.
〈신설 24.10.31〉

1.3.24 "부재별 상태평가"란 액화천연가스 저장탱크의 상부구조에서 지붕, 벽체 및 바닥판과 하부구조에서 페데스탈(Pedestal), 기초 및 받침의 열화에 대해 각각 평가하여 부재별로 등급을 산정하는 것을 말한다. 〈신설 24.10.31〉

1.3.25 "종합적 상태평가"란 부재별 상태평가 결과를 바탕으로 부재별 가중치를 적용하여 액화천연가스 저장탱크의 외관 상태를 하나의 등급으로 산정하는 것을 말한다.

02 다음 동영상을 보고 각 물음에 답하시오.

[동영상]
동영상은 CNG 충전소의 압축설비를 보여준다

가. 처리설비 및 압축가스설비는 충분한 환기(환기구의 환기 가능 면적 합계가 바닥 면적 $1\ m^2$마다 ( ) cm^2 이상)를 유지할 수 있도록 한다.
나. 충분한 환기를 유지할 수 없을 경우에는 기계환기설비(환기능력이 바닥 면적 $1\ m^2$마다 ( ) m^3/분 이상)를 갖추도록 한다.

정답

가. $300\ cm^2$ 이상
나. 0.5

보충 KGS FP651 2024고정식 압축도시가스자동차 충전의 시설·기술·검사 기준
2.4.4.2.1 처리설비 및 압축가스설비
(1) 압축가스설비의 모든 밸브와 배관 부속품의 주위에는 안전한 작업을 위하여 1 m 이상의 공간을 확보한다. 다만 압축가스설비가 밀폐형 구조물 안에 설치된 경우로서, 유지·보수를 위한 문 또는 창문이 설치된 경우에는 1 m 이상의 공간을 확보하지 않을 수 있다.
(2) 처리설비 및 압축가스설비는 불연재료로 격리된 구조물 안에 설치한다. 다만 2.7.2.1에 따른 방호벽을 설치한 경우 또는 방류둑을 설치한 경우에는 불연재료로 격리된 구조물 안에 설치하지 않을 수 있다.
(3) 처리설비 및 압축가스설비는 충분한 환기(환기구의 환기 가능 면적 합계가 바닥 면적 $1\ m^2$마다 $300\ cm^2$ 이상)를 유지할 수 있도록 한다. 다만 충분한 환기를 유지할 수 없을 경우에는 기계환기설비(환기능력이 바닥 면적 $1\ m^2$마다 $0.5\ m^3$/분 이상)를 갖추도록 한다.
(4) 처리설비 및 압축가스설비는 충전소에 출입하는 자동차의 진·출입로 이외의 장소에 설치하며, 자동차 충격 등으로부터 처리설비 및 압축가스설비를 보호할 수 있는 조치를 한다. 다만 2.7.2.1에 따른 방호벽 또는 방류둑을 설치한 경우에는 자동차로 인한 충격 등으로부터 처리설비 및 압축가스설비를 보호할 수 있는 조치를 하지 않을 수 있다

03 다음 영상을 보고 각 물음에 답하시오.

[동영상]
정압기실을 보여준다.

가. 도시가스 정압기 입구압력이 0.5 MPa 미만, 정압기 설계유량이 $1000\ Nm^3$/h 미만일 때 안전밸브 분출구 크기를 쓰시오.
나. 상용압력이 2.5 kPa일 때 주정압기에 설치하는 긴급차단장치 설정 압력(kPa)을 쓰시오.

정답

가. 25 A 이상
나. 3.6 kPa 이하

보충 **정압기 안전밸브 방출관 크기**
정압기 입구 측 압력
1. 0.5 MPa 이상 : 50 A 이상
2. 0.5 MPa 미만
   ① 정압기 설계유량 1000 Nm^3/h 이상 : 50 A 이상
   ② 정압기 설계유량 1000 Nm^3/h 미만 : 25 A 이상

보충 **KGS FS552 2024 일반도시가스사업 정압기의 시설·기술·검사 기준**
2.7.1.2 과압안전장치 설정 압력
정압기에 설치되는 이상압력 통보설비, 긴급차단장치 및 안전밸브의 설정 압력은 표와 같다.

구분		상용압력이 2.5 kPa인 경우	그 밖의 경우
이상압력 통보설비	상한값	3.2 kPa 이하	상용압력의 1.1배 이하
	하한값	1.2 kPa 이하	상용압력의 0.7배 이상
주정압기에 설치하는 긴급차단장치		3.6 kPa 이하	상용압력의 1.2배 이하
안전밸브		4.0 kPa 이하	상용압력의 1.4배 이하
예비정압기에 설치하는 긴급차단장치		4.4 kPa 이하	상용압력의 1.5배 이하

2.7.1.3 과압안전장치 가스방출관 설치
안전밸브는 가스방출관이 설치된 것으로 하고, 그 방출관의 방출구는 주위에 불 등이 없는 안전한 위치로서 지면으로부터 5 m 이상의 높이에 설치한다. 다만 전기시설물과의 접촉 등으로 사고의 우려가 있는 장소에서는 3 m 이상으로 할 수 있다.

2.7.2 가스누출검지통보설비 설치
가스누출검지통보설비는 누출된 가스를 검지하여 이를 안전관리자가 상주하는 곳에 통보할 수 있는 것으로서 다음 기준에 따른다. 다만 단독사용자에게 가스를 공급하는 정압기의 경우에는 그 사용시설의 안전관리자가 상주하는 곳에 통보할 수 있는 것으로 할 수 있다.

04. 다음 동영상을 보고 방폭 장비의 d와 IIC의 의미를 쓰시오.

※ 출처 : 삼익방폭전기

정답

d : 내압방폭구조
IIC : 폭발등급

보충 **방폭구조의 종류**
① 안전증방폭구조(e)
② 유입방폭구조(o)
③ 내압방폭구조(d)
④ 압력방폭구조(p)
⑤ 본질안전방폭구조(ia, ib)
⑥ 특수방폭구조(s)

보충 **방폭전기기기 온도 등급에 따른 발화도 범위**
T1 : 450 ℃ 초과
T2 : 300 ℃ 초과 450 ℃ 이하
T3 : 200 ℃ 초과 300 ℃ 이하
T4 : 135 ℃ 초과 200 ℃ 이하
T5 : 100 ℃ 초과 135 ℃ 이하
T6 : 85 ℃ 초과 100 ℃ 이하

보충 **폭발등급**
① ⅡA : 최대안전틈새 범위 0.9 mm 이상
② ⅡB : 최대안전틈새 범위 0.5 mm 초과 0.9 mm 미만
③ ⅡC : 최대안전틈새 범위 0.5 mm 이하

05 다음 각 물음에 답하시오.

> 가. 배관을 해저에 설치 시 원칙적으로 다른 배관과의 이격거리를 쓰시오.
> 나. 배관의 입상부에는 무엇을 설치해야 하는지 쓰시오.

정답

가. 30 m 이상의 수평거리 유지
나. 방호시설물

보충 KGS CODE FS451 가스도매사업 제조소 및 공급소 밖의 배관의 시설·기술·검사·정밀안전진단 기준

2.5.8.5 배관 해저 설치
2.5.8.5.1 배관은 해저면 밑에 매설한다. 다만 닻내림 등으로 배관 손상의 우려가 없거나 그 밖에 부득이한 경우에는 해저면 밑에 매설하지 않을 수 있다.
2.5.8.5.2 배관은 원칙적으로 다른 배관과 교차하지 않도록 한다.
2.5.8.5.3 배관은 원칙적으로 다른 배관과 30 m 이상의 수평거리를 유지한다.
2.5.8.5.4 두 개 이상의 배관을 동시에 설치하는 경우에는 배관이 서로 접촉하지 않도록 필요한 조치를 한다.
2.5.8.5.5 배관의 입상부에는 방호시설물을 설치한다.
2.5.8.5.6 배관을 매설하는 경우 해저면으로부터 배관 외면까지의 깊이는 닻내림 시험의 결과, 토질, 되메우기를 하는 재료, 선박 교통 사정 등을 참작하여 안전한 거리를 유지한다. 이 경우 그 배관을 매설하는 해저에 준설 계획이 있는 경우에는 그 준설 후의 해저면 밑 0.6 m를 해저면으로 본다.
2.5.8.5.7 패일 우려가 있는 장소에 매설하는 배관에는 그 패임을 방지하기 위한 조치를 한다.
2.5.8.5.8 굴착 및 되메우기는 안전이 유지되도록 적절한 방법으로 실시한다.
2.5.8.5.9 해저면 밑에 배관을 매설하지 않고 설치하는 경우에는 해저면을 고르게 하여 배관이 해저면에 닿도록 한다.
2.5.8.5.10 배관이 부양하거나 이동할 우려가 있는 경우에는 이를 방지하기 위한 조치를 한다.

06 고정식 압축도시가스(CNG) 자동차 충전시설 기준에 대한 물음에 답하시오.

※ 출처 : 뉴스인

> 1. 압축가스설비 외면으로부터 사업소 경계까지의 안전거리를 쓰시오.
> 2. 처리설비 및 압축가스설비의 주위에 방호벽을 설치하는 경우 유지하여야 할 안전거리는 얼마인가?
> 3. 충전설비는 도로의 경계와 유지하여야 할 거리는 얼마인가?
> 4. 처리설비, 압축가스설비 및 충전설비는 철도까지 유지해야 할 거리는 얼마인가?

정답

1. 10 m 이상
2. 5 m 이상
3. 5 m 이상
4. 30 m 이상

보충 KGS FP651 2024 고정식 압축도시가스자동차 충전의 시설·기술·검사 기준

2.1.4 사업소 경계와의 거리
저장설비, 처리설비(충전설비는 제외한다. 이하 같다), 압축가스설비 및 충전설비는 그 외면으로부터 사업소 경계(버스 차고지 안에 설치한 경우 차고지 경계를 사업소 경계로 보며, 사업소 경계가 바다·호수·하천·도로 등인 경우에는 그 반대편 끝을 경계로 본다)까지 10 m 이상의 안전거리를 유지한다. 다만 처리설비(액확산방지시설 안에 설치된 처리설비는 제외한다) 및 압축가스설비의 주위에 2.7.2.1에 따른 방호벽을 설치하는 경우에는 5 m 이상의 안전거리를 유지할 수 있다.

2.1.5 도로 경계와의 거리
충전설비는 2.1.4에 불구하고 「도로법」에 따른 도로 경계까지 5 m 이상의 거리를 유지한다.
2.1.6 철도와의 거리
저장설비·처리설비·압축가스설비 및 충전설비는 철도까지 30 m 이상의 거리를 유지한다.

07 다음 영상에서 보여주는 비파괴시험의 이름을 영문 약호로 쓰시오.

정답

RT

보충 비파괴검사
1. 침투탐상검사(PT)
2. 자분탐상검사(MT)
3. 초음파탐상검사(UT)
4. 방사선투과검사(RT)

08 다음 동영상은 가스도매사업자가 일반가스사업자로 도시가스를 공급하는 배관에 설치하는 설비이다. 이상 상태가 발생하는 경우 그 설비 내의 내용물을 설비 밖으로 긴급하고 안전하게 배출하는 이 설비의 명칭을 쓰시오.

정답

벤트스택

09 다음은 가스레인지에서 황염이 발생하는 현상이다. 황염의 발생 이유를 쓰시오.

정답

1. 충분한 속도로 연소가 진행되지 않을 때
2. 불꽃 온도가 낮아졌을 때(저온 물체에 접촉)
3. 1차 공기량이 부족하여 불완전연소 시

10 다음 동영상은 다기능 가스안전계량기이다. 다기능 가스 안전계량기의 작동 성능 4가지를 쓰시오.

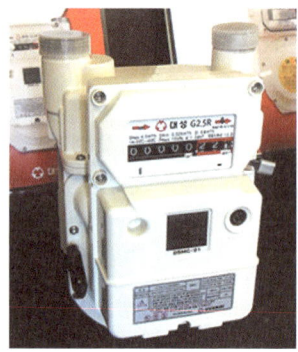

※ 출처 : 가스신문

정답

1. 원격검침
2. 유량차단
3. 가스누설감지기 차단
4. 압력차단
5. 누설검사
6. 지진 감지 및 차단
7. 일산화탄소 감지 및 차단

2025 제3회 [필답형]

01 공기압축기의 스톨현상(STALL)에 대해 설명하시오.

정답
공기압축기에서 공기가 제대로 공급되지 못해 생기는 '국부 실속'현상이며 진동과 온도가 증가하고 효율이 저하되는 현상

02 도시가스배관은 본관, 공급관, 내관으로 구분된다. 이 중 내관에 대한 다음 경우 배관 범위에 대해 답하시오.

> 1. 공동주택등으로서 가스사용자가 구분하여 소유하거나 점유하는 건축물의 외벽에 계량기가 설치된 경우
> 2. 계량기를 건축물 내부에 설치한 상가건물인 경우

정답
1. 계량기의 전단밸브에서 연소기까지에 이르는 배관
2. 건축물의 외벽에서 연소기까지에 이르는 배관

보충 KGS GC253
• 용어 정의
1. "배관"이란 도시가스를 공급하기 위하여 배치된 관(管)으로서, 본관, 공급관, 내관 또는 그 밖의 관을 말한다.
2. "본관"이란 다음 중 어느 하나의 배관을 말한다.
   (1) 가스도매사업의 경우에는 도시가스 제조사업소(액화천연가스의 인수기지를 포함한다. 이하 같다)의 부지 경계에서 정압기지(整壓基地)의 경계까지 이르는 배관. 다만 밸브기지 안의 배관은 제외한다.
   (2) 일반도시가스사업의 경우에는 도시가스 제조사업소의 부지 경계 또는 가스 도매사업자의 가스시설 경계에서 정압기(整壓器)까지 이르는 배관
3. "공급관"이란 다음 중 어느 하나의 배관을 말한다.
   (1) 공동주택, 오피스텔, 콘도미니엄, 그 밖에 안전관리를 위하여 산업통상자원부장관이 필요하다고 인정하여 정하는 건축물(이하 "공동주택등"이라 한다)에 가스를 공급하는 경우에는 정압기에서 가스사용자가 구분하여 소유하거나 점유하는 건축물의 외벽에 설치하는 계량기의 전단밸브(계량기가 건축물의 내부에 설치된 경우에는 건축물의 외벽)까지에 이르는 배관
   (2) 공동주택등 외의 건축물 등에 가스를 공급하는 경우에는 정압기에서 가스사용자가 소유하거나 점유하고 있는 토지의 경계까지에 이르는 배관
   (3) 가스도매사업의 경우에는 정압기지에서 일반도시가스사업자의 가스공급시설이나 대량 수요자의 가스사용시설까지에 이르는 배관
4. "사용자공급관"이란 공급관 중 가스사용자가 소유하거나 점유하고 있는 토지의 경계에서 가스사용자가 구분하여 소유하거나 점유하는 건축물의 외벽에 설치된 계량기의 전단밸브(계량기가 건축물의 내부에 설치된 경우에는 그 건축물의 외벽)까지에 이르는 배관을 말한다.
5. "내관"이란 가스사용자가 소유하거나 점유하고 있는 토지의 경계(공동주택등으로서 가스사용자가 구분하여 소유하거나 점유하는 건축물의 외벽에 계량기가 설치된 경우에는 그 계량기의 전단밸브, 계량기가 건축물의 내부에 설치된 경우에는 건축물의 외벽)에서 연소기까지에 이르는 배관을 말한다.

6. "고압"이란 1메가파스칼 이상의 압력(게이지 압력을 말한다. 이하 같다)을 말한다. 다만 액체 상태의 액화가스의 경우에는 이를 고압으로 본다.
7. "중압"이란 0.1메가파스칼 이상 1메가파스칼 미만의 압력을 말한다. 다만 액화가스가 기화되고 다른 물질과 혼합되지 않은 경우에는 0.01메가파스칼 이상 0.2메가파스칼 미만의 압력을 말한다.
8. "저압"이란 0.1메가파스칼 미만의 압력을 말한다. 다만 액화가스가 기화되고 다른 물질과 혼합되지 않은 경우에는 0.01메가파스칼 미만의 압력을 말한다.
9. "액화가스"란 상용의 온도 또는 섭씨 35도의 온도에서 압력이 0.2메가파스칼 이상이 되는 것을 말한다.
10. "가스안전영향평가서"라 함은 법 제30조의4의 규정에 의하여 가스배관이 통과하는 지역에서 철도(도시철도를 포함한다)·지하보도·지하차도 또는 지하상가의 건설공사를 하고자 하는 자가 해당 굴착공사로 인하여 영향을 받는 가스배관의 제반 안전조치에 대한 사항을 작성하고 한국가스안전공사의 의견을 들어 시·도지사에게 제출하는 것을 말한다.
11. "가스안전영향평가서심사"란 법 제30조의4 제1항에 따라 한국가스안전공사에서 의견서를 작성·통보하기 위하여 검토하는 것을 말한다.
12. "매달림 지지대"란 굴착으로 노출된 배관의 방호를 위하여 전용 보로부터 배관을 지지하기 위한 봉강, 와이어로프, 기타의 기구 또는 구조물을 말한다.
13. "받침 지지대"란 굴착으로 노출된 배관의 방호를 위하여 배관을 받치는 구조물을 말한다.
14. "지지대"란 굴착으로 노출된 배관의 방호를 위하여 배관을 지지하기 위한 보로서, 2 이상의 매달림 지지대나 받침 지지대에 의해 지지되는 것을 말한다.
15. "받침대"란 굴착으로 노출된 배관의 방호를 위해 배관이 앉는 자리로서, 지지대 위에 설치된 것을 말한다.
16. "받침횡목"이란 굴착으로 노출된 배관의 방호를 위해 배관을 지지하기 위한 횡목으로서, 매달림 지지대로 지지된 것을 말한다.

03 비중이 1.52인 가스를 길이 80 m 떨어진 곳에 저압으로 시간당 15 m³로 공급하고자 한다. 압력손실이 수주로 15 mm이면 배관의 최소 관지름(cm)은 얼마인가?

정답

$$Q = k\sqrt{\frac{D^5 H}{SL}}$$

$$D = \sqrt[5]{\frac{Q^2 SL}{K^2 H}}$$

$$= \sqrt[5]{\frac{15^2 \times 1.52 \times 80}{0.707^2 \times 15}} = 5.16\ cm$$

∴ 5.16 cm

Q : 가스의 유량[m³/h]
D : 관안지름[cm]
H : 압력손실[mmH₂O]
S : 가스의 비중
L : 관의 길이[m]
K : 유량계수

04 고압가스 특정제조시설에 대한 다음 괄호 안에 알맞은 말을 쓰시오.

내압시험압력은 상용압력의 (①)배 이상, 기밀시험 압력은 (②)이상으로 실시한다.

정답

① 1.5
② 사용압력

※ 단, 기체로 내압시험을 하는 경우 상용압력의 1.25배 이상으로 하며, 기밀시험 압력은 0.7 MPa을 초과하는 경우 0.7 MPa 이상으로 한다(KGS CODE FP112).

05 일반도시가스사업의 가스공급시설의 시설·기술·검사·정밀안전진단 기준에 대한 다음 괄호 안에 들어갈 알맞은 것을 쓰시오.

> 가) 가스혼합기·가스정제설비·배송기·압송기 그 밖에 가스공급시설의 부대설비(배관은 제외한다)는 그 외면으로부터 사업장의 경계까지의 거리를 3 m 이상 유지할 것. 다만 최고사용압력이 고압인 것은 그 외면으로부터 사업장의 경계까지의 거리를 ( ) m 이상, 제1종보호시설(사업소 안에 있는 시설은 제외한다)까지의 거리를 ( ) m 이상으로 할 것
>
> 나) 가스발생기와 가스홀더는 그 외면으로부터 사업장의 경계(사업장의 경계가 바다·하천·호수·연못 등으로 인접되어 있는 경우에는 이들의 반대편 끝을 경계로 본다. 이하 같다)까지 최고사용압력이 고압인 것은 20 m 이상, 최고사용압력이 중압인 것은 ( ) m 이상, 최고사용압력이 저압인 것은 ( ) m 이상의 거리를 각각 유지할 것

정답

가) 20, 30
나) 10, 5

보충 도시가스사업법 시행규칙 [별표 6]

1. 제조소 및 공급소
   1) 배치 기준
      가) 가스혼합기·가스정제설비·배송기·압송기 그 밖에 가스공급시설의 부대설비(배관은 제외한다)는 그 외면으로부터 사업장의 경계까지의 거리를 3 m 이상 유지할 것. 다만 최고사용압력이 고압인 것은 그 외면으로부터 사업장의 경계까지의 거리를 20 m 이상, 제1종보호시설(사업소 안에 있는 시설은 제외한다)까지의 거리를 30 m 이상으로 할 것
      나) 가스발생기와 가스홀더는 그 외면으로부터 사업장의 경계(사업장의 경계가 바다·하천·호수·연못 등으로 인접되어 있는 경우에는 이들의 반대편 끝을 경계로 본다. 이하 같다)까지 최고사용압력이 고압인 것은 20 m 이상, 최고사용압력이 중압인 것은 10 m 이상, 최고사용압력이 저압인 것은 5 m 이상의 거리를 각각 유지할 것

〈생략〉

2. 정압기
   1) 배치 기준
      정압기는 그 정압기의 유지관리에 지장이 없고, 그 정압기 및 배관에 대한 위해의 우려가 없도록 설치하되, 원칙적으로 건축물(건축물 외부에 설치된 정압기실은 제외한다)의 내부 또는 기초 밑에 설치하지 아니할 것. 다만 다음 중 어느 하나에 해당하는 경우에는 건축물 내부에 설치할 수 있다.
      가) 단독사용자에게 도시가스를 공급하기 위한 정압기로서 부득이하게 건축물 외부에 설치할 수 없는 경우로서 외부와 환기가 잘 되는 지상층에 설치하거나 외부와 환기가 잘 되고 기계환기설비를 갖춘 지하층에 설치하는 경우
      나) 건축물 내부에 설치된 도시가스사업자의 정압기로서 가스누출경보기와 연동하여 작동하는 기계환기설비를 설치하고, 1일 1회 이상 안전점검을 실시하는 경우

06
고체탄산가스(드라이아이스)는 대기압 하에서는 융해되어도 액체로 변하지 않는다. 다음 P-h선도에서 A, B, C, D의 각 상태를 쓰시오.

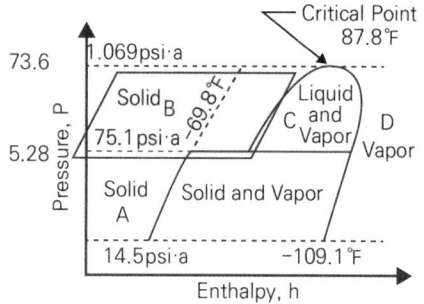

정답

A : 고체
B : 고체와 액체 공존
C : 액체와 기체 공존
D : 기체

07
소형저장탱크에 의한 액화석유가스 사용시설에서 설치 불가능한 압력조정기 종류를 쓰시오.

정답

1단감압식 저압·준저압조정기

보충 KGS FU432 소형저장탱크에 의한 액화석유가스 사용시설의 시설·기술·검사 기준
2.4.4.1 압력조정기 설치
사용시설에는 그 사용시설의 안전 확보 및 정상작동을 위하여 다음 기준에 따라 압력조정기를 설치한다.
2.4.4.1.1 압력조정기의 입·출구압력, 조정압력 및 최대유량은 다음의 기준을 충족하는 것으로 한다. 다만 압력조정기를 병렬로 설치하는 경우에는 각각의 압력조정기가 사용시설의 부록 C에 따른 최대가스소비량 이상의 용량이 되는 것으로 설치하되, 검사를 받은 국내 생산 제품이나 수입 제품이 없는 경우에는 이를 적용하지 않을 수 있다.

(1) 압력조정기 후단에 감압을 위한 압력조정기가 추가로 설치되는 경우, 추가로 설치된 압력조정기의 입구 압력 및 최대 유량에 충분한 것으로 한다.
(2) 압력조정기 후단에 연소기가 설치되는 경우, 그 연소기의 사용 압력 및 가스 소비량에 충분한 것으로 한다.
2.4.4.1.2 압력조정기는 소형저장탱크, 건축물의 지주 또는 벽, 기화장치출구 등에 단단히 부착하여 위로부터 떨어지는 낙하물, 빗물, 눈 등에 의하여 그 기능이 손상되지 않도록 보호조치를 한다.
2.4.4.1.3 압력조정기는 통풍이 좋은 장소에 설치한다.
2.4.4.1.4 찜질방 가스사용시설에 설치하는 압력조정기는 가열로실 내부에 설치하지 않는다.
2.4.4.1.5 압력조정기는 균압공으로 눈비 등이 들어가지 않도록 설치한다.
2.4.4.1.6 1단감압식 저압·준저압조정기는 소형저장탱크 사용시설에 설치하지 않는다.

08
내용적 47 L인 충전용기를 수조식 내압시험장치에서 내압시험을 한 결과 압력을 가했을 때 47.002 L, 압력을 제거하니 47.125 L일 때 영구증가율(%)을 계산하여 합격, 불합격을 판정하고 그 이유를 쓰시오.

정답

$$영구증가율 = \frac{영구증가량}{전증가량} \times 100$$

$$= \frac{47.002 - 47}{47.125 - 47} \times 100 = 1.67\%$$

영구증가율이 10 % 이하이면 합격이므로 내압시험 결과 합격이다.

09
게이뤼삭(Gay Lussac)법칙에 대해 쓰시오.

정답
기체의 부피가 일정할 때 온도와 압력은 비례한다.

10
정확도가 가장 높아서 실험실용, 연구실용, 표준가스미터용으로 사용하는 가스미터 종류를 쓰시오.

정답
습식 가스미터

보충 습식 가스미터
(1) 계량이 정확
(2) 사용 중 기차의 변동이 크지 않음
(3) 사용 중 수위조정 등의 관리가 필요
(4) 설치면적이 큼
(5) 실험실용으로 사용

11
도시가스 제조시설의 배관에 설치하는 수취기 역할을 쓰시오.

정답
가스 중의 수분 제거

12
오스테나이트계 스테인리스강은 고온·고압 환경에서 내식성이 우수해 널리 사용된다. 그러나 고온 용접, 부적절한 열처리, 특정 환경에서는 입계부식이 발생할 수 있다. 이때 입계부식이 잘 발생하는 온도 조건을 쓰시오.

정답
425 ~ 815 ℃

13
가스시설 전기방폭구조 중 다음 각 설명에 해당하는 구조를 쓰시오.

1. 방폭전기기기의 용기(이하 "용기"라 한다) 내부에서 가연성 가스의 폭발이 발생할 경우 그 용기가 폭발 압력에 견디고, 접합면, 개구부 등을 통해 외부의 가연성 가스에 인화되지 않도록 한 구조
2. 용기 내부에 절연유를 주입하여 불꽃·아크 또는 고온 발생 부분이 기름 속에 잠기게 함으로써 기름면 위에 존재하는 가연성 가스에 인화되지 않도록 한 구조
3. 정상운전 중에 가연성 가스의 점화원이 될 전기불꽃·아크 또는 고온 부분 등의 발생을 방지하기 위해 기계적·전기적 구조상 또는 온도 상승에 대해 특히 안전도를 증가시킨 구조
4. 정상 시 및 사고(단선, 단락, 지락 등) 시에 발생하는 전기불꽃·아크 또는 고온부로 인하여 가연성 가스가 점화되지 않는 것이 점화시험 및 그 밖의 방법으로 확인된 구조

> 정답

1. 내압방폭구조
2. 유입방폭구조
3. 안전증방폭구조
4. 본질안전방폭구조

보충 KGS GC201 가스시설 전기방폭 기준
• 용어 정의
1. "내압(耐壓)방폭구조"란 방폭전기기기의 용기(이하 "용기"라 한다) 내부에서 가연성 가스의 폭발이 발생할 경우 그 용기가 폭발 압력에 견디고, 접합면, 개구부 등을 통해 외부의 가연성 가스에 인화되지 않도록 한 구조를 말한다.
2. "유입(油入)방폭구조"란 용기 내부에 절연유를 주입하여 불꽃·아크 또는 고온 발생 부분이 기름 속에 잠기게 함으로써 기름면 위에 존재하는 가연성 가스에 인화되지 않도록 한 구조를 말한다.
3. "압력(壓力)방폭구조"란 용기 내부에 보호가스(신선한 공기 또는 불활성 가스)를 압입하여 내부 압력을 유지함으로써 가연성 가스가 용기 내부로 유입되지 않도록 한 구조를 말한다.
4. "안전증방폭구조"란 정상운전 중에 가연성 가스의 점화원이 될 전기불꽃·아크 또는 고온 부분 등의 발생을 방지하기 위해 기계적·전기적 구조상 또는 온도 상승에 대해 특히 안전도를 증가시킨 구조를 말한다.
5. "본질안전방폭구조"란 정상 시 및 사고(단선, 단락, 지락 등) 시에 발생하는 전기불꽃·아크 또는 고온부로 인하여 가연성 가스가 점화되지 않는 것이 점화시험 및 그 밖의 방법으로 확인된 구조를 말한다.
6. "특수방폭구조"란 1부터 5까지 구조 이외의 방폭구조로서 가연성 가스에 점화를 방지할 수 있다는 것이 시험 및 그 밖의 방법으로 확인된 구조를 말한다.

14 액화석유가스를 탱크로리에서 저장탱크로 이송하는 이송법 3가지를 쓰시오.

> 정답

압축기, 펌프, 차압

15 혼합가스의 발열량이 10800 kcal/m³일 때 웨버지수는 얼마인가? (단, 비중이 0.64인 가스이다)

> 정답

$$WI = \frac{Hg}{\sqrt{d}}$$
$$= \frac{10800}{\sqrt{0.64}} = 13500\,kcal/m^3$$

WI : 웨버지수
H_g : 도시가스의 총발열량[kcal/m³]
d : 도시가스의 공기에 대한 비중

2025 제3회 [동영상]

01 다음 동영상은 벤트스택이다. 각 질문에 답하시오.

※ 출처 : 안전정보포털

가. 벤트스택의 높이는 방출된 가스의 착지 농도(着地濃度)가 어떤 값 미만이 되도록 충분한 높이로 하는가?

나. 액화가스가 함께 방출되거나 급냉될 우려가 있는 벤트스택에는 그 벤트스택과 연결된 가스공급시설의 가장 가까운 곳에 무엇을 설치하는가?

정답

가. 폭발하한계 값 미만
나. 기액분리기

보충 KGS FP451가스도매사업 제조소 및 공급소의 시설·기술·검사·정밀안전진단·안전성평가 기준

2.8.7.1 가스공급시설 벤트스택 설치
가스공급시설에 설치하는 벤트스택은 다음 기준에 따라 설치한다.
2.8.7.1.1 벤트스택의 높이는 방출된 가스의 착지 농도(着地濃度)가 폭발하한계 값 미만이 되도록 충분한 높이로 한다.
2.8.7.1.2 벤트스택 방출구의 위치는 작업원이 정상 작업을 하는 데 필요한 장소 및 작업원이 항시 통행하는 장소로부터 10 m 이상 떨어진 곳에 설치한다.
2.8.7.1.3 벤트스택에는 정전기 또는 낙뢰 등으로 착화를 방지하는 조치를 강구하고 만일 착화된 경우에는 즉시 소화할 수 있는 조치를 강구한다.
2.8.7.1.4 벤트스택 또는 그 벤트스택에 연결된 배관에는 응축액의 고임을 제거하거나 방지하기 위한 조치를 강구한다.
2.8.7.1.5 액화가스가 함께 방출되거나 급냉될 우려가 있는 벤트스택에는 그 벤트스택과 연결된 가스공급시설의 가장 가까운 곳에 기액분리기(氣液分離器)를 설치한다.
2.8.7.2 그 밖의 벤트스택 설치
2.8.7.1에 따른 벤트스택 이외의 벤트스택은 다음 기준에 따라 설치한다.
2.8.7.2.1 벤트스택의 높이는 방출된 가스의 착지 농도(着地濃度)가 폭발하한계 값 미만이 되도록 충분한 높이로 한다.
2.8.7.2.2 벤트스택 방출구의 위치는 작업원이 정상 작업을 하는 데 필요한 장소 및 작업원이 항시 통행하는 장소로부터 5 m 이상 떨어진 곳에 설치한다.
2.8.7.2.3 벤트스택에는 정전기 또는 낙뢰 등으로 착화된 경우에 소화할 수 있는 조치를 강구한다.
2.8.7.2.4 벤트스택 또는 그 벤트스택에 연결된 배관에는 응축액의 고임을 제거하거나 방지하기 위한 조치를 한다.
2.8.7.2.5 액화가스가 함께 방출되거나 급냉될 우려가 있는 벤트스택에는 액화가스가 함께 방출되지 않도록 조치를 한다.

02 가스용 폴리에틸렌관을 맞대기 융착이음 할 때 최소 관지름은 몇 mm인가?

※ 출처 : 나노인스텍

> **정답**

공칭외경 90

03 LNG 저장탱크 내부에 해당하는 명칭을 쓰시오.

※ 출처 : 에너지신문

> **정답**

멤브레인

보충 LNG 저장설비
1. 단일 방호식 저장탱크 : 단일탱크 또는 내부탱크와 보온재로 이루어진 탱크
2. 이중 방호식 저장탱크 : 내부탱크와 외부탱크가 각각 별도로 저장할 수 있도록 설계되는 탱크
3. 완전 방호식 저장탱크 : 내부탱크와 외부탱크 모두 독립적으로 저장할 수 있도록 설계되는 탱크
4. 멤브레인식 저장탱크 : 특수한 주름을 넣은 멤브레인으로 제작한 탱크(열저항 상승)

04 다음 동영상을 보고 공기액화분리장치에서 즉시 운전을 중지하여 액화산소를 방출하여야 하는 경우 2가지를 쓰시오.

※ 출처 : 알리바바닷컴

> **정답**

1. 액화산소 5 L 중 아세틸렌 질량이 5 mg 이상일 때
2. 액화산소 5 L 중 탄화수소 중의 탄소 질량이 500 mg 이상일 때

보충 공기액화분리장치 순서
여과기 - 압축기 - 냉각기 - 건조기 - 열교환기 - 정류탑 - 펌프 - 충전기
※ 원료공기 흡입 후 위의 순서대로 진행

05 이상압력통보장치의 규정에 따른 정의를 쓰시오.

※ 출처 : 준엔지니어링

> **정답**

정압기 출구 측의 압력이 설정압력보다 상승하거나 낮아지는 경우에 이상 유무를 상황실에서 알 수 있도록 경보음(70 dB 이상) 등으로 알려 주는 설비

보충 FS552 일반도시가스사업 정압기의 시설·기술·검사 기준

1.3 용어 정의

이 기준에서 사용하는 용어의 뜻은 다음과 같다.

1.3.1 "정압기(Governor)"란 도시가스 압력을 사용처에 맞게 낮추는 감압기능, 2차 측의 압력을 허용범위 내의 압력으로 유지하는 정압기능 및 가스의 흐름이 없을 때는 밸브를 완전히 폐쇄하여 압력 상승을 방지하는 폐쇄기능을 가진 기기로서, "정압기용 압력조정기(Regulator)"와 그 부속설비를 말한다.

1.3.2 "정압기 부속설비"란 정압기실 내부의 1차 측(Inlet) 최초밸브(밸브가 없는 경우 플랜지 또는 절연조인트)로부터 2차 측(Outlet) 말단밸브(밸브가 없는 경우 플랜지 또는 절연조인트) 사이에 설치된 배관, "가스차단장치(Valve)", "정압기용 필터(Gas Filter)", "긴급차단장치(Slam Shut Valve)", "안전밸브 (Safety Valve)", "압력기록장치(Pressure Recorder)", 각종 통보 설비 및 이들과 연결된 배관과 전선을 말한다.

1.3.3 "지구정압기(City Gate Governor)"란 일반도시가스사업자의 소유시설로서 가스도매 사업자로부터 공급받은 도시가스의 압력을 1차적으로 낮추기 위해 설치하는 정압기를 말한다.

1.3.4 "지역정압기(District Governor)"란 일반도시가스사업자의 소유시설로서 지구정압기 또는 가스도매사업자로부터 공급받은 도시가스의 압력을 낮추어 다수의 사용자에게 가스를 공급하기 위해 설치하는 정압기를 말한다.

1.3.5 "철근콘크리트 구조의 정압기실"이란 정압기실의 벽과 기초가 철근콘크리트인 정압기실을 말한다.

1.3.6 "캐비닛(Cabinet)형 구조의 정압기실"이란 정압기, 배관 및 안전장치 등이 일체로 구성된 정압기에 한정하여사용할 수 있는 정압기실로, 내식성 재료의 캐비닛과 철근콘크리트 기초로 구성된 정압기실을 말한다.

1.3.7 "이상압력통보설비"란 정압기 출구 측의 압력이 설정압력보다 상승하거나 낮아지는 경우에 이상 유무를 상황실에서 알 수 있도록 경보음(70 dB 이상) 등으로 알려 주는 설비를 말한다.

1.3.8 "긴급차단장치"란 정압기의 이상 발생 등으로 출구 측의 압력이 설정압력보다 이상 상승하는 경우 입구 측으로 유입되는 가스를 자동 차단하는 장치를 말한다.

1.3.9 "안전밸브"란 정압기의 압력이 이상 상승하는 경우 자동으로 압력을 대기 중으로 방출하기 위한 밸브를 말한다.

1.3.10 "상용압력"란 통상의 사용 상태에서 사용하는 최고압력으로서 정압기 출구 측 압력이 2.5 kPa 이하인 경우에는 2.5 kPa을 말하며, 그 밖의 것은 일반도시가스사업자가 설정한 정압기의 최대 출구압력을 말한다.

06 LPG 저장설비 및 가스설비에 설치하는 압력계의 최고눈금 기준을 쓰시오.

※ 출처 : 알리바바

> **정답**

상용압력의 1.5배 이상 2배 이하

보충 KGS FU331 저장탱크에 의한 액화석유가스 저장소의 시설·기술·검사·정밀안전진단·안전성평가 기준

2.10.1 계측설비 설치

2.10.1.1 압력계 및 온도계 설치

2.10.1.1.1 배관에는 그 배관의 적당한 곳에 압력계 및 온도계를 설치한다.

2.10.1.1.2 저장설비 및 가스설비에 설치하는 압력계는 상용압력의 1.5배 이상 2배 이하의 최고눈금이 있는 것으로 한다.

2.10.1.2 액면계 설치
저장탱크에는 저장된 가스의 양을 확인할 수 있도록 다음 기준에 따라 액면계(환형유리제액면계는 제외한다)를 설치한다.

2.10.1.2.1 액면계는 평형반사식 유리액면계, 평형투시식 유리액면계 및 플로트(Float)식·차압식·정전용량식·편위식·고정튜브식 또는 회전튜브식이나 스립튜브식 액면계 등에서 액화가스의 종류와 저장탱크의 구조 등에 적합한 구조와 기능을 가지는 것을 선정하여 사용한다.

2.10.1.2.2 유리액면계에 사용하는 유리는 KS B 6208(보일러용 수면계 유리) 중 기호 B 또는 P의것 또는 이와 같은 수준 이상의 것으로 한다.

2.10.1.2.3 유리를 사용한 액면계에는 액면을 확인하기 위하여 필요한 최소면적 이외의 부분을 금속제 등의 덮개로 보호하여 액면계의 파손을 방지하는 조치를 한 것으로 한다.

2.10.1.2.4 저장탱크와 유리제게이지를 접속하는 상하 배관에는 자동식 및 수동식 스톱밸브을 각각 설치한다. 다만 자동식 및 수동식 기능을 함께 갖춘 경우에는 각각 설치한 것으로 볼 수 있다.

07 LPG자동차에 고정된 탱크의 다음과 같은 과충전 방지장치는 내용적 몇 %까지 충전할 수 있도록 하는지 쓰시오.

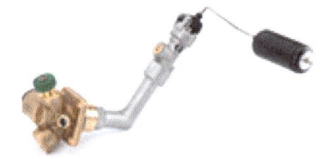

※ 출처 : 주식회사 다임코

정답

85 %

08 다음 동영상은 LPG 충전기의 보호대를 나타낸 것이다. 각 질문에 답하시오.

※ 출처 : 이투뉴스

가. 배관용 탄소강관 외에 보호대로 사용할 수 있는 재질과 기준을 쓰시오.

나. 보호대의 높이 기준을 쓰시오.

정답

1. 두께 12 cm 이상의 철근콘크리트
2. 80 cm 이상

보충 보호대

1. 재질 : 두께 12 cm 이상의 철근콘크리트 또는 강관
2. 높이 : 80 cm 이상(차량 범퍼 높이 이상)
3. 두께 : 철근콘크리트 구조 12 cm 이상
4. 지름 : 강관제 호칭지름 100 A 이상

09 다음 동영상은 CNG 충전설비이다. 압축가스설비의 밸브와 배관 부속품 주위 안전한 작업을 위해 몇 m 이상의 안전공간을 확보해야 하는지 쓰시오.

※ 출처 : 뉴스인

정답

1 m 이상

보충 KGS FP651

2.4.4.2.1 처리설비 및 압축가스설비

(1) 압축가스설비의 모든 밸브와 배관 부속품의 주위에는 안전한 작업을 위하여 1 m 이상의 공간을 확보한다. 다만 압축가스설비가 밀폐형 구조물 안에 설치된 경우로서, 유지·보수를 위한 문 또는 창문이 설치된 경우에는 1 m 이상의 공간을 확보하지 않을 수 있다.

(2) 처리설비 및 압축가스설비는 불연재료로 격리된 구조물 안에 설치한다. 다만 2.7.2.1에 따른 방호벽을 설치한 경우 또는 방류둑을 설치한 경우에는 불연재료로 격리된 구조물 안에 설치하지 않을 수 있다.

(3) 처리설비 및 압축가스설비는 충분한 환기(환기구의 환기 가능 면적 합계가 바닥 면적 1 m^2마다 300 cm^2 이상)를 유지할 수 있도록 한다. 다만 충분한 환기를 유지할 수 없을 경우에는 기계환기설비(환기능력이 바닥 면적 1 m^2마다 0.5 m^3/분 이상)를 갖추도록 한다.

(4) 처리설비 및 압축가스설비는 충전소에 출입하는 자동차의 진·출입로 이외의 장소에 설치하며, 자동차 충격 등으로부터 처리설비 및 압축가스설비를 보호할 수 있는 조치를 한다. 다만 2.7.2.1에 따른 방호벽 또는 방류둑을 설치한 경우에는 자동차로 인한 충격 등으로부터 처리설비 및 압축가스설비를 보호할 수 있는 조치를 하지 않을 수 있다.

10 다음은 LPG 저장시설에 설치된 기기이다. 각 기기의 명칭을 쓰시오.

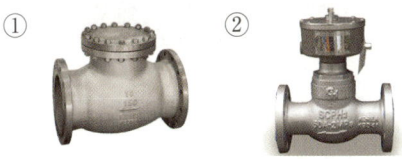

※ 출처 : ① 퍼펙트밸브, ② 거붕한진

정답

① 체크밸브
② 긴급차단장치

2024 제1회 [필답형]

01 다음 보기 내의 온도계 중 계측원리에 해당하는 것을 골라 쓰시오.

[보기]
서미스터, 서모커플, 바이메탈, 파이로미터

가. 열기전력식
나. 열팽창식
다. 열복사에너지식
라. 열저항식

정답
가. 서모커플(두 종류의 금속을 이용하여 온도가 다를 때 전류가 흐르는데 이를 이용하여 온도차를 계측 = 열전대라고도 함(Thermo Couple))
나. 바이메탈(열팽창 정도가 다른 두 금속을 붙여 온도가 올라가면 열팽창 정도가 작은 쪽으로 휘는 것을 이용)
다. 파이로미터(수은 온도계나 알코올 온도계로는 계측 불가능한 높은 온도를 재는 온도계)
라. 서미스터

02 아세틸렌을 발생시키는 방법 3가지를 쓰고 설명하시오.

정답
1. 투입식 : 물에 카바이드(탄화칼슘)을 넣는 방법
2. 침지식 : 물과 카바이드(탄화칼슘)을 소량씩 접촉하는 방법
3. 주수식 : 카바이드(탄화칼슘)에 물을 넣는 방법

03 액화가스의 펌프 용량이 5 m³/min이며, 펌프 토출구 직경(내경)이 25 cm이다. 이 펌프의 유속(m/s)을 구하시오.

정답
$Q = AV$
$V = \dfrac{Q}{A} = \dfrac{5}{\dfrac{\pi}{4} \times 0.25^2 \times 60} = 1.70$

※ 초당 유속을 물어봤으므로 5 m³/min에서 60을 나누어서 초당 유량을 대입한다.

04 가스의 발열량이 12100 kcal/Sm³이며 분자량이 34 g/mol인 가스의 웨버지수를 구하시오. (단, 공기 분자량은 28.8 g/mol이다)

정답
웨버지수 $WI = \dfrac{H_g}{\sqrt{d}}$

$= \dfrac{12100}{\sqrt{\dfrac{34}{28.8}}} = 11136.33\,kcal/Sm^3$

05 가스보일러는 전용보일러실(보일러실 안의 가스가 거실로 들어가지 않는 구조로서 보일러실과 거실 사이의 경계벽은 출입구를 제외하고는 내화구조의 벽을 말한다. 이하 같다)에 설치한다. 다만 전용보일러실에 설치하지 않을 수 있는 경우 2가지를 쓰시오.

> **정답**
> 1. 밀폐식 가스보일러
> 2. 옥외에 설치한 가스보일러
> 3. 전용급기통을 부착하는 구조로 검사에 합격한 강제배기식 가스보일러
>
> **보충** KGS GC208 2023 주거용 가스보일러의 설치·검사 기준
> 2. 시설 기준
> 2.1.3 설치방법
> 2.1.3.5 가스보일러는 전용보일러실(보일러실 안의 가스가 거실로 들어가지 않는 구조로서 보일러실과 거실 사이의 경계벽은 출입구를 제외하고는 내화구조의 벽을 말한다. 이하 같다)에 설치한다. 다만 다음 중 어느 하나에 해당하는 경우에는 전용보일러실에 설치하지 않을 수 있다.
> (1) 밀폐식 가스보일러
> (2) 옥외에 설치한 가스보일러
> (3) 전용급기통을 부착하는 구조로 검사에 합격한 강제배기식 가스보일러
>
> 〈원문〉
> G1.2.3 보일러는 전용보일러실(보일러실 안의 가스가 거실로 들어가지 않는 구조로서 보일러실과 거실 사이의 경계벽은 출입구를 제외하고는 내화구조인 벽을 말한다. 이하 같다)에 설치한다. 다만 다음 중 어느 하나에 해당하는 경우에는 보일러를 전용보일러실에 설치하지 않을 수 있다.
> (1) 밀폐식 보일러
> (2) 보일러를 옥외에 설치한 경우
> (3) 전용급기통을 부착하는 구조로 검사에 합격한 강제배기식 보일러

〈부록〉
부록 D
1993.11.28일 이후 2017.8.24일 이전 도시가스 사용시설 가스보일러 설치 기준 : 가스보일러와 가스온수기(이하 '가스보일러'라 한다)는 목욕탕이나 환기가 잘되지 않는 곳에 설치하지 않고 다음 기준에 따라 설치한다.

06 수소의 공업적 제법인 일산화탄소 전화법의 반응식을 쓰고 이에 대해 설명하시오.

> **정답**
> $CO + H_2O \rightarrow CO_2 + H_2$
> 일산화탄소와 물을 반응시키고 열을 가해 수소를 생성하는 방법

07 공기보다 가벼운 가스와 공기보다 무거운 가스의 가스 검지기 설치 위치를 각각 쓰시오.

> **정답**
> 1. 공기보다 가벼운 가스 : 천장으로부터 30 cm 이내
> 2. 공기보다 무거운 가스 : 바닥으로부터 30 cm 이내

08 효율이 75 %인 연소기가 있다. 물 500 L를 5 ℃에서 55 ℃로 상승시키는 데 필요한 프로판 사용량(kg)을 구하시오. (단, 프로판의 발열량은 12000 kcal/kg이다)

> **정답**
> $$G_f = \frac{GC\Delta t}{H_l \times \eta}$$
> $$= \frac{500 \times 1 \times (55-5)}{12000 \times 0.75} = 2.78 kg$$

09
액화가스탱크에서 탱크로리로 가스를 옮길 때 방법 2가지를 쓰시오.

정답
1. 펌프
2. 압축기
3. 차압

10
LNG 저장시설에 설치한 배관에는 긴급차단장치를 설치하여야 한다. 다음 물음에 답하시오.

> 가. 저장탱크 외면으로부터 ( ) m 이상 떨어진 위치에서 조작할 수 있을 것
> 나. 긴급차단장치의 동력원은 ( ), 기압, 전기, 스프링

정답
가 : 10
나 : 액압

보충 긴급차단장치
STEP 1. 도시가스인지 액화석유가스인지 구분하기
STEP 2. 액화석유가스이면? 5 m 이상
〈KGS FU331〉 저장탱크에 의한 액화석유가스 저장소의 시설·기술·검사·정밀안전진단·안전성평가 기준
2.8.3.3.2 긴급차단장치의 차단조작기구는 해당 저장탱크(지하에 매몰하여 설치하는 저장탱크를 제외한다)로부터 5 m 이상 떨어진 곳(방류둑을 설치한 경우에는 그 외측)으로서 다음 장소마다 1개 이상 설치한다.〈개정 11.8.19〉
(1) 자동차에 고정된 탱크 이입·충전 장소 주변
(2) 액화석유가스의 대량유출에 대비하여 충분히 안전이 확보되고 조작이 용이한 곳

STEP 3. 도시가스라면?
① 가스도매사업 : 10 m 이상
〈KGS FP451〉 가스도매사업 제조소 및 공급소의 시설·기술·검사·정밀안전진단·안전성평가 기준
2.6.3.1 저장탱크에 긴급차단장치 설치
액화가스 저장탱크 중 내용적 5000 L 이상의 것에 설치한 배관(송출 또는 이입하기 위한 저장탱크만을 말하며 저장탱크와 배관과의 접속부를 포함한다)에는 그 저장탱크의 외면으로부터 10 m 이상 떨어진 위치에서 조작할 수 있는 긴급 차단장치를 설치한다.
② 일반도시가스사업 : 5 m 이상
〈KGS FP551〉 일반도시가스사업 제조소 및 공급소의 시설·기술·검사 기준
2.6.3.1.1 저장탱크(내용적이 5000 L 미만의 것은 제외한다)에 부착된 배관(액상의 가스를 송출 또는 이입하는 것만 적용하며, 저장탱크와 배관과의 접속부분을 포함한다)에는 그 저장탱크의 외면으로부터 5 m 이상 떨어진 위치에서 조작할 수 있도록 다음 기준에 따라 긴급차단장치를 설치한다. 다만 액상의 가스를 이입하기 위하여 설치된 배관에 2.6.4.1에 따라 역류방지밸브를 설치하는 경우에는 긴급차단장치를 설치한 것으로 볼 수 있다

11
지상에 설치되는 LNG 저장설비의 방호종류 3가지를 쓰시오.

정답
1. 단일 방호식 저장탱크 : 단일탱크 또는 내부탱크와 보온재로 이루어진 탱크
2. 이중 방호식 저장탱크 : 내부탱크와 외부탱크가 각각 별도로 저장할 수 있도록 설계되는 탱크
3. 완전 방호식 저장탱크 : 내부탱크와 외부탱크 모두 독립적으로 저장할 수 있도록 설계되는 탱크
4. 멤브레인식 저장탱크 : 특수한 주름을 넣은 멤브레인으로 제작한 탱크(열저항 상승)

12 부식의 종류 4가지를 쓰고 간략히 설명하시오.

정답

1. 응력 부식 : 높은 응력을 받을 때 생기는 부식
2. 고온 부식 : 가열로 인해 재료가 화학적으로 악화되는 부식
3. 침식 부식 : 금속재료 표면과 유체의 역학적인 요인에 의해 생기는 부식
4. 전해부식 : 이종금속 부식이라고도 하며, 서로 다른 두 금속의 전위차이로 인해 생기는 부식
5. 전면 부식 : 금속의 전 표면에 균등하게 생기는 부식
6. 국부 부식 : 금속 표면이 국부적으로 부식

13 정압기 특성 중 하나인 동특성에 대해 설명하시오.

정답

부하 변동에 대한 응답의 신속성

보충 정압기 특성
- 정특성 : 정상 상태에서 유량과 2차 압력과의 관계
- 동특성 : 부하변동에 대한 응답의 신속성
- 유량특성 : 메인밸브의 열림과 유량과의 관계

14 다음 각 가스의 화재에 대해 간략히 설명하시오.

정답

1. JET FIRE : 압축가스가 배관에서 분출될 때 발생하는 화재
2. POOL FIRE : 대기에 가연성 액체가 노출된 개방 탱크에서 발생하는 화재

2024 제1회 [동영상]

01 다음 동영상의 방폭구조 2가지를 쓰시오. (단, Ex dib라고 적힌 명판)

※ 출처 : 안전보건공단

정답

1. 내압방폭구조
2. 본질안전방폭구조

　보충　방폭구조의 종류
① 안전증방폭구조(e)
② 유입방폭구조(o)
③ 내압방폭구조(d)
④ 압력방폭구조(p)
⑤ 본질안전방폭구조(ia, ib)
⑥ 특수방폭구조(s)

02 액화가스 저장탱크가 설치된 장소 중 영상에서 지시하는 것의 기능과 이것의 평상시 개방 여부를 쓰시오.

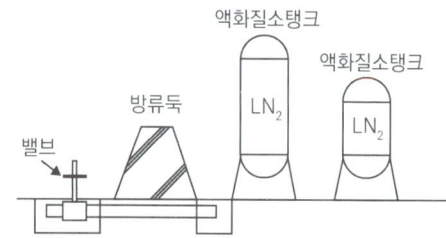

정답

1. 기능 : 방류둑 내부의 고인 물을 외부로 배출
2. 평상시 : 닫혀 있을 것

03 다음 동영상의 안전장치 이름을 쓰시오.

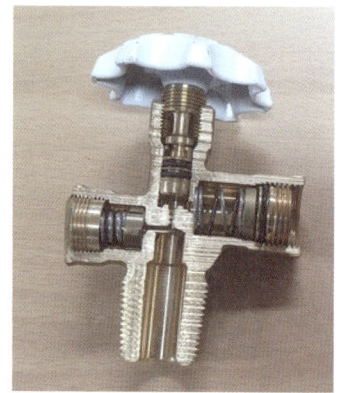

※ 출처 : 가스신문

정답

스프링식 안전밸브

04 LPG 저장탱크의 유리액면계 상하에 설치된 밸브는 어떤 형식인지 쓰시오.

※ 출처 : 거봉한진

정답
수동식 및 자동식

05 액화석유가스충전소의 사무실에는 긴급차단밸브가 설치되어 있다. 이 긴급차단장치의 조작기구와 LPG 저장탱크와의 이격거리 기준을 쓰시오.

※ 출처 : 가스신문

정답
5 m 이상

06 다음 물음에 답하시오.

※ 출처 : 가스신문

1. 용기보관실은 그 외면으로부터 화기를 취급하는 장소와 얼마 이상의 우회거리를 두어야 하는가?
2. 누출된 가스가 사무실로 유입되지 않기 위해 LPG용기 보관실의 면적은 얼마 이상으로 해야 하는가?

정답
1. 2 m 이상
2. 19 m^2 이상

07 도시가스를 사용하는 연소기구에서 공기량이 부족할 경우 불꽃의 끝이 적황색으로 되어 연소하는 현상은 무엇인가?

※ 출처 : NC 한국인뉴스

> **정답**

옐로 팁(Yellow Tip) 또는 황염

> **정답**

1. 20000 m² 미만
2. 30 m 이상
3. 30 m 이상
4. 8 m 이상

08 다음 동영상을 보고 각 물음에 답하시오.

※ 출처 : 가스신문

1. 고압인 가스공급시설은 통로·공지 등으로 구획된 안전구역 안에 설치하되 그 안전구역의 면적은 몇 m² 미만으로 하는가?
2. 안전구역 안의 고압인 가스공급시설(배관은 제외하나 고압인 가스공급시설과 같은 제조설비에 속하는 가스설비는 포함한다)은 그 외면으로부터 다른 안전구역 안에 있는 고압인 가스공급시설의 외면까지 몇 m 이상의 우회거리를 유지하는가?
3. 가스 도매사업 제조소 및 공급소의 지상에 노출하여 설치하는 배관은 학교, 유치원과 몇 m 이상의 수평거리를 유지하는가?
4. 제조소 및 공급소에 설치하는 가스(저압의 것으로서 지면에 체류할 우려가 없는 것은 제외한다)가 통하는 가스공급시설(배관은 제외한다)은 그 외면으로부터 화기(그 설비 안의 것은 제외한다)를 취급하는 장소까지 몇 m 이상의 우회거리를 유지하는가?

09 LPG 자동차 충전기(Dispenser)에 대한 다음 물음에 답하시오.

※ 출처 : 매일경제

1. 충전호스 끝부분에 설치되는 장치는 무엇인가?
2. 해당 부분의 기능을 쓰시오.

> **정답**

1. 정전기 제거장치
2. 충전호스에 과도한 인장력이 작용하였을 때 분리

10. 다음 동영상에서 보여주는 배관의 기능을 쓰시오.

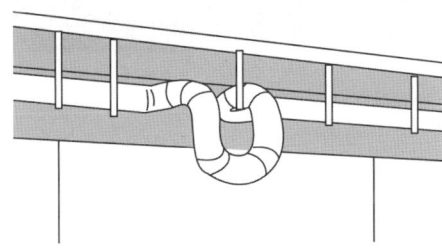

> **정답**
>
> 온도 상승으로 인한 배관의 신축 흡수

2024 제2회 [필답형]

01
도시가스배관을 선정할 때 배관재료가 갖추어야 하는 구비조건 3가지를 쓰시오.

정답
1. 내압에 잘 견딜 것
2. 외부 하중에 잘 견딜 것
3. 제작과 설치가 편리할 것
4. 내식성이 있을 것
5. 경제적일 것
6. 가공이 용이할 것

02
다음 그래프는 원심펌프의 성능곡선이다. 각각에 해당하는 명칭을 쓰시오.

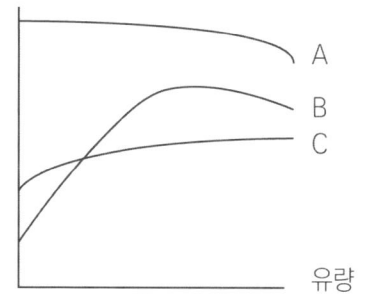

정답
A : 양정
B : 효율
C : 동력

03
다음 각각의 특징에 해당하는 압축기 명칭을 쓰시오.

(가) 1. 입구와 출구의 압력차가 적다.
　　 2. 효율이 높다.
　　 3. 맥동(서징)이 없다.
　　 4. 소음이 적다.
(나) 1. 설치면적이 작다.
　　 2. 고속으로 회전하는 임펠러가 있다.
　　 3. 맥동(서징)의 우려가 있다.

정답
(가) : 스크롤압축기
(나) : 원심식 압축기

04
다음은 메탄으로 수소를 제조하는 방법이다. 각각에 맞는 개질법 명칭을 쓰시오.

(가) $CH_4 + 0.5O_2 \rightarrow CO + 2H_2$
(나) $CH_4 + H_2O \rightarrow 3H_2 + CO$
(다) $CH_4 + 0.5O_2 \rightarrow CO + 2H_2$
　　 $CH_4 + H_2O \rightarrow 3H_2 + CO$

정답
(가) : 부분산화법
(나) : 수증기개질법
(다) : 자열개질법

보충 **수소 제법**
1. 부분산화법 : 산소가 충분히 공급이 되지 않을 때 일산화탄소와 수소 생성
2. 수증기개질법 : 메탄과 물을 접촉시켰을 때 수소 생성
3. 자열개질법 : 부분산화법과 수증기개질법을 일정한 비율로 사용하여 수소 생성

보충 **대기압**
1기압(atm) = 760 mmHg = 10.332 mH$_2$O
= 1.0332 kg/cm^2 = 1.013 bar
= 0.101325 MPa
= 101.325 kPa
= 14.7 psi
= 14.7 lb/in^2

05 다음에서 설명하는 용어 정의를 쓰시오.

(가) 정압기 사용 최대 차압
(나) 정압기 작동 최소 차압

정답
(가) : 메인밸브에 1차 압력과 2차 압력의 최대 차압
(나) : 정압기가 작동 가능한 최소 차압

06 산소용기의 압력이 10 MPa·g이다. 온도가 20 ℃에서 40 ℃로 상승할 때 용기 내부의 절대압력을 구하시오.

정답

$$\frac{P_1 V_1}{T_1} = \frac{P_2 V_2}{T_2}$$

산소용기이므로 부피가 동일하기 때문에 부피를 약분시키면

$$\frac{P_1}{T_1} = \frac{P_2}{T_2}$$

$$\therefore P_2 = \frac{T_2}{T_1} \times P_1$$

절대온도와 절대압력을 대입해야 하므로
$T_1 = 273 + 20 = 293$
$T_2 = 273 + 40 = 313$
$P_1 = 10 + 0.1 = 10.1$
$P_2 = \frac{313}{293} \times 10.1 = 10.79$

∴ 10.79 MPa

07 도시가스 사용시설의 용접부는 다음의 모재의 종류에 따른 온도 이상에서 두께 25 mm마다 1시간으로 계산한 시간(두께가 6 mm 미만의 것에는 0.24시간) 이상 유지한다. 각 모재의 종류에 따른 온도(℃)를 쓰시오.

(가) 탄소강
(나) 크롬 함유량이 0.75 % 이하이고 전 합금 성분이 2 % 이하인 저합금강
(다) 펄라이트계 스테인리스강
(라) 마르텐사이트계 스테인리스강
(마) 2.5 % 니켈강 또는 3.5 % 니켈강

정답
(가) : 600
(나) : 600
(다) : 740
(라) : 760
(마) : 600

보충 KGS FU551 2024 도시가스 사용시설의 시설·기술·검사 기준

2.5.3.7.5 용접부는 표의 모재의 종류에 따른 온도 이상에서 두께 25 mm마다 1시간으로 계산한 시간(두께가 6 mm 미만의 것에는 0.24시간) 이상 유지한다. 다만 표에 기재된 온도 이상으로 유지하기가 곤란한 경우에는 온도와의 차에 따른 정수에 두께 25 mm마다 1시간으로 계산한 시간(두께가 6 mm 미만의 것에서는 0.24시간)을 곱한 시간 이상 유지한다.

〈모재의 종류에 따른 온도〉

모재의 종류	온도(℃)
1. 탄소강	600
2. 크롬 함유량이 0.75 % 이하이고 전합금 성분이 2 % 이하인 저합금강	600
3. 크롬 함유량이 0.75 %를 초과하여 2 % 이하이고 전합금 성분이 2.75 % 이하인 저합금강	600
4. 전합금 성분이 10 %이 하인 합금강 (2 및 3에서 정한 것은 제외)	680
5. 펄라이트계 스테인리스강	740
6. 마르텐사이트계 스테인리스강	760
7. 2.5 % 니켈강 또는 3.5 % 니켈강	600

08 이상기체일 경우 등온과정과 단열과정 각각의 압력과 체적의 관계식을 쓰시오.

> **정답**

1. 등온과정 : $PV=$일정
2. 단열과정 : $\dfrac{P_2}{P_1} = \left(\dfrac{V_1}{V_2}\right)^k$

09 LPG시설의 압력조정기 기밀시험압력에 관한 내용에 알맞은 값을 쓰시오.

(가) 1단 감압식 저압 조정기 입구 쪽 압력
(나) 1단 감압식 저압 조정기 출구 쪽 압력
(다) 2단 감압식 1차용 조정기 입구 쪽 압력
(라) 2단 감압식 1차용 조정기 출구 쪽 압력
(마) 자동절체식 준저압 조정기 입구 쪽 압력
(바) 자동절체식 준저압 조정기 출구 쪽 압력

> **정답**

(가) 1단 감압식 저압 조정기 입구 쪽 압력 1.56 MPa 이상
(나) 1단 감압식 저압 조정기 출구 쪽 압력 5.5 kPa 이상
(다) 2단 감압식 1차용 조정기 입구 쪽 압력 1.8 MPa 이상
(라) 2단 감압식 1차용 조정기 출구 쪽 압력 150 kPa 이상
(마) 자동절체식 준저압 조정기 입구 쪽 압력 1.8 MPa 이상
(바) 자동절체식 준저압 조정기 출구 쪽 압력 조정압력의 2배 이상

보충 KGS AA434 2023 일반용 액화석유가스 압력조정기 제조의 시설·기술·검사 기준

기밀시험은 표의 압력으로 1분간 실시한다.

구분 \ 종류	입구 쪽(MPa)	출구 쪽
1단 감압식 저압 조정기· 2단 감압식 일체형 저압 조정기	1.56 MPa 이상	5.5 kPa 이상
1단 감압식 준저압 조정기· 2단 감압식 일체형 준저압 조정기	1.56 MPa 이상	조정압력의 2배 이상
2단 감압식 1차용 조정기	1.8 MPa 이상	150 kPa 이상
2단 감압식 2차용 저압 조정기	0.5 MPa 이상	5.5 kPa 이상
2단 감압식 2차용 준저압 조정기	0.5 MPa 이상	조정압력의 2배 이상
자동절체식 저압 조정기	1.8 MPa 이상	5.5 kPa 이상
자동절체식 준저압 조정기	1.8 MPa 이상	조정압력의 2배 이상
그 밖의 압력조정기	최대입구 압력의 1.1배 이상	조정압력의 1.5배 이상

⟨내압시험⟩
1. 입구 쪽 내압시험은 3 MPa 이상으로 1분간 실시한다. 다만 2단 감압식 2차용 조정기의 경우에는 0.8 MPa 이상으로 한다.
2. 출구 쪽 내압시험은 0.3 MPa 이상으로 1분간 실시한다. 다만 2단 감압식 1차용 조정기의 경우에는 0.8 MPa 이상 또는 조정압력의 1.5배 이상 중 압력이 높은 것으로 한다.

10
다음은 도시가스 사용시설에 관한 내용이다. 괄호 안에 알맞은 말을 쓰시오.

> 연소기가 설치된 곳에는 조작하기 쉬운 위치에 배관용 밸브를 다음 기준에 따라 설치한다.
> (1) 가스사용시설에는 연소기 각각에 (①) 등을 설치한다. 다만 연소기가 배관(가스용 금속플렉시블호스를 포함한다)에 연결된 경우 또는 가스소비량이 (②) kcal/h을 초과하거나 사용압력이 (③) kPa을 초과하는 연소기가 연결된 배관에는 배관용 밸브를 설치할 수 있다.
> (2) 배관이 분기되는 경우에는 주 배관에 (④)를 설치한다. 다만 부득이하게 매립하여 설치하는 주배관의 경우에는 매립하는 부분 직전의 노출배관에 배관용 밸브를 설치할 수 있다.
> (3) (⑤)개 이상의 실로 분기되는 경우에는 각 실의 주 배관마다 배관용 밸브를 설치한다.

정답
① 퓨즈콕 ② 19400
③ 3.3   ④ 배관용 밸브
⑤ 2

보충 KGS FU551 2024 도시가스 사용시설의 시설·기술·검사 기준

• 중간밸브 설치
1. 연소기가 설치된 곳에는 조작하기 쉬운 위치에 배관용 밸브를 다음 기준에 따라 설치한다.
   (1) 가스사용시설에는 연소기 각각에 퓨즈콕 등을 설치한다. 다만 연소기가 배관(가스용 금속플렉시블호스를 포함한다)에 연결된 경우 또는 가스소비량이 19400 kcal/h을 초과하거나 사용압력이 3.3 kPa을 초과하는 연소기가 연결된 배관(가스용 금속플렉시블호스를 포함한다)에는 배관용 밸브를 설치할 수 있다.
   (2) 배관이 분기되는 경우에는 주 배관에 배관용 밸브를 설치한다. 다만 부득이하게 매립하여 설치하는 주배관의 경우에는 매립하는 부분 직전의 노출배관에 배관용 밸브를 설치할 수 있다.
   (3) 2개 이상의 실로 분기되는 경우에는 각 실의 주 배관마다 배관용 밸브를 설치한다.
2. 중간밸브 및 퓨즈콕 등은 해당 가스사용시설의 사용압력 및 유량에 적합한 것으로 한다.

• 가스계량기 설치
1. 가스계량기는 검침·교체·유지관리 및 계량이 용이하고 환기가 양호하도록 다음의 어느 하나의 조치를 한 장소에 설치하되, 직사광선 또는 빗물을 받을 우려가 있는 곳에 설치하는 경우에는 보호상자 안에 설치한다.
   (1) 가스계량기를 설치한 실내의 상부(공기보다 무거운 가스의 경우 하부)에 50 cm^2 이상 환기구(철망 등을 부착할 때는 철망 등이 차지하는 면적을 뺀 면적) 등을 설치한 장소
   (2) 가스계량기를 설치한 실내에 기계환기설비를 설치한 장소
   (3) 가스누출자동차단장치를 설치하여 가스 누출 시 경보를 울리고 가스계량기 전단에서 가스가 차단될 수 있도록 조치한 장소
   (4) 환기가 가능한 창문 등(개방 시 환기 면적이 100 cm^2 이상인 곳에 한정한다)이 설치된 장소
2. 주택에 설치하는 가스계량기는 가스 사용자가 구분하여 소유하거나 점유하는 건축물의 외벽에 설치한다. 다만 실외에서 가스사용량을 검침할 수 있는 경우에는 그렇지 않다.

3. 가스계량기(30 m³/h 미만에 한정한다)의 설치 높이는 바닥으로부터 계량기 지시장치(계량값 표시창)의 중심까지 1.6 m 이상 2 m 이내에 수직·수평으로 설치하고, 밴드·보호가대 등 고정장치로 고정한다. 다만 보호상자 내에 설치, 기계실에 설치, 보일러실(가정에 설치된 보일러실은 제외한다)에 설치 또는 문이 달린 파이프 덕트(Pipe Shaft, Pipe Duct) 내에 설치하는 경우에는 바닥으로부터 2 m 이내에 설치한다.
4. 가스계량기와 전기계량기 및 전기개폐기와의 거리는 0.6 m 이상, 굴뚝(단열조치를 하지 않은 경우에 한하며, 밀폐형 강제급·배기식 보일러(FF식 보일러)의 2중 구조의 배기통은 '단열조치가 된 굴뚝'으로 보아 제외한다)·전기점멸기 및 전기접속기와의 거리는 0.3 m 이상, 절연조치를 하지 않은 전선과는 0.15 m 이상의 거리를 유지한다.
5. 4에서 전기설비와 가스계량기와의 이격거리 적용 시에는 각 설비의 외면 간 거리를 기준으로 한다.

• 호스 설치
1. 호스의 길이는 연소기까지 3 m 이내로 하되, 호스는 T형으로 연결하지 않는다.
2. 배관용 호스와 중간밸브 및 연소기와의 접촉 부분은 호스밴드 등으로 견고하게 조인다.
3. 호스가 열로 인해 손상을 받지 않도록 조치한다.
4. 빌트인(Built-in) 연소기는 연소기와 호스 연결 부분에서의 누출을 확인할 수 있도록 설치하되, 확인할 수 없는 경우에는 호스 단면적 이상의 점검구를 연소기와 호스 연결부 부근에 설치하거나 다음 중 어느 하나에 해당하는 가스 누출 확인장치를 설치한다.
   (1) 다기능가스안전계량기(「액화석유가스의 안전관리 및 사업법 시행규칙」 별표 3 제11호에 따른 것을 말한다)
   (2) 가스 누출 확인 퓨즈콕(「액화석유가스의 안전관리 및 사업법 시행규칙」 별표 3 제7호에 따른 것을 말한다)
   (3) 가스 누출 확인 배관용 밸브(「액화석유가스의 안전관리 및 사업법 시행규칙」 별표 3 제6호에 따른 것을 말한다)
   (4) 점검구 대신 누출점검이 가능한 것으로, 한국가스안전공사의 제품검사 또는 성능 인증을 받은 제품

5. 빌트인(Built-in) 연소기의 호스는 뒤틀리거나 처지지 않도록 고정장치로 고정한다.

• 온압보정장치 설치
온압보정장치는 KS표시 허가 제품 또는 「계량에 관한 법률」에 따른 형식 승인과 검정을 받은 것을 다음 기준에 따라 설치한다.
1. 수시로 환기가 가능한 장소에 설치한다.
2. 화기(그 시설 안에서 사용하는 자체 화기는 제외한다)와 유지해야 하는 거리는 우회거리 2 m 이상으로 한다.
3. 수직·수평으로 설치하고 밴드·보호 가대 등 고정장치로 견고하게 고정한다.
4. 기존 배관을 분리(절단)하는 경우에는 배관 내부의 가스를 외부의 안전한 장소로 퍼지한 후 배관 내부 가스 농도가 폭발하한계의 1/4 이하가 된 것을 확인한 다음에 배관 작업을 실시한다.
5. 배관 작업을 실시한 후 배관은 최고사용압력의 1.1배 또는 8.4 kPa 중 높은 압력 이상의 압력으로 기밀시험을 실시한다. 다만 작업 여건상 기밀시험이 어려운 경우에는 가스누출 검지기 및 검지액 등을 이용한 누출검사로 기밀시험을 대신할 수 있다.
6. 온압보정장치와 연결되는 전선(전선에 3.6 V 이하의 전압이 걸리는 경우에 한정한다)은 가스계량기 또는 배관의 이음부와 이격거리 기준을 적용하지 않는다.

11 자연기화방식 특징 2가지를 쓰시오.

정답

1. 가스 조성이 일정하지 않다.
2. 대용량에는 불가능하다.
3. 설비비가 적다.
4. 한랭 시 가스공급이 어렵다.

12 도시가스사용시설의 압력계 또는 자기압력기록계로 저압, 중압의 기밀시험을 한다. 이때 용적 1 m³ 이상 10 m³ 미만의 기밀 유지 시간을 쓰시오.

> **정답**

240분

> **보충** KGS FU551 2024 도시가스 사용시설의 시설·기술·검사 기준

4.2.2.1.15 기밀시험
표 4.2.2.1.15 압력 측정기구별 기밀 유지 시간

압력측정기구	최고사용압력	용적	기밀유지시간
수주 게이지	저압	1 m³ 미만	1분
		1 m³ 이상 10 m³ 미만	5분
		10 m³ 이상 300 m³ 미만	0.5 × V분 단, 60분을 초과한 경우는 60분으로 할 수 있음
전기식다이어프램형압력계	저압	1 m³ 미만	4분
		1 m³ 이상 10 m³ 미만	40분
		10 m³ 이상 300 m³ 미만	4 × V분 단, 240분을 초과한 경우는 240분으로 할 수 있음
압력계 또는 자기 압력 기록계	저압, 중압	1 m³ 미만	24분
		1 m³ 이상 10 m³ 미만	240분
		10 m³ 이상 300 m³ 미만	24 × V분 단, 1440분을 초과한 경우는 1440분으로 할 수 있음
압력계 또는 자기 압력 기록계	고압	1 m³ 미만	48분
		1 m³ 이상 10 m³ 미만	480분
		10 m³ 이상 300 m³ 미만	48 × V분 단, 2880분을 초과한 경우는 2880분으로 할 수 있음

1. V는 피시험부분의 용적(단위 : m³)이다.
2. 전기식 다이어프램형 압력계는 공인검사기관으로부터 성능을 인증 받는다.

13 공동주택의 압력조정기 설치 시 도시가스 압력이 저압인 경우와 중압 이상인 경우의 가스 공급 세대수를 각각 쓰시오.

> **정답**

1. 도시가스 공급압력 저압 : 250세대 미만
2. 도시가스 공급압력 중압 이상 : 150세대 미만

14 메탄가스의 총발열량은 12000 kcal/h이다. 이를 공기와 혼합하여 3600 kcal/h의 발열량을 갖는 가스로 제조하려고 한다. 희석 가능 여부를 쓰시오.

> **정답**

$\frac{3600}{12000} \times 100 = 30\%$

메탄의 폭발 범위(5 ~ 15 %) 내에 속하지 않기 때문에 희석 가능

15 수소용품 3가지를 쓰시오.

정답

1. 연료전지
2. 수전해설비
3. 수소추출설비

보충 「수소경제 육성 및 수소 안전관리에 관한 법률 시행규칙」 〈시행 2023.12.11.〉

③ 법 제2조 제8호에서 "연료전지와 수소관련 용품으로서 산업통상자원부령으로 정하는 용품"이란 다음 각 호의 어느 하나에 해당하는 용품을 말한다.
  1. 연료전지(「자동차관리법」 제2조 제1호에 따른 자동차에 장착되는 것은 제외한다)로서 다음 각 목의 어느 하나에 해당하는 것
     가. 연료소비량이 232.6킬로와트 이하인 고정형 설비와 그 부대설비
     나. 이동형 설비와 그 부대설비
  2. 수전해설비
  3. 수소추출설비

2024 제2회 [동영상]

01 도시가스 정압기실에 대한 다음 물음에 답하시오.

※ 출처 : 가스신문

※ 출처 : 가스신문

1. 2년에 1회 이상 분해점검을 하는 것을 쓰시오.
2. 가스 공급 개시 후 1년에 1회 이상 분해점검을 하는 것을 쓰시오

> **정답**
> 1. 정압기
> 2. 정압기 필터

02 다음 동영상의 방폭구조 2가지를 쓰시오. (단, Ex dib라고 적힌 명판)

※ 출처 : 안전보건공단

> **정답**
> 1. 내압방폭구조
> 2. 본질안전방폭구조
>
> **보충** 방폭구조의 종류
> ① 안전증방폭구조(e)
> ② 유입방폭구조(o)
> ③ 내압방폭구조(d)
> ④ 압력방폭구조(p)
> ⑤ 본질안전방폭구조(ia, ib)
> ⑥ 특수방폭구조(s)

03 다음 동영상의 안전장치 이름과 용도를 쓰시오.

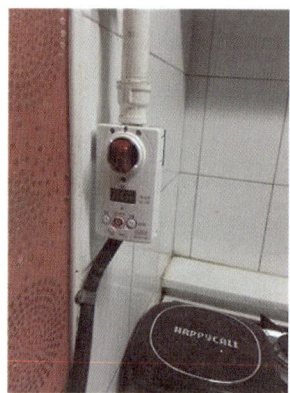

※ 출처 : 세이프타임즈

정답

(1) 이름 : 타이머콕
(2) 용도 : 설정 시간에 자동적으로 가스 차단

04 LPG 자동차 충전기(Dispenser)에 대한 다음 물음에 답하시오.

※ 출처 : 매일경제

1. 충전호스 끝부분에 설치되는 장치는 무엇인가?
2. 해당 부분의 기능을 쓰시오.

정답

1. 정전기 제거장치
2. 충전호스에 과도한 인장력이 작용하였을 때 분리

05 다음 동영상은 막식 계량기이다. 막식 계량기에 표시된 각각의 내용을 설명하시오.

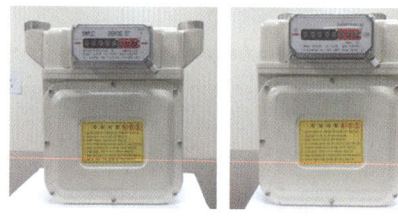

※ 출처 : 가스신문

1. MAX $3.1 \, m^3/h$
2. $0.7 \, L/rev$

정답

1. 시간당 사용 최대유량 $3.1 \, m^3/h$
2. 계량실 1주기 체적이 $0.7 \, L$

06 다음 동영상의 명칭과 동력원을 쓰시오.

※ 출처 : 일간투데이

정답

1. 명칭 : 긴급차단밸브
2. 동력원 : 액압, 기압, 전기, 스프링

07

다음 동영상의 횡으로 설치된 도시가스배관 호칭지름이 300 A일 경우 고정장치의 최대 설치간격을 쓰시오.

※ 출처 : 가스신문

정답

16 m

보충 교량 및 횡으로 설치하는 가스배관 호칭지름별 최대 지지간격

호칭지름	지지간격
100 A	8 m
150 A	10 m
200 A	12 m
300 A	16 m
400 A	19 m
500 A	22 m
600 A	25 m

08

가스용 폴리에틸렌관을 맞대기 융착이음 할 때 다음 각 물음에 답하시오.

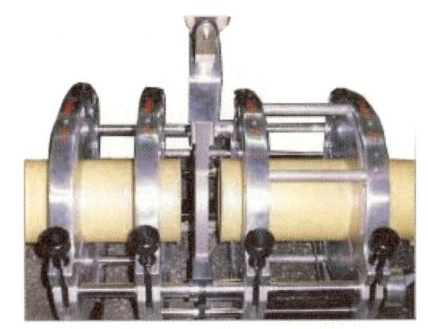

※ 출처 : 나노인스텍

1. 공칭외경은 몇 mm 이상에 적용해야 하는가?
2. 맞대기 융착의 시공이 불량한 경우 해당 이음부를 어떻게 처리하는가?

정답

1. 공칭외경 90 mm 이상
2. 절단 후 재시공

09

LPG 탱크의 내부에 장착된 다음 장치의 용도를 쓰시오.

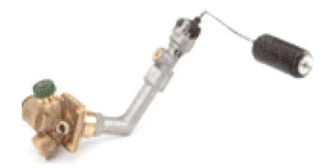

※ 출처 : 주식회사 다임코

정답

과충전 방지

10 다음 동영상의 LNG저장탱크 주변에는 방류둑을 설치해야 한다. 각 물음에 답하시오.

※ 출처 : 가스신문

1. 액화가스저장탱크의 저장능력 몇 톤 이상인 경우 방류둑을 설치하는가?
2. 방류둑의 외면으로부터 몇 m 이내에는 저장탱크의 부속시설 및 배관 외의 것을 설치하지 않는가?
3. 방류둑의 용량을 쓰시오.
4. 방류둑을 설치하지 않아도 되는 저장탱크를 쓰시오.

> **정답**
>
> 1. 500톤
> 2. 10 m
> 3. 저장능력에 상당하는 용적 이상일 것
> 4. 완전방호식 저장탱크

2024 제3회 [필답형]

01 공기보다 비중이 가벼운 도시가스 공급시설로서 공급시설이 지하에 설치된 경우의 통풍구조 기준에 대한 괄호 안을 채워 넣으시오.

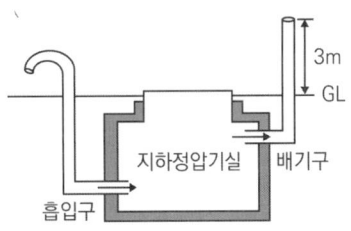

> 1. 통풍구조는 환기구를 (   ) 이상으로 분산하여 설치한다.
> 2. 배기구는 천장면으로부터 (   ) 이내에 설치한다.
> 3. 흡입구 및 배기구의 관지름은 (   ) 이상으로 하되, 통풍이 양호하도록 한다.
> 4. 배기가스 방출구는 지면에서 (   ) 이상의 높이에 설치하되, 화기가 없는 안전한 장소에 설치한다.

※ 출처 : KGS CODE

2.7.4.2 기계환기설비 설치

2.7.4.1에 따라 자연환기설비를 설치할 수 없거나 공기보다 비중이 무거운 가스로서 정압기실이 지하에 설치된 경우에는 다음 기준에 적합한 기계환기설비를 설치한다.

2.7.4.2.1 통풍능력은 바닥 면적 1 m²마다 0.5 m³/분 이상으로 한다.

2.7.4.2.2 배기구는 바닥면(공기보다 가벼운 경우에는 천장면) 가까이에 설치한다.

2.7.4.2.3 통풍구조는 환기구를 2방향 이상 분산하여 설치한다. 〈개정 12.12.28.〉

2.7.4.2.4 흡입구 및 배기구의 관경은 100 mm 이상으로 하되, 통풍이 양호하도록 한다.

2.7.4.2.5 배기가스 방출구는 지면에서 5 m 이상의 높이에 설치한다. 다만 다음의 경우에는 배기가스 방출구를 지면에서 3 m 이상의 높이에 설치할 수 있다.
(1) 공기보다 비중이 가벼운 배기가스인 경우
(2) 전기 시설물과의 접촉 등으로 사고의 우려가 있는 경우

정답

1. 2방향
2. 30 cm
3. 100 mm
4. 3 m

보충 KGS FS552

2.7.4.1.4 공기보다 비중이 가벼운 도시가스의 공급시설로서, 공급시설이 지하에 설치된 경우의 통풍구조는 다음 기준에 따라 할 수 있다.
(1) 통풍구조는 환기구를 2방향 이상 분산하여 설치한다.
(2) 배기구는 천장면으로부터 0.3 m 이내에 설치한다.
(3) 흡입구 및 배기구의 관경은 100 mm 이상으로 하되, 통풍이 양호하도록 한다.
(4) 배기가스 방출구는 지면에서 3 m 이상의 높이에 설치하되, 화기가 없는 안전한 장소에 설치한다.

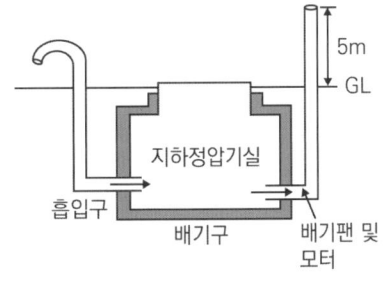

※ 출처 : KGS CODE

02 도시가스 시설에는 폴리에틸렌관 설치 제한, 가스계량기 설치 제한, 건축물 기초밑 설치 제한, 개방형 가스온수기 설치 제한 등이 있다. 이 중 가스계량기 설치 제한 3가지를 쓰시오.

정답
1. 진동의 영향을 받는 장소
2. 석유류 등 위험물을 저장하는 장소
3. 수전실, 변전실 등 고압전기설비가 있는 장소

보충 KGS FU551
1.7.1 폴리에틸렌관 설치 제한 〈개정 09.12.2.〉
1.7.1.1 규칙 별표 7 제1호 가목 3) 자)에 따라 폴리에틸렌관(이하, "PE배관"이라 한다)은 노출배관으로 사용하지 않는다. 다만 지상배관과 연결을 위하여 금속관을 사용하여 보호조치를 한 경우로서 지면에서 0.3 m 이하로 노출하여 시공하는 경우에는 노출배관으로 사용할 수 있다.
1.7.1.2 PE배관은 별표 14 제4호 다목 (8)에 따라 폴리에틸렌융착원양성교육을 이수한 자가 시공하도록 한다.
1.7.2 가스계량기 설치 제한 〈개정 09.12.2.〉
1.7.2.1 가스계량기는「건축법 시행령」제46조 제4항에 따라 공동주택의 대피공간, 방·거실 및 주방 등 사람이 거처하는 곳에 설치하지 않는다.
1.7.2.2 가스계량기에 나쁜 영향을 미칠 우려가 있는 다음 장소에는 설치하지 않는다.
(1) 진동의 영향을 받는 장소
(2) 석유류 등 위험물을 저장하는 장소
(3) 수전실, 변전실 등 고압전기설비가 있는 장소
1.7.3 건축물 기초밑 설치 제한 〈개정 12.4.5.〉
사용자 배관은 건축물의 기초 밑에 설치하지 않는다.
1.7.4 개방형 가스온수기 설치 제한 〈신설 13.12.18.〉
개방형 가스온수기(실내에서 연소용 공기를 흡입하고 폐가스를 실내로 방출하는 가스온수기)는 설치하지 않는다.

03 정압기를 선정할 경우 각 특성이 사용조건에 적합하도록 하여야 한다. 정압기 선정 시 고려하여야 할 사항 3가지를 쓰시오.

정답
1. 정특성
2. 동특성
3. 유량특성
4. 사용 최대 차압
5. 작동 최소 차압

04 내용적 30 L 이상 50 L 이하의 액화석유가스용 용기에 부착하는 밸브는 과류차단형 또는 차단기능형으로 해야 한다. 차단기능형 용기밸브는 어떠한 사고를 방지하기 위한 목적인지 쓰시오.

정답
가스 누설

05 동일한 배관에 부탄, 메탄, 황화수소, 수소의 가스가 같은 압력으로 흐르고 있다. 이때 가장 질량(kg/s)이 많이 흐르는 것을 골라 순서대로 쓰시오.

정답
저압배관공식

$$Q = k\sqrt{\frac{D^5 \times h}{SL}}$$

질량유량(질량/시간)은 Q값에 밀도 ρ를 곱해서 구한다.

$$\therefore 질량유량 = k\sqrt{\frac{D^5 \times h}{SL}} \times \frac{분자량}{22.4}$$

이때 동일한 배관이므로 k, D, h, L은 전부 같다.

$$\therefore \sqrt{\frac{1}{S}} \times \frac{분자량}{22.4} = \sqrt{\frac{1}{\frac{분자량}{29}}} \times \frac{분자량}{22.4}$$
$$= \sqrt{\frac{29}{분자량}} \times \frac{분자량}{22.4}$$

따라서 분자량이 무거울수록 질량유량이 크다.
부탄 - 황화수소 - 메탄 - 수소

06
「고압가스안전관리법」의 적용을 받는 고압가스의 종류 및 범위 중 섭씨 35도의 온도에서 압력이 0파스칼을 초과하는 액화가스 3가지를 쓰시오.

정답
1. 액화시안화수소
2. 액화브롬화메탄
3. 액화산화에틸렌가스

보충 「고압가스안전관리법 시행령」
제2조(고압가스의 종류 및 범위) 「고압가스안전관리법」(이하 "법"이라 한다) 제2조에 따라 법의 적용을 받는 고압가스의 종류 및 범위는 다음 각 호와 같다. 다만 별표 1에 정하는 고압가스는 제외한다.
1. 상용(常用)의 온도에서 압력(게이지압력을 말한다. 이하 같다)이 1메가파스칼 이상이 되는 압축가스로서 실제로 그 압력이 1메가파스칼 이상이 되는 것 또는 섭씨 35도의 온도에서 압력이 1메가파스칼 이상이 되는 압축가스(아세틸렌가스는 제외한다)
2. 섭씨 15도의 온도에서 압력이 0파스칼을 초과하는 아세틸렌가스
3. 상용의 온도에서 압력이 0.2메가파스칼 이상이 되는 액화가스로서 실제로 그 압력이 0.2메가파스칼 이상이 되는 것 또는 압력이 0.2메가파스칼이 되는 경우의 온도가 섭씨 35도 이하인 액화가스
4. 섭씨 35도의 온도에서 압력이 0파스칼을 초과하는 액화가스 중 액화시안화수소·액화브롬화메탄 및 액화산화에틸렌가스

07
LPG를 생가스로 공급할 때의 특징 4가지를 쓰시오.

정답
1. 공기를 혼합하지 않으므로 설비가 간단하다.
2. 기화된 가스를 그대로 공급하는 방식이다.
3. 재액화의 우려가 있다(부탄).
4. 설비가 저렴하다.

08
다음의 벤트스택 설치 기준에 대한 물음에 답하시오.

> (가) 벤트스택의 높이는 방출된 가스의 착지농도가 (　　　) 미만이 되도록 충분한 높이로 하고, 독성 가스인 경우에는 TLV - TWA 기준농도값 미만이 되도록 충분한 높이로 한다. 괄호에 들어갈 알맞은 말을 쓰시오.
> (나) 액화가스가 함께 방출되거나 급냉될 우려가 있는 벤트스택에는 그 벤트스택과 연결된 가스공급시설의 가장 가까운 곳에 설치하는 설비를 쓰시오.

정답
(가) 폭발하한계값
(나) 기액분리기

보충 KGS FP451
2.8.7 벤트스택 설치
제조소 및 공급소에는 이상 사태가 발생할 때 그 확대를 방지하기 위하여 벤트스택을 설치한다.
2.8.7.1 가스공급시설 벤트스택 설치
가스공급시설에 설치하는 벤트스택은 다음 기준에 따라 설치한다.
2.8.7.1.1 벤트스택의 높이는 방출된 가스의 착지 농도(着地濃度)가 폭발하한계값 미만이 되도록 충분한 높이로 한다.

2.8.7.1.2 벤트스택 방출구의 위치는 작업원이 정상 작업을 하는 데 필요한 장소 및 작업원이 항시 통행하는 장소로부터 10 m 이상 떨어진 곳에 설치한다.
2.8.7.1.3 벤트스택에는 정전기 또는 낙뢰 등으로 착화를 방지하는 조치를 강구하고 만일 착화된 경우에는 즉시 소화할 수 있는 조치를 강구한다.
2.8.7.1.4 벤트스택 또는 그 벤트스택에 연결된 배관에는 응축액의 고임을 제거하거나 방지하기 위한 조치를 강구한다.
2.8.7.1.5 액화가스가 함께 방출되거나 급냉될 우려가 있는 벤트스택에는 그 벤트스택과 연결된 가스공급시설의 가장 가까운 곳에 기액분리기(氣液分離器)를 설치한다.
2.8.7.2 그 밖의 벤트스택 설치
2.8.7.1에 따른 벤트스택 이외의 벤트스택은 다음 기준에 따라 설치한다.
2.8.7.2.1 벤트스택의 높이는 방출된 가스의 착지 농도(着地濃度)가 폭발하한계값 미만이 되도록 충분한 높이로 한다.
2.8.7.2.2 벤트스택 방출구의 위치는 작업원이 정상 작업을 하는 데 필요한 장소 및 작업원이 항시 통행하는 장소로부터 5 m 이상 떨어진 곳에 설치한다.
2.8.7.2.3 벤트스택에는 정전기 또는 낙뢰 등으로 착화된 경우에 소화할 수 있는 조치를 강구한다.
2.8.7.2.4 벤트스택 또는 그 벤트스택에 연결된 배관에는 응축액의 고임을 제거하거나 방지하기 위한 조치를 한다.
2.8.7.2.5 액화가스가 함께 방출되거나 급냉될 우려가 있는 벤트스택에는 액화가스가 함께 방출되지 않도록 조치를 한다.

09 LPG저장창고에서 액화석유가스 5 kg이 유출되는 사고가 발생하였다. 창고의 체적이 (5 m × 6 m × 3 m)일 때 폭발가능성을 판정하고 그 이유를 쓰시오. (단, 액화석유가스의 주성분은 프로판이며 0 ℃ 표준대기압 상태이다)

정답

$22.4 \text{ m}^3 : 44 \text{ kg} = x \text{ m}^3 : 5 \text{ kg}$

$44x = 22.4 \times 5$

$\therefore x = \dfrac{22.4 \times 5}{44} = 2.55 \ m^3$

LPG 저장창고에 액화석유가스가 2.55 m³ 유출된 것이다.

$\therefore \dfrac{2.55}{(5 \times 6 \times 3)} \times 100 = 2.83$

프로판의 폭발 범위 2.1 ~ 9.5 % 내에 해당하므로 폭발한다(계산 결과 2.83 %).

10 다음은 용기 재검사 주기 관련 표이다. 괄호 안에 알맞은 말을 쓰시오.

용기 종류		신규검사 후 경과 연수에 따른 재검사 주기		
		15년 미만	15년 이상 20년 미만	20년 이상
용접 용기	500 L 이상	5년 마다	2년마다	1년마다
	500 L 미만	3년 마다	(①)	(②)
LPG 용 용접 용기	500 L 이상	5년 마다	2년마다	1년마다
	500 L 미만	(③)		(④)
이음매 없는 용기	500 L 이상	5년마다		
	500 L 미만	• 신규검사 후 10년 이하 : 5년마다 • 신규검사 후 10년 초과 : 3년마다		
LPG 복합재료 용기		5년마다		

정답

① 2년마다
② 1년마다
③ 5년마다
④ 2년마다

보충 「고압가스안전관리법 시행규칙」 [별표 22]

용기의 종류		신규검사 후 경과연수		
		15년 미만	15년 이상 20년 미만	20년 이상
		재검사 주기		
용접용기 (액화석유가스용 용접용기는 제외)	500 L 이상	5년마다	2년마다	1년마다
	500 L 미만	3년마다	2년마다	1년마다
액화석유가스용 용접용기	500 L 이상	5년마다	2년마다	1년마다
	500 L 미만	5년마다		2년마다
이음매 없는 용기 또는 복합재료 용기	500 L 이상	5년마다		
	500 L 미만	신규검사 후 경과연수가 10년 이하인 것은 5년마다, 10년을 초과한 것은 3년마다		
액화석유가스용 복합재료용기		5년마다(설계조건에 반영되고, 산업통상자원부장관으로부터 안전한 것으로 인정을 받은 경우에는 10년마다)		
용기 부속품	용기에 부착되지 아니한 것	용기에 부착되기 전(검사 후 2년이 지난 것만 해당한다)		
	용기에 부착된 것	검사 후 2년이 지나 용기부속품을 부착한 해당 용기의 재검사를 받을 때마다		

[비고]
1. 재검사일은 재검사를 받지 않은 용기의 경우에는 신규검사일부터 산정하고, 재검사를 받은 용기의 경우에는 최종 재검사일부터 산정한다.
2. 제조 후 경과연수가 15년 미만이고 내용적이 500 L 미만인 용접용기(액화석유가스용 용접용기를 포함한다)에 대하여는 재검사주기를 다음과 같이 한다.
   가. 용기내장형 가스난방기용 용기는 6년
   나. 내식성 재료로 제조된 초저온 용기는 5년
3. 내용적 20 L 미만인 용접용기(액화석유가스용 용접용기를 포함한다) 및 지게차용 용기는 10년을 첫번째 재검사주기로 한다.
4. 1회용으로 제조된 용기는 사용 후 폐기한다.
5. 내용적 125 L 미만인 용기에 부착된 용기부속품(산업통상자원부장관이 정하여 고시하는 것은 제외한다)은 그 부속품의 제조 또는 수입 시의 검사를 받은 날부터 2년이 지난 후 해당 용기의 첫 번째 재검사를 받게 될 때 폐기한다. 다만 아세틸렌용기에 부착된 안전장치(용기가 가열되는 경우 용융 합금이 녹아 압력을 방출하는 장치를 말한다)는 용기 재검사 시 적합할 경우 폐기하지 않고 계속 사용할 수 있다.
6. 복합재료용기는 제조검사를 받은 날부터 15년이 되었을 때에 폐기한다.
7. 내용적 45 L 이상 125 L 미만인 것으로서 제조 후 경과연수가 26년 이상된 액화석유가스용 용접용기(1988년 12월 31일 이전에 제조된 경우로 한정한다)는 폐기한다.

11 산소를 초저온용기에 보관 취급 시 주의사항 4가지를 쓰시오.

정답

1. 취급 시 용기의 낙하와 외부 충격을 금한다.
2. 직사광선을 피한다.
3. 인화성 물질이 있는 곳을 피한다.
4. 통풍이 양호한 곳에 보관한다.
5. 전선, 어스선 등 전기시설물 근처를 피한다.

12 비중은 0.55, 내용적은 20000 L인 액화가스 저장탱크의 저장능력(kg)을 계산하시오.

정답

W = 0.9 × 0.55 × 20000 = 9900 kg

보충 저장능력 공식
1. 액화가스 저장탱크
   $W = 0.9dV$
   W : 저장능력[kg], d : 액화가스비중
2. 액화가스 용기(충전용기, 탱크로리)
   $W = \dfrac{V}{C}$
   W : 저장능력[kg], V : 내용적[L]
   C : 충전상수
3. 압축가스, 저장탱크 및 용기
   $Q = (10P+1)V$
   Q : 저장능력[m^3]
   P : 최고충전압력[MPa]
   V : 내용적[m^3]

13 아세틸렌을 2.5 MPa 압력으로 압축 시 첨가하는 희석제 종류 3가지를 쓰시오.

정답

메탄, 일산화탄소, 에틸렌, 질소

보충 아세틸렌가스
- 습식 아세틸렌 발생기 표면온도는 70 ℃ 이하로 유지
- 아세틸렌을 2.5 MPa 압력으로 압축 시 메탄, 일산화탄소, 에틸렌, 질소 등의 희석제 첨가
- 아세틸렌의 용제는 아세톤 25배, 알코올 6배, 벤젠 4배, 석유에 2배가 용해
- 아세틸렌 자연발화온도 : 406 ~ 408 ℃

14 펌프 운전 중 서징현상의 발생 원인 2가지를 쓰시오.

정답

1. 배관 중 탱크가 있을 때
2. 유량조절밸브가 정위치에 있지 않을 때

15 이상기체를 만족하기 위한 특징 4가지를 쓰시오.

정답

1. 압력이 낮을 것
2. 온도가 높을 것
3. 부피를 무시할 수 있을 정도로 작거나 부피가 없을 것
4. 구성 입자들 사이에 인력과 반발력이 작용하지 않을 것

2024 제3회 [동영상]

01 다음 물음에 답하시오.

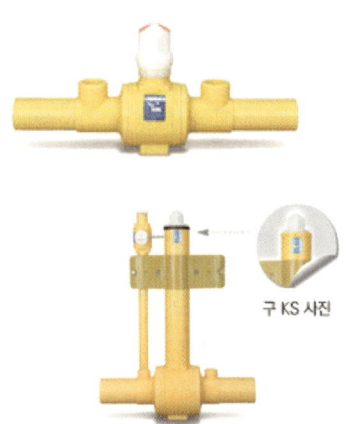

※ 출처 : 폴리텍

1. 위 밸브의 목적을 쓰시오.
2. 이 밸브에는 "이것"의 부착 여부에 따라 짧은 몸통형과 긴 몸통형으로 구분한다. "이것"의 명칭을 쓰시오.

정답
1. 개폐
2. 퍼지관

02 다음 동영상의 설비를 보고 괄호 안에 알맞은 말을 쓰시오.

※ 출처 : 금정산업, 가스신문

1. 퓨즈콕은 가스유로를 (ⓐ)로 개폐하고, (ⓑ)가 부착된 것으로서 배관과 호스, 호스와 호스, 배관과 배관 또는 배관과 커플러를 연결하는 구조로 한다.
2. 콕의 핸들 등을 회전하여 조작하는 것은 핸들의 회전 각도를 90°나 180°로 규제하는 (ⓐ)를 갖추어야 한다.
3. 완전히 열었을 때의 핸들의 방향은 유로의 방향과 (ⓐ)인 것으로 하고, 볼 또는 플러그의 구멍과 유로와는 어긋나지 않는 것으로 한다.
4. 콕은 닫힌 상태에서 (ⓐ)이 없이는 열리지 않는 구조로 한다. 다만 업무용 대형 연소기용 노즐콕은 그러지 않을 수 있다.

정답

1. ⓐ 볼, ⓑ 과류차단 안전기구
2. ⓐ 스토퍼
3. ⓐ 평행
4. ⓐ 예비적 동작

보충 KGS AA334

콕은 그 콕의 안전성·편리성 및 호환성을 확보하기 위하여 다음 기준에 따른 구조 및 치수를 가지는 것으로 한다.

3.4.1 콕의 표면은 매끈하고, 사용에 지장을 주는 부식·균열·주름 등이 없는 것으로 한다.

3.4.2 퓨즈콕은 가스 유로를 볼로 개폐하고, 과류차단안전기구가 부착된 것으로서, 배관과 호스, 호스와 호스, 배관과 배관 또는 배관과 커플러를 연결하는 구조로 한다.

3.4.3 상자콕은 가스 유로를 핸들, 누름, 당김 등의 조작으로 개폐하고, 과류차단안전기구가 부착된 것으로서, 배관과 커플러를 연결하는 구조로 한다. 〈개정 13.12.31., 17.8.7.〉

3.4.4 주물연소기용 노즐콕은 주물연소기 부품으로 사용하는 것으로서, 볼로 개폐하는 구조로 한다.

3.4.5 콕의 각 부분은 기계적·화학적 및 열적인 부하에 견디고, 사용에 지장을 주는 변형·파손 및 누출 등이 없으며 원활하게 작동하는 것으로 한다.

3.4.6 콕은 1개의 핸들 등으로 1개의 유로를 개폐하는 구조로 한다. 〈개정 13.12.31.〉

3.4.7 콕의 핸들 등을 회전하여 조작하는 것은 핸들의 회전 각도를 90°나 180°로 규제하는 스토퍼를 갖추어야 하며, 또한 핸들 등을 누름, 당김, 이동 등 조작을 하는 것은 조작 범위를 규제하는 스토퍼를 갖추어야 한다. 〈개정 13.12.31.〉

3.4.8 콕의 핸들 등은 개폐 상태를 눈으로 확인할 수 있는 구조로 하고, 핸들 등이 회전하는 구조의 것은 회전 각도가 90°의 것을 원칙으로 열림 방향은 시계 반대 방향인 구조로 한다. 다만 주물연소기용 노즐콕 및 업무용 대형 연소기용 노즐콕의 핸들 열림 방향은 그러지 않을 수 있다.

3.4.9 완전히 열었을 때의 핸들의 방향은 유로의 방향과 평행인 것으로 하고, 볼 또는 플러그의 구멍과 유로와는 어긋나지 않는 것으로 한다.

3.4.10 콕의 플러그 및 플러그와 접촉하는 몸통 부분 테이퍼는 1/5부터 1/15까지이고, 몸통과 플러그와의 표면은 밀착되도록 다듬질하며, 회전이 원활한 것으로 한다.

3.4.11 콕은 닫힌 상태에서 예비적 동작이 없이는 열리지 않는 구조로 한다. 다만 업무용 대형 연소기용 노즐콕은 그러지 않을 수 있다. 〈개정 15.4.14.〉

3.4.12 상자콕은 카플러를 연결하지 않으면 핸들 등을 열림 위치로 조작하지 못하는 구조로 하고, 핸들 등을 카플러가 빠지는 위치로 조작해야만 카플러가 빠지는 구조로 한다. 〈개정 13.12.31.〉

3.4.13 콕에 과류차단안전기구가 부착된 것은 과류가 차단되었을 때 간단하게 복원되도록 하는 기구를 부착한다.

3.4.14 콕의 몸통과 덮개는 나사에 금속 접착제를 사용하여 조립한다.

3.4.15 콕의 오링이 접촉하는 몸체 부분은 매끄럽고 윤이 나는 것으로 한다.

03 다음 동영상의 안전장치 이름을 쓰시오.

※ 출처 : 콘비스타

정답

스프링식 안전밸브

04 다음 용기를 보고 물음에 답하시오.

※ 출처 : 가스신문

1. 이 용기의 최고충전압력 정의를 쓰시오.
2. 이 용기의 기밀시험압력을 쓰시오.
3. 이 용기의 내압시험압력을 쓰시오.
4. 내력비의 정의를 쓰시오.

정답

1. 15℃에서 용기에 충전할 수 있는 가스의 압력 중 최고압력을 말한다.
2. 최고충전압력의 1.8배의 압력을 말한다.
3. 최고충전압력수치의 3배의 압력을 말한다.
4. 내력비란 내력과 인장강도의 비를 말한다.

보충 KGS AC214
1.4 용어 정의
이 기준에서 사용하는 용어의 뜻은 다음과 같다.
1.4.1 "비열처리재료"란 용기 제조에 사용되는 재료로서 오스테나이트계 스테인리스강·내식 알루미늄 합금판·내식 알루미늄 합금 단조품, 그 밖에 이와 유사한 열처리가 필요 없는 것을 말한다.
1.4.2 "열처리재료"란 용기 제조에 사용되는 재료로서, 비열처리재료 외의 것을 말한다.
1.4.3 "최고충전압력"이란 15℃에서 용기에 충전할 수 있는 가스의 압력 중 최고압력을 말한다.
1.4.4 "기밀시험압력"이란 최고충전압력의 1.8배의 압력을 말한다.
1.4.5 "내압시험압력"이란 최고충전압력수치의 3배의 압력을 말한다.
1.4.6 "내력비"란 내력과 인장강도의 비를 말한다.
1.4.7 "용접용기"란 동판 및 경판을 각각 성형하고 용접으로 접합하여 제조한 용기를 말한다.

1.4.8 "상시품질검사"란 제품확인검사를 받고자 하는 제품 중 같은 생산 단위로 제조된 동일 제품을 1조로 하고 그 조에서 샘플을 채취하여 기본적인 성능을 확인하는 검사를 말한다.
1.4.9 "정기품질검사"란 생산공정검사를 받고자 하는 제품이 이 기준에 적합하게 제조되었는지를 확인하기 위하여 제조공정 또는 완성된 제품 중에서 시료를 채취하여 성능을 확인하는 것을 말한다.
1.4.10 "공정확인심사"란 생산공정검사를 받고자 하는 제품에 필요한 제조 및 자체검사 공정에 대하여 품질시스템 운용의 적합성을 확인하는 것을 말한다.
1.4.11 "수시품질검사"란 생산공정검사 또는 종합공정검사를 받은 제품이 이 기준에 적합하게 제조되었는지를 확인하기 위하여 양산된 제품에서 예고 없이 시료를 채취하여 확인하는 검사를 말한다.
1.4.12 "종합품질관리체계심사"란 제품의 설계·제조 및 자체검사 등 용기 제조 전 공정에 대한 품질시스템 운용의 적합성을 확인하는 것을 말한다.
1.4.13 "형식"이란 구조·재료·용량 및 성능 등에서 구별되는 제품의 단위를 말한다.
1.4.14 "공정검사"란 생산공정검사와 종합공정검사를 말한다.

05 배관의 부식 방지를 위한 전위 상태는 다음 중 어느 하나의 기준에 적합하게 설치·유지한다. 다음 각 질문에 답하시오.

1. 도시가스시설의 배관의 부식 방지를 위한 전위 상태의 방식전위 하한값은 전기철도 등의 간섭 영향을 받는 곳을 제외하고는 포화황산동 기준전극으로 얼마 이상이 되도록 하는가?
2. 황산염환원박테리아가 번식하는 토양에서는 얼마 이하여야 하는가?

> 정답

1. -2.5 V
2. -0.95 V

> 보충 KGS GC202

2.3 전기방식 기준

가스시설로부터 가능한 한 가까운 위치에서 기준전극으로 측정한 전위가 다음 기준에 적합하도록 한다.

2.3.1 고압가스시설

고압가스시설의 부식 방지를 위한 전위 상태는 다음 중 어느 하나에 따라 설치한다.

2.3.1.1 방식전류가 흐르는 상태에서 토양 중에 있는 고압가스시설의 방식전위는 포화황산동 기준전극으로 -5 V 이상, -0.85 V 이하(황산염환원 박테리아가 번식하는 토양에서는 -0.95 V 이하)로 한다.

2.3.1.2 방식전류가 흐르는 상태에서 자연전위와의 전위 변화가 최소한 -300 mV 이하로 한다. 다만 다른 금속과 접촉하는 고압가스시설은 제외한다.

2.3.2 액화석유가스시설

액화석유가스시설의 부식 방지를 위한 전위 상태는 다음 중 어느 하나에 따라 설치한다.

2.3.2.1 방식전류가 흐르는 상태에서 토양 중에 있는 액화석유가스시설의 방식전위는 포화황산동 기준전극으로 -0.85 V 이하로 하고 황산염환원 박테리아가 번식하는 토양에서는 -0.95 V 이하로 한다.

2.3.2.2 방식전류가 흐르는 상태에서 자연전위와의 전위 변화가 최소한 -300 mV 이하로 한다. 다만 다른 금속과 접촉하는 액화석유가스시설은 제외한다.

2.3.3 도시가스시설

배관의 부식 방지를 위한 전위 상태는 다음 중 어느 하나에 적합하도록 하고, 방식전위 하한값은 전기철도 등의 간섭 영향을 받는 곳을 제외하고는 포화황산동 기준전극으로 -2.5 V 이상이 되도록 한다.

2.3.3.1 방식전류가 흐르는 상태에서 토양 중에 있는 배관의 방식전위 상한값은 포화황산동 기준전극으로 -0.85 V 이하(황산염환원 박테리아가 번식하는 토양에서는 -0.95 V 이하)로 한다.

2.3.3.2 방식전류가 흐르는 상태에서 자연전위와의 전위 변화가 최소한 -300 mV 이하로 한다. 다만 다른 금속과 접촉하는 배관은 제외한다.

2.3.3.3 토양 중에 있는 배관의 방식전위 상한값은 방식전류가 일순간 동안 흐르지 않는 상태(Instant-off)에서 포화황산동 기준전극으로 -0.85 V(황산염환원 박테리아가 번식하는 토양에서는 -0.95 V) 이하로 한다.

2.3.4 수소시설

수소시설의 부식 방지를 위한 전위 상태는 다음 중 어느 하나에 적합하도록 한다.

2.3.4.1 방식전류가 흐르는 상태에서 토양 중에 있는 수소시설의 방식전위가 포화황산동 기준전극으로 -5 V 이상, -0.85 V 이하(황산염환원 박테리아가 번식하는 토양에서는 -0.95 V 이하)가 되도록 한다.

2.3.4.2 방식전류가 흐르는 상태에서 자연전위와의 전위변화가 최소한 -300 mV 이하가 되도록 한다. 다만 다른 금속과 접촉하는 수소시설은 제외한다

06 다음은 가스 PE관이다. PE관 융착이음방법 3가지를 쓰시오.

※ 출처 : 가스신문

> 정답

1. 새들
2. 맞대기
3. 소켓

07 다음은 가스용 PE밸브이다. PE밸브의 상당압력등급(SDR)값에 따른 최고사용압력을 쓰시오.

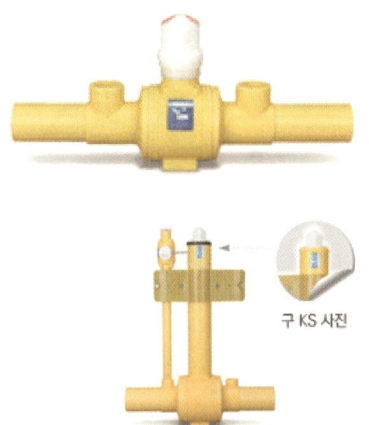

※ 출처 : 폴리텍

1. 상당 SDR 11 이하
2. 상당 SDR 17 이하
3. 상당 SDR 21 이하

08 다음 동영상을 보고 각 물음에 답하시오.

※ 출처 : 매일경제

1. LPG충전소에 설치된 충전기의 호스 끝에 설치하는 장치의 목적을 쓰시오.
2. 지시하는 부분의 기능을 쓰시오.

정답

1. 0.4 MPa
2. 0.25 MPa
3. 0.2 MPa

보충 KGS AA333

3.4.5 PE밸브의 상당압력등급(SDR)값에 따른 최고사용압력은 표 3.4.5와 같이 한다.

상당 SDR	압력(MPa 이하)
11 이하	0.4
17 이하	0.25
21 이하	0.2

[비고]
표 3.4.5에서 상당 SDR값은 다음 식에 따라 구한다.
SDR = D/t

D : PE밸브에 연결되는 배관의 표준 외경[mm]
t : PE밸브에 연결되는 배관으로서 PE밸브이음매 재질의 강도와 같고, 표준외경 D에서 SDR값이 최소인 배관의 두께[mm]

정답

1. 정전기 제거
2. 과도한 인장력이 작용하였을 때 분리

09 다음 동영상에서 보여주는 설비 명칭과 설치위치를 쓰시오.

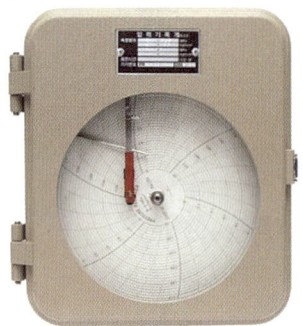

※ 출처 : 아이에스테크

> 정답

1. 자기압력기록계
2. 정압기 출구에 설치

  보충 자기압력기록계의 목적
(1) 가스 누출시험(기밀시험용)
(2) 가스의 이상압력 상태 확인

10 다음 동영상의 방폭구조 종류와 정의를 각각 쓰시오.

※ 출처 : 보영전기

> 정답

1. 종류 : 압력방폭구조
2. 용기 내부에 보호가스를 압입하여 내부압력을 유지함으로써 가연성 가스가 용기 내부로 유입되지 않도록 한 구조

2023 제1회 [필답형]

01 가정용 목욕탕에는 LP용 순간온수기를 설치하면 안 된다. 그 이유 2가지를 쓰시오.

정답
1. 산소 부족
2. 일산화탄소 중독

02 「고압가스안전관리법」에서 명시하는 충전용기의 정의를 쓰시오.

정답
고압가스의 충전질량 또는 충전압력의 2분의 1 이상이 충전되어 있는 상태의 용기

보충 용어정의
- "저장탱크"란 고압가스를 충전·저장하기 위하여 지상 또는 지하에 고정 설치된 탱크를 말한다.
- "초저온저장탱크"란 섭씨 영하 50도 이하의 액화가스를 저장하기 위한 저장탱크로서 단열재를 씌우거나 냉동설비로 냉각시키는 등의 방법으로 저장탱크 내의 가스온도가 상용의 온도를 초과하지 아니하도록 한 것을 말한다.
- "저온저장탱크"란 액화가스를 저장하기 위한 저장탱크로서 단열재를 씌우거나 냉동설비로 냉각시키는 등의 방법으로 저장탱크 내의 가스온도가 상용의 온도를 초과하지 아니하도록 한 것 중 초저온저장탱크와 가연성 가스 저온저장탱크를 제외한 것을 말한다.
- "가연성 가스 저온저장탱크"란 대기압에서의 끓는점이 섭씨 0도 이하인 가연성 가스를 섭씨 0도 이하인 액체 또는 해당 가스의 기상부의 상용압력이 0.1메가파스칼 이하인 액체 상태로 저장하기 위한 저장탱크로서 단열재를 씌우거나 냉동설비로 냉각하는 등의 방법으로 저장탱크 내의 가스온도가 상용 온도를 초과하지 아니하도록 한 것을 말한다.
- "차량에 고정된 탱크"란 고압가스의 수송·운반을 위하여 차량에 고정 설치된 탱크를 말한다.
- "초저온용기"란 섭씨 영하 50도 이하의 액화가스를 충전하기 위한 용기로서 단열재를 씌우거나 냉동설비로 냉각시키는 등의 방법으로 용기 내의 가스온도가 상용 온도를 초과하지 아니하도록 한 것을 말한다.
- "저온용기"란 액화가스를 충전하기 위한 용기로서 단열재를 씌우거나 냉동설비로 냉각시키는 등의 방법으로 용기 내의 가스온도가 상용의 온도를 초과하지 아니하도록 한 것 중 초저온용기 외의 것을 말한다.
- "충전용기"란 고압가스의 충전질량 또는 충전압력의 2분의 1 이상이 충전되어 있는 상태의 용기를 말한다.
- "잔가스용기"란 고압가스의 충전질량 또는 충전압력의 2분의 1 미만이 충전되어 있는 상태의 용기를 말한다.

03
바닥면적이 33 m²인 LPG저장소에 기계환기시설을 설치할 때 통풍능력(m³/min)을 계산하시오.

정답

바닥면적 1 m²당 0.5 m³/min이므로,
33 × 0.5 = 16.5 m³/min

보충 환기설비 설치
1. 자연통풍설비
   (1) 바닥면적 1 m²당 300 cm² 이상
   (2) 환기구는 2방향 이상 분산해서 설치할 것
2. 강제통풍설비
   (1) 통풍능력은 바닥면적 1 m²마다 0.5 m³/분 이상으로 할 것
   (2) 흡입구는 바닥면과 가까이 설치할 것
   (3) 배기가스 방출구는 지면으로부터 5 m 이상의 높이에 설치할 것(다만 다음의 경우에는 배기가스 방출구를 지면으로부터 3 m 이상 높이에 설치할 수 있다)
- 전기시설물과의 접촉 등으로 사고의 우려가 있는 장소

04
가연성 가스의 폭발을 방지하기 위해 전기기기는 방폭성능을 가지고 있어야 한다. 하지만 공기 중 자기발화하는 가스는 방폭성능을 요구하지 않는데, 암모니아와 브롬화메탄이 방폭구조에서 제외되는 이유를 쓰시오.

정답

폭발 범위가 좁고 최소발화에너지가 크기 때문

05
가스 입상관을 설명하시오.

정답

가스 공급을 위해 건물에 수직으로 부착된 관

06
수소 30 %, 일산화탄소 70 % 비율의 혼합가스 1 Nm³을 완전연소할 때 필요한 이론공기량(Nm³)을 구하시오.

정답

수소와 일산화탄소 전부 완전연소 시 0.5 mol의 이론공기량이 필요하다.
- 수소 : $H_2 + 0.5O_2 \rightarrow H_2O$
- 일산화탄소 : $CO + 0.5O_2 \rightarrow CO_2$

$$\frac{(0.5 \times 0.3) + (0.5 \times 0.7)}{0.21} = 2.38 \text{ Nm}^3$$

07
다음은 시안화수소의 충전작업에 관한 설명이다. 괄호 안에 알맞은 것을 쓰시오.

1. 용기에 충전하는 시안화수소는 순도가 (①)% 이상이고 아황산가스 또는 황산 등의 안정제를 첨가한 것으로 한다.
2. 시안화수소를 충전한 용기는 충전 후 (②)시간 정치하고 그 후 1일 1회 이상 (③) 등의 시험지로 가스의 누출검사를 하며, 용기에 충전년, 월, 일을 명기한 표지를 붙이고, 충전 후 60일이 경과되기 전에 다른 용기에 옮겨 충전한다. 다만 착색되지 아니한 것을 다른 용기에 옮겨 충전하지 않을 수 있다.
3. 제독제는 가성소다수용액 또는 이와 동등 이상의 제독효과가 있는 것으로서 (④) kg 이상 보유한다.

정답
① 98
② 24
③ 질산구리벤젠지
④ 250

08 도시가스의 월 사용예정량을 구하는 공식을 쓰고, 각각의 변수에 대해 설명하시오.

정답

공식 : $Q = \dfrac{(A \times 240) + (B \times 90)}{11000}$

Q : 월사용예정량[m³]
A : 산업용으로 사용하는 연소기 명판에 기재된 가스소비량[kcal/h]
B : 산업용이 아닌 연소기 명판에 기재된 가스소비량[kcal/h]

09 수소는 안전하며 배출물이 물이기 때문에 연료전지로 사용한다. 하지만 폭발가능성이 있어 누출여부를 파악하는 것이 중요한데 이때 수소의 가스누출감지기의 감지 농도는 몇 v% 이하로 하는지 쓰시오.

정답

가스누출감지기 감지 농도는 가연성 가스는 폭발하한의 1/4 이하, 독성 가스는 허용농도 이하에서 작동한다. 수소는 가연성 가스이므로 수소의 폭발 범위 4~75% 중 하한값 4%의 1/4인 1 V% 이하여야 한다.

10 Li-Br방식의 흡수식 냉동기와, NH_3방식의 흡수식 냉동기 냉매와 흡수액을 각각 쓰시오.

정답

1. Li-Br
    - 냉매 : 물
    - 흡수액 : Li-Br
2. NH_3
    - 냉매 : 암모니아
    - 흡수액 : 물

11 폭굉유도거리가 짧아지는 조건 3가지를 쓰시오.

정답

- 압력이 높을수록
- 연소열량이 클수록
- 연소속도가 클수록
- 관 지름이 작을수록

12 도시가스 제조소 및 공급소에서 가스누출경보기의 검지부를 설치하면 안 되는 장소 2가지를 쓰시오.

정답

1. 증기, 물방울, 기름 섞인 연기 등이 직접 접촉될 우려가 있는 곳
2. 주위온도 또는 복사열에 의한 온도가 섭씨 40도 이상이 되는 곳
3. 설비 등에 가려져 누출가스의 유통이 원활하지 못한 곳
4. 차량 그 밖의 작업 등으로 인해 경보기가 파손될 우려가 있는 곳

보충 　가스누출경보기 설치 장소
1. 검지부 설치 장소는 정압기실 내 가스가 누출되기 쉬운 설비가 설치되어 있는 장소 주위로서, 누출한 가스가 체류하기 쉬운 곳으로 한다.
2. 정압기실에 설치하는 검지부의 설치 위치는 가스의 성질, 주위 상황, 그 밖에 설비의 구조 등에 적합한 곳으로서, 다음 기준에 해당하지 않는 곳으로 한다.
　① 증기, 물방울, 기름섞인 연기 등이 직접 접촉될 우려가 있는 곳
　② 주위 온도 또는 복사열에 의한 온도가 40 ℃ 이상이 되는 곳
　③ 설비 등에 가려져 누출가스의 유통이 원활하지 못한 곳
　④ 차량 및 그 밖의 작업 등으로 인하여 경보기가 파손될 우려가 있는 곳
3. 검지부의 설치 높이는 가스의 비중, 주위 상황, 가스설비의 높이 등의 조건에 적합한 곳으로 한다.
4. 경보부의 설치 장소는 관계자가 상주하거나 경보를 식별할 수 있는 곳으로서, 경보가 울린 후 각종 조치를 취하기에 적절한 곳으로 한다.
• 가스누출경보기 설치 개수
정압기실(지하정압기실을 포함한다)에 설치하는 검지부의 수는 바닥면 둘레 20 m에 1개 이상의 비율로 계산된 수로 한다.

13　가스배관의 아크용접 중 교류를 이용한 용접과 직류를 이용한 용접에 대해 알맞은 것을 골라 쓰시오.

> 1. 아크안정성[안정/불안정]
> 2. 극성에 대한 변화[가능/불가능]
> 3. 전격의 위험도[위험/안전]
> 4. 역률[효율적/비효율적]

정답

1. 교류 : 불안정, 직류 : 안정
2. 교류 : 불가능, 직류 : 가능
3. 교류 : 위험, 직류 : 안전
4. 교류 : 비효율, 직류 : 효율

14　게이뤼삭(Gay Lussac)법칙에 대해 쓰시오.

정답

기체의 온도와 부피의 관계를 나타내는 법칙이며 기체 부피는 1 ℃ 올라갈 때마다 0 ℃일 때 부피의 1/273씩 증가한다는 법칙

15　100 L 가스 용기에 다음의 가스들이 혼합되어 있을 때, 압력(atm · g)을 구하시오.

> 1. 에탄 10 %의 몰분율, 38 atm · a
> 2. 부탄 40 %의 몰분율, 1.75 atm · a
> 3. 프로판 50 %의 몰분율, 8.4 atm · a

정답

$(38 \times 0.1 + 1.75 \times 0.4 + 8.4 \times 0.5) - 1$
$= 7.7$ atm · g
• 절대압력 = 대기압 + 게이지압력이므로, 게이지압력 = 절대압력 - 대기압을 해준다.

2023 제1회 [동영상]

01 다음 동영상은 매설된 도시가스배관의 누설을 탐지하는 차량으로 이곳에서 사용하는 가스누출 검지기의 원리를 쓰시오.

※ 출처 : 이투뉴스

정답

운반체 가스 내의 유기화합물을 수소불꽃에너지로 이온화하여 이온전류를 측정
(수소불꽃이온화 검출기 FID)

02 도시가스 정압기실에서 정압기 전단 및 후단에 설치되는 안전장치 명칭을 쓰시오.

정답

1. 전단 : 긴급차단장치
2. 후단 : 정압기 안전밸브

03 도시가스배관에서 관지름 20 mm 배관의 길이가 200 m일 때 배관 고정장치는 몇 개를 설치하여야 하는가?

※ 출처 : 가스신문

정답

20 mm 배관일 경우 2 m마다 설치하므로
$\dfrac{200}{2} = 100$개

보충 배관 관경에 따른 고정

관지름 13 mm 미만	1 m마다
관지름 13 mm 이상 33 mm 미만	2 m마다
관지름 33 mm 이상	3 m마다

보충 　호칭지름이 100 m 이상인 경우

호칭지름	최대 지지간격
100 A	8 m
150 A	10 m
200 A	12 m
300 A	16 m
400 A	19 m
500 A	22 m
600 A	25 m

05 다음 동영상에서, 수소 충전소 지붕이 V자 형태인 이유를 쓰시오.

※ 출처 : 가스신문

정답

수소는 공기보다 가볍기 때문에 누출 시 지붕에 체류하므로, V자 형태로 하여 수소가 체류하지 않도록 하기 위해

04 다음은 공업용 용기이다. 각 용기에 충전하는 가스 명칭을 순서대로 쓰시오.

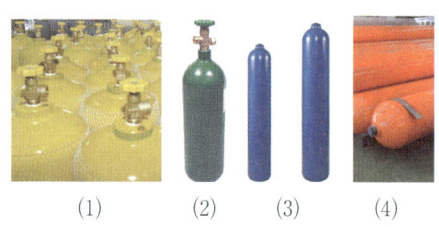

(1)　　(2)　　(3)　　(4)

※ 출처 : 가스신문

정답

(1) 아세틸렌
(2) 산소
(3) 이산화탄소
(4) 수소

보충 　용기
1. 용기도색

탄산가스	산소	아세틸렌	암모니아	수소	염소	기타
청색	녹색	황색	백색	주황색	갈색	회색

2. 가스명칭

아세틸렌	암모니아	LPG	기타
흑색	흑색	적색	백색

06 도시가스 매설배관의 전기방식 중 희생양극법 및 외부전원법의 경우 전위측정용 터미널(TB) 설치 간격은 얼마인가?

※ 출처 : ROPLANT

정답

1. 희생양극법 : 300 m 이내
2. 외부전원법 : 500 m 이내

보충 전기방식법
1. 선택배류법 : 300 m 이내
2. 희생양극법(유전양극법) : 300 m 이내
3. 외부전원법 : 500 m 이내

답 선희 300, 그밖 500

07 다음 동영상의 가스배관 매설 시 최고사용압력에 따른 보호포 색상을 각각 쓰시오.

※ 출처 : 가스신문

정답
1. 저압 : 황색
2. 중압 이상 : 적색

08 다음 동영상은 압축도시가스 자동차 충전소이다. 괄호 안에 알맞은 숫자를 쓰시오.

※ 출처 : 뉴스인

충전설비는 고압전선까지의 수평거리 (①) m, 저압전선까지 (②) m 이상의 거리를 유지한다.

정답
① 5   ② 1

09 다음 동영상을 보고, LPG 안전공급계약서에 기재해야 하는 내용 3가지를 쓰시오.

정답

1. 가스의 전달방법
2. 가스의 계량방법과 가스요금
3. 공급설비와 소비설비에 대한 비용부담 등
4. 계약기간
5. 계약의 해지
6. 공급설비와 소비설비의 관리방법

10 다음 동영상을 보고, 맞대기 융착이음 시 PE관의 두께가 30 mm일 때 비드폭의 최소치와 최대치를 각각 구하시오.

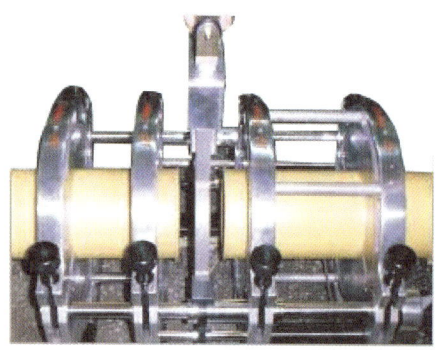

※ 출처 : 나노인스텍

정답

1. $B_{min} = 3 + 0.5t$
   $= 3 + 0.5 \times 30 = 18$ mm
2. $B_{max} = 5 + 0.75t$
   $= 5 + 0.75 \times 30 = 27.5$ mm

∴ 최소치 : 18 mm, 최대치 : 27.5 mm

보충 KGS CODE FU551

(1) 열 융착이음방법은 맞대기 융착, 소켓 융착 또는 새들 융착으로 구분하여 다음 기준과 같이 한다.

(1-1) 맞대기 융착(Butt Fusion)은 공칭 외경 90 mm 이상의 직관과 이음관 연결에 적용하되, 다음 기준에 적합하게 한다.

(1-1-1) 비드(Bead)는 좌·우 대칭형으로 둥글고 균일하게 형성되도록 한다.

(1-1-2) 비드의 표면은 매끄럽고 청결하게 한다.

(1-1-3) 접합면의 비드와 비드 사이의 경계 부위는 배관의 외면보다 높게 형성되도록 한다.

(1-1-4) 이음부의 연결오차(v)는 배관 두께의 10 % 이하로 한다.

(1-1-5) 공칭 외경별 비드 폭은 원칙적으로 다음 식에 따라 산출한 최소치 이상 최대치 이하이고, 산출 예는 다음과 같다.

최소 = 3 + 0.5t, 최대 = 5 + 0.75t
(여기서 t = 배관 두께)

(1-1-6) 접합하는 PE배관은 KS M 3515(가스용 폴리에틸렌관의 이음관-조합형 전기 융착이음관) 부속서E에서 규정하는 동일한 호수의 관 종류를 사용한다.

(1-1-7) 시공이 불량한 융착이음부는 절단하여 제거하고 재시공한다.

2023 제2회 [필답형]

01 가연성 저온저장탱크에 있어서 내부압력이 외부의 압력보다 낮아질 때를 대비하여 저장탱크가 파괴되는 것을 방지하기 위한 설비 2가지를 쓰시오.

정답
1. 압력계
2. 진공안전밸브

02 초저온 저장탱크의 정의를 쓰시오.

정답
섭씨 영하 50도 이하의 액화가스를 저장하기 위한 저장탱크로서 단열재를 씌우거나 냉동설비로 냉각시키는 등의 방법으로 저장탱크 내의 가스온도가 상용의 온도를 초과하지 아니하도록 한 것을 말한다.

03 1단 감압식 저압 조정기의 장점과 단점을 각각 두 가지씩 쓰시오.

정답
1. 장점
  ① 장치가 간단하다.
  ② 조작이 간단하다.

2. 단점
  ① 배관이 굵다.
  ② 압력이 부정확하다.

04 공기액화분리장치폭발원인 3가지를 쓰시오.

정답
1. 액체 공기 중에 O_3 혼입
2. 공기 중의 NO, NO_2 등의 질소산화물 혼입
3. 압축기용 윤활유분해에 따른 탄화수소 생성
4. 공기 중 C_2H_2 혼입

05 길이 400 m 배관에 비중이 0.6인 가스를 시간당 200 m³로 공급한다. 압력손실이 25 mmH₂O일 때 배관의 안지름(cm)을 계산하시오. (단, K는 0.7이다)

정답

$$Q = k\sqrt{\frac{D^5 H}{SL}}$$

$$D = \sqrt[5]{\frac{Q^2 SL}{K^2 H}}$$

$$= \sqrt[5]{\frac{200^2 \times 0.6 \times 400}{0.7^2 \times 25}} = 15.03 cm$$

∴ 15.03 cm

Q : 가스의 유량[m³/h], D : 관안지름[cm]
H : 압력손실[mmH₂O], S : 가스의 비중
L : 관의 길이[m], K : 유량계수

06 절대압력이 180 kgf/cm², 온도가 0 ℃인 산소가 부피 40 L인 용기에 저장이 되어 있을 때 산소의 질량(kg)을 구하시오.

> **정답**
>
> $PV = \dfrac{W}{m}RT$
>
> $\therefore W = \dfrac{PVM}{RT} = \dfrac{\dfrac{180}{1.0332} \times 40 \times 32}{0.082 \times (273+0)}$
>
> $\qquad = 9961.43g = 9.96kg$
>
> $\therefore 9.96 \text{ kg}$

07 다음은 피셔식 정압기의 작동상황에 대한 설명이다. 괄호 안을 채우시오.

> 부하가 감소되어 (①)이 상승하면 Pilot 2차 압력보다 높아지고 파일로트 스프링의 힘보다 커 파일로트 (②)을 아래로 눌러서 (③)가 닫힘과 동시에 (④)가 열려 주 다이어프램 하부의 압력이 2차 측으로 유출되어 (⑤)이 저하되므로 메인 밸브는 본체 스프링의 힘에 의하여 닫히면서 가스는 2차 측에 흐르지 않게 된다.

> **정답**
>
> ① 2차 압력
> ② 다이어프램
> ③ 공급밸브
> ④ 배출밸브
> ⑤ 구동압력

08 아황산가스(SO_2)의 제독제 3가지를 쓰시오.

> **정답**
>
> 1. 가성소다수용액
> 2. 탄산소다수용액
> 3. 물
>
> **보충** 제독제
>
> | 가스 | 제독제 |
> |---|---|
> | 염소 | • 가성소다수용액
• 탄산소다수용액
• 소석회 |
> | 포스겐 | • 가성소다수용액
• 소석회 |
> | 황화수소 | • 가성소다수용액
• 탄산소다수용액 |
> | 시안화수소 | • 가성소다수용액 |
> | 아황산가스 | • 가성소다수용액
• 탄산소다수용액
• 물 |
> | 암모니아, 산화에틸렌 염화메탄 | • 다량의 물 |
>
> 암 염가탄소, 포가소, 황가탄, 시가, 아가탄물, 암산염물

09 아세틸렌, 프로판, 메탄, 수소의 위험도를 구하고, 위험도가 큰 것부터 작은 순으로 쓰시오.

> **정답**
>
> 위험도 $H = \dfrac{U-L}{L}$
>
> 1. 아세틸렌 : $H = \dfrac{81-2.5}{2.5} = 31.4$
>
> 2. 프로판 : $H = \dfrac{9.5-2.2}{2.2} = 3.32$
>
> 3. 메탄 : $H = \dfrac{15-5}{5} = 2$

4. 수소 : $H = \dfrac{75-4}{4} = 17.75$

∴ 아세틸렌 → 수소 → 프로판 → 메탄

10 파일럿버너의 역할을 쓰시오.

정답

주 버너의 주 화염을 점화
- 파일럿 점화방식 : 주 버너의 주 화염을 점화하기 위해서 파일럿버너로 착화하는 방식

11 도시가스의 제조공정 중 접촉개질공정에 대해 설명하시오.

정답

촉매를 사용하여 반응온도 400~800 ℃에서 탄화수소와 수증기를 반응시켜 메탄, 수소, 일산화탄소, 에틸렌, 이산화탄소, 프로필렌 등으로 변환하는 방법

12 가스배관의 경로를 설정하려고 할 때 고려할 사항 3가지를 쓰시오.

정답

(1) 최단경로로 할 것
(2) 구부러지거나 오르내림이 적을 것
(3) 가능한 옥외 설치할 것
(4) 은폐·매설을 피할 것

13 정압기를 평가 선정할 경우 각 특성이 사용조건에 적합하도록 정압기를 선정하여야 한다. 이때 정압기를 선정할 때 고려하여야 할 사항 3가지를 쓰시오.

정답

1. 정특성
2. 동특성
3. 유량특성
4. 사용 최대 차압
5. 작동 최소 차압

14 독성 가스 허용농도의 기준에는 TLV-TWA(시간가중 평균농도), TLV-STEL(단시간 노출 기준), TLV-C(최고농도), LC50(반수치사농도)가 있다. 이 중 우리나라에서 채택한 독성 가스 허용농도 기준을 쓰시오.

정답

LC 50

15 26 kgf/cm²의 압력을 수두 압력으로 환산하시오.

정답

$1.0332 \text{ kgf/cm}^2 : 10.332 \text{ mH}_2\text{O}$
$= 26 \text{ kgf/cm}^2 : x \text{ mH}_2\text{O}$
$x = \dfrac{10.332}{1.0332} \times 26 = 260 \, m H_2 O$

∴ 260 mH$_2$O

2023 제2회 [동영상]

01 제시해주는 용기의 물음에 답하시오.

※ 출처 : 가스신문

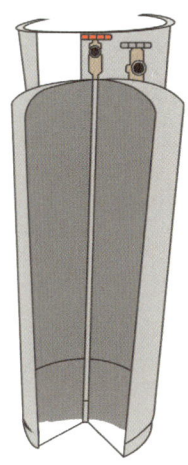

1. 용기 명칭을 쓰시오.
2. 일반 가정용으로 사용하는 용기와 비교해서 이 용기의 특징을 설명하시오.

정답

1. 사이펀 용기
2. 기화장치가 설치되어 있는 시설에서 사용하며, 기화장치의 고장에 의해 액화석유가스를 공급하지 못하는 경우 회색 핸들(기체용 밸브)를 개방하여 기체를 일시적으로 공급

02 다음 동영상을 보고 가스도매사업자의 가스공급시설 명칭과 이 시설에서 방출된 가스의 착지농도에 따른 설비 높이 기준을 쓰고, 이때 액화가스가 함께 방출되거나 급랭될 우려가 있는 설비에 연결된 가스공급시설에서 가장 가까운 곳에 설치해야 하는 설비에 대해 각각 쓰시오.

※ 출처 : 에너지신문

정답

1. 명칭 : 벤트스택
2. 높이 : 폭발하한값 미만
3. 급랭될 우려가 있는 설비에서 가까운 곳에 설치해야 하는 설비 : 기액분리기

03 다음 동영상에서 보여주는 전기방식법의 이름과 전위측정용 터미널 설치 간격에 대해서 각각 쓰시오.

※ 출처 : ROPLANT

정답
1. 명칭 : 희생양극법
2. 간격 : 300 m 이내

04 LPG 자동차 충전기(Dispenser)에 대한 다음 물음에 답하시오.

※ 출처 : 가스신문

1. 충전호스 끝부분에 설치되는 장치는 무엇인가?
2. 충전호스에 과도한 인장력이 작용하였을 때 분리되는 안전장치의 명칭은 무엇인가?
3. 충전호스의 길이는 몇 m 이내여야 하는지 쓰시오.

정답
1. 정전기 제거장치
2. 세이프티 커플링
3. 5 m 이내

05 다음 동영상에서 보여주는 가스용기를 보고 각 물음에 답하시오.

※ 출처 : KGS Code

1. 가연성 가스 번호를 쓰시오.
2. 조연성 가스 번호를 쓰시오.
3. 불연성 가스 번호를 쓰시오.

정답
1. (2), (4)
2. (1)
3. (3)

보충 용기
1. 용기도색

탄산가스	산소	아세틸렌	암모니아	수소	염소	기타
청색	녹색	황색	백색	주황색	갈색	회색

2. 가스명칭

아세틸렌	암모니아	LPG	기타
흑색	흑색	적색	백색

06 다음 동영상에서 단독경보형감지기의 탐지부(가스누설 검지기)를 설치할 수 없는 장소 2가지를 쓰시오.

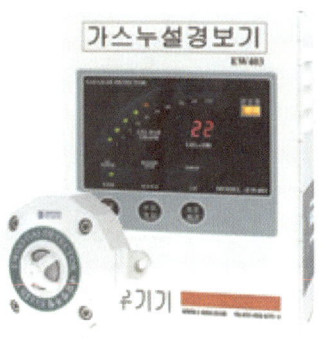

※ 출처 : 유한테크

정답

1. 환기구 등 공기가 들어오는 곳으로부터 1.5 m 이내
2. 연소기의 폐가스가 접촉하기 쉬운 곳
3. 출입구 부근 등으로서 외부의 기류가 통하는 곳

07 다음 동영상에서 보여주는 설비의 명칭과 이 설비에 사용되는 종류(금속재 제외) 2가지를 쓰시오.

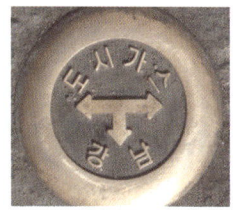 

※ 출처 : 가스신문

정답

1. 명칭 : 라인마크
2. 사용되는 종류 : 스티커형 라인마크, 네일형 라인마크

08 LNG 저장설비와 처리시설은 그 외면으로부터 사업소 경계까지 유지해야 하는 최소 이격거리를 쓰시오.

※ 출처 : 가스신문

정답

50 m 이상

09 다음 동영상을 보고, 관지름이 20 mm인 가스배관을 설치할 때 관의 고정장치 설치 기준을 쓰고, 배관과 배관 지지물 사이에 해야 하는 조치를 쓰시오.

※ 출처 : 오마이뉴스

정답

1. 배관 고정장치 : 2 m마다 설치
2. 조치 : 절연조치

보충 배관 관경에 따른 고정

관지름 13 mm 미만	1 m마다
관지름 13 mm 이상 33 mm 미만	2 m마다
관지름 33 mm 이상	3 m마다

10 다음 동영상을 보고 LPG를 이입, 충전할 때 사용하는 압축기에서 정전기를 제거하기 위한 것으로 지시하는 것의 방법 3937은 무엇인가?

※ 출처 : 알리바바닷컴

[동영상]
전선이 땅과 연결되어 있는 부분을 클로즈업해준다.

정답

대상물을 접지

2023 제4회 [필답형]

01 내용적 50 m³인 저장탱크에 액화석유가스 20 ton을 충전하였다. 액화석유가스의 비중이 0.56일 때, 다음 물음에 답하시오.

> 1. 저장탱크 저장능력을 구하시오.
> 2. 저장탱크 내용적 대비 액화석유가스가 차지하는 용적비를 구하시오.

정답

1. 저장능력 W = 0.9 dV
    = 0.9 × 0.56 × 50 × 1000
    = 25.2톤
2. 액화석유가스 20톤이 차지하는 체적
    = $\dfrac{질량[kg]}{비중[kg/L]} = \dfrac{20 \times 1000}{0.56}$
    = 35714.285 L
    = 35.71 m³
    ∴ 저장탱크 내용적 대비 액화석유가스가 차지하는
    용적비 = $\dfrac{35.71}{50}$ × 100 = 71.42 %

02 35 ℃에서 최고충전압력이 5 MPa이며, 내용적 1000 m³인 압축가스 설비의 저장능력(m³)을 구하시오.

정답

Q = (10P + 1)V
  = (10 × 5 + 1) × 1000 = 51000 m³

Q : 저장능력[m³]
P : 최고충전압력[MPa]
V : 내용적[m³]

03 공기액화분리장치의 구성요소 5가지를 쓰시오.

정답

여과기, 압축기, 냉각기, 건조기, 열교환기

보충 공기액화분리장치 순서
여과기 - 압축기 - 냉각기 - 건조기 - 열교환기 - 정류탑 - 펌프 - 충전기
(원료공기 흡입 후 위의 순서대로 진행)

04 도시가스 사용시설의 정압기 분해점검주기에 관한 다음 괄호 안에 알맞은 말을 쓰시오.

> 도시가스 사용시설에 2020년도 정압기를 설치하였다. 최초 (①)년도에 분해점검을 하며, (②)년 뒤 (③)년도에 분해점검을 한다.

정답

① 2023
② 4
③ 2027

보충 점검주기
1. 도시가스 사용 시설의 정압기, 필터는 설치 후 3년까지는 1회 이상, 그 이후에는 4년에 1회 이상 분해점검을 실시할 것
2. 일반도시가스사업의 가스공급시설 중 정압기 분해점검은 2년에 1회 이상 실시할 것

05
LP가스 공급방식 중 강제기화방식의 특징 3가지를 쓰시오.

정답

1. 공급가스의 조성이 일정
2. 기화량 가감이 용이
3. 계량기 필요
4. 한랭 시에도 충분히 기화 가능

보충 자연기화방식 특징
1. 용기 수가 많이 필요
2. 가스 조성의 변화량이 큼
3. 발열량의 변화량이 큼
4. 기화능력이 강제기화방식보다는 좋지 않음

07
프로판 10 Nm³를 완전연소시키는 데 필요한 공기량은 몇 Nm³인가? (단, 과잉공기량은 20 %이다)

정답

프로판의 완전연소 반응식
$C_3H_8 + 5O_2 \rightarrow 3CO_2 + 4H_2O$

∴ 과잉공기량 × 이론공기량

$= 1.2 \times \dfrac{O_0}{0.21} = 1.2 \times \dfrac{50}{0.21}$

$= 285.71 \text{ Nm}^3$

∴ 285.71 Nm³

06
냉동장치에서 사용하는 냉매 필요조건 3가지를 쓰시오.

정답

(1) 절연 내력이 클 것
(2) 응고온도가 낮을 것
(3) 증발잠열이 크고 비열이 적을 것(증발 잠열이 크면 냉동효과가 커지고, 비열비(정압비열/정적비열)가 작으면 압축해도 가스 온도상승이 작음)
(4) 비체적과 점도가 낮을 것
(5) 부식성이 없을 것

08
정압기를 평가 선정할 경우 각 특성이 사용조건에 적합하도록 정압기를 선정하는데, 이때 고려하여야 할 사항 3가지를 쓰시오.

정답

1. 정특성 : 정상 상태에서 유량과 2차 압력과의 관계
2. 동특성 : 부하변동에 대한 응답의 신속성과 안정성 요구
3. 유량특성 : 메인밸브의 열림과 유량과의 관계
4. 사용 최대 차압 : 메인밸브에 1차와 2차 압력이 작용하여 최대로 되었을 때 차압
5. 작동 최소 차압 : 정압기가 작동할 수 있는 최소 차압

09 압축기에서 다단압축의 목적을 3가지 쓰시오.

정답

1. 이용효율 증가
2. 일량의 절약
3. 가스의 온도 상승 방지
4. 힘의 평형 개선

10 고압가스설비의 상용압력이 15 MPa이다. 다음 물음에 답하시오.

> 1. 내압시험압력을 구하시오.
> 2. 기밀시험압력을 구하시오.
> 3. 안전밸브 작동압력을 구하시오.

정답

1. 내압시험압력 = 상용압력 × 1.5
   = 15 × 1.5 = 22.5 MPa 이상
2. 0.7 MPa 이상
   기밀시험압력은 상용압력 이상이나, 0.7 MPa을 초과하는 경우 0.7 MPa 압력 이상으로 한다(KGS CODE FP112).
3. 안전밸브 작동압력 = 내압시험압력 × 0.8
   = 22.5 × 0.8
   = 18 MPa 이하

11 다음은 가스누출자동차단장치 설치에 관한 내용이다. 괄호 안에 알맞은 말을 쓰시오.

> 1. 액화석유가스 특정 사용시설 중 다음에 해당하는 자는 가스누출자동차단장치를 설치한다.
>   (1) 제1종 보호시설이나 (　)에서 액화석유가스를 사용(주거용으로 액화석유가스를 사용하는 경우는 제외한다)하려는 자
> 2. 위에도 불구하고 가스누출경보기 연동차단기능의 (　)가 설치된 경우에는 가스누출자동차단장치를 설치하지 않을 수 있다.

정답

1. 지하실
2. 다기능가스안전계량기

보충 KGS CODE FU431

• 가스누출자동차단장치 설치 대상
1. 제1종 보호시설이나 지하실에서 액화석유가스를 사용(주거용으로 액화석유가스를 사용하는 경우는 제외한다)하려는 자
2. 1. 외의 자로서 다음 어느 하나에 해당하는 자
   (1) 「식품위생법」 제2조 제12호에 따른 집단급식소를 운영하는 자
   (2) 「식품위생법」 제36조 제1항 제3호에 따른 식품접객업의 영업을 하는 자

• 가스누출자동차단장치 설치 제외 대상
위에도 불구하고 다음의 경우에는 가스누출자동차단장치를 설치하지 않을 수 있다.
1. 연소기가 연결된 각 배관에 퓨즈콕 등이 설치되어 있고, 각 연소기에 소화안전장치가 부착된 경우
2. 가스누출경보기 연동차단기능의 다기능가스안전계량기가 설치된 경우

3. 가스사용시설 중 가스의 공급이 예고없이 차단될 경우 재해 및 손실이 막대하게 발생될 우려가 있는 다음의 시설
   (1) 수분건조로 : 제지, 섬유, 식품, 약품, 주물사(砂) 건조로 등
   (2) 도장건조로 : 도료, 바니스, 인쇄잉크건조로 등
   (3) 가열장치건조로 : 접착제, 합판, 골재 및 수지성형건조로 등
   (4) 금속열처리로(爐) : 담금질(Quenching 또는 Hardening)로, 어니일링(Annea-ling)로, 탬퍼링(Tampering)로, 노오말라이징(Normal-lizing)로, 균질화(Ho-mogenizing)로, 침탄(Carbonizing)로, 질화(Carbonitriding)로
   (5) 유리, 도자기열처리로
   (6) 분위기가스발생로
   (7) 금속가열로 : 단조, 압연, 균열, 예열, 그 밖의 가열로 등(절단장치 등)
   (8) 유리, 도자기로 및 가열장치 등
   (9) 금속용융로
   (10) 유리용융로
   (11) 그 밖의 용융로
   (12) 식품가공시설
   (13) 발전용시설
   (14) 섬유모소기, 염색기, 유리섬유 코팅 등과 그 밖의 가스 사용시설로서 가스의 공급이 자동차단될 경우 재해 및 손실이 클 우려가 있는 시설
4. 가스누출자동차단장치를 설치하여도 그 설치목적을 달성할 수 없는 다음의 시설
   (1) 개방된 공장의 국부난방시설
   (2) 개방된 작업장에 설치된 용접 또는 절단시설
   (3) 체육관, 수영장, 농수산시장 등 상가와 유사한 가스사용시설
   (4) 경기장의 성화대
   (5) 지붕이 있고 2방향 이하 벽만 있는 건축물 또는 벽면이 50 % 이하인 경우
• 가스누출자동차단장치의 구조
가스누출자동차단장치는 검지부, 차단부 및 제어부로 구성한다

12 다음 물음에 답하시오.

> 1. 도시가스 제조소 및 공급소의 기밀시험 기준
> 2. 최고사용압력이 중압 이상인 배관의 내압성능

정답

1. 최고사용압력의 1.1배 또는 8.4 kPa 중 높은 압력 이상으로 실시
2. 최고사용압력의 1.5배(고압의 배관으로서 공기·질소 등의 기체로 내압시험을 실시하는 경우에는 1.25배) 이상의 압력에서 내압성능을 갖도록 한다.

13 다음은 도시가스 사용시설의 가스계량기에 관한 내용이다. 다음 질문에 답하시오.

> 1. 전기계량기 및 전기개폐기와의 이격거리를 쓰시오.
> 2. 절연조치를 하지 않은 전선과의 이격거리를 쓰시오.
> 3. 화기와의 우회거리를 쓰시오.
> 4. 「건축법」에 의거, 공동주택의 대피공간, 방, 거실 및 주방 등 사람이 거처하는 곳의 설치가능 여부를 쓰시오.

정답

1. 60 cm 이상
2. 15 cm 이상
3. 2 m 이상
4. 불가능

보충 가스계량기와의 거리

전기계량기 및 전기개폐기	60 cm 이상
굴뚝·전기점멸기 및 전기 접속기	30 cm 이상
절연조치를 하지 않은 전선	15 cm 이상

14 원심펌프를 직렬 및 병렬 운전할 때의 유량과 양정의 변화를 각각 쓰시오.

정답
1. 직렬 운전 : 양정 증가, 유량 일정
2. 병렬 운전 : 유량 증가, 양정 일정

15 상온스프링(Cold Spring)에 대해 설명하시오.

정답
열의 영향을 받아 배관의 자유 팽창하는 것을 미리 계산해 놓고 시공하기 전에 배관 길이를 조금 짧게 전달하여 강제배관하는 것으로 절단 길이는 계산에서 얻은 자유 팽창량의 1/2 정도이다.

2023 제4회 [동영상]

01 다음 지시하는 부분의 명칭과 기능을 각각 쓰시오.

※ 출처 : 가스신문

정답
1. 명칭 : 스프링식 안전밸브
2. 기능 : 압력 이상 상승 시 압력을 외부로 배출

02 다음 동영상의 명칭과 설치위치를 각각 쓰시오.

※ 출처 : 아이에스테크

정답
1. 명칭 : 자기압력기록계
2. 설치위치 : 정압기 출구

보충 자기압력기록계의 용도
(1) 가스 누출시험(기밀시험용)
(2) 가스의 이상압력 상태 확인

03 다음은 가스충전소이다.

※ 출처 : 가스신문

1. 경계책의 높이를 쓰시오.
2. 화기엄금의 경계표지 수량을 쓰시오.

정답
1. 1.5 m 이상
2. 3개 이상

04 LPG 자동차 충전소에 대한 다음 물음에 답하시오.

※ 출처 : 가스신문

1. 충전호스 길이는 얼마인가?
2. 충전호스에 부착하는 가스주입기는 무슨 형태로 하는가?
3. 충전호스에 과도한 (   )이 작용하였을 때 분리될 수 있도록 세이프티 커플링을 설치한다. 이때 괄호 안에 들어갈 알맞은 말을 쓰시오.

정답

1. 5 m 이내
2. 원터치형
3. 인장력

05 다음은 고압가스설비에 설치하는 압력계에 대한 기준이다. 괄호 안에 들어갈 알맞은 말을 쓰시오.

※ 출처 : KC안전기술

1. 고압가스 설비에 설치하는 압력계는 상용압력의 (①)배 이상 (②)배 이하의 최고눈금이 있는 것으로 한다.
2. 충전용 주관의 압력계는 (①) 이상, 그 밖의 압력계는 (②) 이상 표준이 되는 압력계로 그 기능을 검사한다.

정답

1. ① 1.5   ② 2
2. ① 매월 1회   ② 3월에 1회

06 다음 용기에 각인된 TP250, FP150의 의미를 각각 쓰시오.

※ 출처 : 안산특수가스

정답

1. TP : 내압시험압력 250 kg$_f$/cm^2
2. FP : 압축가스의 최고충전압력 150 kg$_f$/cm^2

07 다음 동영상의 보일러 급배기방식을 쓰시오.

(1)    (2)

※ 출처 : 투데이에너지, 송파보일러

(1) 연소용 공기는 옥외에서 취하고 폐가스도 옥외로 배출
(2) 하부에 급기구, 상부에 배기통이 설치되어 있는 형식으로 연소용 공기는 실내에서 취하고, 폐가스는 옥외로 배출

정답

(1) 강제급배기식 밀폐형(FF)
(2) 강제배기식 반밀폐형(FE)

08 다음 동영상을 보고 공기액화분리장치에서 즉시 운전을 중지하여 액화산소를 방출하여야 하는 경우 2가지를 쓰시오.

※ 출처 : 알리바바닷컴

정답

1. 액화산소 5 L 중 아세틸렌 질량이 5 mg 이상일 때
2. 액화산소 5 L 중 탄화수소 중의 탄소 질량이 500 mg 이상일 때

보충 공기액화분리장치 순서
여과기 - 압축기 - 냉각기 - 건조기 - 열교환기 - 정류탑 - 펌프 - 충전기
(원료공기 흡입 후 위의 순서대로 진행)

09 다음 동영상을 보고, 각각의 안전밸브 형식을 쓰시오.

(1)

(2)

(3)

※ 출처 : 가스신문

정답

(1) 스프링식
(2) 가용전식(LG)
(3) 파열판식(PG)

10 다음 동영상을 보고 물음에 답하시오.

※ 출처 : 투데이에너지

1. 해당 설비의 명칭을 쓰시오.
2. 사용압력(MPa) 기준을 쓰시오.
3. 사용온도 기준을 쓰시오.
4. SDR이 13일 경우 최고압력을 쓰시오.
5. 개폐용 핸들의 열림 방향을 쓰시오.
6. 사용방식을 쓰시오.

정답

1. 가스용 PE밸브
2. 0.4 MPa 이하
3. -29 ℃ 이상 38 ℃ 이하
4. 0.25 MPa
5. 시계 반대 방향
6. 지하에 매몰하여 사용
   ① SDR 11 이하(1호관) : 0.4 MPa 이하
   ② SDR 17 이하(2호관) : 0.25 MPa 이하
   ③ SDR 21 이하(3호관) : 0.2 MPa 이하

모아 가스기사 실기(핵심이론 + 과년도 7개년)

발행일	2026년 1월 1일 초판 1쇄
지은이	오민정
발행인	황모아
발행처	(주)모아교육그룹
주 소	서울특별시 영등포구 영신로 32길 29 세화빌딩 2층
전 화	02-2068-2393(출판, 주문)
등 록	제2015-000006호 (2015.1.16.)
이메일	moagbooks@naver.com
ISBN	979-11-6804-489-0 (13530)

이 책의 가격은 뒤표지에 있습니다.

Copyright ⓒ (주)모아교육그룹 Co., Ltd. All Rights Reserved.

이 책은 저작권법에 의해 보호를 받는 저작물이므로 저자와 출판사의 서면 허락 없이 내용의 전부 또는 일부를 이용하는 것을 금합니다.

시작부터 합격할 때까지 함께하는 모아북스 교재!

소방분야

모아 소방기술사 　　요해 소방기술사 시리즈 　　금화도감 소방기술사 시리즈

소방시설관리사 시리즈 (버닝 업/그로우 업/엔드 업)

초격차 소방설비기사·산업기사 시리즈 　　소방기술사 합격비책

뇌박힘 시리즈 　　뇌풀림 수리계산 핸드북 　　현장에서 통하는 소방설비 찐 실무

모아북스

전기분야

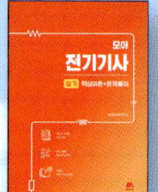   

　　　모아 전기기사 시리즈　　　　　　모아 전기산업기사 시리즈　　　2025 모아 전기기사 봉투모의고사

　　　　　모아 전기안전기술사 시리즈　　　　　　　　모아 전기응용기술사

　　　아우름 전기기능장 시리즈　　　　　　　모아 전기기능사 시리즈

　　모아 발송배전기술사(기본서/심화서)　　　　　정보통신기술사(이론서)

모아 위험물기능장·산업기사·기능사 시리즈   　　　　　모아 건축설비기사 시리즈

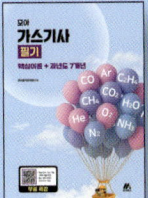 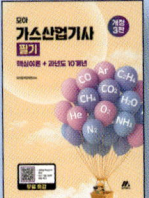   

모아 가스기사·산업기사·기능사 시리즈　　　모아 산업안전기사　　모아 산업위생관리기사

모아 공조냉동기계기사·산업기사·기능사 시리즈　　모아 화공안전기술사　건축기계설비기술사 합격비책

모아 에너지관리기사·산업기사·기능사 시리즈　　　　모아 설비보전기사·기능사 시리즈

모아북스

모아북스

"수험생의 불필요한 시간을 아끼는 것"
모아북스가 가장 중요하게 생각하는 가치입니다.

모아북스는 매년 달라지는 법령과 변화하는 출제 경향, 새롭게 제정되는 규정까지 수험생보다 먼저 학습하고, 핵심만을 빠르게 정리합니다. 합격을 위한 가장 빠르고 정확한 수험서를 만들기 위해 한 페이지 한 페이지에 진심을 담아 제작합니다.

▎모아 출판 프로세스

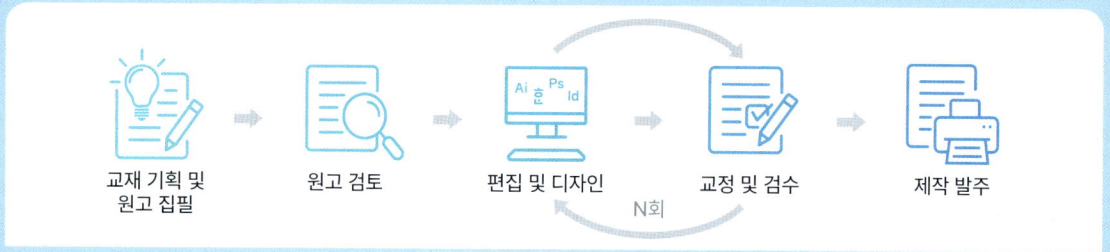

▎모아북스 블로그 소개

수험서를 구매하기 전 책을 훑어보러 서점까지 가기 힘드신가요? 모아북스 블로그에서는 수험생의 소중한 시간을 아껴드리기 위해 책의 구체적인 구성과 강점, 효과적인 학습법까지 직접 보는 것처럼 상세하게 소개해드립니다. 궁금한 교재가 있다면 모아북스 블로그에 '책 제목'을 검색해보세요!

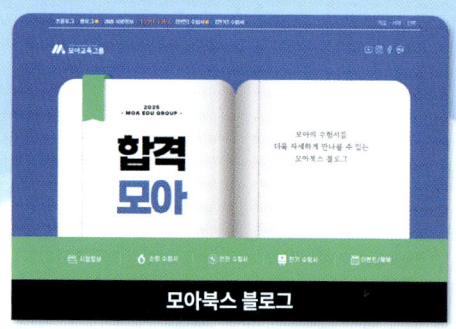

모아북스 블로그

뇌박힘 소방시설관리사 점검실무행정 교재 리뷰

모아북스 블로그

▎고객의 소리

더 나은 교재 제작을 위해 여러분의 소중한 의견을 기다립니다. QR을 통해 남겨주신 피드백 중 우수 글에 선정되신 독자분께는 감사의 마음을 담아 소정의 선물을 드립니다.

고객의 소리

모아
가스기사 실기

시험장 들어가기 전 반드시 알아야하는

필수공식 N선

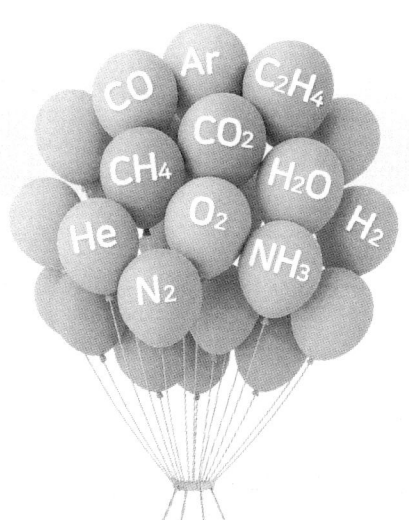

모아북스

필수공식 N선

1 보일샤를의 법칙

↳ 이론서 p.17

$$\frac{P_1 V_1}{T_1} = \frac{P_2 V_2}{T_2}$$

- P_1 : 변하기 전 압력
- V_1 : 변하기 전 부피
- T_1 : 변하기 전 온도
- P_2 : 변한 후의 압력
- V_2 : 변한 후의 부피
- T_2 : 변한 후의 온도

2 위험도

↳ 이론서 p.23

$$H = \frac{U - L}{L}$$

- H : 위험도
- U : 폭발상한값[%]
- L : 폭발하한값[%]

3 르샤틀리에법칙

$$L = \frac{100}{\dfrac{V_1}{L_1} + \dfrac{V_2}{L_2}}$$

- L : 혼합가스의 폭발한계치
- L_1, L_2 : 각 성분 가스의 단독 폭발 한계치
- V_1, V_2 : 각 성분 가스의 비율(부피[%])

4 왕복동압축기 피스톤 압출량

$$V = \frac{\pi}{4} D^2 \times L \times N \times n \times 60$$

- D : 피스톤 지름[m]
- N : 분당 회전수[rpm]
- η : 체적효율(항상 < 1)
- L : 행정 거리[m]
- n : 기통수
- V : 피스톤 압출량[m^3/hr]

5 저압배관 유량공식

이론서 p.50

$$Q = K\sqrt{\dfrac{D^5 H}{SL}}$$

- Q : 가스의 유량[m³/hr]
- H : 압력손실[mmH₂O]
- L : 관의 길이[m]
- D : 관안지름[cm]
- S : 가스의 비중
- K : 폴의 정수(0.707)

6 중·고압배관 유량공식

이론서 p.51

$$Q = K\sqrt{\dfrac{D^5(P_1^2 - P_2^2)}{SL}}$$

- Q : 가스의 유량[m³/hr]
- P_1 : 초압[kg/cm²a]
- S : 가스의 비중
- K : 콕의 정수(52.31)
- D : 관안지름[cm]
- P_2 : 종압[kg/cm²a]
- L : 관의 길이[m]

7 펌프의 축동력

↳ 이론서 p.60

$$L_{PS} = \frac{\gamma QH}{75 \times \eta}$$

- γ : 액체의 비중량[kgf/m³]
- Q : 유량[m³/s]
- H : 전양정[m]
- η : 효율

$$L_{kW} = \frac{\gamma QH}{102 \times \eta}$$

- γ : 액체의 비중량[kgf/m³]
- Q : 유량[m³/s]
- H : 전양정[m]
- η : 효율

8 마찰손실수두

↳ 이론서 p.61

$$h_f = f \frac{l}{d} \times \frac{v^2}{2g}$$

- h_f : 마찰손실수두[m]
- f : 관마찰계수
- d : 관경[m]
- v : 유속[m/s]
- g : 중력가속도[9.8 m/s²]
- l : 관길이[m]

9 가스분출량

↳ 이론서 p.69

$$Q = 0.011 KD^2 \sqrt{\frac{P}{d}} = 0.009 D^2 \sqrt{\frac{P}{d}}$$

- K : 계수(0.8)
- D : 노즐지름[mm]
- P : 노즐 전 가스압력[mmH$_2$O]
- d : 비중

10 선팽창길이

↳ 이론서 p.73

$$\Delta l = l \alpha \Delta t$$

- λ : 팽창한 배관 길이[mm]
- ℓ : 배관 길이[mm]
- α : 선팽창계수[mm/mm · ℃]
- $\triangle t$: 온도 차[℃]

11 저장능력 산정

1) 고압가스 저장탱크

저장탱크 $W = 0.9dV$

- W : 저장능력[kg]
- V : 내용적[L]
- d : 상용온도에서의 액화가스 비중[kg/L]

※ 소형저장탱크는 0.85를 곱한다.

2) 고압가스의 용기 및 차량에 고정된 탱크

탱크 $W = V/C$

- C : 액화가스 정수
- 프로판 : 2.35
- 부탄 : 2.05
- 암모니아 : 1.86
- 이산화탄소 : 1.34
- 질소 : 1.47

TIP 프로판과 부탄은 반드시 암기할 것!

12 액화천연가스 저장설비와 처리설비 외면으로부터 사업소경계와의 거리

↳ 이론서 p.115

$$L = C \times \sqrt[3]{143,000\,W}$$

- L : 유지하여야 하는 거리[m]
- C : 저압지하식 저장탱크는 0.24, 그 밖의 가스저장설비와 처리설비는 0.576
- W : 저장탱크는 저장능력의 제곱근, 그 밖의 것은 그 시설 안의 액화천연가스의 질량(단위:톤)

13 도시가스사용시설 월사용 예정량 산출

↳ 이론서 p.118

$$Q = \frac{(A \times 240) + (B \times 90)}{11000}$$

- Q : 월 사용예정량[m^3]
- A : 산업용으로 사용하는 연소기의 명판에 적힌 가스소비량 합계[kcal/h]
- B : 산업용이 아닌 연소기의 명판에 적힌 가스소비량 합계[kcal/h]